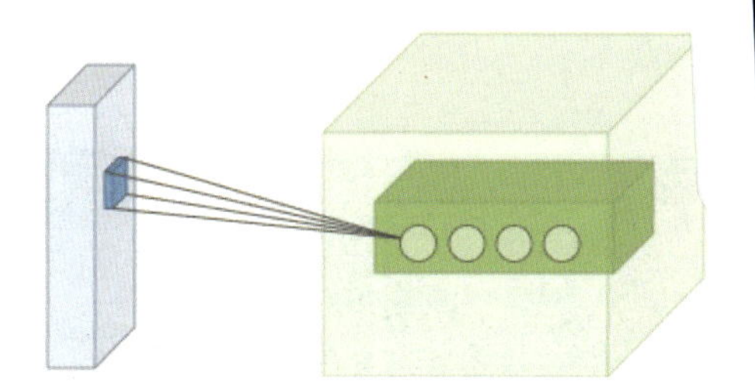

图 4.17　从样本图片计算卷积层的方法：蓝色的是输入层，绿色为卷积输出层。假如输入是一个有三个通道的 RGB 图片，那么卷积层输出也有不同通道。和全连接层不同的是，卷积层的神经元只和输入层的部分区域所连接，而不是和所有输入都有连接。图中展示了卷积层的不同通道是怎么和输入层有局部连接的（正文：23 页）

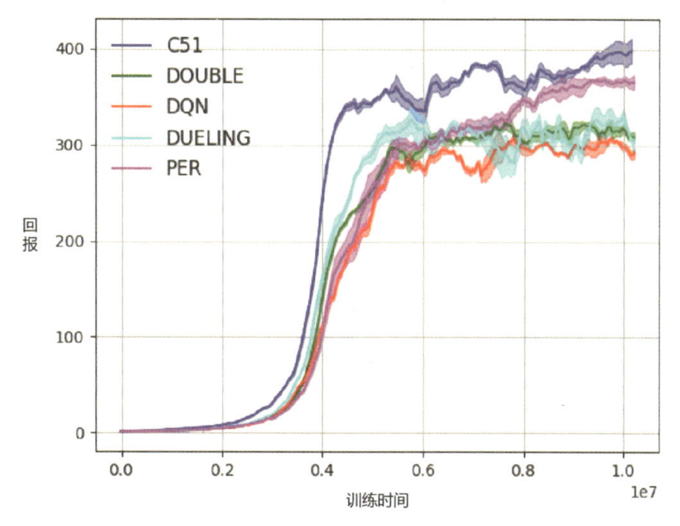

图 4.8　DQN 及其变体在 Breakout 游戏中的效果（正文：139 页）

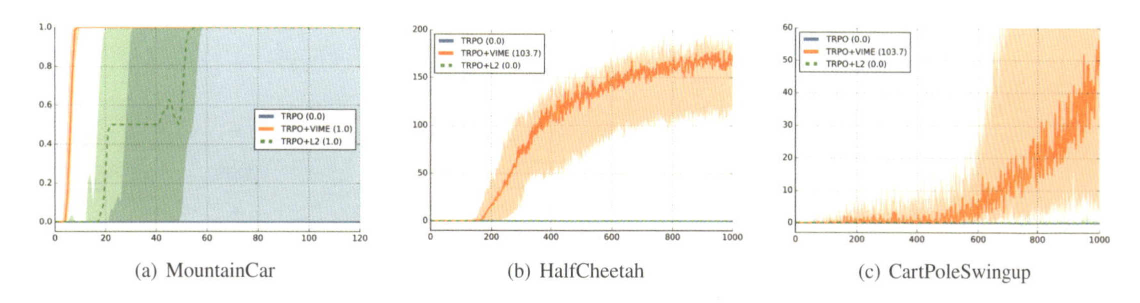

(a) MountainCar　　(b) HalfCheetah　　(c) CartPoleSwingup

图 7.1　VIME 实验中的学习曲线。图片改编自文献 (Houthooft et al., 2016)（正文：241 页）

图 7.2　难以学习的雅达利游戏：Montezuma's Revenge（左）和 Pitfall（右）（正文：243 页）

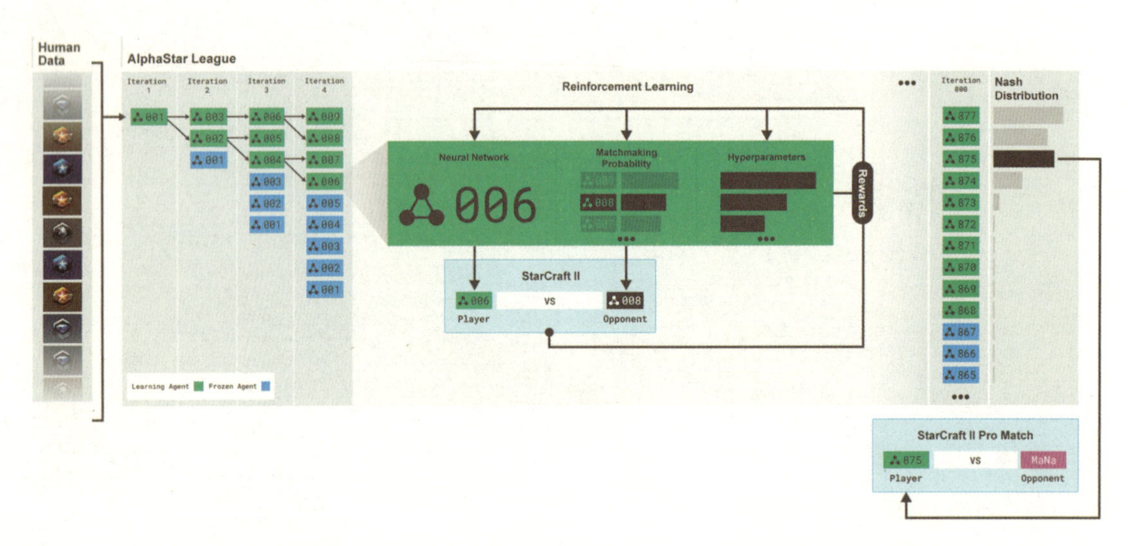

图 7.3　AlphaStar 的训练机制。每个小方块表示一个 AlphaStar 联盟中训练的智能体（正文：247 页）

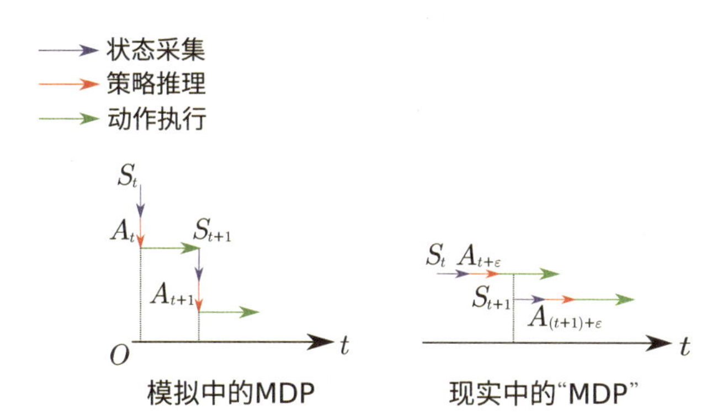

图 7.4　图片展示了模拟和现实中 MDP 的差异，它是由状态采集和策略推理过程产生的时间延迟造成的，这是造成现实鸿沟的可能因素之一（正文：248 页）

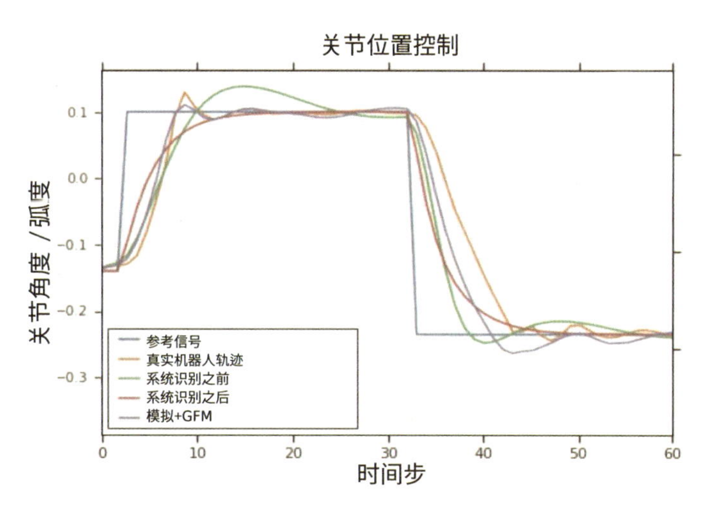

图 7.5　在一个简单的关节角度控制过程中，机器人控制的参考信号、模拟和现实中的差异。图片改编自文献 (Jeong et al., 2019)（正文：249 页）

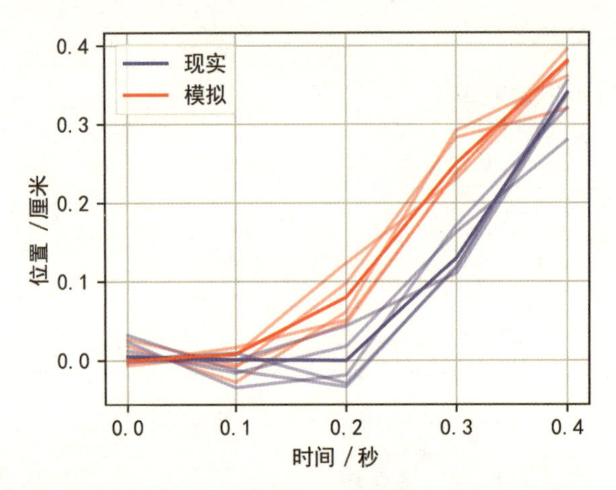

图 7.6　图片展示了物体观察状态（位置）在同一控制信号下的时间延迟。由于现实中额外的观察量构建过程，现实世界轨迹（下方）相比于模拟轨迹（上方）有一定延迟。不同的线体现了多次测试结果，加粗的线为均值（正文：250 页）

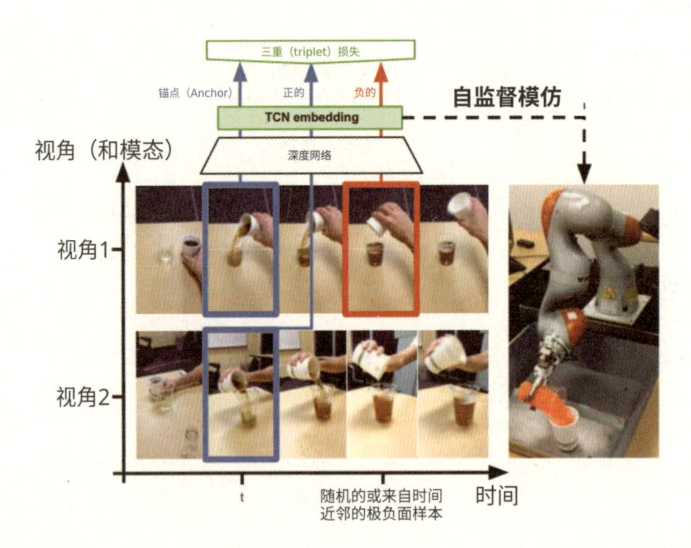

图 8.9　使用三重损失函数的时间对比网络（TCN）的学习框架，它以一种自监督式的学习，用于只从观察量进行的模仿学习（IfO）中的观察量嵌入（Observation Embedding）。图片来自文献 (Sermanet et al., 2018)（正文：276 页）

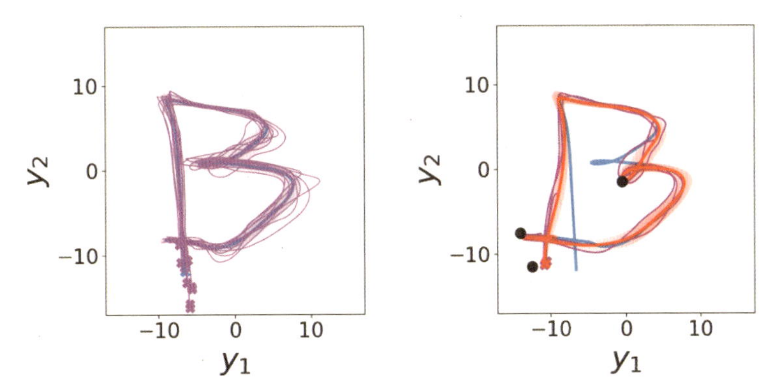

图 8.10　模仿学习中基于 GMR 的 GP 方法。左边图中，先验均值为蓝色，采样轨迹为紫色。右边图中，先验均值（与左图相同）为蓝色，采样轨迹为粉色，预测轨迹为红色，有三个黑色的点为新观察量。图片来自文献 (Jaquier et al., 2019)（正文：278 页）

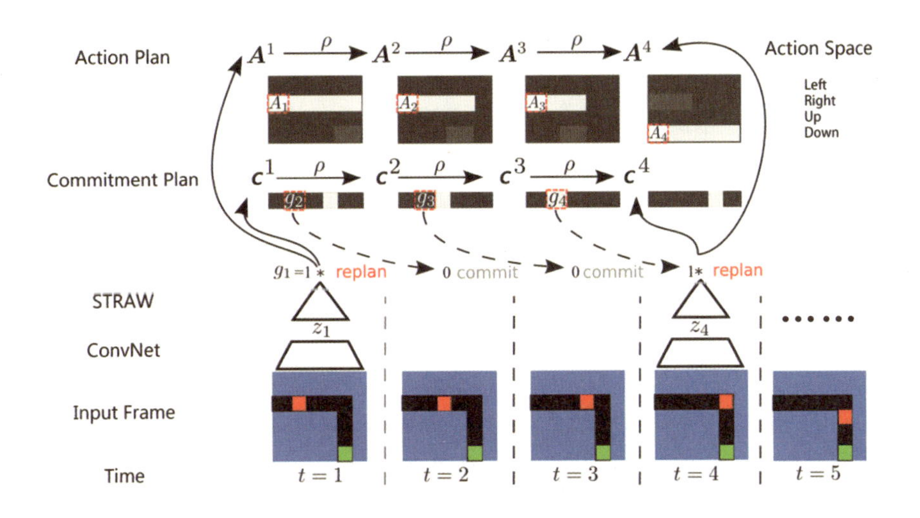

图 10.2　STRAW 在一个迷宫导航游戏中的工作流程，改编自文献 (Vezhnevets et al., 2016)。观测数据是原始像素，其中像素的颜色可以是蓝色、黑色、红色和绿色，分别代表墙、走廊、智能体和最终目的地。动作空间为上、下、左、右四个方向的移动。当 $t=1$ 时，帧的特征被一个卷积神经网络提取后输入进 STRAW。STRAW 立刻产生两个计划。在紧接着的 2 个时间步中，这两个计划被 ρ 滑动。之后，智能体来到角落并由承诺-计划 $\boldsymbol{c}^t$ 给出一个重新计划的信号（正文：301 页）

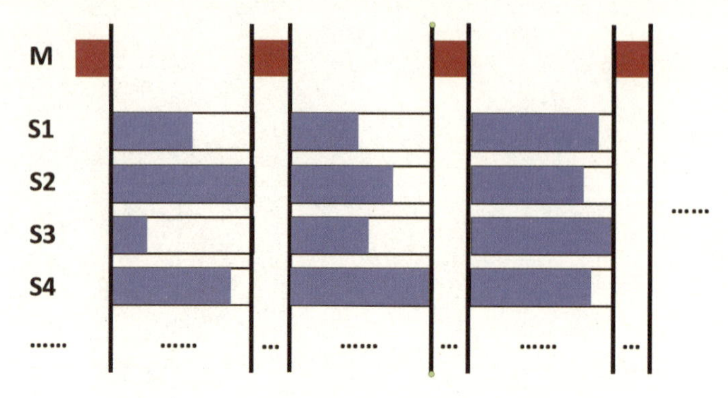

图 12.1　同步通信（正文：328 页）

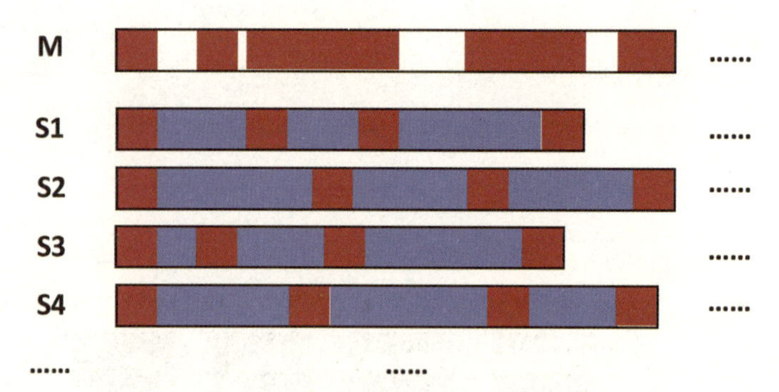

图 12.2　异步通信（正文：328 页）

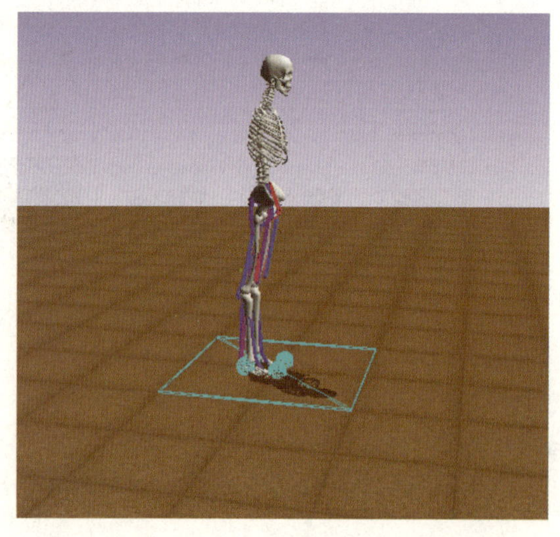

图 13.1　NeurIPS 2017 挑战赛：Learning to Run 环境（正文：345 页）

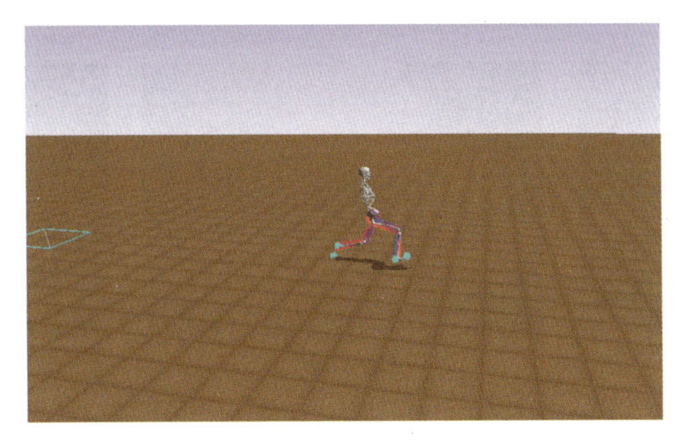

图 13.5　Learning to Run 任务中奔跑智能体的最终表现（场景）（正文：353 页）

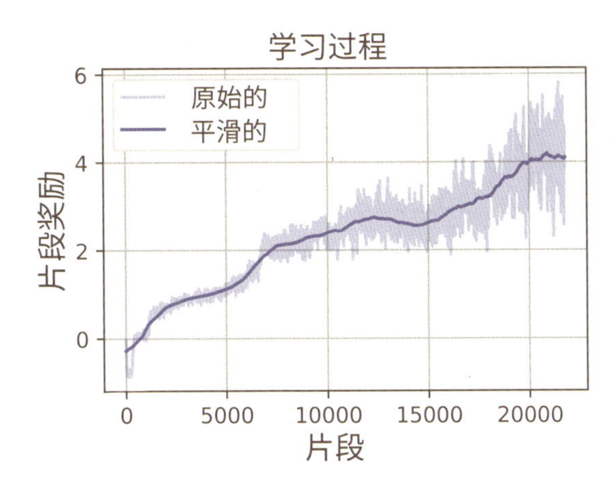

图 13.6　Learning to Run 任务的学习过程（正文：353 页）

图 14.1　一个图像增强流程的案例。左侧的原始图像存在 JPEG 压缩噪声并且曝光不足（正文：355 页）

图 14.2　一个在 MIT-Adobe FiveK 数据集上使用全局增强的效果样例。当右上角的天空等区域需要局部增强时，全局亮度会增加（正文：363 页）

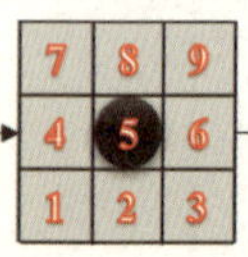
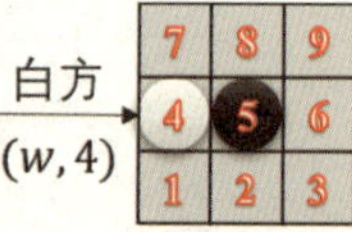
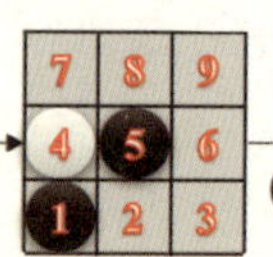

图 15.1　3 × 3 棋盘上的落子序列示例。“b”代表“黑方玩家”，“w”代表“白方玩家”。$(b,5)$ 表示黑方玩家在位置 5 处落子。最终黑方玩家获得了游戏胜利（正文：367 页）

图 16.1　用一个机器手解决 Rubik 魔方的场景。图片改编自文献 (Akkaya et al., 2019)（正文：389 页）

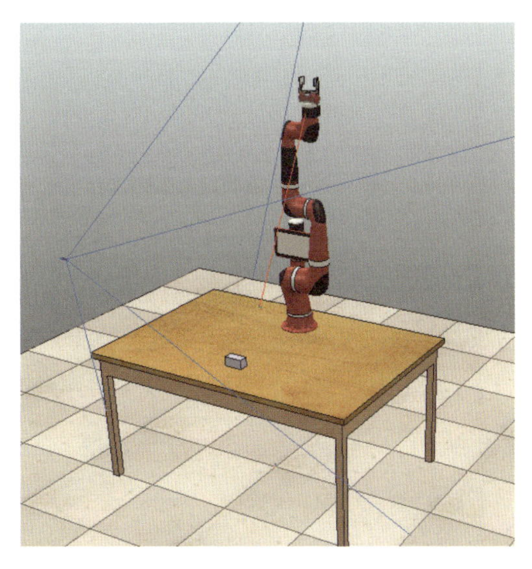

图 16.2　CoppeliaSim (V-REP) 中的抓取（Grasping）任务场景（正文：391 页）

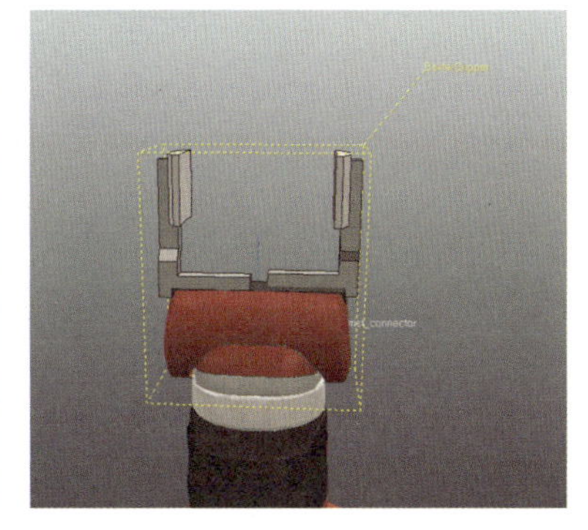

图 16.3　*Sawyer* 机械臂末端（左）和组装的夹具 *BaxterGripper*（右）（正文：392 页）

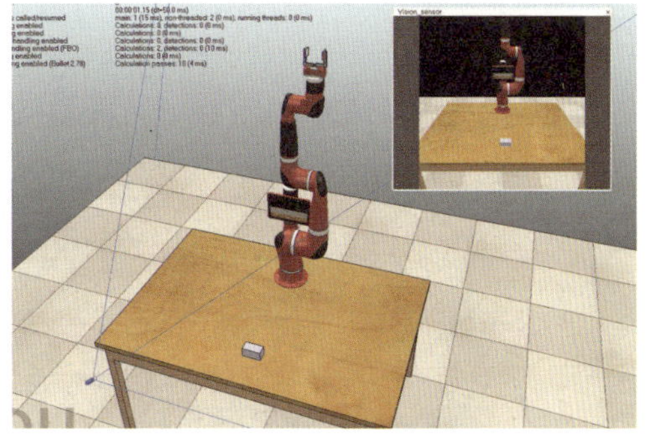

图 16.6　在 CoppeliaSim (V-REP) 中设置视觉传感器。左面的图片是设置相机位置；右面图片中右上角的小窗口是由所放置的相机得到的。如果采用基于图像的控制策略并调用相机，那么它可以给每个时间步提供图像观察量（正文：393 页）

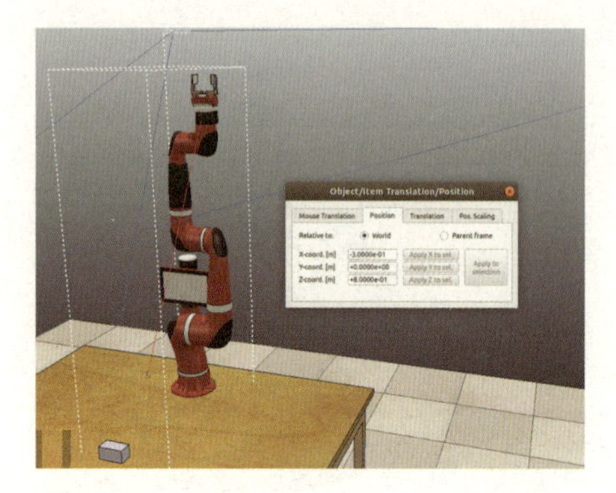

图 16.7　手动改变 CoppeliaSim (V-REP) 中物体位置（正文：394 页）

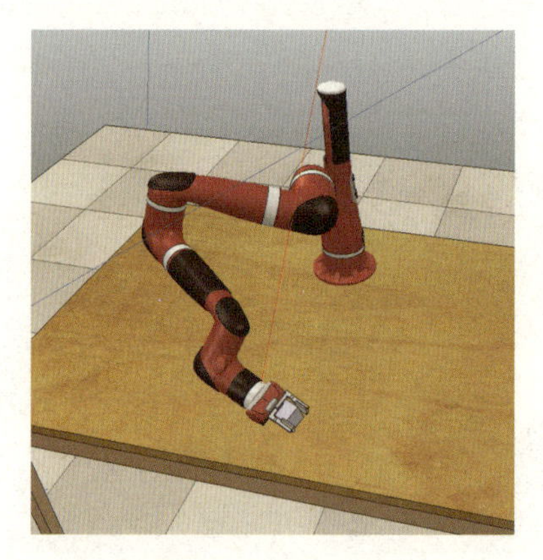

图 16.9　经过训练，Sawyer 在模拟环境中用深度强化学习的策略抓取物体（正文：408 页）

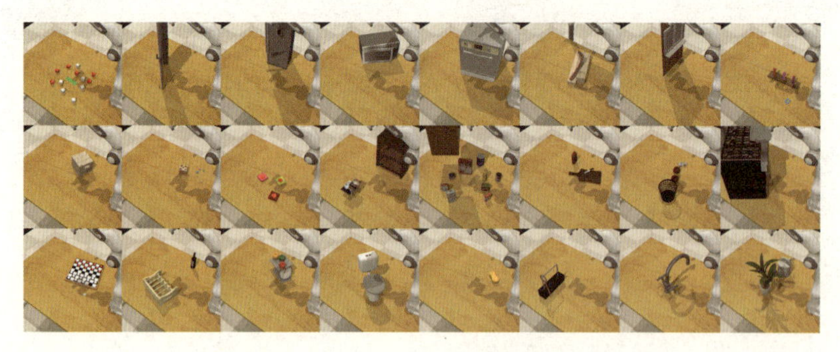

图 16.10　RLBench 中定义的机器人学习任务（正文：409 页）

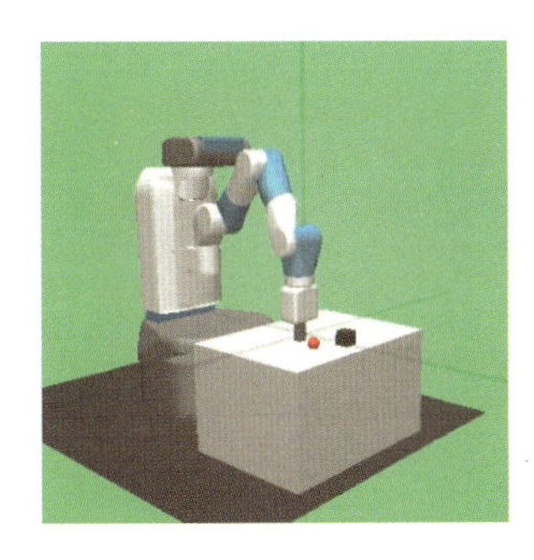 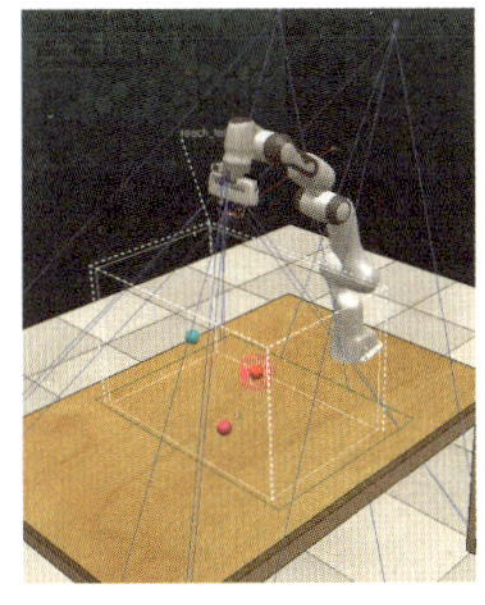 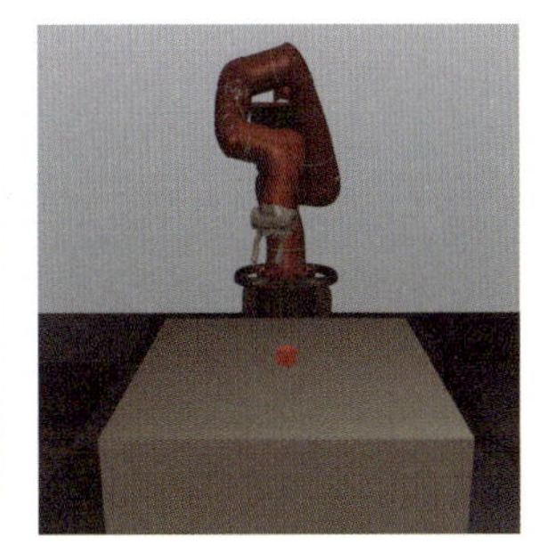

图 16.11　机器人学习任务：（1）OpenAI Gym 中的 FetchPush（左）；（2）使用 PyRep 实现的目标到达任务（中）；RoboSuite 中的 SawyerLift 任务（右）（正文：410 页）

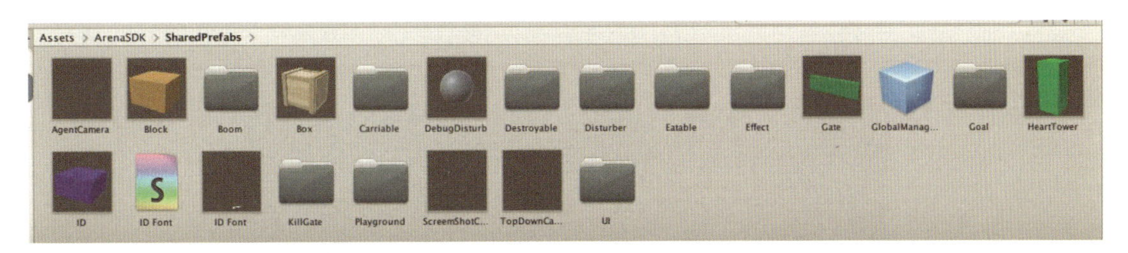

图 17.2　Arena 中的预制模块（正文：414 页）

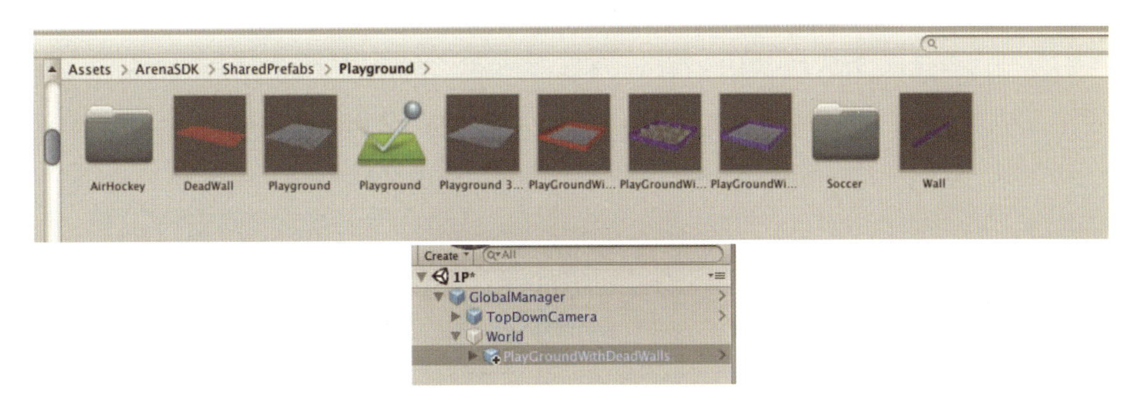

图 17.4　选择 Arena 预制模块中的一个运动场（Playground），并将它附于 **GlobalManager** 的子节点上（正文：415 页）

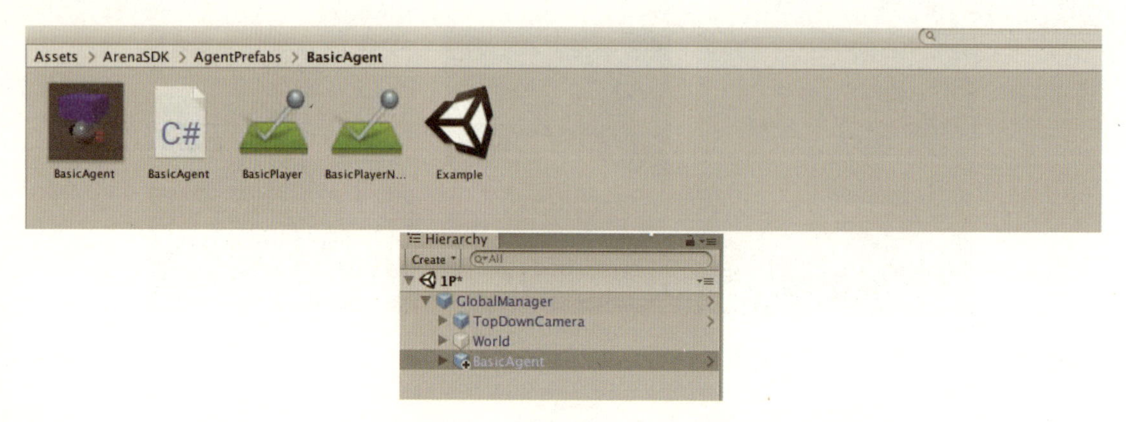

图 17.5　选择并将一个 Arena 预制模块中的 **BasicAgent** 附于 **GlobalManager** 的子节点上（正文：415 页）

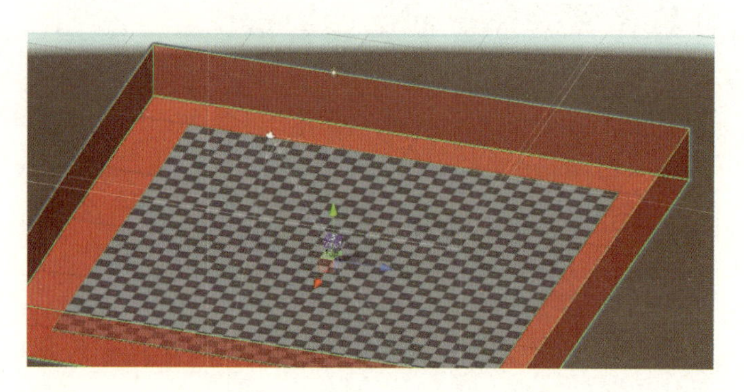

图 17.6　单个智能体在场地上的场景（正文：415 页）

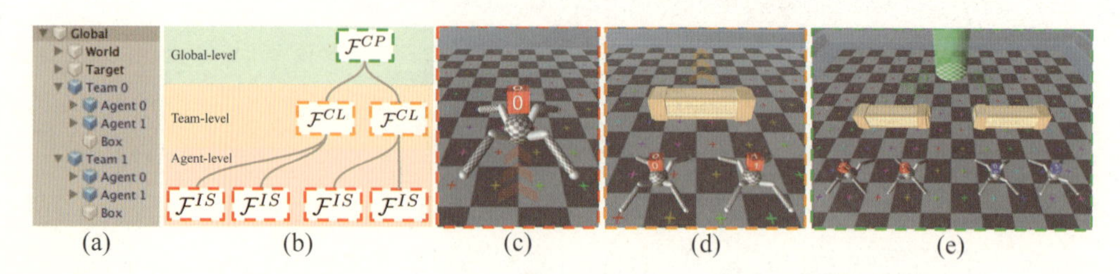

图 17.18　在 Arena 对每个 **Arena Node** 使用不同 BMaRs 定义的社会树（正文：423 页）

图 17.21　场景中的 **ArenaCrawlerAgent**（正文：424 页）

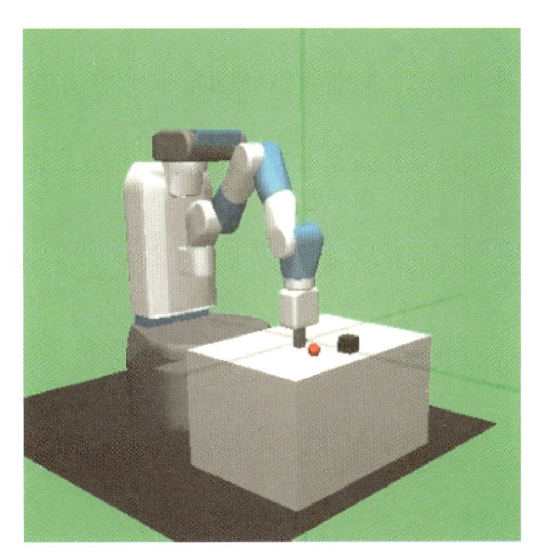

图 18.1　OpenAI Gym 中的 FetchPush 环境。对这个环境而言，使用物体到目标位置的最终距离比奖励函数值能更好地衡量对所学策略的表现，因为它是对任务整体目标的最直接表示。然而奖励函数可能被设置为包含一些其他因素，如夹具到物体的距离等（正文：439 页）

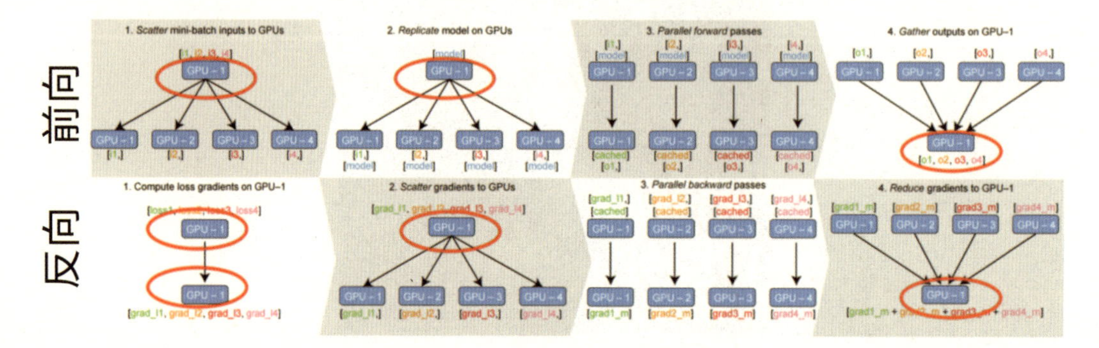

图 18.3　使用 torch.nn.DataParallel 的前向和反向过程（正文：442 页）

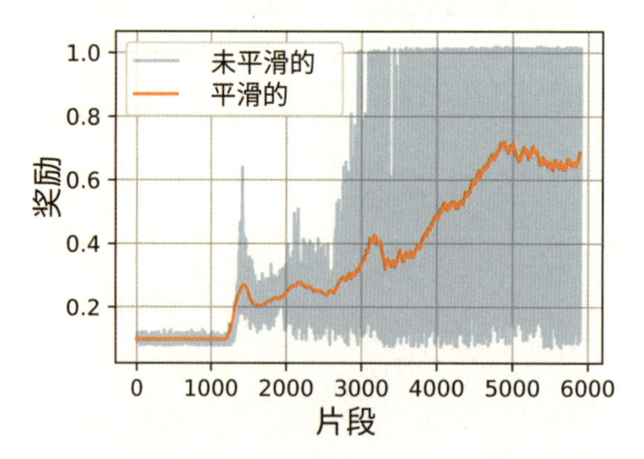

图 18.4　强化学习中平滑的和未平滑的学习曲线（正文：442 页）

Deep Reinforcement Learning

Fundamentals, Research and Applications

深度强化学习

基础、研究与应用

董豪　丁子涵　仉尚航　等著

電子工業出版社
Publishing House of Electronics Industry
北京•BEIJING

内 容 简 介

深度强化学习结合深度学习与强化学习算法各自的优势解决复杂的决策任务。得益于 DeepMind AlphaGo 和 OpenAI Five 成功的案例，深度强化学习受到大量的关注，相关技术广泛应用于不同的领域。

本书分为三大部分，覆盖深度强化学习的全部内容。第一部分介绍深度学习和强化学习的入门知识、一些非常基础的深度强化学习算法及其实现细节，包括第 1～6 章。第二部分是一些精选的深度强化学习研究题目，这些内容对准备开展深度强化学习研究的读者非常有用，包括第 7～12 章。第三部分提供了丰富的应用案例，包括 AlphaZero、让机器人学习跑步等，包括第 13～17 章。

本书是为计算机科学专业背景、希望从零开始学习深度强化学习并开展研究课题和实践项目的学生准备的。本书也适合没有很强的机器学习背景、但是希望快速学习深度强化学习并将其应用到具体产品中的软件工程师阅读。

图书在版编目（CIP）数据
深度强化学习：基础、研究与应用 / 董豪等著.—北京：电子工业出版社，2021.7
ISBN 978-7-121-41188-5
Ⅰ. ①深… Ⅱ. ①董… Ⅲ. ①机器学习 Ⅳ. ①TP181
中国版本图书馆 CIP 数据核字（2021）第 093628 号

责任编辑：孙学瑛
印　　刷：天津千鹤文化传播有限公司
装　　订：天津千鹤文化传播有限公司
出版发行：电子工业出版社
　　　　　北京市海淀区万寿路 173 信箱　　邮编：100036
开　　本：787×980　1/16　印张：32.5　字数：745 千字　彩插：7
版　　次：2021 年 7 月第 1 版
印　　次：2022 年 3 月第 5 次印刷
定　　价：129.00 元

凡所购买电子工业出版社图书有缺损问题，请向购买书店调换。若书店售缺，请与本社发行部联系，联系及邮购电话：（010）88254888，88258888。
质量投诉请发邮件至 zlts@phei.com.cn，盗版侵权举报请发邮件至 dbqq@phei.com.cn。
本书咨询联系方式：（010）51260888-819，faq@phei.com.cn。

专家赞誉

郭毅可（香港浸会大学副校长、教授，帝国理工学院教授，数据科学研究所所长，英国皇家工程院院士，欧洲科学院院士）

我对这本书覆盖内容的范围之广印象深刻。从深度强化学习的基础理论知识，到包含代码细节的技术实现描述，作者们花了大量的精力致力于提供综合且广泛的内容。这样的书籍是初学者和科研人员非常好的学习材料。拥抱开源社区是深度学习得到快速发展不可或缺的一个原因。我很欣慰这本书提供了大量的开源代码。我也相信这本书将会对那些希望深入这个领域的研究人员非常有用，也对那些希望通过开源例子快速上手的工程师提供良好的基础。

陈宝权（北京大学教授，前沿计算研究中心执行主任，IEEE Fellow）

本书提供的深度强化学习内容非常可靠，缩小了基础理论和实践之间的差距，以提供详细的描述、算法实现、大量技巧和速查表为特色。本书作者均是研究强化学习的知名大学研究者和将技术用在各类应用中的开源社区实践者。这本书为不同背景和阅读目的的读者提供了非常有用的资源。

金驰（普林斯顿大学助理教授）

这是一本在深度强化学习这个重要领域出版得非常及时的书。本书以一种简明清晰的风格提供了详尽的工具，包括深度强化学习的基础和重要算法、具体实现细节和前瞻的研究方向。对任何愿意学习深度强化学习、将深度强化学习算法运用到某些应用上或开始进行深度强化学习基础研究的人来说，这本书都是理想的学习材料。

李克之（伦敦大学学院助理教授）

这本书是为强化学习、特别是深度强化学习的忠实粉丝提供的。从 2013 年开始，深度强化学习已经渐渐地以多种方式改变了我们的生活和世界，比如会下棋的 AlphaGo 技术展示了超过专业选手的理解能力的“围棋之美”。类似的情况也会发生在技术、医疗和金融领域。深度强化学习探索了一个人类最基本的问题：人类是如何通过与环境交互进行学习的？这个机制可能成为逃出“大数据陷阱”的关键因素，作为一条强人工智能的必经之路，通向人类智慧尚未企及的地方。本书由一群对机器学习充满热情的年轻研究人员编著，它将向你展示深度强化学习的世界，通过实例和经验介绍加深你对深度强化学习的理解。向所有想把未来智慧之匙揣进口袋的学习者推荐此书。

前　言

为什么写作本书

人工智能已经成为当今信息技术发展的主要方向，国务院印发的《新一代人工智能发展规划》中指出：2020 年我国人工智能核心产业规模超过 1500 亿元，带动相关产业规模超过 1 万亿元；2030 年人工智能核心产业规模超过 1 万亿元，带动相关产业规模超过 10 万亿元。深度强化学习将结合深度学习与强化学习算法各自的优势来解决复杂的决策任务。

近年来，归功于 DeepMind AlphaGo 和 OpenAI Five 这类成功的案例，深度强化学习受到大量的关注，相关技术广泛用于金融、医疗、军事、能源等领域。为此，学术界和产业界急需大量人才，而深度强化学习作为人工智能中的智能决策部分，是理论与工程相结合的重要研究方向。本书将以通俗易懂的方式讲解相关技术，并辅以实践教学。

本书主要内容

本书分为三大部分，以尽可能覆盖深度强化学习所需要的全部内容。

第一部分介绍深度学习和强化学习的入门知识、一些非常基础的深度强化学习算法及其实现细节，请见第 1～6 章。

第二部分是一些精选的深度强化学习研究题目，请见第 7～12 章，这些内容对准备开展深度强化学习研究的读者非常有用。

为了帮助读者更深入地学习深度强化学习，并把相关技术用于实践，本书第三部分提供了丰富的例子，包括 AlphaZero、让机器人学习跑步等，请见第 13～17 章。

如何阅读本书

本书是为计算机科学专业背景、希望从零学习深度强化学习并开展研究课题和实践项目的学生准备的。本书也适用于没有很强机器学习背景、但是希望快速学习深度强化学习并把它应用到具体产品中的软件工程师。

鉴于不同的读者情况会有所差异（比如，有的读者可能是第一次接触深度学习，而有的读者可能已经对深度学习有一定的了解；有的读者已经有一些强化学习基础；有的读者只是想了解强化学习的概念，而有的读者是准备长期从事深度强化学习研究的），这里根据不同的读者情况给予不同的阅读建议。

1. 要了解深度强化学习。

   第1～6章覆盖了深度强化学习的基础知识，其中第2章是最关键、最基础的内容。如果您已经有深度学习基础，可以直接跳过第1章。第3章、附录A和附录B总结了不同的算法。

2. 要从事深度强化学习研究。

   除了深度学习的基础内容，第7章介绍了当今强化学习技术发展遇到的各种挑战。您可以通过阅读第8～12章来进一步了解不同的研究方向。

3. 要在产品中使用深度强化学习。

   如果您是工程师，希望快速地在产品中使用深度强化学习技术，第13～17章是您关注的重点。您可以根据业务场景中的动作空间和观测种类来选择最相似的应用例子，然后运用到您的业务中。

董豪

2021年4月

关于本书作者

本书编著方式与其他同类书籍不同，是由人工智能开源社区发起的，我们非常感谢 TensorLayer 中文社区的支持。最重要的是感谢家人对我们工作的支持和强大的祖国对人工智能产业的重视。下表列出了所有章节的作者。

各章节作者列表

章节	标题	作者
–	前言	董豪
–	数学符号	张敬卿
–	序言	董豪、仉尚航
–	基础部分	董豪
1	深度学习入门	张敬卿、袁航、廖培元、董豪
2	强化学习入门	丁子涵、黄彦华、袁航、董豪、仉尚航
3	强化学习算法分类	张鸿铭、余天洋
4	深度 Q 网络	黄彦华、余天洋
5	策略梯度	仉尚航、黄锐桐、余天洋、丁子涵
6	深度 Q 网络和 Actor-Critic 的结合	张鸿铭、余天洋、黄锐桐
–	研究部分	丁子涵
7	深度强化学习的挑战	丁子涵、董豪
8	模仿学习	丁子涵
9	集成学习和规划	张华清、黄锐桐、仉尚航
10	分层强化学习	黄彦华、仉尚航、余天洋
11	多智能体强化学习	张华清、仉尚航
12	并行计算	张华清、余天洋
–	应用部分	董豪、丁子涵
13	Learning to Run	丁子涵、董豪

各章节作者列表（续表）

章节	标题	作者
14	鲁棒的图像增强	黄彦华、仉尚航、余天洋
15	AlphaZero	张鸿铭、余天洋
16	模拟环境中机器人学习	丁子涵、董豪
17	Arena：多智能体强化学习平台	丁子涵
18	深度强化学习应用实践技巧	丁子涵、董豪
–	总结部分	董豪
–	算法总结表	丁子涵
–	算法速查表	丁子涵

作者简介

董　豪　北京大学计算机系前沿计算研究中心助理教授、深圳鹏城实验室双聘成员。于 2019 年秋获得英国帝国理工学院博士学位。研究方向主要涉及计算机视觉和生成模型，目的是降低学习智能系统所需要的数据。致力于推广人工智能技术，是深度学习开源框架 TensorLayer 的创始人，此框架获得 ACM MM 2017 年度最佳开源软件奖。在英国帝国理工学院和英国中央兰开夏大学获得一等研究生和一等本科学位。

丁子涵　英国帝国理工学院硕士。获普林斯顿大学博士生全额奖学金，曾在加拿大 Borealis AI、腾讯 Robotics X 实验室有过工作经历。本科就读于中国科学技术大学，获物理和计算机双学位。研究方向主要涉及强化学习、机器人控制、计算机视觉等。在 ICRA、NeurIPS、AAAI、IJCAI、Physical Review 等顶级期刊与会议发表多篇论文，是 TensorLayer-RLzoo、TensorLet 和 Arena 开源项目的贡献者。

仉尚航　加州大学伯克利分校 BAIR 实验室（Berkeley AI Research Lab）博士后研究员。于 2018 年获得卡内基·梅隆大学博士学位。研究方向主要涉及深度学习、计算机视觉及强化学习。在 NeurIPS、CVPR、ICCV、TNNLS、AAAI、IJCAI 等人工智能顶级期刊和会议发表多篇论文。目前主要从事 Human-inspired sample-efficient learning 理论与算法研究，包括 low-shot learning、domain adaptation、self learning 等。获得 AAAI 2021 Best Paper Award、美国 2018 Rising Stars in EECS、Adobe Collaboration Fund、Qualcomm Innovation Fellowship Finalist Award 等奖励。

袁　航　英国牛津大学计算机科学博士在读、李嘉诚奖学金获得者，主攻人工智能安全和深度学习在健康医疗中的运用。曾在欧美各大高校和研究机构研习，如帝国理工学院、马克斯普朗克研究所、瑞士联邦理工和卡内基·梅隆大学。

张鸿铭　中国科学院自动化研究所算法工程师。于 2018 年获得北京大学硕士研究生学位。本科就读于北京师范大学，获理学学士学位。研究方向涉及统计机器学习、强化学习和启发式搜索。

张敬卿　英国帝国理工学院计算机系博士生，师从帝国理工学院数据科学院院长郭毅可院士。主要研究方向为深度学习、机器学习、文本挖掘、数据挖掘及其应用。曾获得中国国家奖学金。2016

年于清华大学计算机科学与技术系获得学士学位，2017 年于帝国理工学院计算机系获得一等研究性硕士学位。

黄彦华 就职于小红书，负责大规模机器学习及强化学习在推荐系统中的应用。2016 年在华东师范大学数学系获得理学学士学位。曾贡献过开源项目 PyTorch、TensorFlow 和 Ray。

余天洋 启元世界算法工程师，负责强化学习在博弈场景中的应用。硕士毕业于南昌大学，是 TensorLayer-RLzoo 开源项目的贡献者。

张华清 谷歌公司算法和机器学习工程师，侧重于多智能体强化学习和多层次结构博弈论方向研究，于华中科技大学获得学士学位，后于 2017 年获得休斯敦大学博士学位。

黄锐桐 Borealis AI（加拿大皇家银行研究院）团队主管。于 2017 年获得阿尔伯塔大学统计机器学习博士学位。本科就读于中国科学技术大学数学系，后于滑铁卢大学获得计算机硕士学位。研究方向主要涉及在线学习、优化、对抗学习和强化学习。

廖培元 目前本科就读于卡内基·梅隆大学计算机科学学院。研究方向主要涉及表示学习和多模态机器学习。曾贡献过开源项目 mmdetection 和 PyTorch Cluster，在 Kaggle 数据科学社区曾获 Competitions Grandmaster 称号，最高排名全球前 25 位。

读者服务

微信扫码回复：41188

- 获取本书参考链接
- 加入“人工智能”读者交流群，与更多读者互动
- 获取各种共享文档、线上直播、技术分享等免费资源
- 获取博文视点学院在线课程、电子书 20 元代金券

致 谢

首先，我们感谢我国对人工智能事业的大力支持和对开源建设的关注，感谢前辈们的指导，这鼓励了我们更加大胆地尝试、创新与实践。我们也非常感谢开源用户源源不断地向我们提供反馈，为我们不断前进提供了方向。

在此，我们特别感谢在本书写作过程中为我们提供建议的朋友们，包括：来自 Mila 的付杰，帝国理工学院的王剑虹和刘世昆，北京大学的陈坤，加州大学圣地亚哥分校的宋萌，阿尔伯塔大学的马辰、肖晨骏、梅劲骋、王琰和杨斌，三星研究院的于桐，复旦大学的罗旭，休斯敦大学的史典，上海交通大学的张卫鹏，乔治亚理工学院的康亚舒，华东师范大学的赵晨萧，弗雷德里希米歇尔研究所的刘天霖，Borealis AI 的丁伟光，小红书的苏睿龙，启元世界的彭鹏，清华大学的周仕信、常恒、陈泽铭、毛忆南、袁新杰、叶佳辉，以及中科院自动化所的裴郢郡、张清扬、胡金城。我们也感谢耶鲁大学的 Jared Sharp 帮助本书英文版本的语言检查，感谢林嘉媛的封面设计。

此外，很多开源社区的贡献者对本书的代码库做出了贡献，包括北京大学的吴睿海和吴润迪、鹏城实验室的赖铖、爱丁堡大学的麦络、帝国理工的李国、英伟达的 Jonathan Dekhtiar 等，他们为维护 TensorLayer 和强化学习实例库做了很多工作。

董豪特别感谢北京大学前沿计算研究中心和深圳鹏城实验室对 TensorLayer 的开发维护，以及探索下一代 AI 开源软件的支持。感谢广东省重点领域研发计划资助（编号 2019B121204008）、北大新聘学术人员科启（编号 7100602564）和人工智能算法研究（编号 7100602567）项目的经费支持。特别感谢郭毅可院士对他研究生和博士工作的指导。

丁子涵特别感谢帝国理工学院 Edward Johns 教授对他硕士研究生工作的指导。

仉尚航特别感谢加州大学伯克利分校 Kurt Keutzer 教授和 Trevor Darrell 教授对她博士后研究工作的指导，卡内基·梅隆大学 José M. F. Moura 教授对她博士研究工作的指导，北京大学高文教授和解晓东教授对她研究生工作的指导，以及清华大学朱文武教授的指导与合作。

前导知识

自从 1946 年第一台真正意义上的计算机发明以来，人们一直致力于建造更加智能的计算机。随着算力的提高和数据的增长，人工智能（Artificial Intelligence，AI）获得了空前的发展，在一些任务上的表现甚至已经超越人类，比如围棋、象棋，以及一些疾病诊断和电子游戏等。人工智能技术还能被广泛用于其他应用中，比如药物发现、天气预测、材料设计、推荐系统、机器感知与控制、自动驾驶、人脸识别、语音识别和对话系统。

近十年来，很多国家，比如中国、英国、美国、日本、德国，对人工智能进行了大量的投入。与此同时，还有很多科技巨头，比如 Google、Facebook、Microsoft、Apple、百度、华为、腾讯、字节跳动和阿里巴巴等，也都积极地参与其中。人工智能在我们的日常生活中正变得无处不在，如自动驾驶汽车、人脸 ID 和聊天机器人。毫无疑问，人工智能对人类社会的发展至关重要。

在我们深入阅读本书之前，第一步应该先了解人工智能领域不同的子领域，如机器学习（Machine Learning，ML）、深度学习（Deep Learning，DL）、强化学习（Reinforcement Learning，RL），以及本书的主题——深度强化学习（Deep Reinforcement Learning，DRL）。图 1 用韦恩图（Venn Diagram）展示了它们之间的关系，下面将会逐一介绍它们。

人工智能

虽然科学家一直以来都在努力让计算机变得越来越智能，但是“智能”的定义直到今天依然是非常模糊的。在这个问题上，Alan Turing 最早在他 1950 年曼城大学时的文章 *Computing Machinery and Intelligence* 中介绍了图灵测试（Turing Test）。图灵测试可以用来衡量机器模拟人类行为的能力大小。具体来说，它描述了一个“imitation game”，一个质问者向一个人和一台计算机提出一系列问题，用以判断哪个是人，哪个是机器。当且仅当质问者不能分辨出人和机器时，图灵测试就通过了。

人工智能的概念最早是由 John McCarthy 在 1956 年夏天的达特茅斯（Dartmouth）会议上提出的。这次会议被认为是人工智能正式进入计算机科学领域的开端。最早期的人工智能算法主要用于解决可以被数学符号和逻辑规则公式化的问题。

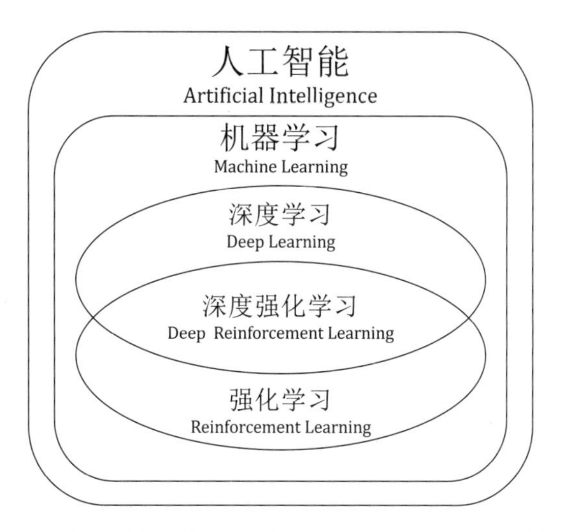

图 1　人工智能、机器学习、深度学习、强化学习及深度强化学习之间的关系

机器学习

机器学习（Machine Learning，ML）的概念和名字是由 Arthur Samuel（Bell Labs, IBM, Stanford）在 1959 年首次提出来的。一个人工智能系统需要具备从原始数据中学习知识的能力，这个能力就称为机器学习。很多人工智能问题可以被这样解决：通过设计有针对性的模式识别算法来从原始数据中提取有效特征，然后用机器学习算法使用这些特征。

比如，在早期的人脸识别算法中，我们需要特殊的人脸特征提取算法。最简单的方法就是使用主成分分析（Principal Component Analysis，PCA）降低数据的维度，然后把低维度特征输入一个分类器获得结果。长期以来，人脸识别需要纯手工设计的特征工程算法。针对不同问题设计特征提取算法的过程非常耗时，而且在很多任务中设计有针对性的特征提取算法的难度非常大。比如，语言翻译的特征提取需要语法的知识，这需要很多语言学专家帮助。然而，一个通用的算法应该具备从对不同任务自行学习出特征提取算法，以大大降低算法开发过程中所需的人力的先验知识。

学术界有很多研究，使得机器学习能自动学习数据的表征。表征学习的智能化不仅可以提升性能，还能降低解决人工智能问题的成本。

深度学习

深度学习是机器学习中的一个子领域，与其他算法不同，它主要基于人工神经网络（Artificial Neural Network，ANN）(Goodfellow et al., 2016) 来实现。我们之所以称它为神经网络，是因为它是由生物神经网络启发设计的。Warren Sturgis McCulloch 和 Walter Pitts 在 1943 年共同发表的 *A Logical Calculus of the Ideas Immanent in Nervous Activity* (McCulloch et al., 1943) 被视为人工神经

网络的开端。至此，人工神经网络作为一种全自动特征学习器，使得我们不需要对不同数据开发特定的特征提取算法，从而大大提高了开发算法的效率。

深度神经网络（Deep Neural Network，DNN）是人工神经网络的“深度”版本，有很多的神经网络层，深层的网络相比浅层的网络具有更强的数据表达能力。图 2 展示了深度学习方法与非深度学习方法的主要区别。深度学习方法让开发者不再需要针对特定数据来设计纯手工的特征提取算法。我们因此也称这些学习算法为端到端（End-to-end）方法。但值得注意的是，很多人质疑，深度学习方法是一个黑盒子（Black-box），我们并不知道它是如何学到数据特征表达的，往往缺乏透明性和可解析性。

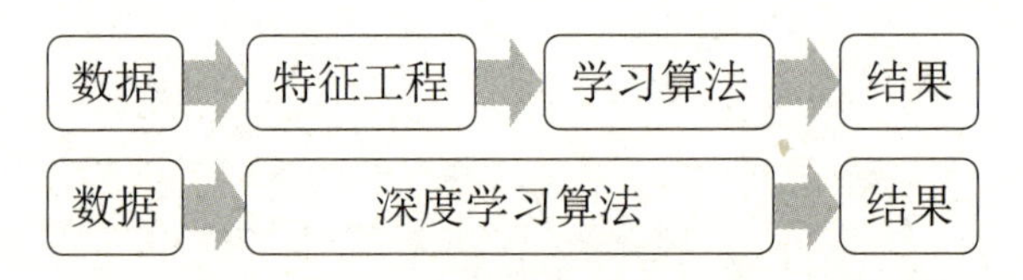

图 2　深度学习方法与非深度学习方法的区别

虽然现在看来，深度学习非常流行，但是在人工神经网络早期发展阶段，受制于当时计算机算力和黑盒子问题，实际应用很少，并未受到学术界的广泛关注。

这种情况直到 2012 年才得到了改变，当年一个叫 Alexnet (Krizhevsky et al., 2012) 的模型在 ImageNet 图像分类竞赛 (Russakovsky et al., 2015) 中取得了超过其他方法 10% 以上的性能。从此，深度学习开始受到越来越多的关注，深度学习方法开始在很多不同领域超越非深度学习方法，比如大家熟悉的计算机视觉 (Girshick, 2015; Johnson et al., 2016; Ledig et al., 2017; Pathak et al., 2016; Vinyals et al., 2016) 和自然语言处理 (Bahdanau et al., 2015)。

强化学习

深度学习虽然具有了很强大的数据表达能力，但不足以建立一个智能的人工智能系统。这是因为人工智能系统不仅需要从给定的数据中学习，而且还要像人类那样学习与真实世界交互。强化学习作为机器学习的一个分支，即可让计算机与环境进行交互学习。

简单来说，强化学习把世界分为两个部分：环境（Environment）与智能体（Agent）。智能体通过执行动作（Action）来与环境交互，并获得环境的反馈。在强化学习中，环境的反馈是以奖励（Reward）形式体现的。智能体学习如何“更好”地与环境交互，以尽可能获得更大的奖励。这个学习过程建立了环境与智能体间的环路，通过强化学习算法来提升智能体的能力。

深度强化学习

深度强化学习结合了深度学习和强化学习各自的优点来建立人工智能系统，主要在强化学习中使用深度神经网络的强大数据表达能力，例如价值函数（Value Function）可以用神经网络来近似，以实现端到端的优化学习。

DeepMind 是一家成立于伦敦、以科研为主导的人工智能技术公司，在深度强化学习历史上具有非常重要的地位。2013 年，仅在 AlexNet 提出一年以后，他们就发表了论文 *Playing Atari with Deep Reinforcement Learning*，该文基于电子游戏的原始画面作为输入，学习了 7 种游戏。DeepMind 的方法不需要手工设计特征提取算法，在 6 个游戏中优于之前的方法，甚至在 1 个游戏中赢了人类。

2017 年，DeepMind 的 AlphaGO 围棋算法在中国打败了世界第一围棋大师——柯洁。该事件标志着人工智能具备比人类更好表现的潜力。深度强化学习是机器学习的一个子领域，具有实现通用人工智能（Artificial General Intelligence，AGI）的潜力。但是还有很多的挑战需要我们解决，才能真正地实现这个理想的目标。

TensorLayer

强化学习的算法很多，而且从学习算法到实现算法有一定的距离。因此，本书中很多章节会有实现教学，我们会展示一些算法中的关键部分是如何实现的。自从深度学习变得流行以来，出现了很多开源的框架，比如 TensorFlow、Chainer、Theano 和 PyTorch 等，以支持神经网络的自动优化。在本书中，我们选择 TensorLayer，一个为科研人员和专业工程师设计的深度学习与强化学习库。该库获得了 ACM Multimedia 2017 年度最佳开源软件奖。在本书定稿时，TensorLayer 2.0 支持 TensorFlow 2.0 作为后端计算引擎，而在下一版本中，TensorLayer 将会支持更多的其他计算引擎，如华为 MindSpore，以更好地支持国内外的 AI 训练芯片。更多关于 TensorLayer 的最新信息，请访问 GitHub 页面[1]。

参考文献

BAHDANAU D, CHO K, BENGIO Y, 2015. Neural machine translation by jointly learning to align and translate[C]//Proceedings of the International Conference on Learning Representations (ICLR).

GIRSHICK R, 2015. Fast R-CNN[C]//Proceedings of the IEEE International Conference on Computer Vision (ICCV). 1440-1448.

GOODFELLOW I, BENGIO Y, COURVILLE A, 2016. Deep learning[M]. MIT Press.

[1]链接见读者服务

JOHNSON J, ALAHI A, FEI-FEI L, 2016. Perceptual Losses for Real-Time Style Transfer and Super-Resolution[C]//Proceedings of the European Conference on Computer Vision (ECCV).

KRIZHEVSKY A, SUTSKEVER I, HINTON G E, 2012. Imagenet classification with deep convolutional neural networks[C]//Proceedings of the Neural Information Processing Systems (Advances in Neural Information Processing Systems). 1097-1105.

LEDIG C, THEIS L, HUSZAR F, et al., 2017. Photo-Realistic Single Image Super-Resolution Using a Generative Adversarial Network[C]//Proceedings of the IEEE Conference on Computer Vision and Pattern Recognition (CVPR).

MCCULLOCH W S, PITTS W, 1943. A logical calculus of the ideas immanent in nervous activity[J]. The bulletin of mathematical biophysics, 5(4): 115-133.

PATHAK D, KRAHENBUHL P, DONAHUE J, et al., 2016. Context encoders: Feature learning by inpainting[C]//Proceedings of the IEEE Conference on Computer Vision and Pattern Recognition (CVPR). 2536-2544.

RUSSAKOVSKY O, DENG J, SU H, et al., 2015. Imagenet Large Scale Visual Recognition Challenge[J]. International Journal of Computer Vision (IJCV), 115(3): 211-252.

VINYALS O, TOSHEV A, BENGIO S, et al., 2016. Show and tell: Lessons learned from the 2015 mscoco image captioning challenge[J]. IEEE Transactions on Pattern Analysis and Machine Intelligence (PAMI).

数学符号

本书尽可能地减少了和数学相关的内容，以帮助读者更加直观地理解深度强化学习。本书的数学符号约定如下。

基础符号

x	scalar，标量
$\boldsymbol{x}$	vector，向量
$\boldsymbol{X}$	matrix，矩阵
$\mathbb{R}$	the set of real numbers，实数集
$\frac{\mathrm{d}y}{\mathrm{d}x}$	derivative of y with respect to x，标量的导数
$\frac{\partial y}{\partial x}$	partial derivative of y with respect to x，标量的偏导数
$\nabla_{\boldsymbol{x}} y$	gradient of y with respect to $\boldsymbol{x}$，向量的梯度
$\nabla_{\boldsymbol{X}} y$	matrix derivatives of y with respect to $\boldsymbol{X}$，矩阵的导数
$P(X)$	a probability distribution over a discrete variable，离散变量的概率分布
$p(X)$	a probability distribution over a continuous variable, or over a variable whose type has not been specified，连续变量（或者未定义连续或者离散的变量）的概率分布
$X \sim p$	the random variable X has distribution，随机变量 X 满足概率分布 p
$\mathbb{E}[X]$	expectation of a random variable，随机变量的期望
$\mathrm{Var}[X]$	variance of a random variable，随机变量的方差
$\mathrm{Cov}(X, Y)$	covariance of two random variables，两个随机变量的协方差

$D_{\mathrm{KL}}(P\|Q)$ Kullback-Leibler divergence of P and Q，两个概率分布的 KL 散度

$\mathcal{N}(\boldsymbol{x};\boldsymbol{\mu},\boldsymbol{\Sigma})$ Gaussian distribution over $\boldsymbol{x}$ with mean $\boldsymbol{\mu}$ and covariance $\boldsymbol{\Sigma}$，平均值为 $\boldsymbol{\mu}$ 且协方差为 $\boldsymbol{\Sigma}$ 的多元高斯分布

强化学习符号

s, s' states，状态

a action，动作

r reward，奖励

R reward function，奖励函数

$\mathcal{S}$ set of all non-terminal states，非终结状态

$\mathcal{S}^+$ set of all states, including the terminal state，全部状态，包括终结状态

$\mathcal{A}$ set of actions，动作集合

$\mathcal{R}$ set of all possible rewards，奖励集合

$\boldsymbol{P}$ transition matrix，转移矩阵

t discrete time step，离散时间步

T final time step of an episode，回合内最终时间步

S_t state at time t，时间 t 的状态

A_t action at time t，时间 t 的动作

R_t reward at time t, typically due, stochastically, to A_t and S_t，时间 t 的奖励，通常为随机量，且由 A_t 和 S_t 决定

G_t return following time t，回报

$G_t^{(n)}$ n-step return following time t，n 步回报

G_t^{λ} λ-return following time t，λ-回报

π policy, decision-making rule，策略

$\pi(s)$ action taken in state s under *deterministic* policy π，根据确定性策略 π，状态 s 时的动作

$\pi(a\|s)$	probability of taking action a in state s under *stochastic* policy π，根据随机性策略 π，状态 s 时执行动作 a 的概率
$p(s',r\|s,a)$	probability of transitioning to state s', with reward r, from state s and action a，根据状态 s 和动作 a，使得状态转移成 s' 且获得奖励 r 的概率
$p(s'\|s,a)$	probability of transitioning to state s', from state s taking action a，根据状态 s 和动作 a，使得状态转移成 s' 的概率
$v_\pi(s)$	value of state s under policy π (expected return)，根据策略 π，状态 s 的价值（回报期望）
$v_*(s)$	value of state s under the optimal policy，根据最优策略，状态 s 的价值
$q_\pi(s,a)$	value of taking action a in state s under policy π，根据策略 π，在状态 s 时执行动作 a 的价值
$q_*(s,a)$	value of taking action a in state s under the optimal policy，根据最优策略，在状态 s 时执行动作 a 的价值
V, V_t	estimates of state-value function $v_\pi(s)$ or $v_*(s)$，状态价值函数的估计
Q, Q_t	estimates of action-value function $q_\pi(s,a)$ or $q_*(s,a)$，动作价值函数的估计
τ	trajectory, which is a sequence of states, actions and rewards, $\tau = (S_0, A_0, R_0, S_1, A_1, R_1, \cdots)$，状态、动作、奖励的轨迹
γ	reward discount factor, $\gamma \in [0,1]$，奖励折扣因子
ϵ	probability of taking a random action in ϵ-greedy policy，根据 ϵ-贪婪策略，执行随机动作的概率
α, β	step-size parameters，步长
λ	decay-rate parameter for eligibility traces，资格迹的衰减速率

强化学习中术语总结

除了在本书开头的数学符号法则中定义的术语，强化学习中常见内容的相关术语总结如下：

R 是奖励函数，$R_t = R(S_t)$ 是 MRP 中状态 S_t 的奖励，$R_t = R(S_t, A_t)$ 是 MDP 中的奖励，$S_t \in \mathcal{S}$。

$R(\tau)$ 是轨迹 τ 的 γ-折扣化回报，$R(\tau) = \sum_{t=0}^{\infty} \gamma^t R_t$。

$p(\tau)$ 是轨迹的概率：

- $p(\tau) = \rho_0(S_0)\prod_{t=0}^{T-1} p(S_{t+1}|S_t)$ 对于 MP 和 MRP，$\rho_0(S_0)$ 是起始状态分布（Start-State Distribution）。
- $p(\tau|\pi) = \rho_0(S_0)\prod_{t=0}^{T-1} p(S_{t+1}|S_t, A_t)\pi(A_t|S_t)$ 对于 MDP，$\rho_0(S_0)$ 是起始状态分布。

$J(\pi)$ 是策略 π 的期望回报，$J(\pi) = \int_\tau p(\tau|\pi)R(\tau) = \mathbb{E}_{\tau\sim\pi}[R(\tau)]$。

π^* 是最优策略：$\pi^* = \arg\max_\pi J(\pi)$。

$v_\pi(s)$ 是状态 s 在策略 π 下的价值（期望回报）。

$v_*(s)$ 是状态 s 在最优策略下的价值（期望回报）。

$q_\pi(s,a)$ 是状态 s 在策略 π 下采取动作 a 的价值（期望回报）。

$q_*(s,a)$ 是状态 s 在最优策略下采取动作 a 的价值（期望回报）。

$V(s)$ 是对 MRP 中从状态 s 开始的状态价值的估计。

$V^\pi(s)$ 是对 MDP 中在线状态价值函数的估计，给定策略 π，有期望回报：

- $V^\pi(s) \approx v_\pi(s) = \mathbb{E}_{\tau\sim\pi}[R(\tau)|S_0 = s]$

$Q^\pi(s,a)$ 是对 MDP 下在线动作价值函数的估计，给定策略 π，有期望回报：

- $Q^\pi(s,a) \approx q_\pi(s,a) = \mathbb{E}_{\tau\sim\pi}[R(\tau)|S_0 = s, A_0 = a]$

$V^*(s)$ 是对 MDP 下最优动作价值函数的估计，根据最优策略，有期望回报：

- $V^*(s) \approx v_*(s) = \max_\pi \mathbb{E}_{\tau\sim\pi}[R(\tau)|S_0 = s]$

$Q^*(s,a)$ 是对 MDP 下最优动作价值函数的估计，根据最优策略，有期望回报：

- $Q^*(s,a) \approx q_*(s,a) = \max_\pi \mathbb{E}_{\tau\sim\pi}[R(\tau)|S_0 = s, A_0 = a]$

$A^\pi(s,a)$ 是对状态 s 和动作 a 的优势估计函数：

- $A^\pi(s,a) = Q^\pi(s,a) - V^\pi(s)$

在线状态价值函数 $v_\pi(s)$ 和在线动作价值函数 $q_\pi(s,a)$ 的关系：

- $v_\pi(s) = \mathbb{E}_{a\sim\pi}[q_\pi(s,a)]$

最优状态价值函数 $v_*(s)$ 和最优动作价值函数 $q_*(s,a)$ 的关系：

- $v_*(s) = \max_a q_*(s,a)$

$a_*(s)$ 是状态 s 下根据最优动作价值函数得到的最优动作：

- $a_*(s) = \arg\max_a q_*(s,a)$

对于在线状态价值函数的贝尔曼方程：

- $v_\pi(s) = \mathbb{E}_{a\sim\pi(\cdot|s), s'\sim p(\cdot|s,a)}[R(s,a) + \gamma v_\pi(s')]$

对于在线动作价值函数的贝尔曼方程：

- $q_\pi(s,a) = \mathbb{E}_{s'\sim p(\cdot|s,a)}[R(s,a) + \gamma\mathbb{E}_{a'\sim\pi(\cdot|s')}[q_\pi(s',a')]]$

对于最优状态价值函数的贝尔曼方程：

- $v_*(s) = \max_a \mathbb{E}_{s' \sim p(\cdot|s,a)}[R(s,a) + \gamma v_*(s')]$

对于最优动作价值函数的贝尔曼方程：

- $q_*(s,a) = \mathbb{E}_{s' \sim p(\cdot|s,a)}[R(s,a) + \gamma \max_{a'} q_*(s',a')]$

目录

基础部分

本书第一部分包括 6 个章节，介绍深度学习、强化学习及广泛应用的深度强化学习算法及其实现。具体来说，前两章介绍深度学习和强化学习的基本概念，以及少量深度强化学习的基本知识，这些内容对读者阅读后续章节非常重要。如果您已经掌握了这些基本知识，完全可以跳过这两个章节。但我们还是建议您阅读第 2 章，这有助于熟悉本书的术语和数学公式。

第 3 章介绍了强化学习算法的分类，以帮助大家从不同的角度来对深度强化学习算法有全局的认识。分类包括基于模型的（Model-Based）与无模型的（Model-Bree）方法、基于策略的（Policy-Based）与基于价值的（Value-Based）方法、蒙特卡罗（Monte Carlo，MC）与时间差分（Temporal Difference，TD）方法、在线策略（On-Policy）与离线策略（Off-Policy）方法，等等。如果读者在阅读本书其他章节时，对算法的分类与属性有困惑，可回到第 3 章仔细思考。我们会在第 4～6 章详细介绍一些常见的深度强化学习算法，通过实例代码帮助大家深入理解算法的细节和实现技巧。

1 深度学习入门

深度学习是深度强化学习的重要构成部分。本章将首先简要介绍深度学习的基础知识，会从简单的单层神经网络开始，逐渐引入更加复杂且学习能力更强的神经网络模型，比如卷积神经网络和循环神经网络的模型。本章在最后将提供一些代码样例，用于介绍深度学习的实现过程。

1.1 简介

如果您已经非常熟悉深度学习，则可以从第 2 章开始阅读。如果您想对深度学习中的部分内容进行深入的学习和了解，推荐您参阅其他相关图书，例如 *Pattern Recognition and Machine Learning* (Bishop, 2006) 和 *Deep Learning* (Goodfellow et al., 2016)。与经典强化学习不同的是，深度强化学习是基于深度学习模型，即深度神经网络，来利用大数据和高性能计算强大优势的。我们可以大致将深度学习模型分为以下两大类。

判别模型用于建模条件概率 $p(y|x)$，其中 x 代表输入数据，而 y 代表输出目标。也就是说，判别模型基于输入数据 x，预测相对应的标签 y。顾名思义，判别模型大多应用于需要进行判断的任务，例如，分类任务和回归任务。具体来说，在分类任务中，模型需要根据输入数据从备选类别中选择正确的目标类别。如果一个任务中仅有两个备选类别且模型只需要从中选取一个正确的目标类别，则为二分类任务，是最为基本的分类任务。例如，在情感分析中 (Maas et al., 2011)，根据文本内容，判断文本表达了正面的情绪还是负面的情绪，即二分类任务。与之相对应的，在多标签分类任务中，备选类别中可能同时有多个正确的目标类别。

在很多情况下，一个分类模型并不直接指定目标类别，而会给每一个备选类别计算一个概率。例如，模型根据某个数据样例，认为它有 80% 的概率来自类别 A，而另有 15% 的概率来自类别 B，5% 的概率来自类别 C。之所以使用这种基于概率的表征，主要是为了便于在训练阶段对模型进行优化。深度学习已经在很多像图像分类 (Krizhevsky et al., 2009) 和文本分类 (Yang et al., 2019) 的分类任务上取得了巨大的成功。

分类任务的输出均为离散的类别标签，而回归任务则不同。回归任务的输出是连续的数值，如利用过去的交通数据来预测未来一段时间内的车速 (Liao et al., 2018a,b)。只要回归模型是基于条件概率建模的，我们就认为它是判别模型。

生成模型用于建模联合概率 $p(x,y)$。生成模型通常对可观测数据的分布进行建模，从而达到生成可观测数据的目的。生成对抗网络（Generative Adversarial Networks，GANs）(Goodfellow et al., 2014) 就是这样一个例子，它被用于生成图像、重构图像和对图像去噪。然而，类似于 GANs 的深度学习技术与可观测数据的分布并没有显式的关系，因为深度学习技术更关注生成的样本和可观测的真实样本之间的相似程度。与此同时，像朴素贝叶斯（Naive Bayes）的生成模型也用于解决分类任务 (Ng et al., 2002; Rish et al., 2001)。尽管生成模型和判别模型都可以用于解决分类任务，判别模型关注的是哪一个标签更适合可观测数据，而生成模型则尝试建模可观测数据的分布。下面举两个例子来说明它们的不同。朴素贝叶斯对似然概率（Likelihood）$p(x|y)$ 建模，也就是可观测数据在给定标签情况下的条件概率。生成模型先学会创造数据，再去学习如何判别数据，当学习了联合概率分布 $p(x,y)$ 后即可以学会判别，比如给定观测输入 x，输出目标为 1 的概率为 $p(y=1|x)=\frac{p(x,y=1)}{p(x)}$。

大多数深度神经网络都是判别模型，无论其目的是用于判别类任务还是生成类任务。这是因为很多生成类任务在具体实现中都可以简化为分类或者回归问题。例如，问答系统 (Devlin et al., 2019) 可以简化为根据问题选择文本中相应的段落；自动摘要 (Zhang et al., 2019b) 可以简化为从词表中根据概率选择单词，并组合成摘要。在这两种场景下，它们都在尝试生成文本，但是一个使用了分类的方法，另一个则使用了回归的方法。

具体来说，本章将介绍深度学习相关的基本元素和技术，例如构造深度神经网络必需的神经元、激活函数和优化器等，同时将介绍深度学习相关的应用。本章也将介绍基础的深度神经网络，例如多层感知器（Multilayer Perceptron，MLP）、卷积神经网络（Convolutional Neural Networks，CNNs），以及循环神经网络（Recurrent Neural Networks，RNNs）。最后，1.10 节将基于 TensorFlow 和 TensorLayer 介绍深度神经网络的实现样例。

1.2 感知器

单输出

神经元或节点是深度神经网络最基本的单元。神经元的概念最初是基于大脑中生物神经元提出的，也是生物神经元的一种抽象表示。在大脑中，生物神经元通过树突接受电信号，当生物神经元被激活后，通过轴突将电信号传播给其他附近的生物神经元。在真实的生物系统中，神经元的信息传递并不是在一瞬间发生的，而是需要经过一步一步传递的过程，这个过程可以形象地理解成激活一个神经网络。当前，深度学习的研究更多地依赖深度神经网络（Deep Neural Networks，简称 DNNs），亦称人造神经网络（Artificial Neural Networks，简称 ANNs）。深度神经网络中的神经元的输入和输出都是数值。一个神经元可以跟下一层的多个神经元同时相连，也可以跟上一层的多个神经元同时相连。具体来说，每个神经元将上一层神经元的输出进行聚合，再通过激活函数决定其最终的输出。如果这些聚集的输入信号足够强，那么这个激活函数将会“激活”（Activate）这个神经元，然后这个神经元会将一个有高数值的信号传递给下一层网络。相对地，如果输入信号不够强，那么一个低数值信号将被传递下去。

一个神经网络可以有任意多个神经元，而这些神经元彼此可以有很多随机的连接。但是为了运算更加容易，神经元往往是层层递进的。一般来说，一个神经网络至少会有两层：输入层和输出层（见图 1.1）。这个网络可以被公式 (1.1) 描述，它可以做一些简单的决定任务，比如帮助几个学生根据天气的情况具体决定他们是否外出踢足球，网络输出的 z 是一个分数，分数越高则代表越可以去踢足球。这个分数取决于三个因素：1）足球场的使用费用 x_1；2）天气 x_2；3）去球场的时间 x_3。如果天气对大家做这个决定比较重要，则其相对应的网络权重 w_2 会有较大的绝对值。同样地，那些对做这个决定影响较小的因素，所对应的网络权重的绝对值就会较小。如果一个权重被设置为零，那么它所对应的输入就对最终的结果完全没有影响。比如，有的学生有钱，不在乎足球场的费用，则 w_1 为 0。我们把具有这样结构的网络叫作单一层网络，也叫作**感知器**（Perceptron）。

$$z = w_1x_1 + w_2x_2 + w_3x_3 \tag{1.1}$$

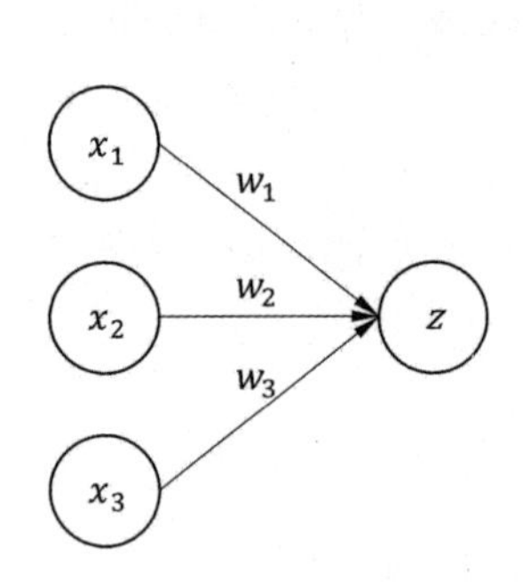

图 1.1　有三个输入神经元和一个输出神经元的神经网络

偏差与决策边界

偏差（Bias）是神经元所附带的一个额外的标量，用来偏移神经网络的输出。图 1.2 所示的一个有偏差 b 的单层神经网络可以用公式 (1.2) 表达：

$$z = w_1x_1 + w_2x_2 + w_3x_3 + b \tag{1.2}$$

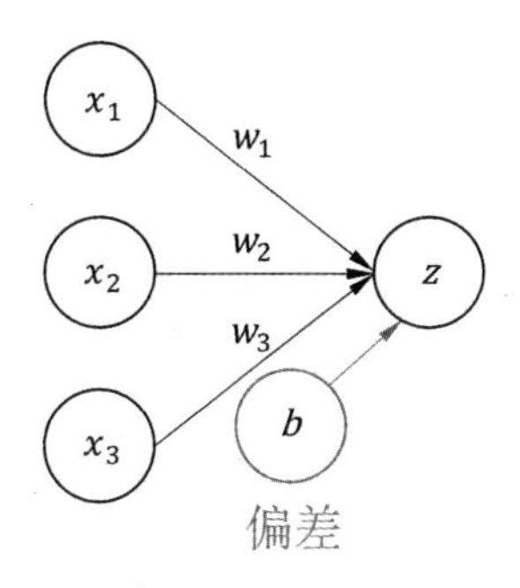

图 1.2　一个有偏差的单层神经网络

偏差可以帮助一个神经网络更好地学习数据。我们不妨定义以下二分类问题：对于输出 z，当且仅当 z 为正数，其所对应的标签 y 为 1，反之为 0：

$$y = \begin{cases} 1 & z > 0 \\ 0 & z \leqslant 0 \end{cases} \tag{1.3}$$

二分类任务的样本数据分布例子如图 1.3 所示。我们现在需要找到最符合这些数据的权重和偏差。我们把这些样本数据分成两个不同的类别的边界定义为决策边界。正式来说，这个边界是 $\{x_1, x_2, x_3 | w_1x_1 + w_2x_2 + w_3x_3 + b - 0\}$。

我们首先把这个问题简化到只有两个输入的情况下，即 $z = w_1x_1 + w_2x_2 + b$。如图 1.3 左所示，如果没有偏差值，也就是说 $b = 0$，那么决策边界必须穿过坐标系的原点（左下的线）。但是，这样很明显不符合数据的分布，因为我们的数据点都是在这个边界的一侧。如果偏差值不是 0，那么决策边界与两个轴的交点就为 $(0, -\frac{b}{w_2})$ 和 $(-\frac{b}{w_1}, 0)$。这样来看，如果我们的权重和偏差值选得好，那么决策边界就能更好地符合数据分布。

进一步来说，当一个神经元有三个输入的时候，$z = w_1x_1 + w_2x_2 + w_3x_3 + b$，此时的边界就会变成如图 1.3 右所示的平面。在一个如单层神经网络（见公式 (1.2)）的线性模型中，这样的一个平面也被称为**超平面**（Hyperplane）。

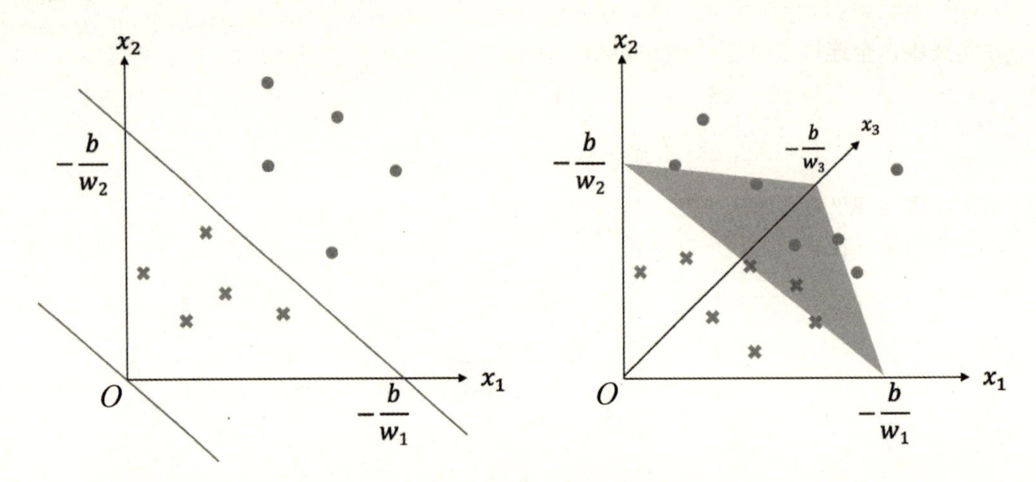

图 1.3　线性模型分别在两个输入和三个输入场景下的决策边界。左：$z = w_1x_1 + w_2x_2 + b$。右：$z = w_1x_1 + w_2x_2 + w_3x_3 + b$。若没有偏差，则决策边界必须经过原点，不能很好地分类

多输出

单层神经网络可以有多个神经元。图 1.4 展示了一个有两个输出神经元的单层网络，由公式 (1.4) 所得。因为每一个输出都和全部输入相连，所以输出层也被称为**密集层**（Dense Layer）或者**全连接层**（Fully-Connected (FC) Layer）：

$$
\begin{aligned}
z_1 &= w_{11}x_1 + w_{12}x_2 + w_{13}x_3 + b_1 \\
z_2 &= w_{21}x_1 + w_{22}x_2 + w_{23}x_3 + b_2
\end{aligned}
\tag{1.4}
$$

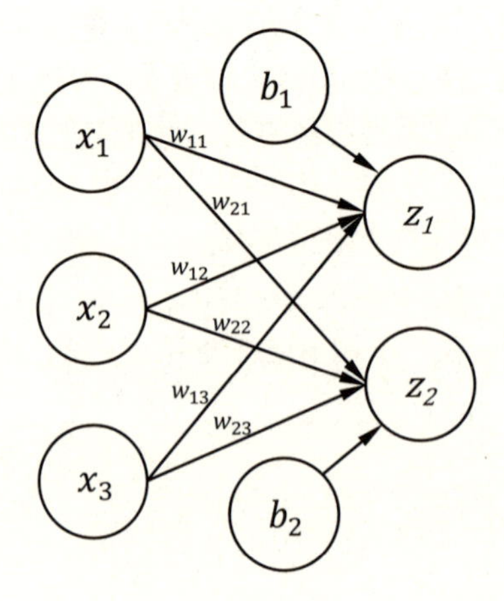

图 1.4　一个有三个输入和两个输出的神经元的神经网络

在实践中，全连接层也可以被矩阵乘法实现：

$$\boldsymbol{z} = \boldsymbol{W}\boldsymbol{x} + \boldsymbol{b} \tag{1.5}$$

式中，$\boldsymbol{W} \in \mathbb{R}^{m \times n}$ 是用来表示权重的矩阵，$\boldsymbol{z} \in \mathbb{R}^m, \boldsymbol{x} \in \mathbb{R}^n, \boldsymbol{b} \in \mathbb{R}^m$ 分别用来表示输出、输入和偏差的向量。在公式 (1.5) 里的例子中，$m = 2$，$n = 3$，即 $\boldsymbol{W} \in \mathbb{R}^{2\times 3}$。

$$\begin{bmatrix} z_1 \\ z_2 \end{bmatrix} = \begin{bmatrix} w_{11} & w_{12} & w_{13} \\ w_{21} & w_{22} & w_{23} \end{bmatrix} \begin{bmatrix} x_1 \\ x_2 \\ x_3 \end{bmatrix} + \begin{bmatrix} b_1 \\ b_2 \end{bmatrix} \tag{1.6}$$

1.3 多层感知器

多层感知器（Multi-Layer Perceptron，MLP）(Rosenblatt, 1958; Ruck et al., 1990) 最初指至少有两个全连接层的网络。图 1.5 展现了一个有四个全连接层的多层感知器。那些在输入层和输出层中间的网络层被隐藏（Hidden）了，因为一般来说从网络外面是没有办法直接接触它们的，所以被统称为**隐藏层**（Hidden Layers）。相比只有一个全连接层的网络，MLP 可以从更复杂的数据中学习。从另外一个角度来看，MLP 的学习能力是大于单一层网络的学习能力的。但是拥有更多的隐藏层并不意味着一个网络会有更强的学习能力。通用近似定理说的是：一个有一层隐藏层的神经网络（类似于有一层隐藏层的 MLP）和任何可挤压的激活函数（见后文的 sigmoid 和 tanh）在这一层网络有足够多神经元的情况下，可以估算出任何博莱尔可测函数 (Goodfellow et al., 2016; Hornik et al., 1989; Samuel, 1959)。但是实际上，这样的网络可能会非常难以训练或者容易过拟合（Overfit）（见后文）。因为隐藏层非常大，所以一般的深度神经网络都会有几层隐藏层来降低训练难度。

为什么需要多层网络？为了回答这个问题，我们首先通过逻辑运算的几个例子来展示一个网络是怎么估算一个方程的。我们会考虑的逻辑运算有：与（AND）、或（OR）、同或（XNOR）、异或（XOR）、或非（NOR）、与非（NAND）。这些运算输入都是两个二进制数字，然后输出为 1 或者 0。如与（AND），只有两个输入同时为 1，AND 才会输出 1。这些简单的逻辑计算可以很容易就被感知器学习，就像公式 (1.7) 里展现的那样。

$$f(\boldsymbol{x}) = \begin{cases} 1 & \text{如果 } z > 0 \\ 0 & \text{其他情况} \end{cases}, \quad z = w_1x_1 + w_2x_2 + b \tag{1.7}$$

图 1.6 展示了被感知器定义的决策边界可以很轻松地把 AND、OR、NOR 和 NAND 运算的 0

和 1 分开出来，但是，XOR 或 XNOR 的决策边界是不可能被找到的。

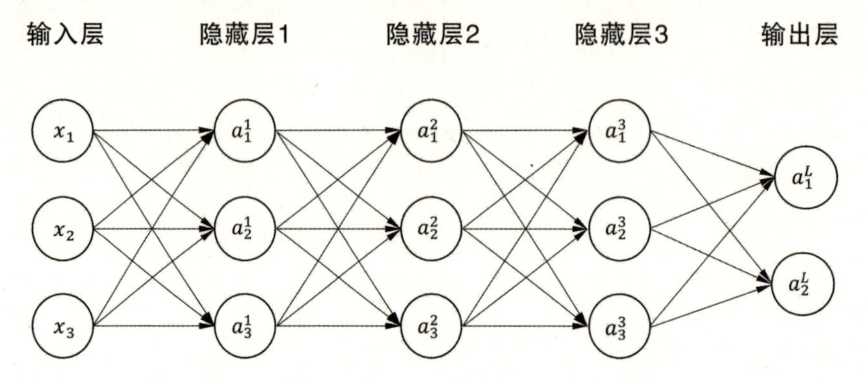

图 1.5　一个具有三个隐藏层和一个输出层的多层感知器。图中使用 a_i^l 表示神经元，其中 l 代表层的索引，i 代表输出的索引

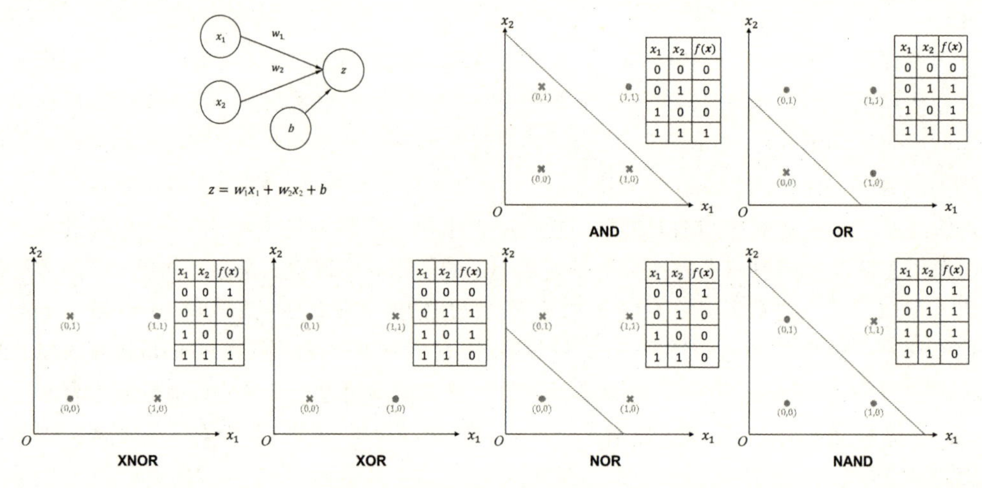

图 1.6　左上：有两个输入和一个输出的感知器。剩下的是：不同的用来把 0（×）和 1（●）分开的决策边界。在这个单层感知器中，能找到 AND、OR、NOR 和 NAND 的决策边界，但找不到可以实现 XOR 和 XNOR 的决策边界

因为我们不能用一个线性模型像单个感知器那样直接估算 XOR，所以必须要转化输入。图 1.7 展现了一个用有一层隐藏层的 MLP 去估算 XOR，这个 MLP 首先将通过估计 OR 和 NAND 运算把 x_1, x_2 转换到了一个新的空间，然后在这个转换过的空间里，这些点就可以被一条估算 AND 的平面分开了。这个被转换过后的空间也被称为特征空间。这个例子说明了怎么通过特征的学习来改善一个模型的学习能力。

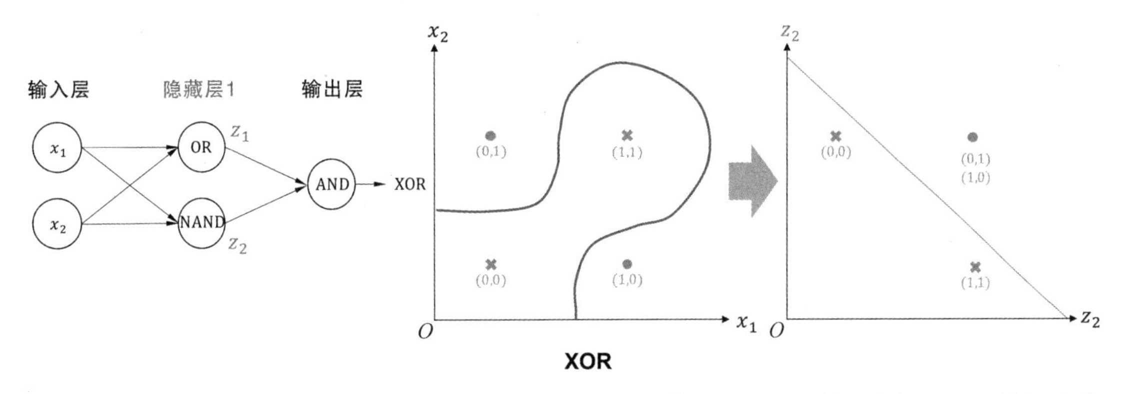

图 1.7 左：一个可以估算 XOR 的 MLP。中和右：把原始数据点转化到特征空间，从而使得这些数据点变得线性可分离

1.4 激活函数

矩阵的加减和乘除运算都是线性运算符，但是一个线性模型的学习能力还是相对有限的。举例来说，线性模型不能轻易地估算一个余弦函数。因为大多数深度神经网络解决的真实问题都不可能被简单地映射到一个线性转换，所以非线性在深度神经网络里至关重要。

实际上，深度学习网络的非线性是通过激活函数来介入的。这些激活函数都是针对每一个元素（Element-Wise）运算的。我们需要这些激活函数来帮助模型获得有任意数值的概率向量。激活函数的选择要根据具体的运用场景来考虑。虽然有一些激活函数在大多数的情况下效果都是不错的，但是在具体的实际运用中，可能还有更好的选择。所以激活函数的设计至今都还是一个活跃的研究方向。本节主要介绍四种非常常见的激活函数：sigmoid、tanh、ReLU 和 softmax。

逻辑函数 **sigmoid** 在作为激活函数时，将输出控制在了 0 和 1 之间，如公式 (1.8) 所示。sigmoid 方程可以在网络的最后一层，使用来做一些分类的任务，以代表 0%～100% 的概率。比如说，一个二维的分类器可以把 sigmoid 方程放在最后一层，来把其数值局限在 0 和 1 之中，然后我们可以用一个简单的临界值决定最终输出的标签是什么（0 或 1）。

$$f(\boldsymbol{z}) = \frac{1}{1 + \mathrm{e}^{-\boldsymbol{z}}} \tag{1.8}$$

与 sigmoid 函数类似的是，**hyperbolic tangent** （**tanh**）把输出值控制到了 −1 和 1 之间，就如公式 (1.9) 所定义那样。tanh 函数可以在隐藏层中使用来提高非线性 (Glorot et al., 2011)。它也可以在输出层中使用，比如网络可以输出像素数值在 −1 和 1 的图像。

$$f(\boldsymbol{z}) = \frac{\mathrm{e}^{\boldsymbol{z}} - \mathrm{e}^{-\boldsymbol{z}}}{\mathrm{e}^{\boldsymbol{z}} + \mathrm{e}^{-\boldsymbol{z}}} \tag{1.9}$$

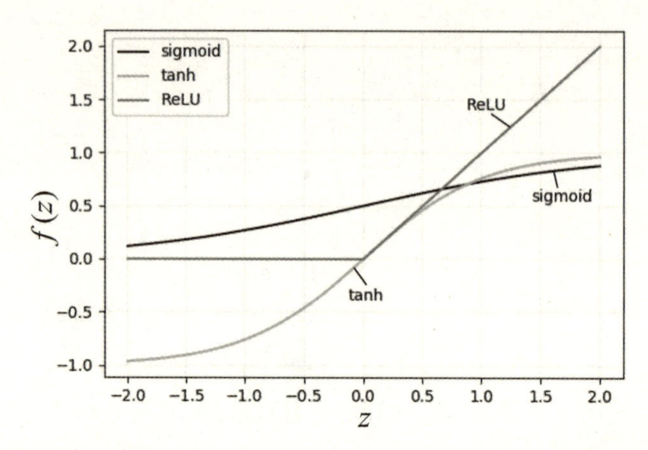

图 1.8　展现三个元素单位运用的方程：sigmoid、tanh 和 ReLU。sigmoid 把数值限制在了 0 和 1 之间，而 tanh 则把数值限制在了 −1 和 1 之间。当输入是负数时，ReLU 则输出 0，但当输入是正数时，其输出等于输入

在公式 (1.10) 中，我们定义了**整流线性单元**（Rectified Linear Unit，ReLU）函数，也叫作 rectifier。ReLU 被广泛地使用于不同的研究当中 (Cao et al., 2017; He et al., 2016; Noh et al., 2015)，在很多层的网络中 ReLU 通常会比 sigmoid 和 tanh 性能更好 (Glorot et al., 2011)。

$$f(z)=\begin{cases}0 & \text{当 } z\leqslant 0\\ z & \text{当 } z>0\end{cases} \tag{1.10}$$

在实际运用中，ReLU 有以下优势。

- 更易实现和计算：在实现 ReLU 的过程中，首先我们只需要把其数值和 0 做对比，然后根据结果来设定输出是 0 还是 z。而我们在实现 sigmoid 和 tanh 的过程当中，指数函数在大型网络中会更难以计算。
- 网络更好优化：ReLU 接近于线性，因为它是由两个线性函数组成的。这种性质就使得它更容易被优化，我们在本章后面讲解优化细节时再讨论。

然而 ReLU 把负数变成 0，可能会导致输出中信息的丧失。这可能是因为一个不合适的学习速率或者负的偏差而导致的。带泄漏的（Leaky）ReLU 则解决了这个问题 (Xu et al., 2015)。我们在公式 (1.11) 中对它进行了定义。标量 α 是一个较小的正数来控制斜率，使得来自负区间的信息也可以被保留下来。

$$f(z)=\begin{cases}\alpha z & \text{当 } z\leqslant 0\\ z & \text{当 } z>0\end{cases} \tag{1.11}$$

有参数的 ReLU（PReLU）(He et al., 2015) 和 Leaky ReLU 很近似，它把 α 看作一个可以训练的参数。目前我们还没有具体的证据表明 ReLU、Leaky ReLU 或 PReLU 哪个是最好的，它们在不同应用中往往有不同的效果。

不像上述的其他激活函数，在公式 (1.12) 中定义的 **softmax** 函数会根据前一层网络的输出提供归一化。softmax 函数首先计算指数函数 $\mathrm{e}^{\boldsymbol{z}}$，然后每一项都除以这个值进行归一。

$$f(\boldsymbol{z})_i = \frac{\mathrm{e}^{z_i}}{\sum_{k=1}^{K} \mathrm{e}^{z_k}} \tag{1.12}$$

在实际运用当中，softmax 函数只在最后的输出层用来归一输出向量 $\boldsymbol{z}$，使其变成一个概率向量。这个概率向量的每一个值都为非负数，然后它们的和最终会为 1。所以，softmax 函数在多分类任务中被广泛使用，用以输出不同类别的概率。

1.5 损失函数

到目前为止，我们了解了神经网络结构的基础知识，那么网络的参数是怎么自动学习出来的呢？这需要**损失函数**（Loss Function）来引导。具体来说，损失函数通常被定义为一种计算误差的量化方式，也就是计算网络输出的预测值和目标值之间的损失值或者代价大小。损失值被用来作为优化神经网络参数的目标，我们优化的参数包括权重和偏差等。在本节里，我们会介绍一些基本的损失函数，1.6 节会介绍如何使用损失函数优化网络参数。

交叉熵损失

在介绍交叉熵损失之前，首先来看一个类似的概念：Kullback-Leibler (KL) 散度，其作用是衡量两个分布 $P(x)$ 和 $Q(x)$ 的相似度：

$$D_{\mathrm{KL}}(P\|Q) = \mathbb{E}_{x\sim P}\left[\log \frac{P(x)}{Q(x)}\right] = \mathbb{E}_{x\sim P}[\log P(x) - \log Q(x)] \tag{1.13}$$

KL 散度是一个非负的指标，并且只有在 P 和 Q 两个分布一样时才取值为 0。因为 KL 散度的第一个项和 Q 没有关系，我们引入交叉熵的概念并把公式的第一项移除。

$$H(P, Q) = -\mathbb{E}_{x\sim P} \log Q(x) \tag{1.14}$$

因此，通过 Q 来最小化交叉熵就等同于最小化 KL 散度。在多类别分类任务中，深度神经网络通过 softmax 函数输出的是不同类别概率的分布，而不是直接输出一个样本属于的类别。所以，我们可以用交叉熵来测量预测分布有多好，从而训练网络。

以一个二分类任务为例。在二分类中，每一个数据样本 x_i 都有一个对应的标签 y_i（0 或 1）。

一个模型需要预测样本是 0 或者 1 的概率，用 $\hat{y}_{i,1}$，$\hat{y}_{i,2}$ 来表示。因为 $\hat{y}_{i,1}+\hat{y}_{i,2}=1$，可以把它们改写为 $\hat{y}_i$ 和 $1-\hat{y}_i$。前者可以代表一个类别的概率，后者可以代表另外一个类别的概率。因此，一个二分类的神经网络可以只有一个输出，且最后一层使用 sigmoid。根据交叉熵的定义，我们有：

$$\mathcal{L}=-\frac{1}{N}\sum_{i=1}^{N}\Big(y_i\log\hat{y}_i+(1-y_i)\log(1-\hat{y}_i)\Big) \tag{1.15}$$

式中，N 代表了总数据样本的大小。因为 y_i 是一个 1 或者 0 的值，因此在 $y_i\log\hat{y}_i$ 和 $(1-y_i)\log(1-\hat{y}_i)$ 中，对于每一个新样本，两个表达式的值只有一个不为零。若 $\forall i, y_i=\hat{y}_i$，则交叉熵就为 0。

在多类别分类任务中，每一个样本 x_i 都会被分到 3 个或者更多的类别中的一个。这时，一个模型需预测每一个类别的概率 $\{\hat{y}_{i,1},\hat{y}_{i,2},\cdots,\hat{y}_{i,M}\}$，且符合条件 $M\geqslant 3$ 和 $\sum_{j=1}^{M}\hat{y}_{i,j}=1$。在这里，每一个样本的目标写作 c_i，它的值域为 $[1,M]$。同时，它也可以被转换成为一个独热编码 $\boldsymbol{y}_i=[y_{i,1},y_{i,2},\cdots,y_{i,M}]$，其中只有 $y_{i,c_i}=1$，其他的都是 0。我们现在就可以把多类别分类的交叉熵写成以下形式：

$$\begin{aligned}\mathcal{L}&=-\frac{1}{N}\sum_{i=1}^{N}\sum_{j=1}^{M}y_{i,j}\log\hat{y}_{i,j}=-\frac{1}{N}\sum_{i=1}^{N}(0+\cdots+y_{i,c_i}\log\hat{y}_{i,c_i}+\cdots+0)\\&=-\frac{1}{N}\sum_{i=1}^{N}\log\hat{y}_{i,c_i}\end{aligned} \tag{1.16}$$

$\mathcal{L}_p$ 范式

向量 $\boldsymbol{x}$ 的 p-范式用来测量其数值幅度大小：如果一个向量的值更大，它的 p-范式也会有一个更大的值。p 是一个大于或等于 1 的值，p-范式定义为

$$\begin{aligned}\|\boldsymbol{x}\|_p&=\left(\sum_{i=1}^{N}|x_i|^p\right)^{1/p}\\\text{i.e.,}\ \|\boldsymbol{x}\|_p^p&=\sum_{i=1}^{N}|x_i|^p\end{aligned} \tag{1.17}$$

p-范式在深度学习中往往用来测量两个向量的差别大小，写作 $\mathcal{L}_p$，如在公式 (1.18) 一样，其中 $\boldsymbol{y}$ 为目标值向量，$\hat{\boldsymbol{y}}$ 为预测值向量。

$$\mathcal{L}_p = \|\boldsymbol{y} - \hat{\boldsymbol{y}}\|_p^p = \sum_{i=1}^{N} |y_i - \hat{y}_i|^p \tag{1.18}$$

均方误差

均方误差 (Mean Squared Error，MSE) 是由公式 (1.19) 所定义的 $\mathcal{L}_2$ 范式的平均值。均方误差可以在网络输出是连续值的回归问题中使用。比如说，两个不同图像在像素上的区别就可以用 MSE 来测量：

$$\mathcal{L} = \frac{1}{N}\|\boldsymbol{y} - \hat{\boldsymbol{y}}\|_2^2 = \frac{1}{N}\sum_{i=1}^{N}(y_i - \hat{y}_i)^2 \tag{1.19}$$

其中 N 是样本数据的大小，$\boldsymbol{y}$ 和 $\hat{\boldsymbol{y}}$ 分别为目标值向量和预测值向量。

平均绝对误差

与均方误差类似，平均绝对误差 (Mean Absolute Error，MAE) 也可以被用来做回归任务，它被定义为 $\mathcal{L}_1$ 范式的平均。

$$\mathcal{L} = \frac{1}{N}\sum_{i=1}^{N}|y_i - \hat{y}_i| \tag{1.20}$$

均方误差和平均绝对误差都可衡量 $\boldsymbol{y}$ 和 $\hat{\boldsymbol{y}}$ 的误差，用以优化网络模型。其中，均方误差提供了更好的数学性质，从而让我们能更简便地计算梯度下降所需要的偏导数。而在平均绝对误差中，当 $y_i = \hat{y}_i$ 时，我们注意到上面公式中的绝对值项无法求导，这对平均绝对误差来说是一个无法解决且需要规避的问题。另外，当 y_i 和 $\hat{y}_i$ 的绝对差大于 1 时，均方误差相对平均绝对误差来说误差值更大。显然地，当 $(y_i - \hat{y}_i) > 1$ 时，$(y_i - \hat{y}_i)^2 > |y_i - \hat{y}_i|$。

1.6 优化

在这一小节里，我们将描述深度神经网络的优化，即深度神经网络参数训练。本节包含了反向传播算法、梯度下降、随机梯度下降和超参数的选择等内容。

1.6.1 梯度下降和误差的反向传播

如果我们有一个神经网络和一个损失函数，那么对于这个网络的训练的意义是通过学习它的 $\boldsymbol{\theta}$ 使得损失值 $\mathcal{L}$ 最小化。最暴力的方法是通过寻找一组参数 $\boldsymbol{\theta}$，使它满足 $\nabla_{\boldsymbol{\theta}}\mathcal{L} = 0$，以找到损失值的最小值。但这种方法在实际中很难实现，因为通常深度神经网络参数很多、非常复杂。所以我们需要考虑一种叫作**梯度下降**（Gradient Descent）的方法，它是通过逐步优化来一步一步地寻找更好的参数来降低损失值的。

图 1.9 展示了两个梯度下降的例子。梯度下降的学习过程从一个随机指定的参数开始，其损失值 $\mathcal{L}$ 随参数的更新而逐步下降，其过程如箭头所示。具体来说，在神经网络中，参数通过偏导数 $\frac{\partial \mathcal{L}}{\partial \boldsymbol{\theta}}$ 被逐步优化，优化过程为 $\boldsymbol{\theta} := \boldsymbol{\theta} - \alpha \frac{\partial \mathcal{L}}{\partial \boldsymbol{\theta}}$，其中 α 为学习率，用以控制步长幅度。可见，梯度下降法的关键是计算出偏导数 $\frac{\partial \mathcal{L}}{\partial \boldsymbol{\theta}}$。

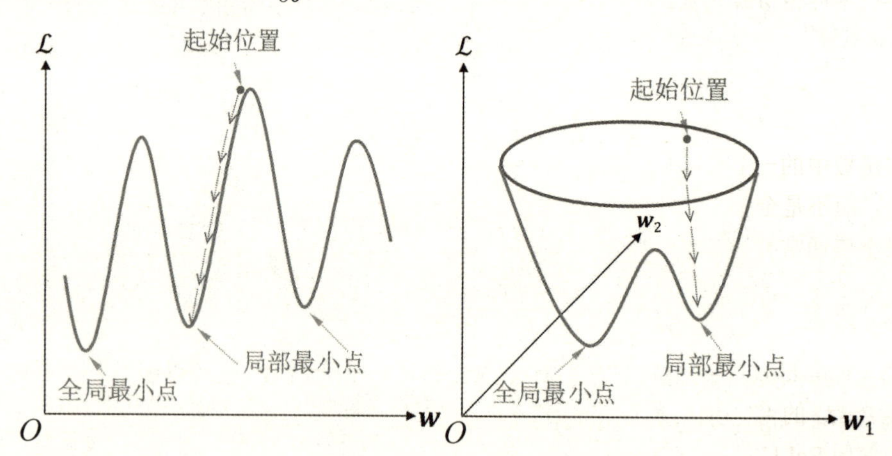

图 1.9　梯度下降的示例：在左图中，我们有一个可以训练的参数 $\boldsymbol{\theta} = w$；在右图中，我们有两个可以训练的参数 $\boldsymbol{\theta} = [w_1, w_2]$。在梯度下降里，整个学习过程的初始化参数是随机的。在每一步对参数调整之后，损失 $\mathcal{L}$ 会慢慢地减少，但无法保证最后能找到全局最小的损失值，在大多数情况下，我们能找到的都是局部最小值

反向传播（Back-Propagation）(LeCun et al., 2015; Rumelhart et al., 1986) 是一种计算神经网络中偏导数 $\frac{\partial \mathcal{L}}{\partial \boldsymbol{\theta}}$ 的方法。为了使得表示对 $\frac{\partial \mathcal{L}}{\partial \boldsymbol{\theta}}$ 的计算更加清晰，这种方法引入一个中间量 $\boldsymbol{\delta} = \frac{\partial \mathcal{L}}{\partial \boldsymbol{z}}$，用来表示损失函数 $\mathcal{L}$ 对于神经网络输出 $\boldsymbol{z}$ 的偏导数。因此，这种方法可以通过中间量 $\boldsymbol{\delta}$ 来计算损失函数 $\mathcal{L}$ 对于每个参数的偏导数，并最终共同组成 $\frac{\partial \mathcal{L}}{\partial \boldsymbol{\theta}}$。

网络层的序号为 $l = 1, 2, \cdots, L$，其中输出层的序号为 L。对于每个网络层，我们有输出 $\boldsymbol{z}^l$，中间值 $\boldsymbol{\delta}^l = \frac{\partial \mathcal{L}}{\partial \boldsymbol{z}^l}$ 和一个激活值输出 $\boldsymbol{a}^l = f(\boldsymbol{z}^l)$（其中 f 为激活函数）。下面是一个使用均方误差和 sigmoid 激活函数的多层感知器的例子：已知 $\boldsymbol{z}^l = \boldsymbol{W}^l \boldsymbol{a}^{l-1} + \boldsymbol{b}^l$, $\boldsymbol{a}^l = f(\boldsymbol{z}^l) = \frac{1}{1+\mathrm{e}^{-\boldsymbol{z}^l}}$ 和 $\mathcal{L} = \frac{1}{2}\|\boldsymbol{y} - \boldsymbol{a}^L\|_2^2$，可以得出激活值输出对于原先输出的偏导数 $\frac{\partial \boldsymbol{a}^l}{\partial \boldsymbol{z}^l} = f'(\boldsymbol{z}^l) = f(\boldsymbol{z}^l)(1 - f(\boldsymbol{z}^l)) = \boldsymbol{a}^l(1 - \boldsymbol{a}^l)$，以及损失函数对于激活值输出的偏导数 $\frac{\partial \mathcal{L}}{\partial \boldsymbol{a}^L} = (\boldsymbol{a}^L - \boldsymbol{y})$。然后，为了计算损失函数对于输出层的偏导数，可以使用链式法则，具体如下：

从输出层开始向后传播误差，先计算输出层的中间量：

- $\boldsymbol{\delta}^L = \frac{\partial \mathcal{L}}{\partial \boldsymbol{z}^L} = \frac{\partial \mathcal{L}}{\partial \boldsymbol{a}^L} \frac{\partial \boldsymbol{a}^L}{\partial \boldsymbol{z}^L} = (\boldsymbol{a}^L - \boldsymbol{y}) \odot (\boldsymbol{a}^L(1 - \boldsymbol{a}^L))$

然后计算损失函数对于后一层输出的偏导数，如（$l = 1, 2, \cdots, L-1$）：

- 已知 $\boldsymbol{z}^{l+1} = \boldsymbol{W}^{l+1}\boldsymbol{a}^l + \boldsymbol{b}^{l+1}$，则 $\frac{\partial \boldsymbol{z}^{l+1}}{\partial \boldsymbol{a}^l} = \boldsymbol{W}^{l+1}$；且 $\frac{\partial \boldsymbol{a}^l}{\partial \boldsymbol{z}^l} = \boldsymbol{a}^l(1 - \boldsymbol{a}^l)$

- 那么 $\boldsymbol{\delta}^l = \frac{\partial \mathcal{L}}{\partial \boldsymbol{z}^l} = \frac{\partial \mathcal{L}}{\partial \boldsymbol{z}^{l+1}} \frac{\partial \boldsymbol{z}^{l+1}}{\partial \boldsymbol{a}^l} \frac{\partial \boldsymbol{a}^l}{\partial \boldsymbol{z}^l} = (\boldsymbol{W}^{l+1})^{\mathrm{T}} \boldsymbol{\delta}^{l+1} \odot (\boldsymbol{a}^l(1-\boldsymbol{a}^l))$

从输出层开始向后传播，计算出所有层的中间值 $\boldsymbol{\delta}^l$ 后，反向传播算法的第二步是在中间值 $\boldsymbol{\delta}^l$ 的基础上计算损失函数对于每层参数 $\frac{\partial \mathcal{L}}{\partial \boldsymbol{W}^l}$ 和 $\frac{\partial \mathcal{L}}{\partial \boldsymbol{b}^l}$ 的偏导数。

- 若有 $\boldsymbol{z}^l = \boldsymbol{W}^l \boldsymbol{a}^{l-1} + \boldsymbol{b}^l$，我们有 $\frac{\partial \boldsymbol{z}^l}{\partial \boldsymbol{W}^l} = \boldsymbol{a}^{l-1}$ 和 $\frac{\partial \boldsymbol{z}^l}{\partial \boldsymbol{b}^l} = 1$
- 那么 $\frac{\partial \mathcal{L}}{\partial \boldsymbol{W}^l} = \frac{\partial \mathcal{L}}{\partial \boldsymbol{z}^l} \frac{\partial \boldsymbol{z}^l}{\partial \boldsymbol{W}^l} = \boldsymbol{\delta}^l (\boldsymbol{a}^{l-1})^{\mathrm{T}}$，$\frac{\partial \mathcal{L}}{\partial \boldsymbol{b}^l} = \frac{\partial \mathcal{L}}{\partial \boldsymbol{z}^l} \frac{\partial \boldsymbol{z}^l}{\partial \boldsymbol{b}^l} = \boldsymbol{\delta}^l$

最后，我们用 $\frac{\partial \mathcal{L}}{\partial \boldsymbol{W}^l}$ 和 $\frac{\partial \mathcal{L}}{\partial \boldsymbol{b}^l}$ 及梯度下降更新 $\boldsymbol{W}^l$ 和 $\boldsymbol{b}^l$：

- $\boldsymbol{W}^l := \boldsymbol{W}^l - \alpha \frac{\partial \mathcal{L}}{\partial \boldsymbol{W}^l}$
- $\boldsymbol{b}^l := \boldsymbol{b}^l - \alpha \frac{\partial \mathcal{L}}{\partial \boldsymbol{b}^l}$

可见，有了偏导数 $\frac{\partial \mathcal{L}}{\partial \boldsymbol{\theta}} = [\frac{\partial \mathcal{L}}{\partial \boldsymbol{W}^l}, \frac{\partial \mathcal{L}}{\partial \boldsymbol{b}^l}]$，我们可以使用梯度下降来对参数进行迭代，直到其收敛到了损失函数中的一个最小值，如图 1.9 所示。在实践中，我们最终得到的最小值往往是一个局部最小值，而不是全局最小值。但是，因为深度神经网络往往可以提供一个很强的表示能力，这些局部最小值通常会很接近全局最小值 (Goodfellow et al., 2016)，使得损失值足够小。

这里额外介绍 sigmoid 的问题，当使用 sigmoid 时，$\frac{\partial \boldsymbol{a}^l}{\partial \boldsymbol{z}^l} = \boldsymbol{a}^l(1-\boldsymbol{a}^l)$，当 $\boldsymbol{a}$ 接近于 0 或者 1 时，$\frac{\partial \boldsymbol{a}^l}{\partial \boldsymbol{z}^l}$ 会非常小，从而导致 $\boldsymbol{\delta}^l$ 非常小。在网络很深的情况下，反向传播时 $\boldsymbol{\delta}$ 会越来越小，出现**梯度消失**（Vanishing Gradient）问题，导致模型靠近输入部分的参数很难被更新，模型无法训练起来。而 ReLU 的 $\frac{\partial \boldsymbol{a}^l}{\partial \boldsymbol{z}^l}$ 在 $\boldsymbol{a}$ 大于 0 时衡为 1，就不会有这个问题，这也是现在的深度模型往往在隐藏层中使用 ReLU 而不再使用 sigmoid 的原因。

在梯度下降中，如果数据集的大小（即数据样本的数量）N 较大，则在每个迭代中计算损失函数 $\mathcal{L}$ 的计算开销可能会较高。拿之前的均方误差举例，我们可以把上式展开成

$$\mathcal{L} = \frac{1}{2} \|\boldsymbol{y} - \boldsymbol{a}^L\|_2^2 = \frac{1}{2} \sum_{i=1}^{N} (y_i - a_i^L)^2 \tag{1.21}$$

在实践中，数据集很有可能会很大，梯度下降因需要计算 $\mathcal{L}$ 而变得十分低效。随机梯度下降应运而生，其他对于 $\mathcal{L}$ 的计算只包含少量的数据样本。

1.6.2 随机梯度下降和自适应学习率

与其是在每个迭代中对全部训练数据计算损失函数 $\mathcal{L}$，**随机梯度下降**（Stochastic Gradient Descent, SGD）(Bottou et al., 2007) 计算损失值时随机选取一小部分的训练样本。这些小样本被称为**小批量** (Mini-batch)，而在这些小批量的具体大小被称为**批大小** (Batch Size) B。然后，我们就可以用批大小 B 和 $B \ll N$ 重写公式 (1.21)，得到公式 (1.22)，以改进计算 $\mathcal{L}$ 的效率：

$$\mathcal{L} = \frac{1}{2} \|\boldsymbol{y} - \boldsymbol{a}^L\|_2^2 = \frac{1}{2} \sum_{i=1}^{B} (y_i - a_i^L)^2 \tag{1.22}$$

随机梯度下降的训练过程请见算法 1.1。如果参数在算法 1.1 中更新了足够多的次数，那么小批量可以覆盖整个训练集。

算法 1.1 随机梯度下降的训练过程

Input: 参数 $\boldsymbol{\theta}$，学习率 α，训练步数/迭代次数 S

1: **for** $i=0$ **to** S **do**
2: 　计算一个小批量的 $\mathcal{L}$
3: 　通过反向传播计算 $\frac{\partial \mathcal{L}}{\partial \boldsymbol{\theta}}$
4: 　$\nabla \boldsymbol{\theta} \leftarrow -\alpha \cdot \frac{\partial \mathcal{L}}{\partial \boldsymbol{\theta}}$;
5: 　$\boldsymbol{\theta} \leftarrow \boldsymbol{\theta} + \nabla \boldsymbol{\theta}$ 更新参数
6: **end for**
7: **return** $\boldsymbol{\theta}$；返回训练好的参数

学习率 (Learning Rate) 控制了随机梯度下降中每次更新的步长。如果学习率过大，随机梯度下降可能无法找到最小值，如图 1.10 所示。另一方面，如果学习率过小，随机梯度下降的收敛速率将会变得十分缓慢。如何决定学习率是一个很困难的过程。为了解决这个问题，需要使用自适应学习率算法，如 Adam (Kingma et al., 2014)、RMSProp (Tieleman et al., 2017) 和 Adagrad (Duchi et al., 2011) 等。其作用为通过自动、自适应的方法来调整学习率，从而加速训练算法的收敛速度。这些算法的原理在于，当参数收到了一个较小的梯度时，算法会转到一个更大的步长；反之，如果梯度过大，算法就会给出一个较小的步长。其中，Adam 是最常见的自适应学习率算法。与其直接用梯度更新参数，Adam 首先会计算梯度的滑动平均和二阶动量。然后，如算法 1.2 所示，这些新计算的数值会被用来更新我们想要训练的参数。算法 1.2 中的 β_1 和 β_2 为梯度的遗忘因子，或者分别是其动量和二阶动量。在默认设置下，β_1 和 β_2 的值分别是 0.9 和 0.999 (Kingma et al., 2014)。

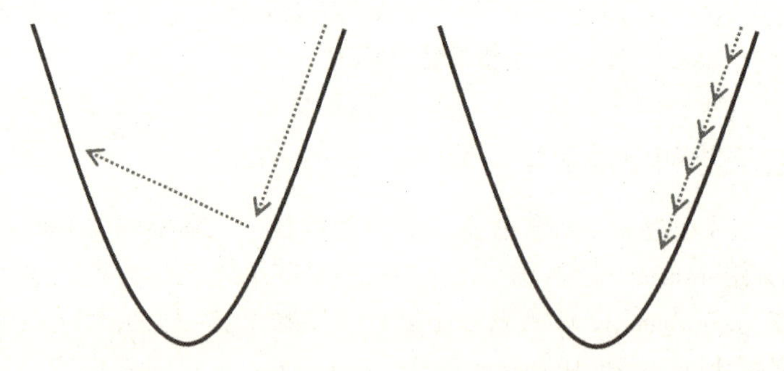

图 1.10　一个很大的学习率可能会加速训练过程，但会导致模型很难训练至一个理想的参数。如左图所示，因为其学习率较右图更大，其损失函数有可能在参数更新后增加，因此更难以接近最小值。同样地，右图的优化有一个更小的学习率，能更好地找到低点，但训练速度较慢

算法 1.2 Adam 优化器的训练过程

Input: 参数 $\boldsymbol{\theta}$，学习率 α，训练步数/迭代次数 S，$\beta_1 = 0.9$，$\beta_2 = 0.999$，$\epsilon = 10^{-8}$

1: $\boldsymbol{m}_0 \leftarrow 0$; 初始化一阶动量
2: $\boldsymbol{v}_0 \leftarrow 0$; 初始化二阶动量
3: **for** $t = 1$ **to** S **do**
4: $\quad \frac{\partial \mathcal{L}}{\partial \boldsymbol{\theta}}$; 用一个随机的小批量计算梯度
5: $\quad \boldsymbol{m}_t \leftarrow \beta_1 \cdot \boldsymbol{m}_{t-1} + (1-\beta_1) \cdot \frac{\partial \mathcal{L}}{\partial \boldsymbol{\theta}}$; 更新一阶动量
6: $\quad \boldsymbol{v}_t \leftarrow \beta_2 \cdot \boldsymbol{v}_{t-1} + (1-\beta_2) \cdot (\frac{\partial \mathcal{L}}{\partial \boldsymbol{\theta}})^2$; 更新二阶动量
7: $\quad \hat{\boldsymbol{m}}_t \leftarrow \frac{\boldsymbol{m}_t}{1-\beta_1^t}$; 计算一阶动量的滑动平均
8: $\quad \hat{\boldsymbol{v}}_t \leftarrow \frac{\boldsymbol{v}_t}{1-\beta_2^t}$; 计算二阶动量的滑动平均
9: $\quad \nabla\boldsymbol{\theta} \leftarrow -\alpha \cdot \frac{\hat{\boldsymbol{m}}_t}{\sqrt{\hat{\boldsymbol{v}}_t}+\epsilon}$
10: $\quad \boldsymbol{\theta} \leftarrow \boldsymbol{\theta} + \nabla\boldsymbol{\theta}$; 更新参数
11: **end for**
12: **return** $\boldsymbol{\theta}$; 返回训练好的参数

1.6.3 超参数筛选

在深度学习中，**超参数**（Hyper-Parameters）指和设置相关的参数，比如层的数量，以及训练过程的设置参数，如更新步的数量、批大小和学习率。这些设置参数会在很大程度上影响模型的表现，因此它们是组成一个理想模型的重要因素。

为了衡量不同超参数对于模型表现的影响，我们通常将数据集划分为训练集（Training Set）、验证集（Validation Set）和测试集（Testing Set）。不同的超参数设置分别用训练集训练出不同的模型，然后在验证集上进行性能评估。最后，我们用在验证集上表现最好的超参数在测试集上做最后的性能评估。在这里需要注意的是，我们不能用测试集调整超参数，不然就是已知考卷试题的作弊行为。

交叉验证

在一个小数据集上，把数据集分为训练集、验证集和测试集的做法会浪费宝贵的数据。具体来说，如果训练集分得过小，可能会因为训练数据不足而让训练出来的模型表现不佳。从另一方面来说，如果训练集分得过多、验证集过小，模型也不能在一个小数据集上被充分地评估。为了解决这个问题，可使用**交叉验证**（Cross Validation），所有数据都能被用来训练模型，不再需要验证集，以充分利用数据。

在一个 k 折交叉验证策略中，一个数据集将会被分成 k 个互相不重复的子集，并且每个子集包含同样数量的数据。我们将重复训练模型 k 次，其中每次训练时，一个子集将会被选为测试集，而剩下的数据将会被用来训练模型。最后用来评估的结果则是：k 次训练后，模型输出性能（如准确度）的平均值。图 1.11 展示了一个四折交叉验证示例。

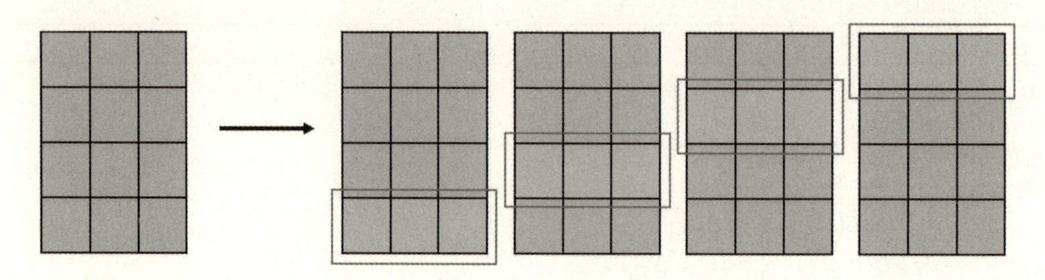

图 1.11　四折交叉验证（Four-Fold Cross-Validation）示例。数据集被划分为四个子集（为了展示目的，每一行为一个子集）。在每次训练中，而加框的子集被当作测试数据，其他被当作训练数据。最后模型评估的结果则是四次训练预测的平均

1.7　正则化

我们把那些用来使得一个模型在训练集和测试集都有很好效果的方法叫作正则化办法。本节主要介绍过拟合和一些不同的正则化方法，如权重衰减、Dropout 和批标准化。

1.7.1　过拟合

一个机器学习的模型为了减少训练集上的损失而进行的优化，并不能保证它在测试集上的效果良好。一个被过度优化了的模型会有很小的训练集误差，但有很大的测试集误差，这种现象为**过拟合**（Overfitting）。

图 1.12 中，虚线代表的多项式模型就存在过拟合的问题。这个模型在训练集上过度一致，而在测试集上就不太符合。当使用一个这样过拟合的模型在现实应用中应用新的数据时，是不可靠的。相反地，由实线代表的线性模型虽有很少的参数，但是却更符合测试数据的趋势。

和过拟合相对的是**欠拟合**（Underfitting），即模型在训练集和测试集上都有了很大的误差。但是在现实中，欠拟合很容易解决，比如可以用一个更大的模型来解决（更多网络层及更多的参数等），而解决过拟合会更加棘手。最简单的一个方法就是使用更多的训练数据，但这不是一个万能药，因为数据的获取和标记都需要代价。

1.7.2　权重衰减

权重衰减（Weight Decay）是一种简单却有效的用于解决过拟合的正则化方法。它用了一个正则项作为惩戒，使得 $\boldsymbol{\theta}$ 有更小的绝对值。以图 1.12 为例，如果多项式模型从 c 到 h 的参数有更小的绝对值，那这个模型的上下摇摆幅度就会减小，能更好地拟合数据。用参数范式作为惩戒的损失函数的定义为

$$\mathcal{L}_{\text{total}} = \mathcal{L}(\boldsymbol{y}, \hat{\boldsymbol{y}}) + \lambda \Omega(\boldsymbol{\theta}) \tag{1.23}$$

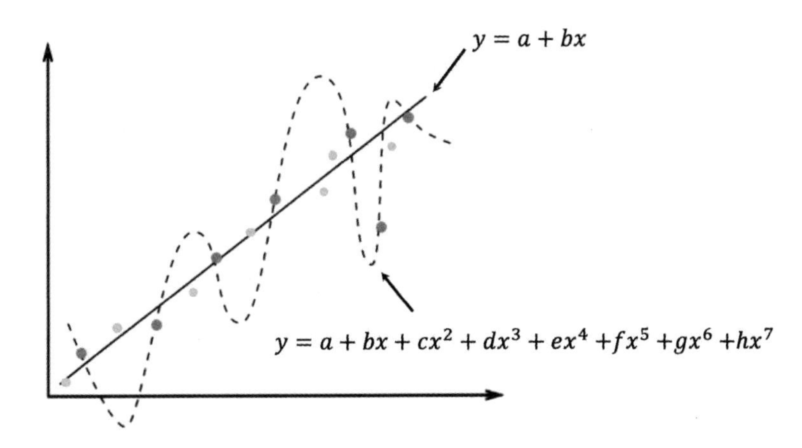

图 1.12 一个过拟合的例子：深色点代表了训练集，浅色点代表了测试集。虽然由实线代表的线性模型在训练集上有一个更大的损失值，但实线的模型比虚线代表的多项式模型在测试集上误差更小。我们可以说这个多项式模型对训练集过拟合了

其中 $\mathcal{L}(\boldsymbol{y},\hat{\boldsymbol{y}})$ 是从使用目标 $\boldsymbol{y}$ 和预测 $\hat{\boldsymbol{y}}$ 来计算的损失函数，Ω 是模型的参数范式惩罚函数，λ 是有比较小的值，以控制参数范式惩罚函数的幅度。

两种最常见的参数范式惩罚函数是 $\mathcal{L}_1 = \|\boldsymbol{W}\|$ 和 $\mathcal{L}_2 = \|\boldsymbol{W}\|_2^2$。深度神经网络的参数的绝对值通常小于 1，所以 $\mathcal{L}_1$ 会比 $\mathcal{L}_2$ 输出一个更大的惩罚，因为当 $|w| < 1$ 时，$|w| > w^2$。可见，$\mathcal{L}_1$ 函数用来作为参数范式惩罚函数时，会让参数偏向于更小的值甚至为 0。这是模型隐性地选择特征的方法，把那些不重要特征的相对应参数设为一个很小的值或者是 0。

我们可以进一步通过几何方法来看看 $\mathcal{L}_1$ 和 $\mathcal{L}_2$ 的区别。由图 1.13 所示的坐标系里，有两个模型参数 w_1, w_2。${w_1}^2 + {w_2}^2 = r^2$ 是一个半径为 r 的圆（图 1.13 左）而 $|w_1| + |w_2| = r$ 是一个对

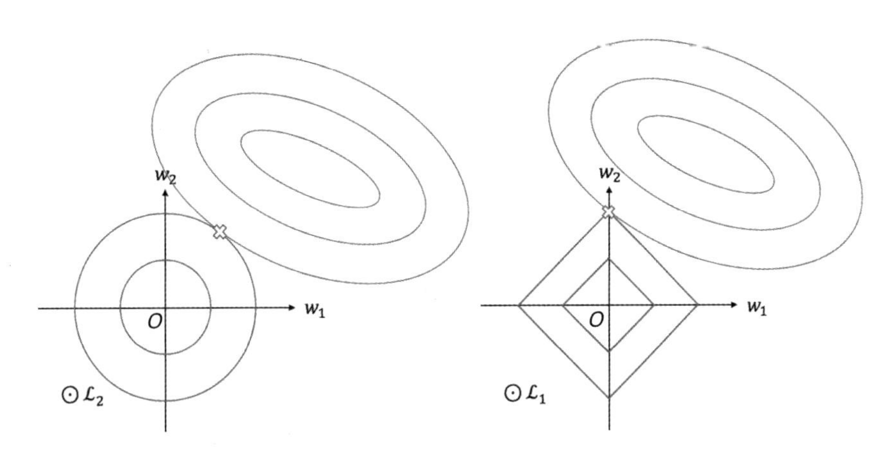

图 1.13 左图：原始损失值的轮廓线（红色）还有 $\mathcal{L}_2$ 损失值（蓝色）。右图：原始损失值的轮廓线（红色）还有 $\mathcal{L}_1$ 损失值（蓝色）。从红色轮廓线和蓝色轮廓线交接的地方可见，$\mathcal{L}_1$ 更有可能使得参数为 0

角线长为 $2r$ 的正方形（图 1.13 右）。它们两个都被蓝色轮廓线表示。在图中，红色的线代表的是初始的损失 $\mathcal{L}(\boldsymbol{y}, \hat{\boldsymbol{y}})$。初始损失和参数范式惩戒的交点用“叉”标记了出来。$\mathcal{L}_1$ 更有可能使得参数为 0，两个轮廓的交接位于正方形的顶点上。

1.7.3 Dropout

Dropout 是另一个很受欢迎的用来解决过拟合问题方法 (Hinton et al., 2012; Srivastava et al., 2014)。当神经元数量非常多时，网络会出现共适应的问题，从而会有过拟合的现象。神经元的共适应指神经元之间会互相依赖。故而，造成一旦有一个神经元失效了，就有可能所有依赖它的神经元都会失效，以至于整个网络瘫痪的局面。为了避免参数过多导致的共适应，Dropout 在训练的过程中，将隐藏层的输出按比例随机设为 0。就像图 1.14 中所示一样，每一层会有几个神经元随机地失去和其他层的连接。

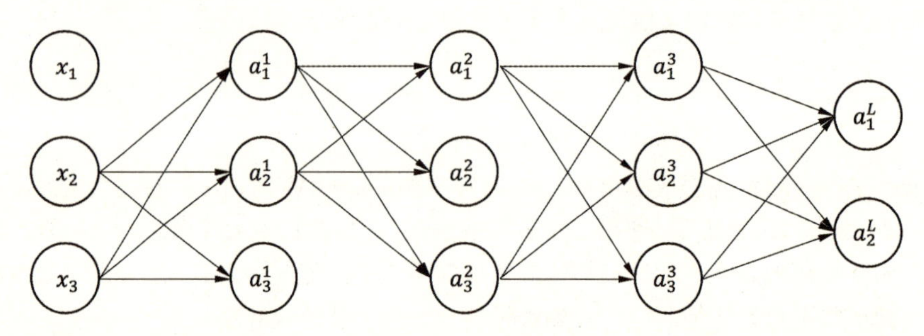

图 1.14　训练过程中对一个神经网络使用 Dropout，让它的某些连接消失

在反向传播当中，如果有的输出 $\boldsymbol{a}^l$ 为 0，那么其相对应的那一层的偏导数 $\boldsymbol{\delta}^l$ 也是 0。只有还有连接的神经元会被更新。所以 Dropout 法其实是在训练很多不同的小的网络，且共用参数 (Hinton et al., 2012)。在测试过程当中，Dropout 就不能被使用了，没有输出会被设为 0。这就意味着是所有网络一起来预测最终的结果。**集成学习**（Ensemble Learning）就是这样一个例子 (Hara et al., 2016)，它用很多模型学会做同一个任务，然后测试的时候使用所有模型输出的结果来提高准确性。关于 Dropout 的理论证明在原始的论文里是没有的 (Hinton et al., 2012)，但是近期有了些新的结果，比如说 (Hara et al., 2016) 就证明了它在集成学习里的有效性，以及 (Gal et al., 2016) 证明了它在贝叶斯里的有效性。

1.7.4 批标准化

批标准化（Batch Normalization）(Ioffe et al., 2015) 层标准化了网络的输出，也就是让输出的平均值变为 0，方差变为 1。这样做的目的是提高训练的稳定性。在训练的过程中，批标准化层会用一个移动平均的办法来计算每一批输入的平均值和方差，以估计整个训练集的平均值和方差。

每一批输入的平均值和方差会被用来标准化这一批输入。在模型测试的过程当中，我们会保持移动平均值和方差不变来标准化输入。

除了提高性能和稳定性，批标准化也可以提升正则化的作用。和 Dropout 里对隐藏层加一个不确定性一样，移动平均值和方差也同样地引入了一定的随机性，因为在每一个回合当中，它都是根据具体的那一批的随机样本来决定更新的。因此，在训练中有了这样一个变化的神经网络会变得更加鲁棒。

1.7.5 其他缓和过拟合的方法

我们有很多其他方法来预防过拟合，比如说，**早停法**（Early Stopping）或者**数据增强**（Data Augmentation）。早停法会当网络在满足一定的实际条件时停止训练，比如说在验证集上有了足够高的精确度。图 1.16 描述了损失在训练过程可能会慢慢增加，也就是过拟合的开始，不过我们可以用早停法在过拟合开始前的那个点停止训练。

图 1.15　一个图像数据增强的例子。左上角的是原图，其他图片是通过随机的反转、平移、缩近等运算得到的

数据增强即增加现有训练数据的大小，如运用反转、旋转、移动和放缩等运算合理生成数据，以减少过拟合，从而提高网络性能 (Dong et al., 2017; He et al., 2016; Howard et al., 2017; Simonyan et al., 2015)。和图像数据一样，音频数据也一样可以通过增加噪声或者其他改变来增强。最近研究表明，通过改变音频速度来增强，可以提高语音识别算法的性能 (Ko et al., 2015)。

但是我们不能把同样的方法运用在字符信息上面，因为字符的大小和排序有它特定的意思。比如说，“人类喜欢狗狗”和“狗狗喜欢人类”的意思是不一样的。一个可以增强字符数据的现实方法是用规定的同义词来复述句子 (Zhang et al., 2015)，也可以不增强原始数据，文献 (Reed et al., 2016) 利用两个随机句子的向量表征的内插来进行数据增强。

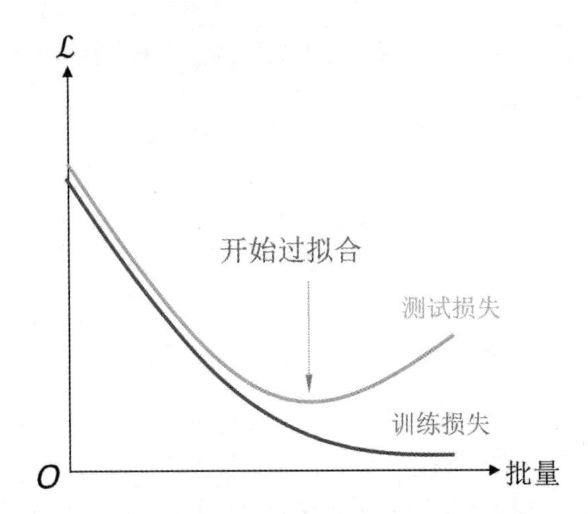

图 1.16　过拟合的训练曲线。我们可以用早停法来让训练过程在开始过拟合之时就停止

1.8　卷积神经网络

卷积神经网络（Convolutional Neural Network，CNN）(LeCun et al., 1989) 是前向神经网络的一种，它在很多不同的领域里都有很大的作用，如计算机视觉 (He et al., 2016; Krizhevsky et al., 2012; Simonyan et al., 2015)、时序预测 (van den Oord et al., 2016)、自然语言处理 (Yin et al., 2017; Zhang et al., 2019a) 和强化学习 (James et al., 2019; Rusu et al., 2016)。很多已经在现实世界落地的机器学习系统都是基于 CNN 之上的。本节介绍两种网络层：卷积层和池化层，它们都是 CNN 结构的一部分。

卷积层可能是 CNN 最有识别度的一个特征。其主要思想来自对人脑中并排处理视觉输入的学习。和图 1.17 所示的一样，卷积输出使用了四个不同的神经元来处理同样的输入图像区间。不同的神经元可能负责的处理任务不一样，如处理边缘、颜色和角度等任务。在卷积层的神经元只是和局部有连接，并不是和前一层的所有单元都有连接。卷积层可以被层层地叠加在一起，也就是说，一个卷积层的输出可以作为另外一个卷积层的输入。卷积层最大的优点是，相对于全连接层，它需要的参数会少得多，能更快地被训练出来。图 1.17 展示了在卷积层的每一个神经元有关于局部输入的所有通道的信息。如果说一个 RGB 图片是输入，那么一个在卷积层的神经元就能知道卷积核运算之后的一个局部区域的所有 RGB 通道。

在卷积层里的卷积运算使用了不同的卷积核来提取各种各样重要的特征。当其中一层网络的输入是高/宽为 W 的向量，并且我们使用一个大小为 F 的卷积核，卷积运算将输入的向量切分为若干小区间，然后每个小区间依次和卷积核进行点乘计算。其中步长 S 规定了每个小区间之间的距离。若步长为 2 ($S=2$)，卷积核则会跟每个距离为 2 的小区间进行点乘运算。如果要确保边缘的数值也被很好地考虑在内的话，那么就需要在边缘填充零（Zero Padding）。若使填充的大小为

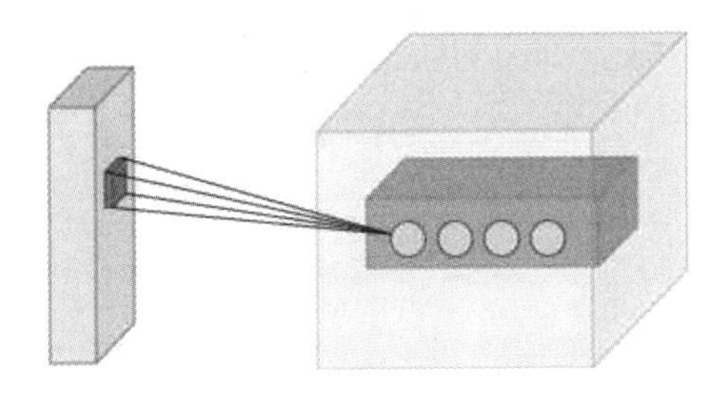

图 1.17 从样本图片计算卷积层的方法：蓝色的是输入层，绿色为卷积输出层。假如输入是一个有三个通道的 RGB 图片，那么卷积层输出也有不同通道。和全连接层不同的是，卷积层的神经元只和输入层的部分区域所连接，而不是和所有输入都有连接。图中展示了卷积层的不同通道是怎么和输入层有局部连接的（见彩插）

P，则一个卷积层的输出层大小就可以用公式 (1.24) 来进行计算。

$$\left\lfloor \frac{W-F+2P}{S}+1 \right\rfloor \tag{1.24}$$

输出层的深度（输出通道的数量）和卷积核的数量是一致的。图 1.18 具体地展示了卷积运算的流程。在图 1.18 中，有一个大小为 4×4（高 × 宽）的 RBG 图片、一个大小为 $3\times3\times3$（高 × 宽 × 输入通道）的卷积核，步长 $S=1$，边缘填充 $P=0$。根据公式 (1.24)，输出值的高/宽为 $(4-3+0)/1+1=2$。输出的深度（卷积核的通道数）是 1（因为只有一个卷积核）。为了计算在每一个通道左上角的那个数值，首先计算输入图片和卷积核的点乘，得到三个值，这三个值的和就是左上角的数值。卷积运算所得到的输出可以通过一层激活函数来引入非线性。

池化层利用了图片相邻像素类似的性质来进行下取样。我们认为，合适的像素只留取一个区域里的最大值或者平均值的下取样，会在建模当中有很多益处。通常有两种池化方法来减少数据大小：最大值池化和平均值池化。在图 1.19 中，在一个 4×4 的输入上和在步长是 2 的情况下，演示了最大值池化和平均值池化的例子。池化层可以很明显地减少输出大小，提高之后层的计算效率。比如说，在一个卷积层以后会有数以百计的通道，在输出被传递给全连接层之前，使用池化层来减小输出大小会减小计算量。

通常来说，卷积层、池化层和全连接层是 CNN 的核心构建部分。图 1.20 展示了一个有两个卷积层、一个最大值池化层和一个全连接层的网络。这里需要注意的是激活函数可以同样地用在卷积层上。

和前向神经网络不同的是，CNN 借用了**参数共享的**概念。在模型的不同部分使用参数共享，让整个模型更加高效（更少的参数和内存需求），然后它也可以用来处理不同的数据形式（不同大小或者长度）。回想一下，在一个全连接层中有一个权重矩阵，里面的元素 w_{ij} 代表着前一层第 i 神经元和当前层第 j 神经元连接。但在一个卷积层里，卷积核其实就是权重，它们在运算输出的时候是被重复使用的。对卷积核的重复使用就减少了在卷积网络里对参数的需求，这也就是为什么在输入和输出大小类似的情况下，卷积层比全连接层所需要的参数更少。

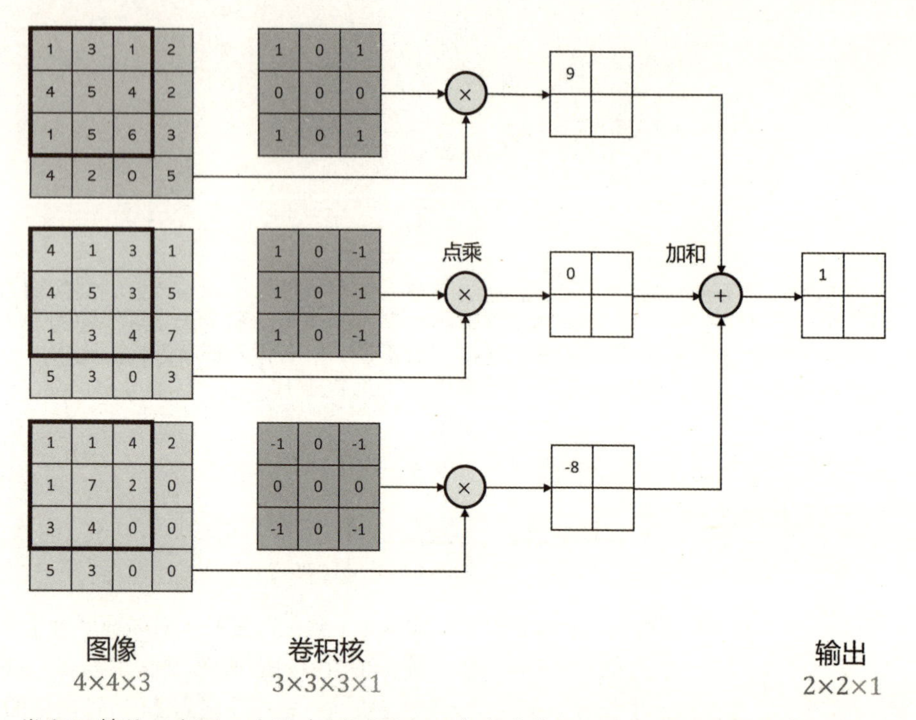

图 1.18　卷积运算的示意图，在这个例子里有一个大小为 $3 \times 3 \times 3 \times 1$ 的卷积核（Filter，也称为 Kernel）（尺寸为：高 × 宽 × 输入通道数 × 输出通道数）被用到了一个大小为 4×4（高 × 宽）的有 3 个输入通道的 RBG 图片上。图片和卷积核的点乘在不同的通道上都会应用。点乘所获得的值最终会被求和，然后得到输出的左上角的那个值

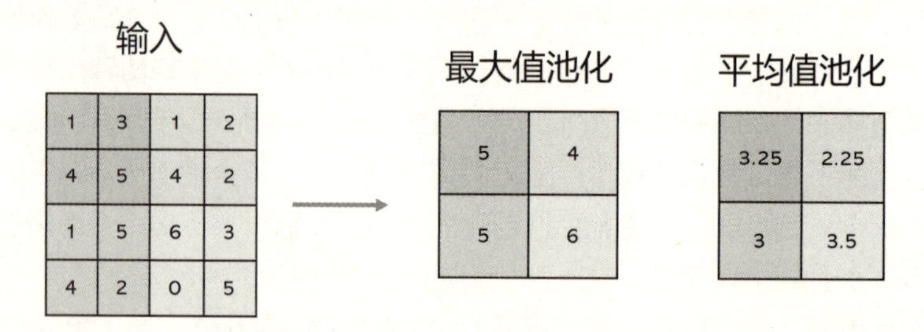

图 1.19　2×2 最大值池化和平均值池化的例子，它们的步长为 2，输入大小是 4×4

我们可以进一步地通过批标准化（批标准化层），即内部的样例迁移，来提高 CNN 的训练效率 (Ioffe et al., 2015)。我们之前提过，一个批标准化层是通过一个平均值和一个方差来进行标准化且独立于其他层的。也就是说，批标准化简化了在梯度更新的时候不同层之间的关系，从而可以用更大的学习速率来加快学习过程。

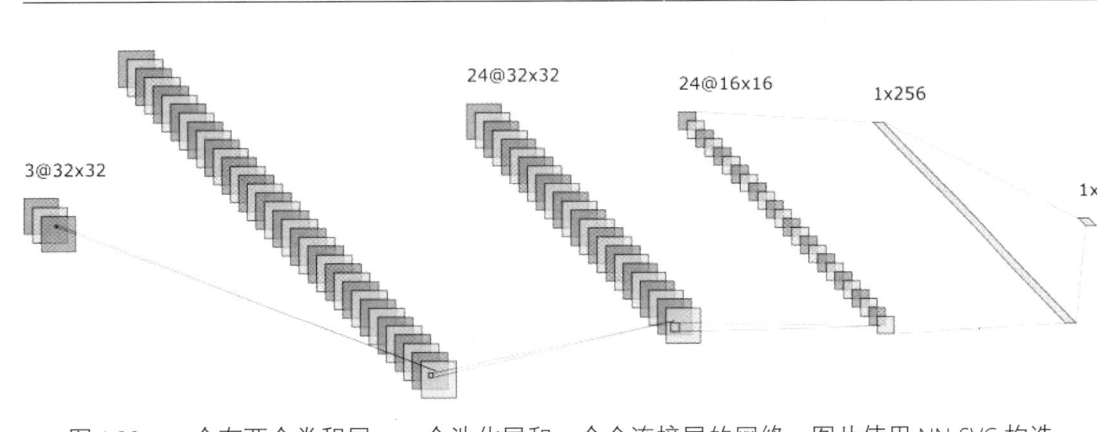

图 1.20 一个有两个卷积层、一个池化层和一个全连接层的网络。图片使用 NN-SVG 构造

1.9 循环神经网络

循环神经网络（Recurrent Neural Networks，RNN）(Rumelhart et al., 1986) 是另一种深度学习模型结构，主要用于处理序列数据。图像数据可以用网格加数值来表示，而序列数据作为另一种常见的数据类型，则被定义为一串元素 $\{x_1, x_2, \cdots, x_n\}$。例如，文本是由一串单词组成的，而股票的价格也可以用一串交易金额来表示。

序列数据的一个重要特点是，这一串元素之间有互相影响。例如，人们可以轻松地根据文章的开头，大致推测出文章接下来的内容。然而，针对这种元素之间的影响进行建模是相当具有挑战性的，尤其是当这一串序列非常长的时候。因此，循环神经网络需要能够有效地积累序列信息，并且考虑前序信息和后序信息之间的影响。

与卷积神经网络类似，循环神经网络同样使用了参数共享。参数共享得以让循环神经网络对序列上不同位置的元素重复使用同一组权重。我们来一起看一个例子，卷积神经网络需要能够学到“深度学习从 2010 年开始受到追捧”和“从 2010 年开始，深度学习受到追捧”这两句话其实表达的是相同的意思，尽管两句话的语序并不相同。同样，当卷积神经网络对猫的图片进行分类的时候，猫在图片中的位置也不应该影响模型做出正确的判断。

循环神经网络可以处理任意长度的输入序列，这一点与卷积神经网络可以处理任意长宽的输入图像相似。之所以如此，是因为循环神经网络使用了循环单元（Cell）作为基本的计算单元。针对输入序列中的每个数据元素，循环单元会被依次反复调用并进行计算。因此循环单元中会维护一个隐状态（Hidden State），用于记录序列中的信息。循环单元的计算包含两个输入，分别是序列中的当前数据及循环单元之前的隐状态。循环单元根据两个输入计算新的隐状态作为输出，新的隐状态也将用在下一轮计算当中，如图 1.21 所示。最简单的循环单元使用线性变换（公式 (1.25)）：

$$\boldsymbol{h}_t = \boldsymbol{W}[\boldsymbol{x}_t; \boldsymbol{h}_{t-1}] + \boldsymbol{b} \tag{1.25}$$

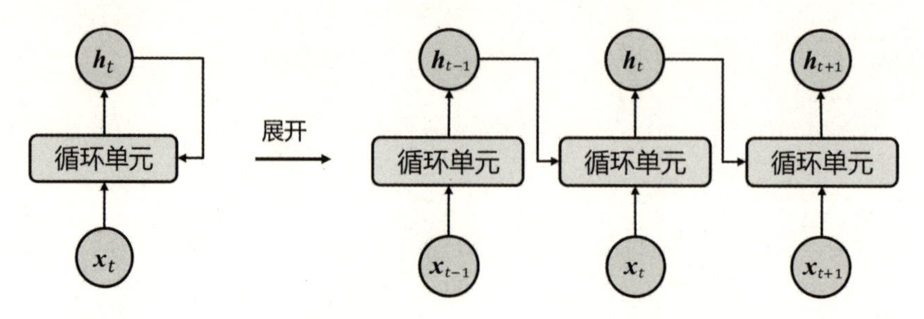

图 1.21　循环神经网络结构示意图。循环单元（cell）接收数值 $\boldsymbol{x}_t$ 和前序信息的隐状态 $\boldsymbol{h}_{t-1}$，然后输出新的隐状态 $\boldsymbol{h}_t$.

公式 (1.25) 中，隐状态 $\boldsymbol{h}_{t-1}$ 与输入数据 $\boldsymbol{x}_t$ 组合在一起，然后与线性核 $\boldsymbol{W}$ 做矩阵乘法，同时偏置 $\boldsymbol{b}$ 也可以加入新的隐状态当中。由于线性核 $\boldsymbol{W}$ 会被反复计算，循环神经网络实际上构建了一个深度计算图，而深度较大的计算图可能导致梯度爆炸或者梯度消失。当 $\boldsymbol{W}$ 的特征值幅度大于 1 时，可能导致梯度爆炸，而梯度爆炸会让学习过程完全失效。与之相反，若 $\boldsymbol{W}$ 的特征值幅度小于 1，则将可能导致梯度消失，梯度消失会让模型无法有效地根据学习目标进行优化。如果输入序列很长，那么使用简单循环单元的循环神经网络将有可能遇到这两种梯度问题的其中之一。

简单循环单元有严重的遗忘问题，当给定句子“我是中国人，我的母语是 ____”，简单循环单元会很容易预测出结果是“中文”，但是当句子很长时，如“我是中国人，我去英国读书，后来在法国工作，我的母语是 ____”，隐状态被多次更新后，简单循环单元很可能无法预测出正确的结果。**长短期记忆**（Long Short-Term Memory，LSTM）(Hochreiter et al., 1997) 是一种更加先进的循环单元，并常用于处理长序列中元素之间的影响。使用 LSTM 作为循环单元的循环神经网络亦常被简称为 LSTM。

与简单循环单元不同，LSTM 循环单元有两个状态量：单元状态（Cell State），记为 $\boldsymbol{C}_t$；隐状态（Hidden State），记为 $\boldsymbol{h}_t$。计算单元状态的过程实际上构建了一条信息高速路（如图 1.22 所示），这条信息高速路贯穿整个序列并且只使用了简单的计算过程。由于这条信息高速路让信息流可以较为便捷地穿越整个序列，因此 LSTM 可以较好地考虑长序列当中两个距离较远的元素之间的影响，即长期记忆。与此同时，LSTM 基于门（Gate）的机制计算隐状态。这种基于门的计算机制利用 sigmoid 激活函数来控制信息的遗忘或者叠加，因为 sigmoid 函数的值域介于 0 和 1 之间。也就是说，当 sigmoid 函数输出为 1 时，相对应的信息会被完整地保留。与之相反，当 sigmoid 函数输出为 0 时，相对应的信息会完全丢失。

在 LSTM 当中，一共有三个基于门的计算机制，分别是遗忘门（Forget Gate）、输入门（Input Gate）和输出门（Output Gate）。首先，遗忘门根据新的输入来决定单元状态当中是否有部分信息应该被遗忘。其次，输入门决定哪些输入信息应该被加入单元状态中，目的是长期存储这部分信息并取代被遗忘的信息。最后的输入门根据最新的单元状态，决定 LSTM 循环单元的输出。这三

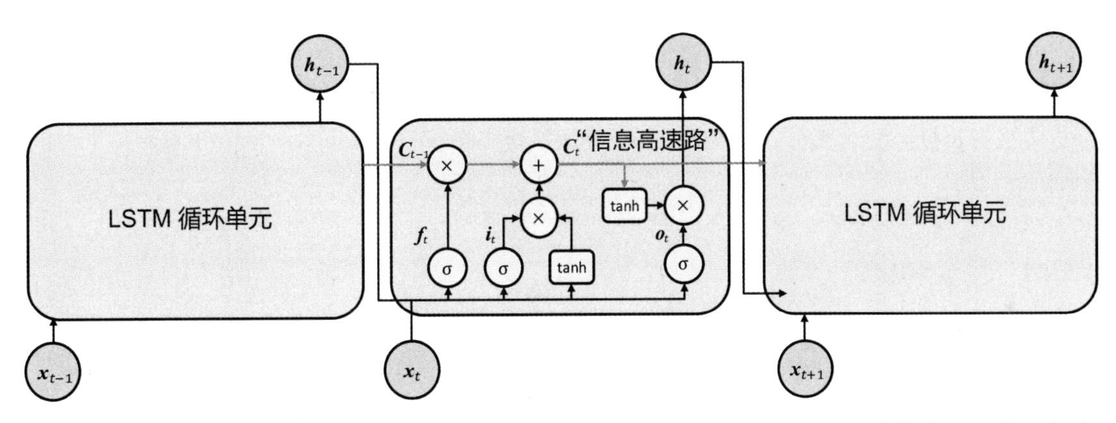

图 1.22 使用 LSTM 循环单元的循环神经网络示意图。LSTM 循环单元包括两个状态，即单元状态（Cell State）C_t 和隐状态（Hidden State）h_t。除此之外，还有三个门（Gate）用于控制信息的取舍。本图依据文献 (Olah, 2015) 重新绘制

个基于门的计算机制可以用方程 (1.26) 定义，其中 σ 代表 simoid 函数。

$$\begin{aligned}
\text{遗忘门：} \quad & \boldsymbol{f}_t = \sigma(\boldsymbol{W}_f[\boldsymbol{h}_{t-1};\boldsymbol{x}_t] + \boldsymbol{b}_f) \\
\text{输入门：} \quad & \boldsymbol{i}_t = \sigma(\boldsymbol{W}_i[\boldsymbol{h}_{t-1};\boldsymbol{x}_t] + \boldsymbol{b}_i) \\
\text{输出门：} \quad & \boldsymbol{o}_t = \sigma(\boldsymbol{W}_o[\boldsymbol{h}_{t-1};\boldsymbol{x}_t] + \boldsymbol{b}_o) \\
\text{更新单元状态：} \quad & \boldsymbol{C}_t = \boldsymbol{f}_t \times \boldsymbol{C}_{t-1} + \boldsymbol{i}_t \times \tanh(\boldsymbol{W}_C[\boldsymbol{h}_{t-1};\boldsymbol{x}_t] + \boldsymbol{b}_C) \\
\text{更新隐状态：} \quad & \boldsymbol{h}_t = \boldsymbol{o}_t \times \tanh(\boldsymbol{C}_t)
\end{aligned} \tag{1.26}$$

循环神经网络有很多种，而 LSTM 是其中之一，还有 GRU（Gated Recurrent Units）。最近的研究工作尝试对比了不同结构的循环神经网络，但是关于哪一种结构更优，目前尚无定论 (Cho et al., 2014; Jozefowicz et al., 2015)。

在深度学习中，循环神经网络主要用于处理序列数据，如自然语言和时间序列 (Chung et al., 2014; Liao et al., 2018b; Mikolov et al., 2010)，同时也会用于处理强化学习的问题 (Peng et al., 2018; Wierstra et al., 2010)。根据输入和输出的关系，循环神经网络的结构在不同的场景也会有些许变化。例如，在文本分类的问题中，循环神经网络的输入是一串单词序列，而输出是单个代表类别的标签 (Lee et al., 2016; Zhang et al., 2019a)。在机器翻译 (Bahdanau et al., 2015; Luong et al., 2015; Sutskever et al., 2014) 或者自动摘要 (Nallapati et al., 2017) 的任务中，循环神经网络的输入和输出均是一串单词序列。关于更多的细节，感兴趣的读者可以查看我们其他的讲义，链接见读者服务。

1.10　深度学习的实现样例

本节将介绍深度学习的实现样例，其中模型的代码将基于 Python 3、TensorFlow 2.0 和 TensorLayer 2.0。

1.10.1　张量和梯度

张量（Tensor）是 TensorFlow 中最基本的计算单元，特指计算函数的输出，由计算函数生成，如 `tf.constant`，`tf.matmul` 等。这些张量本身并不存储计算结果，而是为获取 TensorFlow session 中产生该结果的计算过程提供便利。在 TensorFlow 2.0 中，无须手动运行会话（Session），因为在 Eager execution 设计思想下，运算图和会话的运行细节仅在后端可见。比如，在下面的矩阵乘法示例中，我们可以通过 `tf.constant` 创建矩阵，并通过 `tf.matmul` 计算输出为另一个矩阵的乘法。

代码 1.1　TensorFlow 中基于张量的矩阵乘法

```
>>> import tensorflow as tf
>>> a = tf.constant([[1, 2], [1, 2]])
# tf.Tensor(
# [[1 2]
#  [1 2]], shape=(2, 2), dtype=int32)
>>> b = tf.constant([[1], [2]])
# tf.Tensor(
# [[1]
#  [2]], shape=(2, 1), dtype=int32)
>>> c = tf.matmul(a, b)
# tf.Tensor(
# [[5]
#  [5]], shape=(2, 1), dtype=int32)
```

在深度神经网络的前向传播中，Tensors 实例会自动相互连接，从而形成一个运算图。因此，我们可以通过 TensorFlow 自带的自动差分和运算图相关功能，在反向传播时计算梯度。TensorFlow 2.0 更是提供了 `tf.GradientTape` 方法，用于计算输入变量对被记录操作的梯度。

神经网络的前向传播和损失函数的计算应当在 `tf.GradientTape` 作用域之内，而反向传播和权重更新则可以在作用域之外。`tf.GradientTape` 将所有在作用域内执行的运算都记录到 `Tape` 中，然后通过反向自动差分机制，计算每个运算符和输入变量相对应的梯度。直到 `tape.gradient()` 被调用后，`tf.GradientTape` 所占用的资源才会被释放。

代码 1.2 TensorFlow 和 TensorLayer 中的梯度计算

```
import tensorflow as tf
import tensorlayer as tl
def train(model, dataset, optimizer):
    # 给定一个 TensorLayer 模型
    # 遍历数据，其中 x 为输入，y 为输出
    for x, y in dataset:
        # 构建 tf.GradientTape 的作用域
        with tf.GradientTape() as tape:
            prediction = model(x) # 前向传播
            loss = loss_fn(prediction, y) # 损失函数
        # 反向传播并计算梯度
        # 然后释放 tf.GradientTape 所占用的资源
        gradients = tape.gradient(loss, model.trainable_weights)
        # 根据梯度，利用优化器更新权重
        optimizer.apply_gradients(zip(gradients, model.trainable_weights))
```

1.10.2 定义模型

在 TensorLayer 2.0 中，模型（`Model`）是一个包含多个 `Layer` 的实体，并且定义了 `Layer` 之间传播运算。TensorLayer 2.0 提供了两套定义模型的接口，其中静态模型接口让用户可以更加流畅地定义模型，而动态模型接口让前向传播更加灵活。静态模型需要用户手动构建运算图并编译，模型一旦编译后，前向传播将不能修改。与之不同的是，动态模型可以像普通 Python 代码一样即刻执行（Eager Execution），而且前向传播是可以修改的。

如下面的实现样例所示，我们可以将静态模型和动态模型的差别总结成两个方面。首先，静态模型中的 Layer 在声明的同时也会定义与其他 Layer 的连接关系（即前向传播）。根据 Layer 之间的连接关系，TensorLayer 可以自动推断每个 Layer 输入变量的大小，并相应构建权重。因此，当 `Model` 初始化的时候，只需要明确模型的输入和输出即可，而 TensorLayer 将自动根据 Layer 之间的连接构建运算图。然而，动态模型则不同，前向传播的顺序（即 Layer 之间的连接关系）在动态模型初始化时是不需要明确的，因为动态模型的前向传播直到前向函数 `forward` 被实际调用的时候才能确定。因此，动态模型无法自动推断每个 Layer 输入变量的大小，必须通过输入参数 `in_channels` 显式地明确 Layer。

其次，静态模型的前向传播一旦定义即固定，因此更加易于加速计算过程。TensorFlow 2.0 提供了一个新的功能，即 `tf.function`，可作为装饰器套在函数上，加速函数内的计算。与静态模型不同的是，动态模型的前向传播更加灵活。例如，用户可以根据不同的输入和参数来控制前向传播，同时也可以根据需要选择执行或者跳过部分 Layer 的计算。

代码 1.3　静态模型样例：多层感知器（MLP）

```
import tensorflow as tf
from tensorlayer.layers import Input, Dense
from tensorlayer.models import Model

# 包含了三个全连接层的多层感知器模型
def get_mlp_model(inputs_shape):
    ni = Input(inputs_shape)
    # 因为明确定义了 Layer 之间的连接关系
    # 可以自动推断每个 Layer 的 in_channels
    nn = Dense(n_units=800, act=tf.nn.relu)(ni)
    nn = Dense(n_units=800, act=tf.nn.relu)(nn)
    nn = Dense(n_units=10, act=tf.nn.relu)(nn)
    # 根据连接关系自动构建模型
    M = Model(inputs=ni, outputs=nn)
    return M

MLP = get_mlp_model([None, 784])
# 开启 eval 模式
MLP.eval()
# 给定输入数据
# 该计算过程可以通过 TensorFlow 2.0 中的 @tf.function 加速
outputs = MLP(data)
```

代码 1.4　动态模型样例：多层感知器（MLP）

```
import tensorflow as tf
from tensorlayer.layers import Input, Dense
from tensorlayer.models import Model

class MLPModel(Model):
    def __init__(self):
        super(MLPModel, self).__init__()
        # 因为无法明确 Layer 之间的连接关系，必须手动提供 in_channels
        # 给定输入数据的大小，即 784
        self.dense1 = Dense(n_units=800, act=tf.nn.relu, in_channels=784)
        self.dense2 = Dense(n_units=800, act=tf.nn.relu, in_channels=800)
        self.dense3 = Dense(n_units=10, act=tf.nn.relu, in_channels=800)
```

```
    def forward(self, x, foo=False):
        # 定义前向传播
        z = self.dense1(z)
        z = self.dense2(z)
        out = self.dense3(z)
        # 灵活控制前向传播
        if foo:
            out = tf.nn.softmax(out)
        return out

MLP = MLPModel()
# 开启 eval 模式
MLP.eval()
# 给定输入数据
# 通过参数 foo 控制前向传播
outputs_1 = MLP(data, foo=True) # 使用 softmax
outputs_2 = MLP(data, foo=False) # 不使用 softmax
```

1.10.3 自定义层

TensorLayer 2.0 为用户提供了大量的神经网络层，也支持 `Lambda Layer` 以方便用户创造高度自定义的层。如下所示，最简单的例子是把一个 lambda 表达式直接传入 `Lambda Layer`。用户可以通过一个自定义输入参数的函数和 `fn_args` 选项来初始化或者调用 `Lambda Layer`。

```
import tensorlayer as tl
x = tl.layers.Input([8, 3], name='input')
y = tl.layers.Lambda(lambda x: 2*x)(x) # 没有可训练的权重

def customize_fn(input, foo): # 参数可以通过 Lambda Layer 的 fn_args 定义
    return foo * input
z = tl.layers.Lambda(customize_fn, fn_args={'foo': 42})(x) # this layer has no weights.
```

`Lambda Layer` 拥有可训练的权重。下面的示例可以展示如何在自定义函数外定义权重，并通过 `fn_weights` 选项传入 `Lambda Layer`。

```
import tensorflow as tf
import tensorlayer as tl
a = tf.Variable(1.0) # 自定义函数作用域之外的权重
def customize_fn(x):
    return x + a
x = tl.layers.Input([8, 3], name='input')
y = tl.layers.Lambda(customize_fn, fn_weights=[a])(x) # 通过 fn_weights 传递权重
```

此外，Lambda Layer 还可以使 Keras 与 TensorLayer 兼容。用户可以定义一个 Keras 模型，并将其以一个函数的形式传入 Lambda Layer，因为 Keras 的模型是可被调用的。同时，为了让自定义模型和 Keras 模型一起被训练，Keras 模型中可被训练的权重需要被手动提取，然后传入 Lambda Layer 中。

```
import tensorflow as tf
import tensorlayer as tl
# 定义一个 Keras 模型
layers = [
    tf.keras.layers.Dense(10, activation=tf.nn.relu),
    tf.keras.layers.Dense(5, activation=tf.nn.sigmoid),
    tf.keras.layers.Dense(1, activation=tf.identity)
]
perceptron = tf.keras.Sequential(layers)
# 获得 Keras 模型的可被训练的权重
_ = perceptron(np.random.random([100, 5]).astype(np.float32))

class CustomizeModel(tl.models.Model):
    def __init__(self):
        super(CustomizeModel, self).__init__()
        self.dense = tl.layers.Dense(in_channels=1, n_units=5)
        self.lambdalayer = tl.layers.Lambda(perceptron, perceptron.trainable_variables)
        # 将可以训练的权重传递给 Lambda Layer

    def forward(self, x):
        z = self.dense(x)
        z = self.lambdalayer(z)
        return z
```

1.10.4 多层感知器：MNIST 数据集上的图像分类

用户可以通过 TensorLayer 2.0 中提供的 `Model`、`Layer` 和其他支持性的 API 来灵活、直观地设计和实现自己的深度学习模型。为了帮助读者更好地了解如何用 TensorLayer 实现一个深度学习模型，这里首先介绍一个利用多层感知器在 MNIST 数据集 (LeCun et al., 1998) 上分类图片的示例。该数据集包含了 70,000 张手写数字的图片。一个深度学习模型的建立通常会包含五个步骤，分别是数据加载、模型定义、训练、测试和模型存储。

TensorLayer 在 `tl.files` 中提供了多个常用数据集的 API，包括 MNIST、CIFAR10、PTB、CelebA 等。比如说，我们可以用 `tl.files.load_mnist_dataset` 和一个具体的 shape 加载 MNIST 数据集。通常来说，数据集会被划分为三个子集：训练集、验证集和测试集。

```
# 通过 TensorLayer 加载 MNIST 数据集
X_train, y_train, X_val, y_val, X_test, y_test = tl.files.load_mnist_dataset(shape=(-1,
    784)) # 每个 MNIST 图像的原始尺寸为 28 * 28，即一共有 784 个像素点
```

就像在 1.10.2 节里提到的一样，在 TensorLayer 2.0 中，一个多层感知器模型可以通过静态模型或者动态模型两种方法来实现。在这个例子中，我们的模型有三个 `Dense` 层，且为静态模型，同时，用 `Dropout` 来防止过拟合现象的产生。

```
# 构建模型
ni = tl.layers.Input([None, 784]) # 根据输入数据定义尺寸
# 多层感知器
nn = tl.layers.Dropout(keep=0.8)(ni)
nn = tl.layers.Dense(n_units=800, act=tf.nn.relu)(nn)
nn = tl.layers.Dropout(keep=0.5)(nn)
nn = tl.layers.Dense(n_units=800, act=tf.nn.relu)(nn)
nn = tl.layers.Dropout(keep=0.5)(nn)
nn = tl.layers.Dense(n_units=10, act=None)(nn)
# 给定输入和输出，构建模型
network = tl.models.Model(inputs=ni, outputs=nn, name="mlp")
```

多层感知器在 MNIST 数据集上的训练是指对其权重的学习。用户可以通过调用 `tl.utils.fit` 函数来触发训练过程。除此之外，我们还需要通过 `tl.utils.test` 函数来验证模型的性能。

```
# 定义一个函数来评估模型的准确度
# 与损失函数不同，这个函数不用于更新模型
def acc(_logits, y_batch):
    return tf.reduce_mean(
        tf.cast(
```

```
        tf.equal(
            tf.argmax(_logits, 1),
            tf.convert_to_tensor(y_batch, tf.int64)),
        tf.float32),
    name='accuracy'
  )

# 训练
tl.utils.fit(
    network, # 模型
    train_op=tf.optimizers.Adam(learning_rate=0.0001), # 优化器
    cost=tl.cost.cross_entropy, # 损失函数
    X_train=X_train, y_train=y_train, # 训练集
    acc=acc, # 评估指标
    batch_size=256, # 批样本数量
    n_epoch=20, # 训练轮数
    X_val=X_val, y_val=y_val, eval_train=True, # 验证集
)

# 测试
tl.utils.test(
    network, # 训练好的模型
    acc=acc, # 评估指标
    X_test=X_test, y_test=y_test, # 测试集
    batch_size=None, # 批样本数量，如果为 None 则将测试集一起输入模型，因此当且仅当测试集
    # 很小的时候可以将此设置为 None
    cost=tl.cost.cross_entropy # 损失函数
)
```

最后，多层感知器模型的权重可以保存至本地的一个文件中，使得我们可以在后面需要的时候恢复模型参数，用于推理，该多层感知器示例的完整实现代码链接见读者服务。

```
# 将模型权重保存到文件中
network.save_weights('model.h5')
```

1.10.5 卷积神经网络：CIFAR-10 数据集上的图像分类

CIFAR-10 数据集 (Krizhevsky et al., 2009) 是一个通用的、具有一定挑战性的图像分类基准测试。此数据集一共包含 10 类数据，其中每类分别有 6000 张 32×32 RGB 图片，且每张图片只专注于描述单个物体，如狗、飞机、船舶等。使用 TensorLayer 2.0 中的 `Dataset` 和 `Dataloader` APIs，我们可以很简单地加载 CIFAR-10 并对其做数据增强。

```
# 定义数据增强
def _fn_train(img, target):
    # 1. 随机切割长宽均为 24 的一小块图片
    img = tl.prepro.crop(img, 24, 24, False)
    # 2. 随机水平翻转图片
    img = tl.prepro.flip_axis(img, is_random=True)
    # 3. 正则化：减去像素点的平均值并除以方差
    img = tl.prepro.samplewise_norm(img)
    target = np.reshape(target, ())
    return img, target

# 加载训练集
train_ds = tl.data.CIFAR10(train_or_test='train', shape=(-1, 32, 32, 3))
# dataloader 加载数据集和数据增强算法
train_dl = tl.data.Dataloader(train_ds, transforms=[_fn_train], shuffle=True,
    batch_size=batch_size, output_types=(np.float32, np.int32))

# 加载测试集
test_ds = tl.data.CIFAR10(train_or_test='test', shape=(-1, 32, 32, 3))
# dataloader 加载测试集
test_dl = tl.data.Dataloader(test_ds, batch_size=batch_size)

# 遍历数据集
for X_batch, y_batch in train_dl:
# 训练、测试模型的代码
```

在这个示例里，我们将使用带有批标准化 (Ioffe et al., 2015) 的卷积神经网络来对 CIFAR-10 中的图片进行分类。该模型有两个卷积模块，其中每个模块含有一个批标准化层。模型的最后包含了三个全连接层。该卷积网络示例的完整实现代码链接请见读者服务。

```
# 包含了 BatchNorm 的卷积神经网络
def get_model_batchnorm(inputs_shape):
```

```
# 自定义权重初始化
W_init = tl.initializers.truncated_normal(stddev=5e-2)
W_init2 = tl.initializers.truncated_normal(stddev=0.04)
b_init2 = tl.initializers.constant(value=0.1)

# 输入层
ni = Input(inputs_shape)

# 第一个卷积层 Conv2d，以及 BatchNorm 和池化层 MaxPool
nn = Conv2d(64, (5, 5), (1, 1), padding='SAME', W_init=W_init, b_init=None)(ni)
nn = BatchNorm2d(decay=0.99, act=tf.nn.relu)(nn)
nn = MaxPool2d((3, 3), (2, 2), padding='SAME')(nn)

# 第二个卷积层 Conv2d，以及 BatchNorm 和池化层 MaxPool
nn = Conv2d(64, (5, 5), (1, 1), padding='SAME', W_init=W_init, b_init=None)(nn)
nn = BatchNorm2d(decay=0.99, act=tf.nn.relu)(nn)
nn = MaxPool2d((3, 3), (2, 2), padding='SAME')(nn)

# 卷积层的输出传递给三个全连接层
nn = Flatten()(nn)
nn = Dense(384, act=tf.nn.relu, W_init=W_init2, b_init=b_init2)(nn)
nn = Dense(192, act=tf.nn.relu, W_init=W_init2, b_init=b_init2)(nn)
nn = Dense(10, act=None, W_init=W_init2)(nn)

# 给定输入和输出，构建模型
M = Model(inputs=ni, outputs=nn, name='cnn')
return M
```

1.10.6 序列到序列模型：聊天机器人

聊天机器人（Chatbot）的设计通常涵盖了语音和文字对话的应用。在这个示例中，我们将简化这一设计，并考虑文字输入和反馈的情形。因此，序列到序列模型（Seq2seq）(Sutskever et al., 2014) 是实现聊天机器人的一个很好的选择。该模型需要序列作为输入和输出，因此，我们可以在此把聊天机器人的输入和输出定义为句子，又可被理解为是文字的序列。seq2seq 模型会被训练去对输入句子以另一句话的形式做适当的回应。虽然 seq2seq 模型在提出的时候主要应用于机器翻译，但在其他序列-序列应用场景中同样具有良好的应用前景，如交通预测 (Liao et al., 2018a,b)、文本自动摘要 (Liu et al., 2018; Zhang et al., 2019b) 等。

在实践中，一个 seq2seq 模型由两个 RNN 组成，其一为编码 RNN，其二为解码 RNN。编码 RNN 会学习一个对于输入语句的表示，然后解码 RNN 便可尝试生成一个针对输入的回应。TensorLayer 库提供的 API 可以在一行以内生成一个 Seq2seq 模型。

```
# Seq2seq 模型
model_ = Seq2seq(
    decoder_seq_length=decoder_seq_length, # 解码的最大长度
    cell_enc=tf.keras.layers.GRUCell, # 编码 RNN 的循环单元
    cell_dec=tf.keras.layers.GRUCell, # 解码 RNN 的循环单元
    n_layer=3, # 编码 RNN 和解码 RNN 的层数
    n_units=256, # RNN 的隐状态大小
    embedding_layer=tl.layers.Embedding(vocabulary_size=vocabulary_size,
        embedding_size=emb_dim), # 编码 RNN 的嵌入层
)
```

下面展示了一些基于 Seq2seq 的聊天机器人模型的结果，聊天机器人的完整实现代码链接请见读者服务。该模型可以在获取一个输入句子后输出多种可能的结果。

```
Query > happy birthday have a nice day
 > thank you so much
 > thank babe
 > thank bro
 > thanks so much
 > thank babe i appreciate it
```

参考文献

BAHDANAU D, CHO K, BENGIO Y, 2015. Neural machine translation by jointly learning to align and translate[C]//Proceedings of the International Conference on Learning Representations (ICLR).

BISHOP C M, 2006. Pattern recognition and machine learning[M]. springer.

BOTTOU L, BOUSQUET O, 2007. The Tradeoffs of Large Scale Learning.[C]//Proceedings of the Neural Information Processing Systems (Advances in Neural Information Processing Systems) Conference: volume 20. 161-168.

CAO Z, SIMON Z, WEI S E, et al., 2017. Realtime multi-person 2d pose estimation using part affinity fields[C]//Proceedings of the IEEE Conference on Computer Vision and Pattern Recognition (CVPR).

CHO K, VAN MERRIËNBOER B, GULCEHRE C, et al., 2014. Learning phrase representations using RNN encoder-decoder for statistical machine translation[C]//Proceedings of the Empirical Methods in Natural Language Processing (EMNLP) Conference.

CHUNG J, GULCEHRE C, CHO K, et al., 2014. Empirical evaluation of gated recurrent neural networks on sequence modeling[J]. arXiv preprint arXiv:1412.3555.

DEVLIN J, CHANG M W, LEE K, et al., 2019. BERT: Pre-training of deep bidirectional transformers for language understanding[C/OL]//Proceedings of the 2019 Conference of the North American Chapter of the Association for Computational Linguistics: Human Language Technologies, Volume 1 (Long and Short Papers). Minneapolis, Minnesota: Association for Computational Linguistics: 4171-4186. DOI: 10.18653/v1/N19-1423.

DONG H, ZHANG J, MCILWRAITH D, et al., 2017. I2t2i: Learning text to image synthesis with textual data augmentation[C]//Proceedings of the IEEE International Conference on Image Processing (ICIP).

DUCHI J, HAZAN E, SINGER Y, 2011. Adaptive subgradient methods for online learning and stochastic optimization[J]. Journal of Machine Learning Research (JMLR), 12(Jul): 2121-2159.

GAL Y, GHAHRAMANI Z, 2016. Dropout as a bayesian approximation: Representing model uncertainty in deep learning[C]//Proceedings of the International Conference on Machine Learning (ICML). 1050-1059.

GLOROT X, BORDES A, BENGIO Y, 2011. Deep sparse rectifier neural networks[C]//Proceedings of the International Conference on Artificial Intelligence and Statistics (AISTATS). 315-323.

GOODFELLOW I, POUGET-ABADIE J, MIRZA M, et al., 2014. Generative Adversarial Nets[C]//Proceedings of the Neural Information Processing Systems (Advances in Neural Information Processing Systems) Conference.

GOODFELLOW I, BENGIO Y, COURVILLE A, 2016. Deep learning[M]. MIT Press.

HARA K, SAITOH D, SHOUNO H, 2016. Analysis of dropout learning regarded as ensemble learning[C]//Proceedings of the International Conference on Artificial Neural Networks (ICANN). Springer: 72-79.

HE K, ZHANG X, REN S, et al., 2015. Delving deep into rectifiers: Surpassing human-level performance on imagenet classification[C]//Proceedings of the IEEE international conference on computer vision. 1026-1034.

HE K, ZHANG X, REN S, et al., 2016. Deep Residual Learning for Image Recognition[C]//Proceedings of the IEEE Conference on Computer Vision and Pattern Recognition (CVPR).

HINTON G E, SRIVASTAVA N, KRIZHEVSKY A, et al., 2012. Improving neural networks by preventing co-adaptation of feature detectors[J]. arXiv preprint arXiv:1207.0580.

HOCHREITER S, HOCHREITER S, SCHMIDHUBER J, et al., 1997. Long Short-Term Memory.[J]. Neural Computation, 9(8): 1735-80.

HORNIK K, STINCHCOMBE M, WHITE H, 1989. Multilayer feedforward networks are universal approximators[J]. Neural networks, 2(5): 359-366.

HOWARD A G, ZHU M, CHEN B, et al., 2017. Mobilenets: Efficient convolutional neural networks for mobile vision applications[J]. Computing Research Repository (CoRR).

IOFFE S, SZEGEDY C, 2015. Batch normalization: Accelerating deep network training by reducing internal covariate shift[J]. arXiv preprint arXiv:1502.03167.

JAMES S, WOHLHART P, KALAKRISHNAN M, et al., 2019. Sim-to-real via sim-to-sim: Data-efficient robotic grasping via randomized-to-canonical adaptation networks[C]//Proceedings of the IEEE Conference on Computer Vision and Pattern Recognition. 12627-12637.

JOZEFOWICZ R, ZAREMBA W, SUTSKEVER I, 2015. An empirical exploration of recurrent network architectures[C]//International Conference on Machine Learning. 2342-2350.

KINGMA D, BA J, 2014. Adam: A method for stochastic optimization[C]//Proceedings of the International Conference on Learning Representations (ICLR).

KO T, PEDDINTI V, POVEY D, et al., 2015. Audio augmentation for speech recognition[C]//Annual Conference of the International Speech Communication Association.

KRIZHEVSKY A, HINTON G, et al., 2009. Learning multiple layers of features from tiny images[R]. Citeseer.

KRIZHEVSKY A, SUTSKEVER I, HINTON G E, 2012. Imagenet classification with deep convolutional neural networks[C]//Advances in Neural Information Processing Systems. 1097-1105.

LECUN Y, BOSER B, DENKER J S, et al., 1989. Backpropagation applied to handwritten zip code recognition[J]. Neural computation, 1(4): 541-551.

LECUN Y, BOTTOU L, BENGIO Y, et al., 1998. Gradient-based learning applied to document recognition[J]. Proceedings of the IEEE, 86(11): 2278-2324.

LECUN Y, BENGIO Y, HINTON G, 2015. Deep learning[J]. Nature, 521(7553): 436.

LEE J Y, DERNONCOURT F, 2016. Sequential short-text classification with recurrent and convolutional neural networks[C/OL]//Proceedings of the 2016 Conference of the North American Chapter of the Association for Computational Linguistics: Human Language Technologies. San Diego, California: Association for Computational Linguistics: 515-520. DOI: 10.18653/v1/N16-1062.

LIAO B, ZHANG J, CAI M, et al., 2018a. Dest-ResNet: A deep spatiotemporal residual network for hotspot traffic speed prediction[C]//2018 ACM Multimedia Conference on Multimedia Conference. ACM: 1883-1891.

LIAO B, ZHANG J, WU C, et al., 2018b. Deep sequence learning with auxiliary information for traffic prediction[C]//Proceedings of the 24th ACM SIGKDD International Conference on Knowledge Discovery & Data Mining. ACM: 537-546.

LIU P J, SALEH M, POT E, et al., 2018. Generating wikipedia by summarizing long sequences[C]// International Conference on Learning Representations.

LUONG T, PHAM H, MANNING C D, 2015. Effective approaches to attention-based neural machine translation[C/OL]//Proceedings of the 2015 Conference on Empirical Methods in Natural Language Processing. Lisbon, Portugal: Association for Computational Linguistics: 1412-1421. DOI: 10.18653/v1/D15-1166.

MAAS A L, DALY R E, PHAM P T, et al., 2011. Learning word vectors for sentiment analysis[C]// HLT '11: Proceedings of the 49th Annual Meeting of the Association for Computational Linguistics: Human Language Technologies - Volume 1. Stroudsburg, PA, USA: Association for Computational Linguistics: 142-150.

MIKOLOV T, KARAFIÁT M, BURGET L, et al., 2010. Recurrent neural network based language model[C]//Interspeech.

NALLAPATI R, ZHAI F, ZHOU B, 2017. Summarunner: A recurrent neural network based sequence model for extractive summarization of documents[C]//AAAI' 17: Proceedings of the Thirty-First AAAI Conference on Artificial Intelligence. San Francisco, California, USA: AAAI Press: 3075-3081.

NG A Y, JORDAN M I, 2002. On discriminative vs. generative classifiers: A comparison of logistic regression and naive bayes[C]//Proceedings of the Neural Information Processing Systems (Advances in Neural Information Processing Systems) Conference. 841-848.

NOH H, HONG S, HAN B, 2015. Learning deconvolution network for semantic segmentation[C]// Proceedings of the International Conference on Computer Vision (ICCV). 1520-1528.

OLAH C, 2015. Understanding lstm networks[Z].

PENG X B, ANDRYCHOWICZ M, ZAREMBA W, et al., 2018. Sim-to-real transfer of robotic control with dynamics randomization[C]//2018 IEEE International Conference on Robotics and Automation (ICRA). IEEE: 1-8.

REED S, AKATA Z, YAN X, et al., 2016. Generative Adversarial Text to Image Synthesis[C]//Proceedings of the International Conference on Machine Learning (ICML).

RISH I, et al., 2001. An empirical study of the naive bayes classifier[C]//International Joint Conference on Artificial Intelligence 2001 workshop on empirical methods in artificial intelligence: volume 3. 41-46.

ROSENBLATT F, 1958. The perceptron: a probabilistic model for information storage and organization in the brain.[J]. Psychological Review, 65(6): 386.

RUCK D W, ROGERS S K, KABRISKY M, et al., 1990. The multilayer perceptron as an approximation to a bayes optimal discriminant function[J]. IEEE Transactions on Neural Networks, 1(4): 296-298.

RUMELHART D E, HINTON G E, WILLIAMS R J, 1986. Learning representations by back-propagating errors[J]. Nature, 323(6088): 533.

RUSU A A, RABINOWITZ N C, DESJARDINS G, et al., 2016. Progressive neural networks[J]. arXiv preprint arXiv:1606.04671.

SAMUEL A, 1959. Some studies in machine learning using the game of checkers[C]//IBM Journal of Research and Development.

SIMONYAN K, ZISSERMAN A, 2015. Very deep convolutional networks for large-scale image recognition[C]//Proceedings of the International Conference on Learning Representations (ICLR).

SRIVASTAVA N, HINTON G, KRIZHEVSKY A, et al., 2014. Dropout: A simple way to prevent neural networks from overfitting[J]. Journal of Machine Learning Research (JMLR), 15(1): 1929-1958.

SUTSKEVER I, VINYALS O, LE Q V, 2014. Sequence to sequence learning with neural networks[C]// Proceedings of the Neural Information Processing Systems (Advances in Neural Information Processing Systems) Conference. 3104-3112.

TIELEMAN T, HINTON G, 2017. Divide the gradient by a running average of its recent magnitude. coursera: Neural networks for machine learning[R]. Technical Report.

VAN DEN OORD A, DIELEMAN S, ZEN H, et al., 2016. WaveNet: A generative model for raw audio[C]//Arxiv.

WIERSTRA D, FÖRSTER A, PETERS J, et al., 2010. Recurrent policy gradients[J]. Logic Journal of the IGPL, 18(5): 620-634.

XU B, WANG N, CHEN T, et al., 2015. Empirical evaluation of rectified activations in convolutional network[C]//Proceedings of the International Conference on Machine Learning (ICML) Workshop.

YANG Z, DAI Z, YANG Y, et al., 2019. Xlnet: Generalized autoregressive pretraining for language understanding[C]//Advances in Neural Information Processing Systems. 5754-5764.

YIN W, KANN K, YU M, et al., 2017. Comparative study of cnn and rnn for natural language processing[J]. arXiv preprint arXiv:1702.01923.

ZHANG J, LERTVITTAYAKUMJORN P, GUO Y, 2019a. Integrating semantic knowledge to tackle zero-shot text classification[C/OL]//Proceedings of the 2019 Conference of the North American Chapter of the Association for Computational Linguistics: Human Language Technologies, Volume 1 (Long and Short Papers). Minneapolis, Minnesota: Association for Computational Linguistics: 1031-1040. DOI: 10.18653/v1/N19-1108.

ZHANG J, ZHAO Y, SALEH M, et al., 2019b. PEGASUS: Pre-training with extracted gap-sentences for abstractive summarization[J]. arXiv preprint arXiv:1912.08777.

ZHANG X, ZHAO J, LECUN Y, 2015. Character-level convolutional networks for text classification[C]// Advances in Neural Information Processing Systems. 649-657.

2 强化学习入门

本章将介绍传统强化学习的基础，并概览深度强化学习。我们将从强化学习中的基本定义和概念开始，包括智能体、环境、动作、状态、奖励函数、马尔可夫（Markov）过程、马尔可夫奖励过程和马尔可夫决策过程，随后会介绍一个经典强化学习问题——赌博机问题，给读者提供对传统强化学习潜在机理的基本理解。这些概念是系统化表达强化学习任务的基石。马尔可夫奖励过程和价值函数估计的结合产生了在绝大多数强化学习方法中应用的核心结果——贝尔曼（Bellman）方程。最优价值函数和最优策略可以通过求解贝尔曼方程得到，还将介绍三种贝尔曼方程的主要求解方式：动态规划（Dynamic Programming）、蒙特卡罗（Monte-Carlo）方法和时间差分（Temporal Difference）方法。

我们进一步介绍深度强化学习策略优化中对策略和价值的拟合。策略优化的内容将会被分为两大类：基于价值的优化和基于策略的优化。在基于价值的优化中，我们介绍基于梯度的方法，如使用深度神经网络的深度 Q 网络（Deep Q-Networks）；在基于策略的优化中，我们详细介绍确定性策略梯度（Deterministic Policy Gradient）和随机性策略梯度（Stochastic Policy Gradient），并提供充分的数学证明。结合基于价值和基于策略的优化方法产生了著名的 Actor-Critic 结构，这导致诞生了大量高级深度强化学习算法。

2.1 简介

本章介绍强化学习和深度强化学习的基础知识，包括基本概念的定义和解释、强化学习的一些基本理论证明，这些内容是深度强化学习的基础。因此，我们鼓励读者能够掌握本章的内容后再去学习之后的章节。下面，从强化学习的基本概念开始学习。

如图 2.1 所示，**智能体**（Agent）与**环境**（Environment）是强化学习的基本元素。环境是智能体与之交互的实体。如图 2.2 右边所示，一个环境可以是一个雅达利乒乓球游戏（Pong Game）。智能体控制一个球拍来反弹小球，从而使环境产生变化。智能体的“交互”是通过预先定义好的**动作集合**（Action Set）$\mathcal{A} = \{A_1, A_2...\}$ 来实现的。动作集合描述了所有可能的动作。在这个乒乓球游戏中，动作集合是球拍 {向上移动, 向下移动}。那么强化学习的目的就是教会智能体如何很好地与环境交互，从而在预先定义好的**评价指标**（Evaluation Metric）下获得好的成绩。在乒乓球游戏中，评价指标是玩家获得的分数。若小球穿过了对手的防线，智能体则获得奖励 $r = 1$。相反，若小球穿过了智能体的防线，则智能体获得奖励 $r = -1$。

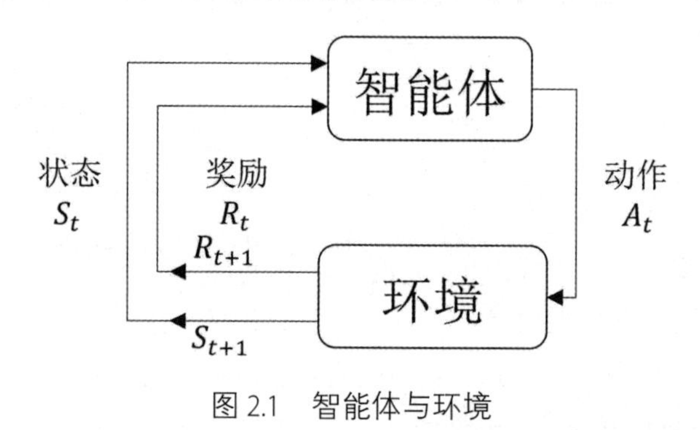

图 2.1　智能体与环境

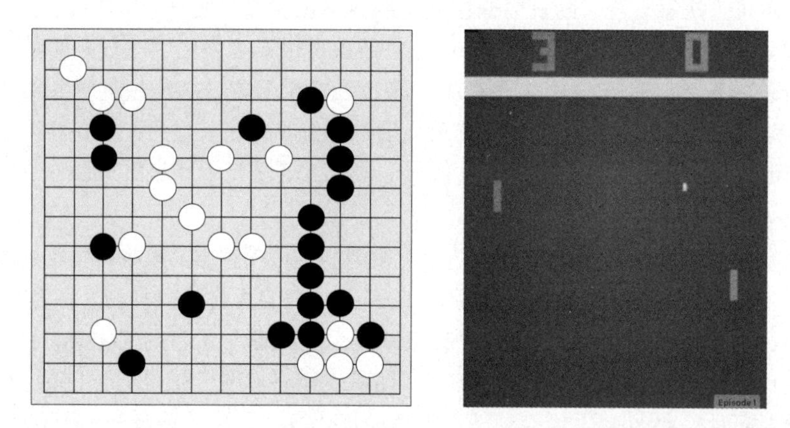

图 2.2　两类游戏环境：围棋（左边）的观测包含了环境状态的所有信息，这个环境是完全可观测的。雅达利乒乓球（右边）的观测如果只有单帧画面，不能包含小球的速度和运动方向，这个环境是部分可观测的

我们现在通过图 2.1 来看看智能体与环境的关系细节。在任意的一个时间步（Time Step）t，智能体首先观测到当前环境的状态 S_t，以及当前对应的奖励值 R_t。基于这些状态和奖励信息，智能体决定如何行动。智能体要执行的动作 A_t 从环境得到新的反馈，获得下一时间步的状态 S_{t+1} 和奖励 R_{t+1}。对环境状态 s（s 是一个与时间步 t 无关的通用状态表示符号）的**观测**（Observation）并不一定能保证包含环境的所有信息。如果观测只包含了环境的局部状态信息

（Partial State Information），这个环境是**部分可观测的**（Partially Observable）。而如果观测包含了环境的全部状态信息（Complete State Information），这个环境是**完全可观测的**（Fully Observable）。在实践中，观测通常是系统真实状态的函数，使得我们有时很难辨别观测是否包含了状态的所有信息。一个更容易理解的方法是从信息角度，一个完全可观测的环境不应从整个环境的潜在状态中遗漏任何信息，而应该可以把所有信息提供给智能体。

为了更好地理解部分可观测环境和完全可观测环境的区别，我们来看两个例子：图 2.2 左边的围棋游戏是一个典型的完全可观测环境的例子，环境的信息是所有的棋子的位置。而在图 2.2 右边的雅达利乒乓球游戏中，如果观测是单帧画面，就是一个部分可观测环境。这是因为小球的速度和运动方向并不能从单帧画面中获得。

在很多强化学习的文献中，在环境对智能体是完全可观测的条件下，动作 a（a 是一个与时间步 t 无关的通用动作表示符号）通常是基于状态 s 表示的智能体动作。而如果环境对智能体是部分可观测的，智能体不能直接获得环境潜在状态（Underlying State）的信息，因此在没有其他处理时，动作是基于观测量（Observation）而不是真正状态 s 的。

为了从环境中给智能体提供反馈，一个**奖励函数**（Reward Function）记为 R，会根据环境状态而在每一个时间步上产生一个**立即奖励**（Immediate Reward）R_t，并将其发送给智能体。在一些情况下，奖励函数只取决于当前的状态，即 $R_t = R(S_t)$。例如，在乒乓球游戏中，如果小球穿过了对手的防线，玩家会立即获得正数的奖励。这个例子中，奖励函数只取决于当前状态，但是在很多情况下，奖励函数不仅取决于当前状态，而且取决于当前的动作，甚至可能是之前的状态和动作。一个简单的例子是：如果我们需要一个智能体记住环境中另一个智能体的一系列连续动作，并重复模仿执行。一个动作的偏差会导致后续状态和动作都难以对齐，那么这个奖励不仅需要考虑另一个智能体和这个智能体运动过程中的状态-动作对（State-Action Pair），而且需要考虑状态-动作对的序列。这时，基于当前状态的奖励函数，或者基于当前状态和动作的函数，都无法对智能体模仿整个连续序列有足够的指导性意义。

在强化学习中，**轨迹**（Trajectory）是一系列的状态、动作和奖励：

$$\tau = (S_0, A_0, R_0, S_1, A_1, R_1, \cdots)$$

用以记录智能体如何和环境交互。轨迹的初始状态 S_0，是从**起始状态分布**（Start-State Distribution）中随机采样而来的，该状态分布记为 ρ_0，从而有 $S_0 \sim \rho_0(\cdot)$。例如，雅达利乒乓球游戏开始的状态总是小球在画面的正中间。而围棋的开始状态则可以是棋子在棋盘上的任意位置。

一个状态到下一个状态的**转移**（Transition）可以分为：要么是**确定性转移过程**（Deterministic Transition Process），要么是 **随机性转移过程**（Stochastic Transition Process）。对于确定性转移过程，下一时刻的状态 S_{t+1} 由一个确定性函数支配：

$$S_{t+1} = f(S_t, A_t), \tag{2.1}$$

其中 S_{t+1} 是唯一的下一个状态。而对于随机性转移过程，下一时刻的状态 S_{t+1} 是用一个概率分布（Probabilistic Distribution）来描述的：

$$S_{t+1} \sim p(S_{t+1}|S_t, A_t) \tag{2.2}$$

而下一时刻的实际状态是从其概率分布中采样得到的。

一个轨迹有时候也称为**片段**（Episode）或者回合，是一个从初始状态（Initial State）到最终状态（Terminal State）的序列。比如，玩一整盘游戏的过程可以看作一个片段，若智能体赢了或者输了这盘游戏，则到达最终状态。在一些时候，一个片段可以是由多局子游戏（Sub-Games）组成的（而不仅仅是一盘游戏）。比如在雅达利乒乓球游戏中，一个片段可以包含多个回合。

我们用两个重要的概念来结束本小节：**探索**（Exploration）与**利用**（Exploitation，有时候也叫守成），以及一个著名的概念：**探索-利用的权衡**（Exploration-Exploitation Trade-off）。**利用**指的是使用当前已知信息来使智能体的表现达到最佳，而智能体的表现通常是用期望奖励（Expected Reward）来评估的。举例来说，一个淘金者发现了一个每天能提供两克黄金的金矿，同时他也知道最大的金矿可以每天提供五克黄金。但是如果他花费时间去找更大的金矿，就需要停下挖掘当前的金矿，这样的话如果找不到更大的金矿，那么在找矿耗费的时间中就没有任何收获。基于这位淘金者的经验，去探索新的金矿会有很大的风险，淘金者于是决定继续挖掘当前的金矿来最大化他的奖励（这个例子中奖励是黄金的数量），他放弃了**探索**而选择了**利用**。淘金者选择的**策略**（Policy）是**贪心**（Greedy）策略，即智能体持续地基于当前已有的信息来执行能够最大化期望奖励的动作，而不去做任何的冒险行为，以免导致更低的期望奖励。

探索是指通过与环境交互来获得更多的信息。回到淘金者的例子中，探索指的是淘金者希望花费一些时间来寻找新的金矿，而如果他找到更大的金矿，那么他每天能获得更多的奖励。但是为了获得更大的**长期回报**（Long-Term Return），**短期回报**（Short-Term Return）可能会被牺牲。淘金者需要面对在探索与利用间抉择的难题，要决定当一个金矿产量为多少时应当进行**利用**而少于多少时应当开始**探索**。上述的例子描述了**探索-利用的权衡**问题，这个问题关乎智能体如何平衡**探索**和**利用**，是强化学习研究非常重要的问题。我们下面进一步通过赌博机问题（Bandit Problem）来讨论它。

2.2　在线预测和在线学习

2.2.1　简介

在线预测（Online Prediction）问题是一类智能体需要为未来做出预测的问题。假如你在夏威夷度假一周，需要预测这一周是否会下雨；或者根据一天上午的石油价格涨幅来预测下午石油的价格。在线预测问题需要在线解决。在线学习和传统的统计学习有以下几方面的不同：

- 样本是以一种有序的（Ordered）方式呈现的，而非无序的批（Batch）的方式。

- 我们更多需要考虑最差情况而不是平均情况，因为我们需要保证在学习过程中随时都对事情有所掌控。
- 学习的目标也是不同的，在线学习企图最小化后悔值（Regret），而统计学习需要减少经验风险。我们会稍后对后悔值进行介绍。

如图 2.3 左侧所示，**单臂赌博机**（Single-Armed Bandit）是一种简单的赌博机，智能体通过下拉机械手臂来和这个赌博机进行互动。当这个机器到达头奖的时候，这个智能体就会得到一个奖励。在赌场中，我们常常能看见很多赌博机被摆在一排。一个智能体就可以选择去下拉其中任何一只手臂。奖励值 r 的分布 $P(r|a)$ 以动作 a 为条件，它对于不同的赌博机来说是不同的，但是对某一台赌博机来说是固定的。智能体在一开始是不知道奖励分布的，而只能通过不断的实验和尝试来增进对分布的了解。智能体的目标是将其做出一些选择后所得到的奖励最大化。智能体需要在每个时间步上从众多的赌博机中进行选择，我们把这种游戏称为**多臂赌博机**（Multi-Armed Bandit，MAB），如图 2.3 中右侧所示。MAB 给予了一个智能体有策略地选择拉下哪一根拉杆的自由。

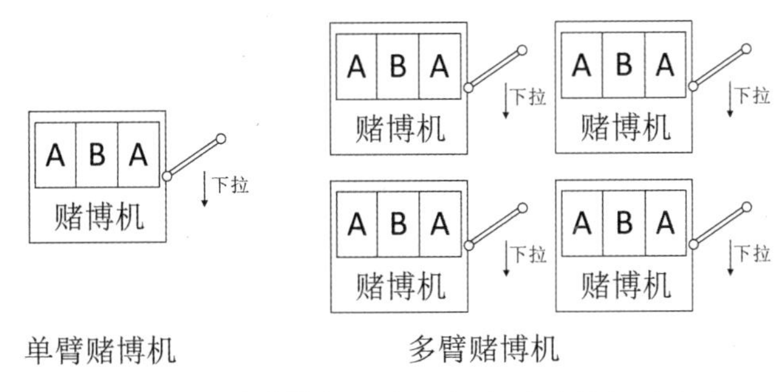

图 2.3 单臂赌博机（左）与多臂赌博机（右）

我们尝试通过一般的强化学习方法来解决 MAB 问题。智能体的动作 a 用来选择具体拉哪一根拉杆。在这个动作完成以后，它会得到一个奖励值。在时间步 t 的一个动作 a 的价值定义为

$$q(a) = \mathbb{E}[R_t|A_t = a]$$

我们试图用它来选择动作。如果我们知道了每个动作 a 的真实的动作值 $q(a)$，那么解决这个问题就很简单，只需始终选择对应最大 q 值的动作即可。然而，现实中我们往往要估计 q 值，把它的估计值写为 $Q(a)$，而 $Q(a)$ 值应当尽可能接近 $q(a)$ 的值。

对于展示探索-利用的权衡问题，MAB 可以作为一个很好的例子。当我们已经对一些状态的 q 值进行估计之后，如果一个智能体一直选择有最大 Q 值的动作的话，那么这个智能体就是贪心的（Greedy），因为它一直在利用已经估计过的 q 值。如果一个智能体总是根据最大化 Q 值来选取动作，那么我们认为这样的智能体是有一定探索（Exploration）性的。只做探索或者只对已有估计值进行利用（Exploitation），在大多数情况下都不能很好地改善策略。

一个种单的基于动作价值的（Action-Value Based）方法是，通过将在时间 t 前选择动作 a 所获得的总体奖励除以这个动作被选择的次数来估算 $Q_t(a)$ 的值：

$$Q_t(a) = \frac{\text{在时间 } t \text{ 前选择动作 } a \text{ 的奖励值的总和}}{\text{在时间 } t \text{ 前动作 } a \text{ 被选择的次数}} = \frac{\sum_{i=0}^{t-1} R_i \cdot \mathbb{1}_{A_i=a}}{\sum_{i=0}^{t-1} \mathbb{1}_{A_i=a}}$$

$\mathbb{1}_x$ 的值在 x 为真时为 1，否则为 0。一种贪心的策略可以写成：

$$A_t = \arg\max_a Q_t(a) \tag{2.3}$$

然而，我们也可以把这个贪心策略转化成有一定探索性的策略，即让它以 ϵ 的概率去探索其他动作。我们把这种方法叫作 ϵ-贪心（ϵ-Greedy），因为它在概率为 ϵ 的情况下随机选择一个动作，而在其他情况下，它的动作是贪心的。如果我们有无限的时间步长，那么就可以保证 $Q_t(a)$ 收敛为 $q(a)$。更重要的是，这个简单的基于动作-价值的方法也是一种基于在线学习（Online Learning）的方法。

让我们以多臂赌博机问题为例来具体介绍在线学习。假设我们在每个时间步 t 上观测到了回报 R_t，一个简单的用来找最佳动作的想法是通过 R_t 和 A_t 来更新 q 的估计。之前介绍的用来计算平均值的办法是对所有在时间 t 之前选择 A_t 的奖励值求和，然后除以 A_t 出现的次数。这样更像一个批量学习，因为每一次我们都得对一批数据点进行重新计算。在线学习的方法则利用一个移动的平均值，每次运算都基于之前的估算结果，如 $Q_i(A_t) = Q_i(A_t) - Q_i(A_t)/N; Q_{i+1}(A_t) = Q_i(A_t) + R_t/N$。$Q_i$ 是在 A_t 被选择过 i 次以后的 q 估计值，N 是 A_t 被选择的次数。

2.2.2　随机多臂赌博机

当我们有 $K \geqslant 2$ 只机器手臂时，我们需要在每个时间步上 $t = 1, 2, \cdots, T$ 下拉一只手臂。在任何时间 t，如果我们下拉的手臂是第 i 只，那么相应地也会观察到奖励 R_t^i。

算法 2.3 多臂赌博机学习

```
初始化 K 只手臂
定义总时长为 T
每一只手臂都有一个对应的 v_i ∈ [0,1]。每一个奖励都是独立同分布地从 v_i 中采样得到的
for t = 1, 2, ··· , T do
    智能体从 K 只手臂中选择 A_t = i
    环境返回奖励值向量 R_t = (R_t^1, R_t^2, ··· , R_t^K)
    智能体观测到 R_t^i
end for
```

从传统意义上来说，我们会尝试最大化奖励值。但是在随机多臂赌博机（Stochastic Multi-Armed Bandit）里，我们会关注另外一个指标（Metric），即后悔值（Regret）。在 n 步之后的后悔

值被定义为

$$\mathrm{RE}_n = \max_{j=1,2,\cdots,K} \sum_{t=1}^{n} R_t^j - \sum_{t=1}^{n} R_t^i$$

第一项是我们走到 n 步之后，每一次都能获得的最大奖励值之和；第二项是在 n 步中，真实获得的奖励之和。

因为我们的动作和回报带来了随机性，为了选择最好的动作，我们应该尝试最小化后悔值的期望值。我们需要把两种不同的后悔值的期望值区分开来：后悔值和伪后悔值（Pseudo-Regret）的期望值。我们将后悔值的期望值定义为

$$\mathbb{E}[\mathrm{RE}_n] = \mathbb{E}[\max_{j=1,2,\cdots,T} \sum_{t=1}^{n} R_t^j - \sum_{t=1}^{n} R_t^i] \tag{2.4}$$

我们将伪后悔值的期望值定义为

$$\overline{\mathrm{RE}}_n = \max_{j=1,2,\cdots,T} \mathbb{E}\left[\sum_{t=1}^{n} R_t^j - \sum_{t=1}^{n} R_t^i\right] \tag{2.5}$$

以上两种后悔值最主要的区别在于它们最大化和计算期望值的顺序是不一样的。后悔值的期望值会相对更难计算一些，这是因为对于伪后悔值来说，我们只需要优化后悔值的期望值；而对于后悔值的期望值来说，我们则需要每次试验时都找到最优的后悔值再取期望值。而这两个值满足一定关系，即 $\mathbb{E}[\mathrm{RE}_n] \geqslant \overline{\mathrm{RE}}_n$。

定义 μ_i 为 v_i 的平均值，而 v_i 是第 i 只手臂的奖励值，$\mu^* = \max_{i=1,2,\cdots,T} \mu_i$。在一个随机的环境下，我们把公式 (2.5) 改写为

$$\overline{\mathrm{RE}}_n = n\mu^* - \mathbb{E}\left[\sum_{t=1}^{n} R_t^i\right] \tag{2.6}$$

一种最小化伪后悔值的方法是选择最好的那只手臂来下拉，并通过之前介绍的 ϵ-贪心策略来获得样本。一种更先进的方法叫作置信上界（Upper Confidence Bound，UCB）算法。置信上界算法使用霍夫丁引理（Hoeffding's Lemma）来估计置信上界，然后选择那只基于目前估计对应最大奖励平均值的手臂。

我们现在开始介绍置信上界策略。具体关于置信上界算法在随机多臂赌博机中对后悔值的优化可以在 (Bubeck et al., 2012) 中找到。我们现在来具体看一看置信上界基于奖励进行策略优化的过程。尽管在随机 MAB 里，奖励是从一个分布中采样得到的，这个奖励函数分布在时间上是稳定的。以 ϵ-贪心策略为例，ϵ-贪心以一定概率（值为 ϵ）来探索那些非最优动作，但问题是，它认

为所有的非最优动作都是一样的，从而不对这些动作进行任何区别对待。如果我们想尝试每一个动作，则可能需要优先尝试那些没有采用过的或者采用次数更少的动作。置信上界算法通过改写公式 (2.3) 来解决这个问题：

$$A_t = \arg\max_a \left[Q_t(a) + c\sqrt{\frac{\ln t}{N_t(a)}} \right] \tag{2.7}$$

式中，$N_t(a)$ 是动作 a 在到时间 t 前被选择的次数；c 是一个决定还需要进行多少次探索的正实数。如果我们有一个稳定的奖励函数分布，可以通过公式 (2.7) 来选择动作。当 $N_t(a)$ 为零时，认为动作 a 有最大值。为了更好地了解置信上界算法的具体运作方式，平方根项反映了我们对 a 的 q 值估算的不确定性：随着 a 被选择的次数增加，它的不确定性也在减小。同样地，当除 a 外的动作被选择后，不确定性就变大了，因为 $\ln t$ 增大但是 $N_t(a)$ 保持不变。t 的自然对数使得新的时间步的影响越来越小。置信上界算法给出动作 q 值的上限，而 c 表示置信程度。

2.2.3　对抗多臂赌博机

随机 MAB 的回报函数是用随时间不变的概率分布来表示的。但是在现实中，这个条件往往不成立。因此，在奖励函数不再简简单单地由一些稳定概率分布决定，而由一个对抗者（Adversary）决定的情况下，我们需要研究对抗多臂赌博机（Adversarial Multi-Armed Bandit）。在对抗多臂赌博机的情景中，第 i 只手臂在时间 t 上的奖励为 $R_t^i \in [0, 1]$。同时一个玩家在 t 时所拉的手臂会被写作 $I_t \in \{1, 2, \cdots, K\}$。

有人可能会想，万一对抗者干脆把所有的奖励都设为 0 了呢？如果这种情况发生，就没有人可以得到任何的奖励。事实上，就算对抗者可以自由决定奖励的多少，也不会把所有的奖励都设为 0，反之给玩家足够多的奖励作为诱惑，让他们有赢的感觉，但是其实玩了许多轮后，最终还是对抗者获利。

算法 2.4 是对抗多臂赌博机的基本设定。在每一个时间步上，智能体都会选择一只手臂 I_t，而对抗者会决定在这个时刻的奖励值向量 $\boldsymbol{R}_t$。这个智能体有可能只能观测到它所选择的手臂的奖励 $R_t^{I_t}$，也有可能观测到每一个机器的奖励 $\boldsymbol{R}_t(\cdot)$。分两点来完整描述这个问题。第一点是，一个对抗者到底对一个玩家之前的动作选择了解多少。这个很重要，对抗者可能会为了获得更多的利益根据玩家的动作来调整机器。我们将那些不考虑过去玩家历史的对抗者叫作**健忘对抗者**（Oblivious Adversary），而将那些考虑过去历史的对抗者叫作**非健忘对抗者**（Non-Oblivious Adversary）。第二点是一个玩家能够了解到奖励值向量的多少内容。我们将那些玩家知道关于奖励值向量的全部信息的情况叫作**全信息博弈**（Full-Information Game），而将那些玩家只知道一部分回报向量信息的情况叫作**部分信息博弈**（Partial-Information Game）。

健忘对抗者和非健忘对抗者的区别，只对一个非确定性（Non-Deterministic）玩家才显现出来。如果我们有一个确定性玩家，或者一个玩家的策略不变，一个对抗者就很容易让后悔值 $\overline{\text{RE}} \geqslant n/2$，

其中 n 代表这个玩家下拉手臂的次数。所以，全信息非确定性玩家更有研究价值，可以使用 Hedge 算法来解决这个问题。

算法 2.4 对抗多臂赌博机

初始化 K 只机器手臂
for $t = 1, 2, \cdots, T$ **do**
  智能体在 K 只手臂当中选中 I_t
  对抗者选择一个奖励值向量 $\boldsymbol{R}_t = (R_t^1, R_t^2, \cdots, R_t^K) \in [0, 1]^K$
  智能体观察到奖励 $R_t^{I_t}$（根据具体的情况也有可能看到整个奖励值向量）
end for

在算法 2.5 中，我们首先把每只手臂的函数 G 都设为零，然后使用 Softmax 来获得一个新动作的概率密度函数（Probability Density Function）。η 是一个用来控制温度的正值参数。G 函数更新是通过把所有的手臂的新奖励值都加起来，从而使有最高奖励值的手臂有最大的概率被选中的。我们把这个算法叫作 Hedge。Hedge 也是部分信息博弈方法的一个基础。如果我们把一个智能体的观察局限到只有 R_t^i，那么就需要把奖励标量扩展成一个向量，这样它才可以被 Hedge 使用。探索和利用的指数加权算法（Exponential-Weight Algorithm for Exploration and Exploitation，Exp3）即为一个基于 Hedge 来解决不完全信息博弈的算法。它进一步利用了 $p(t)$ 和平均分布（Uniform Distribution）的结合来确保所有的机器都会被选到，达到了平衡探索和利用的目的。文献 (Auer et al., 1995) 中有关于探索和利用的指数加权算法更详尽的介绍。

算法 2.5 针对对抗多臂赌博机的 Hedge 算法

初始化 K 只手臂
$G_i(0)$ for $i = 1, 2, \cdots, K$
for $t = 1, 2, \cdots, T$ **do**
  智能体从 $p(t)$ 分布中选择 $A_t = i_t$，其中

$$p_i(t) = \frac{\exp(\eta G_i(t-1))}{\sum_j^K \exp(\eta G_j(t-1))}$$

  智能体观测到奖励 g_t
  让 $G_i(t) = G(t-1) + g_t^i,\ \forall i \in [1, K]$
end for

2.2.4 上下文赌博机

上下文赌博机（Contextual Bandit）有的时候也被叫作**关联搜索**（Associative Search）任务。我们把关联搜索任务和**非关联搜索**（Non-Associative Search）任务放在一起，以更好地了解它们的意义。我们刚刚所描述的多臂赌博机就是一个非关联搜索任务。当一个任务的奖励函数是稳定的

时候，我们只需要找到那个最好的动作。当一个任务是不稳定的时候，我们就需要把它的变化记录下来，这个是非关联搜索任务的范畴。对于强化学习问题，事情会变得复杂很多。假设有几个多臂赌博机任务，我们需要在每一个时间点来选择其中的一个任务。虽然我们仍然可以估算奖励的期望值，得到的表现未必会达到最优。在这种情况下，我们最好把一些特征和赌博机已经学习到的奖励期望值联系起来。试想一下，如果每一个机器在不同时间都有一个 LED 灯来发出不同颜色的灯光，如果当赌博机亮红灯时总是比亮蓝灯时给出更大的奖励值，那么我们就可以把这些信息和动作选择策略联系起来辅助动作选择，即可以选择那些红灯亮得更多的机器。

上下文赌博机是介于多臂赌博机和完整的强化学习两者之间的问题。它和多臂赌博机有很多类似点，比如它们的动作都只影响**立即奖励**（Immediate Reward）。上下文赌博机也和完整强化学习设置类似，因为两者都需要学习一个策略函数。如果要把一个上下文赌博机变成一个完整的强化学习任务，那么动作将不只是影响立即奖励，也会影响未来的环境状态。

2.3 马尔可夫过程

2.3.1 简介

马尔可夫过程（Markov Process，MP）是一个具备马尔可夫性质（Markov Property）的离散随机过程（Discrete Stochastic Process）。图 2.4 展示了一个马尔可夫过程的例子。每个圆圈表示一个状态，每个边（箭头）表示一个状态转移（State Transition）。这个图模拟了一个人做两种不同的任务（Tasks），以及最后去床上睡觉的这样一个例子。为了更好地理解这个图，我们假设这个人当前的状态是在做“Task1”，他有 0.7 的概率会转到做“Task2”的状态；如果他进一步从“Task2”以 0.6 的概率跳转到“Pass”状态，则这个人就完成了所有任务可以去睡觉了，因为“Pass”到“Bed”的概率是 1。

图 2.5 用**概率图模型**（Probabilistic Graphical Model）来表示马尔可夫过程，后面的章节会经常使用这种表达方式。在概率图模型中，本书统一使用圆形来表达变量，单向箭头来表达两个变量的关系。例如，“$a \rightarrow b$”表示的是变量 b 依赖于变量 a。空白圆形中的变量表示一个常规变量，而有阴影圆形的变量表示一个观测变量（Observed Variable）（这在随后的 2.7 节图片中展示），观测变量可以为其他常规变量的推理过程提供了信息。包含一些变量圆圈在内的实体黑色方框表示这些变量是重复的，同样可以在随后的图片中看到。概率图模型可以帮助我们对强化学习中变量关系有更直观的理解，以及在我们对沿着 MP 链的不同变量求导梯度时提供细致的参考。

马尔可夫过程基于**马尔可夫链**（Markov Chain）的假设，下一状态 S_{t+1} 只取决于当前状态 S_t。一个状态跳转到下一状态的概率如下：

$$p(S_{t+1}|S_t) = p(S_{t+1}|S_0, S_1, S_2, \cdots, S_t) \tag{2.8}$$

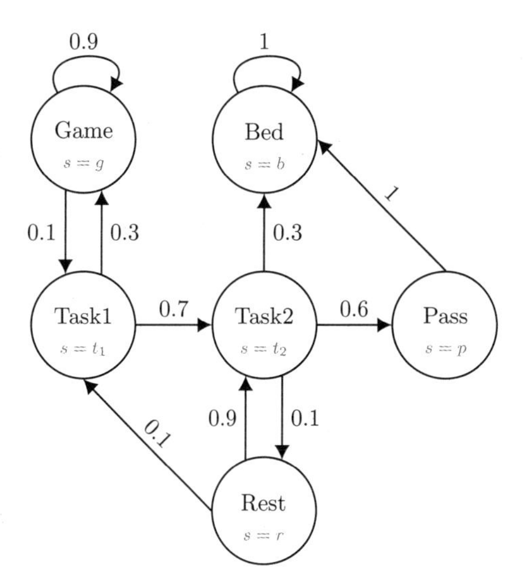

图 2.4 马尔可夫过程例子。s 表示当前状态，箭头上的数值表示从一个状态转移到另一个状态的概率

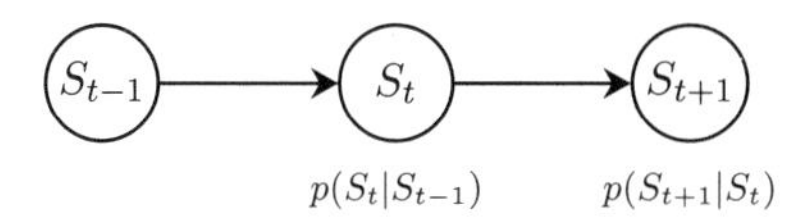

图 2.5 马尔可夫过程的概率图模型：t 表示时间步，$p(S_{t+1}|S_t)$ 表示状态转移概率

这个式子描述了"无记忆的（Memoryless）"的特性，即马尔可夫链的**马尔可夫性质**（Markov Property）。如果 $p(S_{t+2}=s'|S_{t+1}=s)=p(S_{t+1}=s'|S_t=s)$ 对任意时间步 t 和所有可能状态成立，那么它是一个沿时间轴的稳定转移函数（Stationary Transition Function），称为**时间同质性**（Time-Homogeneous），而相应的马尔可夫链为时间同质马尔可夫链（Time-Homogeneous Markov Chain）。

我们也常用 s' 来表示下一个状态，在一个时间同质马尔可夫链中，在时间 t 由状态 s 转移到时间 $t+1$ 的状态 s' 的概率满足：

$$p(s'|s)=p(S_{t+1}=s'|S_t=s) \tag{2.9}$$

时间同质性是对本书中大多数推导的一个基本假设，我们在后续绝大多数情况中默认满足这一假设而不再提及。然而，实践中，时间同质性可能不总是成立的，尤其是对非稳定的（Non-Stationary）环境、多智能体强化学习（Multi-Agent Reinforcement Learning）等，而这些时候会涉及时间不同质（Time-Inhomogeneous）的情况。

给定一个有限的**状态集**（State Set）$\mathcal{S}$，我们有一个**状态转移矩阵**（State Transition Matrix）$\boldsymbol{P}$。

比如，图 2.4 例子中对应的 $\boldsymbol{P}$ 如下所示：

$$
\boldsymbol{P} = \begin{array}{c} \begin{matrix} g & t_1 & t_2 & r & p & b \end{matrix} \\ \begin{bmatrix} 0.9 & 0.1 & 0 & 0 & 0 & 0 \\ 0.3 & 0 & 0.7 & 0 & 0 & 0 \\ 0 & 0 & 0 & 0.1 & 0.6 & 0.3 \\ 0 & 0.1 & 0.9 & 0 & 0 & 0 \\ 0 & 0 & 0 & 0 & 0 & 1 \\ 0 & 0 & 0 & 0 & 0 & 1 \end{bmatrix} \end{array} \begin{matrix} g \\ t_1 \\ t_2 \\ r \\ p \\ b \end{matrix}
$$

其中 $P_{i,j}$ 是当前状态 S_i 到下一状态 S_j 的转移概率。例如，图 2.4 中状态 $s = r$ 跳转到状态 $s = t_1$ 有 0.1 的概率，跳转到状态 $s = t_2$ 的概率为 0.9。$\boldsymbol{P}$ 是一个方矩阵，每一行的和为 1。这个转移概率矩阵表示整个转移过程是随机的（Stochastic）。马尔可夫过程可以用一个元组来表示 $< \mathcal{S}, \boldsymbol{P} >$。现实中的很多简单过程可以用这样一个随机过程来近似，而这也正是强化学习方法的基础。数学上来说，下一时刻状态可以从 $\boldsymbol{P}$ 中采样，如下：

$$
S_{t+1} \sim \boldsymbol{P}_{S_t,\cdot} \tag{2.10}
$$

其中符号 $\sim$ 表示下一个状态 S_{t+1} 是随机地从类别分布（Categorical Distribution）$\boldsymbol{P}_{S_t,\cdot}$ 中采样得到的。

对于状态集合无限大的情况（例如说状态空间是连续的），一个有限的矩阵无法完整地表达这样状态转移的关系。因此可以使用转移函数 $p(s'|s)$，其与有限状态时的转移矩阵有对应关系，如 $p(s'|s) = \boldsymbol{P}_{s,s'}$。

2.3.2　马尔可夫奖励过程

在马尔可夫过程中，虽然智能体可以通过状态转移矩阵 $\boldsymbol{P}_{s,s'} = p(s'|s)$ 来实现与环境的交互，但是马尔可夫过程并不能让环境提供奖励反馈给智能体。为了提供反馈，**马尔可夫奖励过程**（Markov Reward Process，MRP）把马尔可夫过程从 $< \mathcal{S}, \boldsymbol{P} >$ 拓展到 $< \mathcal{S}, \boldsymbol{P}, R, \gamma >$。其中 R 和 γ 分别表示**奖励函数**（Reward Function）和**奖励折扣因子**（Reward Discount Factor）。图 2.6 是一个马尔可夫奖励过程的例子。图 2.7 是马尔可夫奖励过程的图模型，奖励函数取决于当前的状态：

$$
R_t = R(S_t) \tag{2.11}
$$

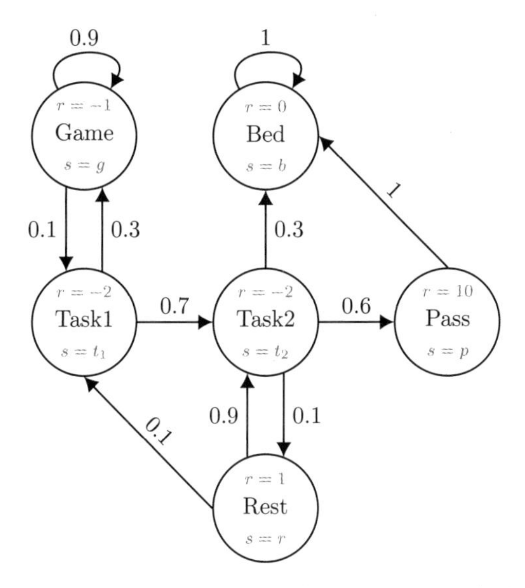

图 2.6 马尔可夫奖励过程的例子：s 表示当前的状态，r 表示每一个状态的立即奖励（Immediate Reward）。箭头边上的数值表示从一个状态到另一个状态的概率

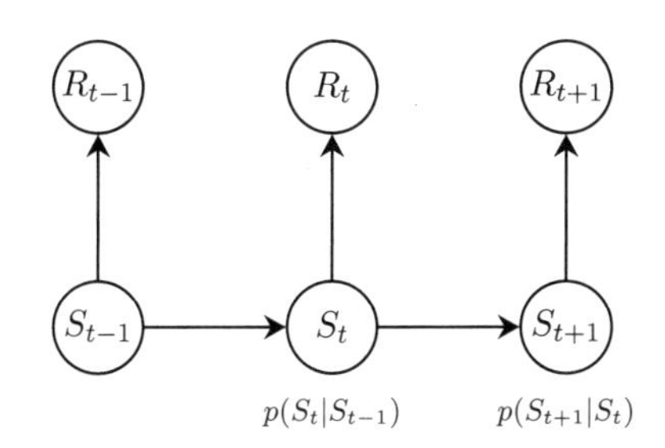

图 2.7 马尔可夫奖励过程的图模型

在这个模型中，奖励仅取决于当前状态，而当前状态是基于之前状态和之前动作产生的结果。为了更好地理解奖励是状态的函数，我们看看如下的例子。如果智能体能通过（Pass）考试，智能体可以获得的立即奖励为 10，休息（Rest）能获得立即奖励为 1，但如果智能体执行任务（Task）会损失值为 2 的立即奖励。给定一个轨迹 τ 上每个时间步的立即奖励 r，**回报**（Return）是一个轨迹的**累积奖励**（Cumulative Reward）。严格来说，**非折扣化的回报**（Undiscounted Return）在一个有 T 时间步长的有限过程中的值如下：

$$G_{t=0:T} = R(\tau) = \sum_{t=0}^{\mathrm{T}} R_t \tag{2.12}$$

其中 R_t 是 t 时刻的立即奖励，T 是最终状态的步数，或者是整个片段的步数，例如，轨迹 (g, t_1, t_2, p, b) 的非折扣化的回报是 $5 = -1 - 2 - 2 + 10$。需要注意的是，一些文献使用 G 来表示回报，而用 R 来表示立即奖励，但在本书中，我们用 R 来表示奖励函数（Reward Function）。因此，在本书中 $R_t = R(S_t)$ 是时间步 t 时候的立即奖励，而 $R(\tau) = G_{t=0:T}$ 表示长度为 T 的轨迹 $\tau_{0:T}$ 的回报，r 是立即奖励的通用表达。

通常来说，距离更近的时间步比相对较远的时间步会产生更大的影响。这里我们介绍**折扣化回报**（Discounted Return）的概念。折扣化回报是奖励值的加权求和，它对更近的时间步给出更大的权重。定义折扣化回报如下：

$$G_{t=0:T} = R(\tau) = \sum_{t=0}^{\mathrm{T}} \gamma^t R_t. \tag{2.13}$$

其中**奖励折扣因子**（Reward Discount Factor）$\gamma \in [0,1]$ 被用来实现随着时间步的增加而减小权重值。举例来说，图 2.6 中，当 $\gamma = 0.9$，且轨迹为 (g, t_1, t_2, p, b) 时，折扣回报为 $2.87 = -1 - 2 \times 0.9 - 2 \times 0.9^2 + 10 \times 0.9^3$。如果 $\gamma = 0$，则回报值只与当前的立即奖励有关，智能体会非常“短视”。如果 $\gamma = 1$，就是非折扣化的回报。当处理无限长 MRP 情况时，这个折扣因子会非常关键，因为它能避免回报值随着时间步增大到无穷而增大到无穷，从而使得无限长 MRP 过程是可评估的。

对折扣因子的 γ 另一个理解角度是：为了简便，奖励折扣因子 γ 有时在文献 (Levine, 2018) 中的离散时间有限范围 MRP 的情况下被省去，而这时折扣因子也可以理解为被并入了动态过程中，通过直接修改转移动态函数来使得任何产生转移至一个吸收状态（Absorbing State）的动作都有概率 $1-\gamma$，而其他标准的转移概率都乘以 γ。

价值函数（Value Function）$V(s)$ 是状态 s 的**期望回报**（Expected Return）。举例来说，如果下一步有两个不同的状态 S_1 和 S_2，基于当前策略评估它们的价值分别为 $V^\pi(S_1)$ 和 $V^\pi(S_2)$。智能体的策略通常是选择价值更高的状态作为下一步。如果智能体的行动基于某种**策略** π，我们把相应的价值函数写为 $V^\pi(s)$：

$$V^\pi(s) = \mathbb{E}_{\tau\sim\pi}[R(\tau)|S_0 = s] \tag{2.14}$$

对于状态 s 而言，它的价值是以它为初始状态下回报的期望，而这个期望是对策略 π 给出的轨迹所求的。一种估计价值 $V(s)$ 的简单方法是**蒙特卡罗法**，给定一个状态 s，我们用状态转移矩阵 $\boldsymbol{P}$ 随机采样大量的轨迹，来求近似期望。以图 2.6 为例，给定 $\gamma = 0.9$ 和 $\boldsymbol{P}$，如何估计 $V^\pi(s = t_2)$？我们可以如下随机采样出 4 个轨迹（注意，实际中采样的轨迹要远大于 4，但这里为了描述方法，我们只采样 4 个轨迹）：

- $s = (t_2, b), R = -2 + 0 \times 0.9 = -2$
- $s = (t_2, p, b), R = -2 + 10 \times 0.9 + 0 \times 0.9^2 = 7$
- $s = (t_2, r, t_2, p, b), R = -2 + 1 \times 0.9 - 2 \times 0.9^2 + 10 \times 0.9^3 + 0 \times 0.9^4 = 4.57$
- $s = (t_2, r, t_1, t_2, b), R = -2 + 1 \times 0.9 - 2 \times 0.9^2 - 2 \times 0.9^3 + 0 \times 0.9^4 = -0.178$

给定这些 $s=t_2$ 为初始状态的轨迹，我们可以计算每个轨迹的回报 R，然后估计出状态 $s=t_2$ 的期望回报 $V(s=t_2)=(-2+7+4.57-0.178)/4=2.348$，作为状态 $s=t_2$ 的价值衡量。

图 2.8 用这个方法估算出每个状态的期望回报。给定这些期望回报，一个最简单的智能体策略是每一步都往期望回报更高的状态移动。这样所产生的动作就是最大化期望回报，见图 2.8 的虚线箭头。除了蒙特卡罗方法，还有很多方法可以用来计算 $V(s)$，比如贝尔曼期望方程（Bellman Expectation Equation）、逆矩阵方法（Inverse Matrix Method）等，我们将会在稍后逐一介绍。

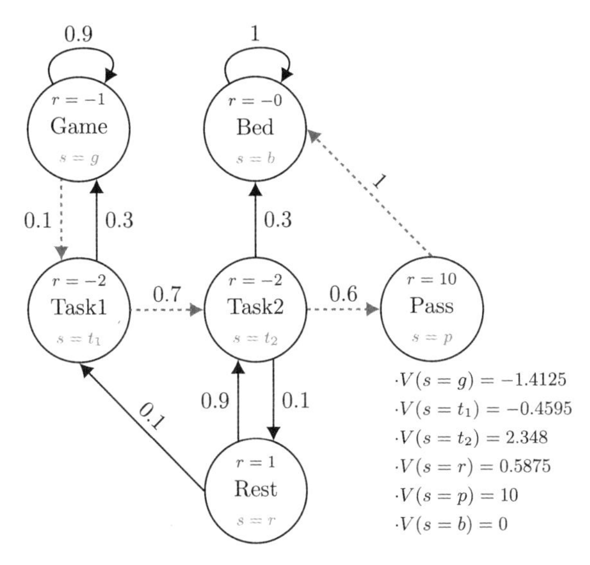

图 2.8　马尔可夫奖励过程和价值估计函数 $V(s)$：每个状态都随机采样 4 个轨迹，用蒙特卡罗方法估算每个状态的价值。虚线箭头表示学习出的简单策略，则智能体往价值更高的状态移动

2.3.3 马尔可夫决策过程

马尔可夫决策过程（Markov Decision Process，MDP）从 20 世纪 50 年代已经开始被广泛地研究，在包括经济、控制理论和机器人等很多领域都有应用。在模拟序列决策过程的问题上，马尔可夫决策过程比马尔可夫过程和马尔可夫奖励过程要好用。如图 2.9 所示，和马尔可夫奖励过程不同的地方在于，马尔可夫奖励过程的立即奖励只取决于状态（奖励值在节点上），而马尔可夫决策过程的立即奖励与状态和动作都有关（奖励值在边上）。同样地，给定一个状态下的一个动作，马尔可夫决策过程的下一个状态不一定是固定唯一的。举例来说，如图 2.10 所示，当智能体在状态 $s=t_2$ 时执行休息（rest）动作后，下一时刻的状态有 0.8 的概率保留在状态 $s=t_2$ 下，有 0.2 的概率变为 $s=t_1$。

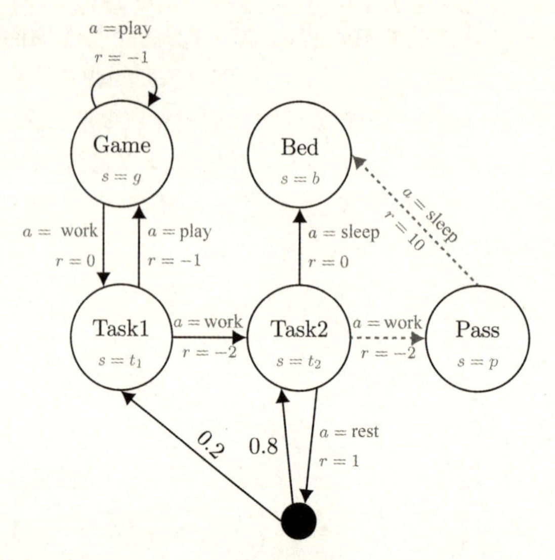

图 2.9　马尔可夫决策过程例子。在马尔可夫奖励过程中，立即奖励只与状态有关。而马尔可夫决策过程的立即奖励与状态和动作都有关

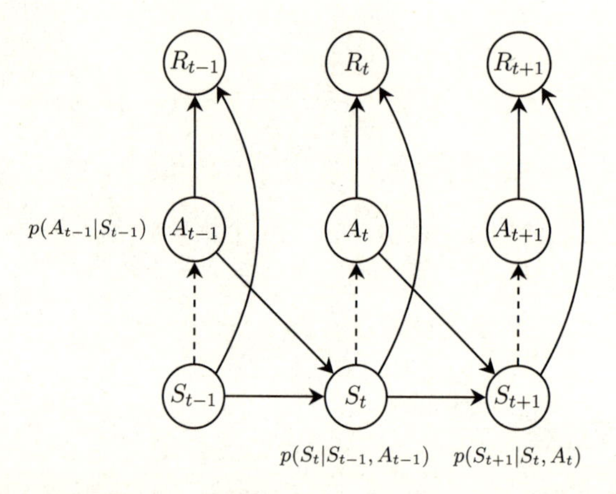

图 2.10　马尔可夫决策过程的图模型：t 表示时间步，$p(A_t|S_t)$ 表示根据当前状态 S_t 选择的动作 A_t 的概率，$p(S_{t+1}|S_t,A_t)$ 是基于当前状态和动作下的状态转移概率。虚线表示智能体的决策过程

之前说过，马尔可夫过程可以看成一个元组 $<\mathcal{S},\boldsymbol{P}>$，而马尔可夫奖励过程是 $<\mathcal{S},\boldsymbol{P},R,\gamma>$，其中状态转移矩阵的元素（Element）值是 $\boldsymbol{P}_{s,s'}=p(s'|s)$。这个表示将有限维（Finite-Dimension）状态转移矩阵拓展成无穷维（Infinite-Dimension）概率函数。这里，马尔可夫决策过程是 $<\mathcal{S},\mathcal{A},\boldsymbol{P},R,\gamma>$，其状态转移矩阵的元素变为

$$p(s'|s,a)=p(S_{t+1}=s'|S_t=s,A_t=a) \tag{2.15}$$

例如图 2.9 中很多状态转移概率为 1，比如 $p(s'=t_2|s=t_1,a=\text{work})=1$；但是也有一些不是，比如 $p(s'|s=t_2,a=\text{rest})=[0.2,0.8]$，它表示的是，如果智能体在状态 $s=t_2$ 下执行动作 $a=\text{rest}$，它有 0.2 的概率会跳到状态 $s'=t_1$，而有 0.8 的概率会保持原来的状态。那些不存在的边代表转移概率为 0，比如 $p(s'=t_2|s=t_1,a=\text{rest})=0$。

$\mathcal{A}$ 表示**有限的动作集合**（Finite Action Set）$\{a_1,a_2,\cdots\}$，则立即奖励变成

$$R_t=R(S_t,A_t) \tag{2.16}$$

一个**策略**（Policy）表示智能体根据它对环境的观测来行动的方式。具体来说，策略是从每一个状态 $s\in\mathcal{S}$ 和动作 $a\in\mathcal{A}$ 到动作概率分布 $\pi(a|s)$ 的映射，这个概率分布是在状态 s 下采取动作 a 的概率，可以写为

$$\pi(a|s)=p(A_t=a|S_t=s),\exists t \tag{2.17}$$

期望回报（Expected Return）是在一个策略下给定所有可能轨迹的回报的期望值，**强化学习的目的就是通过优化策略来使得期望回报最大化**。数学上来说，给定起始状态分布 ρ_0 和策略 π，马尔可夫决策过程中一个 T 步长的轨迹的发生概率是：

$$p(\tau|\pi)=\rho_0(S_0)\prod_{t=0}^{T-1}p(S_{t+1}|S_t,A_t)\pi(A_t|S_t) \tag{2.18}$$

给定奖励函数 R 和所有可能的轨迹 τ，**期望回报** $J(\pi)$ 可以定义为

$$J(\pi)=\int_\tau p(\tau|\pi)R(\tau)=\mathbb{E}_{\tau\sim\pi}[R(\tau)] \tag{2.19}$$

其中 p 表示轨迹发生的概率，发生概率越高，则对期望回报计算的权重越大。**强化学习优化问题**（RL Optimization Problem）通过优化方法来提升策略，从而最大化期望回报。**最优策略**（Optimal Policy）π^* 可以表示为

$$\pi^*=\arg\max_\pi J(\pi) \tag{2.20}$$

其中 $*$ 符号在本书中表示“最优的”含义。

给定一个策略 π，价值函数 $V(s)$，即给定状态下的期望回报，可以定义为

$$V^\pi(s)=\mathbb{E}_{\tau\sim\pi}[R(\tau)|S_0=s]$$

$$=\mathbb{E}_{A_t\sim\pi(\cdot|S_t)}\left[\sum_{t=0}^{\infty}\gamma^t R(S_t,A_t)|S_0=s\right] \tag{2.21}$$

其中 $\tau\sim\pi$ 表示轨迹 τ 是通过策略 π 采样获得的，$A_t\sim\pi(\cdot|S_t)$ 表示动作是在一个状态下从策略中采样得到的（如果策略是有随机性的），下一个状态取决于状态转移矩阵 $\boldsymbol{P}$ 及其状态 s 和动作 a。

在马尔可夫决策过程中，给定一个动作，就有**动作价值函数**（Action-Value Function），这个函数依赖于状态和刚刚执行的动作，是基于状态和动作的期望回报。如果一个智能体根据策略 π 来运行，则把动作价值函数写为 $Q^\pi(s,a)$，其定义为

$$\begin{aligned}Q^\pi(s,a)=&\mathbb{E}_{\tau\sim\pi}[R(\tau)|S_0=s,A_0=a]\\=&\mathbb{E}_{A_t\sim\pi(\cdot|S_t)}\left[\sum_{t=0}^{\infty}\gamma^t R(S_t,A_t)|S_0=s,A_0=a\right]\end{aligned} \tag{2.22}$$

我们需要记住的是，$Q^\pi(s,a)$ 是基于策略 π 来估计的，因为对值的估计是策略 π 所决定的轨迹上的期望。也就是说，如果策略 π 改变了，$Q^\pi(s,a)$ 也会相应地跟着改变。因此我们通常称基于一个特定策略估计的价值函数为**在线价值函数**（On-Policy Value Function），来与用最优策略估计的**最优价值函数**（Optimal Value Function）进行区分。

我们可以发现价值函数 $v_\pi(s)$ 和动作价值函数 $q_\pi(s,a)$ 之间有如下关系：

$$q_\pi(s,a)=\mathbb{E}_{\tau\sim\pi}[R(\tau)|S_0=s,A_0=a] \tag{2.23}$$

$$v_\pi(s)=\mathbb{E}_{a\sim\pi}[q_\pi(s,a)] \tag{2.24}$$

有两种简单方法来计算价值函数 $v_\pi(s)$ 和动作价值函数 $q_\pi(s,a)$：第一种方法是**穷举法**（exhaustive method），如公式 (2.18) 所示，首先计算出从一个状态开始的所有可能轨迹的概率，然后用公式 (2.21) 和 (2.22) 来计算出这个状态的 $V^\pi(s)$ 和 $Q^\pi(s,a)$。每个状态都用穷举法来单独计算。然而实际中，可能的轨迹数量是非常大的，甚至是无穷个的。因此除了使用所有可能的轨迹，第二种方法是使用之前介绍的蒙特卡罗方法通过采样大量的轨迹来估计 $V^\pi(s)$。这两种方法都非常简单，但都有各自的缺点。而实际上，估计价值函数的公式可以根据马尔可夫性质做进一步的简化，即下一小节要介绍的贝尔曼方程。

2.3.4 贝尔曼方程和最优性

贝尔曼方程

贝尔曼方程（Bellman Equation），也称为贝尔曼期望方程，用于计算给定策略 π 时价值函数在策略指引下所采轨迹上的期望。我们称之为“在线（On-Policy）”估计方法（注意它与之后的在线策略和离线策略更新区分），因为强化学习中的策略一直是变化的，而价值函数（Value Function）是以当前策略为条件或者用其估计的。

回想状态价值函数或动作价值函数（Action-Value Function）的定义，即 $v_\pi(s)=\mathbb{E}_{\tau\sim\pi}[R(\tau)|S_0=s]$ 和 $q_\pi(s,a)=\mathbb{E}_{\tau\sim\pi}[R(\tau)|S_0=s,A_0=a]$，我们可以利用递归关系得出**在线状态价值函数**（On-Policy State-Value Function）的贝尔曼方程：

$$
\begin{aligned}
v_\pi(s) &= \mathbb{E}_{a\sim\pi(\cdot|s),s'\sim p(\cdot|s,a)}[R(\tau_{t:T})|S_t=s] \\
&= \mathbb{E}_{a\sim\pi(\cdot|s),s'\sim p(\cdot|s,a)}[R_t+\gamma R_{t+1}+\gamma^2 R_{t+2}+\cdots+\gamma^{\mathrm{T}} R_T|S_t=s] \\
&= \mathbb{E}_{a\sim\pi(\cdot|s),s'\sim p(\cdot|s,a)}[R_t+\gamma(R_{t+1}+\gamma R_{t+2}+\cdots+\gamma^{T-1} R_T)|S_t=s] \\
&= \mathbb{E}_{a\sim\pi(\cdot|s),s'\sim p(\cdot|s,a)}[R_t+\gamma R_{\tau_{t+1:T}}|S_t=s] \\
&= \mathbb{E}_{A_t\sim\pi(\cdot|S_t),S_{t+1}\sim p(\cdot|S_t,A_t)}[R_t+\gamma\mathbb{E}_{a\sim\pi(\cdot|s),s'\sim p(\cdot|s,a)}[R_{\tau_{t+1:T}}]|S_t=s] \\
&= \mathbb{E}_{A_t\sim\pi(\cdot|S_t),S_{t+1}\sim p(\cdot|S_t,A_t)}[R_t+\gamma v_\pi(S_{t+1})|S_t=s] \\
&= \mathbb{E}_{a\sim\pi(\cdot|s),s'\sim p(\cdot|s,a)}[r+\gamma v_\pi(s')]
\end{aligned}
\tag{2.25}
$$

上式最后一个等式成立，是因为 s,a 是对状态和动作的一般表示，而 S_t,A_t 是状态和动作只在时间步 t 上的表示。在上面的一些公式中，S_t,A_t 有时从一般表示 s,a 分离出来，从而更清楚地展示期望是关于哪些变量求得的。

注意上面的推导过程中，我们展示了基于 MDP 的贝尔曼方程，然而，对 MRP 的贝尔曼方程可以直接通过从中去掉动作来得到：

$$
v(s)=\mathbb{E}_{s'\sim p(\cdot|s)}[r+\gamma v(s')] \tag{2.26}
$$

除上述外，也有基于**在线动作价值函数**（On-Policy Action-Value Function）的贝尔曼方程：$q_\pi(s,a)=\mathbb{E}_{s'\sim p(\cdot|s,a)}[R(s,a)+\gamma\mathbb{E}_{a'\sim\pi(\cdot|s')}[q_\pi(s',a')]]$，可以通过如下推导得到：

$$
\begin{aligned}
q_\pi(s,a) &= \mathbb{E}_{a\sim\pi(\cdot|s),s'\sim p(\cdot|s,a)}[R(\tau_{t:T})|S_t=s,A_t=a] \\
&= \mathbb{E}_{a\sim\pi(\cdot|s),s'\sim p(\cdot|s,a)}[R_t+\gamma R_{t+1}+\gamma^2 R_{t+2}+\cdots+\gamma^{\mathrm{T}} R_T|S_t=s,A_t=a] \\
&= \mathbb{E}_{a\sim\pi(\cdot|s),s'\sim p(\cdot|s,a)}[R_t+\gamma(R_{t+1}+\gamma R_{t+2}+\cdots+\gamma^{T-1} R_T)|S_t=s,A_t=a] \\
&= \mathbb{E}_{S_{t+1}\sim p(\cdot|S_t,A_t)}[R_t+\gamma\mathbb{E}_{a\sim\pi(\cdot|s),s'\sim p(\cdot|s,a)}[R_{\tau_{t+1:T}}]|S_t=s]
\end{aligned}
$$

$$= \mathbb{E}_{S_{t+1} \sim p(\cdot|S_t, A_t)}[R_t + \gamma \mathbb{E}_{A_{t+1} \sim \pi(\cdot|S_{t+1})}[q_\pi(S_{t+1}, A_{t+1})]|S_t = s]$$

$$= \mathbb{E}_{s' \sim p(\cdot|s,a)}[R(s,a) + \gamma \mathbb{E}_{a' \sim \pi(\cdot|s')}[q_\pi(s', a')]] \tag{2.27}$$

上面的推导是基于最大长度为 T 的有限 MDP，然而，这些等式对无穷长度 MDP 也成立，只要将 T 用“∞”替代即可。同时，这两个贝尔曼方程也不依赖于策略的具体形式，这意味着它们对随机性策略 $\pi(\cdot|s)$ 和确定性策略 $\pi(s)$ 都有效。这里 $\pi(\cdot|s)$ 的使用是为了简化。而且，在确定性转移过程中，我们有 $p(s'|s,a) = 1$。

贝尔曼方程求解

如果转移函数或转移矩阵是已知的，公式 (2.26) 中对 MRP 的贝尔曼方程可以直接求解，称为**逆矩阵方法**（Inverse Matrix Method）。我们用矢量形式对离散有限状态空间的情况将公式 (2.26) 改写为

$$\boldsymbol{v} = \boldsymbol{r} + \gamma \boldsymbol{P} \boldsymbol{v} \tag{2.28}$$

其中 $\boldsymbol{v}$ 和 $\boldsymbol{r}$ 矢量，其单元 $v(s)$ 和 $R(s)$ 是对所有 $s \in \mathcal{S}$ 的，而 $\boldsymbol{P}$ 是转移概率矩阵，其元素 $p(s'|s)$ 对所有 $s, s' \in \mathcal{S}$ 成立。

由 $\boldsymbol{v} = \boldsymbol{r} + \gamma \boldsymbol{P} \boldsymbol{v}$，我们可以直接对它求解：

$$\boldsymbol{v} = (\boldsymbol{I} - \gamma \boldsymbol{P})^{-1} \boldsymbol{r} \tag{2.29}$$

求解的复杂度是 $O(n^3)$，其中 n 是状态的数量。因此这种方法对有大量状态的情况难以求解，这意味着它可能对大规模或连续值问题不适用。幸运的是，有一些迭代方法可以在实践中解决大规模的 MRP 问题，比如动态规划（Dynamic Programming）、蒙特卡罗估计（Monte-Carlo Estimation）和时间差分（Temporal Difference）学习法，这些方法将在随后的小节中详细介绍。

最优价值函数

由于在线价值函数是根据策略本身来估计的，即使是在相同的状态和动作集合上，不同的策略也将会带来不同的价值函数。对于所有不同的价值函数，我们定义最优价值函数为

$$v_*(s) = \max_\pi v_\pi(s), \forall s \in \mathcal{S}, \tag{2.30}$$

这实际是**最优状态价值函数**（Optimal State-Value Function）。我们也有**最优动作价值函数**（Optimal Action-Value Function）：

$$q_*(s,a) = \max_{\pi} q_\pi(s,a), \forall s \in \mathcal{S}, a \in \mathcal{A}, \tag{2.31}$$

它们之间的关系为

$$q_*(s,a) = \mathbb{E}[R_t + \gamma v_*(S_{t+1})|S_t = s, A_t = a], \tag{2.32}$$

上式可以直接通过对式 (2.84) 的最后一个等式最大化并代入式 (2.24) 和 (2.30) 来得到：

$$\begin{aligned} q_*(s,a) &= \mathbb{E}[R(s,a) + \gamma \max_{\pi} \mathbb{E}[q_\pi(s',a')]] \\ &= \mathbb{E}[R(s,a) + \gamma \max_{\pi} v_\pi(s')] \\ &= \mathbb{E}[R_t + \gamma v_*(S_{t+1})|S_t = s, A_t = a]. \end{aligned} \tag{2.33}$$

它们之间的另一种关系为

$$v_*(s) = \max_{a \sim \mathcal{A}} q_*(s,a) \tag{2.34}$$

这可以直接通过最大化式 (2.24) 的两边来得到。

贝尔曼最优方程

在上面小节中，我们介绍了一般在线价值函数的贝尔曼方程，以及最优价值函数的定义。因此我们可以在预定义的最优价值函数上使用贝尔曼方程，这会得到**贝尔曼最优方程**（Bellman Optimality Equation），或称对最优价值函数的贝尔曼方程（Bellman Equation for Optimal Value Functions），推导如下。

对最优状态价值函数的贝尔曼方程为

$$v_*(s) = \max_{a} \mathbb{E}_{s' \sim p(\cdot|s,a)}[R(s,a) + \gamma v_*(s')], \tag{2.35}$$

它可以通过下面推导来得到：

$$\begin{aligned} v_*(s) &= \max_{a} \mathbb{E}_{\pi^*, s' \sim p(\cdot|s,a)}[R(\tau_{t:T})|S_t = s] \\ &= \max_{a} \mathbb{E}_{\pi^*, s' \sim p(\cdot|s,a)}[R_t + \gamma R_{t+1} + \gamma^2 R_{t+2} + \cdots + \gamma^{\mathrm{T}} R_T|S_t = s] \\ &= \max_{a} \mathbb{E}_{\pi^*, s' \sim p(\cdot|s,a)}[R_t + \gamma R_{\tau_{t+1:T}}|S_t = s] \\ &= \max_{a} \mathbb{E}_{s' \sim p(\cdot|s,a)}[R_t + \gamma \max_{a'} \mathbb{E}_{\pi^*, s' \sim p(\cdot|s,a)}[R_{\tau_{t+1:T}}]|S_t = s] \\ &= \max_{a} \mathbb{E}_{s' \sim p(\cdot|s,a)}[R_t + \gamma v_*(S_{t+1})|S_t = s] \end{aligned}$$

$$= \max_a \mathbb{E}_{s' \sim p(\cdot|s,a)}[R(s,a) + \gamma v_*(s')] \tag{2.36}$$

最优动作价值函数的贝尔曼方程为

$$q_*(s,a) = \mathbb{E}_{s' \sim p(\cdot|s,a)}[R(s,a) + \gamma \max_{a'} q_*(s',a')], \tag{2.37}$$

上式可以通过与前面类似的方式得到。读者可以练习完成这个证明。

2.3.5　其他重要概念

确定性和随机性策略

在之前的小节中，策略用概率分布 $\pi(a|s) = p(A_t = a|S_t = s)$ 表示，其中智能体的动作是从分布中采样得到的。一个动作从概率分布中采样的策略称为**随机性策略分布**（Stochastic Policy Distribution），其动作为

$$a \sim \pi(\cdot|s) \tag{2.38}$$

然而，如果我们减少随机性策略分布的方差并将其范围缩窄到极限情况，则将得到一个狄拉克函数（δ 函数）作为其分布，即为一个**确定性策略**（Deterministic Policy）$\pi(s)$。确定性策略 $\pi(s)$ 也意味着给定一个状态，将得到唯一的动作，如下：

$$a = \pi(s) \tag{2.39}$$

注意确定性策略不再是从状态和动作到条件概率分布（Conditional Probability Distribution）的映射，而是一个从状态到动作的直接映射。这点不同将导致随后介绍的策略梯度方法中的一些推导过程的不同。更多关于强化学习中策略类别的细节，尤其是深度强化学习中的参数化策略，将在 2.7.3 节中介绍。

部分可观测马尔可夫决策过程

如前面小节中所述，当强化学习环境中的状态无法由智能体的观测量完全表示的时候，环境是部分可观测的。对于一个马尔可夫决策过程，它被称为部分可观测的马尔可夫决策过程（Partially Observed Markov Decision Process，POMDP），而这构成了一个利用不完整环境状态信息来改进策略的挑战。

2.4　动态规划

20 世纪 50 年代，Richard E. Bellman 首次提出**动态规划**（Dynamic Programming）的概念。随后，动态规划算法被成功地应用到一系列有挑战的场景中。在“动态规划”一词中，“动态”指求

解的问题是序列化的，“规划”指优化策略。动态规划将复杂的动态问题拆解为子问题，提供了一种通用的求解框架。例如，在斐波那契数列中的每一个数字由两个先前的数字相加得到，从 0 和 1 开始。如第 4 个数 F_4 可以写为前两个数 F_3、F_2 之和 $F_4 = F_3 + F_2$。在这个算式中，我们可以进一步将 F_3 拆解为 $F_3 = F_2 + F_1$，从而得到 $F_4 = (F_2 + F_1) + F_2$，于是我们用朴素的子问题 F_1 和 F_2 表示了 F_4。动态规划需要知道求解问题的全部信息，例如，强化学习问题中的奖励机制和状态转移方程，但是在强化学习的场景中，这些信息是很难被获取的。尽管如此，动态规划依旧提供了一种通过在马尔可夫过程中进行交互来学习的基本思路，被大多数强化学习算法所沿用。

可以应用动态规划的问题必须具备两个性质：**最优子结构**（Optimal Substructure）和**重叠子问题**（Overlapping Sub-Problems）。最优子结构是指一个给定问题的最优解可以分解成它的子问题的解。重叠子问题是指子问题的数量是有限的，以及子问题递归地出现，使其可以被存储和重用。有限动作和状态空间的 MDP 满足以上两个性质，贝尔曼方程实现了递归式的分解，价值函数存储了子问题的最优解。因此在本小节中，我们假设状态集和动作集都是有限的，并且有一个环境的理想化模型。

2.4.1 策略迭代

策略迭代（Policy Iteration）的目的在于直接操控策略。从任意策略 π 开始，我们可以通过递归地调用贝尔曼方程来评估策略：

$$v_\pi(s) = \mathbb{E}_\pi[R_t + \gamma v_\pi(S_{t+1})\,|S_t = s] \tag{2.40}$$

这里的期望是针对基于环境全部知识的所有可能的转移。一个获得更好策略的自然想法是根据 v_π 来贪心地执行动作：

$$\pi'(s) = \text{greedy}(v_\pi) = \arg\max_{a\in\mathcal{A}} q_\pi(s, a). \tag{2.41}$$

这样的提升可以由以下证明：

$$\begin{aligned}
v_\pi(s) &= q_\pi(s, \pi(s)) \\
&\leqslant q_\pi(s, \pi'(s)) \\
&= \mathbb{E}_{\pi'}[R_t + \gamma v_\pi(S_{t+1})\,|S_t = s] \\
&\leqslant \mathbb{E}_{\pi'}[R_t + \gamma q_\pi(S_{t+1}, \pi'(S_{t+1}))\,|S_t = s] \\
&\leqslant \mathbb{E}_{\pi'}[R_t + \gamma R_{t+1} + \gamma^2 q_\pi(S_{t+2}, \pi'(S_{t+2}))\,|S_t = s] \\
&\leqslant \mathbb{E}_{\pi'}[R_t + \gamma R_{t+1} + \gamma^2 R_{t+2} + \cdots |S_t = s] = v_{\pi'}(s).
\end{aligned} \tag{2.42}$$

接连地使用以上的策略评估和贪心提升，直到 $\pi = \pi'$ 形成策略迭代。一般地，策略迭代的过程可以总结如下：给定任意一个策略 π_t，对于每一次迭代 t 中的每一个状态 s，我们首先评估 $v_{\pi_t}(s)$，然后找到一个更好的策略 π_{t+1}。我们把前一个阶段称为**策略评估**（Policy Evaluation），把后一个阶段称为**策略提升**（Policy Improvement）。此外，我们使用术语**泛化策略迭代**（Generalized Policy Iteration，GPI）来指代一般的策略评估和策略提升交互过程，如图 2.11 所示。

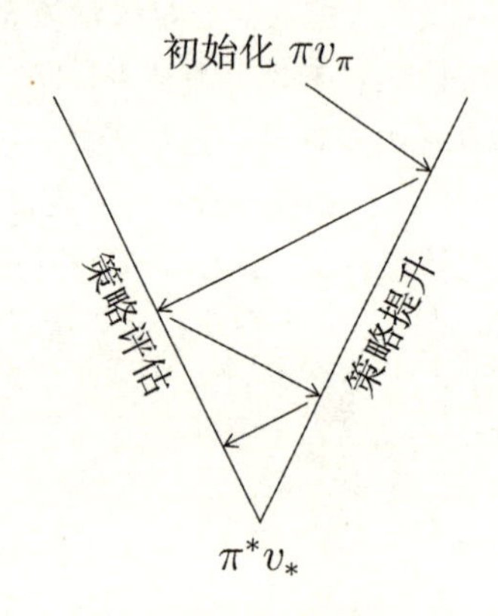

图 2.11　泛化策略迭代

一个基本的问题是，策略迭代的过程是否在最优值 v_* 上收敛。在策略评估的每一次迭代中，对于固定的、确定性的策略 π，价值函数更新可以被**贝尔曼期望回溯算子** $\mathcal{T}^\pi$ 重写为

$$(\mathcal{T}^\pi V)(s) = (\mathcal{R}^\pi + \gamma \mathcal{P}^\pi V)(s) = \sum_{r,s'} (r + \gamma V(s'))P(r, s'|s, \pi(s)). \tag{2.43}$$

那么对于任意的价值函数 V 和 V'，我们对于 $\mathcal{T}^\pi$ 有如下的收缩（Contraction）证明：

$$\begin{aligned}
|\mathcal{T}^\pi V(s) - \mathcal{T}^\pi V'(s)| &= \left|\sum_{r,s'} (r + \gamma V(s'))P(r, s'|s, \pi(s)) - \sum_{r,s'} (r + \gamma V'(s'))P(r, s'|s, \pi(s))\right| \\
&= \left|\sum_{r,s'} \gamma (V(s') - V'(s'))P(r, s'|s, \pi(s))\right| \\
&\leqslant \sum_{r,s'} \gamma |V(s') - V'(s')| P(r, s'|s, \pi(s)) \\
&\leqslant \sum_{r,s'} \gamma \|V - V'\|_\infty P(r, s'|s, \pi(s)) \\
&= \gamma \|V - V'\|_\infty,
\end{aligned} \tag{2.44}$$

此处 $\|V - V'\|_\infty$ 是 ∞ 范数。通过收缩映射定理（Contraction Mapping Theorem，即巴拿赫不动点

定理，Banach Fixed-Point Theorem），迭代策略评估会收敛到唯一的固定点 $\mathcal{T}^\pi$。由于 $\mathcal{T}^\pi v_\pi = v_\pi$ 是固定点，迭代策略评估会收敛到 v_π。需要指出的是，策略提升是单调的，并且在有限 MDP 中的价值函数只对应于有限个数的贪心策略。策略提升会在有限步数后停止，也就是说，策略迭代会收敛到 v_*。

算法 2.6 策略迭代

对于所有的状态初始化 V 和 π
repeat
  //执行策略评估
  repeat
    $\delta \leftarrow 0$
    for $s \in \mathcal{S}$ **do**
      $v \leftarrow V(s)$
      $V(s) \leftarrow \sum_{r,s'}(r + \gamma V(s'))P(r, s'|s, \pi(s))$
      $\delta \leftarrow \max(\delta, |v - V(s)|)$
    end for
  until δ 小于一个正阈值
  //执行策略提升
  stable $\leftarrow$ true
  for $s \in \mathcal{S}$ **do**
    $a \leftarrow \pi(s)$
    $\pi(s) \leftarrow \arg\max_a \sum_{r,s'}(r + \gamma V(s'))P(r, s'|s, a)$
    if $a \neq \pi(s)$ **then**
      stable $\leftarrow$ false
    end if
  end for
until stable = true
return 策略 π

2.4.2 价值迭代

价值迭代（Value Iteration）的理论基础是**最优性原则**（Principle of Optimality）。这个原则告诉我们当且仅当 π 取得了可以到达的任何后续状态上的最优价值时，π 是一个状态上的最优策略。因此如果我们知道子问题 $v_*(s')$ 的解，就可以通过一步完全回溯（One-Step Full Backup）找到任意一个初始状态 s 的解：

$$v_*(s) = \max_{a \in \mathcal{A}} R(s, a) + \gamma \sum_{s' \in \mathcal{S}} P(s'|s, a)v_*(s'). \tag{2.45}$$

价值迭代的过程是将上面的更新过程从最终状态开始，一个一个状态接连向前进行。和策略迭代中的收敛证明类似，**贝尔曼最优算子** $\mathcal{T}^*$ 为

$$(\mathcal{T}^*V)(s) = (\max_{a\in\mathcal{A}} \mathcal{R}^a + \gamma\mathcal{P}^a V)(s) = \max_{a\in\mathcal{A}} R(s,a) + \gamma \sum_{s'\in\mathcal{S}} P(s'|s,a)V(s') \tag{2.46}$$

这也是对于任意价值函数 V 和 V' 的收缩映射：

$$\begin{aligned}
&|\mathcal{T}^*V(s) - \mathcal{T}^*V'(s)| \\
&= \left|\max_{a\in\mathcal{A}} \left[R(s,a) + \gamma\sum_{s'\in\mathcal{S}} P(s'|s,a)V(s')\right] - \max_{a\in\mathcal{A}} \left[R(s,a) + \gamma\sum_{s'\in\mathcal{S}} P(s'|s,a)V'(s')\right]\right| \\
&\leqslant \max_{a\in\mathcal{A}} \left|R(s,a) + \gamma\sum_{s'\in\mathcal{S}} P(s'|s,a)V(s') - R(s,a) - \gamma\sum_{s'\in\mathcal{S}} P(s'|s,a)V'(s')\right| \\
&= \max_{a\in\mathcal{A}} \left|\gamma\sum_{s'\in\mathcal{S}} P(s'|s,a)(V(s') - V'(s'))\right| \\
&\leqslant \max_{a\in\mathcal{A}} \gamma\sum_{s'\in\mathcal{S}} P(s'|s,a)|V(s') - V'(s')| \\
&\leqslant \max_{a\in\mathcal{A}} \gamma\sum_{s'\in\mathcal{S}} P(s'|s,a)\|V - V'\|_\infty \\
&= \gamma\|V - V'\|_\infty \max_{a\in\mathcal{A}} \sum_{s'\in\mathcal{S}} P(s'|s,a) \\
&= \gamma\|V - V'\|_\infty.
\end{aligned} \tag{2.47}$$

由于 v_* 是 $\mathcal{T}^*$ 的一个固定点，价值迭代会收敛到最优值 v_*。需要指出的是，在价值迭代中，只有后续状态的实际价值是已知的。换句话说，价值是不完整的，因此，我们在以上的证明中使用估计价值函数 V，而不是真实价值 v。

何时停止价值迭代算法不是显而易见的。文献 (Williams et al., 1993) 在理论上给出了一个充分的（Sufficient）停止标准：如果两个连续价值函数的最大差异小于 ϵ，那么在任意状态下，贪心策略的价值与最优策略的价值函数的差值不会超过 $\frac{2\epsilon\gamma}{1-\gamma}$。

2.4.3　其他 DPs：异步 DP、近似 DP 和实时 DP

目前描述的 DP 方法均使用同步回溯（Synchronous Backup），即每个状态的价值基于系统性的扫描（Systematic Sweeps）来回溯。一种有效的变体是异步的更新（Asynchronous Update），而这也是速度和准确率之间的权衡。异步 DP 对于强化学习的设定也是适用的，且如果所有状态被持续选择的话，可以保证收敛。异步 DP 有三种简单的思路:

算法 2.7 价值迭代

为所有状态初始化 V
repeat
  $\delta \leftarrow 0$
  for $s \in \mathcal{S}$ **do**
    $u \leftarrow V(s)$
    $V(s) \leftarrow \max_a \sum_{r,s'} P(r,s'|s,a)(r+\gamma V(s'))$
    $\delta \leftarrow \max(\delta, |u - V(s)|)$
  end for
until δ 小于一个正阈值
输出贪心策略 $\pi(s) = \arg\max_a \sum_{r,s'} P(r,s'|s,a)(r+\gamma V(s'))$

1. 在位更新（In-Place Update）
同步价值迭代（Synchronous Value Iteration）存储价值函数 $V_{t+1}(\cdot)$ 和 $V_t(\cdot)$ 的两个备份：

$$V_{t+1}(s) \leftarrow \max_{a\in\mathcal{A}} R(s,a) + \gamma \sum_{s'\in\mathcal{S}} P(s'|s,a)V_t(s'). \tag{2.48}$$

在位价值迭代只存储价值函数的一个备份：

$$V(s) \leftarrow \max_{a\in\mathcal{A}} R(s,a) + \gamma \sum_{s'\in\mathcal{S}} P(s'|s,a)V(s'). \tag{2.49}$$

2. 优先扫描（Prioritized Sweeping）
在异步 DP 中，另一个需要考虑的事情是更新顺序。给定一个转移 (s,a,s')，优先扫描将它的贝尔曼误差（Bellman Error）的绝对值作为它的大小：

$$\left|V(s) - \max_{a\in\mathcal{A}}(R(s,a) + \gamma \sum_{s'\in\mathcal{S}} P(s'|s,a)V(s'))\right|. \tag{2.50}$$

它可以通过保持一个优先权队列来有效地实现，该优先权队列在每个回溯后存储和更新每个状态的贝尔曼误差。

3. 实时更新（Real-Time Update）
在每个时间步 t 之后，不论采用哪个动作，实时更新将只会通过以下方式回溯当前状态 S_t：

$$V(S_t) \leftarrow \max_{a\in\mathcal{A}} R(S_t,a) + \gamma \sum_{s'\in\mathcal{S}} P(s'|S_t,a)V(s'). \tag{2.51}$$

它可以被视为根据智能体的经验来指导选择要更新的状态。

同步 DP 和异步 DP 都在全部状态集上回溯，估计下一个状态的预期回报。从概率的角度来看，一个有偏差的但有效的选择是使用采样的数据。我们将在下一个小节中深入讨论此问题。

2.5 蒙特卡罗

和动态规划不同的是，蒙特卡罗 (Monte Carlo, MC) 方法不需要知道环境的所有信息。蒙特卡罗方法只需基于过去的经验就可以学习。它也是一种基于样本的（Sampling-Based）方法。蒙特卡罗可以在对环境只有很少的先验知识时从经验中学习来取得很好的效果。"蒙特卡罗"可以用来泛指那些有很大随机性的算法。

当我们在强化学习中使用蒙特卡罗方法的时候，需要对来自不同片段中的每个状态-动作对（State-Action Pair）相应的奖励值取平均。一个例子是，在本章之前内容中介绍的上下文赌博机（Contextual Bandit）问题中，如果在不同的机器上有一个 LED 灯，那么玩家就可以逐渐地学习 LED 灯状态信息和回报之间的联系。我们在这里把一种灯的排列组合作为一种状态，那么其可能的奖励值就作为这个状态的价值。最开始，我们可能无法对状态价值有一个很好的预估，但是当我们做出更多的尝试以后，平均状态价值会向它们的真实值靠近。在这个章节，我们会探索我们怎么更合理地做出估算。假设问题是回合制的（Episodic），因而不论一个玩家做出了哪些的动作，一个回合最后都会终止。

2.5.1 蒙特卡罗预测

首先，我们一起来看给定一个策略 π 如何用蒙特卡罗方法来评估状态价值函数。直观上的一种方式是，通过对具体策略产生的回报取平均值来从经验中评估状态价值函数。更具体地，让函数 $v_\pi(s)$ 作为在策略 π 下的状态价值函数。我们接着收集一组经过状态 s 的回合，并把每一次状态 s 在一个回合里的出现叫作一次对状态 s 的访问。这样一来，我们就有两种估算方式：**首次蒙特卡罗**（First-Visit Monte Carlo）和 **每次蒙特卡罗**（Every-Visit Monte Carlo）。首次蒙特卡罗只考虑每一个回合中第一次到状态 s 的访问，而每次蒙特卡罗就是考虑每次到状态 s 的访问。这两种方式有很多的相似点，但是也有一些理论上的不同。在算法 2.8，我们展示了如何用首次蒙特卡罗来对 $v_\pi(s)$ 估算。把首次蒙特卡罗变成每次蒙特卡罗在操作上很简单，我们只需要把对首次访问检查条件去掉即可。假如我们对状态 s 有无限次访问的话，那最终这两种方式都会收敛到 $v_\pi(s)$。

蒙特卡罗方法可以独立地对不同的状态值进行估算。和动态规划不同的是，蒙特卡罗不使用自举（Bootstrapping），也就是说，它不用其他状态的估算来估算当前的状态值。这个独特的性质可以让我们直接通过采样的回报来对状态值进行估算，从而有更小的偏差但会有更大的方差。

当我们有了环境的模型以后，状态价值函数就会很有用处了，因为我们就可以通过比较对一个状态的不同动作的价值平均值来选择在任意状态下的最好动作，就和在动态规划里一样。当模型未知时，我们需要把状态-动作价值估算出来。每一个状态-动作值需要被分别估计。现在，我们的学习目标就变成了 $q_\pi(s,a)$，即在状态 s 下根据策略 π 采取动作 a 时的预期回报。这在本质上与对状态价值函数的估计基本一致，而我们现在只是取状态 s 在动作 a 上的平均值而已。不过有时，可能会有一些状态从来都没有被访问过，所以就没有回报。为了选择最优的策略，我们必须要探索所有的状态。一个简单的方法是直接选择那些没有可能被选择的状态-动作对来作为初始状态。这样一来，就可以保证在足够的回合数过后，所有的状态-动作对都是可以被访问的。我们把这样的一个假设叫作叫作探索开始（Exploring Starts）。

算法 2.8 首次蒙特卡罗预测

输入：初始化策略 π
初始化所有状态的 $V(s)$
初始化一列回报：Returns(s) 对所有状态
repeat
  通过 π: $S_0, A_0, R_0, S_1, \cdots, S_{T-1}, A_{T-1}, R_t$ 生成一个回合
  $G \leftarrow 0$
  $t \leftarrow T-1$
  for $t >= 0$ **do**
    $G \leftarrow \gamma G + R_{t+1}$
    if $S_0, S_1, \cdots, S_{t-1}$ 没有 S_t **then**
      Returns(S_t).append(G)
      $V(S_t) \leftarrow$ mean(Returns(S_t))
    end if
    $t \leftarrow t-1$
  end for
until 收敛

2.5.2 蒙特卡罗控制

现在我们可以把泛化策略迭代运用到蒙特卡罗中去，来看看它是怎么用来控制的。泛化策略迭代有两个部分：策略评估（Policy Evaluation）和策略提升（Policy Improvement）。策略评估的过程与之前小节中介绍的动态规划是一样的，所以我们主要来介绍策略提升。我们会对状态-动作值使用贪心策略，在这种情况下不需要使用环境模型。贪心策略会一直选择在一个状态下有最高价值的动作：

$$\pi(s) = \arg\max_a q(s,a) \tag{2.52}$$

对于每一次策略提升，我们都需要根据 q_{π_t} 来构造 π_{t+1}。这里展示策略提升是怎么实现的：

$$\begin{aligned} q_{\pi_t}(s, \pi_{t+1}(s)) &= q_{\pi_t}(s, \arg\max_a q_{\pi_t}(s,a)) \\ &= \max_a q_{\pi_t}(s,a) \\ &\geqslant q_{\pi_t}(s, \pi_t(s)) \end{aligned}$$

$$\geqslant v_{\pi_t}(s) \tag{2.53}$$

上面的式子证明了 π_{t+1} 不会比 π_t 差，而我们会在迭代策略提升后最终找到最优策略。这也意味着，我们可以对环境没有太多了解而只有采样得到的回合才使用蒙特卡罗。这里我们需要解决两个假设。第一个假设是探索开始，第二个是假设有无穷多个回合。我们先跳过第一个假设，从第二个假设开始。简化这个假设的一种简单方法是，通过直接在单个状态的评估和改进之间交替变更，来避免策略评估所需的无限多的片段（Episodes）。

2.5.3 增量蒙特卡罗

从算法 2.8 和算法 2.9 中可以看出，我们需要对观察到的回报序列求平均值，并且将状态价值和状态-动作价值的估计分开。其实我们还有一种更加高效的计算办法，它能让我们把回报序列省去，从而简化均值计算步骤。这样一来，我们就需要一个回合一个回合地更新。我们让 $Q(S_t, A_t)$ 作为它已经被选中 $t-1$ 次以后的状态-动作价值的估计，从而将其改写为

$$Q(S_t, A_t) = \frac{G_1 + G_2 + \cdots + G_{t-1}}{t-1} \tag{2.54}$$

算法 2.9 蒙特卡罗探索开始

初始化所有状态的 $\pi(s)$
对于所有的状态-动作对，初始化 $Q(s,a)$ 和 Returns(s,a)
repeat
  随机选择 S_0 和 A_0，直到所有状态-动作对的概率为非零
  根据 π: $S_0, A_0, R_0, S_1, \cdots, S_{T-1}, A_{T-1}, R_t$ 来生成 S_0, A_0
  $G \leftarrow 0$
  $t \leftarrow T-1$
  for $t >= 0$ **do**
    $G \leftarrow \gamma G + R_{t+1}$
    if $S_0, A_0, S_1, A_1 \cdots, S_{t-1}, A_{t-1}$ 没有 S_t, A_t **then**
      Returns(S_t, A_t).append(G)
      $Q(S_t, A_t) \leftarrow$ mean(Returns(S_t, A_t))
      $\pi(S_t) \leftarrow \arg\max_a Q(S_t, a)$
    end if
    $t \leftarrow t-1$
  end for
until 收敛

对该式的一个简单实现是将所有的回报 G 值都记录下来，然后将它的和值除以它的访问次数。然而，我们同样也可以通过以下的公式来计算这个值：

$$
\begin{aligned}
Q_{t+1} &= \frac{1}{t}\sum_{i=1}^{t} G_i \\
&= \frac{1}{t}\left(G_t + \sum_{i=1}^{t-1} G_i\right) \\
&= \frac{1}{t}\left(G_t + (t-1)\frac{1}{t-1}\sum_{i=1}^{t-1} G_i\right) \\
&= \frac{1}{t}(G_t + (t-1)Q_t) \\
&= Q_t + \frac{1}{t}(G_t - Q_t)
\end{aligned} \tag{2.55}
$$

这个形式可以让我们在计算回报的时候更加容易操作。它的通用形式是：

$$
\text{新估计值} \leftarrow \text{旧估计值} + \text{步伐大小} \cdot (\text{目标值} - \text{旧估计值}) \tag{2.56}
$$

“步伐大小”是我们用来控制更新速度的一个参数。

2.6 时间差分学习

时间差分（Temporal Difference，TD）是强化学习中的另一个核心方法，它结合了动态规划和蒙特卡罗方法的思想。与动态规划相似，时间差分在估算的过程中使用了自举（Bootstrapping），但是和蒙特卡罗一样，它不需要在学习过程中了解环境的全部信息。在这章中，我们首先介绍如何将时间差分用于策略评估，然后详细阐释时间差分、蒙特卡罗和动态规划方法的异同点。最后，我们会介绍 Sarsa 和 Q-Learning 算法，这是一个在经典强化学习中很有用的算法。

2.6.1 时间差分预测

从这个方法的名字可以看出，时间差分利用差异值进行学习，即目标值和估计值在不同时间步上的差异。它使用自举法的原因是它需要从观察到的回报和对下个状态的估值中来构造它的目标。具体来说，最基本的时间差分使用以下的更新方式：

$$
V(S_t) \leftarrow V(S_t) + \alpha[R_{t+1} + \gamma V(S_{t+1}) - V(S_t)] \tag{2.57}
$$

这个方法也被叫作 TD(0), 或者是单步 TD。也可以通过将目标值改为在 N 步未来中的折扣回报和 N 步过后的估计状态价值（Estimated State Value）来实现 N 步 TD。如果我们观察得足够仔细，蒙特卡罗在更新时的目标值为 G_t，这个值只有在一个回合过后才能得知。但是对于 TD

来说，这个目标值是 $R_{t+1}+\gamma V(S_{t+1})$，而它可以在每一步都算出。在算法 2.10 中，我们展示了 TD(0) 是如何用来做策略评估的。

算法 2.10 TD(0) 对状态值的估算

输入策略 π
初始化 $V(s)$ 和步长 $\alpha \in (0,1]$
for 每一个回合 **do**
　初始化 S_0
　for 每一个在现有回合的 S_t **do**
　　$A_t \leftarrow \pi(S_t)$
　　$R_{t+1}, S_{t+1} \leftarrow \text{Env}(S_t, A_t)$
　　$V(S_t) \leftarrow V(S_t) + \alpha[R_{t+1} + \gamma V(S_{t+1}) - V(S_t)]$
　end for
end for

这里分析一下动态规划、蒙特卡罗和时间差分方法的异同点。它们都是在现代强化学习中的核心算法，而且经常是被结合起来使用的。它们都可以被用于策略评估和策略提升，它们之间区别却是深度强化学习效果不同的主要来源之一。

这三种方法都涉及泛化策略迭代（GPI），它们主要区别在于策略评估的过程，其中最明显的区别是，动态规划和时间差分都使用了自举法，而蒙特卡罗没有。动态规划需要整个环境模型的所有信息，但是蒙特卡罗和时间差分不需要。进一步地，我们来看一下它们的学习目标的区别。

$$v_\pi(s) = \mathbb{E}_\pi[G_t|S_t = s] \tag{2.58}$$

$$= \mathbb{E}_\pi[R_{t+1} + \gamma G_{t+1}|S_t = s] \tag{2.59}$$

$$= \mathbb{E}_\pi[R_{t+1} + \gamma v_\pi(S_{t+1})|S_t = s] \tag{2.60}$$

公式 (2.58) 是蒙特卡罗方法的状态价值估计方式，公式 (2.60) 是动态规划的。它们都不是真正的状态值而是估计值。时间差分则把蒙特卡罗的采样过程和动态规划的自举法结合了起来。现在我们就简单解释实践中时间差分可以比动态规划或者蒙特卡罗更有效的原因。

首先，时间差分不需要一个模型而动态规划需要。将时间差分与蒙特卡罗做比较，时间差分使用的是在线学习，这也就意味着它每一步都可以学习，但是蒙特卡罗却只能在一个回合结束以后再学习，这样回合很长时会比较难以处理。当然，也存在一些连续性的问题无法用片段式的形式来表示一个回合。另外，时间差分在实践中往往收敛得更快，因为它的学习是来自状态转移的信息而不需要具体动作信息，而蒙特卡罗往往需要动作信息。在理想情况下，两种方法最终都会渐进收敛到 $v_\pi(s)$。

这里我们介绍时间差分和蒙特卡罗方法中的**偏差和方差的权衡**（Bias and Variance Trade-off）。我们知道在监督学习的设置下，较大的偏差往往意味着这个模型欠拟合（Underfitting），而较大的方差伴随较低的偏差往往意味着一个模型过拟合（Overfitting）。一个拟合器（Estimator）的偏差是估计值和真正值间的差异。我们对状态价值进行估计时，偏差可以被定义为 $\mathbb{E}[V(S_t)] - V(S_t)$。拟合器的方差描述了这个拟合有多大的噪声。同样对于状态价值估计，方差定义为 $\mathbb{E}[(\mathbb{E}[V(S_t)] - V(S_t))^2]$。在预测时，不管它是状态价值估计，还是状态-动作价值估计，时间差分和蒙特卡罗的更新都有如下形式：

$$V(S_t) \leftarrow V(S_t) + \alpha[\text{TargetValue} - V(S_t)]$$

实质上，我们对不同回合进行了加权平均计算。时间差分法和蒙特卡罗法在处理目标值时分别采用不同的方式。蒙特卡罗法直接估算到一个回合结束累计的回报。这也正是状态值的定义，它是没有偏差的。而时间差分法会有一定的偏差，因为它的目标值是由自举法估计得到的，如 $R_{t+1} + \gamma v_\pi(S_{t+1})$。另一方面，蒙特卡罗法，所以在不同回合中积累到最后的回报会有较大的方差由于不同回合的经过和结果都不同。时间差分法通过关注局部估计的目标值来解决这个问题，只依赖当前的奖励和下一个状态或动作价值的估计。自然地，时间差分法方差更小。

我们可以在动态规划和蒙特卡罗之间找到一个中间方法来更有效地解决问题，即 TD (λ)。在此之前，我们需要先介绍**资格迹**（Eligibility Trace）和 **λ-回报**（λ-Return）概念。

简单来说，资格迹可以给我们带来一些计算优势。为了更好地了解其优势，我们需要介绍半梯度（Semi-Gradient）方法，然后再来看如何使用资格迹。关于策略梯度方法在 2.7 节中有介绍，而这里我们简单地使用一些策略梯度方法中的概念来方便解释资格迹。假如说我们的状态价值函数不是表格（Tabular）形式而是一种函数形式，这个函数由矢量 $\boldsymbol{w} \in \mathbb{R}^n$ 参数化。比如 $\boldsymbol{w}$ 可以是一个神经网络的权重。为了得到 $V(s, \boldsymbol{w}) \approx v_\pi(s)$，我们使用随机梯度更新来减小估计值和真正的状态价值的平方损失（Quadratic Loss）。权重向量的更新规则就可以写为

$$\begin{aligned}\boldsymbol{w}_{t+1} &= \boldsymbol{w}_t - \frac{1}{2}\alpha\nabla_{\boldsymbol{w}_t}[v_\pi(S_t) - V(S_t, \boldsymbol{w}_t)]^2 \\ &= \boldsymbol{w}_t + \alpha[v_\pi(S_t) - V(S_t, \boldsymbol{w}_t)]\nabla_{\boldsymbol{w}_t}V(S_t, \boldsymbol{w}_t) \end{aligned} \tag{2.61}$$

其中 α 为一个正值的步长变量。

资格迹是一个向量：$\boldsymbol{z}_t \in \mathbb{R}^n$，在学习的过程中，每当 $\boldsymbol{w}_t$ 的一个部分被用于估计，则它在 $\boldsymbol{z}_t$ 里的那个相对应的部分需要随之增加，而在增加以后它又会慢慢递减。如果轨迹上的资格值回落到零之前，有一定的 TD 误差，就进行学习。首先把所有资格值都初始化为 0，然后使用价值函数的梯度来增加资格迹，而资格值递减的速度是 $\gamma\lambda$。资格迹的更新满足如下公式：

$$\boldsymbol{z}_{-1} = 0 \tag{2.62}$$

$$\boldsymbol{z}_t = \gamma\lambda\boldsymbol{z}_{t-1} + \nabla_{\boldsymbol{w}_t}V(S_t, \boldsymbol{w}_t) \tag{2.63}$$

如算法 2.11 所示，TD(λ) 使用资格迹来更新其价值函数估计。易见，当 $\lambda = 1$ 时，TD(λ) 变为蒙

特卡罗法；而当 $\lambda=0$ 时，它就变成了一个单步 TD（One-Step TD）法。因此，资格迹可以看作是把时间差分法和蒙特卡罗法相结合的一个方法。

算法 2.11 状态值半梯度 TD(λ)

输入策略 π
初始化一个可求导的状态值函数 v、步长 α 和状态值函数权重 $\boldsymbol{w}$
for 对每一个回合 **do**
　初始化 S_0
　$\boldsymbol{z} \leftarrow 0$
　for 每一个本回合的步骤 S_t **do**
　　使用 π 来选择 A_t
　　$R_{t+1}, S_{t+1} \leftarrow \text{Env}(S_t, A_t)$
　　$\boldsymbol{z} \leftarrow \gamma\lambda\boldsymbol{z} + \nabla V(S_t, \boldsymbol{w}_t)$
　　$\delta \leftarrow R_{t+1} + \gamma V(S_{t+1}, \boldsymbol{w}_t) - V(S_t, \boldsymbol{w}_t)$
　　$\boldsymbol{w} \leftarrow \boldsymbol{w} + \alpha\delta\boldsymbol{z}$
　end for
end for

λ-回报是之后 n 步中的估计回报值。λ-回报是 n 个已经折扣化的回报和一个在最后一步状态下的估计值相加得到的。我们可以把它写作：

$$G_{t:t+n} = R_{t+1} + \gamma R_{t+2} + \cdots + \gamma^{n-1} R_{t+n} + \gamma^n v(S_{t+n}, \boldsymbol{w}_{t+n-1}) \tag{2.64}$$

t 是一个不为零的标量，它小于或等于 $T-n$。我们可以使用加权平均回报来估算，只要它们的权重满足和为 1。TD(λ) 在其更新中使用了加权平均（$\lambda \in [0,1]$）：

$$G_t^\lambda = (1-\lambda)\sum_{n=1}^{\infty} \lambda^{n-1} G_{t:t+n} \tag{2.65}$$

直观地讲，这就意味着下一步的回报将有最大的权重 $1-\lambda$，下两步回报的权重是 $(1-\lambda)\lambda$。每一步权重递减的速率是 λ。为了有更清晰的理解，我们让结束状态发生于时间 T，从而上面的公式可以改写成

$$G_t^\lambda = (1-\lambda)\sum_{n=1}^{T-t-1} \lambda^{n-1} G_{t:t+n} + \lambda^{T-t-1} G_t \tag{2.66}$$

TD 误差 δ_t 可以被定义为

$$\delta_t = R_{t+1} + \gamma V(S_{t+1}, \boldsymbol{w}_t) - V(S_t, \boldsymbol{w}_t) \tag{2.67}$$

这个更新规则是基于 TD 误差和迹的比重的。算法 2.11 里有其细节。

2.6.2 Sarsa：在线策略 TD 控制

对于 TD 控制，我们使用的方法和预测任务一样，唯一的不同是，我们需要将从状态到状态的转移变为状态-动作对的交替。这样的更新规则就可以被写为

$$Q(S_t, A_t) \leftarrow Q(S_t, A_t) + \alpha[R_{t+1} + \gamma Q(S_{t+1}, A_{t+1}) - Q(S_t, A_t)] \tag{2.68}$$

当 S_t 是终止状态（Terminal State）的时候，下一个状态-动作对的 Q 值就会变成 0。我们用首字母缩写 Saras 来表示这个算法，因为我们有这样的一个行为过程：首先在一个状态（S）下，选择了一个动作（A），同时也观察到了回报（R），然后我们就到了另外一个状态（S）下，需要选择一个新的动作（A）。这样的过程让我们可以做一个简单的更新步骤。对于每一个转移，状态价值都得到更新，更新后的状态价值会影响决定动作的策略，即**在线策略**法。在线策略法一般用来描述这样一类算法，它们的更新策略和行动策略（Behavior Policy）同样。而离线策略法往往是不同的。Q-Learning 就是离线策略算法的一个例子。我们会在之后的章节中提到。Q-Learning 在更新 Q 函数时假设了一种完全贪心的方法，而它在选择其动作时实际上用的是另外一种类似于 ϵ-贪心（ϵ-Greedy）的方法。现在我们在算法 2.12 中列出 Sarsa 的细节。在每一个状态-动作对都会被访问无数次的假设下，会有最优策略和状态动作价值的收敛性保证。

算法 2.12 Sarsa （在线策略 TD 控制）

对所有的状态-动作对初始化 $Q(s, a)$
for 每一个回合 **do**
  初始化 S_0
  用一个基于 Q 的策略来选择 A_0
  for 每一个在当前回合的 S_t **do**
    用一个基于 Q 的策略从 S_t 选择 A_t
    $R_{t+1}, S_{t+1} \leftarrow \text{Env}(S_t, A_t)$
    从 S_{t+1} 中用一个基于 Q 的策略来选择 A_{t+1}
    $Q(S_t, A_t) \leftarrow Q(S_t, A_t) + \alpha[R_{t+1} + \gamma Q(S_{t+1}, A_{t+1}) - Q(S_t, A_t)]$
  end for
end for

上面展示的方法只有一步的时间范围，这就意味着它的估算只需要考虑下一步的状态-动作价值。我们把它叫作单步 Sarsa 或者 Sarsa(0)。我们可以简单地使用自举法把未来的步骤也都容纳到目标值中从而减少它的偏差。从图 2.12 的回溯树展示中，我们可以看见 Sarsa 很多不同的变体。从最简单的一步 Sarsa 到无限步 Sarsa，也就是蒙特卡罗方法的另外一个形态。为了把这样的

一个变化融入原来的方法，我们需要把折扣回报写为

$$G_{t:t+n} = R_{t+1} + \gamma R_{t+2} + \cdots + \gamma^{n-1} R_{t+n} + \gamma^n Q_{t+n-1}(S_{t+n}, A_{t+n}) \tag{2.69}$$

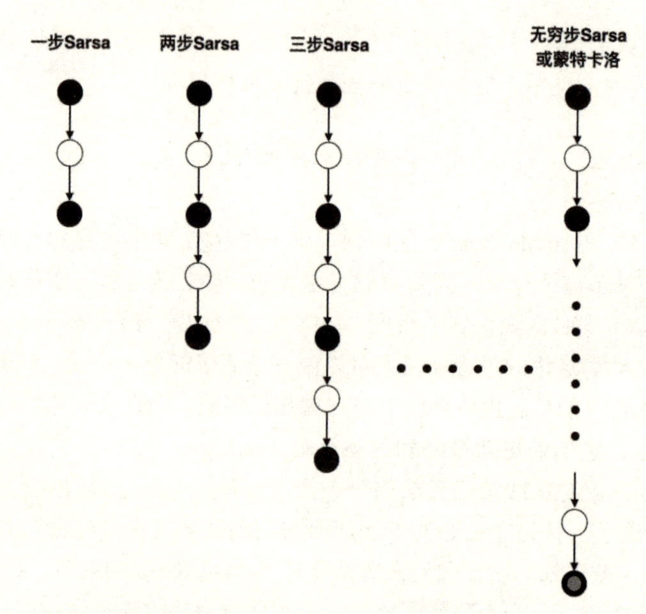

图 2.12　对于 n 步 Sarsa 方法的回溯树。每一个黑色的圆圈都代表了一个状态，每一个白色的圆圈都代表了一个动作。在这个无穷多步的 Sarsa 里，最后一个状态就是它的终止状态

n 步 Sarsa 已经在算法 2.13 中有所描述了。和单步版本最大的不同是，它需要回到过去的时间来做更新，而单步的版本只需要一边向前进行一边更新即可。

现在讨论 Sarsa 算法在有限的动作空间里的收敛理论。我们首先需要以下的几个条件。

定义 2.1 一个学习策略被定义为：在无限的探索中的极限贪婪（Greedy in the Limit with Infinite Exploration, GLIE）。如果它能够满足以下两个性质：1. 如果一个状态被无限次访问，那么在该状态下的每个可能的动作都应当被无限次选择，即 $\lim_{k\to\infty} N_k(s,a) = \infty, \forall a, \text{if} \lim_{k\to\infty} N_k(s) = \infty$。

2. 策略根据学习到的 Q 函数在 $t \to \infty$ 的极限下收敛到一个贪婪策略，即 $\lim_{k\to\infty} \pi_k(s,a) = \mathbb{1}(a == \arg\max_{a'\in\mathcal{A}} Q_k(s,a'))$，其中“==”是一个比较算子，当 $\mathbb{1}(a == b)$ 的括号内为真时，它的值为 1，否则为 0。

GLIE 是学习策略收敛的一个条件，对于任何收敛到最优价值函数且估计值都有界（Bounded）的强化学习算法来说，它都成立。举例来说，我们可以通过 ϵ 贪心方法来推导出一个 GLIE 的策略，如下：

引理 2.1 如果 ϵ 以 $\epsilon_k = \frac{1}{k}$ 的形式随 k 增大而渐趋于零，那么 ϵ-贪心是 GLIE。

算法 2.13 n 步 Sarsa

对所有的状态-动作对初始化 $Q(s, a)$
初始化步长 $\alpha \in (0, 1]$
决定一个固定的策略 π 或者使用 ϵ-贪心策略
for 每一个回合 **do**
  初始化 S_0
  使用 $\pi(S_0, A)$ 来选择 A_0
  $T \leftarrow$ INTMAX（一个回合的长度）
  $\gamma \leftarrow 0$
  for $t \leftarrow 0, 1, 2, \cdots$ until $\gamma - T - 1$ **do**
    if $t < T$ **then**
      $R_{t+1}, S_{t+1} \leftarrow \text{Env}(S_t, A_t)$
      if S_{t+1} 是终止状态 **then**
        $T \leftarrow t + 1$
      else
        使用 $\pi(S_t, A)$ 来选择 A_{t+1}
      end if
    end if
    $\tau \leftarrow t - n + 1$（更新的时间点。这是 n 步 Sarsa，只需更新 $n + 1$ 前的一步，持续下去直到所有状态都被更新。）
    if $\tau \geqslant 0$ **then**
      $G \leftarrow \sum_{i=\tau+1}^{\min(\tau+n, T)} \gamma^{i-\gamma-1} R_i$
      if $\gamma + n < T$ **then**
        $G \leftarrow G + \gamma^n Q(S_{t+n}, A_{\gamma+n})$
      end if
      $Q(S_\gamma, A_\gamma) \leftarrow Q(S_\gamma, A_\gamma) + \alpha[G - Q(S_\gamma, A_\gamma)]$
    end if
  end for
end for

因而就有了 Sarsa 算法的收敛定理。

定理 2.1 对于一个有限状态-动作的 MDP 和一个 GLIE 学习策略，其动作价值函数 Q 在时间步 t 上由 Sarsa（单步的）估计为 Q_t，那么如果以下两个条件得到满足，Q_t 会收敛到 Q^* 并且学习策略 π_t，也会收敛到最优策略 π^*：

1. Q 的值被存储在一个查找表（Lookup Table）里；

2. 在时间 t 与状态-动作对 (s, a) 相关的学习速率（Learning Rate）$\alpha_t(s, a)$ 满足 $0 \leqslant \alpha_t(s, a) \leqslant 1$，$\sum_t \alpha_t(s, a) = \infty$，$\sum_t \alpha_t^2(s, a) < \infty$，并且 $\alpha_t(s, a) = 0$ 除非 $(s, a) = (S_t, A_t)$；

3. 方差 $\text{Var}[R(s, a)] < \infty$。

符合第二个条件对学习速率的要求的一个典型数列是 $\alpha_t(S_t, A_t) = \frac{1}{t}$。我们在这里对上面定理的证明不做介绍，有兴趣的读者可以查看文献 (Singh et al., 2000)。

2.6.3 Q-Learning：离线策略 TD 控制

Q-Learning 是一种离线策略方法，与 Saras 很类似，在深度学习应用中有很重要的作用，如深度 Q 网络（Deep Q-Networks）。如公式 (2.70) 所示，Q-Learning 和 Sarsa 主要的区别是，它的目标值现在不再依赖于所使用的策略，而只依赖于状态-动作价值函数。

$$Q(S_t, A_t) \leftarrow Q(S_t, A_t) + \alpha[R_{t+1} + \gamma \max_a Q(S_{t+1}, a) - Q(S_t, A_t)] \tag{2.70}$$

在算法 2.14 中，我们展示了如何用 Q-Learning 控制 TD。将 Q-Learning 变成 Sarsa 算法也很容易，可以先基于状态和回报选择动作，然后在更新步中将目标值改为估计的下一步动作价值。上面展示的是单步 Q-Learning，我们也可以把 Q-Learning 变成 n 步的版本。具体做法是将公式 (2.70) 里的目标值加入未来的折扣后的回报。

算法 2.14 Q-Learning（离线策略 TD 控制）

初始化所有的状态-动作对的 $Q(s, a)$ 及步长 $\alpha \in (0, 1]$
for 每一个回合 **do**
　初始化 S_0
　for 每一个在当前回合的 S_t **do**
　　使用基于 Q 的策略来选择 A_t
　　$R_{t+1}, S_{t+1} \leftarrow \text{Env}(S_t, A_t)$
　　$Q(S_t, A_t) \leftarrow Q(S_t, A_t) + \alpha[R_{t+1} + \gamma \max_a Q(S_{t+1}, a) - Q(S_t, A_t)]$
　end for
end for

Q-Learning 的收敛性条件和 Sarsa 算法的很类似。除了对策略有的 GLIE 条件，Q-Learning 中 Q 函数的收敛还对学习速率和有界奖励值要求，这里不再复述，具体的证明可以在文献 (Szepesvári, 1998; Watkins et al., 1992) 中找到。

2.7 策略优化

2.7.1 简介

在强化学习中，智能体的最终目标是改进它的策略来获得更好的奖励。在优化范畴下的策略改进叫策略优化（图 2.13）。对深度强化学习而言，策略和价值函数通常由深度神经网络中的变量来参数化，因此可以使用基于梯度的优化方法。举例来说，图 2.14 展示了使用参数化策略的 MDP 的概率图模型（Graphical Model），其中策略由变量 θ 参数化，在离散时间范围 $t = 0, \cdots, N-1$ 内。奖励函数表示为 $R_t = R(S_t, A_t)$，而动作表示为 $A_t \sim \pi(\cdot|S_t; \theta)$。图模型中变量的依赖关系可以帮助我们理解 MDP 估计中的潜在关系，而且可以有助于我们在依赖关系图中对最终目标求

导而优化变量有帮助，因此我们将在本章展示所有的图模型来帮助理解推导过程，尤其对那些可微分的过程。近来，文献 (Levine, 2018) 和文献 (Fu et al., 2018) 提出了一种 “推断式控制（Control as Inference）” 的方法，这个方法在 MDP 的图模型上添加了额外的表示最优性（Optimality）的变量，从而将概率推断或变分推断（Variational Inference）的框架融合到有相同目标的最大熵强化学习（Maximum Entropy Reinforcement Learning）中。这个方法使得推断类工具（Inference Tools）可以应用到强化学习的策略优化过程中。但是关于这些方法的具体细节超出了本书范围。

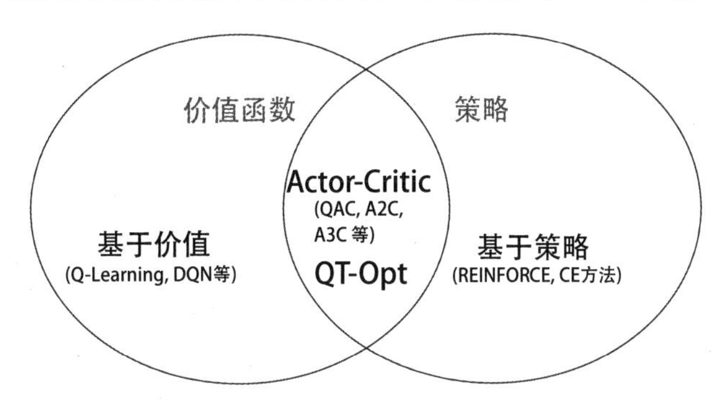

图 2.13 强化学习中策略优化概览

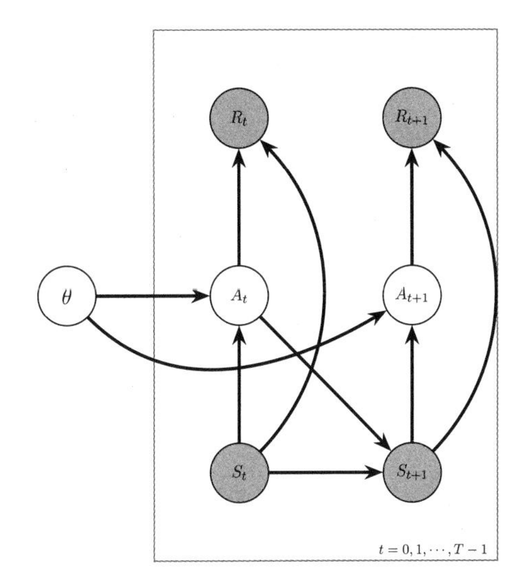

图 2.14 使用参数化策略的 MDP 概率图模型

除了一些线性方法，使用深度神经网络对价值函数参数化是一种实现**价值函数拟合**（Value Function Approximation）的方式，而这是现代深度强化学习领域中最普遍的方式，而在多数实际情况中，我们无法获得真实的价值函数。图 2.15 展示了使用参数化策略 π_θ 和参数化价值函数 $V_w^\pi(S_t)$ 的 MDP 概率图模型，它们的参数化过程分别使用了参数 θ 和 w。图 2.16 展示了使用参

数化策略 π_θ 和参数化 Q 值函数 $Q_w^\pi(S_t, A_t)$ 的 MDP 概率图模型。一般通过在强化学习术语中被称为**策略梯度**（Policy Gradient）的方法改进参数化策略。然而，也有一些非基于梯度的方法（Non-Gradient-Based Methods）可以优化不那么复杂的参数化策略，比如交叉熵（Cross-Entropy，CE）方法等。

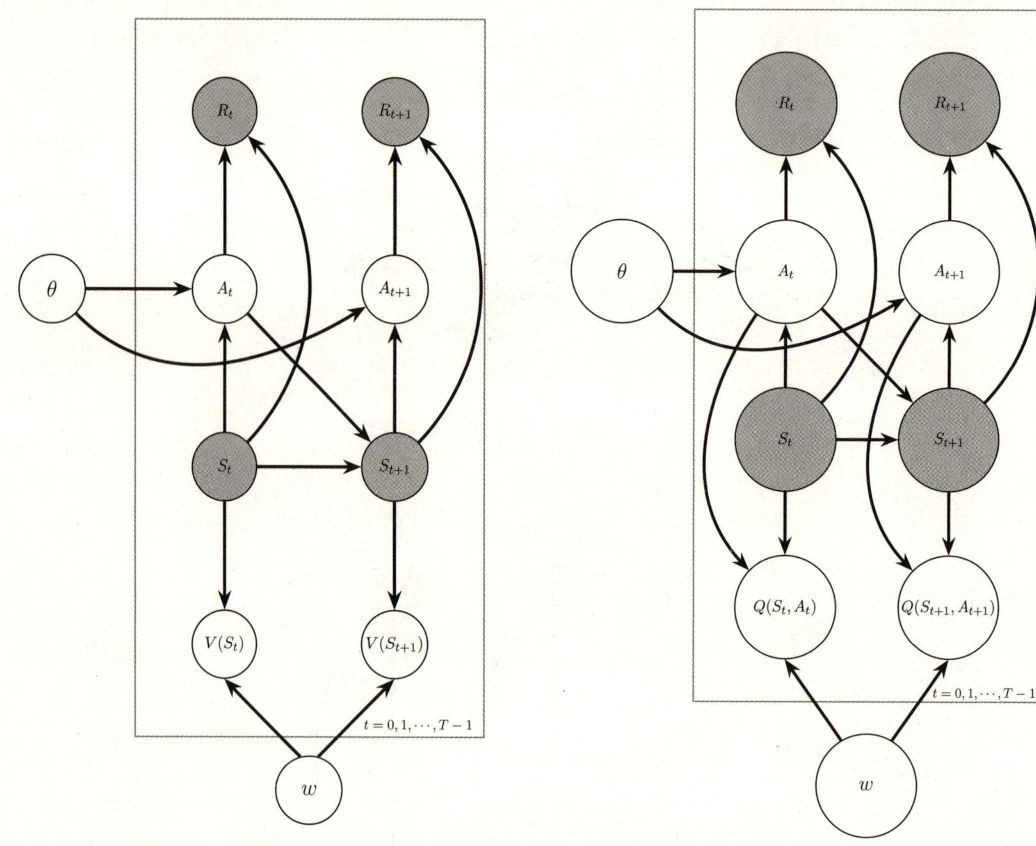

图 2.15　使用参数化策略和参数化价值函数的 MDP 概率图模型

图 2.16　使用参数化策略和参数化 Q 值函数的 MDP 概率图模型

如图 2.13 所示，策略优化算法往往分为两大类：（1）**基于价值的优化**（Value-Based Optimization）方法，如 Q-Learning、DQN 等，通过优化动作价值函数（Action-Value Function）来获得对动作选择的偏好；（2）**基于策略的优化**（Policy-Based Optimization）方法，如 REINFORCE、交叉熵算法等，通过根据采样的奖励值来直接优化策略。这两类的结合被人们 (Kalashnikov et al., 2018; Peters et al., 2008; Sutton et al., 2000) 发现是一种更加有效的方式，而这构成了一种在无模型（Model-Free）强化学习中应用最广的结构，称为 **Actor-Critic**。Actor-Critic 方法通过对价值函数的优化来引导策略改进。在这类结合型算法中的典型包括 Actor-Critic 类的方法和以其为基础的其他算法，后续有关于这些算法的详细介绍。

回顾强化学习梗概

在线价值函数（On-Policy Value Function），$v_\pi(s)$，给出以状态 s 为起始并在后续过程始终遵循策略 π 的期望回报（Expected Return）：

$$v_\pi(s) = \mathbb{E}_{\tau\sim\pi}[R(\tau)|S_0 = s] \tag{2.71}$$

强化学习的优化问题可以被表述为

$$\pi_* = \arg\max_\pi J(\pi) \tag{2.72}$$

最优价值函数（Optimal Value Function），$v^*(s)$，给出以状态 s 为起始并在后续过程始终遵循环境中最优策略的期望回报：

$$v_*(s) = \max_\pi v_\pi(s) \tag{2.73}$$

$$v_*(s) = \max_\pi \mathbb{E}_{\tau\sim\pi}[R(\tau)|S_0 = s] \tag{2.74}$$

在线动作价值函数（On-Policy Action-Value Function），$q_\pi(s,a)$，给出以状态 s 为起始并采取任意动作 a（有可能不来自策略），而随后始终遵循策略 π 的期望回报：

$$q_\pi(s,a) = \mathbb{E}_{\tau\sim\pi}[R(\tau)|S_0 = s, A_0 = a] \tag{2.75}$$

最优动作价值函数（Optimal Action-Value Function），$q_*(s,a)$，给出以状态 s 为起始并采取任意动作 a，而随后始终遵循环境中最优策略的期望回报：

$$q_*(s,a) = \max_\pi q_\pi(s,a) \tag{2.76}$$

$$q_*(s,a) = \max_\pi \mathbb{E}_{\tau\sim\pi}[R(\tau)|S_0 = s, A_0 = a] \tag{2.77}$$

价值函数（Value Function）和**动作价值函数**（Action-Value Function）的关系：

$$v_\pi(s) = \mathbb{E}_{a\sim\pi}[q_\pi(s,a)] \tag{2.78}$$

$$v_*(s) = \max_a q_*(s,a) \tag{2.79}$$

最优动作：

$$a_*(s) = \arg\max_a q_*(s,a) \tag{2.80}$$

贝尔曼方程:

对状态价值和动作价值的贝尔曼方程分别为：

$$v_\pi(s) = \mathbb{E}_{a\sim\pi(\cdot|s),s'\sim p(\cdot|s,a)}[R(s,a)+\gamma v_\pi(s')] \tag{2.81}$$

$$q_\pi(s,a) = \mathbb{E}_{s'\sim p(\cdot|s,a)}[R(s,a)+\gamma\mathbb{E}_{a'\sim\pi(\cdot|s')}[q_\pi(s',a')]] \tag{2.82}$$

贝尔曼最优方程：

对状态价值和动作价值的贝尔曼最优方程分别为：

$$v_*(s) = \max_a \mathbb{E}_{s'\sim p(\cdot|s,a)}[R(s,a)+\gamma v_*(s')] \tag{2.83}$$

$$q_*(s,a) = \mathbb{E}_{s'\sim p(\cdot|s,a)}[R(s,a)+\gamma \max_{a'} q_*(s',a')] \tag{2.84}$$

2.7.2　基于价值的优化

基于价值的优化（Value-Based Optimization）方法经常需要在（1）基于当前策略的价值函数估计和（2）基于所估计的价值函数进行策略优化这两个过程之间交替。然而，估计一个复杂的价值函数并不容易，如图 2.17 所示。

从之前小节中我们可以看到，Q-Learning 可以被用来解决强化学习中一些简单的任务。然而，现实世界或者即使准现实世界中的应用也都可能有更大和更复杂的状态动作空间，而且实际应用中很多动作是连续的。比如，在围棋游戏中有约 10^{170} 个状态。在这些情况下，Q-Learning 中的传统查找表（Lookup Table）方法因为每个状态需要有一条记录（Entry）而每个状态-动作对也需要一条 $Q(s,a)$ 记录而使其可扩展性（Scalability）有待提升。实践中，这个表中的值需要一个一个地更新。所以基于表格（Tabular-Based）的 Q-Learning 对内存和计算资源的需求可能是巨大的。此外，在实践中，状态表征（State Representations）通常也需要人为指定成相匹配的数据结构。

价值函数拟合

为了将基于价值的强化学习应用到相对大规模的任务上，函数拟合器（Function Approximators）可用来应对上述限制条件（图 2.18）。图 2.18 总结了不同类型的价值函数拟合器。

- **线性方法**（Linear Methods）：拟合函数是权重 $\boldsymbol{\theta}$ 和特征实数向量 $\boldsymbol{\phi}(s) = (\phi_1(s), \phi_2(s)), \cdots, \phi_n(s))^{\mathrm{T}}$ 的线性组合，其中 s 是状态。拟合函数表示为 $v(s,\boldsymbol{\theta}) = \boldsymbol{\theta}^{\mathrm{T}}\boldsymbol{\phi}(s)$。TD($\lambda$) 方法因使用线性函数拟合器而被证明在一定条件下可以收敛 (Tsitsiklis et al., 1997)。尽管线性方法的

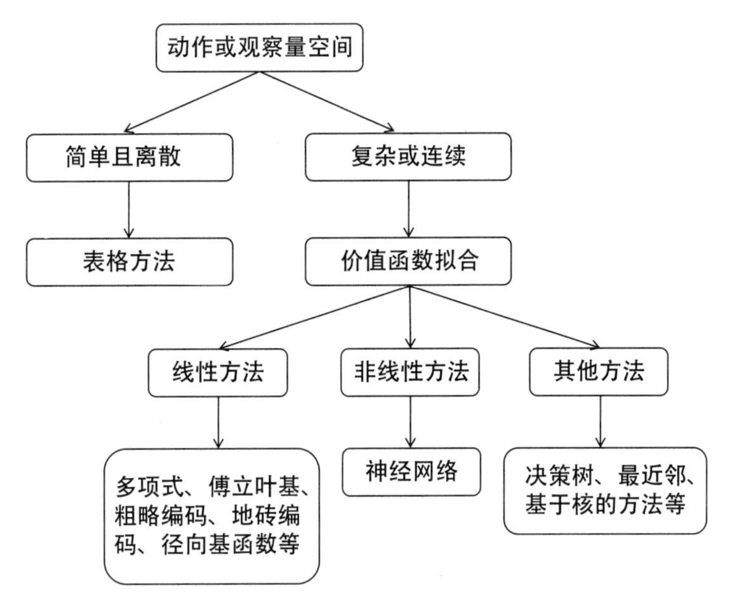

图 2.17　求解价值函数的方法概览

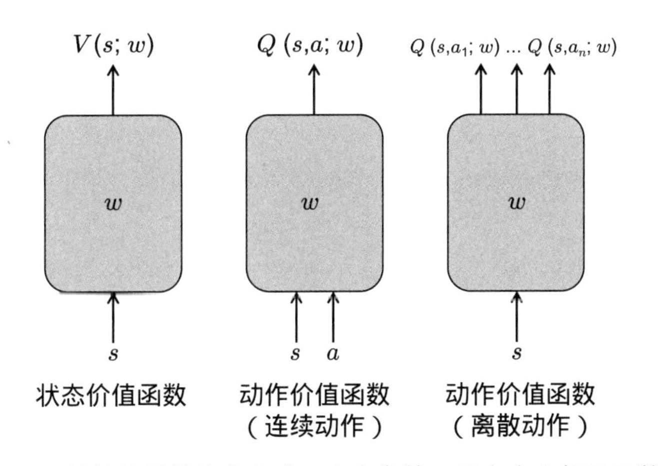

图 2.18　不同的价值函数拟合方式。内含参数 w 的灰色方框是函数拟合器

收敛性保证很诱人，但实际上在使用该方法时特征选取或特征表示 $\phi(s)$ 有一定难度。如下是线性方法中构建特征的不同方式：

- **多项式**（Polynomials）：基本的多项式族（Polynomial Families）可以用作函数拟合的特征矢量（Feature Vectors）。假设每一个状态 $\boldsymbol{s}=(S_1,S_2,\cdots,S_d)^{\mathrm{T}}$ 是一个 d 维向量，那么我们有一个 d 维的多项式基（Polynomial Basis）$\phi_i(\boldsymbol{s})=\prod_{j=1}^{d}S_j^{c_{i,j}}$，其中每个 $c_{i,j}$ 是集合 $\{0,1,\cdots,N\}$ 中的一个整数。这构成秩（Order）为 N 的多项式基和 $(N+1)^d$ 个不同的函数。

 - **傅立叶基**（Fourier Basis）：傅立叶变换（Fourier Transformation）经常用于表示在时间域或频率域的序列信号。有 $N+1$ 个函数的一维秩为 N 的傅立叶余弦（Cosine）基为 $\phi_i(s)=\cos(i\pi s)$，其中 $s\in[0,1]$ 且 $i=0,1,\cdots,N$。
 - **粗略编码**（Coarse Coding）：状态空间可以从高维缩减到低维，例如用一个区域覆盖决定过程（Determination Process）来进行二值化表示（Binary Representation），这被称为粗略编码。
 - **瓦式编码**（Tile Coding）：在粗略编码中，瓦式编码对于多维连续空间是一种高效的特征表示方式。瓦式编码中特征的感知域（Receptive Field）被指定成输入空间的不同分割（Partitions）。每一个分割称为一个瓦面（Tilling），而分割中的每一个元素称为一个瓦片（Tile）。许多有着重叠感知域的瓦面往往被结合使用，以得到实际的特征矢量。
 - **径向基函数**（Radial Basis Functions，RBF）：径向基函数自然地泛化了粗略编码，粗略编码是二值化的，而径向基函数可用于 $[0,1]$ 内的连续值特征。典型的 RBF 是以高斯函数（Gaussian）的形式 $\phi_i(s)=\exp(-\frac{\|s-c_i\|^2}{2\sigma_i^2})$，其中 s 是状态，c_i 是特征的原型（Prototypical）或核心状态（Center State），而 σ_i 是特征宽度（Feature Width）。

- **非线性方法**（Non-Linear Methods）：
 - **人工神经网络**（Artificial Neural Networks）：不同于以上的函数拟合方法，人工神经网络被广泛用作非线性函数拟合器，它被证明在一定条件下有普遍的拟合能力（Universal Approximation Ability）(Leshno et al., 1993)。基于深度学习技术，人工神经网络构成了现代基于函数拟合的深度强化学习方法的主体。一个典型的例子是 DQN 算法，使用人工神经网络来对 Q 值进行拟合。

- **其他方法**：
 - **决策树**（Decision Trees）：决策树 (Pyeatt et al., 2001) 可以用来表示状态空间，通过使用决策节点（Decision Nodes）对其分割。这构成了一种重要的状态特征表示方法。
 - **最近邻**（Nearest Neighbor）方法：它测量了当前状态和内存中之前状态的差异，并用内存中最接近状态的值来近似当前状态的值。

使用价值函数拟合的好处不仅包括可以扩展到大规模任务，以及便于在连续状态空间中进行从所见状态到未见过状态的泛化，而且可以减少或缓解人为设计特征来表示状态的需要。对于无模型方法，拟合器的参数 w 可以用蒙特卡罗（Monte-Carlo，MC）或时间差分（Temporal Difference，TD）学习来更新，可以对批量样本进行参数更新而非像基于表格的方法一样逐个更新。这使得处理大规模问题时有较高的计算效率。对基于模型的方法，参数可以用动态规划（Dynamic Programming，DP）来更新。关于 MC、TD 和 DP 的细节在之前已经有所介绍。

可能的函数拟合器包括特征的线性组合、神经网络、决策树和最近邻方法等。神经网络因其很好的可扩展性和对多样函数的综合能力而成为深度强化学习方法中最实用的拟合方法。神经网络是一个可微分方法，因而可以基于梯度进行优化，这提供了在凸（Convex）函数情况下收敛到最优的保证。然而，实践中，它可能需要极大量的数据来训练，而且可能造成其他困难。

将深度学习问题扩展到强化学习带来了额外的挑战，包括非独立同分布（Not Independently and Identically Distributed）的数据。绝大多数监督学习方法建立在这样一个假设之上，即训练数据是从一个稳定的独立同分布 (Schmidhuber, 2015) 中采样得到的。然而，强化学习中的训练数据通常包括高度相关的样本，它们是在智能体和环境交互中顺序得到的，而这违反了监督学习中的独立性条件。更糟的是，强化学习中的训练数据分布通常是不稳定的，因为价值函数经常根据当前策略来估计，或者至少受当前策略对状态的访问频率影响，而策略是随训练一直在更新的。智能体通过对在状态空间探索不同部分来学习。所有这些情况违反了样本数据来自同分布的条件。

在强化学习中使用价值函数拟合对表征方式也有一些实际要求，而如果没有适当地考虑到这些实际要求，将可能导致发散的情况的发生 (Achiam et al., 2019)。具体来说，不稳定性和发散带来的危险在以下三个条件同时发生时就会产生：（1）在一个转移分布（Distribution of Transitions）上训练，而这个分布不满足由一个过程自然产生且这个过程的期望值被估计（比如在离线学习中）的条件；（2）可扩展的函数拟合，比如，线性半梯度（Semi-Gradient）；（3）自举（Bootstrapping），比如 DP 和 TD 学习。这三个主要属性只有在它们被结合时会导致学习的发散，而这被称为**死亡三件套**（the Deadly Triad）(Van Hasselt et al., 2018)。在使用函数拟合的方式不足够公正的情况下，基于价值的方法使用函数拟合时可能会有过估计或欠估计（Over-/Under-Estimation）的问题。举例来说，原始 DQN 有 Q 值过估计（Over-Estimation）的问题 (Van Hasselt et al., 2016)，这在实践中会导致略差的学习表现，而 Double/Dueling DQN 技术被提出来缓解这个问题。总体来说，使用策略梯度的基于策略的方法相比基于价值的方法有更好的收敛性保证。

基于梯度的价值函数拟合

考虑参数化的价值函数 $V^\pi(s) = V^\pi(s; w)$ 或 $Q^\pi(s, a) = Q^\pi(s, a; w)$，我们可以基于不同的估计方法得到相应的更新规则。优化目标被设置为估计函数 $V^\pi(s; w)$（或 $Q^\pi(s, a; w)$) 和真实价值函数 $v_\pi(s)$（或 $q_\pi(s, a)$）间的均方误差（Mean-Squared Error，MSE）：

$$J(w) = \mathbb{E}_\pi[(V^\pi(s; w) - v_\pi(s))^2] \tag{2.85}$$

或

$$J(w) = \mathbb{E}_\pi[(Q^\pi(s, a; w) - q_\pi(s, a))^2] \tag{2.86}$$

因此，用随机梯度下降（Stochastic Gradient Descent）法所得到的梯度为

$$\Delta w = \alpha(V^\pi(s; w) - v_\pi(s))\nabla_w V^\pi(s; w) \tag{2.87}$$

或

$$\Delta w = \alpha(Q^{\pi}(s, a; w) - q_{\pi}(s, a))\nabla_{w}Q^{\pi}(s, a; w) \tag{2.88}$$

其中梯度对批中的每一个样本进行计算，而权重以一种随机的方式进行更新。上述等式中的目标价值函数 v_{π} 或 q_{π} 通常是被估计的，有时使用一个目标网络（DQN 中）或一个最大化算子（Q-Learning 中）等。我们在这里展示价值函数的一些基本估计方式。

对 **MC** 估计，目标值是用采样的回报 G_t 估计的。因此，价值函数参数的更新梯度为

$$\Delta w_t = \alpha(V^{\pi}(S_t; w_t) - G_t)\nabla_{w_t}V^{\pi}(S_t; w_t) \tag{2.89}$$

或

$$\Delta w_t = \alpha(Q^{\pi}(S_t, A_t; w_t) - G_{t+1})\nabla_{w_t}Q^{\pi}(S_t, A_t; w_t) \tag{2.90}$$

对 **TD(0)**，根据式 (2.84) 表示的贝尔曼最优方程，目标值是时间差分的目标函数 $R_t + \gamma V_{\pi}(S_{t+1}; w_t)$，因此：

$$\Delta w_t = \alpha(V^{\pi}(S_t; w_t) - (R_t + \gamma V_{\pi}(S_{t+1}; w_t)))\nabla_{w_t}V^{\pi}(S_t; w_t) \tag{2.91}$$

或

$$\Delta w_t = \alpha(Q^{\pi}(S_t, A_t; w_t) - (R_{t+1} + \gamma Q_{\pi}(S_{t+1}, A_{t+1}; w_t))\nabla_{w_t}Q^{\pi}(S_t, A_t; w_t)) \tag{2.92}$$

对 **TD(λ)**，目标值是 λ-回报即 G_t^{λ}，因此更新规则是

$$\Delta w_t = \alpha(V^{\pi}(S_t; w_t) - G_t^{\lambda})\nabla_{w_t}V^{\pi}(S_t; w_t) \tag{2.93}$$

或

$$\Delta w_t = \alpha(Q^{\pi}(S_t, A_t; w_t) - G_t^{\lambda})\nabla_{w_t}Q^{\pi}(S_t, A_t; w_t) \tag{2.94}$$

不同的估计方式对偏差和方差有不同的侧重，这在之前的小节中已经有所介绍，比如 MC 和 TD 估计方法等。

例子：深度 Q 网络

深度 Q 网络（DQN）是基于价值优化的典型例子之一。它使用一个深度神经网络来对 Q-Learning 中的 Q 值函数进行拟合，并维护一个经验回放缓存（Experience Replay Buffer）来存储智能体-环境交互中的转移样本。DQN 也使用了一个目标网络 Q^{T}，而它由原网络 Q 的参数副本来参数化，并且以一种延迟更新的方式，来稳定学习过程，也即缓解深度学习中非独立同分布数据的问题。它使用如式 (2.88) 中的 MSE 损失，以及用贪心的拟合函数 $r+\gamma\max_{a'}Q^{\mathrm{T}}(s',a')$ 替代真实价值函数 q_π。

经验回放缓存为学习提供了稳定性，因为从缓存中采样到的随机批量样本可以缓解非独立同分布的数据问题。这使得策略更新成为一种离线的（Off-Policy）方式，由于当前策略和缓存中来自先前策略的样本间的差异。

2.7.3 基于策略的优化

在开始介绍基于策略的优化（Policy-Based Optimization）之前，我们首先介绍在强化学习中常见的一些策略。如之前小节中所介绍，强化学习中的策略可以被分为确定性（Deterministic）和随机性（Stochastic）策略。在深度强化学习中，我们使用神经网络来表示这两类策略，称为**参数化策略**（Parameterized Policies）。具体来说，这里的参数化指抽象的策略用神经网络（包括单层感知机）参数来，而非其他参量来表示。使用神经网络参数 θ，确定性和随机性策略可以分别写作 $A_t=\mu_\theta(S_t)$ 和 $A_t\sim\pi_\theta(\cdot|S_t)$。

在深度强化学习领域，有一些常见的具体分布用来表示随机性策略中的动作分布：伯努利分布（Bernoulli Distribution），类别分布（Categorical Distribution）和对角高斯分布（Diagonal Gaussian Distribution）。伯努利和类别分布可以用于离散动作空间，如二值的（Binary）或多类别的（Multi-Category），而对角高斯分布可以用于连续动作空间。

一个以 θ 为参数的单变量 $x\in\{0,1\}$ 的伯努利分布为 $P(s;\theta)=\theta^x(1-\theta)^{(1-x)}$。因而它可以被用于表示二值化的动作，可以是单维，也可以是多维（对一个矢量中含多个变量的情况应用），它可以用作**二值化动作策略**（Binary-Action Policy）。

类别型策略（Categorical Policy）使用类别分布作为它的输出，因而可以用于离散且有限的动作空间，它将策略视为一个分类器（Classifier），以状态为条件（Conditioned on A State）而输出在有限动作空间中每个动作的概率，比如 $\pi(a|s)=\boldsymbol{P}[A_t=a|S_t=s]$。所有概率和为 1，因此，当将类别型策略参数化时，最后输出层（Output Layer）常用 Softmax 激活函数。这里我们具体使用 $\boldsymbol{P}[\cdot|\cdot]$ 矩阵表示有限动作空间的情况，来替代概率函数 $p(\cdot|\cdot)$。智能体可以根据类别分布采样选择一个动作。实践中，这种情况下的动作通常可以编码为一个独热编码矢量（One-Hot Vector）$\boldsymbol{a}_i=(0,0,\cdots,1,\cdots,0)$，这个矢量跟动作空间有相同的维度，从而 $\boldsymbol{a}_i\odot\boldsymbol{p}(\cdot|s)$ 给出 $p(\boldsymbol{a}_i|s)$，其中 $\odot$ 是逐个元素的乘积（Element-Wise Product）算子，而 $\boldsymbol{p}(\cdot|s)$ 是给定状态 s 时的矩阵中的一个矢量（行或列，依状态动作顺序而定），而这通常也是归一化后类别型策略的输出层。**耿贝尔-Softmax**

函数技巧（Gumbel-Softmax Trick）可以在实践中参数化类别型策略后用来保持类别分布采样过程的可微性。在没有使用其他技巧的情况下，有采样过程或像 $\arg\max$ 类操作的随机性节点往往是不可微的（Non-Differentiable），从而在对参数化策略使用基于梯度的优化（在随后小节中介绍）时可能是有问题的。

耿贝尔-Softmax 函数技巧（Gumbel-Softmax Trick）：首先，耿贝尔-最大化技巧（Gumbel-Max Trick）允许我们从类别分布 π 中采样

$$\boldsymbol{z} = \text{one\_hot}[\arg\max_i(z_i + \log \pi_i)] \tag{2.95}$$

其中"one_hot"是一个将标量转换成独热编码矢量的操作。然而，如上所述，$\arg\max$ 操作通常是不可微的。因此，在耿贝尔-Softmax 函数技巧中，一个 Softmax 操作被用来对耿贝尔-最大化技巧中的 $\arg\max$ 进行连续性近似：

$$a_i = \frac{\exp((\log \pi_i + g_i)/\tau)}{\sum_j \exp((\log \pi_j + g_j)/\tau)}, \forall i = 0, \cdots, k \tag{2.96}$$

其中 k 是欲求变量 $\boldsymbol{a}$（强化学习策略的动作选择）的维度，而 g_i 是采样自耿贝尔分布（Gumbel Distribution）的耿贝尔（Gumbel）变量。耿贝尔 $(0,1)$ 分布可以用逆变换（Inverse Transform）采样实现，通过采样均匀分布 $u \sim \text{Uniform}(0,1)$ 并计算 $g = -\log(-\log(u))$ 得到。

对角高斯策略（Diagonal Gaussian Policy）输出一个对角高斯分布的均值和方差用于连续动作空间。一个普通的多变量高斯分布包括一个均值矢量 $\boldsymbol{\mu}$ 和一个协方差（Covariance）矩阵 $\boldsymbol{\Sigma}$，而对角高斯分布是其特殊情况，即协方差矩阵只有对角元非零，因此我们可以用一个矢量 $\boldsymbol{\sigma}$ 来表示它。当使用对角高斯分布来表示概率性动作时，它移除了不同动作维度间的协相关性。一个策略被参数化时，如下所示的**再参数化**（Reparametrization）技巧（与 Kingma et al. (2014) 提出的变分自动编码器中类似）可以被用来从均值和方差矢量表示的高斯分布中采样，同时保持操作的可微性。

再参数化技巧：从对角高斯分布中采样动作 $a \sim \mathcal{N}(\boldsymbol{\mu}_\theta, \boldsymbol{\sigma}_\theta^2)$，该分布的均值和方差矢量为 $\boldsymbol{\mu}_\theta$ 和 $\boldsymbol{\sigma}_\theta^2$（参数化的），而这可以通过从正态分布中采样一个隐藏矢量 $\boldsymbol{z} \sim \mathcal{N}(0, \boldsymbol{I})$ 来得到动作：

$$a = \boldsymbol{\mu}_\theta + \boldsymbol{\sigma}_\theta \odot \boldsymbol{z} \tag{2.97}$$

其中 $\odot$ 是两个相同形状矢量的逐个元素乘积。

深度强化学习中的常用策略如图 2.19 所示，便于读者理解。

基于策略的优化（Policy-Based Optimization）方法在强化学习情景下直接优化智能体的策略而不估计或学习动作价值函数。采样得到的奖励值通常用于改进动作选择的优化过程，而优化过程可以使用基于梯度或无梯度（Gradient-Free）的方法。其中，基于梯度的方法通常采用策略梯

度（Policy Gradient），它在某种程度上代表了连续动作强化学习最受欢迎的一类算法，受益于对高维情况的可扩展性。典型的基于梯度优化方法包括 REINFORCE 等。无梯度方法对策略搜索中相对简单的情况通常有更快的学习过程，无须有复杂计算的求导过程。典型的无梯度类方法包括交叉熵（Cross-Entropy，CE）方法等。

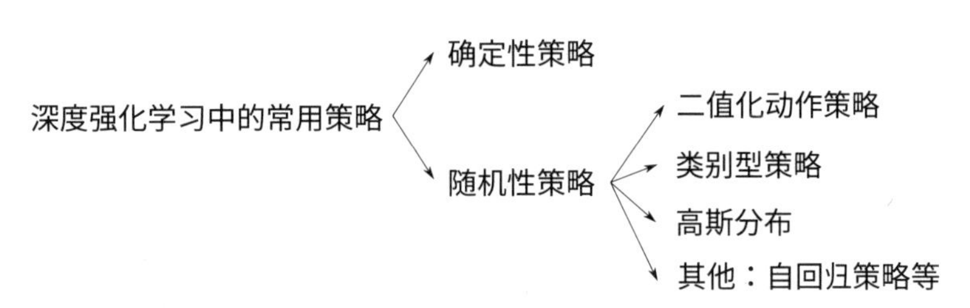

图 2.19 深度强化学习中的不同策略类型

回想我们在强化学习中智能体的目标是从期望或估计的角度去最大化从一个状态开始的累计折扣奖励（Cumulative Discounted Reward），可以将其表示为

$$J(\pi) = \mathbb{E}_{\tau\sim\pi}[R(\tau)] \tag{2.98}$$

其中 $R(\tau) = \sum_{t=0}^{\mathrm{T}} \gamma^t R_t$ 是有限步（适用于多数情形）的折扣期望奖励，而 τ 是采样的轨迹。

基于策略的优化方法将根据以上目标函数 $J(\pi)$ 通过基于梯度的或无梯度的方法，来优化策略 π。我们将首先介绍基于梯度的方法，并给出一个 REINFORCE 法的例子，随后介绍无梯度的算法和 CE 方法的例子。

基于梯度的优化

基于梯度的优化方法是使用在期望回报（总的奖励）上的梯度估计来进行梯度下降（或上升），以改进策略，而这个期望回报是从采样轨迹中得到的。这里我们把关于策略参数的梯度叫作**策略梯度**（Policy Gradient），具体表达式如下：

$$\Delta\theta = \alpha \nabla_\theta J(\pi_\theta) \tag{2.99}$$

其中 θ 表示策略参数，而 α 是学习率。基于策略参数的梯度计算方法叫作策略梯度法。文献 (Sutton et al., 2000) 和文献 (Silver et al., 2014) 提出的**策略梯度定理**（Policy Gradient Theorem）及其证明将在下面介绍。

注：式 (2.99) 中参数 θ 的表示方法实际上是不合适的，根据本书默认的格式，它应当是 $\boldsymbol{\theta}$ 从而表示矢量。然而，这里我们使用基本的 θ 格式作为一种可以在使用模型参数时替代的 $\boldsymbol{\theta}$ 的方式，而这种简单的写法也在文献中常见。一种考虑这种写法合理性的方式是：参数的梯度可以对

每个参数分别得到，而每个参数均可单独表示为 θ，只要方程对所有参数相同，它就可以用 θ 来表示所有参数。本书的其余章节将遵循以上声明。

定理 2.2 策略梯度定理

$$\nabla_\theta J(\pi_\theta) = \mathbb{E}_{\tau\sim\pi_\theta}\left[\sum_{t=0}^{\mathrm{T}} \nabla_\theta(\log \pi_\theta(A_t|S_t))Q^{\pi_\theta}(S_t, A_t)\right] \tag{2.100}$$

$$= \mathbb{E}_{S_t\sim\rho^\pi, A_t\sim\pi_\theta}[\nabla_\theta(\log \pi_\theta(A_t|S_t))Q^{\pi_\theta}(S_t, A_t)] \tag{2.101}$$

其中第二项需定义折扣状态分布（Discounted State Distribution）$\rho^\pi(s') := \int_{\mathcal{S}} \sum_{t=0}^{\mathrm{T}} \gamma^{t-1}\ \rho_0(s)$ $p(s'|s,t,\pi)\mathrm{d}s$，而 $p(s'|s,t,\pi)$ 是在策略 π 下第 t 个时间步从 s 到 s' 的转移概率（Transition Probability），参见文献 (Silver et al., 2014)。

策略梯度定理对随机性策略和确定性策略都适用。它起初由 Sutton 等人 (Sutton et al., 2000) 为随机性策略而提出，后被 Silver 等人 (Silver et al., 2014) 扩展到确定性策略。对确定性的情况，尽管确定性策略梯度（Deterministic Policy Gradient，DPG）定理（后续介绍）与上述策略梯度定理看起来不同，实际上可以证明确定性策略梯度只是随机性策略梯度（Stochastic Policy Gradient，SPG）的一种特殊（极限）情况。若用一个确定性策略 $\mu_\theta : \mathcal{S} \to \mathcal{A}$ 和一个方差参数 σ 来参数化随机性策略 $\pi_{\mu_\theta,\sigma}$，则有 $\sigma = 0$ 时随机性策略等价于确定性策略，即 $\pi_{\mu_\theta,0} \equiv \mu$。

(1) 随机性策略梯度

首先我们对随机性策略证明策略梯度定理，因而被称为随机性策略梯度方法。为了简便，在本小节中，我们假设有限 MDP 下的片段式（Episodic）设定，每个轨迹长度固定为 $T+1$。考虑一个参数化的随机性策略 $\pi_\theta(a|s)$，对以 $\rho_0(S_0)$ 为初始状态分布的 MDP 过程，有轨迹的概率为 $p(\tau|\pi) = \rho_0(S_0)\prod_{t=0}^{\mathrm{T}} p(S_{t+1}|S_t, A_t)\pi(A_t|S_t)$，因而可以得到基于参数化策略 π_θ 的轨迹概率的对数（Logarithm）为

$$\log p(\tau|\theta) = \log \rho_0(S_0) + \sum_{t=0}^{\mathrm{T}}\left(\log p(S_{t+1}|S_t, A_t) + \log \pi_\theta(A_t|S_t)\right). \tag{2.102}$$

我们也需要**对数-导数技巧**（Log-Derivative Trick）：$\nabla_\theta p(\tau|\theta) = p(\tau|\theta)\nabla_\theta \log p(\tau|\theta)$ 得到轨迹概率对数（Log-Probability）的导数为

$$\nabla_\theta \log p(\tau|\theta) = \nabla_\theta \log \rho_0(S_0) + \sum_{t=0}^{\mathrm{T}}\left(\nabla_\theta \log p(S_{t+1}|S_t, A_t) + \nabla_\theta \log \pi_\theta(A_t|S_t)\right) \tag{2.103}$$

$$= \sum_{t=0}^{\mathrm{T}} \nabla_\theta \log \pi_\theta(A_t|S_t). \tag{2.104}$$

其中包含 $\rho_0(S_0)$ 和 $p(S_{t+1}|S_t,A_t)$ 的项被移除，因为它们不依赖于参数 θ，尽管是未知的。

回想之前介绍过，学习目标是最大化期望累计奖励（Expected Cumulative Reward）：

$$J(\pi_\theta)=\mathbb{E}_{\tau\sim\pi_\theta}\big[R(\tau)\big]=\mathbb{E}_{\tau\sim\pi_\theta}\left[\sum_{t=0}^{\mathrm{T}}R_t\right]=\sum_{t=0}^{\mathrm{T}}\mathbb{E}_{\tau\sim\pi_\theta}\left[R_t\right], \tag{2.105}$$

其中 $\tau=(S_0,A_0,R_0,\cdots,S_T,A_T,R_T,S_{T+1})$ 且 $R(\tau)=\sum_{t=0}^{\mathrm{T}}R_t$。我们可以直接在策略参数 θ 上进行梯度上升来逐渐改进策略 π_θ 的表现。

注意 R_t 只依赖 τ_t，其中 $\tau_t=(S_0,A_0,R_0,\cdots,S_t,A_t,R_t,S_{t+1})$。

$$\begin{aligned}
\nabla_\theta\mathbb{E}_{\tau\sim\pi_\theta}\left[R_t\right]&=\nabla_\theta\int_{\tau_t}R_tp(\tau_t|\theta)\mathrm{d}\tau_t && \text{展开期望} && (2.106)\\
&=\int_{\tau_t}R_t\nabla_\theta p(\tau_t|\theta)\mathrm{d}\tau_t && \text{对换梯度和积分} && (2.107)\\
&=\int_{\tau_t}R_tp(\tau_t|\theta)\nabla_\theta\log p(\tau_t|\theta)\mathrm{d}\tau_t && \text{对数-导数技巧} && (2.108)\\
&=\mathbb{E}_{\tau\sim\pi_\theta}\big[R_t\nabla_\theta\log p(\tau_t|\theta)\big] && \text{回归期望形式} && (2.109)
\end{aligned}$$

上面第三个等式是根据之前介绍的对数-导数技巧得到的。

将上面式子代入到 $J(\pi_\theta)$，

$$\nabla_\theta J(\pi_\theta)=\mathbb{E}_{\tau\sim\pi_\theta}\left[\sum_{t=0}^{\mathrm{T}}R_t\nabla_\theta\log p(\tau_t|\theta)\right].$$

现在我们需要计算 $\nabla_\theta\log p_\theta(\tau_t)$，其中 $p_\theta(\tau_t)$ 依赖于策略 π_θ 和模型 $p(R_t,S_{t+1}|S_t,A_t)$ 的真实值，而该模型对智能体是不可用的。幸运的是，为了使用策略梯度方法，我们只需要 $\log p_\theta(\tau_t)$ 的梯度而不是它本身的值，而这可以简单地用 $\tau_t=\tau_{0:t}$ 替换式 (2.104) 中的 $\tau=\tau_{0:T}$ 而得到下式：

$$\nabla_\theta\log p(\tau_t|\theta)=\sum_{t'=0}^{t}\nabla_\theta\log\pi_\theta(A_{t'}|S_{t'}). \tag{2.110}$$

从而

$$\nabla_\theta J(\pi_\theta)=\mathbb{E}_{\tau\sim\pi_\theta}\left[\sum_{t=0}^{\mathrm{T}}R_t\nabla_\theta\sum_{t'=0}^{t}\log\pi_\theta(A_{t'}\,|\,S_{t'})\right]$$

$$= \mathbb{E}_{\tau\sim\pi_\theta}\left[\sum_{t'=0}^{\mathrm{T}}\nabla_\theta \log \pi_\theta(A_{t'}\,|\,S_{t'})\sum_{t=t'}^{\mathrm{T}} R_t\right]. \tag{2.111}$$

这里最后一个等式是加法重排（Rearranging the Summation）。

注意，我们在以上推导过程中使用了加法和期望之间的置换，以及期望和加法与求导之间的置换（都是合理的），如下：

$$\nabla_\theta J(\pi_\theta) = \nabla_\theta \mathbb{E}_{\tau\sim\pi_\theta}\left[R(\tau)\right] = \nabla_\theta \mathbb{E}_{\tau\sim\pi_\theta}\left[\sum_{t=0}^{\mathrm{T}} R_t\right] = \sum_{t=0}^{\mathrm{T}}\nabla_\theta \mathbb{E}_{\tau\sim\pi_\theta}\left[R_t\right] \tag{2.112}$$

其最终在式 (2.106) 中对长度为 $t+1$ 的部分轨迹 τ_t 进行积分。然而，也有其他方式来对整个轨迹的累计奖励取期望：

$$\begin{aligned}
\nabla_\theta J(\pi_\theta) &= \nabla_\theta \mathbb{E}_{\tau\sim\pi_\theta} R(\tau) && (2.113)\\
&= \nabla_\theta \int_\tau p(\tau|\theta)R(\tau) \quad \text{展开期望} && (2.114)\\
&= \int_\tau \nabla_\theta p(\tau|\theta)R(\tau) \quad \text{对换梯度和积分} && (2.115)\\
&= \int_\tau p(\tau|\theta)\nabla_\theta \log p(\tau|\theta)R(\tau) \quad \text{对数-导数技巧} && (2.116)\\
&= \mathbb{E}_{\tau\sim\pi_\theta}[\nabla_\theta \log p(\tau|\theta)R(\tau)] \quad \text{回归期望形式} && (2.117)\\
\Rightarrow \nabla_\theta J(\pi_\theta) &= \mathbb{E}_{\tau\sim\pi_\theta}\left[\sum_{t=0}^{\mathrm{T}}\nabla_\theta \log \pi_\theta(A_t|S_t)R(\tau)\right] && (2.118)\\
&= \mathbb{E}_{\tau\sim\pi_\theta}\left[\sum_{t=0}^{\mathrm{T}}\nabla_\theta \log \pi_\theta(A_t|S_t)\sum_{t'=0}^{\mathrm{T}} R_{t'}\right] && (2.119)
\end{aligned}$$

仔细的读者可能注意到式 (2.119) 的第二个结果与式 (2.111) 的第一个结果有一些差别。具体来说，累计奖励的时间范围是不同的。第一个结果只使用了动作 A_t 之后的累计未来奖励 $\sum_{t=t'}^{\mathrm{T}} R_t$ 来评估动作，而第二个结果使用整个轨迹上的累计奖励 $\sum_{t=0}^{\mathrm{T}} R_t$ 来评估该轨迹上的每个动作 A_t，包括选择那个动作之前的奖励。直觉上，一个动作不应该用这个动作执行以前的奖励值来对其进行估计，而这也得到数学上的证明，即这个动作之前的奖励对最终期望梯度只有零影响。因此可以在推导策略梯度的过程中直接丢掉那些过去的奖励值来得到式 (2.111)，而这被称为“将得到的奖励（Reward-to-Go）”策略梯度。这里我们不给出两种策略梯度公式等价性的严格证明，感兴趣的读者可以参考相关资料。这里的两种导出方式也可以作为两个结果等价性的论证。

上述公式中的 ∇ 称“nabla”，它是一个物理和数学领域有着三重意义的算子（梯度、散度、和旋度），依据它做操作的对象而定。而在计算机领域，这个“nabla”算子 ∇ 通常用作偏微分（Partial Derivative），其对紧跟的对象中显式（Explicitly）包含的变量进行求导，而这个变量写在算子脚标的位置。由于上式中的 $R(\tau)$ 不显式包含 θ，因此 ∇_θ 不作用于 $R(\tau)$，尽管 τ 可以隐式（Implicitly）依赖于 θ（根据 MDP 的图模型）。我们也注意到式 (2.119) 的期望可以用采样均值来估计。如果我们收集一个轨迹的集合 $\mathcal{D}=\{\tau_i\}_{i=1,\cdots,N}$，而其中的轨迹是通过使智能体以策略 π_θ 在环境中做出动作来得到的，那么策略梯度可以用以下方式估计：

$$\hat{g}=\frac{1}{|\mathcal{D}|}\sum_{\tau\in\mathcal{D}}\sum_{t=0}^{\mathrm{T}}\nabla_\theta\log\pi_\theta(A_t|S_t)R(\tau), \tag{2.120}$$

EGLP（Expected Grad-Log-Prob）引理在策略梯度优化中经常用到，所以我们在这里介绍它。

引理 2.2 EGLP 引理： 假设 p_θ 是随机变量 x 的一个参数化的概率分布，那么有

$$\mathbb{E}_{x\sim p_\theta}[\nabla_\theta\log P_\theta(x)]=0. \tag{2.121}$$

证明: 由于所有概率分布都是归一化的：

$$\int_x p_\theta(x)=1. \tag{2.122}$$

对上面归一化条件两边取梯度：

$$\nabla_\theta\int_x p_\theta(x)=\nabla_\theta 1=0. \tag{2.123}$$

使用对数-导数技巧得到：

$$0=\nabla_\theta\int_x p_\theta(x) \tag{2.124}$$

$$=\int_x\nabla_\theta p_\theta(x) \tag{2.125}$$

$$=\int_x p_\theta(x)\nabla_\theta\log p_\theta(x) \tag{2.126}$$

$$\therefore 0=\mathbb{E}_{x\sim p_\theta}[\nabla_\theta\log p_\theta(x)]. \tag{2.127}$$

从 EGLP 引理我们可以直接得出：

$$\mathbb{E}_{A_t\sim\pi_\theta}[\nabla_\theta\log\pi_\theta(A_t|S_t)b(S_t)]=0. \tag{2.128}$$

其中 $b(S_t)$ 称为基准（Baseline），而它是独立于用于求期望值的未来轨迹的。基准可以是任何一

个只依赖当前状态的函数，而不影响优化公式中的总期望值。

上面公式中的优化目标最终为

$$\nabla_\theta J(\pi_\theta) = \mathbb{E}_{\tau\sim\pi_\theta}\left[\sum_{t=0}^{\mathrm{T}} \nabla_\theta \log \pi_\theta(A_t|S_t)R(\tau)\right] \tag{2.129}$$

我们也可以更改整个轨迹的奖励 $R(\tau)$ 为在 t 时间步后将得到的奖励 G_t：

$$\nabla_\theta J(\pi_\theta) = \mathbb{E}_{\tau\sim\pi_\theta}\left[\sum_{t=0}^{\mathrm{T}} \nabla_\theta \log \pi_\theta(A_t|S_t)G_t\right] \tag{2.130}$$

通过以上 EGLP 引理，期望回报可以被推广为

$$\nabla_\theta J(\pi_\theta) = \mathbb{E}_{\tau\sim\pi_\theta}\left[\sum_{t=0}^{\mathrm{T}} \nabla_\theta \log \pi_\theta(A_t|S_t)\varPhi_t\right] \tag{2.131}$$

其中 $\varPhi_t = \sum_{t'=t}^{\mathrm{T}}(R(S_{t'}, a_{t'}, S_{t'+1}) - b(S_t))$。

为了便于实际使用，$\varPhi_t$ 可以变成以下形式：

$$\varPhi_t = Q^{\pi_\theta}(S_t, A_t) \tag{2.132}$$

或

$$\varPhi_t = A^{\pi_\theta}(S_t, A_t) = Q^{\pi_\theta}(S_t, A_t) - V^{\pi_\theta}(S_t) \tag{2.133}$$

而它们都可以证明等价于期望内的原始形式，只是在实际中有不同的方差。这些证明需要重复期望规则（the Law of Iterated Expectations）：对两个随机变量（离散或连续）有 $\mathbb{E}[X] = \mathbb{E}[\mathbb{E}[X|Y]]$。而这个式子很容易证明。剩余的证明如下：

$$\begin{aligned}
\nabla_\theta J(\pi_\theta) &= \mathbb{E}_{\tau\sim\pi_\theta}\left[\sum_{t=0}^{\mathrm{T}} \nabla_\theta \log \pi_\theta(A_t|S_t)R(\tau)\right] &(2.134)\\
&= \sum_{t=0}^{\mathrm{T}} \mathbb{E}_{\tau\sim\pi_\theta}[\nabla_\theta \log \pi_\theta(A_t|S_t)R(\tau)] &(2.135)\\
&= \sum_{t=0}^{\mathrm{T}} \mathbb{E}_{\tau_{:t}\sim\pi_\theta}[\mathbb{E}_{\tau_{t:}\sim\pi_\theta}[\nabla_\theta \log \pi_\theta(A_t|S_t)R(\tau)|\tau_{:t}]] &(2.136)
\end{aligned}$$

$$= \sum_{t=0}^{\mathrm{T}} \mathbb{E}_{\tau_{:t}\sim\pi_\theta}[\nabla_\theta \log \pi_\theta(A_t|S_t)\mathbb{E}_{\tau_{t:}\sim\pi_\theta}[R(\tau)|\tau_{:t}]] \tag{2.137}$$

$$= \sum_{t=0}^{\mathrm{T}} \mathbb{E}_{\tau_{:t}\sim\pi_\theta}[\nabla_\theta \log \pi_\theta(A_t|S_t)\mathbb{E}_{\tau_{t:}\sim\pi_\theta}[R(\tau)|S_t, A_t]] \tag{2.138}$$

$$= \sum_{t=0}^{\mathrm{T}} \mathbb{E}_{\tau_{:t}\sim\pi_\theta}[\nabla_\theta (\log \pi_\theta(A_t|S_t))Q^{\pi_\theta}(S_t, A_t)] \tag{2.139}$$

其中 $\mathbb{E}_\tau[\cdot] = \mathbb{E}_{\tau_{:t}}[\mathbb{E}_{\tau_{t:}}[\cdot|\tau_{:t}]]$ 且 $\tau_{:t} = (S_0, A_0, \cdots, S_t, A_t)$ 和 $Q^{\pi_\theta}(S_t, A_t) = \mathbb{E}_{\tau_{t:}\sim\pi_\theta}[R(\tau)|\, S_t, A_t]$。

所以，文献中有常见的形式：

$$\nabla_\theta J(\pi_\theta) = \mathbb{E}_{\tau\sim\pi_\theta}\left[\sum_{t=0}^{\mathrm{T}} \nabla_\theta (\log \pi_\theta(A_t|S_t))Q^{\pi_\theta}(S_t, A_t)\right] \tag{2.140}$$

或

$$\nabla_\theta J(\pi_\theta) = \mathbb{E}_{\tau\sim\pi_\theta}\left[\sum_{t=0}^{\mathrm{T}} \nabla_\theta (\log \pi_\theta(A_t|S_t))A^{\pi_\theta}(S_t, A_t)\right] \tag{2.141}$$

换句话说，它等价于改变优化目标为 $J(\pi_\theta) = \mathbb{E}_{\tau\sim\pi}[Q^{\pi_\theta}(S_t, A_t)]$ 或 $J(\pi_\theta) = \mathbb{E}_{\tau\sim\pi}[A^{\pi_\theta}(S_t, A_t)]$ 来替换原始形式 $\mathbb{E}_{\tau\sim\pi}[R(\tau)]$。对于优化策略来说，实践中常用 $A^{\pi_\theta}(S_t, A_t)$ 来估计 TD-误差（TD Error）。

根据是否使用环境模型，强化学习算法可以被分为无模型（Model-Free）和基于模型的（Model-Based）两类。对于无模型强化学习，单纯基于梯度的优化算法可以追溯至 REINFORCE 算法，或称策略梯度算法。而基于模型的强化学习算法一类，也有一些基于策略的算法，比如使用贯穿时间的反向传播（Backpropagation Through Time，BPTT）来根据一个片段内的奖励去更新策略。

例子：REINFORCE 算法

REINFORCE 是一个使用式 (2.131) 的随机性策略梯度方法的算法，其中 $\Phi_t = Q^\pi(S_t, A_t)$，而在 REINFORCE 中，它通常用轨迹上采样的奖励值 $G_t = \sum_{t'=t}^{\infty} R_{t'}$（或折扣版本 $G_t = \sum_{t'=t}^{\infty} \gamma^{t'-t} R_{t'}$）来估计。更新策略的梯度为

$$g = \mathbb{E}\left[\sum_{t=0}^{\infty}\sum_{t'=t}^{\infty} R_{t'} \nabla_\theta \log \pi_\theta(A_t|S_t)\right] \tag{2.142}$$

(2) 确定性策略梯度

以上介绍的属于随机性策略梯度（Stochastic Policy Gradient, SPG），它用于优化随机性策略 $\pi(a|s)$，即用一个基于当前状态的概率分布来表示动作的情况。与随机性策略相对的是确定性策略，其中 $a = \pi(s)$ 是一个确定性动作而非概率分布。我们可以用类似于 SPG 的方法得到 DPG，且它在数值上（作为一种极限情况）遵循策略梯度定理，尽管有不同的显式表示。

注：在本小节后续部分，我们使用 $\mu(s)$ 代替之前定义的 $\pi(s)$ 来表示确定性策略，从而消除它与随机性策略 $\pi(a|s)$ 间的歧义。

对于 DGP 的更严格和广泛的定义，我们参考由文献 (Silver et al., 2014) 提出的确定性策略梯度定理，即式 (2.151)。在此之前，我们将逐步介绍确定性策略梯度定理并证明它，先用一种在线策略的方式而后用离线策略的方式，同时我们也将详细讨论 DPG 和 SPG 间的关系。

首先，我们定义确定性策略的表现目标，与随机性策略梯度求解过程中的期望折扣奖励采用同样的定义：

$$J(\mu) = \mathbb{E}_{S_t \sim \rho^\mu, A_t=\mu(S_t)} \left[\sum_{t=1}^{\infty} \gamma^{t-1} R(S_t, A_t) \right] \tag{2.143}$$

$$= \int_{\mathcal{S}} \int_{\mathcal{S}} \sum_{t=1}^{\infty} \gamma^{t-1} \rho_0(s) p(s'|s,t,\mu) R(s', \mu(s'))] \mathrm{d}s \mathrm{d}s' \tag{2.144}$$

$$= \int_{\mathcal{S}} \rho^\mu(s) R(s, \mu(s)) \mathrm{d}s \tag{2.145}$$

其中 $p(s'|s,t,\mu) = p(S_{t+1}|S_t, A_t) p^\mu(A_t|S_t)$，第一个概率是转移概率，而第二个是动作选择概率。由于它是确定性策略，我们有 $p^\mu(A_t|S_t) = 1$，因而 $p(s'|s,t,\mu) = p(S_{t+1}|S_t, \mu(S_t))$。此外，上式中的状态分布是 $\rho^\mu(s') := \int_{\mathcal{S}} \sum_{t=1}^{\infty} \gamma^{t-1} \rho_0(s) p(s'|s,t,\mu) \mathrm{d}s$。

由于式子 $V^\mu(s) = \mathbb{E}\left[\sum_{t=1}^{\infty} \gamma^{t-1} R(S_t, A_t) | S_1 = s; \mu\right] = \int_{\mathcal{S}} \sum_{t=1}^{\infty} \gamma^{t-1} p(s'|s,t,\mu) R(s', \mu(s'))] \mathrm{d}s'$ 在除使用确定性策略这一点外遵循与随机性策略梯度中相同的定义，我们可以得出

$$J(\mu) = \int_{\mathcal{S}} \rho_0(s) V^\mu(s) \mathrm{d}s \tag{2.146}$$

$$= \int_{\mathcal{S}} \int_{\mathcal{S}} \sum_{t=1}^{\infty} \gamma^{t-1} \rho_0(s) p(s'|s,t,\mu) R(s', \mu(s'))] \mathrm{d}s \mathrm{d}s' \tag{2.147}$$

这与上面直接用折扣奖励的形式得到的表示式是等价的。这里的关系也对随机性策略梯度适用，只是将确定性策略 $\mu(s)$ 替换成随机性策略 $\pi(a|s)$ 即可。对于确定性策略，我们有 $V^\mu(s) = Q^\mu(s, \mu(s))$，因为状态价值对于随机性策略是关于动作分布的期望，而对于确定性策略没有动作分布而只有单个动作值。因此我们也有对于确定性策略的如下表示：

$$J(\mu) = \int_{\mathcal{S}} \rho_0(s) V^{\mu}(s) \mathrm{d}s \tag{2.148}$$

$$= \int_{\mathcal{S}} \rho_0(s) Q^{\mu}(s, \mu(s)) \mathrm{d}s \tag{2.149}$$

关于表现目标的不同形式和几个条件将被用来证明 DPG 定理。我们在这里列出这些条件如下而不给出详细的推导过程，相关内容请参考文献 (Silver et al., 2014)。

- **C.1 连续导数的存在性：** $p(s'|s,a), \nabla_a p(s'|s,a), \mu_\theta(s), \nabla_\theta \mu_\theta(s), R(s,a), \nabla_a R(s,a), \rho_0(s)$ 对所有参数和变量 s, a, s' 和 x 连续。

- **C.2 有界性条件：** 存在 a, b 和 L 使得 $\sup_s \rho_0(s) < b, \sup_{a,s,s'} p(s'|s,a) < b, \sup_{a,s} R(s,a) < b, \sup_{a,s,s'} \|\nabla_a p(s'|s,a)\| < L, \sup_{a,s} \|\nabla_a R(s,a)\| < L$。

定理 2.3 确定性策略梯度定理： 假设 MDP 满足条件 C.1，即连续的 $\nabla_\theta \mu_\theta(s), \nabla_a Q^{\mu}(s,a)$ 和确定性策略梯度的存在性，那么

$$\nabla_\theta J(\mu_\theta) = \int_{\mathcal{S}} \rho^{\mu}(s) \nabla_\theta \mu_\theta(s) \nabla_a Q^{\mu}(s,a)|_{a=\mu_\theta(s)} \mathrm{d}s \tag{2.150}$$

$$= \mathbb{E}_{s \sim \rho^{\mu}} [\nabla_\theta \mu_\theta(s) \nabla_a Q^{\mu}(s,a)|_{a=\mu_\theta(s)}] \tag{2.151}$$

证明: 确定性策略梯度定理的证明基本遵循与文献 (Sutton et al., 2000) 的标准随机性策略梯度定理一样的步骤。首先，为了方便在后续证明中交换导数和积分，以及积分的顺序，我们需要使用两个引理，它们是微积分里的基本数学公式，如下：

引理 2.3 莱布尼茨积分法则（Leibniz Integral Rule）：$f(x,t)$ 是一个使得 $f(x,t)$ 及其偏导数 $f'_x(x,t)$ 在 (x,t)-平面的部分区域上对 t 和 x 连续的函数，包括 $a(x) \leqslant t \leqslant b(x), x_0 \leqslant x \leqslant x_1$。同时假设函数 $a(x)$ 和 $b(x)$ 都是连续的且在 $x_0 \leqslant x \leqslant x_1$ 上有连续导数。那么，对于 $x_0 \leqslant x \leqslant x_1$，

$$\frac{\mathrm{d}}{\mathrm{d}x} \int_{a(x)}^{b(x)} f(x,t) \mathrm{d}t = f(x, b(x)) \cdot \frac{\mathrm{d}}{\mathrm{d}x} b(x) - f(x, a(x)) \cdot \frac{\mathrm{d}}{\mathrm{d}x} a(x) + \int_{a(x)}^{b(x)} \frac{\partial}{\partial x} f(x,t) \mathrm{d}t \tag{2.152}$$

引理 2.4 富比尼定理（Fubini's Theorem）：假设 $\mathcal{X}$ 和 $\mathcal{Y}$ 是 σ-有限测度空间（σ-Finite Measure Space），并且假设 $\mathcal{X} \times \mathcal{Y}$ 由积测度（Product Measure）给出（由于 $\mathcal{X}$ 和 $\mathcal{Y}$ 是 σ-有限的，这个测度是唯一的）。富比尼定理声明：如果 f 是 $\mathcal{X} \times \mathcal{Y}$ 可积的，那么 f 是一个可测函数（Measurable Function）且有

$$\int_{\mathcal{X} \times \mathcal{Y}} |f(x,y)| \mathrm{d}(x,y) < \infty \tag{2.153}$$

那么

$$\int_{\mathcal{X}}(\int_{\mathcal{Y}} f(x,y)\mathrm{d}y)\mathrm{d}x = \int_{\mathcal{Y}}(\int_{\mathcal{X}} f(x,y)\mathrm{d}x)\mathrm{d}y = \int_{\mathcal{X}\times\mathcal{Y}} f(x,y)\mathrm{d}(x,y) \tag{2.154}$$

为了满足以上两个引理，我们需要 C.1 所提供的充分条件作为莱布尼茨积分法则的要求，即 $V^{\mu_\theta}(s)$ 和 $\nabla_\theta V^{\mu_\theta}(s)$ 是 θ 和 s 的连续函数。我们也遵循状态空间 $\mathcal{S}$ 紧致性（Compactness）的假设，如富比尼定理所要求，即对于任何 θ，$\|\nabla_\theta V^{\mu_\theta}(s)\|$，$\|\nabla_a Q^{\mu_\theta}(s,a)\mid_{a=\mu_\theta(s)}\|$ 和 $\|\nabla_\theta \mu_\theta(s)\|$ 是 s 的有界（Bounded）函数，而这在 C.2 中提供。有了以上条件，我们可以得到以下推导：

$$\begin{aligned}
\nabla_\theta V^{\mu_\theta}(s) &= \nabla_\theta Q^{\mu_\theta}(s,\mu_\theta(s)) \\
&= \nabla_\theta(R(s,\mu_\theta(s)) + \int_{\mathcal{S}} \gamma p(s'|s,\mu_\theta(s))V^{\mu_\theta}(s')\mathrm{d}s') \\
&= \nabla_\theta \mu_\theta(s)\nabla_a R(s,a)|_{a=\mu_\theta(s)} + \nabla_\theta \int_{\mathcal{S}} \gamma p(s'|s,\mu_\theta(s))V^{\mu_\theta}(s')\mathrm{d}s' \\
&= \nabla_\theta \mu_\theta(s)\nabla_a R(s,a)|_{a=\mu_\theta(s)} + \int_{\mathcal{S}} \gamma(p(s'|s,\mu_\theta(s))\nabla_\theta V^{\mu_\theta}(s') \\
&\quad + \nabla_\theta \mu_\theta(s)\nabla_a p(s'|s,a)V^{\mu_\theta}(s'))\mathrm{d}s' \\
&= \nabla_\theta \mu_\theta(s)\nabla_a (R(s,a) + \int_{\mathcal{S}} \gamma p(s'|s,a)V^{\mu_\theta}(s')\mathrm{d}s')|_{a=\mu_\theta(s)}) \\
&\quad + \int_{\mathcal{S}} \gamma p(s'|s,\mu_\theta(s))\nabla_\theta V^{\mu_\theta}(s')\mathrm{d}s' \\
&= \nabla_\theta \mu_\theta(s)\nabla_a Q^{\mu_\theta}(s,a)|_{a=\mu_\theta(s)} + \int_{\mathcal{S}} \gamma p(s'|s,\mu_\theta(s))\nabla_\theta V^{\mu_\theta}(s')\mathrm{d}s'
\end{aligned} \tag{2.155}$$

在上面的推导中，莱布尼茨积分法则被用于交换求导和积分的顺序，这要求满足 $p(s'|s,a)$，$\mu_\theta(s)$，$V^{\mu_\theta}(s)$ 和它们的导数对 θ 的连续性条件。现在我们用 $\nabla_\theta V^{\mu_\theta}(s)$ 对以上公式进行迭代，得到：

$$\begin{aligned}
\nabla_\theta V^{\mu_\theta}(s) &= \nabla_\theta \mu_\theta(s)\nabla_a Q^{\mu_\theta}(s,a)|_{a=\mu_\theta(s)} \\
&\quad + \int_{\mathcal{S}} \gamma p(s'|s,\mu_\theta(s))\nabla_\theta \mu_\theta(s')\nabla_a Q^{\mu_\theta}(s',a)|_{a=\mu_\theta(s')}\mathrm{d}s' \\
&\quad + \int_{\mathcal{S}} \gamma p(s'|s,\mu_\theta(s)) \int_{\mathcal{S}} \gamma p(s''|s',\mu_\theta(s'))\nabla_\theta V^{\mu_\theta}(s'')\mathrm{d}s''\mathrm{d}s' \\
&= \nabla_\theta \mu_\theta(s)\nabla_a Q^{\mu_\theta}(s,a)|_{a=\mu_\theta(s)} \\
&\quad + \int_{\mathcal{S}} \gamma p(s\to s',1,\mu_\theta(s))\nabla_\theta \mu_\theta(s')\nabla_a Q^{\mu_\theta}(s',a)|_{a=\mu_\theta(s')}\mathrm{d}s' \\
&\quad + \int_{\mathcal{S}} \gamma^2 p(s\to s',2,\mu_\theta(s))\nabla_\theta \mu_\theta(s')\nabla_a Q^{\mu_\theta}(s',a)|_{a=\mu_\theta(s')}\mathrm{d}s' \\
&\quad + \cdots
\end{aligned}$$

$$= \int_{\mathcal{S}} \sum_{t=0}^{\infty} \gamma^t p(s \to s', t, \mu_\theta(s)) \nabla_\theta \mu_\theta(s') \nabla_a Q^{\mu_\theta}(s', a)|_{a=\mu_\theta(s')} \mathrm{d}s' \tag{2.156}$$

其中，我们使用富比尼定理来交换积分顺序，而这要求 $\|\nabla_\theta V^{\mu_\theta}(s)\|$ 的有界性条件。上述积分中包含一种特殊情况，对 $s' = s$ 有 $p(s \to s', 0, \mu_\theta(s)) = 1$ 而对其他 s' 为 0。现在我们对修改过的性能目标即期望价值函数进行求导：

$$\begin{aligned}
\nabla_\theta J(\mu_\theta) &= \nabla_\theta \int_{\mathcal{S}} \rho_0(s) V^{\mu_\theta}(s) \mathrm{d}s \\
&= \int_{\mathcal{S}} \rho_0(s) \nabla_\theta V^{\mu_\theta}(s) \mathrm{d}s \\
&= \int_{\mathcal{S}} \int_{\mathcal{S}} \sum_{t=0}^{\infty} \gamma^t \rho_0(s) p(s \to s', t, \mu_\theta(s)) \nabla_\theta \mu_\theta(s') \nabla_a Q^{\mu_\theta}(s', a)|_{a=\mu_\theta(s')} \mathrm{d}s' \mathrm{d}s \\
&= \int_{\mathcal{S}} \rho^{\mu_\theta}(s) \nabla_\theta \mu_\theta(s) \nabla_a Q^{\mu_\theta}(s, a)|_{a=\mu_\theta(s)} \mathrm{d}s
\end{aligned} \tag{2.157}$$

其中我们使用莱布尼茨积分法则来交换求导和积分顺序，需要满足 $\rho_0(s)$ 和 $V^{\mu_\theta}(s)$ 及其导数对 θ 连续的条件，同样由富比尼定理交换积分顺序，需要满足被积函数（Integrand）的有界性条件。证毕。

离线策略确定性策略梯度

除了上面在线策略版本的确定性策略梯度（DPG）推导，我们也可以用离线策略的方式来导出 DPG，使用上面的 DPG 定理和 γ-折扣状态分布 $\rho^\mu(s') := \int_{\mathcal{S}} \sum_{t=1}^{\infty} \gamma^{t-1} p(s) p\left(s'|s, t, \mu\right) \mathrm{d}s$。离线策略确定性策略梯度用行为策略（Behaviour Policy，即使用经验回放池时的先前策略）的样本来估计当前策略，而这个策略可能跟当前策略不同。在离线策略的设定下，由一个独特的行为策略 $\beta(s) \neq \mu_\theta(s)$ 所采集轨迹来对梯度进行估计，相应的状态分布为 $\rho^\beta(s)$，这不依赖于策略参数 θ。在离线策略情况下，性能目标被修改为目标策略的价值函数在行为策略的状态分布上的平均 $J_\beta(\mu_\theta) = \int_{\mathcal{S}} \rho^\beta(s) V^\mu(s) \mathrm{d}s = \int_{\mathcal{S}} \rho^\beta(s) Q^\mu(s, \mu_\theta(s)) \mathrm{d}s$，而原始的目标遵循式 (2.149)，即 $J(\mu_\theta) = \int_{\mathcal{S}} \rho_0(s) V^\mu(s) \mathrm{d}s$。注意，这里是我们在导出离线策略确定性策略梯度中进行的第一个近似，即 $J(\mu_\theta) \approx J_\beta(u_\theta)$，而我们将在后面有另外一个近似。我们可以直接对修改过的目标取微分如下：

$$\begin{aligned}
\nabla_\theta J_\beta(\mu_\theta) &= \int_{\mathcal{S}} \rho^\beta(s) (\nabla_\theta \mu_\theta(s) \nabla_a Q^{\mu_\theta}(s, a) + \nabla_\theta Q^{\mu_\theta}(s, a))|_{a=\mu(s)} \mathrm{d}s \\
&\approx \int_{\mathcal{S}} \rho^\beta(s) \nabla_\theta \mu_\theta(s) \nabla_a Q^{\mu_\theta}(s, a) \mathrm{d}s \\
&= \mathbb{E}_{s \sim \rho^\beta} [\nabla_\theta \mu_\theta(s) \nabla_a Q^{\mu_\theta}(s, a)|_{a=\mu(s)}]
\end{aligned} \tag{2.158}$$

上面式子中的约等于（Approximately Equivalent）符号“$\approx$”表示了在线策略 DPG 和离线策略 DPG

的不同。上式中的依赖关系需要小心处理。因为 $\rho^\beta(s)$ 是独立于 θ 的，关于 θ 的导数可以进入积分中，并且在 $\rho^\beta(s)$ 上没有导数。$Q^{\mu_\theta}(s,\mu_\theta(a))$ 实际上以两种方式依赖于 θ（其表达式中有两个 μ_θ）：（1）它依赖于确定性策略 μ_θ 基于当前状态 s 所决定的动作 a，而（2）对 Q 值的在线策略估计也依赖于策略 μ_θ 来在未来状态下选择的动作，如在 $Q^{\mu_\theta}(s,a)=R(s,a)+\int_{\mathcal{S}}\gamma p(s'|s,a)V^{\mu_\theta}(s')\mathrm{d}s'$ 中所示，所以这个求导需要分别进行。然而，第一个式中的第二项 $\nabla_\theta Q^{\mu_\theta}(s,a)|_{a=\mu(s)}$ 在近似中由于对其估计的困难而被丢掉了，这在离线策略梯度中有类似的相应操作 (Degris et al., 2012)[1,2]。

随机性策略梯度和确定性策略梯度的关系

如式 (2.140) 所示，随机性策略梯度与前文策略梯度定理中公式有相同的形式，而式 (2.151) 中的确定性策略梯度看起来却有不一致的形式。然而，可以证明对于相当广泛的随机策略，DPG 是一个 SPG 的特殊（极限）情况。在这种情况下，DPG 也在一定条件下满足策略梯度定理。为了实现这一点，我们通过一个确定性策略 $\mu_\theta:\mathcal{S}\to\mathcal{A}$ 和一个方差参数 σ 来参数化随机性策略 $\pi_{\mu_\theta,\sigma}$，从而对 $\sigma=0$ 有随机性策略等价于确定性策略，即 $\pi_{\mu_\theta,0}\equiv\mu$。为了定义 SPG 和 DPG 之间的关系，有一个额外的条件需要满足，这是一个定义常规 Delta-近似（Regular Delta-Approximation）的复合条件。

- **C.3 常规 Delta-近似**：由 σ 参数化的函数 v_σ 被称为一个 $\mathcal{R}\subseteq\mathcal{A}$ 上的常规 Delta-近似，如果满足条件:（1）对于 $a'\in\mathcal{R}$ 和适当平滑的 f，v_σ 收敛到一个 Delta 分布 $\lim_{\sigma\downarrow0}\int_{\mathcal{A}}v_\sigma(a',a)f(a)\mathrm{d}a=f(a')$；（2）$v_\sigma(a',\cdot)$ 在紧致而有利普希茨（Lipschitz）边界的 $\mathcal{C}'_a\subseteq\mathcal{A}$ 上得到支撑，而在边界上消失（Vanish）并且在 $\mathcal{C}_{a'}$ 上连续可微；（3）梯度 $\nabla_{a'}v_\sigma(a',a)$ 总是存在；（4）转移不变性：对任何 $a\in\mathcal{A},a'\in\mathcal{R},a+\delta\in\mathcal{A},a'+\delta\in\mathcal{A}$，有 $v(a',a)=v(a'+\delta,a+\delta)$。

定理 2.4 确定性策略梯度作为随机性策略梯度的极限：考虑一个随机性策略 $\pi_{\mu_\theta,\sigma}$ 使得 $\pi_{\mu_\theta,\sigma}(a|s)=v_\sigma(\mu_\theta(s),a)$，其中 σ 是一个控制方差的参数且 $v_\sigma(\mu_\theta(s),a)$ 满足 C.3，又有 MDP 满足 C.1 和 C.2，那么有，

$$\lim_{\sigma\downarrow0}\nabla_\theta J(\pi_{\mu_\theta,\sigma})=\nabla_\theta J(\mu_\theta) \tag{2.159}$$

这表示 DPG 的梯度（等号右边）是标准 SPG（等号左边）的极限情况。

以上关系的证明超出了本书的范畴，我们在这里不做讨论。细节参考原文 (Silver et al., 2014)。

确定性策略梯度应用和变体

一种最著名的 DPG 算法是深度确定性策略梯度（Deep Deterministic Policy Gradient，DDPG），它是 DPG 的一个深度学习变体。DDPG 结合了 DQN 和 Actor-Critic 算法来使用确定性策略梯度并通过一种深度学习的方式更新策略。行动者（Actor）和批判者（Critic）各自有一个目标网络（Target Network）来便于高样本效率（Sample-Efficient）地学习，但是众所周知，这个算法可能

---

[1]关于这个操作的细节和相关论断可以参考原文。

[2]论文 *SILVER D, LEVER G, HEESS N, et al. 2014. Deterministic policy gradient algorithms[C].* 中式（15）在近似操作后的 Q 项上丢掉了 ∇_a，这里我们对其勘误。

使用起来有一定挑战性，由于它在实践中往往很脆弱而对超参数敏感 (Duan et al., 2016)。关于 DDPG 算法的细节和实现在后续章节有详细介绍。

从以上可以看到，策略梯度可以用至少两种方式估计：SPG 和 DPG，依赖于具体策略类型。实际上，它们使用了两种不同的估计器，用变分推断（Variational Inference，VI）的术语来说，SPG 是得分函数（Score Function）估计器，而 DPG 是路径导数（Pathwise Derivative）估计器。

再参数化技巧使得来自价值函数的策略梯度可以用于随机性策略，这被称为**随机价值梯度**（Stochastic Value Gradients，SVG）(Heess et al., 2015)。在 SVG 算法中，一个 λ 值通常用于 SVG(λ)，以表明贝尔曼递归被展开了多少步。举例来说，SVG(0) 和 SVG(1) 表示贝尔曼递归分别被展开 0 和 1 步，而 SVG(∞) 表示贝尔曼递归被沿着有限范围的整个片段轨迹展开。SVG(0) 是一个无模型方法，它的动作价值是用当前策略估计的，因此价值梯度被反向传播到策略中；而 SVG(1) 是一个基于模型的方法，它使用一个学得的转移模型来估计下一个状态的值，如论文 (Heess et al., 2015) 中所述。

一个非常简单但有用的再参数化技巧（Reparameterization Trick）的例子是将一个条件高斯概率密度 $p(y|x) = \mathcal{N}(\mu(x), \sigma^2(x))$ 写作函数 $y(x) = \mu(x) + \sigma(x)\epsilon, \epsilon \sim \mathcal{N}(0, 1)$。因而我们可以按程序生成样本，先采样 ϵ 再以一种确定性的方式得到 y，这使得对随机性策略的采样过程进行梯度追踪。实际上根据同样的过程也可以得到从动作价值函数到策略间的反向传播梯度。为了像 DPG 那样通过价值函数来得到随机性策略的梯度，SVG 使用了这个再参数化技巧，并且对随机噪声取了额外的期望值。柔性 Actor-Critic（Soft Actor-Critic, SAC）和原始 SVG (Heess et al., 2015) 算法都遵循这个程序，从而可以使用随机性策略进行连续控制。

比如，在 SAC 中，随机性策略被一个均值和一个方差，以及一个从正态分布（Normal Distribution）中采样的噪声项再参数化。SAC 中的优化目标有一个额外的熵相关项：

$$\pi^* = \arg\max_{\pi} \mathbb{E}_{\tau\sim\pi}\left[\sum_{t=0}^{\infty} \gamma^t (R(S_t, A_t, S_{t+1}) + \alpha H(\pi(\cdot|S_t)))\right] \tag{2.160}$$

因此，价值函数和 Q 值函数间的关系变为

$$V^\pi(s) = \mathbb{E}_{a\sim\pi}[Q^\pi(s, a)] + \alpha H(\pi(\cdot|s)) \tag{2.161}$$

$$= \mathbb{E}_{a\sim\pi}[Q^\pi(s, a) - \alpha \log \pi(a|s)] \tag{2.162}$$

SAC 中使用的策略是一个 Tanh 归一化高斯分布，这与传统设置不同。SAC 中的动作表示可以使用如下再参数化技巧：

$$a_\theta(s, \epsilon) = \tanh(\mu_\theta(s) + \sigma_\theta(s) \cdot \epsilon), \epsilon \sim \mathcal{N}(0, I) \tag{2.163}$$

由于 SAC 中策略的随机性，策略梯度可以在最大化期望价值函数时使用再参数化技巧得到，即：

$$\max_{\theta} \mathbb{E}_{a\sim\pi_\theta}[Q^{\pi_\theta}(s,a) - \alpha \log \pi_\theta(a|s)] \tag{2.164}$$

$$= \max_{\theta} \mathbb{E}_{\epsilon\sim\mathcal{N}}[Q^{\pi_\theta}(s,a(s,\epsilon)) - \alpha \log \pi_\theta(a(s,\epsilon)|s)] \tag{2.165}$$

因而，梯度可以经过 Q 网络到策略网络，与 DPG 类似，即：

$$\nabla_\theta \frac{1}{|\mathcal{B}|} \sum_{S_t\in\mathcal{B}} (Q^{\pi_\theta}(S_t,a(S_t,\epsilon)) - \alpha \log \pi_\theta(a(S_t,\epsilon)|S_t)) \tag{2.166}$$

其使用一个采样批 $\mathcal{B}$ 来更新策略，而 $a(S_t,\epsilon)$ 通过再参数化技巧来从随机性策略中采样。在这种情况下，再参数化技巧使得随机性策略能够以一种类似于 DPG 的方式来更新，而所得到的 SVG 是介于 DPG 和 SPG 之间的方法。DPG 也可以被看作 SVG(0) 的一种确定性极限（Deterministic Limit）。

无梯度优化

除了基于梯度（Gradient-Based）的优化方法来实现基于策略（Policy-Based）的学习，也有非基于梯度（Non-Gradient-Based）方法，也称无梯度（Gradient-Gree）优化方法，包括交叉熵（Cross-Entropy，CE）方法、协方差矩阵自适应（Covariance Matrix Adaptation，CMA）(Hansen et al., 1996)、爬山法（Hill Climbing），Simplex / Amoeba / Nelder-Mead 算法 (Nelder et al., 1965) 等。

例子：交叉熵方法

除了对策略使用基于梯度的优化，CE 方法作为一种非基于梯度的方法，在强化学习中也常用于快速的策略搜索。在 CE 方法中，策略是迭代更新的，对参数化策略 π_θ 的参数 θ 的优化目标为

$$\theta^* = \arg\max S(\theta) \tag{2.167}$$

其中 $S(\theta)$ 是整体目标函数，对于这里的情况，它可以是折扣期望回报（Discounted Expected Return）。

CE 方法中的策略可以被参数化为一个多变量线性独立高斯分布（Multi-Variate Linear Independent Gaussian Distribution），参数矢量在迭代步 t 时的分布为 $\boldsymbol{\theta}_t \sim N(\boldsymbol{\mu}_t, \boldsymbol{\sigma}_t^2)$。在采了 n 个样本矢量 $\boldsymbol{\theta}_1,\cdots,\boldsymbol{\theta}_n$ 并评估了它们的值 $S(\boldsymbol{\theta}_1),\cdots,S(\boldsymbol{\theta}_n)$ 后，我们对这些值排序并选取最好的 $\lfloor\rho\cdot n\rfloor$ 个样本，其中 $0<\rho<1$ 是选择比率（Selection Ratio）。所选取的样本的指标记为 $I\in\{1,2,\cdots,n\}$，分布的均值可以用以下式子更新：

$$\boldsymbol{\mu}_{t+1} =: \frac{\sum_{i\in I}\boldsymbol{\theta}_i}{|I|} \tag{2.168}$$

而方差的更新为

$$\boldsymbol{\sigma}_{t+1}^{2}:=\frac{\sum_{i\in I}(\boldsymbol{\theta}_i-\mu_{t+1})^{\mathrm{T}}(\boldsymbol{\theta}_i-\boldsymbol{\mu}_{t+1})}{|I|} \tag{2.169}$$

交叉熵方法是一个有效且普遍的优化算法。然而，此前研究表明 CE 对强化学习问题的适用性严重局限于一个现象，即分布会过快集中到一个点上。所以，它在强化学习的应用中虽然速度快，但是也有其他限制，因为它经常收敛到次优策略。一个可以预防较早收敛的标准技术是引入噪声。常用的方法包括在迭代过程中对高斯分布添加一个常数或一个自适应值到标准差上，比如：

$$\boldsymbol{\sigma}_{t+1}^{2}:=\frac{\sum_{i\in I}(\boldsymbol{\theta}_i-\boldsymbol{\mu}_{t+1})^{\mathrm{T}}(\boldsymbol{\theta}_i-\boldsymbol{\mu}_{t+1})}{|I|}+Z_{t+1} \tag{2.170}$$

如在 Szita et al. (2006) 的工作中，有 $Z_t=\max(5-\frac{t}{10},0)$。

2.7.4 结合基于策略和基于价值的方法

根据以上的初版策略梯度（Vanilla Policy Gradient）方法，一些简单的强化学习任务可以被解决。然而，如果我们选择使用蒙特卡罗或 TD(λ) 估计，那么产生的更新经常会有较大的方差。我们可以使用一个如基于价值的优化中的批判者（Critic）来估计动作价值函数。从而，如果我们使用参数化的价值函数近似方法，将会有两套参数：行动者（Actor）参数和批判者参数。这实际上形成了一个非常重要的算法结构，叫作 Actor-Critic （AC），典型的算法包括 Q 值 Actor-Critic、深度确定性策略梯度（DDPG）等。

回想之前小节中介绍的策略梯度理论，性能目标 J 关于策略参数 θ 的导数为

$$\nabla_\theta J(\pi_\theta)=\mathbb{E}_{\tau\sim\pi_\theta}\sum_{t=0}^{\mathrm{T}}\nabla_\theta\log\pi_\theta(A_t|S_t)Q^{\pi}(S_t,A_t) \tag{2.171}$$

其中 $Q^{\pi}(S_t,A_t)$ 是真实动作价值函数，而最简单的估计 $Q^{\pi}(S_t,A_t)$ 的方式是使用采样得到的累计奖励 $G_t=\sum_{t=0}^{\infty}\gamma^{t-1}R(S_t,A_t)$。在 AC 中，我们使用一个批判者来估计动作价值函数：$Q^{w}(S_t,A_t)\approx Q^{\pi}(S_t,A_t)$。因此 AC 中策略的更新规则为

$$\nabla_\theta J(\pi_\theta)=\mathbb{E}_{\tau\sim\pi_\theta}\sum_{t=0}^{\mathrm{T}}\nabla_\theta\log\pi_\theta(A_t|S_t)Q^{w}(S_t,A_t) \tag{2.172}$$

其中 w 为价值函数拟合中批判者的参数。批判者可以用一个恰当的策略评估算法来估计，比如时间差分（Temporal Difference，TD）学习，像式 (2.92) 中对 TD(0) 估计的 $\Delta w=\alpha(Q^{\pi}(S_t,A_t;w)-R_{t+1}+\gamma v_{\pi}(S_{t+1},w))\nabla_w Q^{\pi}(S_t,A_t;w)$。

尽管 AC 结构可以帮助减小策略更新中的方差，它也会引入偏差和潜在的不稳定（Potential Instability）因素，因为它将真实的动作价值函数替换为一个估计的，而这需要**兼容函数近似**（Compatible Function Approximation）条件来保证无偏差估计，如文献 (Sutton et al., 2000) 所提出的。

兼容函数近似

兼容函数近似条件对 SPG 和 DPG 都适用。我们将对它们分别展示。这里的“兼容”指近似动作价值函数 $Q^w(s,a)$ 与相应策略之间是兼容的。

对于 SPG：具体来说，兼容函数近似提出了两个条件来保证使用近似动作价值函数 $Q^\pi(s,a)$ 时的无偏差估计（Unbiased Estimation）：（1）$Q^w(s,a) = \nabla_\theta \log \pi_\theta(a|s)^{\mathrm{T}} w$ 和（2）参数 w 被选择为能够最小化均方误差（Mean-Squared Error，MSE）$\mathrm{MSE}(w) = \mathbb{E}_{s\sim\rho^\pi, a\sim\pi_\theta}[(Q^w(s,a) - Q^\pi(s,a))^2]$ 的。更直观地，条件（1）是说兼容函数拟合器对随机策略的“特征”是线性的，该“特征”为 $\nabla_\theta \log \pi_\theta(a|s)$，而条件（2）要求参数 w 是从这些特征估计 $Q^\pi(s,a)$ 这个线性回归（Linear Regression）问题的解。实际上，条件（2）经常被放宽以支持策略评估算法，这些算法可以用时间差分学习来更高效地估计价值函数。

如果以上两个条件都被满足，那么 AC 整体算法等价于没有使用批判者做近似，如 REINFORCE 算法中那样。这可以通过使得条件（2）中的 MSE 为 0 并计算梯度，然后将条件（1）代入来证明：

$$
\begin{aligned}
\nabla_w \mathrm{MSE}(w) &= \mathbb{E}[2(Q^w(s,a) - Q^\pi(s,a))\nabla_w Q^w(s,a)] \\
&= \mathbb{E}[2(Q^w(s,a) - Q^\pi(s,a))\nabla_\theta \log \pi_\theta(a|s)] \\
&= 0 \\
&\Rightarrow \mathbb{E}[Q^w(s,a)\nabla_\theta \log \pi_\theta(a|s)] = \mathbb{E}[Q^\pi(s,a)\nabla_\theta \log \pi_\theta(a|s)]
\end{aligned}
\tag{2.173}
$$

对于 DPG: 兼容函数近似中的两个条件应按照确定性策略 $\mu_\theta(s)$ 做相应修改：（1）$\nabla_a Q^w(s,a)|_{a=\mu_\theta(s)} = \nabla_\theta \mu_\theta(s)^{\mathrm{T}} w$ 而（2）w 最小化均方误差，$\mathrm{MSE}(\theta,w) = \mathbb{E}[\epsilon(s;\theta,w)^{\mathrm{T}}\epsilon(s;\theta,w)]$，其中 $\epsilon(s;\theta,w) = \nabla_a Q^w(s,a)|_{a=\mu_\theta(s)} - \nabla_a Q^w(s,a)|_{a=\mu_\theta(s)}$。同样可以证明这些条件能够保证无偏差估计，通过将拟合过程所做近似转化成一个无批判者的情况：

$$\nabla_w \mathrm{MSE}(\theta,w) = 0 \tag{2.174}$$

$$\Rightarrow \mathbb{E}[\nabla_\theta \mu_\theta(s)\epsilon(s;\theta,w)] = 0 \tag{2.175}$$

$$\Rightarrow \mathbb{E}[\nabla_\theta \mu_\theta(s)\nabla_a Q^w(s,a)|_{a=\mu_\theta(s)}] = \mathbb{E}[\nabla_\theta \mu_\theta(s)\nabla_a Q^\mu(s,a)|_{a=\mu_\theta(s)}] \tag{2.176}$$

它对在线策略 $\mathbb{E}_{s\sim\rho^\mu}[\cdot]$ 和离线策略 $\mathbb{E}_{s\sim\rho^\beta}[\cdot]$ 的情况都适用。

其他方法

如果我们在式 (2.171) 中用优势函数（Advantage Function）替换动作价值函数 $Q^{\pi}(s,a)$（由于减掉基准值不影响梯度）：

$$A^{\pi_\theta}(s,a) = Q^{\pi_\theta}(s,a) - V^{\pi_\theta}(s) \tag{2.177}$$

那么我们实际可以得到一个更先进的算法叫作优势 Actor-Critic（Advantage Actor-Critic，A2C），它可以使用 TD 误差来估计优势函数。这对前面提出的理论和推导不产生影响，但会改变梯度估计的方差。

近来，人们提出了无行动者（actor-free）方法，比如 QT-Opt 算法 (Kalashnikov et al., 2018) 和 Q2-Opt 算法 (Bodnar et al., 2019)。这些方法也结合了基于策略和基于价值的优化，具体是无梯度的 CE 方法和 DQN。它们使用动作价值拟合（Action Value Approximation）来学习 $Q^{\pi_\theta}(s,a)$，而不是使用采样得到的折扣回报作为高斯分布中采样动作的估计，这被证明对现实中机器人学习更高效和有用，尤其是当有示范数据的时候。

参考文献

ACHIAM J, KNIGHT E, ABBEEL P, 2019. Towards characterizing divergence in deep q-learning[J]. arXiv preprint arXiv:1903.08894.

AUER P, CESA-BIANCHI N, FREUND Y, et al., 1995. Gambling in a rigged casino: The adversarial multi-armed bandit problem[C]//Proceedings of IEEE 36th Annual Foundations of Computer Science. IEEE: 322-331.

BODNAR C, LI A, HAUSMAN K, et al., 2019. Quantile QT-Opt for risk-aware vision-based robotic grasping[J]. arXiv preprint arXiv:1910.02787.

BUBECK S, CESA-BIANCHI N, et al., 2012. Regret analysis of stochastic and nonstochastic multi-armed bandit problems[J]. Foundations and Trends® in Machine Learning, 5(1): 1-122.

DEGRIS T, WHITE M, SUTTON R S, 2012. Linear off-policy actor-critic[C]//In International Conference on Machine Learning. Citeseer.

DUAN Y, CHEN X, HOUTHOOFT R, et al., 2016. Benchmarking deep reinforcement learning for continuous control[C]//International Conference on Machine Learning. 1329-1338.

FU J, SINGH A, GHOSH D, et al., 2018. Variational inverse control with events: A general framework for data-driven reward definition[C]//Advances in Neural Information Processing Systems. 8538-8547.

HANSEN N, OSTERMEIER A, 1996. Adapting arbitrary normal mutation distributions in evolution strategies: The covariance matrix adaptation[C]//Proceedings of IEEE international conference on evolutionary computation. IEEE: 312-317.

HEESS N, WAYNE G, SILVER D, et al., 2015. Learning continuous control policies by stochastic value gradients[C]//Advances in Neural Information Processing Systems. 2944-2952.

KALASHNIKOV D, IRPAN A, PASTOR P, et al., 2018. Qt-opt: Scalable deep reinforcement learning for vision-based robotic manipulation[J]. arXiv preprint arXiv:1806.10293.

KINGMA D P, WELLING M, 2014. Auto-encoding variational bayes[C]//Proceedings of the International Conference on Learning Representations (ICLR).

LESHNO M, LIN V Y, PINKUS A, et al., 1993. Multilayer feedforward networks with a nonpolynomial activation function can approximate any function[J]. Neural networks, 6(6): 861-867.

LEVINE S, 2018. Reinforcement learning and control as probabilistic inference: Tutorial and review[J]. arXiv preprint arXiv:1805.00909.

NELDER J A, MEAD R, 1965. A simplex method for function minimization[J]. The computer journal, 7(4): 308-313.

PETERS J, SCHAAL S, 2008. Natural actor-critic[J]. Neurocomputing, 71(7-9): 1180-1190.

PYEATT L D, HOWE A E, et al., 2001. Decision tree function approximation in reinforcement learning[C]//Proceedings of the third international symposium on adaptive systems: evolutionary computation and probabilistic graphical models: volume 2. Cuba: 70-77.

SCHMIDHUBER J, 2015. Deep learning in neural networks: An overview[J]. Neural networks, 61: 85-117.

SILVER D, LEVER G, HEESS N, et al., 2014. Deterministic policy gradient algorithms[C].

SINGH S, JAAKKOLA T, LITTMAN M L, et al., 2000. Convergence results for single-step on-policy reinforcement-learning algorithms[J]. Machine learning, 38(3): 287-308.

SUTTON R S, MCALLESTER D A, SINGH S P, et al., 2000. Policy gradient methods for reinforcement learning with function approximation[C]//Advances in Neural Information Processing Systems. 1057-1063.

SZEPESVÁRI C, 1998. The asymptotic convergence-rate of q-learning[C]//Advances in Neural Information Processing Systems. 1064-1070.

SZITA I, LÖRINCZ A, 2006. Learning tetris using the noisy cross-entropy method[J]. Neural computation, 18(12): 2936-2941.

TSITSIKLIS J N, ROY B V, 1997. An analysis of temporal-difference learning with function approximation[R]. IEEE Transactions on Automatic Control.

VAN HASSELT H, GUEZ A, SILVER D, 2016. Deep reinforcement learning with double Q-learning[C]// Thirtieth AAAI conference on artificial intelligence.

VAN HASSELT H, DORON Y, STRUB F, et al., 2018. Deep reinforcement learning and the deadly triad[J]. arXiv preprint arXiv:1812.02648.

WATKINS C J, DAYAN P, 1992. Q-learning[J]. Machine learning, 8(3-4): 279-292.

WILLIAMS R J, BAIRD III L C, 1993. Analysis of some incremental variants of policy iteration: First steps toward understanding actor-critic learning systems[R]. Tech. rep. NU-CCS-93-11, Northeastern University, College of Computer Science.

3 强化学习算法分类

本章将介绍强化学习算法的常见分类方式和具体类别。图 3.1 总结了一些经典的强化学习算法，并从多个角度对强化学习算法进行分类，其中包括基于模型（Model-Based）和无模型的（Model-Free）学习方法，基于价值（Value-Based）和基于策略的（Policy-Based）学习方法（或两者相结合的 Actor-Critic 学习方法），蒙特卡罗（Monte Carlo）和时间差分（Temporal-Difference）

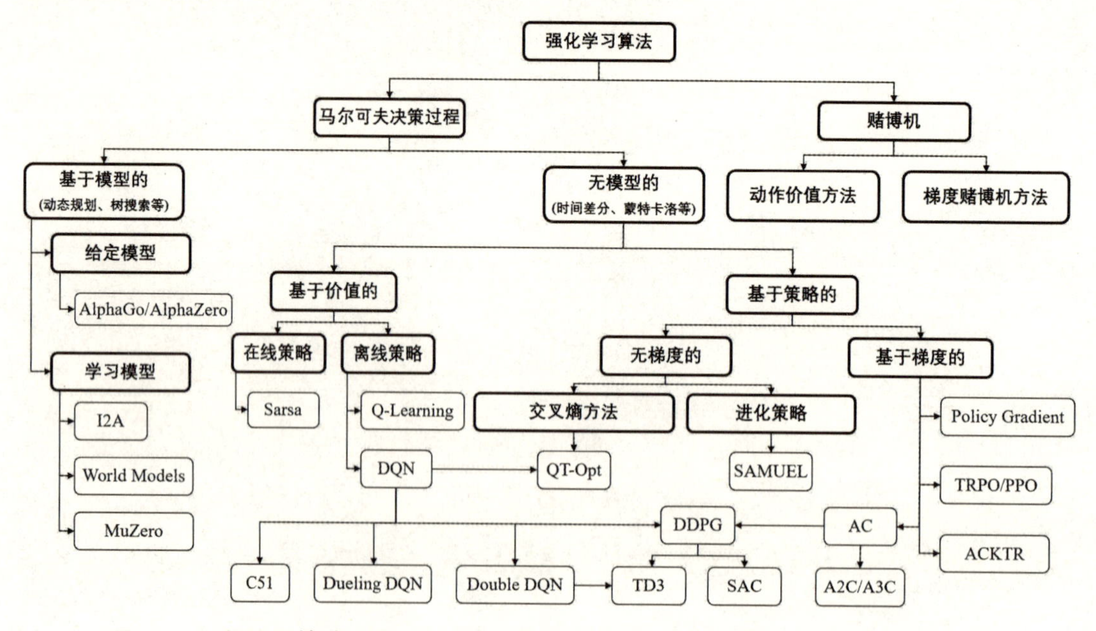

图 3.1 强化学习算法分类图。加粗方框代表不同分类，其他方框代表具体算法

学习方法，在线策略（On-Policy）和离线策略（Off-Policy）学习方法。大多数强化学习算法都可以根据以上类别进行划分，希望在介绍具体的强化学习算法之前，这些分类能帮助读者建立强化学习知识体系框架。其中，第 4、5 和 6 章分别具体介绍了基于价值的方法、基于策略的方法，以及两者的结合。

3.1 基于模型的方法和无模型的方法

我们首先讨论基于模型的方法和无模型的方法，如图 3.2 所示。什么是“模型”？在深度学习中，模型是指具有初始参数（预训练模型）或已习得参数（训练完毕的模型）的特定函数，例如全连接网络、卷积网络等。而在强化学习算法中，“模型”特指环境，即环境的动力学模型。回想一下，在马尔可夫决策过程（MDP）中，有五个关键元素：$\mathcal{S}, \mathcal{A}, P, R, \gamma$。$\mathcal{S}$ 和 $\mathcal{A}$ 表示环境的状态空间和动作空间；P 表示状态转移函数，$p(s'|s,a)$ 给出了智能体在状态 s 下执行动作 a，并转移到状态 s' 的概率；R 代表奖励函数，$r(s,a)$ 给出了智能体在状态 s 执行动作 a 时环境返回的奖励值；γ 表示奖励的折扣因子，用来给不同时刻的奖励赋予权重。如果所有这些环境相关的元素都是已知的，那么模型就是已知的。此时可以在环境模型上进行计算，而无须再与真实环境进行交互，例如第 2 章中介绍的值迭代、策略迭代等规划（Planning）方法。在通常情况下，智能体并不知道环境的奖励函数 R 和状态转移函数 $p(s'|s,a)$，所以需要通过和环境交互，不断试错（Trials and Errors），观察环境相关信息并利用反馈的奖励信号来不断学习。这个不断学习的过程既对基于模型的方法适用，也对无模型的方法适用。

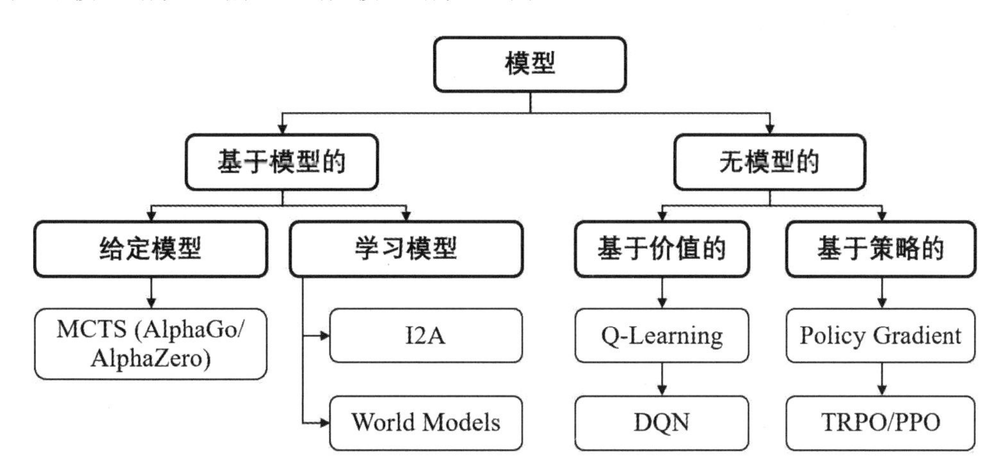

图 3.2 基于模型的方法和无模型的方法

在这个不断试错和学习的过程中，可能有某些环境元素是未知的，如奖励函数 R 和状态转移函数 P。此时，如果智能体尝试通过在环境中不断执行动作获取样本 (s,a,s',r) 来构建对 R 和 P 的估计，则 $p(s'|s,a)$ 和 r 的值可以通过监督学习进行拟合。习得奖励函数 R 和状态转移函数 P

之后，所有的环境元素都已知，则前文所述的规划方法可以直接用来求解该问题。这种方式即称为基于模型的方法。另一种称为无模型的方法则不尝试对环境建模，而是直接寻找最优策略。例如，Q-learning 算法对状态-动作对 (s, a) 的 Q 值进行估计，通常选择最大 Q 值对应的动作执行，并利用环境反馈更新 Q 值函数，随着 Q 值收敛，策略随之逐渐收敛达到最优；策略梯度（Policy Gradient）算法不对值函数进行估计，而是将策略参数化，直接在策略空间中搜索最优策略，最大化累积奖励。这两种算法都不关注环境模型，而是直接搜索能最大化奖励的策略。这种不需要对环境建模的方式称为无模型的方法。可以看到，基于模型和无模型的区别在于，智能体是否利用环境模型（或称为环境的动力学模型），例如状态转移函数和奖励函数。

通过上述介绍可知，基于模型的方法可以分为两类：一类是给定（环境）模型（Given the Model）的方法，另一类是学习（环境）模型（Learn the Model）的方法。对于给定模型的方法，智能体可以直接利用环境模型的奖励函数和状态转移函数。例如，在 AlphaGo 算法 (Silver et al., 2016) 中，围棋规则固定且容易用计算机语言进行描述，因此智能体可以直接利用已知的状态转移函数和奖励函数进行策略的评估和提升。而对于另一类学习模型的方法，由于环境的复杂性或不可知性，我们很难描述整个动力系统的规律。此时智能体无法直接获取模型，可行的替代方式是先通过与环境交互学习环境模型，然后将模型应用到策略评估和提升的过程中。

第二类的典型例子包括 World Models 算法 (Ha et al., 2018)、I2A 算法 (Racanière et al., 2017) 等。例如在 World Models 算法中，智能体首先使用随机策略与环境交互收集数据 (S_t, A_t, S_{t+1})，再使用变分自编码器（Variational Autoencoder，VAE）(Baldi, 2012) 将状态编码为低维潜向量 $\boldsymbol{z}_t$。然后利用数据 (Z_t, A_t, Z_{t+1}) 学习潜向量 $\boldsymbol{z}$ 的预测模型。有了预测模型之后，智能体便可以通过习得的预测模型提升策略能力。

基于模型的方法的主要优点是，通过环境模型可以预测未来的状态和奖励，从而帮助智能体进行更好的规划。一些典型的方法包括朴素规划方法、专家迭代 (Sutton et al., 2018) 方法等。例如，MBMF 算法 (Nagabandi et al., 2018) 采用了朴素规划的算法；AlphaGo 算法 (Silver et al., 2016) 采用了专家迭代的算法。基于模型的方法的缺点在于，存在或构建模型的假设过强。现实问题中环境的动力学模型可能很复杂，甚至无法显式地表示出来，导致模型通常无法获取。另一方面，在实际应用中，学习得到的模型往往是不准确的，这给智能体训练引入了估计误差，基于带误差模型的策略的评估和提升往往会造成策略在真实环境中失效。

相较之下，无模型的方法不需要构建环境模型。智能体直接与环境交互，并基于探索得到的样本提升其策略性能。与基于模型的方法相比，无模型的方法由于不关心环境模型，无须学习环境模型，也就不存在环境拟合不准确的问题，相对更易于实现和训练。然而，无模型的方法也有其自身的问题。最常见的问题是，有时在真实环境中进行探索的代价是极高的，如巨大的时间消耗、不可逆的设备损耗及安全风险，等等。比如在自动驾驶中，我们不能在没有任何防护措施的情况下，让智能体用无模型的方法在现实世界中探索，因为任何交通事故的代价都将是难以承受的。

第 4、5 和 6 章中介绍的算法都是无模型算法，包括深度 Q 网络（Deep Q-Network，DQN）

算法 (Mnih et al., 2015)、策略梯度（Policy Gradient）方法 (Sutton et al., 2000)、深度确定性策略梯度（Deep Deterministic Policy Gradient，DDPG）算法 (Lillicrap et al., 2015) 等。虽然无模型方法仍然是现在的主流方法，但由于其采样效率（Sample Efficiency）低的缺点很难克服，天然具有高采样效率的基于模型的方法发挥着越来越重要的作用（详见第 7 章）。例如，第 15 章中介绍的 AlphaGo (Silver et al., 2016)、AlphaZero (Silver et al., 2017, 2018) 算法，以及最新的 MuZero 算法 (Schrittwieser et al., 2019) 都属于基于模型的方法。

3.2 基于价值的方法和基于策略的方法

回忆第 2 章，深度强化学习中的策略优化主要有两类：基于价值的方法和基于策略的方法。两者的结合产生了 Actor-Critic 类算法和 QT-Opt (Kalashnikov et al., 2018) 等其他算法，它们利用价值函数的估计来帮助更新策略。其分类关系如图 3.3 所示。基于价值的方法通常意味着对动作价值函数 $Q^{\pi}(s,a)$ 的优化。优化后的最优值函数表示为 $Q^{\pi^*}(s,a)=\max_a Q^{\pi}(s,a)$，最优策略通过选取最大值函数对应的动作得到 $\pi^* \approx \arg\max_{\pi} Q^{\pi}$（"$\approx$" 由函数近似误差导致）。

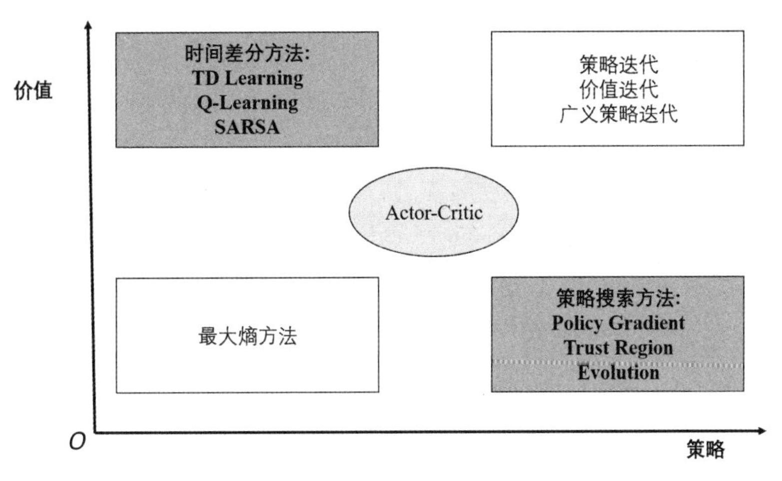

图 3.3 基于价值的方法和基于策略的方法。图片参考文献 (Li, 2017)

基于价值的方法的优点在于采样效率相对较高，值函数估计方差小，不易陷入局部最优；缺点是它通常不能处理连续动作空间问题，且最终的策略通常为确定性策略而不是概率分布的形式。此外，深度 Q 网络等算法中的 ϵ-贪心策略（ϵ-greedy）和 max 算子容易导致过估计的问题。

常见的基于价值的算法包括 Q-learning (Watkins et al., 1992)、深度 Q 网络（Deep Q-Network，DQN）(Mnih et al., 2015) 及其变体：（1）优先经验回放（Prioritized Experience Replay，PER）(Schaul et al., 2015) 基于 TD 误差对数据进行加权采样，以提高学习效率；（2）Dueling DQN (Wang et al., 2016) 改进了网络结构，将动作价值函数 Q 分解为状态值函数 V 和优势函数 A 以提高函数近似能力；（3）Double DQN (Van Hasselt et al., 2016) 使用不同的网络参数对动作进行选择和评估，以

解决过估计的问题；（4）Retrace (Munos et al., 2016) 修正了 Q 值的计算方法，减少了估计的方差；（5）Noisy DQN (Fortunato et al., 2017) 给网络参数添加噪声，增加了智能体的探索能力；（6）Distributed DQN (Bellemare et al., 2017) 将状态-动作值估计细化为对状态-动作值分布的估计。

基于策略的方法直接对策略进行优化，通过对策略迭代更新，实现累积奖励最大化。与基于价值的方法相比，基于策略的方法具有策略参数化简单、收敛速度快的优点，且适用于连续或高维的动作空间。一些常见的基于策略的算法包括策略梯度算法（Policy Gradient，PG）(Sutton et al., 2000)、信赖域策略优化算法（Trust Region Policy Optimization，TRPO）(Schulman et al., 2015)、近端策略优化算法（Proximal Policy Optimization，PPO）(Heess et al., 2017; Schulman et al., 2017) 等，信赖域策略优化算法和近端策略优化算法在策略梯度算法的基础上限制了更新步长，以防止策略崩溃（Collapse），使算法更加稳定。

除了基于价值的方法和基于策略的方法，更流行的是两者的结合，这衍生出了 Actor-Critic 方法。Actor-Critic 方法结合了两种方法的优点，利用基于价值的方法学习 Q 值函数或状态价值函数 V 来提高采样效率（Critic），并利用基于策略的方法学习策略函数（Actor），从而适用于连续或高维的动作空间。Actor-Critic 方法可以看作是基于价值的方法在连续动作空间中的扩展，也可以看作是基于策略的方法在减少样本方差和提升采样效率方面的改进。虽然 Actor-Critic 方法吸收了上述两种方法的优点，但同时也继承了相应的缺点。比如，Critic 存在过估计的问题，Actor 存在探索不足的问题等。一些常见的 Actor-Critic 类的算法包括 Actor-Critic（AC）算法 (Sutton et al., 2018) 和一系列改进：（1）异步优势 Actor-Critic 算法（A3C）(Mnih et al., 2016) 将 Actor-Critic 方法扩展到异步并行学习，打乱数据之间的相关性，提高了样本收集速度和训练效率；（2）深度确定性策略梯度算法（Deep Deterministic Policy Gradient，DDPG）(Lillicrap et al., 2015) 沿用了深度 Q 网络算法的目标网络，同时 Actor 是一个确定性策略；（3）孪生延迟 DDPG 算法（Twin Delayed Deep Deterministic Policy Gradient，TD3）(Fujimoto et al., 2018) 引入了截断的（Clipped）Double Q-Learning 解决过估计问题，同时延迟 Actor 更新频率以优先提高 Critic 拟合准确度；（4）柔性 Actor-Critic 算法（Soft Actor-Critic，SAC）(Haarnoja et al., 2018) 在 Q 值函数估计中引入熵正则化，以提高智能体探索能力。

3.3 蒙特卡罗方法和时间差分方法

蒙特卡罗（Monte Carlo，MC）方法和时间差分（Temporal Difference，TD）方法的区别已经在第 2 章中讨论过，一些算法如图 3.4 所示。这里我们再次总结它们的特点以保证本章的完整性。时间差分方法是动态规划（Dynamic Programming，DP）方法和蒙特卡罗方法的一种中间形式。首先，时间差分方法和动态规划方法都使用自举法（Bootstrapping）进行估计，其次，时间差分方法和蒙特卡罗方法都不需要获取环境模型。这两种方法最大的不同之处在于如何进行参数更新，蒙特卡罗方法必须等到一条轨迹生成（真实值）后才能更新，而时间差分方法在每一步动作执行都可以通过自举法（估计值）及时更新。这种差异将使时间差分方法方法具有更大的偏差，而使蒙特卡罗方法方法具有更大的方差。

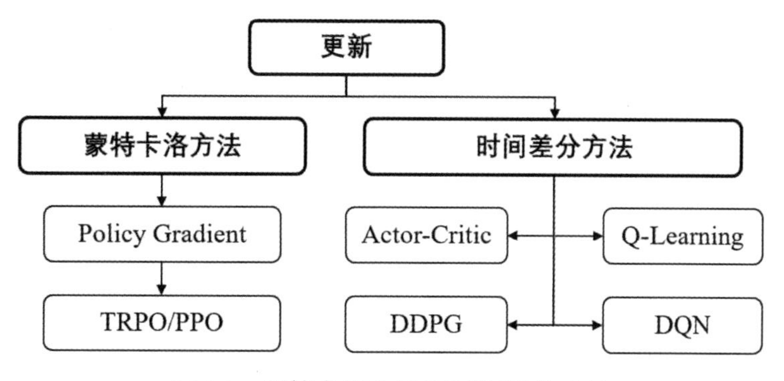

图 3.4 蒙特卡罗方法和时间差分方法

3.4 在线策略方法和离线策略方法

在线策略（On-Policy）方法和离线策略（Off-Policy）方法依据策略学习的方式对强化学习算法进行划分（图 3.5）。在线策略方法试图评估并提升和环境交互生成数据的策略，而离线策略方法评估和提升的策略与生成数据的策略是不同的。这表明在线策略方法要求智能体与环境交互的策略和要提升的策略必须是相同的。而离线策略方法不需要遵循这个约束，它可以利用其他智能体与环境交互得到的数据来提升自己的策略。常见的在线策略方法是 Sarsa，它根据当前策略选择一个动作并执行，然后使用环境反馈的数据更新当前策略。因此，Sarsa 与环境交互的策略和更新的策略是同一个策略。它的 Q 函数更新公式如下：

$$Q(S_t, A_t) \leftarrow Q(S_t, A_t) + \alpha[R_t + \gamma Q(S_{t+1}, A_{t+1}) - Q(S_t, A_t)]. \tag{3.1}$$

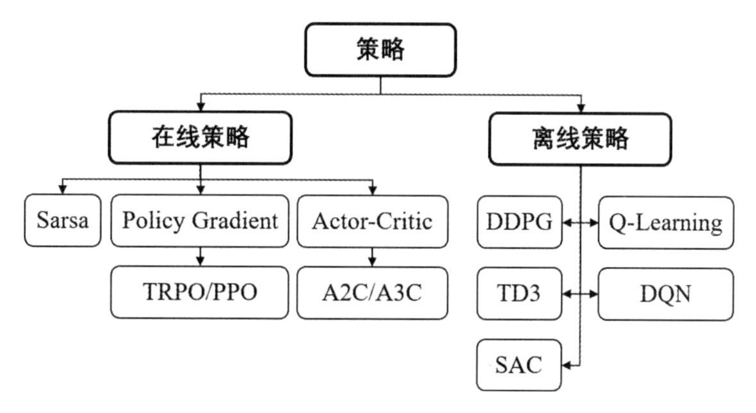

图 3.5 在线策略方法和离线策略方法

Q-learning 是一种典型的离线策略方法。它在选择动作时采用 max 操作和 ϵ-贪心策略，使得与环境交互的策略和更新的策略不是同一个策略。它的 Q 函数更新公式如下：

$$Q(S_t, A_t) \leftarrow Q(S_t, A_t) + \alpha[R_t + \gamma \max_a Q(S_{t+1}, A_{t+1}) - Q(S_t, A_t)]. \tag{3.2}$$

参考文献

BALDI P, 2012. Autoencoders, Unsupervised Learning, and Deep Architectures[C]//Proceedings oast the International Conference on Machine Learning (ICML). 37-50.

BELLEMARE M G, DABNEY W, MUNOS R, 2017. A distributional perspective on reinforcement learning[C]//Proceedings of the 34th International Conference on Machine Learning-Volume 70. JMLR. org: 449-458.

FORTUNATO M, AZAR M G, PIOT B, et al., 2017. Noisy networks for exploration[J]. arXiv preprint arXiv:1706.10295.

FUJIMOTO S, VAN HOOF H, MEGER D, 2018. Addressing function approximation error in actor-critic methods[J]. arXiv preprint arXiv:1802.09477.

HA D, SCHMIDHUBER J, 2018. Recurrent world models facilitate policy evolution[C]//Advances in Neural Information Processing Systems. 2450-2462.

HAARNOJA T, ZHOU A, ABBEEL P, et al., 2018. Soft actor-critic: Off-policy maximum entropy deep reinforcement learning with a stochastic actor[J]. arXiv preprint arXiv:1801.01290.

HEESS N, SRIRAM S, LEMMON J, et al., 2017. Emergence of locomotion behaviours in rich environments[J]. arXiv:1707.02286.

KALASHNIKOV D, IRPAN A, PASTOR P, et al., 2018. Qt-opt: Scalable deep reinforcement learning for vision-based robotic manipulation[J]. arXiv preprint arXiv:1806.10293.

LI Y, 2017. Deep reinforcement learning: An overview[J]. arXiv preprint arXiv:1701.07274.

LILLICRAP T P, HUNT J J, PRITZEL A, et al., 2015. Continuous control with deep reinforcement learning[J]. arXiv preprint arXiv:1509.02971.

MNIH V, KAVUKCUOGLU K, SILVER D, et al., 2015. Human-level control through deep reinforcement learning[J]. Nature.

MNIH V, BADIA A P, MIRZA M, et al., 2016. Asynchronous methods for deep reinforcement learning[C]//International Conference on Machine Learning (ICML). 1928-1937.

MUNOS R, STEPLETON T, HARUTYUNYAN A, et al., 2016. Safe and efficient off-policy reinforcement learning[C]//Advances in Neural Information Processing Systems. 1054-1062.

NAGABANDI A, KAHN G, FEARING R S, et al., 2018. Neural network dynamics for model-based deep reinforcement learning with model-free fine-tuning[C]//2018 IEEE International Conference on Robotics and Automation (ICRA). IEEE: 7559-7566.

RACANIÈRE S, WEBER T, REICHERT D, et al., 2017. Imagination-augmented agents for deep reinforcement learning[C]//Advances in Neural Information Processing Systems. 5690-5701.

SCHAUL T, QUAN J, ANTONOGLOU I, et al., 2015. Prioritized experience replay[C]//arXiv preprint arXiv:1511.05952.

SCHRITTWIESER J, ANTONOGLOU I, HUBERT T, et al., 2019. Mastering atari, go, chess and shogi by planning with a learned model[Z].

SCHULMAN J, LEVINE S, ABBEEL P, et al., 2015. Trust region policy optimization[C]//International Conference on Machine Learning (ICML). 1889-1897.

SCHULMAN J, WOLSKI F, DHARIWAL P, et al., 2017. Proximal policy optimization algorithms[J]. arXiv:1707.06347.

SILVER D, HUANG A, MADDISON C J, et al., 2016. Mastering the game of go with deep neural networks and tree search[J]. Nature.

SILVER D, HUBERT T, SCHRITTWIESER J, et al., 2017. Mastering chess and shogi by self-play with a general reinforcement learning algorithm[J]. arXiv preprint arXiv:1712.01815.

SILVER D, HUBERT T, SCHRITTWIESER J, et al., 2018. A general reinforcement learning algorithm that masters chess, shogi, and Go through self-play[J]. Science, 362(6419): 1140-1144.

SUTTON R S, BARTO A G, 2018. Reinforcement learning: An introduction[M]. MIT press.

SUTTON R S, MCALLESTER D A, SINGH S P, et al., 2000. Policy gradient methods for reinforcement learning with function approximation[C]//Advances in Neural Information Processing Systems. 1057-1063.

VAN HASSELT H, GUEZ A, SILVER D, 2016. Deep reinforcement learning with double Q-learning[C]//Thirtieth AAAI conference on artificial intelligence.

WANG Z, SCHAUL T, HESSEL M, et al., 2016. Dueling network architectures for deep reinforcement learning[C]//International Conference on Machine Learning. 1995-2003.

WATKINS C J, DAYAN P, 1992. Q-learning[J]. Machine learning, 8(3-4): 279-292.

4 深度 Q 网络

本章将介绍的 DQN 算法全称为深度 Q 网络算法，是深度强化学习算法中最重要的算法之一。我们将从基于时间差分学习的 Q-Learning 算法入手，介绍 DQN 算法及其变体。在本章的最后，我们提供了代码示例，并对 DQN 及其变体进行实验比较。

强化学习最重要的突破之一是 Q-Learning 算法。它是一种离线策略（Off-Policy）的时间差分（Temporal Difference）算法，此前在第 2 章中有介绍。在使用表格（Tabular）的情况下或使用线性函数逼近 Q 函数时，Q-Learning 已被证明可以收敛于最优解。然而，当使用非线性函数逼近器（如神经网络）来表示 Q 函数时，Q-Learning 并不稳定，甚至是发散的 (Tsitsiklis et al., 1996)。随着深度神经网络技术的不断发展，**深度 Q 网络**（Deep Q-Networks，DQN）算法 (Mnih et al., 2015) 解决了这一问题，并点燃了深度强化学习的研究。在本章中，我们将先回顾 Q-Learning 的背景。之后介绍 DQN 算法及其变体，并给出详细的理论和解释。最后，在 4.8 节，我们将通过代码展示算法在雅达利游戏上的实现细节与实战表现，为读者提供快速上手的实战学习过程。每种算法的完整代码可以在随书提供的代码仓库中找到[1]。

无模型（Model-Free）方法为解决基于 MDP 的决策问题提供了一种通用的方法。其中“模型”是指显式地对 MDP 相关的转移概率分布和回报函数建模，而时间差分（Temporal Difference，TD）学习就是一类无模型方法。在 2.4 节中，我们讨论过，当拥有一个完美的 MDP 模型时，通过递归子问题的最优解，就可以得到动态规划的最优方案。TD 学习也遵循了这样一种思想，即使对子问题的估计并非一直是最优的，我们也可以通过自举（Bootstrapping）来估计子问题的值。

[1]代码链接见读者服务

子问题通过 MDP 中的状态表示。在策略 π 下，状态为 s 时的 value 值（V 值）$v_\pi(s)$ 被定义为从状态 s 开始，以策略 π 进行动作的预期回报：

$$v_\pi(s) = \mathbb{E}_\pi[R_t + \gamma v_\pi(S_{t+1})|S_t = s], \tag{4.1}$$

此处的 $\gamma \in [0,1]$ 是衰减率。TD 学习用自举法分解上述估计。给定价值函数 $V : \mathcal{S} \to \mathbb{R}$，TD(0) 是一个最简单的版本，它只应用一步自举，如下所示：

$$V(S_t) \leftarrow V(S_t) + \alpha[R_t + \gamma V(S_{t+1}) - V(S_t)] \tag{4.2}$$

此处的 $R_t + \gamma V(S_{t+1})$ 和 $R_t + \gamma V(S_{t+1}) - V(S_t)$ 分别被称为 TD 目标和 TD 误差。

策略的评估值提供了一种对策略的动作质量（Quality）进行评估的方法。为了进一步了解如何选择某一特定状态下的动作，我们将通过 Q 值来评估状态-动作组合的效果。Q 值可以这样被估计：

$$q_\pi(s,a) = \mathbb{E}_\pi[R_{t+1} + \gamma v_\pi(S_{t+1})|S_t = s, A_t = a] \tag{4.3}$$

有了 Q 值对策略进行评估之后，我们只需要找到一种能提升 Q 值的方法就能提升策略的效果。最简单的提升效果的方法就是通过贪心的方法执行动作：$\pi'(s) = \arg\max_{a'} q^\pi(s,a')$。由 $q_{\pi'}(s,a) = \max_{a'} q_\pi(s,a') \geqslant q_\pi(s,a)$ 我们可以知道，贪心的策略一定不会得到一个更差的解法。考虑到探索的必要性，我们可以用一种替代方案来提升策略的效果。在该方案中，多数情况下我们仍然选择贪心动作，但是同时会以一个小概率 ϵ，从所有动作中以相同概率随机选择一个动作。该方法被称为 ϵ-贪心。我们可以这样计算 ϵ-贪心策略中 π' 的 Q 值：

$$q_\pi(s,\pi'(s)) = (1-\epsilon)\max_{a\in\mathcal{A}} q_\pi(s,a) + \frac{\epsilon}{|\mathcal{A}|}\sum_{a\in\mathcal{A}} q_\pi(s,a). \tag{4.4}$$

值得注意的是，$\frac{\pi(s,a)-\epsilon/|\mathcal{A}|}{1-\epsilon}$ 在 $a \in \mathcal{A}$ 上的和为 1。由于最大值不小于加权平均值，所以可以得到：

$$\begin{aligned} q_\pi(s,\pi'(s)) &= (1-\epsilon)\max_{a\in\mathcal{A}} q_\pi(s,a)\sum_{a\in\mathcal{A}}\frac{\pi(s,a)-\epsilon/|\mathcal{A}|}{1-\epsilon} + \frac{\epsilon}{|\mathcal{A}|}\sum_{a\in\mathcal{A}} q_\pi(s,a) \\ &\geqslant (1-\epsilon)\sum_{a\in\mathcal{A}}\frac{\pi(s,a)-\epsilon/|\mathcal{A}|}{1-\epsilon} q_\pi(s,a) + \frac{\epsilon}{|\mathcal{A}|}\sum_{a\in\mathcal{A}} q_\pi(s,a) = q_\pi(s,\pi(s)), \end{aligned} \tag{4.5}$$

由此得知，通过 ϵ-贪心策略 π' 进行动作产生的 Q 值并不会小于原始的策略 π。也就是说，ϵ-贪心方法能确保策略的优化。接下来，我们将在下一节中讨论如何使用 Q 函数进行策略优化。

4.1 Sarsa 和 Q-Learning

更新 Q 函数的方式也和 TD(0) 中更新 V 函数的方式相似，直接在每次发生非终结（Non-Terminal）状态下的状态转移之后，用此时的状态 S_t 对 Q 函数进行更新即可。

$$Q(S_t, A_t) \leftarrow Q(S_t, A_t) + \alpha[R_t + \gamma Q(S_{t+1}, A_{t+1}) - Q(S_t, A_t)] \tag{4.6}$$

此处的 A_t 和 A_{t+1} 动作都是通过基于 Q 值的 ϵ-贪心方法来选择的。如果 S_{t+1} 是一个终结状态（Terminal State），则 $Q(S_{t+1}, A_{t+1})$ 将被设置为 0。我们能不断地估计行为策略 π 产生的 Q，同时让 π 趋近于基于 Q 的贪心策略。此算法就是 Sarsa 算法。值得注意的是，策略 π 在 Sarsa 中有两个职责：产生经验和提升策略。通常来说，用来产生行为的策略被称为行为策略，而用来评估和提升的策略被称为目标策略。当算法中的行为策略和目标策略是同一个策略时（例如 Sarsa），该算法就是一种在线策略（On-Policy）方法。

在线策略方法本质上是一种试错的过程，当前策略产生的经验仅会被直接用于进行策略提升。离线策略方法考虑一种反思的策略，使得反复使用过去的经验成为了可能。Q-Learning 就是一种离线策略方法。其最简单的形式，即单步（One-Step）Q-Learning 遵循如下更新规则：

$$Q(S_t, A_t) \leftarrow Q(S_t, A_t) + \alpha[R_t + \gamma \max_{A_{t+1}} Q(S_{t+1}, A_{t+1}) - Q(S_t, A_t)] \tag{4.7}$$

此处的 A_t 是通过基于 Q 的 ϵ-贪心方法采样得到的。注意 A_{t+1} 是通过贪心方式选择的，此处与 Sarsa 不同。也就是说，Q-Learning 中的行为策略也是 ϵ-贪心，但是目标策略是贪心（Greedy）策略。单步 Q-Learning 只考虑当前的状态转移，而我们可以选择多步（Multi-Steps）Q-Learning 方法，在近似情况下，通过使用多步奖励（Multi-Steps Rewards）来获得更加精准的 Q 值。要注意，多步 Q-Learning 中需要考虑后续奖励的不匹配问题，以保持 Q 函数对目标策略预期回报（参考公式 (4.3)）的近似。我们将在第 4.7 节中继续对多步 Q-Learning 展开讨论。

4.2 为什么使用深度学习：价值函数逼近

在使用表格方式表示 Q 函数的时候，Q 函数可以表示为一个大型二维表格。也就是说，每个离散的状态和动作都有一个单独的条目。然而该方法在处理具有大规模数据空间（如原始像素输入）的任务时将十分低效，更不用说具有连续数据的控制任务了。幸运的是，通过使用函数逼近从不同输入进行泛化的技术已经得到了广泛的研究，我们可以将其应用于基于价值（Value-based）的强化学习。

接下来，我们考虑 Q-Learning 中使用参数 θ 进行函数拟合。函数拟合器可以是线性模型、决

策树或者神经网络。之后，我们通过 (4.7) 式子进行更新，它可以被重写为

$$\theta_t \leftarrow \arg\min_{\theta} \mathcal{L}(Q(S_t, A_t; \theta), R_t + \gamma Q(S_{t+1}, A_{t+1}; \theta)) \tag{4.8}$$

此处的 $\mathcal{L}$ 代表损失函数，如均方误差（Mean Squared Error）。对于上述的优化问题，可以通过批量采样构造出拟合 Q 迭代（Fitted Q Iteration）(Riedmiller, 2005)，其过程如算法 4.15 所示，其中 S_i' 是 S_i 的后继状态。该算法的一个在线随机的变种就是如算法 4.16 所示的在线 Q 迭代（Online Q Iteration）算法。

算法 4.15 拟合 Q 迭代

for 迭代数 $i = 1, T$ **do**
　收集 D 份采样 $\{(S_i, A_i, R_i, S_i')\}_{i=1}^{D}$
　for t $= 1, K$ **do**
　　设置 $Y_i \leftarrow R_i + \gamma \max_a Q(S_i', a; \theta)$
　　设置 $\theta \leftarrow \arg\min_{\theta'} \frac{1}{2} \sum_{i=1}^{D} (Q(S_i, A_i; \theta') - Y_i)^2$
　end for
end for

算法 4.16 在线 Q 迭代

for 迭代数 $= 1, T$ **do**
　选择动作 a 与环境交互，并得到观察数据 (s, a, r, s')
　设置 $y \leftarrow r + \gamma \max_{a'} Q(s', a'; \theta)$
　设置 $\theta \leftarrow \theta - \alpha(Q(s, a; \theta) - y)\frac{\mathrm{d}Q(s,a;\theta)}{\mathrm{d}\theta}$
end for

值得注意的是，拟合 Q 迭代和在线 Q 迭代都是离线策略算法，因此，它们可以多次重用过去的经验。我们将在下一节对此进行深入讨论。

在 2.4.2 节中，我们通过贝尔曼最优回溯算子 $\mathcal{T}^*$ 介绍了值迭代的收敛性。我们定义一个新的运算符 $\mathcal{B}$，其函数近似为 $\mathcal{B}V = \arg\min_{V' \in \Omega} \mathcal{L}(V', V)$，其中 Ω 是所有可近似的值函数的集合。值得注意的是，$\mathcal{B}$ 中的 arg min 可以看作是 $\mathcal{T}^*V$ 到 Ω 的映射。所以函数近似的回溯算子可以表示为 $\mathcal{B}\mathcal{T}^*$。而 $\mathcal{T}^*$ 在无穷范式（∞-norm）下收敛，$\mathcal{B}$ 则是在 L2 范式下的 MSE 损失下收敛。然而 $\mathcal{B}\mathcal{T}^*$ 不以任何形式收敛。因此，当用神经网络等非线性函数逼近器来表示数值函数时，数值迭代是不稳定的，甚至可能发散 (Tsitsiklis et al., 1997)。我们将在下一节讨论深度神经网络训练的稳定性。

4.3 DQN

在上一节中，我们介绍了近似学习状态-动作值函数的方法及其收敛不稳定性。为了在使用原始像素输入的复杂问题中实现端到端决策，DQN 通过两个关键技术结合 Q-Learning 和深度学习来解决不稳定性问题，并在雅达利游戏上取得了显著进展。

第一个关键技术被称为**回放缓存**（Replay Buffer）。这是一种被称为经验重演的生物学启发机制 (Lin, 1993; McClelland et al., 1995; O'Neill et al., 2010)。在每个时间步 t 中，DQN 先将智能体获得的经验 (S_t, A_t, R_t, S_{t+1}) 存入回放缓存中，然后从该缓存中均匀采样小批量样本用于 Q-Learning 更新。回放缓存相较于拟合 Q 迭代有几个优势。首先，它可以重用每个时间步的经验来学习 Q 函数，这样可以提高数据使用效率。其次，如果像拟合 Q 迭代那样没有回放缓存，那么一个批次中的样本将会是连续采集的，即样本高度相关。这样会增加更新的方差。最后，经验回放防止用于训练的样本只来自上一个策略，这样能平滑学习过程并减少参数的震荡或发散。在实践中，为了节省内存，我们往往只将最后 N 个经验存入回放缓存（FIFO 缓存）。

第二个关键技术是**目标网络**。它作为一个独立的网络，用来代替所需的 Q 网络来生成 Q-Learning 的目标，进一步提高神经网络的稳定性。此外，目标网络每 C 步将通过直接复制（硬更新）或者指数衰减平均（软更新）的方式与主 Q 网络同步。目标网络通过使用旧参数生成 Q-Learning 目标，使目标值的产生不受最新参数的影响，从而大大减少发散和震荡的情况。例如，在动作 (S_t, A_t) 上的更新使得 Q 值增加，此时 S_t 和 S_{t+1} 的相似性可能会导致所有动作 a 的 $Q(S_{t+1}, a)$ 值增加，从而使得由 Q 网络产生的训练目标值被过估计。但是如果使用目标网络产生训练目标，就能避免过估计的问题。

这两项关键技术在 5 个雅达利游戏的效果提升效果如表 4.1 所示。智能体进行了 1e7 次配备超参数搜索功能的训练。每 250000 次训练，会对各个智能体进行 135000 帧评估，并且记录最高的片段平均分。

表 4.1　分别使用回放缓存和目标 Q 网络的效果。数据来自文献 (Mnih et al., 2015).

游戏名称	使用回放缓存和目标 Q 网络	使用回放缓存，且不使用目标 Q 网络	不使用回放缓存，使用目标 Q 网络	不使用回放缓存和目标 Q 网络
Breakout	316.8	240.7	10.2	3.2
Enduro	1006.3	831.4	141.9	29.1
River Raid	7446.6	4102.8	2867.7	1453.0
Seaquest	2894.4	822.6	1003.0	275.8
Space Invaders	1088.9	826.3	373.2	302.0

由于将任意长度的历史数据作为神经网络的输入较为复杂，DQN 转而处理由函数 ϕ 生成的

固定长度表示的历史数据。准确来说，ϕ 集合了当前帧和前三帧的数据，这对于跟踪时间相关信息（如对象的移动）非常有用。完整的算法展示在算法 4.17 中。其中原始帧被调整为 84×84 的灰度图像。函数 ϕ 堆叠了最近 4 帧的数据作为神经网络的输入。此外，神经网络的结构由三个卷积层和两个完全连接的层组成，每个有效动作只有一个输出。我们将在 4.8 节讨论更多的训练细节。

算法 4.17 DQN

超参数: 回放缓存容量 N，奖励折扣因子 γ，用于目标状态-动作值函数更新的延迟步长 C，ϵ-greedy 中的 ϵ。
输入: 空回放缓存 $\mathcal{D}$，初始化状态-动作值函数 Q 的参数 θ。
使用参数 $\hat{\theta} \leftarrow \theta$ 初始化目标状态-动作值函数 $\hat{Q}$。
for 片段 $= 0, 1, 2, \cdots$ **do**
　初始化环境并获取观测数据 O_0。
　初始化序列 $S_0 = \{O_0\}$ 并对序列进行预处理 $\phi_0 = \phi(S_0)$。
　for t $= 0, 1, 2, \cdots$ **do**
　　通过概率 ϵ 选择一个随机动作 A_t，否则选择动作 $A_t = \arg\max_a Q(\phi(S_t), a; \theta)$。
　　执行动作 A_t 并获得观测数据 O_{t+1} 和奖励数据 R_t。
　　如果本局结束，则设置 $D_t = 1$，否则 $D_t = 0$。
　　设置 $S_{t+1} = \{S_t, A_t, O_{t+1}\}$ 并进行预处理 $\phi_{t+1} = \phi(S_{t+1})$。
　　存储状态转移数据 $(\phi_t, A_t, R_t, D_t, \phi_{t+1})$ 到 $\mathcal{D}$ 中。
　　从 $\mathcal{D}$ 中随机采样小批量状态转移数据 $(\phi_i, A_i, R_i, D_i, \phi'_i)$。
　　若 $D_i = 0$，则设置 $Y_i = R_i + \gamma \max_{a'} \hat{Q}(\phi'_i, a'; \hat{\theta})$，否则，设置 $Y_i = R_i$。
　　在 $(Y_i - Q(\phi_i, A_i; \theta))^2$ 上对 θ 执行梯度下降步骤。
　　每 C 步对目标网络 $\hat{Q}$ 进行同步。
　　如果片段结束，则跳出循环。
　end for
end for

4.4 Double DQN

Double DQN 是对 DQN 在减少过拟合方面的改进 (Van Hasselt et al., 2016)。在进一步讨论算法之前，我们先在经典的 DQN 算法上说明一下过拟合问题。我们注意到 Q-Learning 目标 $R_t + \gamma \max_a Q(S_{t+1}, a)$ 包含一个最大化算子 max 的操作。而 Q 又由于环境、非稳态、函数近似或者其他原因，可能带有噪声。需注意的是，最大噪声的期望值并不会小于噪声的最大期望，即 $\mathbb{E}[\max(\epsilon_1, \cdots, \epsilon_n)] \geqslant (\max(\mathbb{E}[\epsilon_1], \cdots, \mathbb{E}[\epsilon_n]))$。因此，下一个 Q 值往往被过估计了。文献 (Thrun et al., 1993) 对此提供了进一步的理论分析和实验结果。

通过增加对网络参数 θ 的关注，标准 DQN 的学习目标可以被重写为如下式子：

$$R_t + \gamma \hat{Q}(S_{t+1}, \arg\max_a \hat{Q}(S_{t+1}, a; \hat{\theta}); \hat{\theta}), \tag{4.9}$$

在式子中可以注意到一个问题：$\hat{\theta}$ 既用于估计 Q 值，又用于对估计过程中的下一个动作 a 进行选择。而 Double DQN 的核心思想是在这两个阶段使用两个不同的网络，以去除选择和评价中噪声的相关性。因此，需要一个额外的网络完成这项工作，而 DQN 结构中的 Q 网络则是一个很自然能想到的选择。（回顾一下 DQN 结构中有 Q 网络和目标网络这两个网络，并通过目标网络进行评估来进一步提高稳定性。）因此，Double DQN 中使用的 Q 学习目标是

$$R_t + \gamma \hat{Q}(S_{t+1}, \arg\max_a Q(S_{t+1}, a; \theta); \hat{\theta}). \tag{4.10}$$

在 Wang 等人 (Wang et al., 2016) 的工作之上，我们通过如下公式计算智能体分数相对人类和基准智能体分数的提升百分比（有正有负）：

$$\frac{\text{Score}_{\text{Agent}} - \text{Score}_{\text{Baseline}}}{\max(\text{Score}_{\text{Baseline}}, \text{Score}_{\text{Human}}) - \text{Score}_{\text{Random}}} \tag{4.11}$$

Double DQN 相比于 DQN 的效果提升情况如图 4.1 所示。

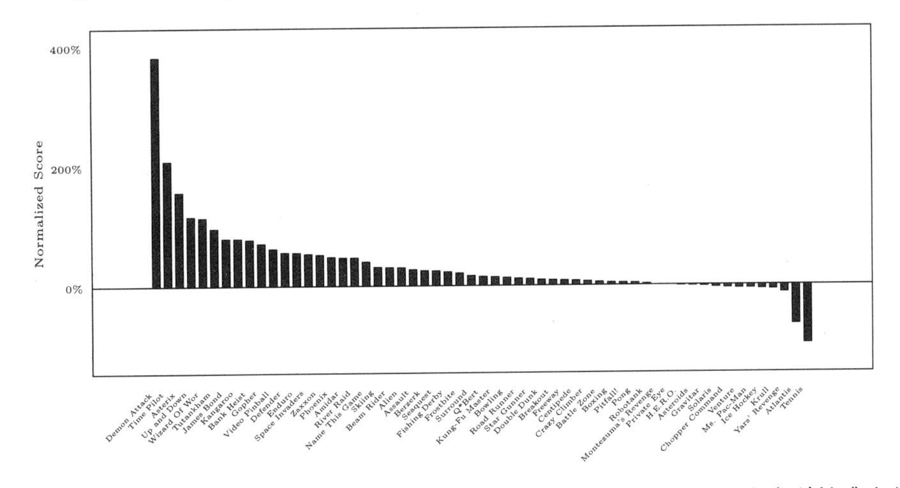

图 4.1　Double DQN (Van Hasselt et al., 2016) 相比于 DQN (Mnih et al., 2015) 在雅达利基准上的效果提升情况。计算标准参考公式 (4.11)。所有数据来自文献 (Wang et al., 2016)

4.5 Dueling DQN

对于某些状态来说，不同的动作与预期值无关，因此我们不需要学习各个动作对该状态的影响。例如，假想我们在山上看日出，美丽的景色令人陶醉，这是一个很高的奖励。此时，你即使在这里继续做不同的动作也不会对 Q 值产生影响。因此，将动作无关的状态值与 Q 值进行解耦，可以获得更加鲁棒的学习效果。

Dueling DQN 提出了一种新的网络结构来实现这一思想 (Wang et al., 2016)。更准确地说，Q 值可以被分为状态值和动作优势这两部分：

$$Q^{\pi}(s,a)=V^{\pi}(s)+A^{\pi}(s,a) \tag{4.12}$$

然后，Dueling DQN 通过如下方法将这两部分的表示分开：

$$Q(s,a;\theta,\theta_v,\theta_a)=V(s;\theta,\theta_v)+(A(s,a;\theta,\theta_a)-\max_{a'}A(s,a';\theta,\theta_a)) \tag{4.13}$$

其中 θ_v 和 θ_a 是两个全连接层的参数，θ 表示卷积层的参数。注意公式 (4.13) 中的 max 函数确保了 Q 值能唯一地对应状态值和动作优势。否则，训练将忽略状态值项，并只会使优势函数收敛到 Q 值。此外，文献 (Wang et al., 2016) 还提出使用取平均代替取最大值的方法，以获得更好的稳定性：

$$Q(s,a;\theta,\theta_v,\theta_a)=V(s;\theta,\theta_v)+(A(s,a;\theta,\theta_a)-\frac{1}{|\mathcal{A}|}\sum_{a'}A(s,a';\theta,\theta_a)) \tag{4.14}$$

其中，优势函数只需要向平均优势方向靠近，而不必追求最大优势。

训练 Dueling 结构和训练标准 DQN 一样，它只需要更多的网络层。实验表明，Dueling 结构在许多价值相似的动作中，能获得更好的策略评估效果。Dueling DQN 相比于 DQN 的效果提升效果如图 4.2 所示。

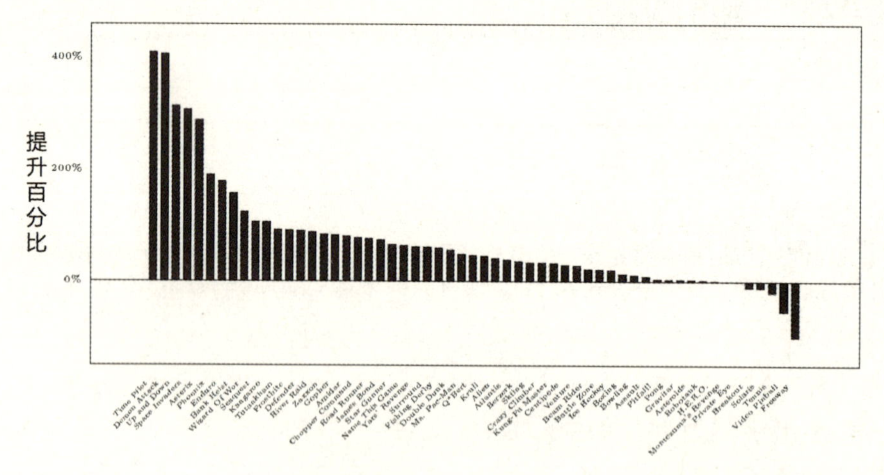

图 4.2　Dueling DQN (Wang et al., 2016) 相比于 DQN (Mnih et al., 2015) 在雅达利基准上的效果提升，计算标准参考公式 (4.11)。所有数据来自文献 (Wang et al., 2016)

4.6 优先经验回放

标准 DQN 中还剩下的一个可改进的地方就是，使用更好经验回放采样策略。**优先经验回放**（Prioritized Experience Replay，PER）是一种将经验进行优先排序的技术。通过该技术可以使重要的状态转移经验被更加频繁地回放 (Schaul et al., 2015)。PER 的核心思想是通过 TD 误差 δ 来考虑不同状态转移数据的重要性。TD 误差 δ 是一个令人惊喜的衡量标准。该方法之所以能有效，是由于某些经验数据相较于其他经验数据，可能包含更多值得学习的信息，所以给予这些包含更丰富信息量的经验更多的回放机会，有助于使得整个学习进度更为快速和高效。

当然，直接使用 TD 误差做优先排序是最直接能想到的方法。然而这种方法有一些问题。首先，扫描整个回放缓存空间非常低效。其次，这种方法对近似误差和随机回报的噪声十分敏感。最后，这种贪心的方法会使误差收敛缓慢，可能导致刚开始训练时有着高误差的状态转移被频繁地回放。为了克服这些问题，文献 (Schaul et al., 2015) 提出了使用如下方法计算状态转移 i 的采样概率：

$$P(i) = \frac{p_i^\alpha}{\sum_k p_k^\alpha} \tag{4.15}$$

其中，p_i 指状态转移 i 的优先级，它是一个正数，即 $p_i > 0$。α 是一个指数超参数，$\alpha = 0$ 对应均匀采样情况，而 k 表示对采样的状态转移进行枚举。p_i 有两种变体。第一种是按比例优先：$p_i = |\delta_i| + \epsilon$。其中 δ_i 是状态转移 i 的 TD 误差，而 ϵ 是一个用于数值稳定的小正数。第二种变体是基于顺序的优先：$p_i = \frac{1}{\text{rank}(i)}$。其中 $\text{rank}(i)$ 是状态转移 i 基于 $|\delta_i|$ 的等级评定。

回想起在回放缓存中，正是因为随机采样而有助于消除样本之间的相关性的。然而在使用优先采样时，又放弃了纯随机采样。因此，减少高优先级状态转移数据的训练权重也有一定的道理。PER 使用了重要性采样（Importance-Sampling）权重来修正状态转移 i 的偏差。

$$w_i = (NP(i))^{-\beta} \tag{4.16}$$

其中，N 指回放缓存的容量大小，而 P 是按照公式 (4.15) 定义的概率。β 是训练过程中将会退火（Anneal）[2]到 1 的超参数，这么设置是由于随着训练增加，更新会趋近于无偏。此权重通常被折叠进损失函数来构造加权学习。

为了更有效地实现上述方法，我们将使用一个分段线性函数逼近采样概率的累积密度函数，该函数具有 k 段。更准确地说，优先级存储在一个称为线段树的高效查询数据结构中。在运行期间，首先对线段范围进行采样，然后在该线段范围内的样本进行均匀采样。对 DQN 的改进如图 4.3 所示。

[2]指模拟退火法中的退火，一种简单的实现是线性退火，例如，若设置初始值 0.6，终止值 1.0，最大迭代步数为 100，则第 $0 \leqslant t < 100$ 步取 $\beta = 0.6 + t(1.0 - 0.6)/99$

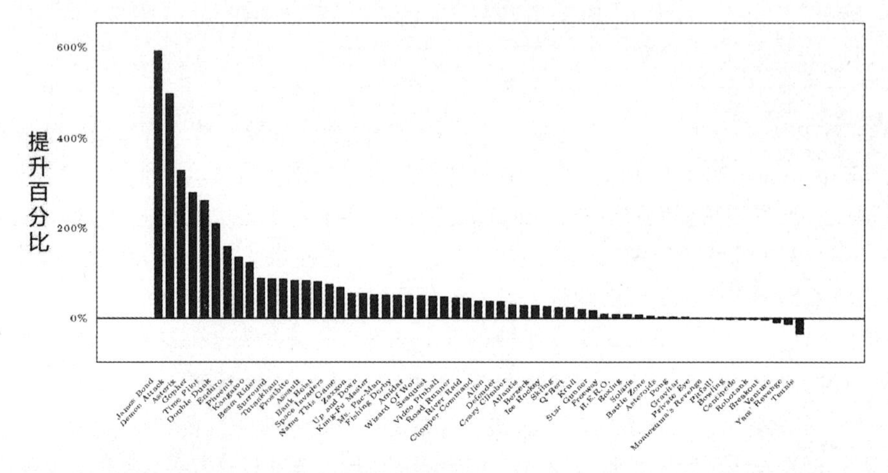

图 4.3　使用基于等级优先排序的优先经验回放算法 (Schaul et al., 2015) 相比于 DQN (Mnih et al., 2015) 在雅达利基准上的效果提升，计算标准参考公式 (4.11)。所有数据来自文献 (Wang et al., 2016)

4.7　其他改进内容：多步学习、噪声网络和值分布强化学习

Rainbow 在包含 Double Q-Learning、Dueling 结构和 PER 之外，还包含了另外 3 个 DQN 的扩展，并在雅达利游戏上取得了显著的成果 (Hessel et al., 2018)。在本节中，我们将对此展开讨论，并进一步讨论它们的延伸内容。

第一个扩展是多步学习（Multi-Step Learning）。使用 n 步回报将使估计更加准确，也被证明可以通过适当调整 n 值来加快学习速度 (Sutton et al., 2018)。然而，在离线策略学习过程中，目标策略和行为策略在多个步骤中的行为选择可能并不匹配。我们可以在文献 (Hernandez-Garcia et al., 2019) 中找到一个系统性的研究方法来纠正此类错配问题。Rainbow 直接使用了来自给定状态 S_t 的截断的 n 步回报 $R_t^{(k)}$ (Castro et al., 2018; Hessel et al., 2018)，其中 $R_t^{(k)}$ 由以下公式定义。

$$R_t^{(k)} = \sum_{k=0}^{n-1} \gamma^k R_{t+k} \tag{4.17}$$

接着，Q-Learning 多步学习变体的目标通过下式定义。

$$R_t^{(k)} + \gamma^k \max_a Q(S_{t+k}, a) \tag{4.18}$$

第二个扩展是噪声网络 (Fortunato et al., 2017)。它是另一种 ϵ 贪心的探索算法，对于像《蒙特祖玛的复仇》这样需要大量探索的游戏十分有效。我们使用一个额外的噪声流将噪声加入线性层 $\boldsymbol{y} = (\boldsymbol{W}\boldsymbol{x} + \boldsymbol{b})$ 中。

$$\boldsymbol{y} = (\boldsymbol{W}\boldsymbol{x} + \boldsymbol{b}) + ((\boldsymbol{W}_{\text{noisy}} \odot \epsilon_w)\boldsymbol{x} + \boldsymbol{b}_{\text{noisy}} \odot \epsilon_b) \tag{4.19}$$

其中，$\odot$ 表示元素间的乘积，$\boldsymbol{W}_{\text{noisy}}$ 和 $\boldsymbol{b}_{\text{noisy}}$ 都是可训练的参数，而 ϵ_w 和 ϵ_b 是将退火到 0 的随机的标量。实验表明，噪声网络相比于许多基线算法，使得众多雅达利游戏的得分有了大幅提升。

最后一个扩展是值分布强化学习 (Bellemare et al., 2017)。该方法为值估计提供了一个新的视角。文献 (Bellemare et al., 2017) 提出了分布式贝尔曼算子 $\mathcal{T}^\pi$ 用于估计回报 Z 的分布，以改进过去只考虑 Z 的期望的做法:

$$\mathcal{T}^\pi Z = R + \gamma P^\pi Z. \tag{4.20}$$

图 4.4 展示了 $\mathcal{T}^\pi$ 的一种连续分布的情况。

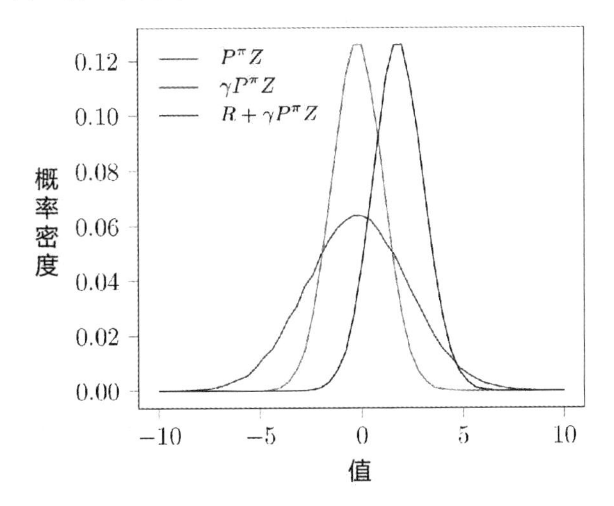

图 4.4　一种分布式贝尔曼算子在连续分布上的情况。它提供了在策略 π 下，下个状态的回报分布。它将先被折扣因子 γ 折损，然后被当前时间步中的奖励移动

Rainbow 中使用的值分布 DQN 变体被称为离散 DQN (Bellemare et al., 2017)，它通过一个离散分布来对状态-动作值分布进行建模，该分布由一个有 N 个元素（也被称为原子）的向量 $\boldsymbol{z}$ 参数化而来。该向量表示为 $z_i = V_{\min} + (i-1)\Delta z$，其中 $[V_{\min}, V_{\max}]$ 是状态-动作值分布的范围，并且 $\Delta z = \frac{V_{\max} - V_{\min}}{N-1}$。在实践中，$N$ 值通常设置为 51，因此，有时该算法也被称为 **C51**。C51 的参数模型 θ 输出每个原子概率 $p_i(s,a) = \mathrm{e}^{\theta_i(s,a)} / \sum_j \mathrm{e}^{\theta_j(s,a)}$ 组成分布 Z_θ。其中值得注意的是，离散化的近似会导致贝尔曼更新 $\mathcal{T}^\pi Z$ 与参数化的 Z_θ 脱节。而 C51 通过将目标分布 $\mathcal{T}^\pi Z_{\hat{\theta}}$ 投影到 Z_θ 上来解决这个问题。更加准确地说，若给定一个转移数据 (S_t, A_t, R_t, S_{t+1})，则使用 Double Q-Learning 的投影目标 $\Phi \mathcal{T}^\pi Z_{\hat{\theta}}(S_t, A_t)$ 的第 i 个分量由以下公式算出：

$$\sum_{j=1}^{N} p_j(S_{t+1}, \arg\max_a \boldsymbol{z}^\intercal p(S_{t+1}, a; \theta); \hat{\theta})[1 - \frac{|[R_t + \gamma z_j]_{V_{\min}}^{V_{\max}} - z_i|}{\Delta z}]_0^1 \tag{4.21}$$

其中，$[\cdot]_a^b$ 将其参数限制在 $[a, b]$ 范围内。由于 TD 误差无法度量值分布之间的差异，因此 C51 提出使用如下的 Kullbeck-Leibler 散度作为训练损失：

$$D_{\mathrm{KL}}(\Phi \mathcal{T}^\pi Z_{\hat{\theta}}(S_t, A_t) \| Z_\theta(S_t, A_t)). \tag{4.22}$$

另外，用于经验回放的优先级也被 KL 散度所代替。对于 Dueling 结构，输出分布也将分为价值数据流和优势数据流，并且总分布估计如下所示：

$$p_i(s, a) = \frac{\exp(V_i(s) + A_i(s, a) - \bar{A}_i(s, a))}{\sum_j \exp(V_j(s) + A_j(s, a) - \bar{A}_j(s, a))} \tag{4.23}$$

其中 $\bar{A}_j(s, a)$ 由 $\frac{1}{|\mathcal{A}|}\sum_{a'} A_j(s, a')$ 定义。

通过 C51 实现的值分布强化学习的主要缺点是，它只能在一个固定的离散集上估计值。文献 (Dabney et al., 2018b) 提出了**分位数回归 DQN**（Quantile Regression DQN，QR-DQN），通过分位数回归估计完整分布的分位数来解决这个问题。在介绍 QR-DQN 之前，我们先来看看这个分位数回归（Quantile Regression）。回想一下，对绝对损失函数进行经验风险最小化，能使预测符合中值（50% 分位数）。具体来说，给定随机变量 x 及其标签 y，对于估计函数 f，经验平均绝对误差为 $\mathcal{L}_{\mathrm{mae}} = \mathbb{E}[|f(x) - y|]$。接着用如下的偏微分：

$$\begin{aligned}\frac{\partial \mathcal{L}_{\mathrm{mae}}}{\partial f(x)} &= \frac{\partial}{\partial f(x)}(P(f(x) > y)(f(x) - y) + P(f(x) \leqslant y)(y - f(x))) \\ &= P(f(x) > y) - P(f(x) \leqslant y) = 0,\end{aligned} \tag{4.24}$$

我们能得到 $F(x) = 0.5$，其中 F 是 f 的原函数。通常来说，对于分位数 τ，其分位数损失定义为 $\mathcal{L}_{\mathrm{quantile}}(\tau) = \mathbb{E}[\rho_\tau(f(x) - y)]$，其中

$$\rho_\tau(\alpha) = \begin{cases} \tau\alpha, & \text{若}\alpha > 0 \\ (\tau - 1)\alpha, & \text{其他} \end{cases} \tag{4.25}$$

与之类似，通过 $\frac{\partial \mathcal{L}_{\mathrm{quantile}}}{\partial f(x)}$，我们能得到 $F(x) = 1 - \tau$，即 $f(x)$ 是随机变量 y 的 τ 分位数值。

具体来说，QR-DQN 考虑将 N 个均匀的分位数 $q_i = \frac{1}{N}$ 作为值分布。对于一个 QR-DQN 模型 $\theta : \mathcal{S} \to \mathbb{R}^{N \times |\mathcal{A}|}$，在采样期间，$Q$ 值的状态 s 和动作 a 是 N 个估计的平均值：$Q(s, a) = \sum_{i=1}^N q_i \theta_i(s, a)$。在训练过程中，基于 Q 值的贪心策略在下个状态提供 $a^* = \arg\max_{a'} Q(s', a')$，并且根据公式 (4.20)，分布式贝尔曼目标为 $\mathcal{T}\theta_j = r + \gamma\theta_j(s', a^*)$。文献 (Dabney et al., 2018b) 中

的引理 2 指出下式的和可以最小化近似值分布与真实值之间的 1-Wasserstein 距离：

$$\sum_{i=1}^{N}\mathbb{E}_j[\rho_{\hat{\tau}_i}(\mathcal{T}\theta_j-\theta_i(s,a))]. \tag{4.26}$$

其中 $\hat{\tau}_i=\frac{i}{N}-\frac{1}{2N}$。

图 4.5 展示了 DQN、C51 和 QR-DQN 的对比。接下来在值分布强化学习上，其参数化分布的灵活性和鲁棒性上还有更多的工作要做。读者对这方面感兴趣的话可以从文献 (Dabney et al., 2018a; Mavrin et al., 2019; Yang et al., 2019) 中找到相关资源。

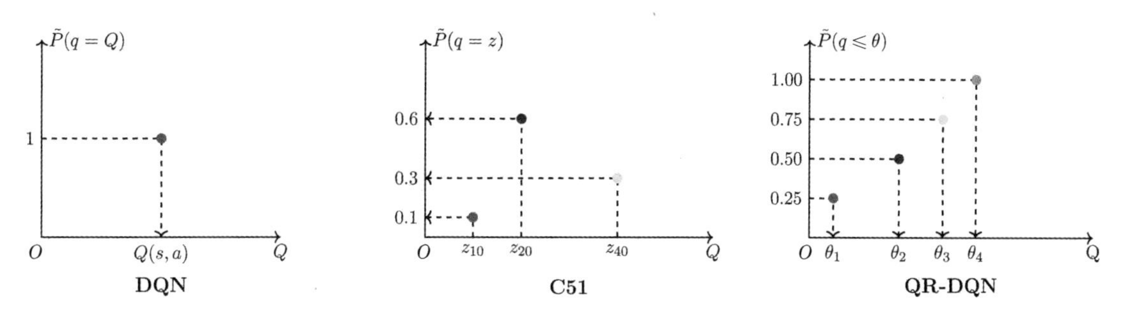

图 4.5 对比 s 和动作 a 下的 DQN，C51 和 QR-DQN。其中箭头指向的是估计值。QR-DQN 中分位数的数量指定为 4。DQN 的结构只输出实际 Q 值的近似值。对于值分布强化学习，C51 估计了多个 Q 值，而 QR-DQN 提供了 Q 值的分位数

4.8 DQN 代码实例

本节中，我们将围绕 DQN 及其变体算法讨论更多训练细节。首先演示雅达利环境的设置过程，以及如何实现一些十分有用的装饰器（Wrapper）。高效地使用装饰器能使训练更加简单和稳定。

Gym 环境相关

OpenAI Gym 是一个用于开发和对比强化学习算法的开源工具包。它包含了如图 4.6 显示的一系列环境。它可以直接从 PyPI 安装，默认安装包不带有雅达利组件，需要使用雅达利扩展安装：

```
pip install gym[atari]
```

也可以直接从源安装。

```
git clone https://github.com/openai/gym.git
cd gym
```

```
pip install -e .
```

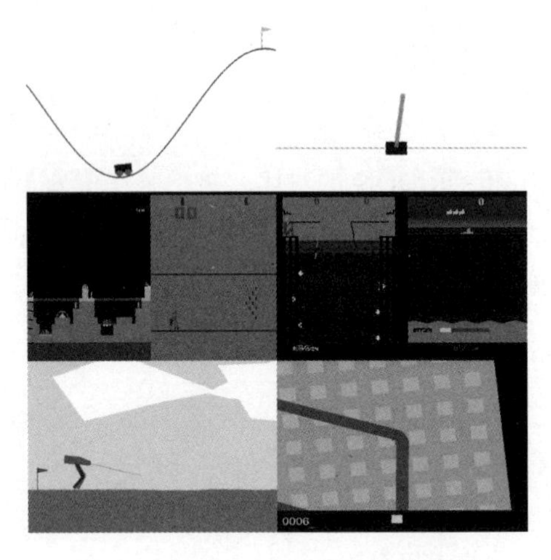

图 4.6 OpenAI Gym 的一些环境

可以通过以下代码建立环境实例 env：

```
import gym
env = gym.make(env_id)
```

其中 env_id 是环境名称的字符串。所有可用的 env_id 可以在网址（链接见读者服务）上查到。

env 实例中有以下重要的方法：

1. env.reset() 重启环境并返回初始的观测数据。
2. env.render(mode) 根据所给的 mode 模式呈现环境图像。默认为 human 模式，它将呈现当前显示画面或者终端窗口，并不返回任何内容。你可以指定 rgb_array 模式来使 env.render 函数返回 numpy.ndarray 对象，这些数据可用于生成视频。
3. env.step(action) 在环境中执行动作 action，并运行一个时间步。之后返回 (observation, reward, done, info) 的数据元组，其中 observation 为当前环境的观测数据，reward 是状态转移的奖励，done 指出当前片段是否结束，info 则包含一些辅助信息。
4. env.seed(seed) 手动设置随机种子。该函数在复现效果时非常有用。

这里展示了一个经典游戏 Breakout（打砖块）的例子。我们将先运行一个 BreakoutNoFrameskip-v4 环境的实例直到本片段结束。游戏过程的一个样帧图像如图 4.7 所示。

```
import gym
env = gym.make('BreakoutNoFrameskip-v4')
```

```
o = env.reset()
while True:
    env.render()
    # take a random action
    a = env.action_space.sample()
    o, r, done, _ = env.step(a)
    if done:
        break
env.close() # close and clean up
```

图 4.7 Breakout 游戏的一个样帧图像。在屏幕上方有几行需要被破坏的砖块。智能体可以控制屏幕下方的挡板，并控制角度弹射小球到想要的位置来撞毁砖块。该游戏的观测数据是形状为 $(210, 160, 3)$ 的 RGB 屏幕图像

需要注意的是，游戏 id 中的 `NoFrameskip` 意味着没有跳帧和动作重复，而 `v4` 意思是当前为第 4 个版本，也是本书写稿时的最新版本。我们将在接下来的例子中使用该环境。

OpenAI Gym 的另一个十分有用的特性是环境装饰器。它可以对环境对象进行装饰，使训练代码更加简洁。如下代码展示了一个用于限制每个回合片段最大长度的时间限制装饰器，这也是雅达利游戏的一个默认装饰器。

```
class TimeLimit(gym.Wrapper):
    def __init__(self, env, max_episode_steps=None):
        super(TimeLimit, self).__init__(env)
        self._max_episode_steps = max_episode_steps
        self._elapsed_steps = 0
```

```
    def step(self, ac):
        o, r, done, info = self.env.step(ac)
        self._elapsed_steps += 1
        if self._elapsed_steps >= self._max_episode_steps:
            done = True
            info['TimeLimit.truncated'] = True
        return o, r, done, info

    def reset(self, **kwargs):
        self._elapsed_steps = 0
        return self.env.reset(**kwargs)
```

为了更加高效地训练，`gym.vector.AsyncVectorEnv` 提供了一个用来并行运行 n 个环境的矢量化装饰器的实现。所有的接口将统一收到并返回 n 个变量。此外，还可以实现一个带有缓存的矢量化装饰器，其接口也接受和返回 n 个变量，但会在后台保持 $m > n$ 个线程。这样将更为高效地运行某些状态转移耗时较长的环境。

Gym 提供一系列雅达利 2600 游戏的标准接口。这些游戏可以以游戏内存数据或者屏幕图像数据作为输入，使用街机学习环境 (Bellemare et al., 2013) 运行。在这 2600 款雅达利游戏中，有些游戏最多包含 18 个不同的按键组合：

1. 移动按键：空动作、上移、右移、左移、下移、右上键组合、左上键组合、右下键组合、左下键组合。
2. 攻击按键：开火、上移开火组合、右移开火组合、左移开火组合、下移开火组合、右上开火组合、左上开火组合、右下开火组合、左下开火组合。

此处的空动作表示什么都不做。然后开火键可能被作为开始游戏的按键。为了方便起见，我们后续将以按键名称称呼其对应的动作。

DQN

DQN 还有三个额外的训练技巧。首先，依次使用如下的装饰器可以让训练更加稳定高效。

1. `NoopResetEnv` 在重置游戏时，会随机地进行几步空动作，以确保初始化的状态更为随机。默认的最大空动作数量为 30。这个装饰器将有助于智能体收集更多的初始状态，提供更为鲁棒的学习。
2. `MaxAndSkipEnv` 重复每个动作 4 次，以提供更为高效的学习。为了进一步对观测数据降噪，返回的图像帧是在最近 2 帧上对像素进行最大池化的结果。
3. `Monitor` 记录原始奖励数据。我们可以在这个装饰器中实现一些有用的函数，比如速度跟踪器。

4. EpisodicLifeEnv 使得本条命结束的时候，相当于本片段结束。这样不用等到玩家所有命都消耗完才能结束本片段，对价值估计很有帮助 (Roderick et al., 2017)。
5. FireResetEnv 在环境重置的时候触发开火动作。很多游戏需要这个开火动作来开始游戏。这是快速开始游戏的先验知识。
6. WarpFrame 将观测数据转换为 84×84 的灰度图像。
7. ClipRewardEnv 将奖励通过符号进行装饰，只根据奖励数据的符号输出 -1、0、1 三种奖励值。这样防止任何一个单独的小批量更新而大幅改变参数，可以进一步提高稳定性。
8. FrameStack 堆叠最后 4 帧。我们回忆一下，DQN 为了捕捉运动信息，通过堆叠当前帧和前 3 帧来用函数 ϕ 对观测数据进行预处理。FrameStack 和 WarpFrame 实现了 ϕ 的功能。需要注意的是，我们可以通过只在观测值之间存储一次公共帧来优化内存使用，这也称为延迟帧技术（Lazy-Frame Trick）。

其次，为避免梯度爆炸，DQN (DeepMind, 2015; Mnih et al., 2015) 使用了对平方误差进行了裁剪，这等同于将均方差替换成了 $\delta = 1$ 情况下的 Huber 损失 (Huber, 1992)。Huber 损失如下所示：

$$L_{\delta}(x) = \begin{cases} \frac{1}{2}x^2 & |x| \leqslant \delta \\ \delta\left(|x| - \frac{1}{2}\delta\right) & \text{其他} \end{cases} \tag{4.27}$$

最终，回放缓存采样了大批有放回的抽样。在能够有个稳定的开始之前，最后还需要完成一些热启动步骤。

注意到上述所说的全部三个技巧都用于本节中所有的实验。现在我们将展示如何建立一个能玩 Breakout 游戏的智能体。首先，为了实验的可复现性，我们将手动设置相关库的随机种子。

```
random.seed(seed)
np.random.seed(seed)
tf.random.set_seed(seed)
```

接着，我们通过 tf.keras.Model 创建一个 Q 网络：

```
class QFunc(tf.keras.Model):
    def __init__(self, name):
        super(QFunc, self).__init__(name=name)
        self.conv1 = tf.keras.layers.Conv2D(
            32, kernel_size=(8, 8), strides=(4, 4),
            padding='valid', activation='relu')
        self.conv2 = tf.keras.layers.Conv2D(
            64, kernel_size=(4, 4), strides=(2, 2),
```

```
        padding='valid', activation='relu')
    self.conv3 = tf.keras.layers.Conv2D(
        64, kernel_size=(3, 3), strides=(1, 1),
        padding='valid', activation='relu')
    self.flat = tf.keras.layers.Flatten()
    self.fc1 = tf.keras.layers.Dense(512, activation='relu')
    self.fc2 = tf.keras.layers.Dense(action_dim, activation='linear')

def call(self, pixels, **kwargs):
    # scale observation
    pixels = tf.divide(tf.cast(pixels, tf.float32), tf.constant(255.0))
    # extract features by convolutional layers
    feature = self.flat(self.conv3(self.conv2(self.conv1(pixels))))
    # calculate q-value
    qvalue = self.fc2(self.fc1(feature))

    return qvalue
```

DQN 对象的定义由 Q 网络、目标 Q 网络、训练时间步数目和优化器、同步 Q 网络、目标 Q 网络这些属性组成，代码如下所示。

```
class DQN(object):
    def __init__(self):
        self.qnet = QFunc('q')
        self.targetqnet = QFunc('targetq')
        sync(self.qnet, self.targetqnet)
        self.niter = 0
        self.optimizer = tf.optimizers.Adam(lr, epsilon=1e-5, clipnorm=clipnorm)
```

申明一个内部方法，以装饰 Q 网络，之后再给 DQN 对象添加一个 `get_action` 方法来执行 ϵ-贪心的行动。

```
@tf.function
def _qvalues_func(self, obv):
    return self.qnet(obv)

def get_action(self, obv):
    eps = epsilon(self.niter)
    if random.random() < eps:
```

```
        return int(random.random() * action_dim)
    else:
        obv = np.expand_dims(obv, 0).astype('float32')
        return self._qvalues_func(obv).numpy().argmax(1)[0]
```

其中，这里的 `epsilon` 函数是一个在前 10% 训练时间步中，将 ϵ 线性地从 1.0 退火到 0.01 的函数。为了更好地训练，我们为 DQN 及其变体提供了 3 个通用接口，即 `train`、`_train_func`、`_tderror_func`。

```
def train(self, b_o, b_a, b_r, b_o_, b_d):
    self._train_func(b_o, b_a, b_r, b_o_, b_d)

    self.niter += 1
    if self.niter
        sync(self.qnet, self.targetqnet)

@tf.function
def _train_func(self, b_o, b_a, b_r, b_o_, b_d):
    with tf.GradientTape() as tape:
        td_errors = self._tderror_func(b_o, b_a, b_r, b_o_, b_d)
        loss = tf.reduce_mean(huber_loss(td_errors))

    grad = tape.gradient(loss, self.qnet.trainable_weights)
    self.optimizer.apply_gradients(zip(grad, self.qnet.trainable_weights))

    return td_errors

@tf.function
def _tderror_func(self, b_o, b_a, b_r, b_o_, b_d):
    b_q_ = (1 - b_d) * tf.reduce_max(self.targetqnet(b_o_), 1)
    b_q = tf.reduce_sum(self.qnet(b_o) * tf.one_hot(b_a, action_dim), 1)

    return b_q - (b_r + reward_gamma * b_q_)
```

其中 `train` 调用了 `_train_func` 并每 `target_q_update_freq` 个时间步将目标 Q 网络与 Q 网络进行同步。

最终，我们构建主要训练步骤：

```
dqn = DQN()
buffer = ReplayBuffer(buffer_size)

o = env.reset()
nepisode = 0
t = time.time()
for i in range(1, number_time steps + 1):
    a = dqn.get_action(o)

    # execute action and feed to replay buffer
    # note that '_' tail in var name means next
    o_, r, done, info = env.step(a)
    buffer.add(o, a, r, o_, done)

    if i >= warm_start and i
        transitions = buffer.sample(batch_size)
        dqn.train(*transitions)

    if done:
        o = env.reset()
    else:
        o = o_

    # episode in info is real (unwrapped) message
    if info.get('episode'):
        nepisode += 1
        reward, length = info['episode']['r'], info['episode']['l']
        print(
            'Time steps so far: {}, episode so far: {}, '
            'episode reward: {:.4f}, episode length: {}'
                .format(i, nepisode, reward, length)
        )
```

我们在 3 个随机种子上运行了 Breakout 游戏 10^7 个时间步（4×10^7 帧）。为了更好地可视化，我们将训练时的片段奖励进行平滑处理。之后通过如下代码绘制均值和标准差，输出效果如图 4.8 所示的红色区域。

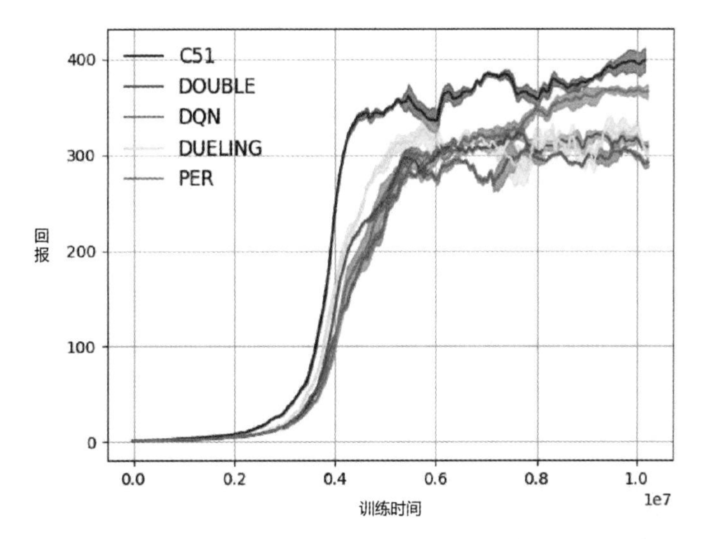

图 4.8 DQN 及其变体在 Breakout 游戏中的效果（见彩插）

```
from matplotlib import pyplot as plt
plt.plot(xs, mean, color=color)
plt.fill_between(xs, mean - std, mean + std, color=color, alpha=.4)
```

Double DQN

Double DQN 可以通过更新 Double Q 的估计来简单地实现。在智能体的 _tderror_func 中使用如下 Double Q 估计的代码进行替换即可。

```
# double Q estimation
b_a_ = tf.one_hot(tf.argmax(qnet(b_o_), 1), out_dim)
b_q_ = (1 - b_d) * tf.reduce_sum(targetqnet(b_o_) * b_a_, 1)
```

我们也在 Breakout 游戏上，使用 3 个随机种子运行了 10^7 个时间步。输出效果显示在图 4.8 上的绿色区域。

Dueling DQN

Dueling 架构只对 Q 网络进行了修改，它可以通过如下方式实现：

```
class QFunc(tf.keras.Model):
    def __init__(self, name):
        super(QFunc, self).__init__(name=name)
```

```
        self.conv1 = tf.keras.layers.Conv2D(
            32, kernel_size=(8, 8), strides=(4, 4),
            padding='valid', activation='relu')
        self.conv2 = tf.keras.layers.Conv2D(
            64, kernel_size=(4, 4), strides=(2, 2),
            padding='valid', activation='relu')
        self.conv3 = tf.keras.layers.Conv2D(
            64, kernel_size=(3, 3), strides=(1, 1),
            padding='valid', activation='relu')
        self.flat = tf.keras.layers.Flatten()
        self.fc1q = tf.keras.layers.Dense(512, activation='relu')
        self.fc2q = tf.keras.layers.Dense(action_dim, activation='linear')
        self.fc1v = tf.keras.layers.Dense(512, activation='relu')
        self.fc2v = tf.keras.layers.Dense(1, activation='linear')

    def call(self, pixels, **kwargs):
        # scale observation
        pixels = tf.divide(tf.cast(pixels, tf.float32), tf.constant(255.0))
        # extract features by convolutional layers
        feature = self.flat(self.conv3(self.conv2(self.conv1(pixels))))
        # calculate q-value
        qvalue = self.fc2q(self.fc1q(feature))
        svalue = self.fc2v(self.fc1v(feature))

        return svalue + qvalue - tf.reduce_mean(qvalue, 1, keepdims=True)
```

我们同样在 Breakout 游戏上，使用 3 个随机种子运行了 10^7 个时间步。在图 4.8 上的青色区域是该方法的输出效果。

经验优先回放

PER 相较于标准的 DQN 有三个变化。首先，回放缓存维持了 2 个线段树进行取小和求和操作，来高效地计算最小优先级和优先级之和。更具体地说，`_it_sum` 属性是具备两个接口的求和操作线段树对象，`sum` 用于获得指定区间内的元素之和，而 `find_prefixsum_idx` 用于查找更高的索引 i，以使最小的 i 个元素比输入值要小。

其次，为了代替原本的均匀采样，考虑比例信息的采样策略如下所示：

```
res = []
p_total = self._it_sum.sum(0, len(self._storage) - 1)
every_range_len = p_total / batch_size
for i in range(batch_size):
    mass = random.random() * every_range_len + i * every_range_len
    idx = self._it_sum.find_prefixsum_idx(mass)
    res.append(idx)
return res
```

最后，不同于普通的回放缓存，PER 必须返回采样经验的索引和标准化的权重。权重用于计算加权 Huber 损失，而索引则用于更新优先级。采样步骤将被修改为

```
*transitions, idxs = buffer.sample(batch_size)
priorities = dqn.train(*transitions)
priorities = np.clip(np.abs(priorities), 1e-6, None)
buffer.update_priorities(idxs, priorities)
```

_train_func 可修改为

```
@tf.function
def _train_func(self, b_o, b_a, b_r, b_o_, b_d, b_w):
    with tf.GradientTape() as tape:
        td_errors = self._tderror_func(b_o, b_a, b_r, b_o_, b_d)
        loss = tf.reduce_mean(huber_loss(td_errors) * b_w)

    grad = tape.gradient(loss, self.qnet.trainable_weights)
    self.optimizer.apply_gradients(zip(grad, self.qnet.trainable_weights))

    return td_errors
```

我们还是在 Breakout 游戏上，使用 3 个随机种子运行了 10^7 个时间步。图 4.8 上的洋红色区域是该方法的输出效果。

深度 Q 分布网络

值分布强化学习对 Q 值进行估计。在本节中，我们将通过演示如何实现其中的 C51 技术，来实现一种值分布强化学习方法。在 Breakout 游戏中，奖励都是正数。因此，我们将文献 (Bellemare et al., 2017) 中值的范围 $[-10, 10]$ 换成 $[-1, 19]$，其中 -1 是为了允许一些近似误差。实现 C51 首

先要做的是让 Q 网络给每个动作输出 51 个估计值，这点可以通过在最后的全连接层增加更多的输出单元来实现。接着，为了替代 TD 误差，需要使用目标 Q 分布和估计分布之间的 KL 散度作为误差：

```
@tf.function
def _kl_divergence_func(self, b_o, b_a, b_r, b_o_, b_d):
    b_r = tf.tile(
        tf.reshape(b_r, [-1, 1]),
        tf.constant([1, atom_num])
    ) # batch_size * atom_num
    b_d = tf.tile(
        tf.reshape(b_d, [-1, 1]),
        tf.constant([1, atom_num])
    )

    z = b_r + (1 - b_d) * reward_gamma * vrange # shift value distribution
    z = tf.clip_by_value(z, min_value, max_value) # clip the shifted distribution
    b = (z - min_value) / deltaz
    index_help = tf.expand_dims(tf.tile(
        tf.reshape(tf.range(batch_size), [batch_size, 1]),
        tf.constant([1, atom_num])
    ), -1)

    b_u = tf.cast(tf.math.ceil(b), tf.int32) # upper
    b_uid = tf.concat([index_help, tf.expand_dims(b_u, -1)], 2) # indexes
    b_l = tf.cast(tf.math.floor(b), tf.int32)
    b_lid = tf.concat([index_help, tf.expand_dims(b_l, -1)], 2) # indexes

    b_dist_ = self.targetqnet(b_o_) # whole distribution
    b_q_ = tf.reduce_sum(b_dist_ * vrange_broadcast, axis=2)
    b_a_ = tf.cast(tf.argmax(b_q_, 1), tf.int32)
    b_adist_ = tf.gather_nd( # distribution of b_a_
        b_dist_,
        tf.concat([tf.reshape(tf.range(batch_size), [-1, 1]),
                   tf.reshape(b_a_, [-1, 1])], axis=1)
    )
    b_adist = tf.gather_nd( # distribution of b_a
        self.qnet(b_o),
```

```
    tf.concat([tf.reshape(tf.range(batch_size), [-1, 1]),
              tf.reshape(b_a, [-1, 1])], axis=1)
) + 1e-8

b_l = tf.cast(b_l, tf.float32)
mu = b_adist_ * (b - b_l) * tf.math.log(tf.gather_nd(b_adist, b_uid))
b_u = tf.cast(b_u, tf.float32)
ml = b_adist_ * (b_u - b) * tf.math.log(tf.gather_nd(b_adist, b_lid))
kl_divergence = tf.negative(tf.reduce_sum(mu + ml, axis=1))

return kl_divergence
```

当然我们在 Breakout 游戏上，使用 3 个随机种子运行了 10^7 个时间步。图 4.8 上的蓝色区域是该方法的输出效果。

参考文献

BELLEMARE M G, NADDAF Y, VENESS J, et al., 2013. The Arcade Learning Environment: An evaluation platform for general agents[J]. Journal of Artificial Intelligence Research, 47: 253-279.

BELLEMARE M G, DABNEY W, MUNOS R, 2017. A distributional perspective on reinforcement learning[C]//Proceedings of the 34th International Conference on Machine Learning-Volume 70. JMLR. org: 449-458.

CASTRO P S, MOITRA S, GELADA C, et al., 2018. Dopamine: A research framework for deep reinforcement learning[J].

DABNEY W, OSTROVSKI G, SILVER D, et al., 2018a. Implicit quantile networks for distributional reinforcement learning[C]//International Conference on Machine Learning. 1104-1113.

DABNEY W, ROWLAND M, BELLEMARE M G, et al., 2018b. Distributional reinforcement learning with quantile regression[C]//Thirty-Second AAAI Conference on Artificial Intelligence.

DEEPMIND, 2015. Lua/Torch implementation of DQN[J]. GitHub repository.

FORTUNATO M, AZAR M G, PIOT B, et al., 2017. Noisy networks for exploration[J]. arXiv preprint arXiv:1706.10295.

HERNANDEZ-GARCIA J F, SUTTON R S, 2019. Understanding multi-step deep reinforcement learning: A systematic study of the DQN target[C]//Proceedings of the Neural Information Processing Systems (Advances in Neural Information Processing Systems) Workshop.

HESSEL M, MODAYIL J, VAN HASSELT H, et al., 2018. Rainbow: Combining improvements in deep reinforcement learning[C]//Thirty-Second AAAI Conference on Artificial Intelligence.

HUBER P J, 1992. Robust estimation of a location parameter[M]//Breakthroughs in statistics. Springer: 492-518.

LIN L J, 1993. Reinforcement learning for robots using neural networks[R]. Carnegie-Mellon Univ Pittsburgh PA School of Computer Science.

MAVRIN B, YAO H, KONG L, et al., 2019. Distributional reinforcement learning for efficient exploration[C]//International Conference on Machine Learning. 4424-4434.

MCCLELLAND J L, MCNAUGHTON B L, O'REILLY R C, 1995. Why there are complementary learning systems in the hippocampus and neocortex: insights from the successes and failures of connectionist models of learning and memory.[J]. Psychological review, 102(3): 419.

MNIH V, KAVUKCUOGLU K, SILVER D, et al., 2015. Human-level control through deep reinforcement learning[J]. Nature.

O'NEILL J, PLEYDELL-BOUVERIE B, DUPRET D, et al., 2010. Play it again: reactivation of waking experience and memory[J]. Trends in neurosciences, 33(5): 220-229.

RIEDMILLER M, 2005. Neural fitted Q iteration–first experiences with a data efficient neural reinforcement learning method[C]//European Conference on Machine Learning. Springer: 317-328.

RODERICK M, MACGLASHAN J, TELLEX S, 2017. Implementing the deep Q-network[J]. arXiv preprint arXiv:1711.07478.

SCHAUL T, QUAN J, ANTONOGLOU I, et al., 2015. Prioritized experience replay[C]//arXiv preprint arXiv:1511.05952.

SUTTON R S, BARTO A G, 2018. Reinforcement learning: An introduction[M]. MIT press.

THRUN S, SCHWARTZ A, 1993. Issues in using function approximation for reinforcement learning[C]// Proceedings of the 1993 Connectionist Models Summer School Hillsdale, NJ. Lawrence Erlbaum.

TSITSIKLIS J, VAN ROY B, 1996. An analysis of temporal-difference learning with function approximationtechnical[J]. Report LIDS-P-2322). Laboratory for Information and Decision Systems, Massachusetts Institute of Technology, Tech. Rep.

TSITSIKLIS J N, VAN ROY B, 1997. Analysis of temporal-diffference learning with function approximation[C]//Advances in Neural Information Processing Systems. 1075-1081.

VAN HASSELT H, GUEZ A, SILVER D, 2016. Deep reinforcement learning with double Q-learning[C]// Thirtieth AAAI conference on artificial intelligence.

WANG Z, SCHAUL T, HESSEL M, et al., 2016. Dueling network architectures for deep reinforcement learning[C]//International Conference on Machine Learning. 1995-2003.

YANG D, ZHAO L, LIN Z, et al., 2019. Fully parameterized quantile function for distributional reinforcement learning[C]//Advances in Neural Information Processing Systems. 6190-6199.

5 策略梯度

策略梯度方法（Policy Gradient Methods）是一类直接针对期望回报（Expected Return）通过梯度下降（Gradient Descent）进行策略优化的增强学习方法。这一类方法避免了其他传统增强学习方法所面临的一些困难，比如，没有一个准确的价值函数，或者由于连续的状态和动作空间，以及状态信息的不确定性而导致的难解性（Intractability）。在这一章中，我们会学习一系列策略梯度方法。从最基本的 REINFORCE 开始，我们会逐步介绍 Actor-Critic 方法及其分布式计算的版本、信赖域策略优化（Trust Region Policy Optimization）及其近似算法，等等。在本章最后一节，我们附上了本章涉及的所有方法所对应的伪代码，以及一个具体的实现例子。

5.1 简介

这一章主要介绍策略梯度方法。和上一章介绍的学习 Q 值函数的深度 Q-Learning 方法不同，策略梯度方法直接学习参数化的策略 π_θ。这样做的一个好处是不需要在动作空间中求解价值最大化的优化问题，从而比较适合解决具有高维或者连续动作空间的问题。策略梯度方法的另一个好处是可以很自然地对随机策略进行建模[1]。最后，策略梯度方法利用了梯度的信息来引导优化的过程。一般来讲，这样的方法有更好的收敛性保证[2]。

顾名思义，策略梯度方法通过梯度上升的方法直接在神经网络的参数上优化智能体的策略。在这一章中，我们会在 5.2 节中推导出策略梯度的初始版本算法。这个算法一般会有估计方差过高的问题。我们在 5.3 节会看到 Actor-Critic 算法可以有效地减轻这个问题。有趣的是，Actor-Critic

[1] 在价值学习的设定下，智能体需要额外构造它的探索策略，比如 ϵ-贪心，以对随机性策略进行建模。

[2] 但一般也仅限于局部收敛性，而不是全局收敛性。近期的一些研究在策略梯度的全局收敛性上有一些进展，但本章不讨论这一方面的工作。

和 GAN 的设计非常相像。我们会在 5.4 节比较它们的相似之处。在 5.5节、5.6 节中，我们会接着介绍 Actor-Critic 的分布式版本。最后，我们通过考虑在策略空间（而不是参数空间）中的梯度上升进一步提高策略梯度方法的性能。一个被广泛使用的方法是信赖域策略优化（Trust Region Policy Optimization，TRPO），我们会在 5.7 节和 5.8 节介绍它及其近似版本，即近端策略优化算法（Proximal Policy Optimization，PPO），以及在 5.9 节中介绍使用 Kronecker 因子化信赖域的 Actor Critic（Actor Critic using Kronecker-factored Trust Region，ACKTR）。

在本章的最后一节，即 5.10 节中，我们提供了所涉及算法的代码实现，以方便读者可以迅速上手试验。每个算法的完整实现可以在本书的代码库找到[3]。

5.2 REINFORCE：初版策略梯度

REINFORCE 算法在策略的参数空间中直观地通过梯度上升的方法逐步提高策略 π_θ 的性能。回顾一下，由式子 (2.119) 我们有

$$\nabla_\theta J(\pi_\theta)=\mathbb{E}_{\tau\sim\pi_\theta}\left[\sum_{t=0}^{\mathrm{T}} R_t \nabla_\theta \sum_{t'=0}^{t} \log \pi_\theta(A_{t'}|S_{t'})\right]=\mathbb{E}_{\tau\sim\pi_\theta}\left[\sum_{t'=0}^{\mathrm{T}} \nabla_\theta \log \pi_\theta(A_{t'}|S_{t'}) \sum_{t=t'}^{\mathrm{T}} R_t\right]. \tag{5.1}$$

注 5.1 上述式子中 $\sum_{t=i}^{\mathrm{T}} R_t$ 可以看成是智能体在状态 S_i 处选择动作 A_i，并在之后执行当前策略的情况下，从第 i 步开始获得的累计奖励。事实上，$\sum_{t=i}^{\mathrm{T}} R_t$ 也可以看成 $Q_i(A_i,S_i)$，在第 i 步状态 S_i 处采取动作 A_i，并在之后执行当前策略的 Q 值。所以，一个理解 REINFORCE 的角度是：通过给不同的动作所对应的梯度根据它们的累计奖励赋予不同的权重，鼓励智能体选择那些累计奖励较高的动作 A_i。

只要把上述式子中的 T 替换成 ∞ 并赋予 R_t 以 γ^t 的权重，上述式子很容易可以扩展到折扣因子为 γ 的无限范围的设定如下。

$$\nabla J(\theta) = \mathbb{E}_{\tau\sim\pi_\theta}\left[\sum_{t'=0}^{\infty} \nabla_\theta \log \pi_\theta(A_{t'}\,|\,S_{t'})\gamma^{t'} \sum_{t=t'}^{\infty} \gamma^{t-t'} R_t\right]. \tag{5.2}$$

由于折扣因子给未来的奖励赋予了较低的权重，使用折扣因子还有助于减少估计梯度时的方差大的问题。实际使用中，$\gamma^{t'}$ 经常被去掉，从而避免了过分强调轨迹早期状态的问题。

虽然 REINFORCE 简单直观，但它的一个缺点是对梯度的估计有较大的方差。对于一个长度为 L 的轨迹，奖励 R_t 的随机性可能对 L 呈指数级增长。为了减轻估计的方差太大这个问题，一个常用的方法是引进一个基准函数 $b(S_i)$。这里对 $b(S_i)$ 的要求是：它只能是一个关于状态 S_i 的函数（或者更确切地说，它不能是关于 A_i 的函数）。

[3]链接见读者服务

有了基准函数 $b(S_t)$ 之后，增强学习目标函数的梯度 $\nabla J(\theta)$ 可以表示成

$$\nabla J(\theta)=\mathbb{E}_{\tau\sim\pi_\theta}\left[\sum_{t'=0}^{\infty}\nabla_\theta\log\pi_\theta(A_{t'}\,|\,S_{t'})\left(\sum_{t=t'}^{\infty}\gamma^{t-t'}R_t-b(S_{t'})\right)\right]. \tag{5.3}$$

这是因为

$$\mathbb{E}_{\tau,\theta}\left[\nabla_\theta\log\pi_\theta(A_{t'}\,|\,S_{t'})b(S_{t'})\right]=\mathbb{E}_{\tau,\theta}\left[b(S_{t'})\mathbb{E}_\theta\left[\nabla\log\pi_\theta(A_{t'}\,|\,S_{t'})|\,S_{t'}\right]\right]=0. \tag{5.4}$$

上述式子的最后一个等式可以由 EGLP 引理（引理 2.2）得到。最后如算法 5.18 所示，我们得到带有基准函数的 REINFORCE 算法。

算法 5.18 带基准函数的 REINFORCE 算法

超参数: 步长 η_θ、奖励折扣因子 γ、总步数 L、批尺寸 B、基准函数 b。
输入: 初始策略参数 θ_0
初始化 $\theta=\theta_0$
for $k=1,2,\cdots,$ **do**
　执行策略 π_θ 得到 B 个轨迹，每一个有 L 步，并收集 $\{S_{t,\ell},A_{t,\ell},R_{t,\ell}\}$。
　$\hat{A}_{t,\ell}=\sum_{\ell'=\ell}^{L}\gamma^{\ell'-\ell}R_{t,\ell}-b(S_{t,\ell})$
　$J(\theta)=\frac{1}{B}\sum_{t=1}^{B}\sum_{\ell=0}^{L}\log\pi_\theta(A_{t,\ell}|S_{t,\ell})\hat{A}_{t,\ell}$
　$\theta=\theta+\eta_\theta\nabla J(\theta)$
　用 $\{S_{t,\ell},A_{t,\ell},R_{t,\ell}\}$ 更新 $b(S_{t,\ell})$
end for
返回 θ

直观来讲，从奖励函数中减去一个基准函数这个方法是一个常见的降低方差的方法。假设需要估计一个随机变量 X 的期望 $\mathbb{E}[X]$。对于任意一个期望为 0 的随机变量 Y，我们知道 $X-Y$ 依然是 $\mathbb{E}[X]$ 的一个无偏估计。而且，$X-Y$ 的方差为

$$\mathbb{V}(X-Y)=\mathbb{V}(X)+\mathbb{V}(Y)-2\mathrm{cov}(X,Y). \tag{5.5}$$

式子中的 $\mathbb{V}$ 表示方差，$\mathrm{cov}(X,Y)$ 表示 X 和 Y 的协方差。所以如果 Y 本身的方差较小，而且和 X 高度正相关，那么 $X-Y$ 会是一个方差较小的关于 $\mathbb{E}[X]$ 的无偏估计。在策略梯度方法中，基准函数的常见选择是状态价值函数 $V(S_i)$。在下一节中我们可以看到，这个算法和初版的 Actor-Critic 算法很相像。最近的一些研究工作也提出了其他不同的基准函数的选择，感兴趣的读者可以从文献 (Li et al., 2018; Liu et al., 2017; Wu et al., 2018) 中了解更多的细节。

5.3 Actor-Critic

Actor-Critic 算法 (Konda et al., 2000; Sutton et al., 2000) 是一个既基于策略也基于价值的方法。在上一节我们提到，在初版策略梯度方法中可以用状态价值函数作为基准函数来降低梯度估计的方差。Actor-Critic 算法也沿用了相同的想法，同时学习行动者（Actor）函数（也就是智能体的策略函数 $\pi(\cdot|s)$）和批判者（Critic）函数（也就是状态价值函数 $V^\pi(s)$）。此外，Actor-Critic 算法还沿用了自举法（Bootstrapping）的思想来估计 Q 值函数。REINFORCE 中的误差项 $\sum_{t=i}^{\infty}\gamma^{t-i}R_t - b(S_i)$ 被时间差分误差取代了，即 $R_i + \gamma V^\pi(S_{i+1}) - V^\pi(S_i)$。

我们这里采用 L 步的时间差分误差，并通过最小化该误差的平方来学习批判者函数 $V_\psi^{\pi_\theta}(s)$，即

$$\psi \leftarrow \psi - \eta_\psi \nabla J_{V_\psi^{\pi_\theta}}(\psi). \tag{5.6}$$

式子中 ψ 表示学习批判者函数的参数，η_ψ 是学习步长，并且

$$J_{V_\psi^{\pi_\theta}}(\psi) = \frac{1}{2}\left(\sum_{t=i}^{i+L-1}\gamma^{t-i}R_t + \gamma^L V_\psi^{\pi_\theta}(S') - V_\psi^{\pi_\theta}(S_i)\right)^2, \tag{5.7}$$

S' 是智能体在 π_θ 下 L 步之后到达的状态，所以

$$\nabla J_{V_\psi^{\pi_\theta}}(\psi) = \left(V_\psi^{\pi_\theta}(S_i) - \sum_{t=i}^{i+L-1}\gamma^{t-i}R_t - \gamma^L V_\psi^{\pi_\theta}(S')\right)\nabla V_\psi^{\pi_\theta}(S_i). \tag{5.8}$$

类似地，行动者函数 $\pi_\theta(\cdot|s)$ 决定每个状态 s 上所采取的动作或者动作空间上的一个概率分布。我们采用和初版策略梯度相似的方法来学习这个策略函数。

$$\theta = \theta + \eta_\theta \nabla J_{\pi_\theta}(\theta), \tag{5.9}$$

这里 θ 表示行动者函数的参数，η_θ 是学习步长，并且

$$\nabla J(\theta) = \mathbb{E}_{\tau,\theta}\left[\sum_{i=0}^{\infty}\nabla\log\pi_\theta(A_i|S_i)\left(\sum_{t=i}^{i+L-1}\gamma^{t-i}R_t + \gamma^L V_\psi^{\pi_\theta}(S') - V_\psi^{\pi_\theta}(S_i)\right)\right]. \tag{5.10}$$

注意到，我们这里分别用了 θ 和 ψ 来表示策略函数和价值函数的参数。在实际应用中，当我们选择用神经网络来表示这两个函数的时候，经常会让两个网络共享一些底层的网络层作为共同的状态表征（State Representation）。此外，AC 算法中的 L 值经常设为 1, 也就是 TD(0) 误差。AC

算法的具体步骤如算法 5.19 所示。

算法 5.19 Actor-Critic 算法

超参数: 步长 η_θ 和 η_ψ, 奖励折扣因子 γ。
输入: 初始策略函数参数 θ_0、初始价值函数参数 ψ_0。
初始化 $\theta = \theta_0$ 和 $\psi = \psi_0$。
for $t = 0, 1, 2, \cdots$ **do**
　执行一步策略 π_θ, 保存 $\{S_t, A_t, R_t, S_{t+1}\}$。
　估计优势函数 $\hat{A}_t = R_t + \gamma V_\psi^{\pi_\theta}(S_{t+1}) - V_\psi^{\pi_\theta}(S_t)$。
　$J(\theta) = \sum_t \log \pi_\theta(A_t|S_t)\hat{A}_t$
　$J_{V_\psi^{\pi_\theta}}(\psi) = \sum_t \hat{A}_t^2$
　$\psi = \psi + \eta_\psi \nabla J_{V_\psi^{\pi_\theta}}(\psi), \theta = \theta + \eta_\theta \nabla J(\theta)$
end for
返回 (θ, ψ)

值得注意的是，AC 算法也可以使用 Q 值函数作为其批判者。在这种情况下，优势函数可以用以下式子估计。

$$Q(s,a) - V(s) = Q(s,a) - \sum_a \pi(a|s)Q(s,a). \tag{5.11}$$

用来学习 Q 值函数这个批判者的损失函数为

$$J_Q = \big(R_t + \gamma Q(S_{t+1}, A_{t+1}) - Q(S_t, A_t)\big)^2, \tag{5.12}$$

或者

$$J_Q = \left(R_t + \gamma \sum_a \pi_\theta(a|S_{t+1})Q(S_{t+1}, a) - Q(S_t, A_t)\right)^2. \tag{5.13}$$

这里动作 A_{t+1} 由当前策略 π_θ 在状态 S_{t+1} 下取样而得。

5.4　生成对抗网络和 Actor-Critic

初看上去，生成对抗网络（Generative Adversarial Networks，GAN）(Goodfellow et al., 2014) 和 Actor-Critic 应该是截然不同的算法，用于不同的机器学习领域，一个是生成模型，而另一个是强化学习算法。但是实际上它们的结构十分类似。对于 GAN，有两个部分：用于根据某些输入生成对象的生成网络，以及紧接生成网络的用于判断生成对象真实与否的判别网络。对于 Actor-Critic 方法，也有两部分：根据状态输入生成动作的动作网络，以及一个紧接动作网络之后用价值函数

（比如下一个动作的价值或 Q 值）评估动作好坏的批判网络。

因此，GAN 和 Actor-Critic 基本遵循相同的结构。在这个结构中有两个相继的部分：一个用于生成物体，第二个用一个分数来评估生成物体的好坏；随后选择一个优化过程来使第二部分能够准确评估，并通过第二部分反向传播梯度到第一部分来保证它生成我们想要的内容，通过一个定义为损失函数的标准，也就是一个来自结构第二部分的分数或价值函数来实现。

GAN 和 Actor-Critic 的结构详细比较如图 5.1 所示。

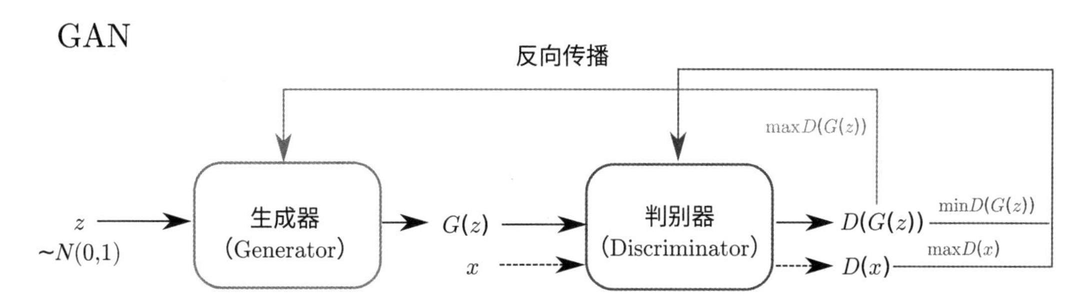

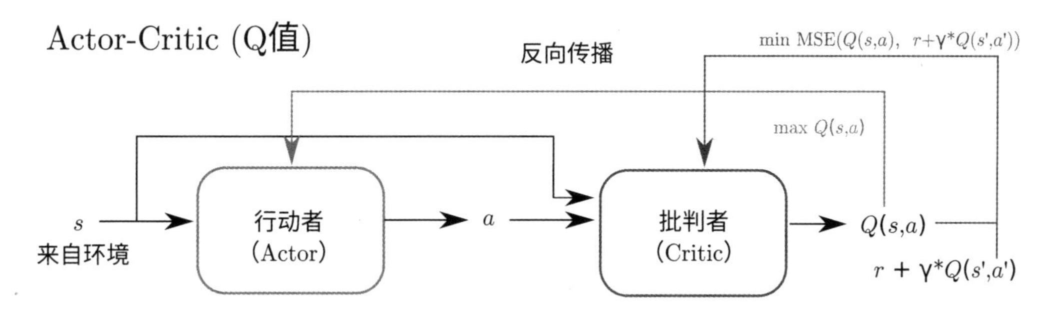

图 5.1 对比 GAN 和 Actor-Critic 的结构。在 GAN 中，z 是输入的噪声变量，它可以从如正态分布中采样，而 x 是从真实目标中采集的数据样本。在 Actor-Critic 中，s 和 a 分别表示状态和动作

- 对第一个生成物体的部分：GAN 中的生成器和 Actor-Critic 中的行动者基本一致，包括其前向推理过程和反向梯度优化过程。对于前向过程，生成器采用随机变量做输入，并输出生成的对象；对于方向优化过程，它的目标是最大化对生成对象的判别分数。行动者用状态作为输入并输出动作，对于优化来说，它的目标是最大化状态-动作对的评估值。
- 对于第二个评估物体的部分：判别器和批判者由于其功能不同而优化公式也不同，但是遵循相同的目标。判别器有来自真实对象额外输入。它的优化规则是最大化真实对象的判别值而最小化生成对象的判别值，这与我们的需要相符。对于批判者，它使用时间差分（Temporal Difference，TD）误差作为强化学习中的一种自举方法来按照最优贝尔曼方程优化价值函数。

也有一些其他模型彼此非常接近。举例来说，自动编码器（Auto-Encoder，AE）和 GAN 可

以是彼此的相反结构等。注意到，不同深度学习框架中的相似性可以帮助你获取关于现有不同领域方法共性的认识，而这有助于为未解决的问题提出新的方法。

5.5　同步优势 Actor-Critic

同步优势 Actor-Critic（Synchronous Advantage Actor-Critic，A2C）(Mnih et al., 2016) 和上一节讨论的 Actor-Critic 算法非常相似，只是在 Actor-Critic 算法的基础上增加了并行计算的设计。

如图 5.2 所示，全局行动者和全局批判者在 Master 节点维护。每个 Worker 节点的增强学习智能体通过协调器和全局行动者、全局批判者对话。在这个设计中，协调器负责收集各个 Worker 节点上与环境交互的经验（Experience），然后根据收集到的轨迹执行一步更新。更新之后，全局行动者被同步到各个 Worker 上继续和环境交互。在 Master 节点上，全局行动者和全局批判者的学习方法和 Actor-Critic 算法中行动者和批判者的学习方法一致，都是使用 TD 平方误差作为批判者的损失函数，以及 TD 误差的策略梯度来更新行动者的。

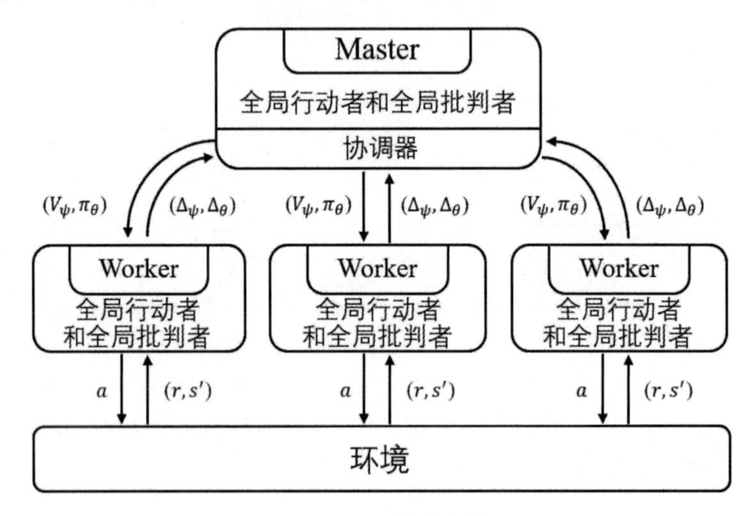

图 5.2　A2C 基本框架

在这种设计下，Worker 节点只负责和环境交互。所有的计算和更新都发生在 Master 节点。实际应用中，如果希望降低 Master 节点的计算负担，一些计算也可以转交给 Worker 节点[4]，比如说，每个 Worker 节点保存了当前全局批判者（Critic）。收集了一个轨迹之后，Worker 节点直接在本地计算给出全局行动者（Actor）和全局批判者的梯度。这些梯度信息继而被传送回 Master 节点。最后，协调器负责收集和汇总从各个 Worker 节点收集到的梯度信息，并更新全局模型。同样地，更新后的全局行动者和全局批判者被同步到各个 Worker 节点。A2C 算法的基本框架如算法 5.20 所示。

[4]这经常取决于每个 Worker 节点的计算能力，比如是否有 GPU 计算能力，等等。

算法 5.20 A2C

Master:
超参数: 步长 η_ψ 和 η_θ, Worker 节点集 $\mathcal{W}$。
输入: 初始策略函数参数 θ_0、初始价值函数参数 ψ_0。
初始化 $\theta=\theta_0$ 和 $\psi=\psi_0$
for $k=0,1,2,\cdots$ **do**
  $(g_\psi,g_\theta)=0$
  for $\mathcal{W}$ 里每一个 Worker 节点 **do**
    $(g_\psi,g_\theta)=(g_\psi,g_\theta)+$ **worker**$(V_\psi^{\pi_\theta},\pi_\theta)$
  end for
  $\psi=\psi-\eta_\psi g_\psi;\theta=\theta+\eta_\theta g_\theta$。
end for

Worker:
超参数: 奖励折扣因子 γ、轨迹长度 L。
输入: 价值函数 $V_\psi^{\pi_\theta}$、策略函数 π_θ。
执行 L 步策略 π_θ, 保存 $\{S_t,A_t,R_t,S_{t+1}\}$。
估计优势函数 $\hat{A}_t=R_t+\gamma V_\psi^{\pi_\theta}(S_{t+1})-V_\psi^{\pi_\theta}(S_t)$。
$J(\theta)=\sum_t\log\pi_\theta(A_t|S_t)\hat{A}_t$
$J_{V_\psi^{\pi_\theta}}(\psi)=\sum_t\hat{A}_t^2$
$(g_\psi,g_\theta)=(\nabla J_{V_\psi^{\pi_\theta}}(\psi),\nabla J(\theta))$
返回 (g_ψ,g_θ)

5.6 异步优势 Actor-Critic

异步优势 Actor-Critic（Asynchronous Advantage Actor-Critic, A3C）(Mnih et al., 2016) 是上一节中 A2C 的异步版本。在 A3C 的设计中，协调器被移除。每个 Worker 节点直接和全局行动者和全局批判者进行对话。Master 节点则不再需要等待各个 Worker 节点提供的梯度信息，而是在每次有 Worker 节点结束梯度计算的时候直接更新全局 Actor-Critic。由于不再需要等待，A3C 有比 A2C 更高的计算效率。但是同样也由于没有协调器协调各个 Worker 节点，Worker 节点提供梯度信息和全局 Actor-Critic 的一致性不再成立，即每次 Master 节点从 Worker 节点得到的梯度信息很可能不再是当前全局 Actor-Critic 的梯度信息。

注 5.2 虽然 A3C 为了计算效率而牺牲 Worker 节点和 Master 节点的一致性这一点看起来有些特殊，这种异步更新的方式在神经网络的更新中其实非常常见。近期的研究 (Mitliagkas et al., 2016) 还表明，异步更新不仅加速了学习，还自动为 SGD 产生了类似于动量（Momentum）的效果。

算法 5.21 A3C

Master:
超参数: 步长 η_ψ 和 η_θ、当前策略函数 π_θ、价值函数 $V_\psi^{\pi_\theta}$。
输入: 梯度 g_ψ, g_θ。
$\psi = \psi - \eta_\psi g_\psi; \theta = \theta + \eta_\theta g_\theta$。
返回 $(V_\psi^{\pi_\theta}, \pi_\theta)$

Worker:
超参数: 奖励折扣因子 γ、轨迹长度 L。
输入: 策略函数 π_θ、价值函数 $V_\psi^{\pi_\theta}$。
$(g_\theta, g_\psi) = (0, 0)$
for $k = 1, 2, \cdots$, **do**
  $(\theta, \psi) =$ **Master**(g_θ, g_ψ)
  执行 L 步策略 π_θ, 保存 $\{S_t, A_t, R_t, S_{t+1}\}$。
  估计优势函数 $\hat{A}_t = R_t + \gamma V_\psi^{\pi_\theta}(S_{t+1}) - V_\psi^{\pi_\theta}(S_t)$
  $J(\theta) = \sum_t \log \pi_\theta(A_t|S_t)\hat{A}_t$
  $J_{V_\psi^{\pi_\theta}}(\psi) = \sum_t \hat{A}_t^2$
  $(g_\psi, g_\theta) = (\nabla J_{V_\psi^{\pi_\theta}}(\psi), \nabla J(\theta))$
end for

5.7 信赖域策略优化

截至目前，我们在本章中介绍了初版策略梯度方法及其并行计算版本。在异步 Actor-Critic 的策略梯度中，我们更新策略如下。

$$\theta = \theta + \eta_\theta \nabla J(\theta), \tag{5.14}$$

这里

$$\nabla J(\theta) = \mathbb{E}_{\tau,\theta}\left[\sum_{i=0}^{\infty} \nabla \log \pi_\theta(A_i|\, S_i) A^{\pi_\theta}(S_i, A_i)\right], \tag{5.15}$$

其中优势函数 $A^{\pi_\theta}(s, a)$ 定义为

$$A^{\pi_\theta}(s, a) = Q^{\pi_\theta}(s, a) - V_\psi^{\pi_\theta}(s). \tag{5.16}$$

和标准的梯度下降算法一样，初版策略梯度方法也有步长不好确定的缺陷。梯度 $\nabla J(\theta)$ 本身只提供了在当前 θ 下局部的一阶信息而忽略了奖励函数定义的曲面的曲度。如果在高度弯曲的区域选择了较大的步长，那么学习算法的性能可能会突然大幅下降。相反地，如果选择的步长太

小，学习的过程可能会太保守，从而非常缓慢。更甚，策略梯度方法中的梯度 $\nabla J(\theta)$ 需要从基于当前策略 π_θ 收集的样本中估计。策略性能的突然下降或者提升太过缓慢，会反过来影响收集到的样本的质量，这让学习的性能对于步长的选择更敏感。

初版策略梯度方法的另一个局限是：它的更新是在参数空间，而不是策略空间中进行的。

$$\Pi = \{\pi | \pi \geqslant 0, \int \pi = 1\}. \tag{5.17}$$

因为相同的步长 η_θ 可能使策略 π_θ 在策略空间中有完全不一样幅度的更新，这使得步长 η_θ 在实际应用中更加难以选择。举个例子，考虑当前的策略 $\pi = (\sigma(\theta), 1-\sigma(\theta))$ 的两种不同情况。这里 $\sigma(\theta)$ 是 Sigmod 函数。假设在第一种情况下，θ 被从 $\theta = 6$ 更新到了 $\theta = 3$。而在另一种情况中，θ 被从 $\theta = 1.5$ 更新到了 $\theta = -1.5$。两种情况 π_θ 在参数空间中的更新幅度都是 3。然而，在第一种情况下，π_θ 在策略空间中从几乎是 $\pi \approx (1.00, 0.00)$ 变成了 $\pi \approx (0.95, 0.05)$，而在另一种情况下，$\pi = (0.82, 0.18)$ 被更新到了 $\pi = (0.18, 0.82)$。虽然两者在参数空间中的更新幅度相同，但是在策略空间中的更新幅度却完全不同。

在本节中，我们会开发一个能更好处理步长的策略梯度算法。这个算法的思想基于信赖域的想法，所以被称为信赖域策略优化算法（Trust Region Policy Optimization，TRPO）(Schulman et al., 2015)。注意到，我们的目标是找到一个比原策略 π_θ 更好的策略 π'_θ。下述引理为 π_θ 和 π'_θ 的性能提供了一个很深刻的联系：从 π_θ 到 π'_θ 在性能上的提升，可以由 π_θ 的优势函数 $A^{\pi_\theta}(s,a)$ 来计算。文献 (Kakade et al., 2002) 让 θ' 表示 π'_θ 的参数。

引理 5.1

$$J(\theta') = J(\theta) + \mathbb{E}_{\tau\sim\pi'_\theta}\left[\sum_{t=0}^{\infty}\gamma^t A^{\pi_\theta}(S_t, A_t)\right]. \tag{5.18}$$

这里 $J(\theta) = \mathbb{E}_{\tau\sim\pi_\theta}\left[\sum_{t=0}^{\infty}\gamma^t R(S_t, A_t)\right]$，$\tau$ 是由 π'_θ 产生的同状态动作轨迹。

所以，学习最优的策略 π_θ 等价于最大化以下这个目标

$$\mathbb{E}_{\tau\sim\pi'_\theta}\left[\sum_{t=0}^{\infty}\gamma^t A^{\pi_\theta}(S_t, A_t)\right]. \tag{5.19}$$

然而，上述式子其实难以直接优化，因为式子中的期望是在 π'_θ 上。基于此，TRPO 优化该式子的一个近似，我们用 $\mathcal{L}_{\pi_\theta}(\pi'_\theta)$ 表示，如下式。

$$\mathbb{E}_{\tau\sim\pi'_\theta}\left[\sum_{t=0}^{\infty}\gamma^t A^{\pi_\theta}(S_t, A_t)\right] \tag{5.20}$$

$$= \mathbb{E}_{s\sim\rho_{\pi'_\theta}(s)}\left[\mathbb{E}_{a\sim\pi'_\theta(a|\,s)}\left[A^{\pi_\theta}(s,a)|\,s\right]\right] \tag{5.21}$$

$$\approx \mathbb{E}_{s\sim\rho_{\pi_\theta}(s)}\left[\mathbb{E}_{a\sim\pi'_\theta(a|\,s)}\left[A^{\pi_\theta}(s,a)|\,s\right]\right] \tag{5.22}$$

$$= \mathbb{E}_{s\sim\rho_{\pi_\theta}(s)}\left[\mathbb{E}_{a\sim\pi_\theta(a|\,s)}\left[\frac{\pi'_\theta(a|\,s)}{\pi_\theta(a|\,s)}A^{\pi_\theta}(s,a)|\,s\right]\right] \tag{5.23}$$

$$= \mathbb{E}_{\tau\sim\pi_\theta}\left[\sum_{t=0}^{\infty}\gamma^t\frac{\pi'_\theta(A_t|\,S_t)}{\pi_\theta(A_t|\,S_t)}A^{\pi_\theta}(S_t,A_t)\right]. \tag{5.24}$$

用 $\mathcal{L}_{\pi_\theta}(\pi'_\theta)$ 表示上述等式的最后一个式子，即

$$\mathcal{L}_{\pi_\theta}(\pi'_\theta) = \mathbb{E}_{\tau\sim\pi_\theta}\left[\sum_{t=0}^{\infty}\gamma^t\frac{\pi'_\theta(A_t|\,S_t)}{\pi_\theta(A_t|\,S_t)}A^{\pi_\theta}(S_t,A_t)\right].$$

在上面的式子中，我们直接用 $\rho_{\pi_\theta}(s)$ 来近似 $\rho_{\pi'_\theta}(s)$。这个近似虽然看似粗糙，但下面的定理在理论上证明了，当 π_θ 和 π'_θ 相似的时候，这个近似并不差。

定理 5.1 让 $D_{\mathrm{KL}}^{\max}(\pi_\theta\|\pi'_\theta) = \max_s D_{\mathrm{KL}}(\pi_\theta(\cdot|s)\|\pi'_\theta(\cdot|s))$, 那么

$$|J(\theta') - J(\theta) - \mathcal{L}_{\pi_\theta}(\pi'_\theta)| \leqslant CD_{\mathrm{KL}}^{\max}(\pi_\theta\|\pi'_\theta). \tag{5.25}$$

这里 C 是和 π'_θ 无关的常数。

因此，如果 $D_{\mathrm{KL}}^{\max}(\pi_\theta\|\pi'_\theta)$ 很小，那么 $\mathcal{L}_{\pi_\theta}(\pi'_\theta)$ 可以合理地被作为一个优化目标。这便是 TRPO 的想法。实际中，TRPO 试图在平均 KL 散度的约束下优化 $\mathcal{L}_{\pi_\theta}(\pi'_\theta)$，如下所示。

$$\begin{aligned} \max_{\pi'_\theta} \quad & \mathcal{L}_{\pi_\theta}(\pi'_\theta) \\ \text{s.t.} \quad & \mathbb{E}_{s\sim\rho_{\pi_\theta}}\left[D_{\mathrm{KL}}(\pi_\theta\|\pi'_\theta)\right] \leqslant \delta. \end{aligned} \tag{5.26}$$

我们进一步讨论如何解 TRPO 中的这个优化问题。这里我们利用目标函数的一阶近似和约束的二阶近似。事实上，$\mathcal{L}_{\pi_\theta}(\pi'_\theta)$ 在策略 π_θ 处的梯度和 Actor-Critic 中一样。

$$g = \nabla_\theta\mathcal{L}_{\pi_\theta}(\pi'_\theta)|_\theta = \mathbb{E}_{\tau\sim\pi_\theta}\left[\sum_{t=0}^{\infty}\gamma^t\frac{\nabla_\theta\pi'_\theta(A_t|\,S_t)}{\pi_\theta(A_t|\,S_t)}A^{\pi_\theta}(S_t,A_t)\right]\Bigg|_\theta \tag{5.27}$$

$$= \mathbb{E}_{\tau\sim\pi_\theta}\left[\sum_{t=0}^{\infty}\gamma^t\nabla_\theta\log\pi_\theta(A_t|\,S_t)\Big|_\theta A^{\pi_\theta}(S_t,A_t)\right]. \tag{5.28}$$

此外，让 H 表示 $\mathbb{E}_{s\sim\rho_{\pi_\theta}}\left[D_{\mathrm{KL}}(\pi_\theta\|\pi'_\theta)\right]$ 的 Hessian 矩阵，那么，TRPO 在当前的 π_θ 求解如下优化问题。

$$\begin{aligned}\boldsymbol{\theta}' = \arg\max_{\boldsymbol{\theta}'} \quad & \boldsymbol{g}^\top(\boldsymbol{\theta}'-\boldsymbol{\theta}) \\ \text{s.t.} \quad & (\boldsymbol{\theta}'-\boldsymbol{\theta})^\top \boldsymbol{H}(\boldsymbol{\theta}'-\boldsymbol{\theta}) \leqslant \delta.\end{aligned} \tag{5.29}$$

易见这个问题的解析解存在：

$$\boldsymbol{\theta}' = \boldsymbol{\theta} + \sqrt{\frac{2\delta}{\boldsymbol{g}^\top \boldsymbol{H}^{-1}\boldsymbol{g}}}\boldsymbol{H}^{-1}\boldsymbol{g}. \tag{5.30}$$

实际中，我们使用共轭梯度算法来近似 $\boldsymbol{H}^{-1}\boldsymbol{g}$[5]。我们选择合适的步长来保证满足样本上的 KL 散度约束。最后，价值函数的学习通过最小化 MSE 误差达到。基于论文 (Schulman et al., 2015) 的完整的 TRPO 算法在算法 5.22 中。

注 5.3 负值 Hessian 矩阵 $-\boldsymbol{H}$ 也被称为 Fisher 信息矩阵。事实上，在批优化中，将 Fisher 信息矩阵应用到梯度下降算法中已经有不少的研究，被称为自然梯度（Nature Gradient）下降。这个方法的一个好处是，它对于再参数化是不变的，也即，不管函数参数化的方法是什么，该梯度保持不变。想了解更多关于自然梯度的细节，请参考论文 (Amari, 1998)。

5.8 近端策略优化

上一节我们介绍了信赖域策略优化算法（TRPO）。TRPO 的实现较为复杂，而且计算自然梯度的计算复杂度也较高。即使是用共轭梯度法来近似 $\boldsymbol{H}^{-1}\boldsymbol{g}$，每一次更新参数也需要多步的共轭梯度算法。在这一节中，我们介绍另一个策略梯度方法，即近端策略优化（Proximal Policy Optimization, PPO）。PPO 用一个更简单有效的方法来强制 π_θ 和 π'_θ 相似 (Schulman et al., 2017)。

回顾 TRPO 中的优化问题式 (5.26)：

$$\max_{\pi'_\theta} \quad \mathcal{L}_{\pi_\theta}(\pi'_\theta) \tag{5.35}$$

$$\text{s.t.} \quad \mathbb{E}_{s\sim\rho_{\pi_\theta}}\left[D_{\mathrm{KL}}(\pi_\theta\|\pi'_\theta)\right] \leqslant \delta. \tag{5.36}$$

与其优化一个带约束的优化问题，PPO 直接优化它的正则化版本。

$$\max_{\pi'_\theta} \mathcal{L}_{\pi_\theta}(\pi'_\theta) - \lambda \mathbb{E}_{s\sim\rho_{\pi_\theta}}\left[D_{\mathrm{KL}}(\pi_\theta\|\pi'_\theta)\right]. \tag{5.37}$$

[5]一般来讲，计算 $\boldsymbol{H}^{-1}$ 需要计算复杂度 $O(N^3)$。这在实际应用中一般代价十分昂贵，因为这里的 N 是模型参数的个数。

算法 5.22 TRPO

超参数: KL-散度上限 δ、回溯系数 α、最大回溯步数 K。

输入: 回放缓存 $\mathcal{D}_k$、初始策略函数参数 θ_0、初始价值函数参数 ϕ_0。

for episode $= 0, 1, 2, \cdots$ **do**

在环境中执行策略 $\pi_k = \pi(\theta_k)$ 并保存轨迹集 $\mathcal{D}_k = \{\tau_i\}$。

计算将得到的奖励 $\hat{G}_t$。

基于当前的价值函数 V_{ϕ_k} 计算优势函数估计 $\hat{A}_t$ （使用任何估计优势的方法）。

估计策略梯度

$$\hat{\boldsymbol{g}}_k = \frac{1}{|\mathcal{D}_k|} \sum_{\tau \in \mathcal{D}_k} \sum_{t=0}^{\mathrm{T}} \nabla_\theta \log \pi_\theta(A_t|S_t)\big|_{\boldsymbol{\theta}_k} \hat{A}_t \tag{5.31}$$

使用共轭梯度算法计算

$$\hat{\boldsymbol{x}}_k \approx \hat{\boldsymbol{H}}_k^{-1} \hat{\boldsymbol{g}}_k \tag{5.32}$$

这里 $\hat{\boldsymbol{H}}_k$ 是样本平均 KL 散度的 Hessian 矩阵。

通过回溯线搜索更新策略：

$$\boldsymbol{\theta}_{k+1} = \boldsymbol{\theta}_k + \alpha^j \sqrt{\frac{2\delta}{\hat{\boldsymbol{x}}_k^{\mathrm{T}} \hat{\boldsymbol{H}}_k \hat{\boldsymbol{x}}_k}} \hat{\boldsymbol{x}}_k \tag{5.33}$$

这里 j 是 $\{0, 1, 2, \cdots K\}$ 中提高样本损失并且满足样本 KL 散度约束的最小值。

通过使用梯度下降的算法最小化均方误差来拟合价值函数：

$$\phi_{k+1} = \arg\min_\phi \frac{1}{|\mathcal{D}_k| T} \sum_{\tau \in \mathcal{D}_k} \sum_{t=0}^{\mathrm{T}} \left(V_\phi(S_t) - \hat{G}_t \right)^2 \tag{5.34}$$

end for

这里 λ 是正则化系数。对于式 (5.26) 每一个 δ 值，都有一个相对应的 λ 使得两个优化问题有相同的解。然而，λ 的值依赖于 π_θ。基于此，在式 (5.37) 使用一个适应性的 λ 更合理。在 PPO 中，我们通过检验 KL 散度的值来决定 λ 的值应该增大还是减小。这个版本的 PPO 算法称为 PPO-Penalty。这个版本的实现如算法 5.23 所示 (Heess et al., 2017; Schulman et al., 2017)。

另一个方法是直接剪断用于策略梯度的目标函数，从而得到更保守的更新。让 $\ell_t(\theta')$ 表示两个策略的比值 $\frac{\pi'_\theta(A_t|S_t)}{\pi_\theta(A_t|S_t)}$。经验表明，下述目标函数可以让策略梯度方法有稳定的学习性能：

$$\mathcal{L}^{\text{PPO-Clip}}(\pi'_\theta) = \mathbb{E}_{\pi_\theta} \left[\min \left(\ell_t(\theta') A^{\pi_\theta}(S_t, A_t), \operatorname{clip}(\ell_t(\theta'), 1-\epsilon, 1+\epsilon) A^{\pi_\theta}(S_t, A_t) \right) \right]. \tag{5.38}$$

这里 $\operatorname{clip}(x, 1-\epsilon, 1+\epsilon)$ 将 x 截断在 $[1-\epsilon, 1+\epsilon]$ 中。这个版本的算法被称为 PPO-Clip，如算法 5.24 所示 (Schulman et al., 2017)。更具体，PPO-Clip 先将 $\ell_t(\theta')$ 截断在 $[1-\epsilon, 1+\epsilon]$ 中来保证 π'_θ 和 π_θ

算法 5.23 PPO-Penalty

超参数: 奖励折扣因子 γ，KL 散度惩罚系数 λ，适应性参数 $a = 1.5, b = 2$, 子迭代次数 M, B。
输入: 初始策略函数参数 θ、初始价值函数参数 ϕ。
for k $= 0, 1, 2, \cdots$ **do**
  执行 T 步策略 π_θ，保存 $\{S_t, A_t, R_t\}$。
  估计优势函数 $\hat{A}_t = \sum_{t'>t} \gamma^{t'-t} R_{t'} - V_\phi(S_t)$。
  $\pi_{\text{old}} \leftarrow \pi_\theta$
  for $m \in \{1, \cdots, M\}$ **do**
    $J_{\text{PPO}}(\theta) = \sum_{t=1}^{\text{T}} \frac{\pi_\theta(A_t|S_t)}{\pi_{\text{old}}(A_t|S_t)} \hat{A}_t - \lambda \hat{\mathbb{E}}_t \left[D_{\text{KL}}(\pi_{\text{old}}(\cdot|S_t) \| \pi_\theta(\cdot|S_t)) \right]$
    使用梯度算法基于 $J_{\text{PPO}}(\theta)$ 更新策略函数参数 θ。
  end for
  for $b \in \{1, \cdots, B\}$ **do**
    $L(\phi) = -\sum_{t=1}^{\text{T}} \left(\sum_{t'>t} \gamma^{t'-t} R_{t'} - V_\phi(S_t) \right)^2$
    使用梯度算法基于 $L(\phi)$ 更新价值函数参数 ϕ。
  end for
  计算 $d = \hat{\mathbb{E}}_t \left[D_{\text{KL}}(\pi_{\text{old}}(\cdot|S_t) \| \pi_\theta(\cdot|S_t)) \right]$
  if $d < d_{\text{target}}/a$ **then**
    $\lambda \leftarrow \lambda / b$
  else if $d > d_{\text{target}} \times a$ **then**
    $\lambda \leftarrow \lambda \times b$
  end if
end for

相似。最后，取截断的目标函数和未截断的目标函数中较小的一方作为学习的最终目标函数。所以，PPO-Clip 可以理解为在最大化目标函数的同时将从 π_θ 到 π'_θ 的更新保持在可控范围内。

5.9 使用 Kronecker 因子化信赖域的 Actor-Critic

使用 Kronecker 因子化信赖域的 Actor-Critic（Actor Critic using Kronecker-factored Trust Region，ACKTR）(Wu et al., 2017) 是降低 TRPO 计算负担的另一个方法。ACKTR 的想法是通过 Kronecker 因子近似曲度方法（Kronecker-Factored Approximated Curvature，K-FAC）(Grosse et al., 2016; Martens et al., 2015) 来计算自然梯度。在这一节中，我们介绍如何用 ACKTR 来学习 MLP 策略网络。

注意到

$$\mathbb{E}_{s \sim \rho_{\pi_{\text{old}}}} \left[\frac{\partial^2}{\partial^2 \theta} D_{\text{KL}}(\pi_{\text{old}} \| \pi_\theta) \right] \tag{5.45}$$

$$= -\mathbb{E}_{s \sim \rho_{\pi_{\text{old}}}} \left[\sum_a \pi_{\text{old}}(a|s) \frac{\partial^2}{\partial^2 \theta} \log \pi_\theta(a|s) \right] \tag{5.46}$$

算法 5.24 PPO-Clip

超参数: 截断因子 ϵ，子迭代次数 M, B。
输入: 初始策略函数参数 θ、初始价值函数参数 ϕ。
for k $= 0, 1, 2, \cdots$ **do**
在环境中执行策略 π_{θ_k} 并保存轨迹集 $\mathcal{D}_k = \{\tau_i\}$。
计算将得到的奖励 $\hat{G}_t$。
基于当前的价值函数 V_{ϕ_k} 计算优势函数 $\hat{A}_t$（基于任何优势函数的估计方法）。
for $m \in \{1, \cdots, M\}$ **do**

$$\ell_t(\theta') = \frac{\pi_\theta(A_t|S_t)}{\pi_{\theta_{\text{old}}}(A_t|S_t)} \tag{5.39}$$

采用 Adam 随机梯度上升算法最大化 PPO-Clip 的目标函数来更新策略：

$$\theta_{k+1} = \arg\max_{\theta} \frac{1}{|\mathcal{D}_k|T} \sum_{\tau \in D_k} \sum_{t=0}^{\mathrm{T}} \min(\ell_t(\theta') A^{\pi_{\theta_{\text{old}}}}(S_t, A_t), \tag{5.40}$$

$$\text{clip}(\ell_t(\theta'), 1-\epsilon, 1+\epsilon) A^{\pi_{\theta_{\text{old}}}}(S_t, A_t)) \tag{5.41}$$

end for
for $b \in \{1, \cdots, B\}$ **do**
采用梯度下降算法最小化均方误差来学习价值函数：

$$\phi_{k+1} = \arg\min_{\phi} \frac{1}{|\mathcal{D}_k|T} \sum_{\tau \in \mathcal{D}_k} \sum_{t=0}^{\mathrm{T}} \left(V_\phi(S_t) - \hat{G}_t\right)^2$$

end for
end for

$$= -\mathbb{E}_{s\sim\rho_{\pi_{\text{old}}}}\left[\mathbb{E}_{a\sim\pi_{\text{old}}}\left[\frac{\partial^2}{\partial^2\theta}\log\pi_\theta(a|s)\right]\right] \tag{5.47}$$

$$= \mathbb{E}_{s\sim\rho_{\pi_{\text{old}}}}\left[\mathbb{E}_{a\sim\pi_{\text{old}}}\left[\left(\nabla_\theta\log\pi_\theta(a|s)\right)\left(\nabla_\theta\log\pi_\theta(a|s)\right)^\top\right]\right]. \tag{5.48}$$

在 TRPO 中，我们需要使用多步的共轭梯度方法来近似 $\boldsymbol{H}^{-1}\boldsymbol{g}$。在 ACKTR 中，我们用一个分块对角矩阵来来近似 $\boldsymbol{H}^{-1}$。矩阵的每一块对应神经网络每一层的 Fisher 信息矩阵。假设网络的第 ℓ 层为 $\boldsymbol{x}_{\text{out}} = \boldsymbol{W}_\ell \boldsymbol{x}_{\text{in}}$。这里 $\boldsymbol{W}_\ell$ 的维度为 $d_{\text{out}} \times d_{\text{in}}$。我们来介绍 ACKTR 分解的想法。注意到这一层的梯度 $\nabla_{\boldsymbol{W}_\ell} L$ 是 $(\nabla_{\boldsymbol{x}_{\text{out}}} L)$ 和 $\boldsymbol{x}_{\text{in}}$ 的外积 $(\nabla_{\boldsymbol{x}_{\text{out}}} L)\boldsymbol{x}_{\text{in}}^\top$。所以

$$\left(\nabla_\theta\log\pi_\theta(a|s)\right)\left(\nabla_\theta\log\pi_\theta(a|s)\right)^\top = \boldsymbol{x}_{\text{in}}\boldsymbol{x}_{\text{in}}^\top \otimes (\nabla_{\boldsymbol{x}_{\text{out}}} L)(\nabla_{\boldsymbol{x}_{\text{out}}} L)^\top, \tag{5.49}$$

这里 $\otimes$ 是 Kronecker 乘积。进一步

$$\left(\left(\nabla_\theta \log \pi_\theta(a|s)\right)\left(\nabla_\theta \log \pi_\theta(a|s)\right)^\top\right)^{-1} \boldsymbol{g} \tag{5.50}$$

$$= \left(\boldsymbol{x}_{\text{in}}\boldsymbol{x}_{\text{in}}^\top \otimes (\nabla_{\boldsymbol{x}_{\text{out}}} L)(\nabla_{\boldsymbol{x}_{\text{out}}} L)^\top\right)^{-1} \boldsymbol{g} \tag{5.51}$$

$$= \left[\left(\boldsymbol{x}_{\text{in}}\boldsymbol{x}_{\text{in}}^\top\right)^{-1} \otimes \left((\nabla_{\boldsymbol{x}_{\text{out}}} L)(\nabla_{\boldsymbol{x}_{\text{out}}} L)^\top\right)^{-1}\right] \boldsymbol{g} \tag{5.52}$$

所以，与其对一个 $(d_{\text{in}}d_{\text{out}}) \times (d_{\text{in}}d_{\text{out}})$ 的矩阵求逆，从而需要 $O(d_{\text{in}}^3 d_{\text{out}}^3)$ 计算复杂度，ACKTR 只需要对两个维度为 $d_{\text{in}} \times d_{\text{in}}$ 和 $d_{\text{out}} \times d_{\text{out}}$ 的矩阵求逆，从而计算复杂度只有 $O(d_{\text{in}}^3 + d_{\text{out}}^3)$。

ACKTR 算法的实现如算法 5.25 所示。ACKTR 算法也可以被用于学习价值网络。感兴趣的读者可以参考论文 (Wu et al., 2017) 了解更多的细节，我们这里不做详细解释。

算法 5.25 ACKTR

超参数: 步长 $\eta_{\max}$、KL-散度上限 δ。
输入: 空回放缓存 $\mathcal{D}$、初始策略函数参数 θ_0、初始价值函数参数 ϕ_0
for k $= 0, 1, 2, \cdots$。 **do**
在环境中执行策略 $\pi_k = \pi(\boldsymbol{\theta}_k)$ 并保存轨迹集 $\mathcal{D}_k = \{\tau_i | i = 0, 1, \cdots\}$。
计算累积奖励 G_t。
基于当前的价值函数 V_{ϕ_k} 计算优势函数 $\hat{A}_t$（基于任何优势函数的估计方法）。
估计策略梯度。

$$\hat{\boldsymbol{g}}_k = \frac{1}{|\mathcal{D}_k|} \sum_{\tau \in \mathcal{D}_k} \sum_{t=0}^{\mathrm{T}} \nabla_\theta \log \pi_\theta(A_t|S_t)\big|_{\boldsymbol{\theta}_k} \hat{A}_t \tag{5.42}$$

for $l = 0, 1, 2, \cdots$ **do**
$\text{vec}(\Delta\boldsymbol{\theta}_k^l) = \text{vec}(\boldsymbol{A}_l^{-1} \nabla_{\boldsymbol{\theta}_k^l} \hat{\boldsymbol{g}}_k \boldsymbol{S}_l^{-1})$
这里 $\boldsymbol{A}_l = \mathbb{E}[\boldsymbol{a}_l \boldsymbol{a}_l^{\mathrm{T}}]$, $\boldsymbol{S}_l = \mathbb{E}[(\nabla_{\boldsymbol{s}_l} \hat{\boldsymbol{g}}_k)(\nabla_{\boldsymbol{s}_l} \hat{\boldsymbol{g}}_k)^{\mathrm{T}}]$（$\boldsymbol{A}_l, \boldsymbol{S}_l$ 通过计算片段的滚动平均值所得），$\boldsymbol{a}_l$ 是第 l 层的输入激活向量，$\boldsymbol{s}_l = \boldsymbol{W}_l \boldsymbol{a}_l$，$\text{vec}(\cdot)$ 是把矩阵变换成一维向量的向量化变换。
end for
由 K-FAC 近似自然梯度来更新策略：

$$\boldsymbol{\theta}_{k+1} = \boldsymbol{\theta}_k + \eta_k \Delta\boldsymbol{\theta}_k \tag{5.43}$$

这里 $\eta_k = \min(\eta_{\max}, \sqrt{\frac{2\delta}{\boldsymbol{\theta}_k^{\mathrm{T}} \hat{\boldsymbol{H}}_k \boldsymbol{\theta}_k}})$，$\hat{\boldsymbol{H}}_k^l = \boldsymbol{A}_l \otimes \boldsymbol{S}_l$。
采用 Gauss-Newton 二阶梯度下降方法（并使用 K-FAC 近似）最小化均方误差来学习价值函数：

$$\phi_{k+1} = \arg\min_\phi \frac{1}{|\mathcal{D}_k|T} \sum_{\tau \in \mathcal{D}_k} \sum_{t=0}^{\mathrm{T}} \left(V_\phi(S_t) - G_t\right)^2 \tag{5.44}$$

end for

5.10 策略梯度代码例子

在前几节中，我们在理论角度介绍了几个基于策略梯度算法的伪代码，介绍的内容包括 REINFORCE（初版策略梯度）、Actor-Critic（AC）、同步优势 Actor-Critic（A2C）、异步优势 Actor-Critic（A3C）、信赖域策略优化（TRPO）、近端策略优化（PPO）、使用 Kronecker 因子化信赖域的 Actor Critic（ACKTR）。在本节中，我们将提供以上部分算法的 Python 代码例子。例子中以 OpenAI Gym 作为游戏环境。我们会先简单地介绍一下在例子中用到的环境，之后详细介绍各算法的实现。虽然本章中介绍的多数算法都能应用于离散和连续的环境，但在实现中对于离散和连续环境的处理有一些不同。这里我们提供的例子只是作为演示，只能应用在同一种动作空间的特定环境中。不过读者可以通过简单地修改就能使代码应用于不同动作空间的其他环境中。完整代码在 GitHub 库中[6]，例子参考并改编自许多开源资料，感兴趣的读者可以参考各代码简介注释中 Reference 部分所提及的内容进行扩展学习。

5.10.1 相关的 Gym 环境

在以下几节中提供例子的环境都基于 OpenAI Gym 环境。这些环境可以被分为离散动作空间的环境和连续动作空间的环境。

```
import gym
env = gym.make('Pong-V0')
print(env.action_space)
```

上述代码建立了一个 ID 为 Pong-V0 的环境，并且打印出了它的动作空间。将 Pong-V0 这个 ID 换成其他诸如 CartPole-V1 或者 Pendulum-V0 的 ID 可以建立相应的环境。

以下几节中的代码会用到一些开源库。这里通过如下代码引入它们。

```
import numpy as np
import tensorflow as tf
import tensorflow_probability as tfp
import tensorlayer as tl
...
```

离散动作空间环境：Pong 与 CartPole

这里将介绍两个 OpenAI Gym 中使用离散动作空间的游戏：Pong 和 CartPole。

[6]链接见读者服务

Pong

在 Pong 游戏中（如图 5.3 所示），我们控制绿色的板子上下移动来弹球。这里使用了 Pong-V0 版本。在这个版本中，状态空间是一个 RGB 图像向量，形状为 (210, 160, 3)。需要输入的动作是一个在 0,1,2,3,4,5 中的整数，分别对应如下动作：0 空动作，1 开火，2 右，3 左，4 右 + 开火，5 左 + 开火。

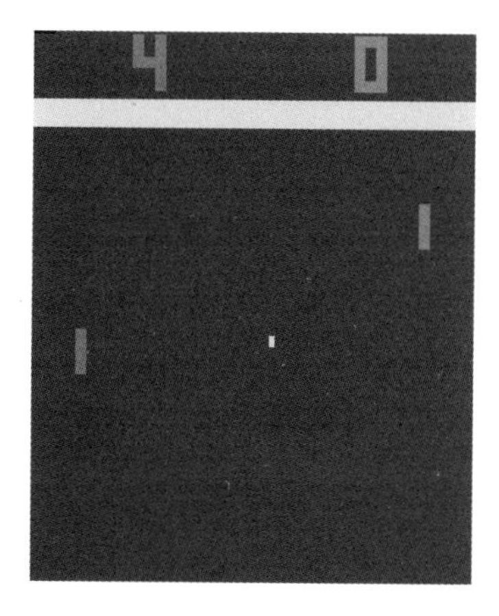

图 5.3 Pong

CartPole

CartPole（如图 5.4 所示）是一个经典的倒立摆环境。我们通过控制小车进行左右移动，来使杆子保持直立。在 CartPole-V0 环境中，观测空间是一个 4 维向量，分别表示小车的速度、小车的位置、杆子的角度、杆子顶端的速度。需要输入的动作是一个为 0 或者 1 的整数，分别控制小车左移和右移。

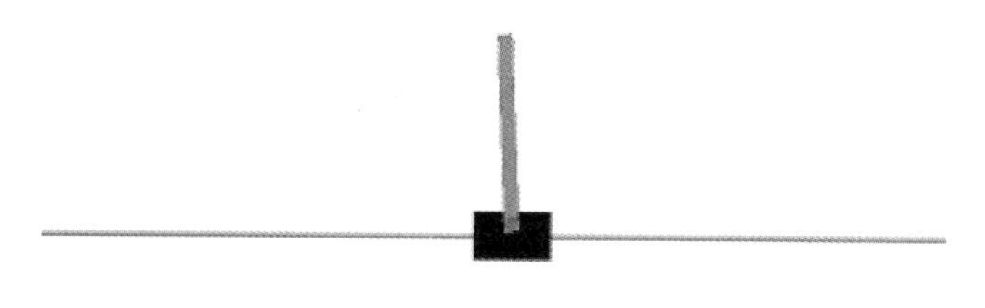

图 5.4 CartPole

连续动作空间环境：BipedalWalker-V2 与 Pendulum-V0

本节中，我们将介绍使用连续动作空间的环境：BipedalWalker-V2 和 Pendulum-V0。

BipedalWalker-V2

BipedalWalker-V2 是一个双足机器人仿真环境（如图 5.5 所示）。在环境中，我们要控制机器人在相对平坦的地面上行走，并最终到达目的地。其状态空间是一个 24 维向量，分别表示速度、角度信息，以及前方视野情况（详见表 5.1）。环境的动作空间是一个 4 维的连续动作空间，分别控制机器人的 2 个膝关节、2 个臀关节，一共 4 个关节进行旋转。

图 5.5　BipedalWalker-V2

表 5.1　BipedalWalker-V2 各维度状态意义简介

索引	简介	索引	简介
0	壳体角度	8	1 号腿触地状态
1	壳体角速度	9	2 号臀关节角度
2	壳体 x 方向速度	10	2 号臀关节速度
3	壳体 y 方向速度	11	2 号膝关节角度
4	1 号臀关节角度	12	2 号膝关节速度
5	1 号臀关节速度	13	2 号腿触地状态
6	1 号膝关节角度	14–23	10 位前方雷达测距值
7	1 号膝关节速度		

Pendulum-V0

Pendulum-V0 也是一个经典的倒立摆环境（如图 5.6 所示）。在环境中，我们需要控制杆子旋转来让其直立。环境的状态空间是一个 3 维向量，分别代表 $\cos(\theta)$、$\sin(\theta)$ 和 $\Delta(\theta)$。其中 θ 是杆子和垂直向上方向的角度。环境的动作是一维的动作，来控制杆子的旋转力矩。

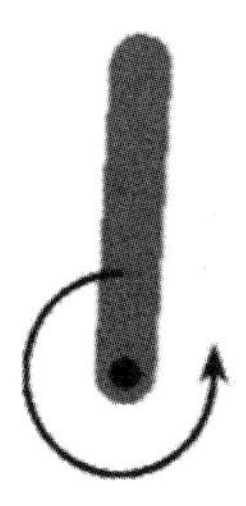

图 5.6 Pendulum-V0

值得注意的是，该环境中没有终止状态。这里的意思是，必须人为设置游戏的结束。在默认情况下，环境的最大运行步长被限制为 200 步。当运行超过 200 步时，`step()` 函数返回的 Done 变量将为 True。由于有这个限制，当我们每个回合片段运行超过 200 步时，代码逻辑会因为收到 done 信号而退出该回合。通过如下代码可以移除这个限制。

```
import gym
env = gym.make('Pendulum-V0')
env = env.unwrapped # 解除最大步长的限制
```

5.10.2 REINFORCE: Atari Pong 和 CartPole-V0

Pong

开始之前，我们需要准备一下环境、模型、优化器，并初始化一些之后会用上的变量。

```
env = gym.make("Pong-V0") # 创建环境
observation = env.reset() # 重置环境
prev_x = None
running_reward = None
reward_sum = 0
episode_number = 0

# 准备收集数据
xs, ys, rs = [], [], []
epx, epy, epr = [], [], []

model = get_model([None, D]) # 创建模型
train_weights = model.trainable_weights

optimizer = tf.optimizers.RMSprop(lr=learning_rate, decay=decay_rate) # 创建优化器
```

```
model.train() # 设置模型为训练模式（防止模型被加上 DropOut）

start_time = time.time()
game_number = 0
```

在完成准备工作之后，就可以运行主循环了。首先，我们需要对观测数据进行预处理，并将处理后的数据传递给变量 x。在将 x"喂"入网络之后，我们将从网络得到每个动作的执行概率。

为了简化难度，在这里只用到了 3 个动作：空动作、上、下。在 REINFORCE 算法中，使用了 Softmax 函数输出动作概率，最后通过概率选择动作。

```
while True:
    if render:
        env.render()

    cur_x = prepro(observation)
    x = cur_x - prev_x if prev_x is not None else np.zeros(D, dtype=np.float32)
    x = x.reshape(1, D)
    prev_x = cur_x

    _prob = model(x)
    prob = tf.nn.softmax(_prob)

    # 动作 1: 空动作 2: 上 3: 下
    action = tl.rein.choice_action_by_probs(prob[0].numpy(), [1, 2, 3])
```

现在基于当前状态选出了一个动作。接下来要用该动作和环境进行交互。环境根据当前收到的动作执行到下一步，并返回观测数据、奖励、结束状态和额外信息（对应代码中的变量 _）。我们将这些数据存储起来用于之后的更新。

```
    observation, reward, done, _ = env.step(action)

    reward_sum += reward
    xs.append(x) # 一个片段内的所有观测数据
    ys.append(action - 1) # 一个片段内的所有伪标签（由于动作从 1 开始，所以这里减 1）
    rs.append(reward) # 一个片段内的所有奖励
```

如果 step() 返回的结束状态为 True，说明当前片段结束。我们可以重置环境并开始一个新的片段。但在那之前，我们需要将刚刚采集的本片段的数据进行处理，之后存入跨片段数据列表中。

```
if done:
    episode_number += 1
    game_number = 0

    epx.extend(xs)
    epy.extend(ys)
    disR = tl.rein.discount_episode_rewards(rs, gamma)
    disR -= np.mean(disR)
    disR /= np.std(disR)
    epr.extend(disR)
    xs, ys, rs = [], [], []
```

智能体在进行了很多局游戏，并收集了足够的数据之后，就可以开始更新了。我们使用交叉熵损失和梯度下降方法来计算各参数的梯度，之后将梯度应用在相应的参数上，并结束更新。

```
    if episode_number
        print('batch over...... updating parameters......')
        with tf.GradientTape() as tape:
            _prob = model(epx)
            _loss = tl.rein.cross_entropy_reward_loss(_prob, epy, disR)
        grad = tape.gradient(_loss, train_weights)
        optimizer.apply_gradients(zip(grad, train_weights))

        epx, epy, epr = [], [], []
```

以上内容描述了主要工作，之后的代码主要用于显示训练相关数据，以便更好地观察训练走势。我们可以使用滑动平均来计算每个片段的运行奖励，以降低数据抖动的程度，方便观察趋势。最后，做完这些内容后别忘了重置环境，因为此时当前片段已经结束了。

```
    # if episode_number
    # tl.files.save_npz(network.all_params, name=model_file_name + '.npz')
    running_reward = reward_sum if running_reward is None else running_reward * 0.99
        + reward_sum * 0.01
    print('resetting env. episode reward total was {}. running mean:
        {}'.format(reward_sum, running_reward))
```

```
        reward_sum = 0
        observation = env.reset()
        prev_x = None

    if reward != 0:
        print(
            (   'episode
                (episode_number, game_number, time.time() - start_time, reward)
            ), ('' if reward == -1 else ' !!!!!!!!')
        )
        start_time = time.time()
        game_number += 1
```

CartPole

这个例子中，算法和 Pong 的一样。我们可以考虑将整个算法放入一个类中，并将各部分代码写入对应的函数。这样可以使得代码更为简洁易读。PolicyGradient 类的结构如下所示：

```
class PolicyGradient:
    def __init__(self, state_dim, action_num, learning_rate=0.02, gamma=0.99):
        # 类初始化。创建模型、优化器和需要的变量
        ......
    def get_action(self, s, greedy=False): # 基于动作分布选择动作
        ......
    def store_transition(self, s, a, r): # 存储从环境中采样的交互数据
        ......
    def learn(self): # 使用存储的数据进行学习和更新
        ......
    def _discount_and_norm_rewards(self): # 计算折扣化回报并进行标准化处理
        ......
    def save(self): # 存储模型
        ......
    def load(self): # 载入模型
        ......
```

初始化函数先后创建了一些变量、模型并选择 Adam 作为策略优化器。在代码中，我们可以看出这里的策略网络只有一层隐藏层。

```
def __init__(self, state_dim, action_num, learning_rate=0.02, gamma=0.99):
    self.gamma = gamma

    self.state_buffer, self.action_buffer, self.reward_buffer = [], [], []

    input_layer = tl.layers.Input([None, state_dim], tf.float32)
    layer = tl.layers.Dense(
        n_units=30, act=tf.nn.tanh, W_init=tf.random_normal_initializer(mean=0,
            stddev=0.3),
        b_init=tf.constant_initializer(0.1)
    )(input_layer)
    all_act = tl.layers.Dense(
        n_units=action_num, act=None, W_init=tf.random_normal_initializer(mean=0,
            stddev=0.3),
        b_init=tf.constant_initializer(0.1)
    )(layer)

    self.model = tl.models.Model(inputs=input_layer, outputs=all_act)
    self.model.train()
    self.optimizer = tf.optimizers.Adam(learning_rate)
```

在初始化策略网络之后，我们可以通过 get_action() 函数计算某状态下各动作的概率。通过设置'greedy=True'，可以直接输出概率最高的动作。

```
def get_action(self, s, greedy=False):
    _logits = self.model(np.array([s], np.float32))
    _probs = tf.nn.softmax(_logits).numpy()
    if greedy:
        return np.argmax(_probs.ravel())
    return tl.rein.choice_action_by_probs(_probs.ravel())
```

但此时，我们选择的动作可能并不好。只有通过不断学习之后，网络才能做出越来越好的判断。每次的学习过程由 learn() 函数完成，这部分函数的代码基本也和 Pong 例子中一样。我们使用标准化后的折扣化奖励和交叉熵损失来更新模型。在每次更新后，学过的转移数据将被丢弃。

```
def learn(self):
    # 计算标准化后的折扣化奖励
    discounted_ep_rs_norm = self._discount_and_norm_rewards()
```

```
    with tf.GradientTape() as tape:
        _logits = self.model(np.vstack(self.ep_obs))
        neg_log_prob = tf.nn.sparse_softmax_cross_entropy_with_logits(logits=_logits,
            labels=np.array(self.ep_as))
        loss = tf.reduce_mean(neg_log_prob * discounted_ep_rs_norm)

    grad = tape.gradient(loss, self.model.trainable_weights)
    self.optimizer.apply_gradients(zip(grad, self.model.trainable_weights))

    self.ep_obs, self.ep_as, self.ep_rs = [], [], [] # 清空片段数据
    return discounted_ep_rs_norm
```

learn() 函数需要使用智能体与环境交互得到的采样数据。因此我们需要使用 store_transition() 来存储交互过程中的每个状态、动作和奖励。

```
def store_transition(self, s, a, r):
    self.ep_obs.append(np.array([s], np.float32))
    self.ep_as.append(a)
    self.ep_rs.append(r)
```

策略梯度算法使用蒙特卡罗方法。因此，我们需要计算折扣化回报，并对回报进行标准化，也有助于学习。

```
def _discount_and_norm_rewards(self):
    # 计算折扣化片段奖励
    discounted_ep_rs = np.zeros_like(self.ep_rs)
    running_add = 0
    for t in reversed(range(0, len(self.ep_rs))):
        running_add = running_add * self.gamma + self.ep_rs[t]
        discounted_ep_rs[t] = running_add
    # 标准化片段奖励
    discounted_ep_rs -= np.mean(discounted_ep_rs)
    discounted_ep_rs /= np.std(discounted_ep_rs)
    return discounted_ep_rs
```

和 Pong 的代码一样，我们先准备好环境和算法。在创建好环境之后，我们产生一个名为 agent 的 PolicyGradient 类的实例。

```
env = gym.make(ENV_ID).unwrapped
```

```
# 通过设置随机种子，可以复现一些运行情况
np.random.seed(RANDOM_SEED)
tf.random.set_seed(RANDOM_SEED)
env.seed(RANDOM_SEED)
agent = PolicyGradient(
    action_num=env.action_space.n,
    state_dim=env.observation_space.shape[0],
)
t0 = time.time()
```

在训练模式中，我们使用模型输出的动作来和环境进行交互，之后存储转移数据并在每个片段更新策略。为了简化代码，智能体将在每局结束时直接进行更新。

```
if args.train:
    all_episode_reward = []
    for episode in range(TRAIN_EPISODES):
        # 重置环境
        state = env.reset()
        episode_reward = 0

        for step in range(MAX_STEPS): # 在一个片段中
            if RENDER:
                env.render()
            # 选择动作
            action = agent.get_action(state)
            # 与环境交互
            next_state, reward, done, info = env.step(action)
            # 存储转移数据
            agent.store_transition(state, action, reward)

            state = next_state
            episode_reward += reward
            # 如果环境返回 done 为 True，则跳出循环
            if done:
                break
        # 在每局游戏结束时进行更新
        agent.learn()
        print(
```

```
            'Training | Episode: {}/{} | Episode Reward: {:.0f} | Running Time:
              {:.4f}'.format(
                episode + 1, TRAIN_EPISODES, episode_reward,
                time.time() - t0))
```

我们可以在每局游戏结束后的部分增加一些代码，以便更好地显示训练过程。我们显示每个回合的总奖励和通过滑动平均计算的运行奖励。之后可以绘制运行奖励以便更好地观察训练趋势。最后，存储训练好的模型。

```
    agent.save()
    plt.plot(all_episode_reward)
    if not os.path.exists('image'):
        os.makedirs('image')
    plt.savefig(os.path.join('image', 'pg.png'))
```

如果我们使用测试模式，则过程更为简单，只需要载入预训练的模型，再用它和环境进行交互即可。

```
if args.test:
    # 进行测试
    agent.load()
    for episode in range(TEST_EPISODES):
        state = env.reset()
        episode_reward = 0
        for step in range(MAX_STEPS):
            env.render()
            state, reward, done, info = env.step(agent.get_action(state, True))
            episode_reward += reward
            if done:
                break
        print(
            'Testing | Episode: {}/{} | Episode Reward: {:.0f} | Running Time:
              {:.4f}'.format(
                episode + 1, TEST_EPISODES, episode_reward,
                time.time() - t0))
```

5.10.3 AC: CartPole-V0

Actor-Critic 算法通过 TD 方法计算基准，能在每次和环境交互后立刻更新策略，和 MC 非常不同。

在 Actor-Critic 算法中，我们建立了 2 个类：Actor 和 Critic，其结构如下所示。

```
class Actor(object):
    def __init__(self, state_dim, action_num, lr=0.001): # 类初始化。创建模型、优化器及其
                                                          # 所需变量
        ...
    def learn(self, state, action, td_error): # 更新模型
        ...
    def get_action(self, state, greedy=False): # 通过概率分布或者贪心方法选择动作
        ...
    def save(self): # 存储训练模型
        ...
    def load(self): # 载入训练模型
        ...

class Critic(object):
    def __init__(self, state_dim, lr=0.01): # 类初始化。创建模型、优化器及其所需变量
        ...
    def learn(self, state, reward, state_): # 更新模型
        ...
    def save(self): # 存储训练模型
        ...
    def load(self): # 载入训练模型
        ...
```

Actor 类的部分和策略梯度算法很像。唯一的区别是 learn() 函数使用了 TD 误差作为优势估计值进行更新，而不是使用折扣化奖励。

```
    def learn(self, state, action, td_error):
        with tf.GradientTape() as tape:
            _logits = self.model(np.array([state]))
            _exp_v = tl.rein.cross_entropy_reward_loss(logits=_logits, actions=[action],
                rewards=td_error[0])
        grad = tape.gradient(_exp_v, self.model.trainable_weights)
        self.optimizer.apply_gradients(zip(grad, self.model.trainable_weights))
```

```
        return _exp_v
```

和 PG 算法不同，AC 算法有一个带有价值网络的批判者，它能估计每个状态的价值。所以它初始化函数十分清晰，只需要创建网络和优化器即可。

```
class Critic(object):
    def __init__(self, state_dim, lr=0.01):
        input_layer = tl.layers.Input([1, state_dim], name='state')
        layer = tl.layers.Dense(
            n_units=30, act=tf.nn.relu6, W_init=tf.random_uniform_initializer(0, 0.01),
                name='hidden'
        )(input_layer)
        layer = tl.layers.Dense(n_units=1, act=None, name='value')(layer)
        self.model = tl.models.Model(inputs=input_layer, outputs=layer, name="Critic")
        self.model.train()

        self.optimizer = tf.optimizers.Adam(lr)
```

在初始化函数之后，我们有了一个价值网络。下一步就是建立 `learn()` 函数。`learn()` 函数任务非常简单，通过公式 $\delta = R + \gamma V(s') - V(s)$ 计算 TD 误差 δ，之后将 TD 误差作为优势估计来计算损失。

```
    def learn(self, state, reward, state_, done):
        d = 0 if done else 1
        v_ = self.model(np.array([state_]))
        with tf.GradientTape() as tape:
            v = self.model(np.array([state]))
            # TD_error = r + d * lambda * V(newS) - V(S)
            td_error = reward + d * LAM * v_ - v
            loss = tf.square(td_error)
        grad = tape.gradient(loss, self.model.trainable_weights)
        self.optimizer.apply_gradients(zip(grad, self.model.trainable_weights))
        return td_error
```

存储和载入函数与往常一样。我们也可以将网络参数存储为`.npz` 格式的文件。

```
    def save(self): # 存储模型
        if not os.path.exists(os.path.join('model', 'ac')):
            os.makedirs(os.path.join('model', 'ac'))
```

```
        tl.files.save_npz(self.model.trainable_weights, name=os.path.join('model', 'ac',
            'model_critic.npz'))

    def load(self): # 载入模型
        tl.files.load_and_assign_npz(name=os.path.join('model', 'ac',
            'model_critic.npz'), network=self.model)
```

训练循环的代码和之前的代码非常相似。唯一的不同是更新的时机不同。使用 TD 误差的情况下，我们可以在每步进行更新。

```
    if args.train:
        all_episode_reward = []
        for episode in range(TRAIN_EPISODES):
            # 重置环境
            state = env.reset().astype(np.float32)
            step = 0 # 片段中的步数
            episode_reward = 0 # 整个片段的奖励
            while True:
                if RENDER: env.render()
                # 选择动作，并与环境交互
                action = actor.get_action(state)
                state_new, reward, done, info = env.step(action)
                state_new = state_new.astype(np.float32)

                if done: reward = -20 # reward shaping trick
                episode_reward += reward

                # 在和环境交互后，更新模型
                td_error = critic.learn(state, reward, state_new, done)
                actor.learn(state, action, td_error)

                state = state_new
                step += 1

                # 一直运行，直到环境返回 done 为 True，或者达到最大步数限制
                if done or step >= MAX_STEPS:
                    break
```

显示信息、绘图和测试部分的代码和策略梯度的代码一样，这里就不再赘述了。

5.10.4 A3C: BipedalWalker-v2

在这里的 A3C 实现中，有个全局的 AC 和许多 Worker。全局 AC 的功能是使用 Worker 节点采集的数据更新网络。每个 Worker 节点都有自己的 AC 网络，用来和环境交互。Worker 节点并将采集的数据传给全局 AC，之后从全局 AC 获取最新的网络参数，再替换自己本地的参数并接着采集数据。Worker 类的结构如下所示：

```
class Worker(object):
    def __init__(self, name): # 初始化
        ...
    def work(self, globalAC): # 主要的功能函数
        ...
```

如上所说，每个 Worker 节点都有自己的行动者网络和批判者网络。所以在初始化函数中，我们通过实例化 ACNet 类来创建模型。

```
class Worker(object):
    def __init__(self, name):
        self.env = gym.make(GAME)
        self.name = name
        self.AC = ACNet(name)
```

work() 函数是 Worker 类的主要函数。它和之前代码中的主循环相似，但在更新的地方有所不同。和往常一样，这里循环的主要内容是从智能体取得动作，并与环境交互。

```
def work(self, globalAC):
    global GLOBAL_RUNNING_R, GLOBAL_EP
    total_step = 1
    buffer_s, buffer_a, buffer_r = [], [], []

    while not COORD.should_stop() and GLOBAL_EP < MAX_GLOBAL_EP:

        # 重置环境
        s = self.env.reset()
        ep_r = 0

        while True:
```

```
        # 在训练过程中，将 Worker0 可视化
        if self.name == 'Worker_0' and total_step
            self.env.render()

        # 选择动作并与环境交互
        s = s.astype('float32')
        a = self.AC.choose_action(s)
        s_, r, done, _info = self.env.step(a)
        s_ = s_.astype('float32')

        # 将机器人摔倒的奖励设置为 -2，代替原来的 -100
        if r == -100: r = -2

        ep_r += r

        # 存储转移数据
        buffer_s.append(s)
        buffer_a.append(a)
        buffer_r.append(r)
```

当智能体采集足够的数据时，将开始更新全局网络。在那之后，本地网络的参数将被替换为更新后的最新全局网络参数。

```
if total_step
    if done:
        v_s_ = 0 # 终止情况下
    else:
        v_s_ = self.AC.critic(s_[np.newaxis, :])[0,0] # 修正数据维度

    # 折扣化奖励
    buffer_v_target = []
    for r in buffer_r[::-1]:
        v_s_ = r + GAMMA * v_s_
        buffer_v_target.append(v_s_)
    buffer_v_target.reverse()
    buffer_s = tf.convert_to_tensor(np.vstack(buffer_s))
    buffer_a = tf.convert_to_tensor(np.vstack(buffer_a))
    buffer_v_target = tf.convert_to_tensor(np.vstack(buffer_v_target).astype('float32'))
```

```
        # 更新全局网络
        self.AC.update_global(buffer_s, buffer_a, buffer_v_target.astype('float32'),
            globalAC)
        buffer_s, buffer_a, buffer_r = [], [], []

        # 同步本地网络
        self.AC.pull_global(globalAC)

    s = s_
    total_step += 1
    if done:
        if len(GLOBAL_RUNNING_R) == 0: # 存储运行过程中的奖励
            GLOBAL_RUNNING_R.append(ep_r)
        else: # 使用滑动平均
            GLOBAL_RUNNING_R.append(0.95 * GLOBAL_RUNNING_R[-1] + 0.05 * ep_r)

        print('Training | {}, Episode: {}/{} | Episode Reward: {:.4f} | Running Time:
            {:.4f}'\
        .format(self.name, GLOBAL_EP, MAX_GLOBAL_EP, ep_r, time.time()-T0 ))
        GLOBAL_EP += 1
        break
```

在上述代码中用到的 ACNet 类包含行动者和批判者。它的结构如下所示：

```
class ACNet(object):
    def __init__(self, scope): # 初始化
        ...
    def update_global(self, buffer_s, buffer_a, buffer_v_target, globalAC):
        # 更新全局网络
        ...
    def pull_global(self, globalAC): # 本地网络同步全局网络
        ...
    def get_action(self, s, greedy=False): # 本地网络采集动作
        ...
    def save(self): # 存储训练模型
        ...
    def load(self): # 载入训练模型
```

```
    ...
```

update_global() 函数是其中最重要的函数之一，从如下代码可以看出，使用了采样数据来计算梯度，但是将梯度应用到全局网络，在那之后，再从全局网络更新数据，并继续循环。在这个模式下，可以异步更新多个 Worker 节点。

```
def update_global(
        self, buffer_s, buffer_a, buffer_v_target, globalAC
): # 通过采样更新全局 AC 网络
    # 更新全局批判者
    with tf.GradientTape() as tape:
        self.v = self.critic(buffer_s)
        self.v_target = buffer_v_target
        td = tf.subtract(self.v_target, self.v, name='TD_error')
        self.c_loss = tf.reduce_mean(tf.square(td))
    self.c_grads = tape.gradient(self.c_loss, self.critic.trainable_weights)
    OPT_C.apply_gradients(zip(self.c_grads, globalAC.critic.trainable_weights))
        # 将本地梯度应用在全局网络上
    # 更新全局行动者
    with tf.GradientTape() as tape:
        self.mu, self.sigma = self.actor(buffer_s)
        self.test = self.sigma[0]
        self.mu, self.sigma = self.mu * A_BOUND[1], self.sigma + 1e-5

        normal_dist = tfd.Normal(self.mu, self.sigma) # tf2.0 中没有 tf.contrib
        self.a_his = buffer_a
        log_prob = normal_dist.log_prob(self.a_his)
        exp_v = log_prob * td # td 在 critic 用过了，这里没有梯度
        entropy = normal_dist.entropy() # 鼓励探索
        self.exp_v = ENTROPY_BETA * entropy + exp_v
        self.a_loss = tf.reduce_mean(-self.exp_v)
    self.a_grads = tape.gradient(self.a_loss, self.actor.trainable_weights)
    OPT_A.apply_gradients(zip(self.a_grads, globalAC.actor.trainable_weights))
        # 将本地梯度应用在全局网络上
    return self.test # 返回测试用数据
```

更新本地网络的函数非常简单，只要将本地网络的参数替换为全局网络的参数即可。

```
def pull_global(self, globalAC): # 本地运行，从全局网络同步数据
```

```
    for l_p, g_p in zip(self.actor.trainable_weights,
        globalAC.actor.trainable_weights):
        l_p.assign(g_p)
    for l_p, g_p in zip(self.critic.trainable_weights,
        globalAC.critic.trainable_weights):
        l_p.assign(g_p)
```

最后，准备工作都完成后，在主函数中逐一启动各个线程即可。

```
env = gym.make(GAME)
N_S = env.observation_space.shape[0]
N_A = env.action_space.shape[0]

A_BOUND = [env.action_space.low, env.action_space.high]
A_BOUND[0] = A_BOUND[0].reshape(1, N_A)
A_BOUND[1] = A_BOUND[1].reshape(1, N_A)
with tf.device("/cpu:0"):
    GLOBAL_AC = ACNet(GLOBAL_NET_SCOPE) # 这里的全局网络只用来存储参数

T0 = time.time()
if args.train:
    with tf.device("/cpu:0"):
        OPT_A = tf.optimizers.RMSprop(LR_A, name='RMSPropA')
        OPT_C = tf.optimizers.RMSprop(LR_C, name='RMSPropC')

        workers = []
        for i in range(N_WORKERS):
            i_name = "Worker_%i" %i # worker name
            workers.append(Worker(i_name, GLOBAL_AC))

    COORD = tf.train.Coordinator()

    # 启动 TF 线程
    worker_threads = []
    for worker in workers:
        # t = threading.Thread(target=worker.work)
        job = lambda: worker.work(GLOBAL_AC)
        t = threading.Thread(target=job)
```

```
        t.start()
        worker_threads.append(t)
    COORD.join(worker_threads)

    GLOBAL_AC.save()
    plt.plot(GLOBAL_RUNNING_R)
    if not os.path.exists('image'):
        os.makedirs('image')
    plt.savefig(os.path.join('image', 'a3c.png'))
```

5.10.5 TRPO: Pendulum-V0

TRPO 以信赖域方法使用在 KL 散度约束下的最大更新步长。例子中也使用了通用优势估计器（Generalized Advantage Estimator, GAE）。我们先看一下 GAE_Buffer 如何实现。

```
class GAE_Buffer:
    def __init__(self, obs_dim, act_dim, size, gamma=0.99, lam=0.95): # 初始化缓存
        ...
    def store(self, obs, act, rew, val, logp, mean, log_std): # 存储数据
        ...
    def finish_path(self, last_val=0): # 通过 GAE-Lambda 计算优势估计
        ...
    def _discount_cumsum(self, x, discount): # 机选折扣化累积和
        ...
    def is_full(self): # 查看缓存是否已满
        ...
    def get(self): # 从缓存中取出数据
        ...
```

我们在初始化函数中建立之后要用到的变量。

```
class GAE_Buffer:
    def __init__(self, obs_dim, act_dim, size, gamma=0.99, lam=0.95):
        self.obs_buf = np.zeros((size, obs_dim), dtype=np.float32)
        self.act_buf = np.zeros((size, act_dim), dtype=np.float32)
        self.adv_buf = np.zeros(size, dtype=np.float32)
        self.rew_buf = np.zeros(size, dtype=np.float32)
        self.ret_buf = np.zeros(size, dtype=np.float32)
```

```
        self.val_buf = np.zeros(size, dtype=np.float32)
        self.logp_buf = np.zeros(size, dtype=np.float32)
        self.mean_buf = np.zeros(size, dtype=np.float32)
        self.log_std_buf = np.zeros(size, dtype=np.float32)
        self.gamma, self.lam = gamma, lam
        self.ptr, self.path_start_idx, self.max_size = 0, 0, size
```

在 store() 函数中，我们将数据存入对应的缓存中，再移动指针。

```
    def store(self, obs, act, rew, val, logp, mean, log_std):
        assert self.ptr < self.max_size # 确保有存储空间
        self.obs_buf[self.ptr] = obs
        self.act_buf[self.ptr] = act
        self.rew_buf[self.ptr] = rew
        self.val_buf[self.ptr] = val
        self.logp_buf[self.ptr] = logp
        self.mean_buf[self.ptr] = mean
        self.log_std_buf[self.ptr] = log_std
        self.ptr += 1
```

finish_path() 函数在每个轨迹的结尾或者一个回合结束时会被调用。它提取当前轨迹并计算 GAE-Lambda 优势和价值函数会用到的累积回报。

```
    def finish_path(self, last_val=0):
        path_slice = slice(self.path_start_idx, self.ptr)
        rews = np.append(self.rew_buf[path_slice], last_val)
        vals = np.append(self.val_buf[path_slice], last_val)
        # 下面两行计算了 GAE-Lambda 优势
        deltas = rews[:-1] + self.gamma * vals[1:] - vals[:-1]
        self.adv_buf[path_slice] = self._discount_cumsum(deltas, self.gamma * self.lam)

        # 下一行计算了折扣化奖励，它将作为价值函数的目标
        self.ret_buf[path_slice] = self._discount_cumsum(rews, self.gamma)[:-1]

        self.path_start_idx = self.ptr
```

在之前代码中用到的 _discount_cumsum() 函数如下所示。这里使用了 scipy（一个开源库）的内建函数来实现。

```
def _discount_cumsum(self, x, discount):
    return scipy.signal.lfilter([1], [1, float(-discount)], x[::-1], axis=0)[::-1]
```

is_full() 函数只是简单确认一下指针是否移动到底。

```
def is_full(self):
    return self.ptr == self.max_size
```

当缓存满了的时候，我们将取出数据并重置指针。这里使用了优势标准化技术。

```
def get(self):
    assert self.ptr == self.max_size # 取数据之前，缓存必须是满的
    self.ptr, self.path_start_idx = 0, 0

    # 下两行实现的是优势标准化技术
    adv_mean, adv_std = np.mean(self.adv_buf), np.std(self.adv_buf)
    self.adv_buf = (self.adv_buf - adv_mean) / adv_std
    return [self.obs_buf, self.act_buf, self.adv_buf, self.ret_buf, self.logp_buf,
        self.mean_buf, self.log_std_buf]
```

接下来我们将介绍 TRPO，其结构如下所示：

```
class TRPO:
    def __init__(self, state_dim, action_dim, action_bound): # 创建网络、优化器及变量
        ...
    def get_action(self, state, greedy=False): # 获取动作和其他变量
        ...
    def pi_loss(self, states, actions, adv, old_log_prob): # 计算策略损失
        ...
    def gradient(self, states, actions, adv, old_log_prob): # 计算策略网络梯度
        ...
    def train_vf(self, states, rewards_to_go): # 训练价值网络
        ...
    def kl(self, states, old_mean, old_log_std): # 计算 KL 散度
        ...
    def _flat_concat(self, xs): # 展平变量
        ...
    def get_pi_params(self): # 获取策略网络的参数
        ...
```

```
    def set_pi_params(self, flat_params): # 设置策略网络的参数
        ...
    def save(self): # 存储网络参数
        ...
    def load(self): # 载入网络参数
        ...
    def cg(self, Ax, b): # 共轭梯度算法
        ...
    def hvp(self, states, old_mean, old_log_std, x): # Hessian 向量积（Hessian-vector
        product）
        ...
    def update(self): # 更新全部网络
        ...
    def finish_path(self, done, next_state): # 结束一段轨迹
        ...
```

和往常一样，我们在初始化函数中先设置网络、优化器和其他变量。这里的动作分布是由一个均值和一个标准差描述的高斯分布。策略网络只输出了每个动作维度的均值，所有动作共用一个变量来作为对数标准差。

```
class TRPO:
    def __init__(self, state_dim, action_dim, action_bound):
        # critic
        with tf.name_scope('critic'):
            layer = input_layer = tl.layers.Input([None, state_dim], tf.float32)
            for d in HIDDEN_SIZES:
                layer = tl.layers.Dense(d, tf.nn.relu)(layer)
            v = tl.layers.Dense(1)(layer)
        self.critic = tl.models.Model(input_layer, v)
        self.critic.train()

        # actor
        with tf.name_scope('actor'):
            layer = input_layer = tl.layers.Input([None, state_dim], tf.float32)
            for d in HIDDEN_SIZES:
                layer = tl.layers.Dense(d, tf.nn.relu)(layer)
            mean = tl.layers.Dense(action_dim, tf.nn.tanh)(layer)
            mean = tl.layers.Lambda(lambda x: x * action_bound)(mean)
            log_std = tf.Variable(np.zeros(action_dim, dtype=np.float32))
```

```
        self.actor = tl.models.Model(input_layer, mean)
        self.actor.trainable_weights.append(log_std)
        self.actor.log_std = log_std
        self.actor.train()

        self.buf = GAE_Buffer(state_dim, action_dim, BATCH_SIZE, GAMMA, LAM)
        self.critic_optimizer = tf.optimizers.Adam(learning_rate=VF_LR)
        self.action_bound = action_bound
```

有了网络，我们就可以通过如下函数取得对应状态下的动作。除此之外，我们需要计算一些额外数据存入 GAE 缓存中。

```
    def get_action(self, state, greedy=False):
        state = np.array([state], np.float32)
        mean = self.actor(state)
        log_std = tf.convert_to_tensor(self.actor.log_std)
        std = tf.exp(log_std)
        std = tf.ones_like(mean) * std
        pi = tfp.distributions.Normal(mean, std)

        if greedy:
            action = mean
        else:
            action = pi.sample()
        action = np.clip(action, -self.action_bound, self.action_bound)
        logp_pi = pi.log_prob(action)

        value = self.critic(state)
        return action[0], value, logp_pi, mean, log_std
```

如下代码显示了如何计算策略损失。我们先计算替代优势，这是一个描述当前策略在之前策略采样的数据中表现如何的数据。之后使用负的替代优势作为子策略损失。

```
    def pi_loss(self, states, actions, adv, old_log_prob):
        mean = self.actor(states)
        pi = tfp.distributions.Normal(mean, tf.exp(self.actor.log_std))
        log_prob = pi.log_prob(actions)[:, 0]
        ratio = tf.exp(log_prob - old_log_prob)
```

```
    surr = tf.reduce_mean(ratio * adv)
    return -surr
```

通过调用之前定义的 pi_loss() 函数，我们可以很简单地计算梯度。

```
def gradient(self, states, actions, adv, old_log_prob):
    pi_params = self.actor.trainable_weights
    with tf.GradientTape() as tape:
        loss = self.pi_loss(states, actions, adv, old_log_prob)
    grad = tape.gradient(loss, pi_params)
    gradient = self._flat_concat(grad)
    return gradient, loss
```

训练价值网络的方法如下所示。只要通过回归减少均方差即可拟合价值函数。

```
def train_vf(self, states, rewards_to_go):
    with tf.GradientTape() as tape:
        value = self.critic(states)
        loss = tf.reduce_mean((rewards_to_go - value[:, 0]) ** 2)
    grad = tape.gradient(loss, self.critic.trainable_weights)
    self.critic_optimizer.apply_gradients(zip(grad, self.critic.trainable_weights))
```

计算 KL 散度的过程如下所示。我们先基于均值和标准差产生动作分布，然后计算两个分布的 KL 散度。

```
def kl(self, states, old_mean, old_log_std):
    old_mean = old_mean[:, np.newaxis]
    old_log_std = old_log_std[:, np.newaxis]
    old_std = tf.exp(old_log_std)
    old_pi = tfp.distributions.Normal(old_mean, old_std)

    mean = self.actor(states)
    std = tf.exp(self.actor.log_std)*tf.ones_like(mean)
    pi = tfp.distributions.Normal(mean, std)

    kl = tfp.distributions.kl_divergence(pi, old_pi)
    all_kls = tf.reduce_sum(kl, axis=1)
    return tf.reduce_mean(all_kls)
```

在这个代码例子中，许多参数都使用 _flat_concat() 函数展平，这样能简化很多计算过程。

```
def _flat_concat(self, xs):
    return tf.concat([tf.reshape(x, (-1,)) for x in xs], axis=0)
```

如下的 get_pi_params() 和 set_pi_params() 函数用于获得和设置行动者网络的参数。在获取和设置参数的过程中需要进行一些简单的处理。

```
def get_pi_params(self):
    pi_params = self.actor.trainable_weights
    return self._flat_concat(pi_params)

def set_pi_params(self, flat_params):
    pi_params = self.actor.trainable_weights
    flat_size = lambda p: int(np.prod(p.shape.as_list())) # the 'int' is important
        for scalars
    splits = tf.split(flat_params, [flat_size(p) for p in pi_params])
    new_params = [tf.reshape(p_new, p.shape) for p, p_new in zip(pi_params, splits)]
    return tf.group([p.assign(p_new) for p, p_new in zip(pi_params, new_params)])
```

存储和载入函数和之前一样。

```
def save(self):
    path = os.path.join('model', 'trpo')
    if not os.path.exists(path):
        os.makedirs(path)
    tl.files.save_weights_to_hdf5(os.path.join(path, 'actor.hdf5'), self.actor)
    tl.files.save_weights_to_hdf5(os.path.join(path, 'critic.hdf5'), self.critic)

def load(self):
    path = os.path.join('model', 'trpo')
    tl.files.load_hdf5_to_weights_in_order(os.path.join(path, 'actor.hdf5'),
        self.actor)
    tl.files.load_hdf5_to_weights_in_order(os.path.join(path, 'critic.hdf5'),
        self.critic)
```

如下代码实现的是共轭梯度算法[7]。使用这个函数可以不通过计算和存储整个矩阵来直接计算矩阵向量积。

[7]链接见读者服务

```
def cg(self, Ax, b):
    x = np.zeros_like(b)
    r = copy.deepcopy(b) # 注意，这里应该是'b - Ax(x)'，但 x=0 时，Ax(x)=0。如果想热启
                         # 动可以进行修改
    p = copy.deepcopy(r)
    r_dot_old = np.dot(r, r)
    for _ in range(CG_ITERS):
        z = Ax(p)
        alpha = r_dot_old / (np.dot(p, z) + EPS)
        x += alpha * p
        r -= alpha * z
        r_dot_new = np.dot(r, r)
        p = r + (r_dot_new / r_dot_old) * p
        r_dot_old = r_dot_new
    return x
```

如下代码显示了通过使用公式 $\boldsymbol{H}\boldsymbol{x} = \nabla_\theta \left(\left(\nabla_\theta \bar{D}_{KL}(\theta \| \theta_k) \right)^{\mathrm{T}} \boldsymbol{x} \right)$ 计算 Hessian 向量积的过程。这里使用阻尼系数来改变计算 $\boldsymbol{H}\boldsymbol{x} \to (\alpha \boldsymbol{I} + \boldsymbol{H})\boldsymbol{x}$ 的过程，可以获得更好的数值稳定性。

```
def hvp(self, states, old_mean, old_log_std, x):
    pi_params = self.actor.trainable_weights
    with tf.GradientTape() as tape1:
        with tf.GradientTape() as tape0:
            d_kl = self.kl(states, old_mean, old_log_std)
        g = self._flat_concat(tape0.gradient(d_kl, pi_params))
        l = tf.reduce_sum(g * x)
    hvp = self._flat_concat(tape1.gradient(l, pi_params))

    if DAMPING_COEFF > 0:
        hvp += DAMPING_COEFF * x
    return hvp
```

有了如上准备，我们最后可以开始更新了。首先，通过 GAE 采集数据并计算梯度和损失。接着我们使用共轭梯度算法来计算变量 $\boldsymbol{x}$，它对应公式 $\hat{\boldsymbol{x}}_k \approx \hat{\boldsymbol{H}}_k^{-1} \hat{\boldsymbol{g}}_k$ 中的 $\hat{\boldsymbol{x}}_k$。然后，我们计算公式 $\theta_{k+1} = \theta_k + \alpha^j \sqrt{\frac{2\delta}{\hat{\boldsymbol{x}}_k^{\mathrm{T}} \hat{\boldsymbol{H}}_k \hat{\boldsymbol{x}}_k}} \hat{\boldsymbol{x}}_k$ 中的 $\sqrt{\frac{2\delta}{\hat{\boldsymbol{x}}_k^{\mathrm{T}} \hat{\boldsymbol{H}}_k \hat{\boldsymbol{x}}_k}}$ 部分。之后，我们使用回溯线搜索来更新策略网络。最后，通过 MES 损失更新价值网络。

```
def update(self):
```

```
states, actions, adv, rewards_to_go, logp_old_ph, old_mu, old_log_std =
    self.buf.get()
g, pi_l_old = self.gradient(states, actions, adv, logp_old_ph)

Hx = lambda x: self.hvp(states, old_mu, old_log_std, x)
x = self.cg(Hx, g)

alpha = np.sqrt(2 * DELTA / (np.dot(x, Hx(x)) + EPS))
old_params = self.get_pi_params()

def set_and_eval(step):
    params = old_params - alpha * x * step
    self.set_pi_params(params)
    d_kl = self.kl(states, old_mu, old_log_std)
    loss = self.pi_loss(states, actions, adv, logp_old_ph)
    return [d_kl, loss]

# 回溯线搜索，固定 KL 限制
for j in range(BACKTRACK_ITERS):
    kl, pi_l_new = set_and_eval(step=BACKTRACK_COEFF ** j)
    if kl <= DELTA and pi_l_new <= pi_l_old:
        # 接受一步线搜索中更新的新参数
        break
else:
    # 线搜索失败，保持旧参数
    set_and_eval(step=0.)

# 价值网络更新
for _ in range(TRAIN_V_ITERS):
    self.train_vf(states, rewards_to_go)
```

这里在轨迹要被切断或者回合结束的时候，也会需要使用 finish_path() 函数。如果轨迹由于智能体到达终止状态而结束，那么最后的价值将被设置为 0。

```
def finish_path(self, done, next_state):
    if not done:
        next_state = np.array([next_state], np.float32)
        last_val = self.critic(next_state)
```

```
    else:
        last_val = 0
    self.buf.finish_path(last_val)
```

代码的主循环如下所示。我们先创建环境、智能体和一些后面会用上的变量。

```
env = gym.make(ENV_ID).unwrapped

# 设置随机种子以便复现效果
np.random.seed(RANDOM_SEED)
tf.random.set_seed(RANDOM_SEED)
env.seed(RANDOM_SEED)

state_dim = env.observation_space.shape[0]
action_dim = env.action_space.shape[0]
action_bound = env.action_space.high

agent = TRPO(state_dim, action_dim, action_bound)
t0 = time.time()
```

在训练模式下，我们将智能体与环境产生的交互数据存入缓存，当缓存满了的时候则进行一次更新。

```
if args.train: # train
    all_episode_reward = []
    for episode in range(TRAIN_EPISODES):
        state = env.reset()
        state = np.array(state, np.float32)
        episode_reward = 0
        for step in range(MAX_STEPS):
            if RENDER:
                env.render()
            action, value, logp, mean, log_std = agent.get_action(state)
            next_state, reward, done, _ = env.step(action)
            next_state = np.array(next_state, np.float32)
            agent.buf.store(state, action, reward, value, logp, mean, log_std)
            episode_reward += reward
            state = next_state
            if agent.buf.is_full():
```

```
                agent.finish_path(done, next_state)
                agent.update()
            if done:
                break
        agent.finish_path(done, next_state)
        if episode == 0:
            all_episode_reward.append(episode_reward)
        else:
            all_episode_reward.append(all_episode_reward[-1] * 0.9 + episode_reward *
                 0.1)
        print(
            'Training | Episode: {}/{} | Episode Reward: {:.4f} | Running Time:
                {:.4f}'.format(
                episode+1, TRAIN_EPISODES, episode_reward,
                time.time() - t0
            )
        )
        if episode
            agent.save()
    agent.save()
```

接着我们可以增加一些绘图的代码，以便于观察训练过程。

```
    plt.plot(all_episode_reward)
    if not os.path.exists('image'):
        os.makedirs('image')
    plt.savefig(os.path.join('image', 'trpo.png'))
```

当训练完成后，我们可以开始测试。

```
if args.test:
    # test
    agent.load()
    for episode in range(TEST_EPISODES):
        state = env.reset()
        episode_reward = 0
        for step in range(MAX_STEPS):
            env.render()
            action, *_ = agent.get_action(state, greedy=True)
```

```
            state, reward, done, info = env.step(action)
            episode_reward += reward
            if done:
                break
        print(
            'Testing | Episode: {}/{} | Episode Reward: {:.4f} | Running Time:
                {:.4f}'.format(
                episode + 1, TEST_EPISODES, episode_reward,
                time.time() - t0))
```

5.10.6 PPO: Pendulum-V0

PPO 是一种一阶方法，与 TRPO 这样的二阶算法不同。

在 PPO-Penalty 中，是通过给目标函数增加一个 KL 散度惩罚项的，以解决像 TRPO 这样带 KL 约束的更新问题。PPO 类的结构如下所示：

```
class PPO(object):
    def __init__(self, state_dim, action_dim, action_bound, method='clip'): # 初始化
        ...
    def train_actor(self, state, action, adv, old_pi): # 行动者训练函数
        ...
    def train_critic(self, reward, state): # 批判者训练函数
        ...
    def update(self): # 主更新函数
        ...
    def get_action(self, s, greedy=False): # 选择动作
        ...
    def save(self): # 存储网络
        ...
    def load(self): # 载入网络
        ...
    def store_transition(self, state, action, reward): # 存储每步的状态、动作、奖励
        ...
    def finish_path(self, next_state): # 计算累积奖励
        ...
```

在 PPO 算法中，我们在初始化函数中建立行动者网络和批判者网络。PPO 有两种方法：PPO-Penalty 和 PPO-Clip。我们在选用不同的方法时，要设置其相对应的参数。由于环境是一个连续运

动控制环境，我们可以使用随机策略网络输出均值和对数标准差来描述动作分布。另外，我们在网络输出加了一个 lambda 层将均值乘以 2，这是由于'Pendulum-V0' 环境中的动作范围是 $[-2,2]$。

```
class PPO(object):
    def __init__(self, state_dim, action_dim, action_bound, method='clip'):
        # Critic
        with tf.name_scope('critic'):
            inputs = tl.layers.Input([None, state_dim], tf.float32, 'state')
            layer = tl.layers.Dense(64, tf.nn.relu)(inputs)
            layer = tl.layers.Dense(64, tf.nn.relu)(layer)
            v = tl.layers.Dense(1)(layer)
        self.critic = tl.models.Model(inputs, v)
        self.critic.train()

        # Actor
        with tf.name_scope('actor'):
            inputs = tl.layers.Input([None, state_dim], tf.float32, 'state')
            layer = tl.layers.Dense(64, tf.nn.relu)(inputs)
            layer = tl.layers.Dense(64, tf.nn.relu)(layer)
            a = tl.layers.Dense(action_dim, tf.nn.tanh)(layer)
            mean = tl.layers.Lambda(lambda x: x * action_bound, name='lambda')(a)
            logstd = tf.Variable(np.zeros(action_dim, dtype=np.float32))
        self.actor = tl.models.Model(inputs, mean)
        self.actor.trainable_weights.append(logstd)
        self.actor.logstd = logstd
        self.actor.train()
        self.actor_opt = tf.optimizers.Adam(LR_A)
        self.critic_opt = tf.optimizers.Adam(LR_C)

        self.method = method
        if method == 'penalty':
            self.kl_target = KL_TARGET
            self.lam = LAM
        elif method == 'clip':
            self.epsilon = EPSILON

        self.state_buffer, self.action_buffer = [], []
        self.reward_buffer, self.cumulative_reward_buffer = [], []
```

```
    self.action_bound = action_bound
```

train_actor() 函数负责使用 PPO 方法更新行动者。PPO 使用特定的目标函数来防止新策略远离旧策略。

```
def train_actor(self, state, action, adv, old_pi):
    with tf.GradientTape() as tape:
        mean, std = self.actor(state), tf.exp(self.actor.logstd)
        pi = tfp.distributions.Normal(mean, std)

        ratio = tf.exp(pi.log_prob(action) - old_pi.log_prob(action))
        surr = ratio * adv
        if self.method == 'penalty': # ppo penalty
            kl = tfp.distributions.kl_divergence(old_pi, pi)
            kl_mean = tf.reduce_mean(kl)
            aloss = -(tf.reduce_mean(surr - self.lam * kl))
        else: # ppo clip
            aloss = -tf.reduce_mean(
                tf.minimum(surr,
                           tf.clip_by_value(ratio, 1. - self.epsilon, 1. + self.epsilon)
                               * adv)
            )
    a_gard = tape.gradient(aloss, self.actor.trainable_weights)
    self.actor_opt.apply_gradients(zip(a_gard, self.actor.trainable_weights))

    if self.method == 'kl_pen':
        return kl_mean
```

train_critic() 函数负责对批判者进行更新，代码如下所示。过程就是计算优势并最小化损失 $\sum_t \hat{A}_t^2$。

```
def train_critic(self, reward, state):
    reward = np.array(reward, dtype=np.float32)
    with tf.GradientTape() as tape:
        advantage = reward - self.critic(state)
        loss = tf.reduce_mean(tf.square(advantage))
    grad = tape.gradient(loss, self.critic.trainable_weights)
    self.critic_opt.apply_gradients(zip(grad, self.critic.trainable_weights))
```

在 update() 函数中，我们先计算旧策略的分布，之后再进行更新。如果我们使用 PPO-Penalty 方法，则我们还需要在更新行动者之后，根据 KL 散度来更新 lambda 值。

```
def update(self):
    s = np.array(self.state_buffer, np.float32)
    a = np.array(self.action_buffer, np.float32)
    r = np.array(self.cumulative_reward_buffer, np.float32)
    mean, std = self.actor(s), tf.exp(self.actor.logstd)
    pi = tfp.distributions.Normal(mean, std)
    adv = r - self.critic(s)

    # update actor
    if self.method == 'kl_pen':
        for _ in range(A_UPDATE_STEPS):
            kl = self.a_train(s, a, adv, pi)
        if kl < self.kl_target / 1.5:
            self.lam /= 2
        elif kl > self.kl_target * 1.5:
            self.lam *= 2
    else:
        for _ in range(A_UPDATE_STEPS):
            self.a_train(s, a, adv, pi)

    # update critic
    for _ in range(C_UPDATE_STEPS):
        self.c_train(r, s)

    self.state_buffer.clear()
    self.action_buffer.clear()
    self.cumulative_reward_buffer.clear()
    self.reward_buffer.clear()
```

get_action() 函数就是简单地使用均值和标准差来描述动作分布，并且从中采样动作。如果我们想要一个没有探索的动作，就只需要输出均值即可。

```
def get_action(self, s, greedy=False):
    state = state[np.newaxis, :].astype(np.float32)
    mean, std = self.actor(state), tf.exp(self.actor.logstd)
    if greedy:
```

```
        action = mean[0]
    else:
        pi = tfp.distributions.Normal(mean, std)
        action = tf.squeeze(pi.sample(1), axis=0)[0]
    return np.clip(action, -self.action_bound, self.action_bound)
```

save()、load()、store_transition() 函数和之前的代码类似，这里不做展开。finish_path() 函数负责在游戏结束或者采集好了一批数据的时候计算累计奖励。

```
def finish_path(self, next_state, done):
    if done:
        v_s_ = 0
    else:
        v_s_ = self.critic(np.array([next_state], np.float32))[0, 0]
    discounted_r = []
    for r in self.reward_buffer[::-1]:
        v_s_ = r + GAMMA * v_s_
        discounted_r.append(v_s_)
    discounted_r.reverse()
    discounted_r = np.array(discounted_r)[:, np.newaxis]
    self.cumulative_reward_buffer.extend(discounted_r)
    self.reward_buffer.clear()
```

主函数也和之前的十分相似。首先建立环境和 PPO 智能体。

```
env = gym.make(ENV_ID).unwrapped

# 设置随机种子，可以更好地复现效果
env.seed(RANDOM_SEED)
np.random.seed(RANDOM_SEED)
tf.random.set_seed(RANDOM_SEED)

state_dim = env.observation_space.shape[0]
action_dim = env.action_space.shape[0]
action_bound = env.action_space.high

agent = PPO(state_dim, action_dim, action_bound)
t0 = time.time()
```

接着使用智能体和环境进行交互，并存储数据。在游戏结束或者收集足够的数据时，执行 **finish_path()** 函数计算累计奖励。在采集好一批数据时更新智能体。在经历过很多次学习之后，智能体就能取得很好的分数了。

```
if args.train:
    all_episode_reward = []
    for episode in range(TRAIN_EPISODES):
        state = env.reset()
        episode_reward = 0
        for step in range(MAX_STEPS): # 在单个片段中
            if RENDER:
                env.render()
            action = agent.get_action(state)
            state_, reward, done, info = env.step(action)
            agent.store_transition(state, action, reward)
            state = state_
            episode_reward += reward

            # 更新 PPO
            if len(agent.state_buffer) >= BATCH_SIZE:
                agent.finish_path(state_, done)
                agent.update()
            if done:
                break
        agent.finish_path(state_, done)
        print(
            'Training | Episode: {}/{} | Episode Reward: {:.4f} | Running Time:
                {:.4f}'.format(
                episode + 1, TRAIN_EPISODES, episode_reward, time.time() - t0)
        )
        if episode == 0:
            all_episode_reward.append(episode_reward)
        else:
            all_episode_reward.append(all_episode_reward[-1] * 0.9 + episode_reward *
                0.1)

    agent.save()
    plt.plot(all_episode_reward)
```

```
    if not os.path.exists('image'):
        os.makedirs('image')
    plt.savefig(os.path.join('image', 'ppo.png'))
```

最后，像往常一样测试智能体。

```
if args.test:
    agent.load()
    for episode in range(TEST_EPISODES):
        state = env.reset()
        episode_reward = 0
        for step in range(MAX_STEPS):
            env.render()
            state, reward, done, info = env.step(agent.get_action(state, greedy=True))
            episode_reward += reward
            if done:
                break
        print(
            'Testing | Episode: {}/{} | Episode Reward: {:.4f} | Running Time:
                {:.4f}'.format(
                episode + 1, TEST_EPISODES, episode_reward,
                time.time() - t0))
```

参考文献

AMARI S I, 1998. Natural gradient works efficiently in learning[J]. Neural computation, 10(2): 251-276.

GOODFELLOW I, POUGET-ABADIE J, MIRZA M, et al., 2014. Generative Adversarial Nets[C]// Proceedings of the Neural Information Processing Systems (Advances in Neural Information Processing Systems) Conference.

GROSSE R, MARTENS J, 2016. A kronecker-factored approximate fisher matrix for convolution layers[C]//International Conference on Machine Learning (ICML). 573-582.

HEESS N, SRIRAM S, LEMMON J, et al., 2017. Emergence of locomotion behaviours in rich environments[J]. arXiv:1707.02286.

KAKADE S, LANGFORD J, 2002. Approximately optimal approximate reinforcement learning[C]// Proceedings of the International Conference on Machine Learning (ICML): volume 2. 267-274.

KONDA V R, TSITSIKLIS J N, 2000. Actor-critic algorithms[C]//Advances in Neural Information Processing Systems. 1008-1014.

LI J, WANG B, 2018. Policy optimization with second-order advantage information[J]. arXiv preprint arXiv:1805.03586.

LIU H, FENG Y, MAO Y, et al., 2017. Action-depedent control variates for policy optimization via stein's identity[J]. arXiv preprint arXiv:1710.11198.

MARTENS J, GROSSE R, 2015. Optimizing neural networks with kronecker-factored approximate curvature[C]//International Conference on Machine Learning (ICML). 2408-2417.

MITLIAGKAS I, ZHANG C, HADJIS S, et al., 2016. Asynchrony begets momentum, with an application to deep learning[C]//2016 54th Annual Allerton Conference on Communication, Control, and Computing (Allerton). IEEE: 997-1004.

MNIH V, BADIA A P, MIRZA M, et al., 2016. Asynchronous methods for deep reinforcement learning[C]//International Conference on Machine Learning (ICML). 1928-1937.

SCHULMAN J, LEVINE S, ABBEEL P, et al., 2015. Trust region policy optimization[C]//International Conference on Machine Learning (ICML). 1889-1897.

SCHULMAN J, WOLSKI F, DHARIWAL P, et al., 2017. Proximal policy optimization algorithms[J]. arXiv:1707.06347.

SUTTON R S, MCALLESTER D A, SINGH S P, et al., 2000. Policy gradient methods for reinforcement learning with function approximation[C]//Advances in Neural Information Processing Systems. 1057-1063.

WU C, RAJESWARAN A, DUAN Y, et al., 2018. Variance reduction for policy gradient with action-dependent factorized baselines[J]. arXiv preprint arXiv:1803.07246.

WU Y, MANSIMOV E, GROSSE R B, et al., 2017. Scalable trust-region method for deep reinforcement learning using kronecker-factored approximation[C]//Advances in Neural Information Processing Systems. 5279-5288.

6 深度 Q 网络和 Actor-Critic 的结合

深度 Q 网络（Deep Q-Network，DQN）算法是最著名的深度强化学习算法之一，将强化学习与深度神经网络相结合以近似最优动作价值函数，只需以像素值作为输入就在绝大部分 Atari 游戏中达到了人类水平的表现。Actor-Critic 方法将 REINFORCE 算法的蒙特卡罗更新方式转化为时间差分更新方式，大幅度提高了采样效率。近年来，将深度 Q 网络算法与 Actor-Critic 方法相结合的算法愈加流行，如深度确定性策略梯度（Deep Deterministic Policy Gradient，DDPG）算法。这些算法结合了深度 Q 网络和 Actor-Critic 方法的优点，在大多数环境特别是连续动作空间的环境中表现出优越的性能。本章先简要介绍各类方法的优缺点，然后介绍一些将深度 Q 网络和 Actor-Critic 方法相结合的经典算法，如 DDPG 算法、孪生延迟 DDPG（Twin Delayed Deep Deterministic Policy Gradient，TD3）算法和柔性 Actor-Critic（Soft Actor-Critic，SAC）算法。

6.1 简介

深度 Q 网络（Deep Q-Network，DQN）(Mnih et al., 2015) 算法是一种经典的离线策略方法。它将 Q-Learning 算法与深度神经网络相结合，实现了从视觉输入到决策输出的端到端学习。该算法仅使用 Atari 游戏的原始像素作为输入，便在几十款游戏中取得了人类水平级的表现。然而，虽然深度 Q 网络的输入可以是高维的状态空间，但是它只能处理离散的、低维的动作空间。对于连续的、高维的动作空间，深度 Q 网络无法直接计算出每个动作对应的 Q 值。

Actor-Critic（AC）(Sutton et al., 2018) 方法是 REINFORCE (Sutton et al., 2018) 算法的扩展。通过引入 Critic，该方法将策略梯度算法的蒙特卡罗更新转化为时间差分更新。通过这种方式，自举法（Bootstrapping）可以灵活地运用到值估计当中，因此策略的更新不需要等得到完整的轨迹之后再进行，即不需要等到每局游戏结束。虽然时间差分更新会引入一些估计偏差，但它可以减少估计方差从而加快学习速度。尽管如此，原始的 Actor-Critic 方法仍然是一种在线策略的算法，而在线策略方法的采样效率远低于离线策略方法。

将深度 Q 网络与 Actor-Critic 相结合可以同时利用这两种算法的优点。由于深度 Q 网络的存在，Actor-Critic 方法转化为离线策略方法，可以使用回放缓存的样本对网络进行训练，从而提高采样效率。从回放缓存中随机采样也可以打乱数据的序列关系，最小化样本之间的相关性，从而使价值函数的学习更加稳定。Actor-Critic 方法使得我们可以通过网络学习策略函数 π，便于处理深度 Q 网络很难解决的具有高维或连续动作空间的问题（表 6.1）。

表 6.1 深度 Q 网络算法与 Actor-Critic 算法的特点

算法	在线策略/离线策略	采样效率	动作空间
深度 Q 网络	离线策略	高	离散
Actor-Critic	在线策略	低	连续
深度 Q 网络 +Actor-Critic	离线策略	高	离散和连续

6.2 深度确定性策略梯度算法

深度确定性策略梯度算法可以看作是确定性策略梯度（Deterministic Policy Gradient，DPG）算法 (Silver et al., 2014) 和深度神经网络的结合，也可以看作是深度 Q 网络算法在连续动作空间中的扩展。它可以解决深度 Q 网络算法无法直接应用于连续动作空间的问题。深度确定性策略梯度算法同时建立 Q 值函数（Critic）和策略函数（Actor）。Q 值函数（Critic）与深度 Q 网络算法相同，通过时间差分方法进行更新。策略函数（Actor）利用 Q 值函数（Critic）的估计，通过策略梯度方法进行更新。

在深度确定性策略梯度算法中，Actor 是一个确定性策略函数，表示为 $\pi(s)$，待学习参数表示为 θ^π。每个动作直接由 $A_t = \pi(S_t|\theta_t^\pi)$ 计算，不需要从随机策略中采样。

这里，一个关键问题是如何平衡这种确定性策略的探索和利用（Exploration and Exploitation）。深度确定性策略梯度算法通过在训练过程中添加随机噪声解决该问题。每个输出动作添加噪声 N，此时有动作为 $A_t = \pi(S_t|\theta_t^\pi) + N_t$。其中 N 可以根据具体任务进行选择，原论文 (Uhlenbeck et al., 1930) 中使用 Ornstein-Uhlenbeck 过程（O-U 过程）添加噪声项。

O-U 过程满足以下随机微分方程：

$$\mathrm{d}X_t = \theta(\pi - X_t)\mathrm{d}t + \sigma \mathrm{d}W_t, \tag{6.1}$$

其中 X_t 是随机变量，$\theta > 0, x, \sigma > 0$ 为参数。W_t 是维纳过程或称布朗运动 (It et al., 1965)，它具有以下性质：

- W_t 是独立增量过程,表示对于时间 $T_0 < T_1 < ... < T_n$,有随机变量 $W_{T_0}, W_{T_1} - W_{T_0}, \cdots, W_{T_n} - W_{T_{n-1}}$ 都是独立的。
- 对于任意时刻 t 和增量 Δt, 有 $W(t+\Delta_t) - W(t) \sim N(0, \sigma_W^2 \Delta t)$。
- W_t 是关于 t 的连续函数。

我们知道马尔可夫决策过程是基于马尔可夫性质的,满足 $p(X_{t+1}|X_t, \cdots, X_1) = p(X_{t+1}|X_t)$,其中 X_t 是 t 时刻的随机变量，这意味着随机变量 X_t 的时间相关性只取决于上一个时刻的随机变量 X_{t-1}。而 O-U 噪声就是一个具有时间相关性的随机变量，这一点与马尔可夫决策过程的性质相符，因此很自然地被运用到随机噪声的添加中。然而，实践表明，时间不相关的零均值高斯噪声也能取得很好的效果。

回到深度确定性策略梯度算法，动作价值函数 $Q(s, a|\theta^Q)$ 和深度 Q 网络算法一样，通过贝尔曼方程（Bellman Equations）进行更新。

在状态 S_t 下，通过策略 π 执行动作 $A_t = \pi(S_t|\theta_t^\pi)$，得到下一个状态 S_{t+1} 和奖励值 R_t。我们有：

$$Q^\pi(S_t, A_t) = \mathbb{E}[r(S_t, A_t) + \gamma Q^\pi(S_{t+1}, \pi(S_{t+1}))]. \tag{6.2}$$

然后计算 Q 值：

$$Y_i = R_i + \gamma Q^\pi(S_{t+1}, \pi(S_{t+1})). \tag{6.3}$$

使用梯度下降算法最小化损失函数：

$$L = \frac{1}{N}\sum_i (Y_i - Q(S_i, A_i|\theta^Q))^2. \tag{6.4}$$

通过将链式法则应用于期望回报函数 J 来更新策略函数 π。这里，$J = \mathbb{E}_{R_i, S_i \sim E, A_i \sim \pi}[R_t]$（$E$ 表示环境），$R_t = \sum_{i=t}^{\mathrm{T}} \gamma^{(i-t)} r(S_i, A_i)$。我们有：

$$\begin{aligned} \nabla_{\theta^\pi} J \approx & \mathbb{E}_{S_t \sim \rho^\beta}[\nabla_{\theta^\pi} Q(s, a|\theta^Q)|_{s=S_t, a=\pi(S_t|\theta^\pi)}], \\ = & \mathbb{E}_{S_t \sim \rho^\beta}[\nabla_a Q(s, a|\theta^Q)|_{s=S_t, a=\pi(S_t)} \nabla_{\theta_\pi} \pi(s|\theta^\pi)|_{s=S_t}]. \end{aligned} \tag{6.5}$$

通过批量样本（Batches）的方式更新：

$$\nabla_{\theta^\pi} J \approx \frac{1}{N}\sum_i \nabla_a Q(s, a|\theta^Q)|_{s=S_i, a=\pi(S_i)} \nabla_{\theta^\pi} \pi(s|\theta^\pi)|_{S_i}. \tag{6.6}$$

此外，深度确定性策略梯度算法采用了类似深度 Q 网络算法的目标网络，但这里通过指数平滑方法而不是直接替换参数来更新目标网络：

$$\theta^{Q'} \leftarrow \rho\theta^{Q} + (1-\rho)\theta^{Q'}, \tag{6.7}$$

$$\theta^{\pi'} \leftarrow \rho\theta^{\pi} + (1-\rho)\theta^{\pi'}. \tag{6.8}$$

由于参数 $\rho \ll 1$，目标网络的更新缓慢且平稳，这种方式提高了学习的稳定性。

算法伪代码详见算法 6.26。

算法 6.26 DDPG

超参数：软更新因子 ρ，奖励折扣因子 γ。
输入：回放缓存 $\mathcal{D}$，初始化 critic 网络 $Q(s,a|\theta^Q)$ 参数 θ^Q、actor 网络 $\pi(s|\theta^\pi)$ 参数 θ^π、目标网络 Q'、π'。
初始化目标网络参数 Q' 和 π'，赋值 $\theta^{Q'} \leftarrow \theta^Q, \theta^{\pi'} \leftarrow \theta^\pi$。
for episode $=1, M$ **do**
  初始化随机过程 $\mathcal{N}$ 用于给动作添加探索。
  接收初始状态 S_1。
  for t $=1, T$ **do**
    选择动作 $A_t = \pi(S_t|\theta^\pi) + \mathcal{N}_t$。
    执行动作 A_t 得到奖励 R_t，转移到下一状态 S_{t+1}。
    存储状态转移数据对 $(S_t, A_t, R_t, D_t, S_{t+1})$ 到 $\mathcal{D}$。
    令 $Y_i = R_i + \gamma(1-D_t)Q'(S_{t+1}, \pi'(S_{t+1}|\theta^{\pi'})|\theta^{Q'})$
    通过最小化损失函数更新 Critic 网络：
      $L = \frac{1}{N}\sum_i (Y_i - Q(S_i, A_i|\theta^Q))^2$
    通过策略梯度的方式更新 Actor 网络：
      $\nabla_{\theta^\pi} J \approx \frac{1}{N}\sum_i \nabla_a Q(s,a|\theta^Q)|_{s=S_i, a=\pi(S_i)} \nabla_{\theta^\pi}\pi(s|\theta^\pi)|_{S_i}$
    更新目标网络：
      $\theta^{Q'} \leftarrow \rho\theta^Q + (1-\rho)\theta^{Q'}$
      $\theta^{\pi'} \leftarrow \rho\theta^\pi + (1-\rho)\theta^{\pi'}$
  end for
end for

6.3 孪生延迟 DDPG 算法

孪生延迟 DDPG（Twin Delayed Deep Deterministic Policy Gradient，TD3）算法是深度确定性策略梯度算法的改进，其中运用了三个关键技术：

(1) 截断的 Double Q-Learning：通过学习两个 Q 值函数，用类似 Double Q-Learning 的方式更新 critic 网络。

(2) 延迟策略更新：更新过程中，策略网络的更新频率低于 Q 值网络。

(3) 目标策略平滑：在目标策略的输出动作中加入噪声，以此平滑 Q 值函数的估计，避免过拟合。

对于第一个技术，我们知道在深度 Q 网络算法中 max 操作会导致 Q 值过估计的问题，这个问题同样存在于深度确定性策略梯度算法中，因为深度确定性策略梯度算法中 $Q(s,a)$ 的更新方式与深度 Q 网络算法相同：

$$Q(s,a) \leftarrow R_s^a + \gamma \max_{\hat{a}} Q(s',\hat{a}). \tag{6.9}$$

在表格学习方法（Tabular Methods）中不存在该问题，因为 Q 值是精确存储的。而当我们使用神经网络等工具作为函数近似器（Function Approximator）来处理更复杂的问题时，Q 值的估计是存在误差的，也就是说：

$$Q^{\text{approx}}(s',\hat{a}) = Q^{\text{target}}(s',\hat{a}) + Y_{s'}^{\hat{a}}, \tag{6.10}$$

其中，$Y_{s'}^{\hat{a}}$ 是零均值的噪声。但使用 max 操作，会导致 Q^{approx} 和 Q^{target} 之间存在误差。将误差表示为 Z_s，我们有：

$$\begin{aligned} Z_s \overset{\text{def}}{=} & R_s^a + \gamma \max_{\hat{a}} Q^{\text{approx}}(s',\hat{a}) - (R_s^a + \gamma \max_{\hat{a}} Q^{\text{target}}(s',\hat{a})), \\ = & \gamma(\max_{\hat{a}} Q^{\text{approx}}(s',\hat{a}) - \max_{\hat{a}} Q^{\text{target}}(s',\hat{a})). \end{aligned} \tag{6.11}$$

考虑噪声项 $Y_{s'}^{\hat{a}}$，一些 Q 值可能偏小，而另一些可能偏大。max 操作总是为每个状态选择最大的 Q 值，这将导致算法对高估动作的对应 Q 值异常敏感。在这种情况下，该噪声使得 $\mathbb{E}[Z_s] > 0$，从而导致过估计问题。

孪生延迟 DDPG 算法在深度确定性策略梯度算法中引入了 Double Q-Learning，通过建立两个 Q 值网络来估计下一个状态的值：

$$Q_{\theta_1'}(s',a') = Q_{\theta_1'}(s',\pi_{\phi_1}(s')), \tag{6.12}$$

$$Q_{\theta_2'}(s',a') = Q_{\theta_2'}(s',\pi_{\phi_1}(s')). \tag{6.13}$$

使用两个 Q 值中的最小值计算贝尔曼方程：

$$Y_1 = r + \gamma \min_{i=1,2} Q_{\theta_i'}(s',\pi_{\phi_1}(s')). \tag{6.14}$$

使用截断的 Double Q-Learning，目标网络的估值不会给 Q-Learning 的目标带来过高的估计误差。虽然此更新规则可能导致低估，但这对更新影响不大。因为与过估计的动作不同，低估的动作的 Q 值不会被显式更新 (Fujimoto et al., 2018)。

对于第二个技术，我们知道目标网络是实现深度强化学习算法稳定更新的有力工具。因为函数逼近需要多次梯度更新才能收敛，目标网络在学习过程中给算法提供了一个稳定的更新目标。因此，如果目标网络可以用来减少多步更新的误差，且错误状态估计下的策略更新会导致发散的策略更新，那么策略网络应该以比价值网络更低的频率进行更新，以便在进行策略更新之前先最小化价值估计的误差。因此，孪生延迟 DDPG 算法降低了策略网络的更新频率，策略网络只在价值网络更新 d 次后才进行更新。这种策略更新方式可以使 Q 值函数的估计具有更小的方差，从而获得质量更高的策略更新。

对于第三个技术，确定性策略的一个问题是该类方法对于值空间中的窄峰估计可能存在过拟合。在孪生延迟 DDPG 算法原文中，作者认为相似的动作应该具有相似的值估计，因此将目标动作周围的一小块区域的值进行模糊拟合是有道理的：

$$y = r + \mathbb{E}_{\epsilon}[Q_{\theta'}(s', \pi_{\phi'}(s') + \epsilon)]. \tag{6.15}$$

通过在每个动作中加入截断的正态分布噪声作为正则化，可以平滑 Q 值的计算，避免过拟合。修正后的更新如下：

$$y = r + \gamma Q_{\theta'}(s', \pi_{\phi'}(s') + \epsilon), \epsilon \sim \text{clip}(N(0, \sigma), -c, c). \tag{6.16}$$

算法伪代码见算法 6.27。

算法 6.27 TD3

超参数：软更新因子 ρ、回报折扣因子 γ、截断因子 c
输入：回放缓存 $\mathcal{D}$，初始化 Critic 网络 $Q_{\theta_1}, Q_{\theta_2}$ 参数 θ_1, θ_2，初始化 Actor 网络 π_ϕ 参数 ϕ
初始化目标网络参数 $\hat{\theta}_1 \leftarrow \theta_1, \hat{\theta}_2 \leftarrow \theta_2, \hat{\phi} \leftarrow \phi$
for $t = 1$ to T do **do**
  选择动作 $A_t \sim \pi_\phi(S_t) + \epsilon, \epsilon \sim \mathcal{N}(0, \sigma)$
  接受奖励 R_t 和新状态 S_{t+1}
  存储状态转移数据对 $(S_t, A_t, R_t, D_t, S_{t+1})$ 到 $\mathcal{D}$
  从 $\mathcal{D}$ 中采样大小为 N 的小批量样本 $(S_t, A_t, R_t, D_t, S_{t+1})$
  $\tilde{a}_{t+1} \leftarrow \pi_{\phi'}(S_{t+1}) + \epsilon, \epsilon \sim \text{clip}(\mathcal{N}(0, \tilde{\sigma}, -c, c))$。
  $y \leftarrow R_t + \gamma(1 - D_t) \min_{i=1,2} Q_{\theta_i'}(S_{t+1}, \tilde{a}_{t+1})$
  更新 Critic 网络 $\theta_i \leftarrow \arg\min_{\theta_i} N^{-1} \sum(y - Q_{\theta_i}(S_t, A_t))^2$
  if t mod d **then**
    更新 ϕ：
    $\nabla_\phi J(\phi) = N^{-1} \sum \nabla_a Q_{\theta_1}(S_t, A_t)|_{A_t=\pi_\phi(S_t)} \nabla_\phi \pi_\phi(S_t)$
    更新目标网络：
    $\hat{\theta}_i \leftarrow \rho\theta_i + (1 - \rho)\hat{\theta}_i$
    $\hat{\phi} \leftarrow \rho\phi + (1 - \rho)\hat{\phi}$
  end if
end for

6.4 柔性 Actor-Critic 算法

柔性 Actor-Critic（Soft Actor-Critic，SAC）算法继续采用了上一章提到的最大化熵的想法。学习的目标是最大化熵正则化的累积奖励而不只是累计奖励，从而鼓励更多的探索。

$$\max_{\pi_\theta} \mathbb{E}\left[\sum_t \gamma^t \left(r(S_t, A_t) + \alpha\mathcal{H}(\pi_\theta(\cdot|S_t))\right)\right]. \tag{6.17}$$

这里 α 是正则化系数。最大化熵增强学习这个想法已经被很多论文，包括 (Fox et al., 2016; Haarnoja et al., 2017; Levine et al., 2013; Nachum et al., 2017; Ziebart et al., 2008) 提及。在本节中，我们主要介绍柔性策略迭代（Soft Policy Iteration）算法。以这个算法为基础，我们会接着介绍 SAC。

6.4.1 柔性策略迭代

柔性策略迭代是一个有理论保证的学习最优最大化熵策略的算法。和策略迭代类似，柔性策略迭代也分为两步：柔性策略评估和柔性策略提高。

令

$$V^\pi(s) = \mathbb{E}\left[\sum_t \gamma^t \left(r(S_t, A_t) + \alpha\mathcal{H}(\pi(\cdot|S_t))\right)\right], \tag{6.18}$$

其中 $s_0 = s$，令

$$Q(s,a) = r(s,a) + \gamma\mathbb{E}\left[V(s')\right] \tag{6.19}$$

这里假设 $s' \sim \Pr\left(\cdot|s,a\right)$ 是下一个状态。可以很容易地验证以下式子成立。

$$V^\pi(s) = \mathbb{E}_{a\sim\pi}\left[Q(s,a) - \alpha\log(a|s)\right]. \tag{6.20}$$

在柔性策略评估时，定义的贝尔曼回溯算子 $\mathcal{T}$ 为

$$\mathcal{T}^\pi Q(s,a) = r(s,a) + \gamma\mathbb{E}\left[V^\pi(s')\right]. \tag{6.21}$$

和策略评估类似，我们可以证明对于任何映射 $Q^0 : \mathcal{S}\times\mathcal{A}\to\mathbb{R}$, $Q^k = \mathcal{T}^\pi Q^{k-1}$ 会收敛到 π 的柔性 Q 值。

在策略提高阶段，我们用当前的 Q 值求解以下最大化熵正则化奖励的优化问题。

$$\pi(\cdot|s) = \arg\max_\pi \mathbb{E}_{a\sim\pi}\left[Q(s,a) + \alpha\mathcal{H}(\pi)\right]. \tag{6.22}$$

求解以上这个优化问题后 (Fox et al., 2016; Nachum et al., 2017) 可以得到的解为

$$\pi(\cdot|s) = \frac{\exp\left(\frac{1}{\alpha}Q(s,\cdot)\right)}{Z(s)}. \tag{6.23}$$

这里 $Z(s)$ 是归一化常数，也即 $Z(s) = \sum_a \exp\left(\frac{1}{\alpha}Q(s,a)\right)$。如果采用的策略模型无法表达最优的策略 π，我们可以进一步求解

$$\pi(\cdot|s) = \arg\min_{\pi\in\Pi} D_{\mathrm{KL}}\left(\pi(\cdot|s)\|\frac{\exp\left(\frac{1}{\alpha}Q(s,\cdot)\right)}{Z(s)}\right). \tag{6.24}$$

我们可以证明在学习过程,上面描述的柔性策略提高阶段也有单调提高的性质。即使在使用 KL-散度投影到 Π 之后这个性质也是成立的。这一点和上一章提到的 TRPO 类似。最后，我们可以证明柔性策略迭代和策略迭代类似收敛到最优解，如以下定理所示。

定理 6.1 让 $\pi_0 \in \Pi$ 为初始策略。假设在柔性策略迭代算法下，π_0 会收敛到 $\pi*$，那么对任意的 $(s,a) \in \mathcal{S}\times\mathcal{A}$ 和任意的 $\pi\in\Pi$，$Q^{\pi*}(s,a) \geqslant Q^{\pi}(s,a)$ 。

我们省略了这一章提到的各个结论的证明过程。感兴趣的读者可以参考论文 (Haarnoja et al., 2018)。

6.4.2 SAC

SAC 进一步把柔性策略迭代拓展到更实用的函数近似设定下，它采用在价值函数和策略函数之间进行交替优化的方式来学习，而不只是通过估计策略 π 的 Q 值来提升策略。

令 $Q_\phi(s,a)$ 表示 Q 值函数，π_θ 表示策略函数。这里我们考虑连续动作的设定并假设 π_θ 的输出为一个正态分布的期望和方差。和本书前面提到的方法类似，Q 值函数可以通过最小化柔性 Bellman 残差来学习：

$$J_Q(\phi) = \mathbb{E}\left[\left(Q(S_t,A_t) - r(S_t,A_t) - \gamma\mathbb{E}_{S_{t+1}}\left[V_{\tilde{\phi}}(S_{t+1})\right]\right)^2\right]. \tag{6.25}$$

这里 $V_{\tilde{\phi}}(s) = \mathbb{E}_{\pi_\theta}\left[Q_{\tilde{\phi}}(s,a) - \alpha\log\pi_\theta(a|s)\right]$, $Q_{\tilde{\phi}}$ 表示参数 $\tilde{\phi}$ 由 Q 值函数的参数 ϕ 的指数移动平均数得到的目标 Q 值网络。策略函数 π_θ 可以通过最小化以下的 KL-散度得到。

$$J_\pi(\theta) = \mathbb{E}_{s\sim\mathcal{D}}\left[\mathbb{E}_{a\sim\pi_\theta}\left[\alpha\log\pi_\theta(a|s) - Q_\phi(s,a)\right]\right]. \tag{6.26}$$

实际中，SAC 也使用了两个 Q 值函数（同时还有两个 Q 值目标函数）来处理 Q 值估计的偏差问题，也就是令 $Q_\phi(s,a) = \min\left(Q_{\phi_1}(s,a), Q_{\phi_2}(s,a)\right)$。注意到 $J_\pi(\theta)$ 中的期望也依赖于策略

π_θ，我们可以使用似然比例梯度估计的方法来优化 $J_\pi(\theta)$ (Williams, 1992)。在连续动作空间的设定下，我们也可以用策略网络的重参数化来优化。这样往往能够减少梯度估计的方差。再参数化的做法将 π_θ 表示成一个使用状态 s 和标准正态样本 ϵ 作为其输入的函数直接输出动作 a：

$$a = f_\theta(s, \epsilon). \tag{6.27}$$

代入 $J_\pi(\theta)$ 的式子中

$$J_\pi(\theta) = \mathbb{E}_{s\sim\mathcal{D},\epsilon\sim\mathcal{N}}\left[\alpha \log \pi_\theta(f_\theta(s,\epsilon)|s) - Q_\phi(s, f_\theta(s,\epsilon))\right]. \tag{6.28}$$

式子中 $\mathcal{N}$ 表示标准正态分布，π_θ 现在被表示为 f_θ。

最后，SAC 还提供了自动调节正则化参数 α 方法。该方法通过最小化以下损失函数实现。

$$J(\alpha) = \mathbb{E}_{a\sim\pi_\theta}\left[-\alpha \log \pi_\theta(a|s) - \alpha\kappa\right]. \tag{6.29}$$

这里 κ 是一个可以理解为目标熵的超参数。这种更新 α 的方法被称为自动熵调节方法。其背后的原理是在给定每一步平均熵至少为 κ 的约束下，原来的策略优化问题的对偶形式。对自动熵调节方法的严格表述感兴趣的读者，可以参考 SAC 的论文 (Haarnoja et al., 2018)。算法 6.28 给出了 SAC 的伪代码。

算法 6.28 Soft Actor-Critic (SAC)

超参数: 目标熵 κ, 步长 $\lambda_Q, \lambda_\pi, \lambda_\alpha$, 指数移动平均系数 τ。
输入: 初始策略函数参数 θ, 初始 Q 值函数参数 ϕ_1 和 ϕ_2。
$\mathcal{D} = \emptyset$; $\tilde{\phi}_i = \phi_i$, for $i = 1, 2$
for $k = 0, 1, 2, \cdots$ **do**
　for $t = 0, 1, 2, \cdots$ **do**
　　从 $\pi_\theta(\cdot|S_t)$ 中取样 A_t, 保存 (R_t, S_{t+1})。
　　$\mathcal{D} = \mathcal{D} \cup \{S_t, A_t, R_t, S_{t+1}\}$
　end for
　进行多步梯度更新：
　　　$\phi_i = \phi_i - \lambda_Q \nabla J_Q(\phi_i)$ for $i = 1, 2$
　　　$\theta = \theta - \lambda_\pi \nabla_\theta J_\pi(\theta)$
　　　$\alpha = \alpha - \lambda_\alpha \nabla J(\alpha)$
　　　$\tilde{\phi}_i = (1-\tau)\phi_i + \tau\tilde{\phi}_i$ for $i = 1, 2$
end for
返回 θ, ϕ_1, ϕ_2。

6.5 代码例子

本节将分享 DDPG、TD3、和 SAC 的代码例子。它们都是使用 Q 网络作为批判者的 Actor-Critic 方法。这里的例子都基于 OpenAI Gym 环境。由于这些算法都基于连续动作空间，我们使用了“Pendulum-V0”环境。

6.5.1 相关的 Gym 环境

之前有提到过，Pendulum-V0 是一个经典的倒立摆环境。它有 3 维观测空间和 1 维动作空间。在每步中，环境根据当前的旋转角度、速度和加速度返回一个奖励。此任务的目标是让倒立摆尽量直立不动，来获取最高分数。

6.5.2 DDPG: Pendulum-V0

DDPG 使用离线策略和 TD 方法。DDPG 类的结构如下所示。

```
class DDPG(object):
    def __init__(self, action_dim, state_dim, action_range): # 初始化
        ...
    def ema_update(self): # 指数滑动平均更新
        ...
    def get_action(self, s, greedy=False): # 获得动作
        ...
    def learn(self): # 学习和更行
        ...
    def store_transition(self, s, a, r, s_): # 存储转移数据
        ...
    def save(self): # 存储模型
        ...
    def load(self): # 载入模型
        ...
```

在初始化函数中，建立了 4 个网络，分别是行动者网络、批判者网络、行动者目标网络和批判者目标网络。目标网络的参数将被直接替换为对应网络的参数。

```
class DDPG(object):
    def __init__(self, action_dim, state_dim, action_range):
        self.memory = np.zeros((MEMORY_CAPACITY, state_dim * 2 + action_dim + 1),
            dtype=np.float32)
```

```
self.pointer = 0
self.action_dim, self.state_dim, self.action_range = action_dim, state_dim,
    action_range
self.var = VAR

W_init = tf.random_normal_initializer(mean=0, stddev=0.3)
b_init = tf.constant_initializer(0.1)

def get_actor(input_state_shape, name=''):
    input_layer = tl.layers.Input(input_state_shape, name='A_input')
    layer = tl.layers.Dense(n_units=64, act=tf.nn.relu, W_init=W_init,
        b_init=b_init, name='A_l1')(input_layer)
    layer = tl.layers.Dense(n_units=64, act=tf.nn.relu, W_init=W_init,
        b_init=b_init, name='A_l2')(layer)
    layer = tl.layers.Dense(n_units=action_dim, act=tf.nn.tanh, W_init=W_init,
        b_init=b_init, name='A_a')(layer)
    layer = tl.layers.Lambda(lambda x: action_range * x)(layer)
    return tl.models.Model(inputs=input_layer, outputs=layer, name='Actor' + name)

def get_critic(input_state_shape, input_action_shape, name=''):
    state_input = tl.layers.Input(input_state_shape, name='C_s_input')
    action_input = tl.layers.Input(input_action_shape, name='C_a_input')
    layer = tl.layers.Concat(1)([state_input, action_input])
    layer = tl.layers.Dense(n_units=64, act=tf.nn.relu, W_init=W_init,
        b_init=b_init, name='C_l1')(layer)
    layer = tl.layers.Dense(n_units=64, act=tf.nn.relu, W_init=W_init,
        b_init=b_init, name='C_l2')(layer)
    layer = tl.layers.Dense(n_units=1, W_init=W_init, b_init=b_init,
        name='C_out')(layer)
    return tl.models.Model(inputs=[state_input, action_input], outputs=layer,
        name='Critic' + name)

# 建立网络
self.actor = get_actor([None, state_dim])
self.critic = get_critic([None, state_dim], [None, action_dim])
self.actor.train()
self.critic.train()
```

```
def copy_para(from_model, to_model):
    for i, j in zip(from_model.trainable_weights, to_model.trainable_weights):
        j.assign(i)

# 替换参数
self.actor_target = get_actor([None, state_dim], name='_target')
copy_para(self.actor, self.actor_target)
self.actor_target.eval()

self.critic_target = get_critic([None, state_dim], [None, action_dim],
    name='_target')
copy_para(self.critic, self.critic_target)
self.critic_target.eval()

self.ema = tf.train.ExponentialMovingAverage(decay=1 - TAU) # 软替换

self.actor_opt = tf.optimizers.Adam(LR_A)
self.critic_opt = tf.optimizers.Adam(LR_C)
```

在训练过程中，目标网络的参数将通过滑动平均来更新。

```
def ema_update(self):
    paras = self.actor.trainable_weights + self.critic.trainable_weights
    self.ema.apply(paras)
    for i, j in zip(self.actor_target.trainable_weights +
        self.critic_target.trainable_weights, paras):
        i.assign(self.ema.average(j))
```

由于策略网络是一个确定性策略网络，所以我们如果不是要贪心地选择动作，就要对动作增加一些随机。我们这里使用了一个正态分布作为随机项，它的方差会随着更新迭代而渐渐减小。这里的随机可以改成其他方式，如 O-U 噪声。不过 OpenAI[1] 推荐使用不相关的 0 均值高斯噪声，效果很好。

```
def get_action(self, state, greedy=False):
    a = self.actor(np.array([s], dtype=np.float32))[0]
    if greedy:
        return a
```

[1]链接见读者服务

```
    # 增加一些随机，来让动作采样带有一些探索
    return np.clip(np.random.normal(a, self.var),
                   -self.action_range,
                   self.action_range)
```

在 learn() 函数中，我们从回放缓存中采样离线数据，并使用贝尔曼方程来学习 Q 函数。之后，可以通过最大化 Q 值来学习策略。最后，通过 Polyak 平均 (Polyak, 1964) 来更新目标网络，其公式为 $\theta^{Q'} \leftarrow \rho\theta^{Q} + (1-\rho)\theta^{Q'}, \theta^{\pi'} \leftarrow \rho\theta^{\pi} + (1-\rho)\theta^{\pi'}$。

```
def learn(self):
    self.var *= .9995
    indices = np.random.choice(MEMORY_CAPACITY, size=BATCH_SIZE)
    bt = self.memory[indices, :]
    bs = bt[:, :self.s_dim]
    ba = bt[:, self.s_dim:self.s_dim + self.a_dim]
    br = bt[:, -self.s_dim - 1:-self.s_dim]
    bs_ = bt[:, -self.s_dim:]

    with tf.GradientTape() as tape:
        a_ = self.actor_target(bs_)
        q_ = self.critic_target([bs_, a_])
        y = br + GAMMA * q_
        q = self.critic([bs, ba])
        td_error = tf.losses.mean_squared_error(y, q)
    c_grads = tape.gradient(td_error, self.critic.trainable_weights)
    self.critic_opt.apply_gradients(zip(c_grads, self.critic.trainable_weights))

    with tf.GradientTape() as tape:
        a = self.actor(bs)
        q = self.critic([bs, a])
        a_loss = -tf.reduce_mean(q) # 最大化 Q 值
    a_grads = tape.gradient(a_loss, self.actor.trainable_weights)
    self.actor_opt.apply_gradients(zip(a_grads, self.actor.trainable_weights))
    self.ema_update()
```

store_transition() 函数使用了回放缓存来存储每步的转移数据。

```
def store_transition(self, s, a, r, s_):
    s = s.astype(np.float32)
    s_ = s_.astype(np.float32)
    transition = np.hstack((s, a, [r], s_))
    index = self.pointer
    self.memory[index, :] = transition
    self.pointer += 1
```

主函数非常直接易懂，就是在每一步中使用智能体和环境交互，将数据存入回放缓存，再从回放缓存中随机采样数据更新网络。

```
env = gym.make(ENV_ID).unwrapped

# 设置随机种子，方便复现效果
env.seed(RANDOM_SEED)
np.random.seed(RANDOM_SEED)
tf.random.set_seed(RANDOM_SEED)

state_dim = env.observation_space.shape[0]
action_dim = env.action_space.shape[0]
action_range = env.action_space.high # 缩放动作 [-action_range, action_range]

agent = DDPG(action_dim, state_dim, action_range)
t0 = time.time()

if args.train: # 训练
    all_episode_reward = []
    for episode in range(TRAIN_EPISODES):
        state = env.reset()
        episode_reward = 0
        for step in range(MAX_STEPS):
            if RENDER:
                env.render()
            # 添加探索噪声
            action = agent.get_action(state)
            state_, reward, done, info = env.step(action)
            agent.store_transition(state, action, reward, state_)
```

```
            if agent.pointer > MEMORY_CAPACITY:
                agent.learn()
            state = state_
            episode_reward += reward
            if done:
                break

        if episode == 0:
            all_episode_reward.append(episode_reward)
        else:
            all_episode_reward.append(all_episode_reward[-1] * 0.9 + episode_reward *
                 0.1)
        print(
            'Training | Episode: {}/{} | Episode Reward: {:.4f} | Running Time:
                 {:.4f}'.format(
                episode+1, TRAIN_EPISODES, episode_reward,
                time.time() - t0
            )
        )

    agent.save()
    plt.plot(all_episode_reward)
    if not os.path.exists('image'):
        os.makedirs('image')
    plt.savefig(os.path.join('image', 'ddpg.png'))
```

在训练完成后，可以进行测试。

```
if args.test:
    # 测试
    agent.load()
    for episode in range(TEST_EPISODES):
        state = env.reset()
        episode_reward = 0
        for step in range(MAX_STEPS):
            env.render()
            state, reward, done, info = env.step(agent.get_action(state, greedy=True))
            episode_reward += reward
```

```
            if done:
                break
        print(
            'Testing | Episode: {}/{} | Episode Reward: {:.4f} | Running Time:
                {:.4f}'.format(
                episode + 1, TEST_EPISODES, episode_reward,
                time.time() - t0))
```

6.5.3 TD3: Pendulum-V0

TD3 代码使用了这些类：ReplayBuffer、QNetwork、PolicyNetwork 和 TD3。ReplayBuffer 类用来建立一个回放缓存，它的主要函数是 push() 和 sample() 函数。

```
class ReplayBuffer:
    def __init__(self, capacity): # 初始化函数
        ...
    def push(self, state, action, reward, next_state, done): # 存入数据
        ...
    def sample(self, batch_size): # 采样数据
        ...
    def __len__(self): # 通过重构以实现对 len 函数的支持
        ...
```

__init__ 函数负责初始化，其中只包含指针、缓存和容量值变量。

```
    def __init__(self, capacity):
        self.capacity = capacity
        self.buffer = []
        self.position = 0
```

push() 函数负责将数据存入缓存，并且移动指针。这里的缓存是一个环形缓存。

```
    def push(self, state, action, reward, next_state, done):
        if len(self.buffer) < self.capacity:
            self.buffer.append(None)
        self.buffer[self.position] = (state, action, reward, next_state, done)
        self.position = int((self.position + 1)
```

sample() 函数负责从缓存中采样数据并返回。

```
    def sample(self, batch_size):
        batch = random.sample(self.buffer, batch_size)
        state, action, reward, next_state, done = map(np.stack, zip(*batch)) # 堆叠各元素
        return state, action, reward, next_state, done
```

通过重构 `__len__()` 函数可以在 `ReplayBuffer` 类被 `len()` 函数调用的时候返回缓存的大小。

```
    def __len__(self):
        return len(self.buffer)
```

`QNetwork` 类被用于建立批判者的 Q 网络。这里使用了另一种建立网络的方法，通过继承 `Model` 类并重构 `forward` 函数来建立网络模型。

```
class QNetwork(Model):
    def __init__(self, num_inputs, num_actions, hidden_dim, init_w=3e-3):
        super(QNetwork, self).__init__()
        input_dim = num_inputs + num_actions
        w_init = tf.random_uniform_initializer(-init_w, init_w)
        self.linear1 = Dense(n_units=hidden_dim, act=tf.nn.relu, W_init=w_init,
            in_channels=input_dim, name='q1')
        self.linear2 = Dense(n_units=hidden_dim, act=tf.nn.relu, W_init=w_init,
            in_channels=hidden_dim, name='q2')
        self.linear3 = Dense(n_units=1, W_init=w_init, in_channels=hidden_dim, name='q3')

    def forward(self, input):
        x = self.linear1(input)
        x = self.linear2(x)
        x = self.linear3(x)
        return x
```

`PolicyNetwork` 类用于建立行动者的策略网络。它在建立网络模型的同时，也增加了 `evaluate()`、`get_action()`、`sample_action()` 函数。

```
class PolicyNetwork(Model):
    def __init__(self, num_inputs, num_actions, hidden_dim, action_range=1.,
        init_w=3e-3): # 初始化网络
        ...
```

```
    def forward(self, state): # 重构前向传播函数
        ...
    def evaluate(self, state, eval_noise_scale): # 进行评估
        ...
    def get_action(self, state, explore_noise_scale, greedy=False): # 获取动作
        ...
    def sample_action(self): # 采样动作
        ...
```

建立网络结构的详细过程如下所示。

```
class PolicyNetwork(Model):
    def __init__(self, num_inputs, num_actions, hidden_dim, action_range=1.,
        init_w=3e-3):
        super(PolicyNetwork, self).__init__()
        w_init = tf.random_uniform_initializer(-init_w, init_w)
        self.linear1 = Dense(n_units=hidden_dim, act=tf.nn.relu, W_init=w_init,
            in_channels=num_inputs, name='policy1')
        self.linear2 = Dense(n_units=hidden_dim, act=tf.nn.relu, W_init=w_init,
            in_channels=hidden_dim, name='policy2')
        self.linear3 = Dense(n_units=hidden_dim, act=tf.nn.relu, W_init=w_init,
            in_channels=hidden_dim, name='policy3')
        self.output_linear = Dense(n_units=num_actions, W_init=w_init,
            b_init=tf.random_uniform_initializer(-init_w, init_w),
            in_channels=hidden_dim, name='policy_output')
        self.action_range = action_range
        self.num_actions = num_actions

    def forward(self, state):
        x = self.linear1(state)
        x = self.linear2(x)
        x = self.linear3(x)
        output = tf.nn.tanh(self.output_linear(x)) # 这里的输出范围是 [-1, 1]
        return output
```

evaluate() 函数通过评估状态产生用于计算梯度的动作。它利用目标策略平滑技术来产生有噪声的动作。

```
def evaluate(self, state, eval_noise_scale):
    state = state.astype(np.float32)
    action = self.forward(state)
    action = self.action_range * action
    # 添加噪声
    normal = Normal(0, 1)
    eval_noise_clip = 2 * eval_noise_scale
    noise = normal.sample(action.shape) * eval_noise_scale
    noise = tf.clip_by_value(noise, -eval_noise_clip, eval_noise_clip)
    action = action + noise
    return action
```

get_action() 函数通过状态来产生用于和环境交互的动作。

```
def get_action(self, state, explore_noise_scale, greedy=False):
    action = self.forward([state])
    action = self.action_range * action.numpy()[0]
    if greedy:
        return action
    # 添加噪声
    normal = Normal(0, 1)
    noise = normal.sample(action.shape) * explore_noise_scale
    action += noise
    return action.numpy()
```

sample_action() 函数用于在训练开始时产生随机动作。

```
def sample_action(self, ):
    a = tf.random.uniform([self.num_actions], -1, 1)
    return self.action_range * a.numpy()
```

接下来介绍 TD3 类，它是本例子的核心内容。

```
class TD3():
    def __init__(self, state_dim, action_dim, replay_buffer, hidden_dim, action_range,
        policy_target_update_interval=1, q_lr=3e-4, policy_lr=3e-4):
        # 创建回放缓存和网络
    ...
    def target_ini(self, net, target_net): # 初始化目标网络时用到的硬拷贝更新
```

```
    ...
def target_soft_update(self, net, target_net, soft_tau): # 通过使用 Polyak 平均对目标
                                                          # 网络进行软更新
    ...
def update(self, batch_size, eval_noise_scale, reward_scale=10., gamma=0.9,
    soft_tau=1e-2): # 更新 TD3 中的所有网络
    ...
def save(self): # 存储训练参数
    ...
def load(self): # 载入训练参数
    ...
```

初始化函数创建了 2 个 Q 网络、1 个策略网络，还建立了它们的目标网络。总共建立了 $(2+1)\times 2=6$ 个网络。

```
class TD3():
    def __init__(self, state_dim, action_dim, replay_buffer, hidden_dim, action_range,
        policy_target_update_interval=1, q_lr=3e-4, policy_lr=3e-4):
        self.replay_buffer = replay_buffer

        # 初始化所有网络
        self.q_net1 = QNetwork(state_dim, action_dim, hidden_dim)
        self.q_net2 = QNetwork(state_dim, action_dim, hidden_dim)
        self.target_q_net1 = QNetwork(state_dim, action_dim, hidden_dim)
        self.target_q_net2 = QNetwork(state_dim, action_dim, hidden_dim)
        self.policy_net = PolicyNetwork(state_dim, action_dim, hidden_dim, action_range)
        self.target_policy_net = PolicyNetwork(state_dim, action_dim, hidden_dim,
            action_range)
        print('Q Network (1,2): ', self.q_net1)
        print('Policy Network: ', self.policy_net)

        # 初始化目标网络参数
        self.target_q_net1 = self.target_ini(self.q_net1, self.target_q_net1)
        self.target_q_net2 = self.target_ini(self.q_net2, self.target_q_net2)
        self.target_policy_net = self.target_ini(self.policy_net, self.target_policy_net)

        # 设置训练模式
        self.q_net1.train()
```

```
    self.q_net2.train()
    self.target_q_net1.train()
    self.target_q_net2.train()
    self.policy_net.train()
    self.target_policy_net.train()

    self.update_cnt = 0
    self.policy_target_update_interval = policy_target_update_interval

    self.q_optimizer1 = tf.optimizers.Adam(q_lr)
    self.q_optimizer2 = tf.optimizers.Adam(q_lr)
    self.policy_optimizer = tf.optimizers.Adam(policy_lr)
```

target_ini() 函数和 target_soft_update() 函数都用来更新目标网络。不同之处在于前者是通过硬拷贝直接替换参数，而后者是通过 Polyak 平均进行软更新。

```
def target_ini(self, net, target_net):=
    for target_param, param in zip(target_net.trainable_weights,
         net.trainable_weights):
        target_param.assign(param)
    return target_net

def target_soft_update(self, net, target_net, soft_tau):=
    for target_param, param in zip(target_net.trainable_weights,
         net.trainable_weights):
        target_param.assign(target_param * (1.0 - soft_tau) + param * soft_tau) # 软更
            新
    return target_net
```

接下来将介绍关键的 update() 函数。这部分充分体现了 TD3 算法的 3 个关键技术。

在函数的开始部分，我们先从回放缓存中采样数据。

```
def update(self, batch_size, eval_noise_scale, reward_scale=10., gamma=0.9,
     soft_tau=1e-2): # 更新 TD3 中的所有网
     络
    self.update_cnt += 1

    # 采样数据
    state, action, reward, next_state, done = self.replay_buffer.sample(batch_size)
```

```
reward = reward[:, np.newaxis] # 扩展维度
done = done[:, np.newaxis]
```

接下来，我们通过给目标动作增加噪声实现了目标策略平滑技术。通过这样跟随动作的变化，对 Q 值进行平滑，可以使得策略更难利用 Q 函数的拟合差错。这是 TD3 算法中的第三个技术。

```
# 技术三： 目标策略平滑。通过给目标动作增加噪声来实现
new_next_action = self.target_policy_net.evaluate(
   next_state, eval_noise_scale=eval_noise_scale
) # 添加了截断的正态噪声

# 通过批数据的均值和标准差进行标准化
reward = reward_scale * (reward - np.mean(reward, axis=0)) / np.std(reward,
    axis=0)
```

下一个技术是截断的 Double-Q Learning。它将同时学习两个 Q 值函数，并且选择较小的 Q 值来作为贝尔曼误差损失函数中的目标 Q 值。通过这种方法可以减轻 Q 值的过估计。这也是 TD3 算法中的第一个技术。

```
# 训练 Q 函数
target_q_input = tf.concat([next_state, new_next_action], 1) # 0 维是样本数量

# 技术一： 截断的 Double-Q Learning。这里使用了更小的 Q 值作为目标 Q 值
target_q_min = tf.minimum(self.target_q_net1(target_q_input),
    self.target_q_net2(target_q_input))

target_q_value = reward + (1 - done) * gamma * target_q_min # 如果 done==1，则只有
                                                             # reward 值
q_input = tf.concat([state, action], 1) # 处理 Q 网络的输入

with tf.GradientTape() as q1_tape:
   predicted_q_value1 = self.q_net1(q_input)
   q_value_loss1 = tf.reduce_mean(tf.square(predicted_q_value1 - target_q_value))
q1_grad = q1_tape.gradient(q_value_loss1, self.q_net1.trainable_weights)
self.q_optimizer1.apply_gradients(zip(q1_grad, self.q_net1.trainable_weights))

with tf.GradientTape() as q2_tape:
   predicted_q_value2 = self.q_net2(q_input)
   q_value_loss2 = tf.reduce_mean(tf.square(predicted_q_value2 - target_q_value))
```

```
    q2_grad = q2_tape.gradient(q_value_loss2, self.q_net2.trainable_weights)
    self.q_optimizer2.apply_gradients(zip(q2_grad, self.q_net2.trainable_weights))
```

最后一个技术是延迟策略更新技术。这里的策略网络及其目标网络的更新频率比 Q 值网络的更新频率更小。论文 (Fujimoto et al., 2018) 中建议每 2 次 Q 值函数更新时进行 1 次策略更新。这也是 TD3 算法中提到的第二个技术。

```
    # 训练策略函数
    # 技术二： 延迟策略更新。减少策略更新的频率
    if self.update_cnt
        with tf.GradientTape() as p_tape:
            new_action = self.policy_net.evaluate(
                state, eval_noise_scale=0.0
            ) # 无噪声，确定性策略梯度
            new_q_input = tf.concat([state, new_action], 1)
            # 实现方法一：
            # predicted_new_q_value =
                tf.minimum(self.q_net1(new_q_input),self.q_net2(new_q_input))
            # 实现方法二：
            predicted_new_q_value = self.q_net1(new_q_input)
            policy_loss = -tf.reduce_mean(predicted_new_q_value)
        p_grad = p_tape.gradient(policy_loss, self.policy_net.trainable_weights)
        self.policy_optimizer.apply_gradients(zip(p_grad,
            self.policy_net.trainable_weights))

        # 软更新目标网络
        self.target_q_net1 = self.target_soft_update(self.q_net1, self.target_q_net1,
            soft_tau)
        self.target_q_net2 = self.target_soft_update(self.q_net2, self.target_q_net2,
            soft_tau)
        self.target_policy_net = self.target_soft_update(self.policy_net,
            self.target_policy_net, soft_tau)
```

如下是主要训练代码。这里先创建环境和智能体。

```
# 初始化环境
env = gym.make(ENV_ID).unwrapped
state_dim = env.observation_space.shape[0]
action_dim = env.action_space.shape[0]
```

```
action_range = env.action_space.high # 缩放动作 [-action_range, action_range]

# 设置随机种子，以便复现效果
env.seed(RANDOM_SEED)
random.seed(RANDOM_SEED)
np.random.seed(RANDOM_SEED)
tf.random.set_seed(RANDOM_SEED)

# 初始化回放缓存
replay_buffer = ReplayBuffer(REPLAY_BUFFER_SIZE)

# 初始化智能体
agent = TD3(state_dim, action_dim, action_range, HIDDEN_DIM, replay_buffer,
        POLICY_TARGET_UPDATE_INTERVAL, Q_LR, POLICY_LR)
t0 = time.time()
```

在开始片段之前，需要做一些初始化操作。这里训练时间受总运行步数的限制，而不是最大片段迭代数。由于网络建立的方式不同，这种方式需要在使用前额外调用一次函数。

```
# 训练循环
if args.train:
    frame_idx = 0
    all_episode_reward = []
    # 这里需要进行一次额外的调用，以使内部函数进行一些初始化操作，让其可以正常使用
    # model.forward 函数
    state = env.reset().astype(np.float32)
    agent.policy_net([state])
    agent.target_policy_net([state])
```

在训练刚开始的时候，会先由智能体进行随机采样。通过这种方式可以采集到足够多的用于更新的数据。在那之后，智能体还是和往常一样与环境进行交互并采集数据，再进行存储和更新。

```
    for episode in range(TRAIN_EPISODES):
        state = env.reset().astype(np.float32)
        episode_reward = 0
        for step in range(MAX_STEPS):
            if RENDER:
                env.render()
            if frame_idx > EXPLORE_STEPS:
```

```
            action = agent.policy_net.get_action(state, EXPLORE_NOISE_SCALE)
        else:
            action = agent.policy_net.sample_action()

        next_state, reward, done, _ = env.step(action)
        next_state = next_state.astype(np.float32)
        done = 1 if done is True else 0

        replay_buffer.push(state, action, reward, next_state, done)
        state = next_state
        episode_reward += reward
        frame_idx += 1

        if len(replay_buffer) > BATCH_SIZE:
            for i in range(UPDATE_ITR):
                agent.update(BATCH_SIZE, EVAL_NOISE_SCALE, REWARD_SCALE)
        if done:
            break
```

最终，我们提供了一些可视化训练过程所需的函数，并将训练的模型进行存储。

```
    if episode == 0:
        all_episode_reward.append(episode_reward)
    else:
        all_episode_reward.append(all_episode_reward[-1] * 0.9 + episode_reward *
            0.1)
    print(
        'Training | Episode: {}/{} | Episode Reward: {:.4f} | Running Time:
            {:.4f}'.format(
            episode+1, TRAIN_EPISODES, episode_reward,
            time.time() - t0
        )
    )
agent.save()
plt.plot(all_episode_reward)
if not os.path.exists('image'):
    os.makedirs('image')
plt.savefig(os.path.join('image', 'td3.png'))
```

6.5.4 SAC: Pendulum-v0

SAC 使用了离线策略的方式对随机策略进行优化。它最大的特点是使用了熵正则项，但也使用了一些 TD3 中的技术。其目标 Q 值的计算使用了两个 Q 网络中的最小值和策略 $\pi(\tilde{a}|s)$ 的对数概率。例子中的代码使用了这些类：ReplayBuffer、SoftQNetwork、PolicyNetwork 和 SAC。

其中 ReplayBuffer 和 SoftQNetwork 类与 TD3 中的 ReplayBuffer 和 QNetwork 类一样，这里就不再赘述，直接介绍后续的代码。

```
class ReplayBuffer: # 一个环形回放缓存，用于存储转移数据并提供数据采样
    def __init__(self, capacity):
        ......
    def push(self, state, action, reward, next_state, done):
        ......
    def sample(self, batch_size):
        ......
    def __len__(self):
        ......

class SoftQNetwork(Model): # 用于评估状态-动作值 Q(s,a) 的网络
    def __init__(self, num_inputs, num_actions, hidden_dim, init_w=3e-3):
        ......
    def forward(self, input):
        ......
```

PolicyNetwork 类也和 TD3 的十分相似。不同之处在于，SAC 使用了一个随机策略网络，而不是 TD3 中的确定性策略网络。

```
class PolicyNetwork(Model):
    def __init__(self, num_inputs, num_actions, hidden_dim, action_range=1.,
        init_w=3e-3, log_std_min=-20, log_std_max=2): # 初始化
        ......
    def forward(self, state): # 前向传播
        ......
    def evaluate(self, state, epsilon=1e-6): # 进行评估
        ......
    def get_action(self, state, greedy=False): # 获取动作
        ......
    def sample_action(self): # 采样动作
        ......
```

随机策略网络输出了动作和对数标准差来描述动作分布。因此网络有两层输出。

```
class PolicyNetwork(Model):
    def __init__(self, num_inputs, num_actions, hidden_dim, action_range=1.,
         init_w=3e-3, log_std_min=-20, log_std_max=2):
        super(PolicyNetwork, self).__init__()
        self.log_std_min = log_std_min
        self.log_std_max = log_std_max
        w_init = tf.keras.initializers.glorot_normal(seed=None)
        self.linear1 = Dense(n_units=hidden_dim, act=tf.nn.relu, W_init=w_init,
            in_channels=num_inputs, name='policy1')
        self.linear2 = Dense(n_units=hidden_dim, act=tf.nn.relu, W_init=w_init,
            in_channels=hidden_dim, name='policy2')
        self.linear3 = Dense(n_units=hidden_dim, act=tf.nn.relu, W_init=w_init,
            in_channels=hidden_dim, name='policy3')
        self.mean_linear = Dense(n_units=num_actions, W_init=w_init,
            b_init=tf.random_uniform_initializer(-init_w, init_w),
            in_channels=hidden_dim, name='policy_mean')
        self.log_std_linear = Dense(n_units=num_actions, W_init=w_init,
            b_init=tf.random_uniform_initializer(-init_w, init_w),
            in_channels=hidden_dim, name='policy_logstd')
        self.action_range = action_range
        self.num_actions = num_actions
```

这里在 forward() 函数中的对数标准差上进行截断，防止标准差过大。

```
    def forward(self, state):
        x = self.linear1(state)
        x = self.linear2(x)
        x = self.linear3(x)
        mean = self.mean_linear(x)
        log_std = self.log_std_linear(x)
        log_std = tf.clip_by_value(log_std, self.log_std_min, self.log_std_max)
        return mean, log_std
```

evaluate() 函数使用重参数技术从动作分布上采样动作，这样可以保证梯度能够反向传播。函数也计算了采样动作在原始动作分布上的对数概率。

```
def evaluate(self, state, epsilon=1e-6):
    state = state.astype(np.float32)
    mean, log_std = self.forward(state)
    std = tf.math.exp(log_std) # 评估时不进行裁剪，裁剪会影响梯度
    normal = Normal(0, 1)
    z = normal.sample(mean.shape)
    action_0 = tf.math.tanh(mean + std * z) # 动作选用 TanhNormal 分布；这里使用了重参
                                            # 数技术
    action = self.action_range * action_0
    # 根据论文原文，这里最后加了一个额外项以标准化不同动作范围
    log_prob = Normal(mean, std).log_prob(mean + std * z) - tf.math.log(1. -
        action_0 ** 2 + epsilon) - np.log(self.action_range)
    # normal.log_prob 和 -log(1-a**2) 的维度都是 (N,dim_of_action);
    # Normal.log_prob 输出了和输入特征一样的维度，而不是 1 维的概率
    # 这里需要跨维度相加，来得到 1 维的概率，或者使用多元正态分布
    log_prob = tf.reduce_sum(log_prob, axis=1)[:, np.newaxis]
    # 由于 reduce_sum 减少了 1 个维度，这里将维度扩展回来
    return action, log_prob, z, mean, log_std
```

get_action() 函数是前面函数的简单版。它只需要从动作分布上采样动作即可。

```
def get_action(self, state, greedy=False):
    mean, log_std = self.forward([state])
    std = tf.math.exp(log_std)
    normal = Normal(0, 1)
    z = normal.sample(mean.shape)
    action = self.action_range * tf.math.tanh(
        mean + std * z
    ) # 动作分布使用 TanhNormal 分布；这里使用了重参数技术

    action = self.action_range * tf.math.tanh(mean) if greedy else action
    return action.numpy()[0]
```

sample_action() 函数更加简单。它只用在训练刚开始的时候采集第一次更新所需的数据。

```
def sample_action(self, ):
    a = tf.random.uniform([self.num_actions], -1, 1)
    return self.action_range * a.numpy()
```

SAC 的结构如下：

```
class SAC():
    def __init__(self, state_dim, action_dim, replay_buffer, hidden_dim, action_range,
        soft_q_lr=3e-4, policy_lr=3e-4, alpha_lr=3e-4): # 建立网络及变量
        ......
    def target_ini(self, net, target_net): # 初始化目标网络时所需的硬拷贝更新
        ......
    def target_soft_update(self, net, target_net, soft_tau): # 更新目标网络时所用到的软更
                                                            # 新，使用了 Polyak 平均
        ......
    def update(self, batch_size, reward_scale=10., auto_entropy=True,
        target_entropy=-2, gamma=0.99, soft_tau=1e-2): # 更新 SAC 中所有的网络
        ......
    def save(self): # 存储训练参数
        ......
    def load(self): # 载入训练参数
        ......
```

SAC 算法中有 5 个网络，分别是 2 个 soft Q 网络及其目标网络，以及一个随机策略网络。另外还需要一个 alpha 变量来作为熵正则化的权衡系数。

```
class SAC():
    def __init__(self, state_dim, action_dim, replay_buffer, hidden_dim, action_range,
        soft_q_lr=3e-4, policy_lr=3e-4, alpha_lr=3e-4):
        self.replay_buffer = replay_buffer

        # 初始化所有网络
        self.soft_q_net1 = SoftQNetwork(state_dim, action_dim, hidden_dim)
        self.soft_q_net2 = SoftQNetwork(state_dim, action_dim, hidden_dim)
        self.target_soft_q_net1 = SoftQNetwork(state_dim, action_dim, hidden_dim)
        self.target_soft_q_net2 = SoftQNetwork(state_dim, action_dim, hidden_dim)
        self.policy_net = PolicyNetwork(state_dim, action_dim, hidden_dim, action_range)
        self.log_alpha = tf.Variable(0, dtype=np.float32, name='log_alpha')
        self.alpha = tf.math.exp(self.log_alpha)
        print('Soft Q Network (1,2): ', self.soft_q_net1)
        print('Policy Network: ', self.policy_net)
        # set mode
        self.soft_q_net1.train()
```

```
        self.soft_q_net2.train()
        self.target_soft_q_net1.eval()
        self.target_soft_q_net2.eval()
        self.policy_net.train()

        # 初始化目标网络的参数
        self.target_soft_q_net1 = self.target_ini(self.soft_q_net1,
            self.target_soft_q_net1)
        self.target_soft_q_net2 = self.target_ini(self.soft_q_net2,
            self.target_soft_q_net2)

        self.soft_q_optimizer1 = tf.optimizers.Adam(soft_q_lr)
        self.soft_q_optimizer2 = tf.optimizers.Adam(soft_q_lr)
        self.policy_optimizer = tf.optimizers.Adam(policy_lr)
        self.alpha_optimizer = tf.optimizers.Adam(alpha_lr)
```

这里我们介绍一下 `update()` 函数。其他函数和之前 TD3 的代码一样，这里不做赘述。和往常一样，在 `update()` 函数的开始，我们先从回放缓存中采样数据。对奖励值进行正则化，以提高训练效果。

```
    def update(self, batch_size, reward_scale=10., auto_entropy=True, target_entropy=-2,
        gamma=0.99, soft_tau=1e-2):
        state, action, reward, next_state, done = self.replay_buffer.sample(batch_size)
        reward = reward[:, np.newaxis] # 扩展维度
        done = done[:, np.newaxis]
        reward = reward_scale * (reward - np.mean(reward, axis=0)) / (
              np.std(reward, axis=0) + 1e-6
        ) # 通过批数据的均值和标准差进行标准化，并增加一个极小的数防止除以 0 导致数值溢出问题
```

在这之后，我们将基于下一个状态值计算相应的 Q 值。SAC 使用了两个目标网络输出中较小的值，这里和 TD3 相同。但是与之不同的是，SAC 在计算目标 Q 值的时候增加了熵正则项。这里的 `log_prob` 部分是一个权衡策略随机性的熵值。

```
        # 训练 Q 函数
        new_next_action, next_log_prob, _, _, _ = self.policy_net.evaluate(next_state)
        target_q_input = tf.concat([next_state, new_next_action], 1) # 第 0 维是样本数量
        target_q_min = tf.minimum(
            self.target_soft_q_net1(target_q_input),
```

```
        self.target_soft_q_net2(target_q_input)
    ) - self.alpha * next_log_prob
    target_q_value = reward + (1 - done) * gamma * target_q_min
        # 如果 done==1，则只有 reward 值
```

在计算 Q 值之后，训练 Q 网络就很简单了。

```
    q_input = tf.concat([state, action], 1)
    with tf.GradientTape() as q1_tape:
        predicted_q_value1 = self.soft_q_net1(q_input)
        q_value_loss1 =
            tf.reduce_mean(tf.losses.mean_squared_error(predicted_q_value1,
            target_q_value))
    q1_grad = q1_tape.gradient(q_value_loss1, self.soft_q_net1.trainable_weights)
    self.soft_q_optimizer1.apply_gradients(zip(q1_grad,
         self.soft_q_net1.trainable_weights))
    with tf.GradientTape() as q2_tape:
        predicted_q_value2 = self.soft_q_net2(q_input)
        q_value_loss2 =
            tf.reduce_mean(tf.losses.mean_squared_error(predicted_q_value2,
            target_q_value))
    q2_grad = q2_tape.gradient(q_value_loss2, self.soft_q_net2.trainable_weights)
    self.soft_q_optimizer2.apply_gradients(zip(q2_grad,
         self.soft_q_net2.trainable_weights))
```

这里的策略损失考虑了额外的熵项。通过最大化损失函数，可以训练策略来使预期回报和熵之间的权衡达到最佳。

```
    # 训练策略网络
    with tf.GradientTape() as p_tape:
        new_action, log_prob, z, mean, log_std = self.policy_net.evaluate(state)
        new_q_input = tf.concat([state, new_action], 1) # 第 0 维是样本数量
        # 实现方式一
        predicted_new_q_value = tf.minimum(self.soft_q_net1(new_q_input),
            self.soft_q_net2(new_q_input))
        # 实现方式二
        # predicted_new_q_value = self.soft_q_net1(new_q_input)
        policy_loss = tf.reduce_mean(self.alpha * log_prob - predicted_new_q_value)
    p_grad = p_tape.gradient(policy_loss, self.policy_net.trainable_weights)
```

```
self.policy_optimizer.apply_gradients(zip(p_grad,
    self.policy_net.trainable_weights))
```

最后，我们要更新熵权衡系数 alpha 和目标网络。

```
# 更新 alpha
# alpha: 探索（最大化熵）和利用（最大化 Q 值）之间的权衡
if auto_entropy is True:
    with tf.GradientTape() as alpha_tape:
        alpha_loss = -tf.reduce_mean((self.log_alpha * (log_prob +
            target_entropy)))
    alpha_grad = alpha_tape.gradient(alpha_loss, [self.log_alpha])
    self.alpha_optimizer.apply_gradients(zip(alpha_grad, [self.log_alpha]))
    self.alpha = tf.math.exp(self.log_alpha)
else: # 固定 alpha 值
    self.alpha = 1.
    alpha_loss = 0

# 软更新目标价值网络
self.target_soft_q_net1 = self.target_soft_update(self.soft_q_net1,
    self.target_soft_q_net1, soft_tau)
self.target_soft_q_net2 = self.target_soft_update(self.soft_q_net2,
    self.target_soft_q_net2, soft_tau)
```

训练的主循环和 TD3 一样，先建立环境和智能体。

```
# 初始化环境
env = gym.make(ENV_ID).unwrapped
state_dim = env.observation_space.shape[0]
action_dim = env.action_space.shape[0]
action_range = env.action_space.high # 缩放动作，[-action_range, action_range]

# 设置随机种子，方便复现效果
env.seed(RANDOM_SEED)
random.seed(RANDOM_SEED)
np.random.seed(RANDOM_SEED)
tf.random.set_seed(RANDOM_SEED)

# 初始化缓存
```

```
replay_buffer = ReplayBuffer(REPLAY_BUFFER_SIZE)
# 初始化智能体
agent = SAC(state_dim, action_dim, action_range, HIDDEN_DIM,
                replay_buffer, SOFT_Q_LR, POLICY_LR, ALPHA_LR)
t0 = time.time()
```

之后，使用智能体和环境交互，并存储用于更新的采样数据。在第一次更新之前，用随机动作来采集数据。

```
# 训练循环
if args.train:
    frame_idx = 0
    all_episode_reward = []
    # 这里需要进行一次额外的调用，来使内部函数进行一些初始化操作，让其可以正常使用
    # model.forward 函数
    state = env.reset().astype(np.float32)
    agent.policy_net([state])

    for episode in range(TRAIN_EPISODES):
        state = env.reset().astype(np.float32)
        episode_reward = 0
        for step in range(MAX_STEPS):
            if RENDER:
                env.render()
            if frame_idx > EXPLORE_STEPS:
                action = agent.policy_net.get_action(state)
            else:
                action = agent.policy_net.sample_action()
            next_state, reward, done, _ = env.step(action)
            next_state = next_state.astype(np.float32)
            done = 1 if done is True else 0
            replay_buffer.push(state, action, reward, next_state, done)
            state = next_state
            episode_reward += reward
            frame_idx += 1
```

采集到足够的数据后，我们可以开始在每步进行更新。

```
        if len(replay_buffer) > BATCH_SIZE:
            for i in range(UPDATE_ITR):
                agent.update(
                    BATCH_SIZE, reward_scale=REWARD_SCALE,
                        auto_entropy=AUTO_ENTROPY,
                    target_entropy=-1. * action_dim
                )
        if done:
            break
```

通过上述步骤，智能体就可以通过不断更新变得越来越强了。增加下面的代码可以更好地显示训练过程。

```
    if episode == 0:
        all_episode_reward.append(episode_reward)
    else:
        all_episode_reward.append(all_episode_reward[-1] * 0.9 + episode_reward *
            0.1)
    print(
        'Training | Episode: {}/{} | Episode Reward: {:.4f} | Running Time:
            {:.4f}'.format(
            episode+1, TRAIN_EPISODES, episode_reward,
            time.time() - t0
        )
    )
```

最后，存储模型并且绘制学习曲线。

```
agent.save()
plt.plot(all_episode_reward)
if not os.path.exists('image'):
    os.makedirs('image')
plt.savefig(os.path.join('image', 'sac.png'))
```

参考文献

FOX R, PAKMAN A, TISHBY N, 2016. Taming the noise in reinforcement learning via soft updates[C]//Proceedings of the Thirty-Second Conference on Uncertainty in Artificial Intelligence. AUAI Press: 202-211.

FUJIMOTO S, VAN HOOF H, MEGER D, 2018. Addressing function approximation error in actor-critic methods[J]. arXiv preprint arXiv:1802.09477.

HAARNOJA T, TANG H, ABBEEL P, et al., 2017. Reinforcement learning with deep energy-based policies[C]//Proceedings of the 34th International Conference on Machine Learning-Volume 70. JMLR.org: 1352-1361.

HAARNOJA T, ZHOU A, HARTIKAINEN K, et al., 2018. Soft actor-critic algorithms and applications[J]. arXiv preprint arXiv:1812.05905.

IT K, MCKEAN H, 1965. Diffusion processes and their sample paths[J]. Die Grundlehren der math. Wissenschaften, 125.

LEVINE S, KOLTUN V, 2013. Guided policy search[C]//International Conference on Machine Learning. 1-9.

MNIH V, KAVUKCUOGLU K, SILVER D, et al., 2015. Human-level control through deep reinforcement learning[J]. Nature.

NACHUM O, NOROUZI M, XU K, et al., 2017. Bridging the gap between value and policy based reinforcement learning[C]//Advances in Neural Information Processing Systems. 2775-2785.

POLYAK B T, 1964. Some methods of speeding up the convergence of iteration methods[J]. USSR Computational Mathematics and Mathematical Physics, 4(5): 1-17.

SILVER D, LEVER G, HEESS N, et al., 2014. Deterministic policy gradient algorithms[C].

SUTTON R S, BARTO A G, 2018. Reinforcement learning: An introduction[M]. MIT press.

UHLENBECK G E, ORNSTEIN L S, 1930. On the theory of the brownian motion[J]. Physical review, 36(5): 823.

WILLIAMS R J, 1992. Simple statistical gradient-following algorithms for connectionist reinforcement learning[J]. Machine Learning, 8(3-4): 229-256.

ZIEBART B D, MAAS A L, BAGNELL J A, et al., 2008. Maximum entropy inverse reinforcement learning.[C]//Proceedings of the AAAI Conference on Artificial Intelligence: volume 8. Chicago, IL, USA: 1433-1438.

研究部分

这个部分介绍了一些深度强化学习的研究课题，这些内容对希望深入理解相关研究方向的读者非常有用。我们首先在第 7 章中介绍了几个深度强化学习的重大挑战，包括采样效率（Sample Efficiency）、学习稳定性（Learning Stability）、灾难性遗忘（Catastrophic Interference）、探索（Exploration）、元学习（Meta-Learning）与表征学习（Representation Learning）、多智能体强化学习（Multi-Agent Reinforcement Learning）、模拟到现实（Simulation-to-Reality，Sim2Real），以及大规模强化学习（Large-Scale Reinforcement Learning）。然后我们用 6 个章节来介绍不同的前沿研究挑战的细节，以及目前的解决方法。从研究角度来看，很多经典的方法都包含在这 7 个章节中了，具体来说：

第 8 章较为全面地介绍了模仿学习（Imitation Learning）。模仿学习在学习过程中利用专家的示范例子，帮助减缓强化学习中低采样效率的问题。第 9 章介绍了基于模型的强化学习（Model-based RL），它也能用于提升学习效率，但这系列方法需要学习对环境的建模。基于模型的强化学习是一个非常有前景的研究方向，有很多面向现实应用的前沿研究内容。第 10 章介绍了分层强化学习（Hierarchical Reinforcement Learning），用以解决深度强化学习中灾难性遗忘和难以探索的问题，并提高学习效率。这个章节还介绍了一些框架和封建制强化学习（Feudal Reinforcement Learning）方法。第 11 章介绍了多智能体强化学习的概念，用以把强化学习拓展到多个智能体上。不同智能体之间的竞争（Competitive）与协作（Collaborative）、纳什均衡（Nash Equilibrium）和一些多智能体强化学习的内容细节会在这个章节中介绍。第 12 章介绍了深度强化学习的并行计算（Parallel Computing），用以解决可扩展性挑战（Scalability Challenge），以提升学习的速度。这章介绍了不同的并行训练框架，帮助大家把深度强化学习用于现实世界中的大规模问题。

7 深度强化学习的挑战

本章介绍了现有深度强化学习研究和应用中的挑战，包括：（1）样本效率问题；（2）训练稳定性；（3）灾难性遗忘问题；（4）探索相关问题；（5）元学习和表示学习对于强化学习方法的跨任务泛化性能；（6）有其他智能体作为环境一部分的多智能体强化学习；（7）通过模拟到现实迁移来弥补模拟环境和现实世界间的差异；（8）对大规模强化学习使用分布式训练来缩短执行时间，等等。本章提出了以上挑战，并介绍了一些可能的解决方案和研究方向，来引出本书第二个板块的前沿主题，从第 8 章到第 12 章，给读者提供关于深度强化学习现有方法的缺陷、近来发展和未来方向的相对全面的理解。

7.1 样本效率

强化学习中一个**样本高效**（Sample-Efficient，或称**数据高效**，Data-Efficient）的算法意味着这个算法可以更好地利用收集到的样本，从而实现更快速的策略学习。使用同样数量的训练样本（比如按强化学习中的时间步来统计），相比于其他样本低效的方法，一个样本效率高的方法可以在学习曲线或最终结果上表现得更好。以 Pong 游戏为例，一个普通人可能通过几十次尝试就基本掌握游戏规则并取得较好的分数。然而，对于现有的强化学习算法（尤其是无模型的方法）而言，它可能需要成百上千个样本来逐渐学到一些有用的策略。这构成了强化学习中的一个关键问题：我们如何为智能体设计更有效的强化学习算法，从而用更少的样本更快地学习？

这个问题的重要性主要是由于实时或现实世界中的智能体与环境交互往往有较大的代价，甚至目前即使在模拟环境中的交互也需要一定的时间和能源上的消耗。多数现有强化学习算法在解决大规模或连续空间问题时有较低的学习效率，以至于一个典型的训练过程即使有着较快的模拟速度在当前计算能力下也需要难以忍受的等待时间。对于现实世界的交互过程情况可能更糟，一些潜在的问题，比如时间消耗、设备损耗、强化学习探索过程中的安全性和失败情况下的风险等，都对实践中强化学习算法的学习效率提出了更高的要求。

提高数据使用效率，一方面需要包含有用信息的先验知识，另一方面需要能够从可获得数据中更高效提取信息的方式。从这两方面出发，现有文献中有许多方式解决学习效率的问题：

- 从**专家示范**（Expert Demonstrations）中学习。这个想法需要一个专家来提供有高奖励值的训练样本，实际上属于**模仿学习**（Imitation Learning）的范畴。它尝试不仅模仿专家的动作选择，而且学习一个能解决未见过情况的泛化策略。模仿学习和强化学习的结合实际上是一个很有前景的研究领域，在近几年来被广泛研究，并应用于如围棋游戏、机器人学习等，来缓解强化学习低学习效率的问题。

  从专家示范中学习的关键是从可获得的示范数据集中提取能生成好的动作的潜在规则，并将其用于更广泛的情况。

- **基于模型**（Model-Based）的强化学习而不是**无模型**（Model-Free）强化学习。如前面章节所介绍的，一个基于模型的强化学习方法一般指智能体不仅学会一个预测其动作的策略，而且学习一个环境的模型来辅助其动作规划，因此可以加速策略学习的速度。环境的模型基本包括两个子模型：一个是**状态转移模型**（State Transition Model），它可以给出智能体做出动作后的状态变化；一个是**奖励模型**（Reward Model），它决定了智能体能从环境中得到多少奖励作为其动作的反馈。

  学习准确的环境模型可以为更好地评估智能体的当前策略提供额外信息，而这可以使整个学习过程更高效。然而，基于模型的方法有它自己的缺点，比如，实践中，基于模型的方法经常会有**模型偏差**（Model Bias）的问题，即基于模型的方法经常固有地假设学习到的环境模型能准确地刻画真实环境，但是对于模型只能从少量样本中学习的情况，这往往不成立，即实际模型基本不准确。在真实环境中，当策略基于不准确或者有偏差的模型进行学习时可能会产生问题。

  举例来说，一种基于模型的高效强化学习算法叫 PILCO (Deisenroth et al., 2011)，它应用非参数化的概率模型高斯过程来近似环境的动力学模型。它利用了高斯过程简单直接的求解过程来有效地学习模型，而不是采用神经网络拟合。策略评估和改进是基于所学的概率模型。对于现实世界中一个推车双钟摆上翻（Cart-Double-Pendulum Swing Up）任务，PILCO 方法用仅 20 到 30 次尝试就能学会一个控制的有效策略，而其他方法像多层感知机可能最终需要至少几百次尝试的样本来学习一个动力学模型。然而，PILCO 方法也有它自己的问题，比如，由于学习策略参数是一个非凸优化问题，难以保证能搜索到最优控制方式，而且高斯过程的求解无法扩展到复杂模型的高维参数空间上。

  通过解决存在的缺陷来设计更加高效的学习算法。上述两种方法尝试通过利用额外信息来解决学习效率问题，如专家示范数据和环境建模信息。如果没有额外信息可以利用或环境的动态模型难以准确学到，那么我们就应该改进算法本身的学习效率而不利用额外信息。强化学习算法根据它们的更新方式一般分为两类：**在线策略**（On-Policy）和**离线策略**（Off-

Policy），如之前章节中所介绍的。在线策略方法对策略的评估有较小的偏差（Bias）但有较大的方差（Variance），而离线策略方法可以利用一个较大的随机采样批来实现较小的估计方差。

近年来，更加先进和有效算法被不断提出。多数算法是针对一些传统算法中的特定缺陷。比如，为了减小策略梯度的方差，Critic 网络被引入来估计 Actor-Critic 的动作-价值函数（Action-Value Function）；为了将强化学习任务从小规模扩展到大规模，DQN 采用了深度神经网络来改进基于表格（Tabular-based）的 Q-Learning 算法；为了解决 DQN 更新规则中使用最大化算子造成的过估计问题，Double DQN 算法使用了一个额外的 Q 网络；为了促进探索，基于参数噪声的 Noisy DQN 被提出，柔性 Actor-Critic（Soft Actor-Critic，缩写为 SAC）对策略的概率分布采用自适应熵；为了将 DQN 方法从只能解决离散任务扩展到连续任务，深度确定性策略梯度算法（Deep Deterministic Policy Gradient，缩写为 DDPG）被提出；为了稳定 DDPG 算法的学习过程，孪生延迟 DDPG（Twin Delayed DDPG，缩写为 TD3）提出用额外的网络和延迟更新的方式来优化策略；为了确保在线策略强化学习策略优化的安全更新，基于信赖域的算法像信赖域策略优化算法（Trust Region Policy Optimization，缩写为 TRPO）被提出；为了缩减 TRPO 二阶优化方法的计算时间，近端策略优化（Proximal Policy Optimization，缩写为 PPO）算法采用一阶近似；为了加速二阶自然梯度下降方法，使用 Kronecker 因子化信赖域的 Actor-Critic 算法（Actor Critic Using Kronecker-Factored Trust Region，缩写为 ACKTR）提出在二阶优化过程中使用 Kronecker 因子化（Kronecker-Factored）方法近似逆 Fisher 信息矩阵；最大化后验策略梯度（Maximum A Posteriori Policy Optimization，MPO）(Abdolmaleki et al., 2018) 算法和它的在线策略变体 V-MPO (Song et al., 2019) 用一种“强化学习作为推理”的观点实现策略优化。MPO 使用概率推理工具，像期望最大化算法（Expectation Maximization，EM）来优化最大熵强化学习目标。以上的算法只是整个强化学习算法领域发展的一小部分，我们希望读者到文献中查找更多改进算法学习效率和其他缺陷的强化学习算法。与此同时，所提出的强化学习算法结构变得越来越复杂，有更多灵活的参数可以被自适应地学习或人为选择，而这需要在强化学习研究中对其进行更加细致的考虑。有时额外的超参数可以显著改进学习表现，但有时它们使得学习过程更加敏感，而你需要对具体情况具体分析。

在上面例子中，我们假设数据样本包含丰富信息，而只是强化学习算法的学习效率较低。实践中，经常见到样本缺乏有用信息的情况，尤其是稀疏奖励的任务。比如，对于单个二值变量表示任务成功与否的情况来说，中间样本可能全部都是直接奖励（Immediate Reward）值为 0，从而没有任何区分度。这些样本中的信息自然就很稀疏。像这样的情况，在没有充分的奖励函数指引的情况下，有效探索空间的方式可能就很关键。像后见之明经验回放（Hindsight Experience Replay）(Andrychowicz et al., 2017)，分层学习结构 (Kulkarni et al., 2016)、内在奖励（Intrinsic Reward） (Sukhbaatar et al., 2018)、好奇心驱使的探索 (Pathak et al., 2017) 和其他有效的探索机制 (Houthooft et al., 2016) 都被用于一些工作中。强化学习中的学习效率由于强化学习的固有性质被探索过程显著地影响，而有效的探索可以通过采集到更有信息的样本而提高从样本中学习的效率。由于探索是强化学习中的另一个巨大挑战，它将在后续小节之一中被单独讨论。

7.2 学习稳定性

深度强化学习可能非常不稳定或有随机性。这里的“不稳定”指，在多次训练中，每次学习表现在随时间变化的横向比较中的差异。随时间变化的不稳定，学习过程体现为有巨大的局部方差或在单次学习曲线上的非单调增长，比如有时学习表现甚至由于某些原因会下降。在多次训练中，不稳定的学习过程体现为在每一个阶段上的多次学习表现之间的巨大差异，而这将导致横向对比中的巨大方差。

深度神经网络的不稳定性和不可预测性在深度强化学习领域被进一步加剧，移动的目标分布、数据不满足独立同分布条件、对价值函数的不稳定的有偏差估计等因素导致了梯度估计器中的噪声，而进一步造成不稳定的学习表现。不同于监督学习在固定的数据集上学习（这里不考虑批限制的强化学习），强化学习经常是从高度相关的样本中学习的。比如，学习智能体大多采用策略探索得到的样本，要么是用在线策略学习的当前策略，要么是离线策略学习的先前策略（有时甚至是其他策略）。智能体和环境之间连续交互产生的样本可能是高度相关的，这打破了有效学习神经网络的独立性条件。由于价值函数是由当前策略选择的轨迹估计的，价值函数和估计它的策略之间也有依赖关系。由于策略随训练时间改变，参数化的价值函数的优化流形也随时间改变。考虑到为了便于在训练中探索，策略往往具有一定的随机性，价值函数于是更加难以追寻，而这也会导致用来学习的数据不满足独立同分布条件。不稳定的学习过程主要是由策略梯度或价值函数估计的变化造成的。然而，有偏差估计是强化学习中不稳定表现的另一根源，尤其是当偏差本身也不稳定的时候。举例来说，回想第 2 章，为了实现用 $Q^w(s,a)$ 对动作价值函数 $Q^\pi(s,a)$ 进行的无偏差估计，可兼容函数拟合条件（Compatible Function Approximation Condition）需要被满足。同时，有一些其他条件来确保价值函数的无偏差估计，以及一些进一步的要求条件来保证高级强化学习算法对策略改进有正确且准确的梯度计算。然而，实践中，这些要求或条件经常被放宽，而导致对价值函数的不稳定有偏差估计，或者策略梯度中较大的方差。多数情况下，人们讨论强化学习算法中估计的偏差和方差之间的权衡，而不稳定的偏差项本身也可能促成不稳定的学习表现。也有一些其他因素会导致不稳定的学习表现，比如探索策略中的随机性、环境中的随机性、数值计算的随机种子等。

论文 (Houthooft et al., 2016) 提出了以 Variational Information Maximizing Exploration（VIME）作为一种应用于一般强化学习算法中的探索方式。一些学习表现展示于他们所做的算法比较中，在三种不同的环境上使用 TRPO 或 TRPO+VIME 算法的学习结果基本上在学习曲线上都显示出了较大的方差，如图 7.1 所示。对于环境 MountainCar 来说，TRPO 算法的学习曲线能够覆盖整个奖励值范围 $[0,1]$，而且对 TRPO+VIME 方法在 HalfCheetah 环境也是类似的情况。我们需要注意相比于其他一些强化学习算法，TRPO 在多数情况下已经是一个相对稳定的算法，它使用对梯度下降的二阶优化和信赖域限制。其他算法像 DDPG 可能在训练过程中表现得更加不稳定，有噪声的探索甚至可能在训练了较长一段时间后显著降低学习表现 (Fujimoto et al., 2018)。

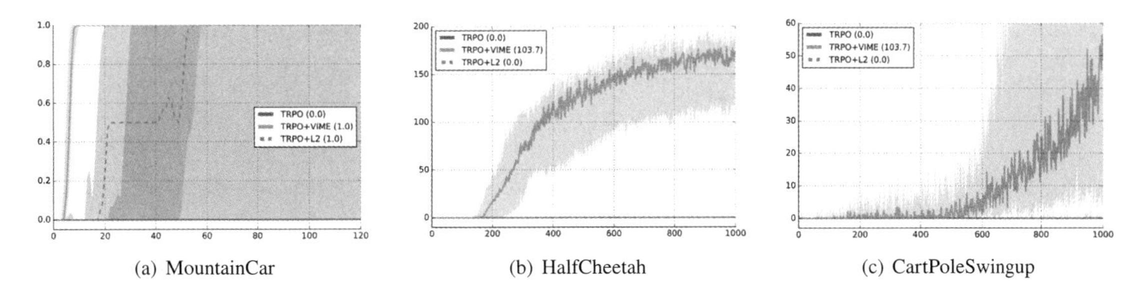

(a) MountainCar (b) HalfCheetah (c) CartPoleSwingup

图 7.1 VIME 实验中的学习曲线。图片改编自文献 (Houthooft et al., 2016)（见彩插）

强化学习过程中的随机性会给准确评估算法表现带来困难，而这也显示出使用不同随机种子获得平均结果的重要性。

先前关于强化学习的调研 (Henderson et al., 2018) 中给出了一些关于深度强化学习实验中不稳定性和敏感性相关的结论：

- 策略网络结构可以对 TRPO 和 DDPG 算法的结果有显著影响。
- 对于策略网络或价值网络的隐藏层，ReLU 或 Leaky ReLU 激活函数往往在多个环境和多个算法上有最好的表现。而这个效果的大小对不同算法或环境不一致。
- 奖励值缩放的效果对不同环境和不同缩放值不一致。
- 5 个随机种子（通常的报告设置）可能不足以论证显著的结果，因为如果你仔细挑选随机种子，不同的随机种子可能得到完全不重合的置信区间，即使采用完全相同的实现方式。
- 环境动态的稳定性可能严重影响强化学习算法的学习表现。比如，一个不稳定的环境可以迅速削弱 DDPG 算法的有效学习表现。

人们已经有很长一段时间在尝试解决强化学习中的稳定性问题。为了解决累计奖励函数在原始 REINFORCE 算法中的较大方差，价值函数拟合被引入来估计奖励值。进一步地，动作价值函数也被用于奖励函数近似，这降低了方差，即使它可能是有偏差的。像这样方法构成了深度强化学习算法的主流——结合 Q-Learning 和策略梯度（Policy Gradient）方法，如之前第 6 章中所介绍的。在原始 DQN (Mnih et al., 2013) 中，使用目标网络和延迟更新，以及经验回放池帮助缓解了不稳定学习的问题。通常一个深度函数拟合器需要多次梯度更新而不是单次更新来达到收敛，而目标网络给学习过程提供了一个稳定的目标，这有助于在训练数据上收敛。在某种程度上，它可以满足同分布条件，而强化学习在没有目标网络时会将其打破。经验回放池给 DQN 提供了一种离线策略的学习方式，而从回放池中随机采样到的训练数据更接近于独立同分布数据，这也有助于稳定学习过程。更多关于 DQN 的细节在第 4 章中有所介绍。此外，TD3 算法（在第 6 章中介绍）在 DQN 的稳定技术上应用目标策略平滑正则化（Target Policy Smooth Regularization）方法，基于相似动作有相似值的平滑性假设，从而在动作目标价值的估计中加入噪声，以减小方差。同时，TD3 使用了一对 Critic 而不是像 DDPG 中的一个，而这进一步稳定了学习表现。另一方面，对于基于策略梯度的方法来说，TRPO 使用二阶优化通过更全面的信息提供更稳定的更新，以及使用对更新后策略的限制来保证其保守但稳定的进步。

然而，即使有了以上工作，不稳定性、随机性和对初值及超参数的敏感性都使得强化学习研究人员在不同任务上评估算法和复现结果有一定困难，而这仍旧是强化学习社区的一个巨大挑战。

7.3　灾难性遗忘

由于强化学习通常有动态的学习过程而非像监督学习一样在固定的数据集上学习，它可以被看作是追逐一个移动目标的过程，而数据集在整个过程不断被更新。比如，在第 2 章中我们介绍了在线策略价值函数 $V^{\pi}(s)$ 和动作价值函数 $Q^{\pi}(s,a)$，它们都是用当前策略 π 来估计的。但是策略在整个学习过程中都在更新，这会导致对价值函数的动态估计。尽管通过离线策略回放池可以用一个相对稳定的训练集来缓解这个问题，回放池中的样本仍旧随着智能体的探索过程而不断改变。因此，一个叫作**灾难性遗忘**（Catastrophic Interference 或 Catastrophic Forgetting）(Kirkpatrick et al., 2017) 的问题可能在学习过程中发生，尤其是当策略或价值函数是基于神经网络的深度学习方法时，这个问题描述了其在解决如上所述的增量学习过程中有较差能力的现象。新的数据经常使得已训练过的网络改变很多来拟合它，从而忘记网络在之前训练过程中所学到的内容，即使这些内容也是有用的。这是在强化学习方法中使用神经网络做拟合器的一种局限性。

相较于离线策略方式，自然的人类学习过程实际更接近于在线策略学习。人们每天都在实时地学习新事物而不是一直从记忆中学习。然而，在线策略强化学习方法仍旧在努力提高学习效率，并且企图防止灾难性遗忘的问题。基于信赖域的方法像 TRPO 和 PPO 对学习过程中更新策略的潜在范围做了限制，来保证稳定但相对缓慢的学习表现进步。对于在线策略学习，样本通常以相关联数据的形式被采集，这极大促使了灾难性遗忘的发生。因此，离线策略学习方法使用经验回放池来缓解这个问题，从而在某种程度上保留旧数据来学习。像优先经验回放（Prioritized Experience Replay）和后见之明经验回放（Hindsight Experience Replay）的技术作为更复杂和先进的方式被提出，按照回放池中数据的重要性或者其目标来使用数据。

灾难性遗忘也发生在学习过程分为几个阶段的情况中。比如，在模拟到现实的策略迁移过程中，策略通常需要在模拟环境中预训练而后利用现实世界数据微调。然而，实践中，两个过程可能使用不同的损失函数，而且损失函数可能不总是与整体强化学习目标一致。如在文献 (Jeong et al., 2019a) 中，图像观察量被嵌入潜在表示而作为策略的输入，这个嵌入网络（Embedding Network）在模拟到现实的适应过程中通过一个自监督损失函数来微调，而非使用原来在模拟训练过程中的强化学习损失。这种在多阶段训练过程损失函数上的不匹配也可能在实践中造成灾难性遗忘，这意味着策略可能遗忘预训练中获得的技能。为了解决这个问题，固定部分网络层并用之前的损失函数继续更新网络可以在后训练（Post-Training）过程中尽可能保持预训练的网络。另一个相似的想法是残差策略学习（Residual Policy Learning），如 8.6 节中所提到的，它也固定了预训练网络的权重并在旁边添加了一个新的网络来学习修正项。

7.4 探索

探索是强化学习中另一个主要的挑战，它会显著影响学习效率。相比于探索和利用间的权衡（Exploration-Exploitation Trade-Off）这个强化学习中经典且为人所知问题，这里着重于探索本身的挑战。强化学习中探索的困难可能来自稀疏的奖励函数、较大的动作空间和不稳定的环境，以及现实世界中探索的安全性问题等。探索意味着通过交互来获取更多关于环境的信息，通常与利用相对。利用指通过开发已知信息来最大化奖励。强化学习的学习过程基于试错。除非那些最优的轨迹在之前被探索过，否则最优的策略无法被学到。举例来说，雅达利游戏像 OpenAI Gym 中的 Montezuma's Revenge、Pitfall 由于探索的困难，对于一般强化学习算法会很难解决，这几个游戏的场景如图 7.2 所示，其中通常包括一个复杂的迷宫，需要较复杂的一系列操作来解决。它们像一个解迷宫的问题但是有着更复杂的结构和层次。Montezuma's Revenge 是一个非常典型的稀疏奖励任务，这使得强化学习的探索非常难以进行。在一个游戏场景中，Montezuma's Revenge 的智能体必须完成几十个连续动作来通过一个房间，而这个游戏有 23 个不同的房间场景需要智能体指导它自己通过。相似的情况在 Pitfall 游戏中也有。这些游戏常用作评估强化学习方法在探索能力方面的基准。OpenAI 和 Deepmind (Aytar et al., 2018) 都声称他们用高效的深度强化学习方法解决了 Montezuma's Revenge 游戏。然而，这些结果可能不令人满意。在他们的解决方案中，专

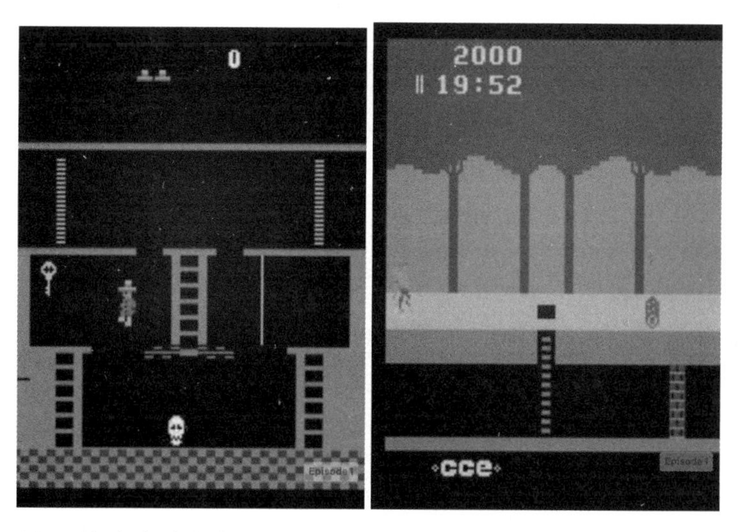

图 7.2 难以学习的雅达利游戏：Montezuma's Revenge（左）和 Pitfall（右）（见彩插）

家示范都被用于辅助探索。比如，在 Deepmind 的解决方案中，他们让智能体观察 YouTube 视频，而 OpenAI 使用人类示范来更好地初始化智能体位置。

这里稀疏奖励任务的瓶颈实际在于探索本身。稀疏奖励可能使价值网络和策略网络在一个不平滑且非凸的超曲面上优化，甚至在训练的某些阶段有不连续的情况。因此，一步优化后的策略可能无法帮助探索到更高奖励的区域。基于传统探索策略的智能体，比如随机动作或 ϵ-贪心（ϵ-Greedy）策略，会发现很难在探索过程中遇到高奖励值的轨迹。而即便它们采样到近最优（Near-Optimal）的轨迹，基于价值的或基于策略的优化方法可能也没有对这些样本充分重视，而导致失败情况或者缓慢的学习过程。上面描述的问题提出了当前深度强化学习方法的缺陷。

除稀疏奖励外，较大的动作空间和不稳定的环境也对强化学习智能体的探索造成困难。一个典型的例子是在文献 (Vinyals et al., 2019) 中解决的《星际争霸 II》（StarCraft）游戏。表 7.1[1] 中比较了雅达利游戏、围棋和《星际争霸》的信息类型、动作空间、游戏中的活动次数和玩家数量。大的动作空间和长的游戏控制序列使得在《星际争霸》中探索一个好的策略十分困难。此外，多玩家的设置使得对手在某种程度上成为游戏环境的一部分，这也增加了探索的难度。

表 7.1　对比不同的游戏

	雅达利游戏	围棋	《星际争霸》
信息类型	近完美	完美	不完美
动作空间	17	361	10^{26}
每场游戏的活动次数	100/s	100/s	1000/s
玩家数量	单个	两个	多个

为了解决探索的问题，研究人员调查了包括模仿学习、内在奖励（Intrinsic Reward）、分层学习等概念。通过模仿学习，智能体试图模仿来自人类或其他的专家示范来改进学习效率并减少探索到近最优样本的困难。内在奖励是基于这样的观念，即行为不仅是外在奖励的结果，而且也受到内在欲求的驱使，比如希望获得关于未知的更多有效信息。举例来说，婴儿可以通过好奇心驱使的探索很快地学习关于世界的知识。好奇心是一种内部驱动来改进智能体的学习，使其朝向更有探索性的策略改进。更多的内部驱动力需要在研究中探索。分层学习将复杂且难以探索的任务分解成小的子任务，这使其容易学习。举例来说，封建制网络（Feudal Network，FuN）作为封建制强化学习（Feudal Reinforcement Learning）中的一个关键方法使用了有管理者和工作者的层次性结构来解决 Montezuma’s Revenge，实现更有效的探索和学习 (Vezhnevets et al., 2017)。

近年来，一些新方法被提出来解决探索问题，其中一个称为 Go-Explore，它不是一个深度强化学习的解决方案。Go-Explore 的主要想法是首先使用无神经网络的确定性训练来探索游戏世界，即不使用深度强化学习的方法，随后使用一个深度神经网络来模仿学习最好的轨迹，从而使得策略能够对环境的随机性鲁棒。为了解决大规模高度复杂游戏，比如《星际争霸 II》，DeepMind

[1]数据源：Oriol Vinyals, Deep Reinforcement Learning Workshop, NeurIPS 2019.

的研究人员 (Vinyals et al., 2019) 使用了基于族群的训练（Population-based Training，PBT）机制来有效探索全局最优策略，其中智能体集合成为联盟（League）。不同的智能体被初始化到策略分布中的不同集群（Clusters）上，来保证探索过程的多样性。基于族群的训练相比于单个智能体对策略空间有更充分的探索。

现实世界中的探索也与安全性问题相关。举例来说，当考虑一辆由智能体控制的自动驾驶车辆时，有车祸的失败情况也是智能体应该从中进行学习的。但是现实中一辆实际的车不可能被用来采集这些失败情况的样本，而使智能体以可接受的低损耗从中学习。现实的车辆甚至不能采用随机动作来探索，因为它可能导致灾难性的结果。相同的问题也存在于其他现实世界应用中，比如机器人操作、机器人手术等。为了解决这个问题，模拟到现实的转移（Sim-to-Real Transfer）的方法可以用于将强化学习部署到现实世界，它先在模拟中进行训练，再将策略转移到现实中。

7.5 元学习和表征学习

除改善一个具体任务上的学习效率外，研究人员也在寻求能够提高在不同任务上整体学习表现的方法，这与模型的**通用性**（Generality）和**多面性**（Versatility）相关。因此，我们会问，如何让智能体基于它所学习的旧任务来在新任务上更快地学习？而在这里可以介绍多个概念，包括元学习（Meta-Learning）、表征学习（Representation Learning）、迁移学习（Transfer Learning）等。

元学习的问题实际上可以追溯到 1980—1990 年 (Bengio et al., 1990)。近来深度学习和深度强化学习重新将这个问题带入我们的视野。许多令人兴奋的想法被提出，比如那些与模型无关的元学习（Model-Agnostic Meta-Learning）方法，以及一些更强大的跨任务学习方法在近年来都有快速发展。元学习的最初目的是让智能体解决不同问题或掌握不同技能。然而，我们无法忍受它对每个任务都从头学习，尤其是用深度学习来拟合的时候。**元学习**（Meta-Learning），也称**学会学习**，是让智能体根据以往经验在新任务上更快学习的方法，而非将每个任务作为一个单独的任务。通常一个普通的学习者学习一个具体任务的过程被看作是元学习中的内循环（Inner-Loop）学习过程，而元学习者（Meta-Learner）可以通过一个外循环（Outer-Loop）学习过程来更新内循环学习者。这两种学习过程可以同时优化或者以一种迭代的方式进行。三个元学习的主要类别为循环模型（Recurrent Model）、度量学习（Metric Learning）和学习优化器（Optimizer）。结合元学习和强化学习，可以得到**元强化学习**（Meta-Reinforcement Learning）方法。一种有效的元强化学习方法像与模型无关的元学习 (Finn et al., 2017) 可以通过小样本学习（Few-Shot Learning）或者几步更新来解决一个简单的新任务。

对于一个具体的任务领域，不同的任务之间可能有隐藏的关联性质。我们是否能让智能体从这个域内采样到的一些任务中学习这些潜在的规律，从而将所学到的内容泛化到其他任务上来更快地学习？这个学习潜在的关系或规律的过程与一个叫**表征学习**（Representation Learning）(Bengio et al., 2013) 的概念密切相关。表征学习起初在机器学习中提出，被定义为从原始数据中学习表示方式和提取有效信息或特征来便于分类器或预测器（比如强化学习中的策略）使用。表征学习试图学习抽象且简洁的特征来表示原始材料，并且通过这种抽象，预测器或分类器不会降低它们的表现，而有更高的学习效率。学习隐藏的表示对于强化学习中提高学习效率十分有用，将这些规律迁移有利于在不同任务上的学习过程。表征学习通常可以用于学习强化学习环境中复杂状态的简单表示，这被称为**状态表征学习**（State Representation Learning，SRL）。这个表示包含在一个合适的抽象空间下的不变性和独特性特征，而这是从多样化的任务域中提炼出来的。举例来说，在一个拍摄物体运动的视频的一系列帧中，物体表面角上的关键点（或者物体表面上其他的特殊点）集合是对物体运动的一种恒定且鲁棒的表示，尽管帧中的像素点总是随着物体运动而改变。这些关键点有时在计算机视觉术语中称为描述器（Descriptors），它们存在一个描述器空间中。在这种表示方式下，这些关键点的位置在物体运动中将会改变，因此可以用来表示物体的运动。不同的物体有不同的关键点集合，因而也可以用来区分物体。强化学习中的表征学习对需要跨域的强化学习策略很重要，包括不同的任务域、模拟到现实的域迁移等。它是一个有希望且在探索中的方向，可以用于研究人类是如何利用知识进行规划的。

7.6　多智能体强化学习

在之前介绍的章节中，环境中只有一个智能体来寻找最优策略，这属于单智能体强化学习。除单智能体强化学习外，我们实际可以在同一个场景中设置多个智能体，来对多智能体策略进行同时探索，这个过程可以交替或者同时进行，称为多智能体强化学习（Multi-Agent Reinforcement Learning，MARL）。MARL 是一个有希望且值得探索的方向，提供了一种能够研究非常规强化学习情况的方式，包括群体智能、智能体环境的动态变化、智能体本身的创新等。

现代学习算法更多的是出色的受试者（Test-Takers），而非创新者。智能体的智能上限可能受到其所在环境的限制。因此，创新的产生成为人工智能（Artificial Intelligence，AI）中一个较热的话题。一种通向这个愿景的最有希望路径是通过多智能体的社会交互来学习。在多智能体学习中，智能体如何击败对手或与他人合作不是由环境的建造者决定的。举例来说，古老的围棋游戏的发明者从未定义什么策略能够击败对手，而对手通常也构成了动态环境的一部分。然而，在一代又一代人类玩家或人工智能体的自我演化过程中，大量先进的策略被发明出来，每个智能体作为其他人环境的一部分，而对自身的提高也构成他人的新挑战。

MARL 中结合传统的博弈论（Game Theory）和现代深度强化学习的方法近来在文献 (Lanctot et al., 2017; Nowé et al., 2012) 中有所探索，以及一些新的想法如自我博弈（Self-Play）(Berner et al., 2019; Heinrich et al., 2016; Shoham et al., 2003; Silver et al., 2018a)、优先虚拟自我博弈（Prioritized Fictitious Self-Play）(Vinyals et al., 2019)、基于族群的训练 (Population-Based Training，PBT）(Jaderberg et al., 2017; Vinyals et al., 2019) 和独立性强化学习（Independent Reinforcement Learning，InRL）(Lanctot et al., 2017; Tan, 1993)。MARL 不仅使得探索多智能体环境中的分布式智能成为可能，而且有助于在较大规模复杂环境中学习近最优或近平衡的智能体策略，比如，Deepmind 用于掌握游戏《星际争霸 II》的 AlphaStar，如图 7.3 所示。AlphaStar 的框架中用到了

PBT，通过使用一个联盟（League）的智能体，每一个智能体由图 7.3 中一个带索引值的色块来表示，这种训练方式被用来保证在策略空间的充分探索。在 PBT 中，策略优化的单位不再是每个智能体的单一策略，而是整个联盟的智能体。整体策略不仅关于一个具体策略，而更是整个联盟中智能体的整体表现。更多关于 MARL 的内容在第 11 章中有详细介绍。

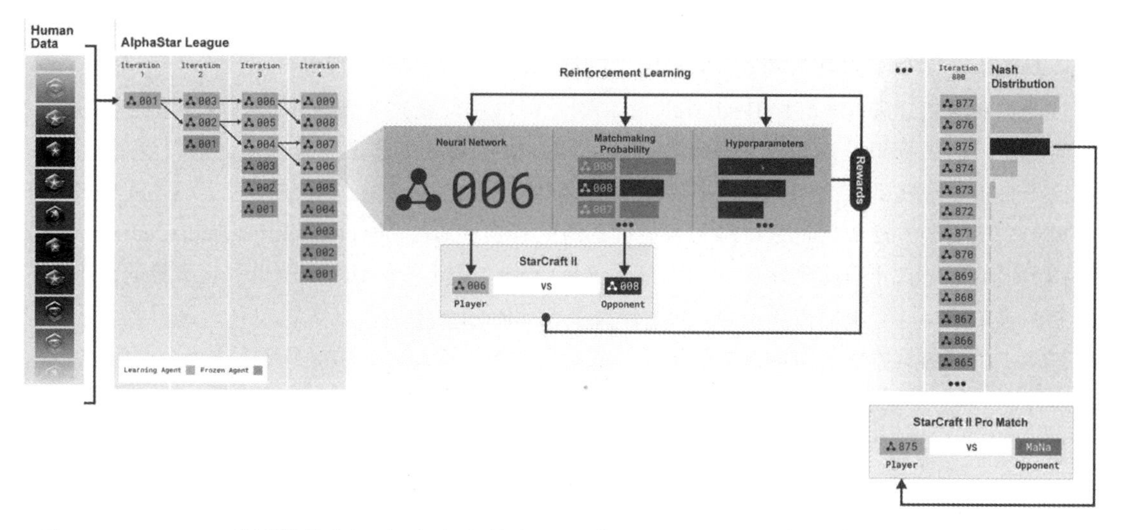

图 7.3　AlphaStar 的训练机制。每个小方块表示一个 AlphaStar 联盟中训练的智能体（见彩插）

7.7　模拟到现实

强化学习方法可以成功地解决大量模拟环境中的任务，甚至在一些具体领域可以超过最好的人类表现，比如围棋游戏。然而，应用强化学习方法到现实任务上的挑战仍旧未被解决。除了雅达利游戏、策略性计算机游戏、纸牌游戏，强化学习在现实世界中的潜在应用包括机器人控制、车辆自动驾驶、无人机自动控制等。这些涉及现实世界中硬件的任务通常对安全性和准确性有较高要求。对于这些情况，一个误操作可能导致灾难性后果。当策略是通过强化学习方法学到的时候，这个问题就更加值得考虑，因为即便不考虑现实世界的采样效率，学习智能体的探索过程也会有巨大影响。现代工业中的机器控制仍旧严重依赖传统控制方法，而非最先进的机器学习或强化学习解决方案。然而，用一个聪明的智能体来控制这些物理机械仍旧是一个很好的追求，而大量相关领域的研究人员正为之努力。

近年来，深度强化学习被逐渐应用到越来越多的控制问题中。但是由于强化学习算法较高的样本复杂度以及其他一些物理限制，许多在模拟中展示的能力尚未在现实世界中复现。我们主要通过机器人学习的例子来展示这些内容，而这是一个越发活跃的研究方向，吸引了来自学术界和工业界的关注。

指导性策略搜索（Guided Policy Search，GPS）(Levine et al., 2013) 是一种能够直接用真实机器

人在有限时间内训练的算法。通过所学线性动态模型进行轨迹优化，这个方法能够以较少的环境交互学会复杂的操作技巧。研究人员也探索了用多个机器人进行并行化训练的方法 (Levine et al., 2018)。文献 (Kalashnikov et al., 2018) 提出能同时在 7 个真实机器人上进行分布式训练的 QT-Opt 算法，但是需要持续 4 个月的 800 个小时的机器人数据采样时间作为代价。他们成功示范了直接在现实世界部署的机器人学习，但是其时间消耗和资源上的要求一般是无法接受的。更进一步来说，直接在物理系统上训练策略的成功例子尚且只在有限的领域得到验证。

模拟到现实迁移（Sim-to-Real Transfer）则是可以替代直接在现实中训练深度强化学习智能体的方法，由于模拟性能的提升和一些其他原因，模拟到现实迁移的方法比之前受到更多注意。相比于直接在现实世界中训练，模拟到现实迁移可以通过在模拟中快速学习来实现。近年来，许多模拟到现实的方法成功将强化学习智能体部署到现实中 (Akkaya et al., 2019; Andrychowicz et al., 2018)。然而，相比于直接在现实环境中部署训练过程，模拟到现实的方法也有它本身的缺陷，这主要由模拟和现实环境的差异造成，称为现实鸿沟（Reality Gap）。在实践中有大量因素会导致现实鸿沟，而这由具体系统而定。举例来说，系统动力学过程的差异将导致模拟和现实的动力学鸿沟，如图 7.4 所示是一个例子。不同的方法被提出来解决模拟到现实迁移的问题，后续还会介绍。

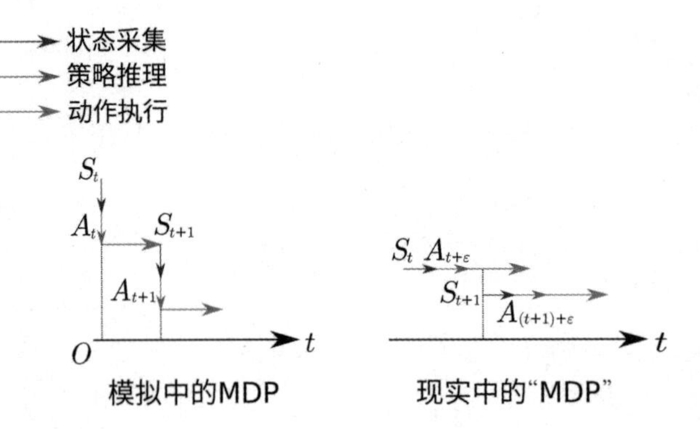

图 7.4　图片展示了模拟和现实中 MDP 的差异，它是由状态采集和策略推理过程产生的时间延迟造成的，这是造成现实鸿沟的可能因素之一（见彩插）

我们首先要理解现实鸿沟的概念。现实应用中的现实鸿沟可以在某种程度上用文献 (Jeong et al., 2019b) 中的图 7.5 来理解，该图展示了机器人上模拟轨迹和现实轨迹的差异，以及模拟和参考信号的差异。对于强化学习进行机器人控制任务来说，参考信号是发送给智能体的控制信号，从而在机械臂的关节角度上获得预期的行为。由于延迟、惯性和其他动力学上的不准确性，模拟和现实中的轨迹都会与参考信号有显著差异。此外，现实中的轨迹与模拟中的不同就是现实鸿沟。图中的系统识别（System Identification）是一种确认系统中动力学参数值的方法，可以用在策略或者模拟器中来缩减模拟动力学过程和现实的差异。泛化力模型（Generalized Force Model，GFM）是一个在论文 (Jeong et al., 2019b) 中新提出的方法，可以用额外的力来校正模拟器，从而生成与现实更接近的模拟轨迹。然而，即使使用了识别和校正的方法，现实鸿沟依然可能存在，从而影响策略从模拟到现实中迁移。

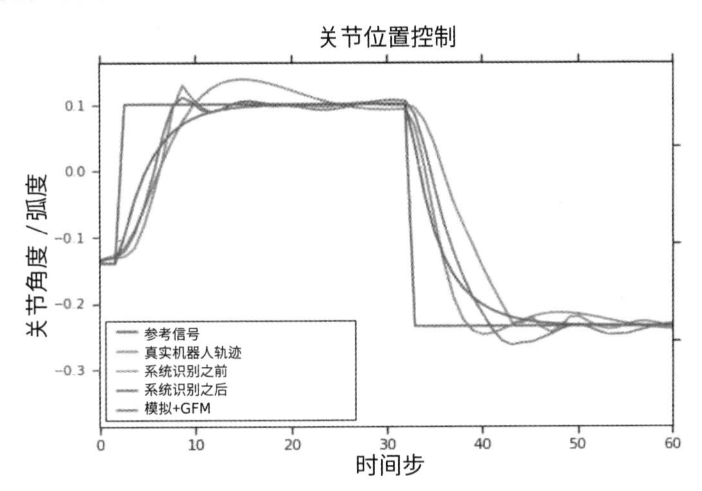

图 7.5　在一个简单的关节角度控制过程中，机器人控制的参考信号、模拟和现实中的差异。图片改编自文献 (Jeong et al., 2019b)（见彩插）

除了由于不同动力学过程导致的每一个时间步上模拟现实轨迹的差异，现实鸿沟也有其他来源。比如，在连续的现实世界控制系统中，有系统响应时间延迟或系统观察量构建过程耗时，而这些在有离散时间步的理想模拟情况下可能都不存在。如图 7.4 所示，在模拟环境或传统强化学习设置下，状态采集和策略推理过程都认为是始终没有时间损耗的，而在现实情况下，这两个过程都可能需要相当的时间，这使得智能体总是根据先前动作执行时的先前状态产生的滞后观察量来进行动作选择。

上面的问题也会使得模拟和现实的轨迹展现出不同的模式，如图 7.6 所示。考虑一个物体操作任务，即使我们假定有很快的神经网络前向过程（Forward Process）而忽略策略推理的时间消耗，现实世界中物体位置也可能需要一个摄像机来捕捉并用一些定位技术来追踪，而这需要相当的时间来处理。这个观察量构建的过程会引入时间延迟，从而即使在完全相同的控制信号下，现实轨迹和模拟轨迹的对比图上也会展示出时间间隙。这类**延迟观察量**使得现实世界中的强化学习智能体只能够接受先前观察量 O_{t-1} 来对当前步做出动作选择 A_t，而非直接根据当前状态 S_t。因此实践中的策略根据时间延迟 δ 通常会有形式 $\pi(A_t|O_{t-\delta})$，而这不同于模拟中根据实时观察量训练的策略，从而会产生较差的现实表现。一种解决这个问题的方式是修改模拟器，使其有相同的时间延迟，从而训练智能体去学习。然而，这会导致其他的问题，比如如何精确地表示和测量模拟和现实中的时间延迟，如何保证基于延迟观察量学习的智能体的表现等。近来，文献 (Ramstedt et al., 2019) 提出了实时强化学习方法，文献 (Xiao et al., 2020) 提出了“边运动边思考（Thinking While Moving）”的方法，在连续时间 MDP 设置下减轻了强化学习对于实时环境中延迟观察量和并发动作选择（Concurrent Action Choices）的问题，使得在现实世界中的控制轨迹更加平滑。

如上所述，从强化学习角度来看模拟到现实迁移的主要问题在于：在模拟中训练得到的策略

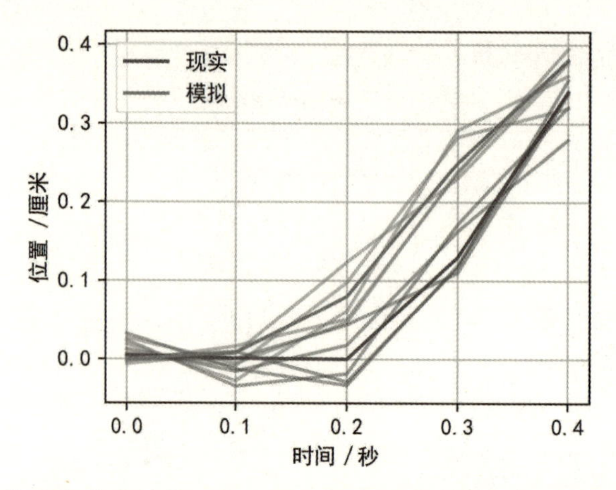

图 7.6　图片展示了物体观察状态（位置）在同一控制信号下的时间延迟。由于现实中额外的观察量构建过程，现实世界轨迹（下方）相比于模拟轨迹（上方）有一定延迟。不同的线体现了多次测试结果，加粗的线为均值（见彩插）

由于现实鸿沟不能在现实世界中始终正常使用，这个现实鸿沟即模拟和现实的差异。由于这个模型的差异，模拟环境中的成功策略无法很好地迁移到相应的现实中。总体来说，解决模拟到现实迁移的方法可以分为至少两个大类：零样本（Zero-Shot）方法和自适应学习方法。将控制策略从模拟迁移到现实的问题可以被看作是**域自适应**（Domain Adaption）的一个例子，即将一个在源域（Source Domain）中训练的模型迁移到新的目标域（Target Domain）。这些方法背后的一个关键假设是不同的域有公共的特征，从而在一个域中的表征方式和行为会对其他域有用。域自适应要求新的域中的数据适应预训练的策略。在新的域中获取数据的复杂性或困难程度，比如在现实世界中收集样本，这种自适应学习方法因而需要有较高的效率。像元学习 (Arndt et al., 2019; Nagabandi et al., 2018)、残差策略学习（Residual Policy Learning）(Johannink et al., 2019; Silver et al., 2018b) 和渐进网络（Progressive Networks）(Rusu et al., 2016a,b) 等方法被用于这些情形。**零样本**（Zero-Shot）迁移是一个与域自适应互补一类技术，它尤其适用于在模拟中学习。这意味着在迁移过程中没有任何基于现实世界数据的进一步学习过程。**域随机化**（Domain Randomization）是零样本迁移中典型的一类方法。通过域随机化，源和目标域的差异被建模为源域中的随机性。通过域随机化可以学到更普适的策略，而非过拟合到具体模拟器设置的特征策略。根据具体的应用，随机化可以被施加到不同的特征上。举例来说，对于机器人操作任务，摩擦力和质量的大小、力矩和速度的误差在实际机器人上都会影响到控制的精度。因此，在模拟器中这些参数可以被随机化，从而用强化学习训练一个更鲁棒的策略 (Peng et al., 2018)，这个过程称为动力学随机化（Dynamics Randomization）。在视觉域下的随机化可以用于直接将基于视觉的策略从模拟迁移到现实，而不需要任何现实的图像来训练 (Sadeghi et al., 2016; Tobin et al., 2017)。可能的视觉随机化的特征变量包括纹理、光照条件和物体位置等。

现实鸿沟通常是依赖于具体任务的，它可能由动力学参数或者动力学过程的定义不同造成。

除了动力学随机化 (Peng et al., 2018) 或视觉特征（观察量）随机化，还有一些其他方法来跨越现实鸿沟。利用系统识别（System Identification）来学习一个对动力学敏感（Dynamics-Aware）的策略 (Yu et al., 2017; Zhou et al., 2019) 是一个有希望的方向，它试图学习一个以系统特征为条件的策略，这些系统特征包括动力学参数或者轨迹的编码。也有一些方法来最小化模拟与现实的差异，比如之前介绍的 GFM 方法用于进行力校正，等等。模拟到现实通过模拟到模拟（Sim-to-Real via Sim-to-Sim）(James et al., 2019) 是另一个跨过现实鸿沟的方法，它使用随机到标准自适应网络（Randomized-to-Canonical Adaptation Networks, RCANs）来将随机的或现实世界图像转化成它们同等的非随机的标准型，而与模拟环境中的类似。渐进网络 (Rusu et al., 2016a) 也可以用于模拟到现实迁移 (Rusu et al., 2016b)，这是一个普适的框架，重复利用任何低级视觉特征到高级策略中，从而迁移到新的任务上，它以一种组合式但是简单的方法来构建复杂技能。

当今的计算框架利用离散的基于二值运算的计算过程，因此在某种程度上，我们应当始终承认模拟和现实世界的差异。这是因为后者在时间和空间上是连续的（至少在经典物理系统中）。只要学习算法不足够高效而能够直接像人脑一样应用于现实世界（或者即便可以实现），在模拟环境中得到一些预训练模型也总是有用的。如果模型在一定程度上有对现实环境的泛化能力就会更好，而这是模拟到现实迁移算法的意义。换句话说，模拟到现实迁移算法提供了始终考虑到在现实鸿沟下的学习模型方法论，而无关于模拟器本身有多精确。

7.8 大规模强化学习

如前面小节中所讨论的，强化学习在现实世界的应用目前遭遇到的如延迟观察量、域变换等问题，通常属于现实鸿沟的问题范畴。然而，也有其他一些因素阻止了强化学习的应用，或在模拟情况下，或在现实世界中。最有挑战性的问题之一是强化学习的**可扩展性**（Scalability），尽管深度强化学习利用了深度神经网络的通用表达能力，而这提出了大规模强化学习的挑战。

我们可以首先看一些例子。在像掌握大规模实时计算机游戏的应用中，如《星际争霸 II》（*StarCraft*）和《刀塔 2》（*Dota*），DeepMind 和 OpenAI 的团队分别提出了 AlphaStar (Vinyals et al., 2019) 和 OpenAI Five (Berner et al., 2019) 方法。在 AlphaStar 中，深度强化学习和监督学习（比如，模仿学习中的行为克隆）都被用于一个基于族群的训练（Population-Based Training，PBT）框架中，以及用到高级网络结构如 Scatter Connections、Transformer 和 Pointer 网络，这使得深度强化学习在整个策略中实际上只占一小部分。在 AlphaStar 中最终解决任务的关键步骤是如何高效地从存在的示范数据中学习和使用预训练的策略，作为强化学习智能体的初始状态，以及如何有效地结合来自联盟中不同智能体的不同次优策略。在 OpenAI Five 中，一个自我博弈（Self-Play）的框架被用于训练，而非 PBT 框架，但它也使用了从人类示范中模仿学习的方法。上述事实说明，在多数情况下，当前的深度强化学习算法本身对于完美地从端到端去解决一个大规模任务可能仍旧是不足够有效且高效的。一些其他技术如模仿学习等通常需要被用来解决这些大规模问题。

此外，并行训练框架也常于解决大规模问题。举例来说，在解决现实中机器人学习的算法 QT-

Opt (Kalashnikov et al., 2018) 中，为了实现并行的机器人采样，它应用了一个包含在线和离线数据的经验回放缓存，以及分布式训练工作者来高效地从缓存数据中学习。一个分布式或并行的采样和训练框架对于解决这类大规模问题很关键，尤其是对高维的状态和动作空间。文献 (Espeholt et al., 2018) 提出了重要性加权的行动者-学习者结构（Importance Weighted Actor-Learner Architecture，IMPALA），而文献 (Espeholt et al., 2019) 提出了可扩展高效深度强化学习（Scalable, Efficient Deep-RL，SEED）来实现大规模分布式强化学习。另外，强化学习的分布式框架通常与不同计算设备（比如 CPU 和 GPU）间的平衡有关，如第 18 章中所讨论的。在强化学习算法方面，异步优势 Actor-Critic（Asynchronous Advantage Actor-Critic，A3C）(Mnih et al., 2016)、分布式近端策略优化（Distributed Proximal Policy Optimizaion，DPPO）(Heess et al., 2017)、循环缓存分布式 DQN（Recurrent Peplay Distributed DQN，R2D2）(Kapturowski et al., 2019) 等算法在近年来被提出，来更好地支持强化学习中的并行采样和训练。更多关于强化学习中并行计算的内容在第 12 章中有所介绍。

7.9　其他挑战

除了上面提到的（深度）强化学习中的挑战，也有一些其他挑战，比如深度强化学习的可解释性 (Madumal et al., 2019)、强化学习应用的安全性问题 (Berkenkamp et al., 2017; Garcıa et al., 2015)、相关理论中复杂度证明 (Koenig et al., 1993; Lattimore et al., 2013) 中的困难、强化学习算法的效率 (Jin et al., 2018) 和收敛性质 (Papavassiliou et al., 1999)，以及理解清楚强化学习方法在整个人工智能中的作用和角色等。这些内容超出本书范畴，有兴趣的读者可以自行探索这些领域的前沿。

在本章最后，我们引用 Richard Sutton[2]的一些话，“**我们从这些痛苦的教训中应当学到的一点是通用型（General Purpose）模型的力量，即那些能够随着计算能力提升而不断扩展的方法，它们甚至到极其巨大的计算量时也能工作。有两个看起来能够以这种方式任意扩展的方法是搜索和学习。**”这些话基于这样的观察，即在计算机象棋或计算机围棋，以及像语音识别和计算机视觉等领域上的以往成功，一般的统计性方法（如神经网络）胜过了基于人类知识的方法。因此，智能系统中的嵌入式知识可能只能在较短时间内满足研究人员，而在长期阻碍了通用人工智能的整体发展过程。“**第二个从痛苦的教训中学到的东西是大脑中实际的内容是极其复杂的，且这种复杂性是不可更改的；我们应当停止寻找简单的方式来考虑大脑中的内容，比如用简答的方式考虑空间、物体、多个智能体或对称性。所有的这些都是任意的、本质上复杂的外在环境的部分。它们不是我们应当嵌入的东西，因为它们的复杂度是无穷的；相反，我们应当只构建元方法来找到和采集这种任意的复杂度。**”这句话阐释了提出元方法来自然地处理世界的复杂度的重要性，而非使用人为构建的、有具体用途的、相对简单的认知结构和决策机制。

[2]Richard S. Sutton. “The Bitter Lesson.” March 13, 2019.

参考文献

ABDOLMALEKI A, SPRINGENBERG J T, TASSA Y, et al., 2018. Maximum a posteriori policy optimisation[J]. arXiv preprint arXiv:1806.06920.

AKKAYA I, ANDRYCHOWICZ M, CHOCIEJ M, et al., 2019. Solving rubik's cube with a robot hand[J]. arXiv preprint arXiv:1910.07113.

ANDRYCHOWICZ M, WOLSKI F, RAY A, et al., 2017. Hindsight experience replay[C]//Advances in Neural Information Processing Systems. 5048-5058.

ANDRYCHOWICZ M, BAKER B, CHOCIEJ M, et al., 2018. Learning dexterous in-hand manipulation[J]. arXiv preprint arXiv:1808.00177.

ARNDT K, HAZARA M, GHADIRZADEH A, et al., 2019. Meta reinforcement learning for sim-to-real domain adaptation[J]. arXiv preprint arXiv:1909.12906.

AYTAR Y, PFAFF T, BUDDEN D, et al., 2018. Playing hard exploration games by watching youtube[C]//Advances in Neural Information Processing Systems. 2930-2941.

BENGIO Y, BENGIO S, CLOUTIER J, 1990. Learning a synaptic learning rule[M]. Université de Montréal, Département d'informatique et de recherche opérationnelle.

BENGIO Y, COURVILLE A, VINCENT P, 2013. Representation learning: A review and new perspectives[J]. IEEE transactions on pattern analysis and machine intelligence, 35(8): 1798-1828.

BERKENKAMP F, TURCHETTA M, SCHOELLIG A, et al., 2017. Safe model-based reinforcement learning with stability guarantees[C]//Advances in Neural Information Processing Systems. 908-918.

BERNER C, BROCKMAN G, CHAN B, et al., 2019. Dota 2 with large scale deep reinforcement learning[J]. arXiv preprint arXiv:1912.06680.

DEISENROTH M, RASMUSSEN C E, 2011. Pilco: A model-based and data-efficient approach to policy search[C]//Proceedings of the 28th International Conference on Machine Learning (ICML-11). 465-472.

ESPEHOLT L, SOYER H, MUNOS R, et al., 2018. Impala: Scalable distributed deep-rl with importance weighted actor-learner architectures[J]. arXiv preprint arXiv:1802.01561.

ESPEHOLT L, MARINIER R, STANCZYK P, et al., 2019. Seed rl: Scalable and efficient deep-rl with accelerated central inference[J]. arXiv preprint arXiv:1910.06591.

FINN C, ABBEEL P, LEVINE S, 2017. Model-agnostic meta-learning for fast adaptation of deep networks[C]//Proceedings of the 34th International Conference on Machine Learning-Volume 70. JMLR.org: 1126-1135.

FUJIMOTO S, VAN HOOF H, MEGER D, 2018. Addressing function approximation error in actor-critic methods[J]. arXiv preprint arXiv:1802.09477.

GARCIA J, FERNÁNDEZ F, 2015. A comprehensive survey on safe reinforcement learning[J]. Journal of Machine Learning Research, 16(1): 1437-1480.

HEESS N, SRIRAM S, LEMMON J, et al., 2017. Emergence of locomotion behaviours in rich environments[J]. arXiv:1707.02286.

HEINRICH J, SILVER D, 2016. Deep reinforcement learning from self-play in imperfect-information games[J]. arXiv:1603.01121.

HENDERSON P, ISLAM R, BACHMAN P, et al., 2018. Deep reinforcement learning that matters[C]//Thirty-Second AAAI Conference on Artificial Intelligence.

HOUTHOOFT R, CHEN X, DUAN Y, et al., 2016. Vime: Variational information maximizing exploration[Z].

JADERBERG M, DALIBARD V, OSINDERO S, et al., 2017. Population based training of neural networks[J]. arXiv preprint arXiv:1711.09846.

JAMES S, WOHLHART P, KALAKRISHNAN M, et al., 2019. Sim-to-real via sim-to-sim: Data-efficient robotic grasping via randomized-to-canonical adaptation networks[C]//Proceedings of the IEEE Conference on Computer Vision and Pattern Recognition. 12627-12637.

JEONG R, AYTAR Y, KHOSID D, et al., 2019a. Self-supervised sim-to-real adaptation for visual robotic manipulation[J]. arXiv preprint arXiv:1910.09470.

JEONG R, KAY J, ROMANO F, et al., 2019b. Modelling generalized forces with reinforcement learning for sim-to-real transfer[J]. arXiv preprint arXiv:1910.09471.

JIN C, ALLEN-ZHU Z, BUBECK S, et al., 2018. Is q-learning provably efficient?[C]//Advances in Neural Information Processing Systems. 4863-4873.

JOHANNINK T, BAHL S, NAIR A, et al., 2019. Residual reinforcement learning for robot control[C]//2019 International Conference on Robotics and Automation (ICRA). IEEE: 6023-6029.

KALASHNIKOV D, IRPAN A, PASTOR P, et al., 2018. Qt-opt: Scalable deep reinforcement learning for vision-based robotic manipulation[J]. arXiv preprint arXiv:1806.10293.

KAPTUROWSKI S, OSTROVSKI G, DABNEY W, et al., 2019. Recurrent experience replay in distributed reinforcement learning[C]//International Conference on Learning Representations.

KIRKPATRICK J, PASCANU R, RABINOWITZ N, et al., 2017. Overcoming catastrophic forgetting in neural networks[J]. Proceedings of the national academy of sciences, 114(13): 3521-3526.

KOENIG S, SIMMONS R G, 1993. Complexity analysis of real-time reinforcement learning[C]// Proceedings of the AAAI Conference on Artificial Intelligence. 99-107.

KULKARNI T D, NARASIMHAN K, SAEEDI A, et al., 2016. Hierarchical deep reinforcement learning: Integrating temporal abstraction and intrinsic motivation[C]//Advances in Neural Information Processing Systems. 3675-3683.

LANCTOT M, ZAMBALDI V, GRUSLYS A, et al., 2017. A unified game-theoretic approach to multiagent reinforcement learning[C]//Advances in Neural Information Processing Systems. 4190-4203.

LATTIMORE T, HUTTER M, SUNEHAG P, et al., 2013. The sample-complexity of general reinforcement learning[C]//Proceedings of the 30th International Conference on Machine Learning. Journal of Machine Learning Research.

LEVINE S, KOLTUN V, 2013. Guided policy search[C]//International Conference on Machine Learning. 1-9.

LEVINE S, PASTOR P, KRIZHEVSKY A, et al., 2018. Learning hand-eye coordination for robotic grasping with deep learning and large-scale data collection[J]. The International Journal of Robotics Research, 37(4-5): 421-436.

MADUMAL P, MILLER T, SONENBERG L, et al., 2019. Explainable reinforcement learning through a causal lens[J]. arXiv preprint arXiv:1905.10958.

MNIH V, KAVUKCUOGLU K, SILVER D, et al., 2013. Playing atari with deep reinforcement learning[J]. arXiv preprint arXiv:1312.5602.

MNIH V, BADIA A P, MIRZA M, et al., 2016. Asynchronous methods for deep reinforcement learning[C]//International Conference on Machine Learning (ICML). 1928-1937.

NAGABANDI A, CLAVERA I, LIU S, et al., 2018. Learning to adapt in dynamic, real-world environments through meta-reinforcement learning[J]. arXiv preprint arXiv:1803.11347.

NOWÉ A, VRANCX P, DE HAUWERE Y M, 2012. Game theory and multi-agent reinforcement learning[M]//Reinforcement Learning. Springer: 441-470.

PAPAVASSILIOU V A, RUSSELL S, 1999. Convergence of reinforcement learning with general function approximators[C]//International Joint Conference on Artificial Intelligence: volume 99. 748-755.

PATHAK D, AGRAWAL P, EFROS A A, et al., 2017. Curiosity-driven exploration by self-supervised prediction[C]//Proceedings of the International Conference on Machine Learning (ICML).

PENG X B, ANDRYCHOWICZ M, ZAREMBA W, et al., 2018. Sim-to-real transfer of robotic control with dynamics randomization[C]//2018 IEEE International Conference on Robotics and Automation (ICRA). IEEE: 1-8.

RAMSTEDT S, PAL C, 2019. Real-time reinforcement learning[C]//Advances in Neural Information Processing Systems. 3067-3076.

RUSU A A, RABINOWITZ N C, DESJARDINS G, et al., 2016a. Progressive neural networks[J]. arXiv preprint arXiv:1606.04671.

RUSU A A, VECERIK M, ROTHÖRL T, et al., 2016b. Sim-to-real robot learning from pixels with progressive nets[J]. arXiv preprint arXiv:1610.04286.

SADEGHI F, LEVINE S, 2016. Cad2rl: Real single-image flight without a single real image[J]. arXiv preprint arXiv:1611.04201.

SHOHAM Y, POWERS R, GRENAGER T, 2003. Multi-agent reinforcement learning: a critical survey[J]. Web manuscript.

SILVER D, HUBERT T, SCHRITTWIESER J, et al., 2018a. A general reinforcement learning algorithm that masters chess, shogi, and Go through self-play[J]. Science, 362(6419): 1140-1144.

SILVER T, ALLEN K, TENENBAUM J, et al., 2018b. Residual policy learning[J]. arXiv preprint arXiv:1812.06298.

SONG H F, ABDOLMALEKI A, SPRINGENBERG J T, et al., 2019. V-mpo: On-policy maximum a posteriori policy optimization for discrete and continuous control[J]. arXiv preprint arXiv:1909.12238.

SUKHBAATAR S, LIN Z, KOSTRIKOV I, et al., 2018. Intrinsic motivation and automatic curricula via asymmetric self-play[C]//International Conference on Learning Representations.

TAN M, 1993. Multi-agent reinforcement learning: Independent vs. cooperative agents[C]//Proceedings of the International Conference on Machine Learning (ICML).

TOBIN J, FONG R, RAY A, et al., 2017. Domain randomization for transferring deep neural networks from simulation to the real world[C]//ROS.

VEZHNEVETS A S, OSINDERO S, SCHAUL T, et al., 2017. Feudal networks for hierarchical reinforcement learning[C]//Proceedings of the 34th International Conference on Machine Learning-Volume 70. JMLR. org: 3540-3549.

VINYALS O, BABUSCHKIN I, CZARNECKI W M, et al., 2019. Grandmaster level in starcraft ii using multi-agent reinforcement learning[J]. Nature, 575(7782): 350-354.

XIAO T, JANG E, KALASHNIKOV D, et al., 2020. Thinking while moving: Deep reinforcement learning with concurrent control[J]. arXiv preprint arXiv:2004.06089.

YU W, TAN J, LIU C K, et al., 2017. Preparing for the unknown: Learning a universal policy with online system identification[J]. arXiv preprint arXiv:1702.02453.

ZHOU W, PINTO L, GUPTA A, 2019. Environment probing interaction policies[J]. arXiv preprint arXiv:1907.11740.

8 模仿学习

为了缓解深度强化学习中的低样本效率问题，模仿学习（Imitation Learning）或称学徒学习（Apprenticeship Learning）是一种可能的解决方式，在连续决策过程中利用专家示范来更快速地实现策略优化。为了让读者全面理解如何高效地从示范数据中提取信息，我们将介绍模仿学习中最重要的几类方法，包括行为克隆（Behavioral Cloning）、逆向强化学习（Inverse Reinforcement Learning）、从观察量（Observations）进行模仿学习、概率性方法和一些其他方法。在强化学习的范畴下，模仿学习可以用作对智能体训练的初始化或引导。在实践中，结合模仿学习和强化学习是一种可以有效学习并进行快速策略优化的方法。

8.1 简介

如我们所知，强化学习，尤其是无模型的强化学习，有着低样本效率的问题，如第 7 章所讨论的。通常用其解决一个不是很复杂的任务并达到人类级别的表现可能需要成百上千的样本。然而，人类可以用少得多的时间和样本来解决这些任务。为了改进强化学习的算法效率，除了通过更精细地设计强化学习算法本身，我们实际上可以让智能体利用一些额外的信息源，比如专家示范（Expert Demonstrations）。这些专家示范依据先验知识而对策略选择有一定偏向性，而这些有效的偏见可以通过一个适当的学习过程而被提取或转移到强化学习的智能体策略中。从专家示范中学习的任务被称为模仿学习（Imitation Learning，IL），也称为学徒学习（Apprenticeship Learning）。人类和动物天生就有模仿同类其他个体的能力，这启发了让智能体从其他个体的示范中进行模仿学习的方法。相比于强化学习，监督学习在数据使用方面是一种更加高效的方法，因为它可以利用有标签数据。因此，如果示范数据是以有标签的形式提供的，监督学习的方法可以被融合到智能体的学习过程中来改进它的学习效率。

本章中，我们将介绍不同的使用示范进行策略学习的方法。图 8.1 是对模仿学习中各个类别方法的概览。我们将在后续小节中详细介绍各种模仿学习方法，并将它们总结成几个主要的类别，包括（1）行为克隆（Behavioral Cloning，BC），（2）逆向强化学习（Inverse Reinforcement Learning，IRL），（3）从观察量进行模仿学习（Imitation Learning from Observations，IfO，（一些文献 (Sun et al., 2019b) 中称 ILFO），（4）概率推理，（5）其他方法。BC 是一种最简单和直接的通过监督学习方式利用示范数据的方法，由于它的简便性而被广泛使用并作为其他更高级方法的基石。IRL 对于某些应用情况是有用的，比如难以写出显式的奖励函数（Explicit Reward Function）来实现在不同的目标之间权衡的情况。举例来说，对于一个基于视觉观察量的自动驾驶车辆，多少注意力应当被分配到处理不同的反光镜上，这难以通过奖励函数工程的方式来定义。IRL 是一种可以从示范数据中恢复未知奖励函数的方法，从而促进强化学习过程。IfO 实际上解决了模仿学习的一个缺陷，即它通常要求每个状态输入都伴有动作标签，而这种方式在人类的模仿学习过程中也是经常发生的。从概率推理的角度出发的方法包括用高斯混合模型回归（Gaussian Mixture Model Regression）或高斯过程回归（Gaussian Process Regression）来表示示范数据并引导动作策略，在某些情况下这是比深度神经网络更高效的替代方法。也有一些其他方法，比如对离线策略（Off-Policy）强化学习直接将示范数据送入经验回放缓存（Replay Buffer）等。在介绍了不同模仿学习方法的基本类别后，我们将讨论模仿学习和强化学习的关系，比如将模拟学习用作强化学习的初始化，来提高强化学习的效率。最终，我们将介绍一些其他的伴随强化学习的具体模仿学习方法，它们可能是之前一些概念和方法的组合，或者我们之前总结过的方法类别之外的方法，如图 8.1 所总结的。

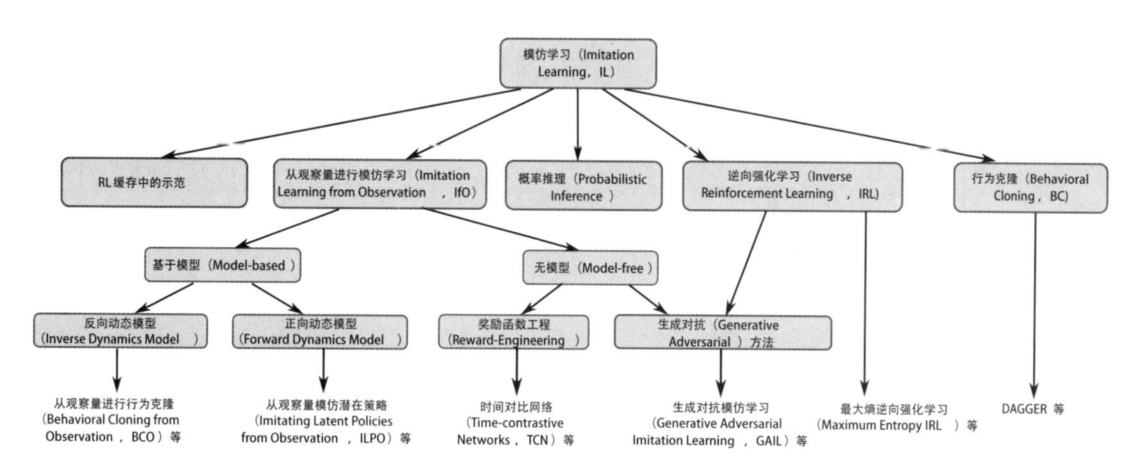

图 8.1　模仿学习算法概览

模仿学习的概念可以用学徒学习的形式 (Abbeel et al., 2004) 来定义：按照一个未知的奖励函数 $r(s,a)$，学习者找到一个策略 π 能够表现得和专家策略 π_{E} 相当。我们定义一个策略 $\pi \in \varPi$ 的占用率（Occupancy）的度量 $\rho_\pi \in \mathcal{D}: \mathcal{S}\times\mathcal{A} \to \mathbb{R}$ 为：$\rho_\pi(s,a) = \pi(a|s)\sum_{t=0}^{\infty}\gamma^t p(S_t = s|\pi)$ (Puterman,

2014)，这是一个用当前策略估计的状态和动作的联合分布。由于 Π 和 $\mathcal{D}$ 的一一对应关系，模仿学习的问题等价于 $\rho_\pi(s,a)$ 和 $\rho_{\pi_{\mathrm{E}}}(s,a)$ 之间的一个匹配问题。模仿学习的一个普遍目标是学习这样一个策略：

$$\hat{\pi} = \arg\min_{\pi \in \Pi} \psi^*(\rho_\pi - \rho_{\pi_{\mathrm{E}}}) - \lambda H(\pi) \tag{8.1}$$

其中 ψ^* 是一个 ρ_π 和 $\rho_{\pi_{\mathrm{E}}}$ 之间的距离度量，而 $\lambda H(\pi)$ 是一个有权衡因子 λ 的正则化项。举例来说，这个正则化项可以定义为策略 π 的 γ-折扣因果熵（Causal Entropy）：$H(\pi) \stackrel{\text{def}}{=} \mathbb{E}_\pi[-\log \pi(s,a)]$。模仿学习的整体目标就是增加从当前策略采样得到的 $\{(s,a)\}$ 分布和示范数据中分布的相似度，同时考虑到策略参数上的一些限制。

8.2　行为克隆方法

如果示范数据有相应标签的话（比如，对于给定状态的一个好的动作可以被看作一个标签），利用示范的模仿学习可以自然地被看作是一个监督学习任务。在强化学习的情况下，有标签的示范数据 $\mathcal{D}$ 通常包含配对的状态和动作：$\mathcal{D} = \{(s_i, a_i)|i = 1, \cdots, N\}$，其中 N 是示范数据集的大小而指标 i 表示 s_i 和 a_i 是在同一个时间步的。在满足 MDP 假设的情况下（即最优动作只依赖于当前状态），状态-动作对的顺序在训练中可以被打乱。考虑强化学习设定下，有一个以 θ 参数化和 s 为输入状态的初始策略 π_θ，其输出的确定性动作为 $\pi_\theta(s)$，我们有专家生成的示范数据集 $\mathcal{D} = \{(s_i, a_i)|i = 1, \cdots, N\}$，可以用来训练这个策略，其目标如下：

$$\min_\theta \sum_{(s_i, a_i) \sim \mathcal{D}} \|a_i - \pi_\theta(s_i)\|_2^2 \tag{8.2}$$

一些随机性策略 $\pi_\theta(\tilde{a}|s)$ 的具体形式，比如高斯策略等，可以用再参数化技巧来处理：

$$\min_\theta \sum_{\tilde{a_i} \sim \pi(\cdot|s_i), (s_i, a_i) \sim \mathcal{D}} \|a_i - \tilde{a_i}\|_2^2 \tag{8.3}$$

这个使用监督学习直接模仿专家示范的方法在文献中称为**行为克隆**（Behavioral Cloning，BC）。

8.2.1　行为克隆方法的挑战

- **协变量漂移**（Covariate Shift）：尽管模仿学习可以对与示范数据集（用于训练策略）相似的样本有较好的表现，对它在训练过程中未见过的样本可能会有较差的泛化表现，因为示范数据集中只能包含有限的样本。举例来说，如果数据分布是多模式的，测试中的新样本可能跟训练中的样本来自不同的群集（Cluster），比如，在实践中将一个不同猫的分类器用于区分狗的种类。由于 BC 方法将决策问题归结为一个监督学习问题，机器学习中，众所周知的协变量漂移 (Ross et al., 2010) 的问题可能使通过监督学习方法学得的策略很脆弱，而这对 BC 方法是一个挑战。图 8.2 进一步阐释了 BC 中的协变量漂移。

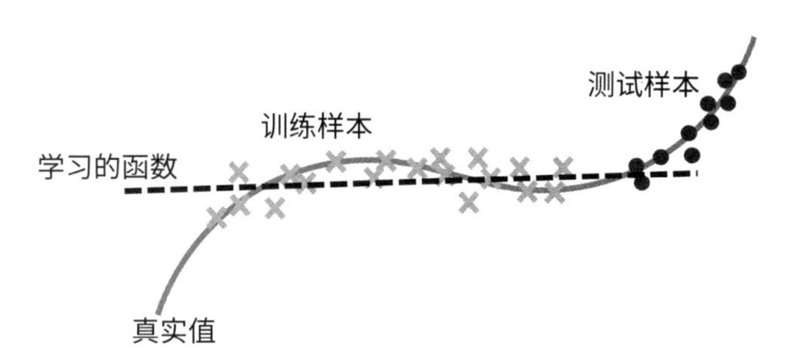

图 8.2 协变量漂移：所学的函数（虚线）对训练样本可以很好地拟合（交叉符号），但是对测试样本（点符号）有很大的预测偏差。线是真实值

- **复合误差**（Compounding Errors）：BC 方法在很大程度上受复合误差的影响，这是一种小误差可以随时间累积而最终导致显著不同的状态分布 (Ross et al., 2011) 的现象。强化学习任务的 MDP 性质是导致复合误差的主要因素，即连续误差的放大效应。而在 BC 方法中，实际上在每一个时间步上产生的误差主要可能是由上面所述的协变量漂移所造成的。图 8.3 展示了复合误差。

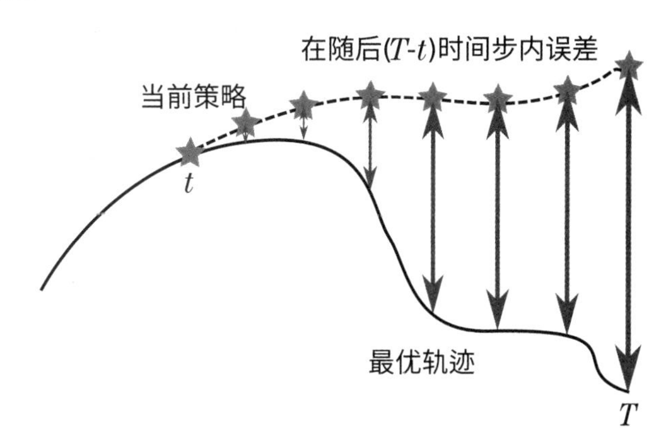

图 8.3 在一个连续决策任务中，复合误差沿着当前策略选择的轨迹逐渐增加

8.2.2 数据集聚合

数据集聚合（Dataset Aggregation，DAgger）(Ross et al., 2011) 是一种更先进的基于 BC 方法的从示范中模仿学习的算法，它是一种无悔的（No-Regret）迭代算法。根据先前的训练迭代过程，它主动选择策略，在随后过程中有更大几率遇到示范样本，这使得 DAgger 成为一种更有用且高

效的在线模仿学习方法，可以应用于像强化学习中的连续预测问题。示范数据集 $\mathcal{D}$ 会在每个时间步 i 连续地聚合新的数据集 $\mathcal{D}_i$，这些数据集包含当前策略在整个模仿学习过程中遇到的状态和相应的专家动作。因此，DAgger 同样有一个缺陷，即它需要不断地与专家交互，而这在现实应用中通常是一种苛求。DAgger 的伪代码如算法 8.29 所示，其中 π^* 是专家策略，而 β_i 是在迭代 i 时对策略软更新（Soft-Update）的参数。

算法 8.29 DAgger

1: 初始化 $\mathcal{D} \leftarrow \emptyset$
2: 初始化策略 $\hat{\pi}_1$ 为策略集 Π 中任意策略
3: **for** i $= 1, 2, \cdots, N$ **do**
4: 　$\pi_i \leftarrow \beta_i \pi^* + (1 - \beta_i)\hat{\pi}_i$
5: 　用 π_i 采样几个 T 步的轨迹
6: 　得到由 π_i 访问的策略和专家给出的动作组成的数据集 $\mathcal{D}_i = \{(s, \pi^*(s))\}$
7: 　聚合数据集：$\mathcal{D} \leftarrow \mathcal{D} \cup \mathcal{D}_i$
8: 　在 $\mathcal{D}$ 上训练策略 $\hat{\pi}_{i+1}$
9: **end for**
10: 返回策略 $\hat{\pi}_{N+1}$

8.2.3 Variational Dropout

一种缓解模仿学习中泛化问题的方法是预训练并使用 **Variational Dropout** (Blau et al., 2018)，来替代 BC 方法中完全克隆专家示范的行为。在这个方法中，使用示范数据集预训练（模仿学习）得到的权重被参数化为高斯分布，并用一个确定的方差阈值来进行高斯 Dropout，然后用来初始化强化学习策略。对于模仿学习的 Variational Dropout 方法 (Molchanov et al., 2017) 可以被看作一种相比于在预训练的权重中加入噪声来说更高级的泛化方法，它可以减少对噪声大小选择的敏感性，因而是一种使用模仿学习来初始化强化学习的有用技巧。

8.2.4 行为克隆的其他方法

行为克隆方法也包含了其他一些概念。比如，一些方法提供了在一个任务中将示范数据泛化到更一般情形的方法，比如**动态运动基元**（Dynamic Movement Primitives，DMP）(Pastor et al., 2009) 法，它使用一系列微分方程（Differential Equations）来表示任何记录过的运动。DMP 中的微分方程通常包含可调整的权重，以及非线性函数来生成任意复杂运动。因此在行为克隆中，相比于“黑盒”深度学习方法，DMP 更像是一种解析形式的解决方法。此外，有一种单样本的（One-Shot）模仿学习方法 (Duan et al., 2017) 使用对示范数据的柔性注意力（Soft Attention）来将模型泛化到在训练数据中未见过的情景。它是一种元学习（Meta-Learning）的方法，在多个任务中将一个任务的一个示范映射到一个有效的策略上。相关的方法不限于此，在这里不做过多介绍。

8.3 逆向强化学习方法

8.3.1 简介

另一种主要的模仿学习方法基于**逆向强化学习**（Inverse Reinforcement Learning，IRL）(Ng et al., 2000; Russell, 1998)。IRL 可以归结为解决从观察到的最优行为中提取奖励函数（Reward Function）的问题，这些最优行为也可以表示为专家策略 π_{E}。基于 IRL 的方法反复地在两个过程中交替：一个是使用示范来推断一个隐藏的奖励或代价（Cost）函数，另一个是使用强化学习基于推断的奖励函数来学习一个模仿策略。IRL 选择奖励函数 R 来最优化策略，并且使得任何脱离于 π_{E} 的单步选择尽可能产生更大损失。对于所有满足 $|R(s)| \leqslant R_{\max}, \forall s$ 的奖励函数 R，IRL 用以下方式选择 R^*：

$$R^* = \arg\max_R \sum_{s\in\mathcal{S}} (Q^\pi(s, a_{\mathrm{E}}) - \max_{a\in A\setminus a_{\mathrm{E}}} Q^\pi(s, a)) \tag{8.4}$$

其中 $a_{\mathrm{E}} = \pi_{\mathrm{E}}(s)$ 或 $a_{\mathrm{E}} \sim \pi(\cdot|s)$ 是专家（最优的）动作。基于 IRL 的技术已经被用于许多任务，比如操控一个直升机 (Abbeel et al., 2004) 和物体控制 (Finn et al., 2016b)。IRL (Ng et al., 2000; Russell, 1998) 企图从观察到的最优行为，比如专家示范中提取一个奖励函数，但是这个奖励函数可能不是唯一的（在之后有所讨论）。IRL 中一个典型的方法是使用最大因果熵（Maximum Causal Entropy）正则化，即最大熵（Maximum Entropy, MaxEnt）IRL (Ziebart et al., 2010) 方法。MaxEnt IRL 可以表示为以下两个步骤：

$$\mathrm{IRL}(\pi_{\mathrm{E}}) = \arg\max_R \mathbb{E}_{\pi_{\mathrm{E}}}[R(s,a)] - \mathrm{RL}(R) \tag{8.5}$$

$$\mathrm{RL}(R) = \max_\pi H(\pi(\cdot|s)) + \mathbb{E}_\pi[R(s,a)] \tag{8.6}$$

这构成了 $\mathrm{RL} \circ \mathrm{IRL}(\pi_{\mathrm{E}})$ 策略学习架构。第一个式子 $\mathrm{IRL}(\pi_{\mathrm{E}})$ 学习一个奖励函数来最大化专家策略和强化学习策略间的奖励值差异，并且由于 Q 值是对奖励的估计，它可以被式 (8.4) 替代。第二个式子 $\mathrm{RL}(R)$ 是熵正则化（Entropy-Regularized）正向强化学习，而其奖励函数 R 是第一个式子学到的。这里的熵 $H(\pi(\cdot|s))$ 是给定状态下的策略分布的熵函数。

关于随机变量 X 的分布 $p(X)$ 的香农信息熵度量了这个概率分布的不确定性。

定义 8.1 一个满足 p 分布的离散随机变量 X 的信息熵为

$$H_p(X) = \mathbb{E}_{p(X)}[-\log p(X)] = -\sum_{X\in\mathcal{X}} p(X)\log p(X) \tag{8.7}$$

对于强化学习中随机策略的情况，表示动作分布的随机变量通常排列成一个与动作空间维数相同的矢量。常用的分布有对角高斯分布和类别分布，导出它们的熵是很简单的。

代价函数 $c(s,a)=-R(s,a)$ 也很常见，它在强化学习的过程中被最小化：

$$\mathrm{RL}(c)=\arg\min_{\pi}-H(\pi)+\mathbb{E}_{\pi}[c(s,a)] \tag{8.8}$$

其中 $H(\pi)=\mathbb{E}_{\pi}[-\log\pi(a|s)]$ 是策略 π 的熵。代价函数 $c(s,a)$ 常用作当前策略 π 的分布和示范数据间相似度的度量。熵 $H(\pi)$ 可以被视作实现最优解的唯一性的正则化项。

把上式代入 IRL 公式 (8.5) 中，我们可以将 IRL 的目标表示成 max-min 的形式，它企图在最大化熵正则化奖励值的目标下学习一个状态 s 和动作 a 的代价函数 $c(s,a)$，以及进行策略 π 的学习。

$$\max_{c}(\min_{\pi}-\mathbb{E}_{\pi}[-\log\pi(a|s)]+\mathbb{E}_{\pi}[c(s,a)])-\mathbb{E}_{\pi_{\mathrm{E}}}[c(s,a)] \tag{8.9}$$

其中 π_{E} 表示生成专家示范的专家策略，而 π 是强化学习过程训练的策略。所学的代价函数将给专家策略分配较高的熵而给其他策略较低的熵。

8.3.2 逆向强化学习方法的挑战

- **奖励函数的非唯一性或奖励歧义**（Reward Ambiguity）：IRL 的函数搜索是病态的（Ill-Posed），因为示范行为可以由多个奖励或代价函数导致。它始于奖励塑形（Reward Shaping）(Ng et al., 1999) 的概念，这个概念描述了一类能保持最优策略的奖励函数变换。主要的结果是，在以下奖励变换之下：

  $$\hat{r}(s,a,s')=r(s,a,s')+\gamma\phi(s')-\phi(s), \tag{8.10}$$

  最优策略对任何函数 $\phi:\mathcal{S}\to\mathbb{R}$ 保持不变。只用示范数据通过 IRL 方法学到的奖励函数，是不能消除上面一类变换下奖励函数之间分歧的。

  因此，我们需要对奖励或者策略施加限制来保证示范行为最优解的唯一性。举例来说，奖励函数通常被定义为一个状态特征的线性组合 (Abbeel et al., 2004; Ng et al., 2000) 或凸的组合（Convex Combination）(Syed et al., 2008)。所学的策略也假设其满足最大熵 (Ziebart et al., 2008) 或者最大因果熵 (Ziebart et al., 2010) 规则。然而，这些显式的限制对所提出方法 (Ho et al., 2016) 的通用性有一定潜在限制。

- **较大的计算代价**：IRL 可以在一般强化学习过程中通过示范和交互学到一个更好的策略。然而，在推断出的奖励函数下，使用强化学习来优化策略要求智能体与它的环境交互，这从时间和安全性的角度考虑都可能是要付出较大代价的。此外，IRL 的步骤主要要求智能体在迭代优化奖励函数 (Abbeel et al., 2004; Ziebart et al., 2008) 的内循环中解决一个 MDP 问题，而这从计算的角度也可能是有极大消耗的。然而，近来有一些方法被提出，以减轻这个要求 (Finn et al., 2016b; Ho et al., 2016)。其中一种方法称为生成对抗模仿学习（Generative Adversarial Imitation Learning，GAIL）(Ho et al., 2016)。

8.3.3 生成对抗模仿学习

生成对抗模仿学习（Generative Adversarial Imitation Learning，GAIL）(Ho et al., 2016) 采用了生产对抗网络（Generative Adversarial Networks，GANs）(Goodfellow et al., 2014) 中的生成对抗方法。相关算法可以被想成是企图引入一个对模仿者的状态-动作占用率（Occupancy）的度量，使之与示范者的相关特性类似。它使用一个 GAN 中的辨别器（Discriminator）来给出基于示范数据的动作-价值（Action Value）函数估计。对于一般基于动作价值函数的强化学习过程来说，动作-价值可以通过一种生成式方法来从示范中得到：

$$Q(s,a) = \mathbb{E}_{\mathcal{T}_i}[\log(D_{\omega_{i+1}}(s,a))], \tag{8.11}$$

其中 $\mathcal{T}_i$ 迭代次数为 i 时探索的样本集合，而 $D_{\omega_{i+1}}(s,a)$ 是来自辨别器的输出值 $D_{\omega_{i+1}}(s,a)$，辨别器的参数为 ω_{i+1}。ω_{i+1} 表示 Q 值是在更新了一步辨别器的参数过后再估计的，因此迭代次数是 $i+1$。辨别器的损失函数定义为一般形式：

$$\text{Loss} = \mathbb{E}_{\mathcal{T}_i}[\nabla_\omega \log(D_\omega(s,a))] + \mathbb{E}_{\mathcal{T}_{\text{E}}}[\nabla_\omega \log(1 - D_\omega(s,a))] \tag{8.12}$$

其中 $\mathcal{T}_i$，$\mathcal{T}_{\text{E}}$ 分别是来自探索和专家示范的样本集合，而 ω 是辨别器的参数。图 8.4 展示了 GAIL 的结构。

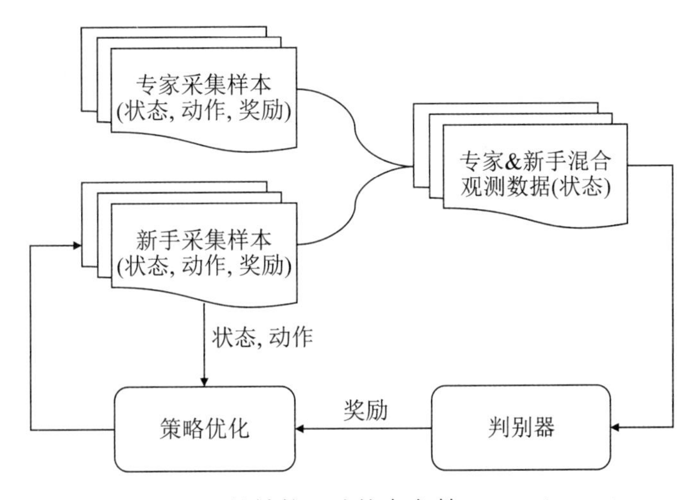

图 8.4 GAIL 的结构，改编自文献 (Ho et al., 2016)

通过 GAIL 方法，策略可以通过由示范数据泛化得到的样本进行学习，而且相比于使用 IRL 的方法有较低的计算消耗。它也不需要在训练中跟专家进行交互，而像 DAgger 等方法可能需要这种实际上有时难以得到的交互数据。

这种方法可以进一步推广到多模态的（Multi-Modal）策略来从多任务中学习。基于 GAN 的多模态模仿学习 (Hausman et al., 2017) 将一个更高级的目标函数（额外的潜在指标表示不同的任务）用于生成对抗过程中，从而自动划分来自不同任务的示范，并以模仿学习的方法学习一个多模态策略。

根据文献 (Goodfellow et al., 2014)，如果有无限的数据和无限的计算资源，在最优情况下，以 GAIL 的目标生成的状态-动作分布应当完全匹配示范数据的状态-动作对。然而，这种方法的缺点是，我们绕过了生成奖励的中间步骤，即我们不能从辨别器中提取奖励函数，因为 $D_\omega(s,a)$ 对于所有的 (s,a) 将收敛到 0.5。

8.3.4 生成对抗网络指导性代价学习

如上所述，GAIL 方法无法从示范数据中恢复奖励函数。一个类似的工作称为生成对抗网络指导性代价学习（Generative Adversarial Network Guided Cost Learning，GAN-GCL），它基于 GAN 的结构来优化一个指导性代价学习（Guided Cost Learning，GCL）方法，以此来从使用示范数据训练的最优辨别器中提取一个最优的奖励函数。我们将详细介绍该方法。

GAN-GCL 方法（具体来说 GCL 部分）是基于之前介绍的最大因果熵反向强化学习方法的，它考虑一个熵正则化马尔可夫决策过程（Markov Decision Process，MDP）。熵正则化 MDP 对于强化学习的目标是最大化熵正则化折扣奖励的期望（Expected Entropy-Regularized Discounted Reward）：

$$\pi^* = \arg\max_\pi \mathbb{E}_{\tau\sim\pi}\left[\sum_{t=0}^{\mathrm{T}} \gamma^t (r(S_t, A_t) + H(\pi(\cdot|S_t)))\right], \tag{8.13}$$

这是源自式 (8.5) 的用于实际学习策略的一个具体形式。可以看出最优策略 $\pi^*(a|s)$ 给出的轨迹分布满足 $\pi^*(a|s) \propto \exp(Q^*_{\text{soft}}(s,a))$ (Ziebart et al., 2010)，其中 $Q^*_{\text{soft}}(S_t, A_t) = r(S_t, A_t) + \mathbb{E}_{\tau\sim\pi}[\sum_{t'=t}^{\mathrm{T}} \gamma^{t'-t}(r(s_{t'}, a_{t'}) + H(\pi(\cdot|s_{t'})))]$ 表示柔性 Q 函数（Soft Q-Function），这在柔性 Actor-Critic 算法中也有用到。

IRL 问题可以被理解为解决如下一个极大似然估计（Maximum Likelihood Estimation，MLE）问题：

$$\max_\theta \mathbb{E}_{\tau\sim\pi_{\mathrm{E}}}[\log p_\theta(\tau)], \tag{8.14}$$

其中 π_{E} 是提供示范的专家策略，而 $p_\theta(\tau) \propto p(S_0)\prod_{t=0}^{\mathrm{T}} p(S_{t+1}|S_t, A_t)\mathrm{e}^{\gamma^t r_\theta(S_t, A_t)}$ 以奖励函数

$r_\theta(s,a)$ 的参数 θ 为参数，并且依赖 MDP 的初始状态分布和动态变化（或称状态转移）。$p_\theta(\tau)$ 是示范数据以轨迹为中心的（Trajectory-Centric）分布，这些数据是从以状态为中心的（State-Centric）π_{E} 得来的，即 $p_\theta(\tau) \sim \pi_{\mathrm{E}}$。根据确定性转移过程中 $p(S_{t+1}|S_t,A_t)=1$，其简化为一个基于能量的模型 $p_\theta(\tau) \propto \mathrm{e}^{\sum_{t=0}^{\mathrm{T}} \gamma^t r_\theta(S_t,A_t)}$ (Ziebart et al., 2008) 。参数化的奖励函数可以按照上面的目标来优化参数 θ。与之前的过程类似，我们在这里可以引入代价函数作为累积折扣奖励（Cumulative Discounted Rewards）$c_\theta = -\sum_{t=0}^{\mathrm{T}} \gamma^t r_\theta(S_t,A_t)$ 的负值，它也由 θ 参数化。那么 MaxEnt IRL 可以看作是使用玻尔兹曼分布（Boltzmann Distribution）在以轨迹为中心的形式下对示范数据建模的结果，其中由代价函数 c_θ 给出的能量为

$$p_\theta(\tau) = \frac{1}{Z}\exp(-c_\theta(\tau)), \tag{8.15}$$

其中 τ 是状态-动作轨迹，而 $c_\theta(\tau)=\sum_t c_\theta(S_t,A_t)$ 总的代价函数，配分函数（Partition Function）Z 是 $\exp(-c_\theta(\tau))$ 对所有符合环境动态变化的轨迹的积分，用以归一化概率。对于大规模或连续空间的情况，准确估计配分函数 Z 会很困难，因为通过动态规划（Dynamic Programming）对 Z 的精确估计只适用于小规模离散情况。否则我们需要使用近似估计的方法，比如基于采样的（Sampling-Based）GCL 方法。

GCL 使用重要性采样（Importance Sampling）来以一个新的分布 $q(\tau)$（原来的示范数据分布为 $p(\tau)$）估计 Z，并采用 MaxEnt IRL 的形式：

$$\theta^* = \arg\min_\theta \mathbb{E}_{\tau\sim p}[-\log p_\theta(\tau)] \tag{8.16}$$

$$= \arg\min_\theta \mathbb{E}_{\tau\sim p}[c_\theta(\tau)] + \log Z \tag{8.17}$$

$$= \arg\min_\theta \mathbb{E}_{\tau\sim p}[c_\theta(\tau)] + \log\left(\mathbb{E}_{\tau'\sim q}\left[\frac{\exp(-c_\theta(\tau'))}{q(\tau')}\right]\right). \tag{8.18}$$

其中 τ' 是从分布 q 采样得到的，而 $q(\tau')$ 是其概率。因此 q 可以通过最小化 $q(\tau')$ 和 $\frac{1}{Z}\exp(-c_\theta(\tau'))$ 间的 KL 散度来优化，从而更新 θ 以学习 $q(\tau')$，其等价表示如下：

$$q^* = \min \mathbb{E}_{\tau\sim q}[c_\theta(\tau)] + \mathbb{E}_{\tau\sim q}[\log q(\tau)] \tag{8.19}$$

文献 (Finn et al., 2016a) 提出使用 GAN 的形式来解决上述优化问题，它使用 GAN 的结构优化 GCL，与 GAIL 方法类似但是有不同的具体形式。

注意，GAN 中的辨别器也可以实现用一个分布去拟合另一个的功能：

$$D^*(\tau) = \frac{p(\tau)}{p(\tau)+q(\tau)} \tag{8.20}$$

我们可以在这里将它用于 MaxEnt IRL 形式的 GCL。

$$D_\theta(\tau) = \frac{\frac{1}{Z}\exp(-c_\theta(\tau))}{\frac{1}{Z}\exp(-c_\theta(\tau)) + q(\tau)} \tag{8.21}$$

这产生了 GAN-GCL 方法。策略 π 被训练以最大化 $R_\theta(\tau) = \log(1 - D_\theta(\tau)) - \log D_\theta(\tau)$，从而奖励函数可以通过优化辨别器来学习。策略通过更新采样分布 $q(\tau)$ 来学习，这个采样分布是用来估计配分函数的。如果达到了最优情况，那么我们可以用所学的最优的代价函数 $c_\theta^* = -R_\theta^*(\tau) = -\sum_{t=0}^{\mathrm{T}} \gamma^t r_\theta^*(S_t, A_t)$ 来得到最优奖励函数，而最优策略可以通过 $\pi^* = q^*$ 得到。GAN-GCL 为解决 MaxEnt IRL 问题提供了一种除直接最大化似然（Maximum Likelihood）方法外的方法。

8.3.5 对抗性逆向强化学习

由于上面介绍的 GAN-GCL 是以轨迹为中心（Trajectory-Centric）的，这意味着完整的轨迹需要被估计，相比于估计单个状态动作对会有较大的估计方差。对抗性逆向强化学习（Adversarial Inverse Reinforcement Learning，AIRL）(Fu et al., 2017) 直接对单个状态和动作进行估计：

$$D_\theta(s,a) = \frac{\exp(f_\theta(s,a))}{\exp(f_\theta(s,a)) + \pi(a|s)} \tag{8.22}$$

其中 $\pi(a|s)$ 是待更新的采样分布而 $f_\theta(s,a)$ 是所学的函数。配分函数在上面式子中被忽略了，而概率值的归一性在实践中可以由 Softmax 函数或者 Sigmoid 输出激活函数来保证。经证明，在最优情况下，$f^*(s,a) = \log \pi^*(a|s) = A^*(s,a)$ 给出了最优策略的优势函数（Advantage Function）。然而，优势函数是一个高度纠缠的奖励函数减去一个基线值的结果。文献 (Fu et al., 2017) 论证说奖励函数从环境动态的变化中不能被鲁棒地恢复出来。因此，他们提出通过 AIRL 来从优势函数中解纠缠（Disentangle）以得到奖励函数：

$$D_{\theta,\phi}(s,a,s') = \frac{\exp(f_{\theta,\phi}(s,a,s'))}{\exp(f_{\theta,\phi}(s,a,s')) + \pi(a|s)} \tag{8.23}$$

其中，$f_{\theta,\phi}$ 被限制为一个奖励拟合器 g_θ 和一个塑形（Shaping）项 h_ϕ：

$$f_{\theta,\phi}(s,a,s') = g_\theta(s,a) + \gamma h_\phi(s') - h_\phi(s) \tag{8.24}$$

其中还需要对 h_ϕ 进行额外拟合。

8.4 从观察量进行模仿学习

首先，从观察量进行模仿学习（Imitation Learning from Observation，IfO）是在没有完整可观察的动作的情况下进行的模仿学习。IfO 的一个例子是从视频中学习，其中物体的真实动作值是无法单纯地通过一些帧中的信息得到的，但人类仍旧能够从视频中学习，比如模仿动作，因此，在 IfO 相关文献中经常见到从视频中学习的例子。相比于其他前面介绍过的方法，IfO 从另一个角度来看待模仿学习。因而，这一小节所介绍的具体方法和之前介绍的方法有不可避免的重叠之处，但是，要注意这一小节的方法是在 IfO 的范畴之下的。当你阅读这一小节时，应当记得，这里的 IfO 方法与其他类别的方法大多是正交的关系，因为它是从另一个角度来处理模仿学习的，并且着重于解决不可观测动作的问题。

之前提到的算法，几乎都不能用于解决只包含部分可观测或不可观测动作的示范数据的情况。一个对于学习这种类型的示范数据的想法是先从状态中恢复动作，再采用标准的模仿学习算法从恢复出来的状态-动作对（State-Action Pairs）中进行策略学习。比如，文献 (Torabi et al., 2018a) 通过学习一个状态转移（State Transition）的动态模型来恢复动作，并使用 BC 算法来找到最优策略。然而，这种方法的性能极大地依赖于所学动态模型的好坏，对于状态转移中有噪声的情况则很可能失败。相反，文献 (Merel et al., 2017) 提出只通过状态（或状态的特征值）轨迹来学习。他们拓展了 GAIL 框架，并只通过采集运动示范数据的状态来学习控制策略，展示了只需要部分状态特征而不需要示范者的具体动作对对抗式模仿（Adversarial Imitation）也是足够的。相似地，文献 (Eysenbach et al., 2018) 指出策略应该可以控制智能体到达哪些状态，因而可通过最大化策略和状态轨迹间的互信息（Mutual Information）来仅仅通过状态训练策略。也有一些其他研究尝试只从观察量而不是真实状态中学习。比如，文献 (Stadie et al., 2017) 通过域自适应（Domain Adaption）方法从观察量中提取特征来保证专家（Experts）和新手（Novices）在同一个特征空间下。然而，只使用示范状态或状态特征在训练中可能需要大量的环境交互，因为任何来自动作的信息都被忽略了。

为了提供 IfO 方法的一个清楚的框架，我们把文献中的 IfO 方法总结为两大类：（1）基于模型（Model-Based）方法；（2）无模型（Model-Free）方法。这也与强化学习中的一种主要的分类方法吻合。随后，我们讨论每一类方法的特点，并提出相关文献中的算法作为例子。

8.4.1 基于模型方法

类似于基于模型的强化学习（如第 9 章），如果环境模型可以用较低的消耗来精确学习，这个模型可能对学习过程有利，因为通过它可以高效地做出规划。由于模仿学习在与环境交互的过程中模仿的是一系列的动作而非单个动作，所以它难以避免地涉及环境的动态变化，而这可以通过基于模型方法学习。根据不同的动态模型类型，基于模型的 IfO 方法可以被分类为：（1）逆向动态模型（Inverse Dynamics Models）和（2）正向动态模型（Forward Dynamics Models）。

逆向动态模型：一个逆向动态模型是从状态转移 $\{(S_t, S_{t+1})\}$ 到动作 $\{A_t\}$ 的映射 (Hanna et al., 2017)。在这一类中的一个工作如文献 (Nair et al., 2017) 提出的方法，它通过人类操作绳子从一个初始状态到目标状态的一系列图像，来学习预测绳结操作中的一系列动作，这需要学习如下的一个像素级（Pixel-Level）的逆向动态模型：

$$A_t = M_\theta(I_t, I_{t+1}) \tag{8.25}$$

以上面的任务为例，其中 A_t 是通过逆向动态模型 M 以输入的一对图片 I_t, I_{t+1} 所预测的动作，模型由 θ 参数化，卷积神经网络被用于学习逆向动态模型。机器人通过探索策略自动地收集绳结操作的样本，收集到的样本被用于学习逆向动态模型，随后机器人使用所学的模型和来自人类示范的期望状态进行规划。学到的逆向动态模型 M_θ^* 实际可以作为策略来根据期望帧 I^{e} 选择与示范相似的动作：

$$A_t = M_\theta^*(I_t, I_{t+1}^{\mathrm{e}}) \tag{8.26}$$

另一个工作叫作增强逆向动态建模（Reinforced Inverse Dynamics Modeling，RIDM）(Pavse et al., 2019)，它在使用预定义的探索策略所收集的样本进行训练的基础上，使用一个增强的后训练（Post-Training）过程来微调所学的逆向动态模型。如上所述，预训练的逆向动态模型被看作是强化学习设置下的一个智能体策略，这时可以用一个稀疏奖励函数 R 来基于强化学习对这个策略进行微调：

$$\theta^* = \arg\max_\theta \sum_t R(S_t, M_\theta^{\mathrm{pre}}(S_t, S_{t+1}^{\mathrm{e}})) \tag{8.27}$$

其中 M_θ^{pre} 是预训练模型，在这里通过强化学习的方式来进行微调，微调目标是最大化奖励函数 R。

协方差矩阵自适应进化策略（Covariance Matrix Adaptation Evolution Strategy，CMA-ES）或者贝叶斯优化（Bayesian Optimization，BO）方法可以用于在低维的情况下优化模型。然而，作者假设每个观察量转移（Observation Transition）都可以通过单个动作实现。为了消除这个不需要的假设，文献 (Pathak et al., 2018) 允许智能体执行多个动作直到它与下一个示范帧足够接近。

上面介绍的算法试图对每个示范状态使用逆向动态模型从而实现对策略的恢复。从观察量进行行为克隆（Behavioral Cloning from Observation，BCO）算法由文献 (Torabi et al., 2018a) 提出，这个算法则试图使用完整的观察量-动作对（Observation-Action Pair）和所学的逆向动态模型来恢复示范数据集，然后用常规模仿学习的形式使用这个增强后的示范数据集来学习策略，如图 8.5 所示。

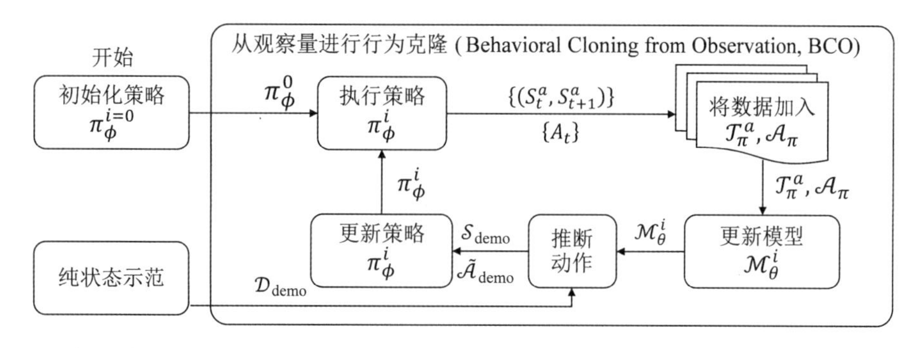

图 8.5 从观察量进行行为克隆（Behavioral Cloning from Observation，BCO）的学习框架，改编自文献 (Torabi et al., 2018a)

文献 (Guo et al., 2019) 提出使用一个基于张量的（Tensor-Based）模型来推理专家状态序列相应的未观测动作（即一个 IfO 问题），如图 8.6 所示。智能体的策略通过一个结合了强化学习和模仿学习的混合目标来优化：

$$\theta^* = \arg\min_\theta L_{\text{RL}}(\pi(a|s;\theta)) - \mathbb{E}_{(S_t^{\text{e}}, S_{t+1}^{\text{e}})\sim\mathcal{D}}[\log \pi_\theta(M(S_t^{\text{e}}, S_{t+1}^{\text{e}})|S_t^{\text{e}})] \tag{8.28}$$

其中 L_{RL} 是常规强化学习的损失项，其策略 π 由 θ 参数化。$\mathcal{D}$ 是示范数据集，而第二项是行为克隆损失函数，用于最大化基于专家状态 s^{e} 和逆向动态模型 M 预测专家动作的可能性（Likelihood）。文献 (Guo et al., 2019) 提出一种结合 RIDM 和 BCO 的方法。这里的逆向动态模型 M 是一个低秩的（Low-Rank）张量模型，而非像上面介绍的其他方法中的参数化（Parameterized）模型，它在某些情况下比深度神经网络有优势。类似于 RIDM，这个方法需要提供奖励信号（Reward Signals）来得到强化学习损失函数。

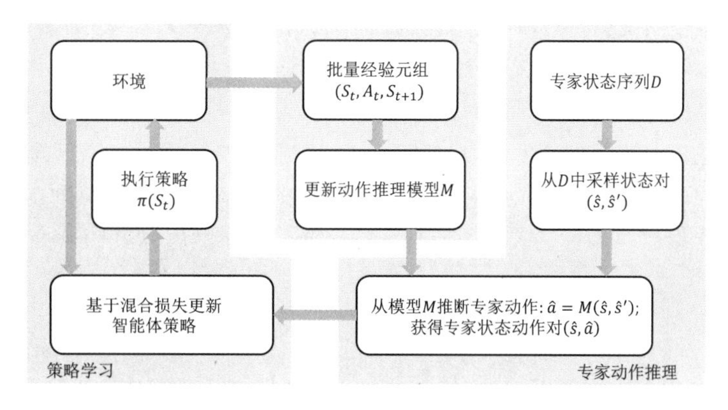

图 8.6 混合强化学习和专家状态序列的学习框架，改编自文献 (Guo et al., 2019)

正向动态模型： 正向动态模型是从状态-动作对 $\{(S_t, A_t)\}$ 到下一个状态 $\{S_{t+1}\}$ 的映射。一个典型的在 IfO 中使用正向动态模型的方法叫作从观察量模仿潜在策略（Imitating Latent Policies from Observation，ILPO）(Edwards et al., 2018)。ILPO 在其学习过程中使用两个网络：潜在策略（Latent Policy）网络和动作重映射（Action Remapping）网络。潜在策略网络包括一个动作推理（Action Inference）模块，它将状态 S_t 映射到一个潜在动作（Latent Action）z，而一个正向动态模块根据当前状态 S_t 和潜在动作 z 预测下一个状态 S_{t+1}。这两个模块的更新规则如下：

$$\omega^* = \arg\min \mathbb{E}_{(S_t^{\mathrm{e}}, S_{t+1}^{\mathrm{e}})\sim\mathcal{D}}[\|G_\omega(S_t^{\mathrm{e}}, z) - S_{t+1}^{\mathrm{e}}\|_2^2] \tag{8.29}$$

这是对于潜在动态模块 G_ω 的，而

$$\theta^* = \arg\max \mathbb{E}_{(S_t^{\mathrm{e}}, S_{t+1}^{\mathrm{e}})\sim\mathcal{D}}\left[\left\|\sum_z \pi_\theta(z|S_t^{\mathrm{e}})G_\omega(S_t^{\mathrm{e}}, z) - S_{t+1}^{\mathrm{e}}\right\|_2^2\right] \tag{8.30}$$

是对于潜在策略 $\pi_\theta(\cdot|z)$ 而言的，其中 $\mathcal{D}$ 是专家示范数据集。

然而，由于潜在策略网络产生的潜在动作可能并不是真正的环境动态中的真实动作，动作重映射网络被用来将潜在动作关联到真实动作。使用潜在动作不需要在学习潜在模型和潜在策略的过程中与环境进行交互，而动作网络重映射只需要跟环境交互有限的次数，这使得整个算法在学习过程中很高效（Efficient）。

8.4.2 无模型方法

除了使用所学动态模型进行基于模型的 IfO 方法，也有一些无模型 IfO 方法，这属于另一个主要的方法类别，即不使用模型进行学习。对于高度复杂的动态变化，模型可能很难学习，这与在常规强化学习设置中的情况一样。对于无模型 IfO 有两个主要的方法：（1）生成对抗（Generative Adversarial）方法和（2）奖励函数工程（Reward Engineering）方法。其中生成对抗方法类似于常规模仿学习中的，但是只有状态作为示范。

生成对抗方法：一种基本的生成对抗 IfO 的框架是由之前介绍的在常规模仿学习设置下 IRL 中的 GAIL 方法改进的。辨别器（Discriminator）只判别和比较当前策略探索到的样本的状态或专家示范数据中的状态，而非对状态-动作对进行判别，于是给出以下损失函数：

$$\text{Loss} = \mathbb{E}_{s\sim\mathcal{D}}[\nabla_\omega \log(D_\omega(s))] + \mathbb{E}_{s\sim\mathcal{D}^{\mathrm{e}}}[\nabla_\omega \log(1 - D_\omega(s))] \tag{8.31}$$

其中 $\mathcal{D}$ 是用当前策略探索到的样本集，而 $\mathcal{D}^{\mathrm{e}}$ 是示范数据集。不同的具体算法基于以上有不同的具体形式和修正方式。

举例来说，文献 (Merel et al., 2017) 发展了一个 GAIL 的变体，它只使用部分可观测的状态特征而不使用动作来给人类提供类似人的（Human-Like）运动轨迹，通过 GAN 的结构。它类似于

基于模型的 IfO 中的 RIDM 方法和混合（Hybrid）强化学习方法，也使用了一个强化学习模块和一个模仿学习模块，但是以一种层次化的结构使用的。强化学习模块是一个高阶的（High-Level）控制器，它基于一个低阶的（Low-Level）控制器，这个低阶控制器使用 BC 方法来采集人类的运动特征。状态和动作的轨迹在一个随机性策略 π 和环境的交互中被采集，这对应于 GAN 结构中的生成器（Generator）。状态-动作对随后被转化成特征 z，其中动作可能被除去。根据原文所述，示范数据和采集到的数据被假设在同一个特征空间（Feature Space）下。示范或生成数据由辨别器评估来得到这个数据属于示范数据的概率。辨别器的输出值随后被用作奖励来通过强化学习更新模仿策略，类似于 GAIL 中的式 (8.12)。如果学习多种行为的（Multi-Behavior）策略，那么可以添加一个额外的背景变量（Context Variable）。这个辨别器的损失函数可以写作：

$$\text{Loss} = \mathbb{E}_{z\sim s, s\sim \mathcal{D}}[\nabla_\omega \log(D_\omega(z,c))] + \mathbb{E}_{z^{\text{e}}\sim s^{\text{e}}, s^{\text{e}}\sim \mathcal{D}^{\text{e}}}[\nabla_\omega \log(1 - D_\omega(z^{\text{e}}, c^{\text{e}}))] \tag{8.32}$$

其中 z, z^{e} 是 s, s^{e} 的编码特征，而 s, s^{e} 分别来自强化学习探索得到的数据集 $\mathcal{D}$ 和专家示范数据集 $\mathcal{D}^{\text{e}}$，而 c, c^{e} 是表示不同行为的背景变量。

由文献 (Henderson et al., 2018) 提出的 OptionGAN 使用分层强化学习中的选项框架（Options Framework），从而基于只使用可观测状态的生成对抗式结构（Generative Adversarial Architecture）来恢复奖励-策略的联合选项（Joint Reward-Policy Options），如图 8.7 所示。经过策略分解（Decomposition），它不仅可以在简单的任务上学习得好，而且对于复杂的连续控制任务也能学得一个基于选项的一般策略（A General Policy over Options）。

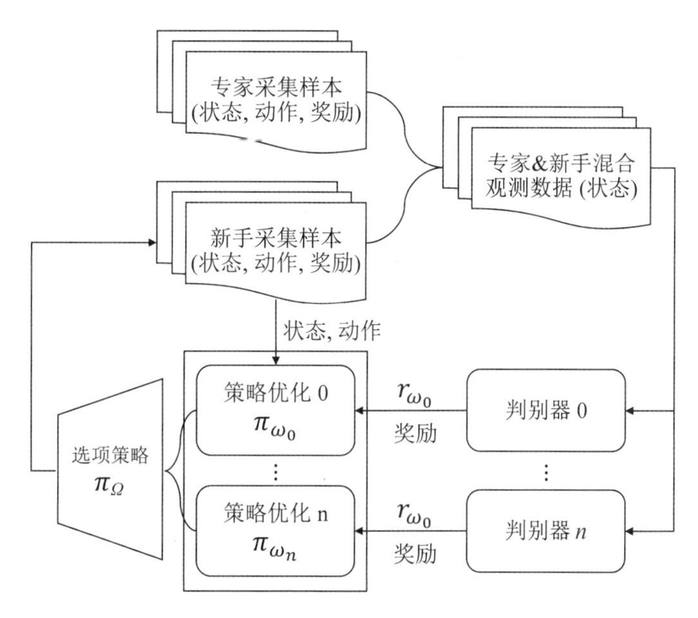

图 8.7 OptionGAN 的结构，改编自文献 (Henderson et al., 2018)

图 8.7 中 IfO 方法的一个潜在问题是，即使所学的最优策略能够生成一个与专家策略非常类似的状态分布，不意味着对于模仿策略和专家策略的所有状态，它相应的动作都是完全相同的。由文献 (Torabi et al., 2019d) 提出的一个简单例子是，在一个环状的（Ring-Like）环境中，两个智能体以相同的速度但是不同的方向移动（即一个为顺时针、另一个为逆时针），这将导致相同的状态分布，即使它们的行为与彼此相反（即在给定状态下有不同的动作分布）。

一种解决上述动作分布不匹配问题的方法是，给辨别器输入一系列状态而非单个状态，如文献 (Torabi et al., 2018b, 2019b) 所提出的一个相似算法，它只是将辨别器的输入改为状态转移 $\{(S_t, S_{t+1})\}$ 而非单个状态。这时辨别器的损失函数将变为

$$\mathbb{E}_{\mathcal{D}}[\nabla_\omega \log(D_\omega(S_t, S_{t+1}))] + \mathbb{E}_{\mathcal{D}^e}[\nabla_\omega \log(1 - D_\omega(S_t, S_{t+1}))] \tag{8.33}$$

其中状态序列在实践中也可以选择长度大于 2 的。

另一个由文献 (Torabi et al., 2019c) 提出的工作使用本体感觉（Proprioceptive）特征而非观察到的图像作为策略的状态输入，来在强化学习智能体中构建类似于人和动物的基于本体感觉控制（Proprioception-Based Control）的模型。由于本体感觉特征的低维性质，策略可以用一个简单的多层感知机（Multi-Layer Perceptron，MLP），而非一个卷积神经网络（Convolutional Neural Network，CNN）来表示，而辨别器仍旧以来自探索样本和专家示范的序列观测图像为输入，如图 8.8 所示。低维本体感觉特征也使得整个学习过程更高效。

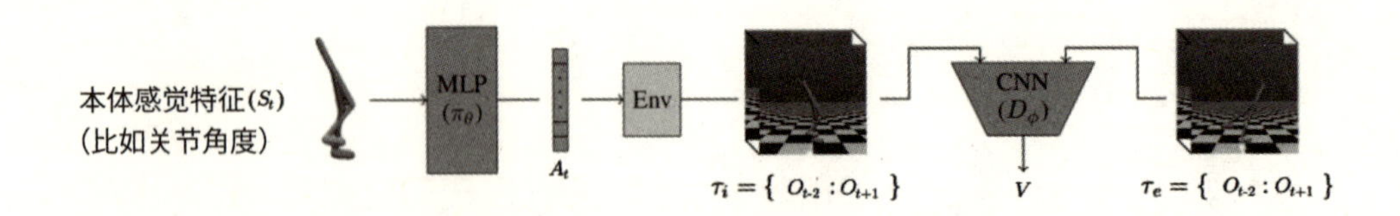

图 8.8　使用本体感觉状态，只从观察量进行模仿学习。图片改编自文献 (Torabi et al., 2019c)

如第 7 章中所提及的，较低的样本效率（Sample Efficiency）是当前强化学习算法的一个主要问题，这在模仿学习和 IfO 领域中也存在。由于生成对抗的方法属于 IRL 的范畴，上面介绍的这些方法可能有 8.3 节所提到的较大计算消耗的问题。这些对抗式模仿学习算法通常需要大量的示范样本和迭代学习来成功学会模仿示范者的行为。为了进一步提高上述方法的样本效率，文献 (Torabi et al., 2019a) 提出在策略学习中使用线性二次型调节器（Linear Quadratic Regulators，LQR）(Tassa et al., 2012) 作为一种基于轨迹的（Trajectory-Centric）强化学习方法，而这有可能使得真实机器人的模仿学习成为现实。

上述方法主要基于示范数据空间和模仿者学习的空间有一致性的基本假设。然而，当这两个空间不匹配时，比如在三维空间中由于提供观察量的摄像机位置不同而造成的视角变化，一般的模仿学习方法可能会有性能上的下降。示范和模仿的空间差异可能在动作空间，也可能在状态空

间。对于动作空间的差异，文献 (Zołna et al., 2018) 提出使用成对有任意时间间隔（Time Gaps）的状态替代连续不断的状态（Consecutive States）来作为辨别器的输入，这可以看作是用噪声进行数据集增强（Dataset Augmentation），从而有更鲁棒和通用的表现。在他们的实验中，这个方法确实展示出了在模仿者策略与示范数据有不同动作空间的情况下的性能提升。而对状态空间的差异，比如上面提及的视角变化，文献 (Stadie et al., 2017) 提出使用一个分类器（Classifier）来区分来自不同视角的样本，将辨别器最初的几个神经网络层的输出作为分类器的输入。这个方法使用了域混淆（Domain Confusion）的想法来学习域无关的（Domain Agnostic）特征，其中域在这种情况下指不同的视角。在辨别器的最初神经网络层（作为一个特征提取器）混淆被最大化，但对分类器混淆被最小化，因而这也利用了对抗式训练的框架。在训练之后，提取器（辨别器的最初几个神经网络层）所学特征对视角变化有了不变性。

这领域也有一些其他方法。Sun et al. (2019b) 提出 IfO 中第一个可证明高效的算法，叫作正向对抗式模仿学习（Forward Adversarial Imitation Learning，FAIL），它可以用跟所有相关参数有多项式（Polynomial）数量关系的样本量来学习一个近最优的策略，而不依赖于单一观察量（Unique Observations）的数量。FAIL 中的极小化极大（Minimax）方法学习一个策略，这个策略能够根据之前时间步的策略匹配下一个状态的概率分布。近来，一个称为动作指导性对抗式模仿学习（Action-Guided Adversarial Imitation Learning，AGAIL）由文献 (Sun et al., 2019a) 提出，它试图利用示范中的状态和不完整动作信息，因而是 IfO 跟传统 IL 的一个结合方法。辨别器被用来区分单个状态，类似于之前介绍的文献 (Merel et al., 2017) 的方法。此外，它还用一个指导性 Q 网络（Guided Q-Network）来以一种监督学习的方式学习 $p(a^{\mathrm{e}}|a \sim \pi(s^{\mathrm{e}}))$ 的真实后验（Posterior），其中 $(s^{\mathrm{e}}, a^{\mathrm{e}})$ 表示专家示范样本。

奖励函数工程方法：生成对抗方法自然地提供了可以让模仿策略以强化学习方式训练的奖励信号。除了生成对抗方法，也有像奖励函数工程（Reward Engineering）的方法来解决无模型 IfO。事实上，之前小节中提到的基于模型的 IfO 中的 RIDM 方法是一种奖励函数工程方法。这里的奖励函数工程指需要人为设计奖励函数来以强化学习的方式从专家示范中学习模仿策略的方法。奖励函数工程将模仿学习的监督学习方式转化为一个强化学习问题，通过给强化学习智能体构建一个奖励函数。需要注意的是，人为设计的奖励函数不需要是真实的产生专家策略的奖励函数，而更像是一个基于示范数据集或任务先验知识（Prior Knowledge）的估计。比如，文献 (Kimura et al., 2018) 提出使用预测的下一个状态和示范者的下一个真实状态间的欧氏距离（Euclidean Distance）作为奖励函数，随后根据这个奖励函数可以用一般强化学习的方式来学习一个模仿策略。

另一种奖励函数工程方法称为时间对比网络（Time-Contrastive Networks，TCN），由文献 (Sermanet et al., 2018) 提出，如图 8.9 所示。为了解决前面提及的多视角问题，而这个问题对于学习人的行为很重要，TCN 方法通过学习一个视角不变的表示来获取物体之间的关系，它通过 TCN 网络处理从不同视角获得的几个（原文中是两个）同步的相机视野。对抗式训练因此可以用在嵌入式表示空间（Embedded Representation Space），而非原来的状态空间（如其他方法中所用的）。这个表示是通过一个三重（Triplet）损失函数和 TCN 嵌入网络（Embedding Network）来学到的。这

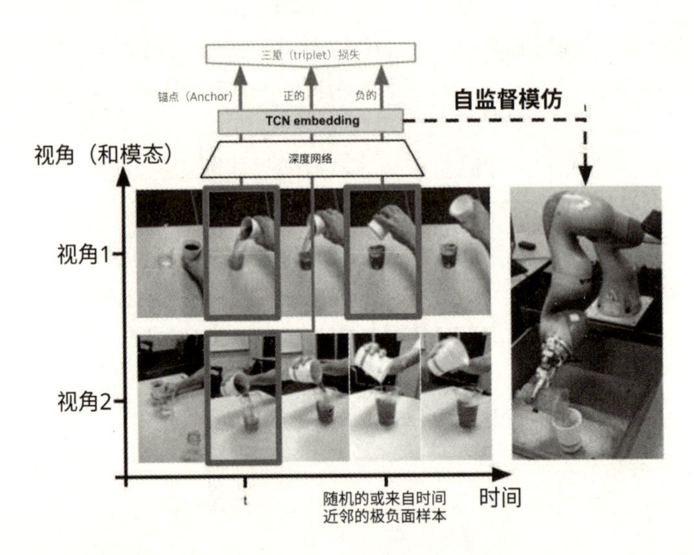

图 8.9 使用三重损失函数的时间对比网络（TCN）的学习框架，它以一种自监督式的学习，用于只从观察量进行的模仿学习（IfO）中的观察量嵌入（Observation Embedding）。图片来自文献 (Sermanet et al., 2018)（见彩插）

个三重损失被设定为在视频示范数据中驱散（Disperse）连续帧的短时近邻（Temporal Neighbors），而这些近邻满足有相似的视觉特征但是不同的实际动态状态，同时吸引（Attract）那些不同视角下同时发生的帧，这些帧在嵌入空间中有相同的动态状态。因此，模仿策略能够用无标签的人类示范视频以自监督（Self-Supervised Learning）的方式进行学习。类似文献 (Kimura et al., 2018) 中描述的工作，奖励函数定义为同一时间步下示范状态和智能体实际状态的欧氏距离，但它是在嵌入空间而不是状态空间。TCN 被设计成用于单帧状态嵌入（Single Frame State Embedding）。Dwibedi et al. (2018) 扩展了 TCN 的工作，使其可以对多个帧进行嵌入，从而更好地表示轨迹的模式（Patterns in Trajectory）。文献 (Aytar et al., 2018) 也采用了一个相似的方法，从 YouTube 视频帧中基于示范数据来学习嵌入函数，从而解决难以探索的任务，比如 Montezuma's Revenge 和 Pitfall，这些任务在第 7 章的探索挑战中有所提及。它可以解决较小的变化，比如视频的失真和颜色变化。模仿者嵌入状态和示范者嵌入状态的距离测度（Measurement）也被用作奖励函数。

如之前所介绍的，可以用一个分类器来区分来自不同视角的观察量。文献 (Goo et al., 2019) 提出，分类器也可以用于预测示范数据中帧的顺序，通过一种打乱学习（Shuffle-and-Learn）的训练方式 (Misra et al., 2016)。奖励函数可以根据所学的分类器来定义，并用于训练模拟者策略。同时，在之前生成对抗方法的描述中，状态空间的不匹配，比如由视角不同造成，可以通过不变的特征表示（Invariant Feature Representation）来解决。然而，它也可以用一个定义为示范状态和模仿者状态在表征空间下的欧氏距离作为奖励函数，来训练模仿策略，而非使用辨别器并以示范状态和模仿者状态作为输入时的输出值为奖励，这在文献 (Gupta et al., 2017; Liu et al., 2018) 中都有提到。

8.4.3 从观察量模仿学习的挑战

根据以上所提及的 IfO 中的方法，智能体能够只从观察到的状态来学习策略，但是仍旧存在文献 (Torabi et al., 2019d) 所提到的问题。

- **具象不匹配**（Embodiment Mismatch）：具象不匹配通常用来描述外观（对于基于视觉的控制）、动态过程和其他特征在模仿者域和示范者域间的差异。一个典型的例子是让机械臂模仿人的手臂执行动作。由于控制动力学和观察智能体的视角会有显著的差别，所以这样的模仿学习过程可能很难实现。即使是确认机器人和人的手臂是否在同一个状态都会有困难。一个解决这个问题的方法是学习隐藏对应关系（Correspondences）或潜在表示（Latent Representations），这个关系或表示能够对两个域的差异产生不变性，然后基于这个关系或者在所学的表征空间内进行模仿学习。一个用来解决这个问题的 IfO 方法 (Gupta et al., 2017) 用自动编码器（Autoencoder）来学习不同的具象之间的对应关系以一种监督学习的方式。自动编码器被训练使得编码后的表示对具象特征有不变性。另一个方法 (Sermanet et al., 2018) 使用少量人类监督和无监督的学习方式来学习对应关系。
- **视角差异**：在上面提到的几个方法中，比如 TCN 和一些其他基于模型的 IfO 方法，对于基于视觉的控制，由于示范数据由相机采集的图像或视频给出，视角的差异可能导致模仿策略表现显著下降。通常来讲，需要有一个在对视角不变的（Viewpoint Invariant）空间中表征状态的编码模型（Encoding Model），如文献 (Sieb et al., 2019) 中提到的，或者一个能够根据某一帧预测具体视角的分类器，如文献 (Stadie et al., 2017) 所提到。另一种试图解决这个问题的 IfO 方法是去学习一个背景转化（Context Translation）模型，从而根据一个观察量预测它在目标背景中的表示 (Liu et al., 2018)。这个转化是通过包含源背景和目标背景下的图像数据来学习的，而任务是将源背景转化到目标背景。这需要收集源背景和目标背景下相似的样本来实现。

8.5 概率性方法

除了使用神经网络的参数化方法，许多概率推理方法也可以被用于模仿学习，尤其是在机器人运动领域，这些方法包括高斯混合回归（Gaussian Mixture Regression，GMR）(Calinon, 2016)、动态运动基元（Dynamic Movement Primitives，DMP）(Pastor et al., 2009)、概率性运动基元（Probabilistic Movement Primitives，ProMP）(Paraschos et al., 2013)、核运动基元（Kernelized Movement Primitives，KMP）(Huang et al., 2019)、高斯过程回归（Gaussian Process Regression，GPR）(Schneider et al., 2010)、基于 GMR 的高斯过程 (Jaquier et al., 2019) 等。由于本书主要是介绍使用深度神经网络参数化的深度强化学习，所以我们将仅简单介绍这些概率性方法，而将概率性方法和深度强化学习结合起来本身就不是平庸的（Non-Trivial），不像在本章中介绍的其他方法那样直接。

然而，即使将概率性方法用于深度强化学习任务可能是不容易实现的，概率性方法由于其一些优点还是很值得研究的，具体表现讨论如下。

不同于深度神经网络给出确定性的预测结果，由 GRM、ProMP 和 KMP 计算得到预测分布的协方差矩阵（Covariance Matrices）编码了预测轨迹的变化性。而这在使用所学模型来预测或做决策且其决策的置信度同样重要时会很有用，比如在机器人操作或车辆驾驶的情形中为了保证安全，每个指令的可行性和风险都需要以概率模型的方式来分析。除此之外，概率性方法根据概率论的支持通常有解析解，这与基于深度神经网络的“黑盒”优化过程不同。而这也使得概率性方法能够在数据量较小时用较短时间求解。此外，像基于 GMR 的高斯过程类的概率性方法对未见过的输入数据点有快速的适应能力，这在下面小节中将会讨论。对于模仿学习中的概率性方法，数据集被默认为是以有标签数据类型来提供的，即输入和输出的配对，对于一般强化学习，它通常是状态-动作对 $\{(s_i, a_i)|i=0,\cdots,N\}$，而对按时间排列的示范数据，它可以是时间-状态对 $\{(t, S_t)|t=0,\cdots,N\}$ (Jaquier et al., 2019)。

基于高斯混合回归（GMR）的高斯回归（GPR）是一种结合了高斯混合回归和高斯过程回归的方法。GMR 利用了高斯条件定理（Gaussian Conditioning Theorem）来估计给定输入数据的输出分布。高斯混合模型（Gaussian Mixture Model，GMM）通过期望最大化算法（Expectation Maximization，EM）来拟合输入输出数据点的联合分布（Joint Distribution）。给定观察输入，基于条件的（Conditional）均值和方差可以有封闭解，其输出结果因而可以通过基于条件的期望的线性组合来得到，使用测试数据点作为输入。GP 如同深度神经网络一样，是针对学习确定性（Deterministic）输入-输出关系问题的方法，它基于可能的目标函数的高斯先验（Prior）来计算。基于 GMR 的 GP（GMR-Based GP）是种结合的方法，它的 GP 先验均值等于 GMR 模型基于条件的均值，而 GP 的核（Kernel）是相应 GMM 各个组分单独的核的叠加。这种结合使得基于 GMR 的 GP 方法有 GP 通过均值和核来编码多种先验置信（Prior Beliefs）的能力，并且允许 GMR 估计的多样化信息被封装到 GP 的不确定性（Uncertainty）估计中。当给出新的未见过的输入观察数据点时，基于 GMR 的 GP 能够快速适应它们并给出合理预测输出，如图 8.10 所示。对于一个

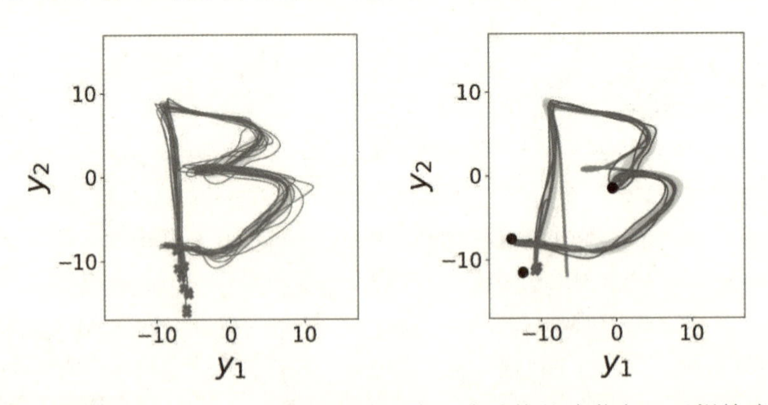

图 8.10　模仿学习中基于 GMR 的 GP 方法。左边图中，先验均值为蓝色，采样轨迹为紫色。右边图中，先验均值（与左图相同）为蓝色，采样轨迹为粉色，预测轨迹为红色，有三个黑色的点为新观察量。图片来自文献 (Jaquier et al., 2019)（见彩插）

二维轨迹的估计过程，图 8.10 中的左边用紫色线展示了所给的样本，而蓝色线展示了先验均值。右边的图是基于 GMR 的 GP 方法，其中有 3 个新的观察数据点被标为黑色，粉色线展示了采样轨迹，而红色线是预测轨迹。这个方法经证实对使用示范数据进行学习并快速适应到新的数据点的情况有很好的表现，而这可以用于操作机器人基于示范规避障碍物。

8.6 模仿学习作为强化学习的初始化

使用模仿学习的基本设定是在不使用任何强化信号而只有示范数据的情况下学习一个策略，这意味着通过模仿学习所学策略是来自示范数据的最终策略。然而，在实际中，来自模仿学习的策略通常没有足够的泛化能力，尤其是对于未见过的情况。因此，我们可以在强化学习的过程中使用模仿学习，以此来提高强化学习的效率。举例来说，使用示范数据的预训练策略可以用来初始化强化学习的策略。关于这些方法的细节将在随后讨论。因此，我们并不需要模仿学习给出的策略是最优的，而是通过一个相对简单的学习过程得到一个足够好的策略，比如使用监督学习的模仿学习方法。所以，我们在下面只选择一些简单直接的方法来作为后续强化学习过程的初始化方法。模仿学习中更精致的方法毫无疑问会成为更好的初始化策略，但是也会相应带来如较长的预训练时间等缺点。

总体来说，通过监督学习方式模仿示范数据而学到的策略，可以使用包括 BC、DAgger、Variational Dropout 等方法，它们被看作是对强化学习策略较好的初始化，具体地，通过下面小节中描述的策略替换（Policy Replacement）或者残差策略学习（Residual Policy Learning）方法。

除了用策略替换来初始化强化学习（模拟学习策略在强化学习初始时替换其策略），残差策略学习 (Johannink et al., 2019; Silver et al., 2018) 是另一种实现初始化的方法。比如对于机器人控制任务，它通常基于一个较好但是不完美的控制器，并以这个初始控制器为基础学习一个残差策略。对于现实世界的机器人控制，初始控制器可以是一个模拟器中预训练的策略；对于模拟的机器人控制，初始控制器可以用监督学习的方式基于专家轨迹预训练得到，如 8.2 节中的方法。

残差策略学习中的动作遵循结合式策略，即由初始策略（Initial Policy）π_{ini} 和残差策略 π_{res} 求和得到：

$$a = \pi_{\text{ini}}(s) + \pi_{\text{res}}(s). \tag{8.34}$$

通过这种方式，残差策略学习能够尽可能地保持初始策略的表现。

例子：使用 DDPG 的残差策略学习

这里我们使用深度确定性策略梯度（DDPG）算法来实现基于示范的残差策略学习。根据残差策略学习方法，DDPG 中的行动者（Actor）策略将包含两部分：一个是预训练得到的初始策略，在初始化后将被固定；另一个是后面学习过程中将训练的残差策略。初始策略通过模仿学习根据示范数据训练得到。这个预训练的初始策略只用于 DDPG 的行动者部分。基于 DDPG 算法使用残差策略学习的过程如下：

（1）以残差学习的方式初始化 DDPG 中的所有网络，包括对批判者（Critic）、目标批判者（Target Critic）的一般初始化，以及对残差策略（Residual Policy）和目标残差策略（Target Residual Policy）的最后网络层（Final Layers）进行零值初始化，还有将通过模仿学习得到的策略作为初始策略和目标初始策略（Target Initial Policy），一共是六个网络。这时固定住初始策略和目标策略，开始训练过程。

（2）让智能体与环境交互，动作值是初始化策略和残差策略的和值：$a = a_{\text{ini}} + a_{\text{res}}$；将样本以 $(s, a_{\text{res}}, s', r, \text{done})$ 的形式存储。

（3）从经验回放缓存中采样 $(s, a_{\text{res}}, s', r, \text{done})$，有

$$Q_{\text{target}}(s, a_{\text{res}}) = r + \gamma Q^{\text{T}}(s, \pi^{\text{T}}_{\text{res}}(s)) \tag{8.35}$$

其中 $Q^{\text{T}}, \pi^{\text{T}}_{\text{res}}$ 分别表示目标批判者和目标残差策略。批判损失函数是 $\text{MSE}(Q_{\text{target}}(s, a_{\text{res}}), Q(s, a_{\text{res}}))$。行动者的目标是最大化状态 s 和动作 a_{res} 的动作价值函数，如下：

$$\max_{\theta} Q(s, a_{\text{res}}) = \max_{\theta} Q(s, \pi_{\text{res}}(s|\theta)) \tag{8.36}$$

这可以通过确定性策略梯度（Deterministic Policy Gradient）来优化。

（4）重复上面的第（2）（3）步，直到策略收敛到接近最优。

对比一般的 DDPG 算法，使用残差策略学习的不同只是对残差策略的动作 a_{res}，而非智能体的整个动作 a 来学习动作价值函数和策略。

8.7　强化学习中利用示范数据的其他方法

8.7.1　将示范数据导入经验回放缓存

基于示范的深度 Q-Learning（Deep Q-Learning from Demonstrations，DQfD）(Hester et al., 2018) 通过直接将专家轨迹导入离线（Off-Policy）强化学习的记忆缓存（Memory Buffer）中来利用示范数据，而非预训练一个策略来初始化强化学习策略。它使用 DQN 来解决只有离散动作空间的应用。DQfD 使用一个由所有专家示范初始化的经验回放缓存（Experience Replay Buffer），并不断向其添加采集到的新样本。DQfD 使用优先经验回放（Prioritized Experience Replay）(Schaul et al., 2015) 来从回放缓存中采样训练批，且它使用一个监督式折页损失函数（Hinge Loss）来模仿示范数据和一个一般的 TD 损失函数的结合来训练策略。

基于示范的深度确定性策略梯度（Deep Deterministic Policy Gradient from Demonstrations，DDPGfD）(Večerík et al., 2017) 是一种与上面 DQfD 类似的方法，但是使用 DDPG 来处理连续动作

空间的应用。DDPGfD 通过直接将专家策略输入离线强化学习（即 DDPG）的缓存来利用示范数据，从而通过示范和探索数据一同训练策略。优先经验回放被用来平衡两种训练数据。DDPGfD 可以用于强化学习中的简单、易解决的任务，而对从稀疏奖励学习等较难任务需要在训练中进行更积极的探索。

文献 (Nair et al., 2018) 提出一个基于 DQfD 和 DDPGfD 的方法，对较难的任务有更好的学习效率，这些任务需要基于示范数据进一步探索去解决。它的策略损失函数是策略梯度损失（Policy Gradient Loss）和行为克隆损失（Behavioral Cloning Loss）的结合，其梯度如下：

$$\lambda_1 \nabla_\theta J - \lambda_2 \nabla_\theta L_{\text{BC}} \tag{8.37}$$

其中 J 是一般的强化学习目标（最大化的），而 L_{BC}（最小化的）是本章开始时定义的行为克隆损失。

此外，这个方法也使用了 Q-Filter 技术，它要求行为克隆损失函数只用于部分状态，在这些状态下所学的批判者 $Q(s,a)$ 判定示范者动作比行动者动作更好：

$$L_{\text{BC}} = \sum_{i=1}^{N_D} \|\pi(s_i|\theta_\pi) - a_i\|^2 \mathbb{1}_{Q(s_i,a_i)>Q(s_i,\pi(s_i))} \tag{8.38}$$

其中 N_D 是示范数据集中样本的数量，而 (s_i, a_i) 是从示范数据集中采样得到的。这保证了策略能够探索到更好的动作，而不是被示范数据所限制。

以同样的方式，QT-Opt (Kalashnikov et al., 2018) 和分位数 QT-Opt（Quantile QT-Opt）(Bodnar et al., 2019) 算法也使用在线缓存和离线示范缓存混合的方式来实现离线学习，通过一种无行动者（Actor-Free）的交叉熵方法和 DQN，可以在现实世界中基于图像的机器人学习任务上达到当时最先进的（State-of-the-Art）表现。

8.7.2 标准化 Actor-Critic

标准化 Actor-Critic（Normalized Actor-Critic，NAC）(Gao et al., 2018) 是另一个利用示范数据来进行高效强化学习的方法，它先预训练一个策略作为改进强化学习过程的初始化。NAC 与其他方法的差异是它在使用示范数据预训练初始化策略和改进强化学习的过程中使用完全相同的目标函数，这使得 NAC 对包含次优样本的示范数据也表现得很鲁棒。

另一方面，NAC 方法类似于 DDPGfD 和 DQfD 方法，但是它依次使用示范数据和交互样本进行训练，而不是同时使用这两类样本数据。

8.7.3 用示范数据进行奖励塑形

用示范数据进行奖励塑形（Reward Shaping with Demonstrations）(Brys et al., 2015) 是一个专注于初始化强化学习中价值函数而非动作策略的方法。它给智能体提供了一个中间的奖励来丰富稀疏奖励信号：

$$R_F(s,a,s') = R(s,a,s') + F^D(s,a,s') \tag{8.39}$$

其中基于示范数据 D 的塑形奖励 F^D 通过势函数 ϕ 来定义并保证其收敛性，其形式如下：

$$F^D(s,a,s',a') = \gamma\phi^D(s',a') - \phi^D(s,a) \tag{8.40}$$

而 ϕ^D 定义为

$$\phi^D(s,a) = \max_{(s^d,a)} \mathrm{e}^{-\frac{1}{2}(s-s^d)^{\mathrm{T}}\boldsymbol{\Sigma}^{-1}(s-s^d)} \tag{8.41}$$

它被用来最大化最接近示范状态 s^d 的状态 s 的势值。优化后的势函数被用来初始化强化学习中的动作价值函数 Q：

$$Q_0(s,a) = \phi^D(s,a) \tag{8.42}$$

奖励塑形的直观理解是使探索到的样本倾向于那些等于或接近示范数据的状态-动作对，从而加速强化学习的训练过程。奖励塑形提供了一种在强化学习过程中初始化价值估计函数的较好方式。

其他方法像无监督感知奖励（Unsupervised Perceptual Rewards）(Sermanet et al., 2016) 也用于通过示范数据学习一个密集且平滑的奖励函数，使用的是一个预训练的深度学习模型得出的特征。

8.8 总结

由于第 7 章中提到的强化学习低学习效率的挑战，我们介绍模仿学习来作为一种可能的解决方案，它需要使用专家示范。本章整体可以总结为几个主要类别。8.2 节中介绍的行为克隆方法是以监督学习方式进行模仿学习的最直接方法，它可以进一步与强化学习结合，比如 8.6 节中介绍的将其作为强化学习的初始化。一个更先进的结合模仿学习和强化学习的方式是通过 IRL 来显式或隐式地从示范中恢复奖励函数，如 8.3 节所介绍的。像 MaxEnt IRL 方法可以显式地学习奖励函数，但是可能有较大计算消耗。其他的生成对抗式方法，如 GAIL、GAN-GCL、AIRL 则能更高效地学习奖励函数和策略。另一个问题是如果示范数据集中的动作是缺失的，比如只从视频中学习，那么怎样合理地进行模仿学习？这实际是 IfO 的研究范畴，如 8.4 节所介绍。由于 IfO

问题是从另一个角度来看模仿学习的，之前介绍的方法像 BC、IRL 同样可以经过适当修改用于 IfO。IfO 中的方法基本可以总结为基于模型和无模型两类。基于模型的方法从样本中学习动态模型，而且它可以通过模型中状态-动作关系从只有观察量的示范数据中恢复动作，以显式或者隐式的方法。随后，如果动作被显式地恢复了，就可以使用常规的模仿学习方法。像 RIDM、BCO、ILPO 等方法属于这个基于模型的 IfO 范畴。对于 IfO 中的无模型方法，奖励函数工程或者生成对抗式方法可以用来提供奖励函数从而进行强化学习。像 OptionGAN、FAIL、AGAIL 等方法属于生成对抗式 IfO，而 TCN 和一些其他方法属于 IfO 的奖励函数工程一类。这里对 IfO 的两个类别实际对一般的模仿学习也适用，比如 GAIL 是一种生成对抗式方法，而最近提出的对比正向动态（Contrastive Forward Dynamics，CFD）(Jeong et al., 2019) 是模仿学习的一种从观察量和动作示范中学习的奖励函数工程方法。概率性方法包括 GMR、GPR 和基于 GMR 的 GP 方法作为一般的模仿学习方法而在本章中有所介绍，它们对于相对低维的情况有较高的学习效率，如 8.5 节所讨论的。最终，一些其他方法像 DDPGfD 和 DQfD 将示范数据直接导入离线强化学习的回放缓存中，等等，都在 8.7 节中介绍。模仿学习作为一种解决学习问题的高效方式，可以与强化学习有机结合，相关研究领域依然十分活跃，

参考文献

ABBEEL P, NG A Y, 2004. Apprenticeship learning via inverse reinforcement learning[C]//Proceedings of the twenty-first international conference on Machine learning. ACM: 1.

AYTAR Y, PFAFF T, BUDDEN D, et al., 2018. Playing hard exploration games by watching youtube[C]//Advances in Neural Information Processing Systems. 2930-2941.

BLAU T, OTT L, RAMOS F, 2018. Improving reinforcement learning pre-training with variational dropout[C]//2018 IEEE/RSJ International Conference on Intelligent Robots and Systems (IROS). IEEE: 4115-4122.

BODNAR C, LI A, HAUSMAN K, et al., 2019. Quantile QT-Opt for risk-aware vision-based robotic grasping[J]. arXiv preprint arXiv:1910.02787.

BRYS T, HARUTYUNYAN A, SUAY H B, et al., 2015. Reinforcement learning from demonstration through shaping[C]//Twenty-Fourth International Joint Conference on Artificial Intelligence.

CALINON S, 2016. A tutorial on task-parameterized movement learning and retrieval[J]. Intelligent Service Robotics, 9(1): 1-29.

DUAN Y, ANDRYCHOWICZ M, STADIE B, et al., 2017. One-shot imitation learning[C]//Advances in Neural Information Processing Systems. 1087-1098.

DWIBEDI D, TOMPSON J, LYNCH C, et al., 2018. Learning actionable representations from visual observations[C]//2018 IEEE/RSJ International Conference on Intelligent Robots and Systems (IROS). IEEE: 1577-1584.

EDWARDS A D, SAHNI H, SCHROECKER Y, et al., 2018. Imitating latent policies from observation[J]. arXiv preprint arXiv:1805.07914.

EYSENBACH B, GUPTA A, IBARZ J, et al., 2018. Diversity is all you need: Learning skills without a reward function[J]. arXiv preprint arXiv:1802.06070.

FINN C, CHRISTIANO P, ABBEEL P, et al., 2016a. A connection between generative adversarial networks, inverse reinforcement learning, and energy-based models[J]. arXiv preprint arXiv:1611.03852.

FINN C, LEVINE S, ABBEEL P, 2016b. Guided cost learning: Deep inverse optimal control via policy optimization[C]//International Conference on Machine Learning. 49-58.

FU J, LUO K, LEVINE S, 2017. Learning robust rewards with adversarial inverse reinforcement learning[J]. arXiv preprint arXiv:1710.11248.

GAO Y, LIN J, YU F, et al., 2018. Reinforcement learning from imperfect demonstrations[J]. arXiv preprint arXiv:1802.05313.

GOO W, NIEKUM S, 2019. One-shot learning of multi-step tasks from observation via activity localization in auxiliary video[C]//2019 International Conference on Robotics and Automation (ICRA). IEEE: 7755-7761.

GOODFELLOW I, POUGET-ABADIE J, MIRZA M, et al., 2014. Generative Adversarial Nets[C]// Proceedings of the Neural Information Processing Systems (Advances in Neural Information Processing Systems) Conference.

GUO X, CHANG S, YU M, et al., 2019. Hybrid reinforcement learning with expert state sequences[J]. arXiv preprint arXiv:1903.04110.

GUPTA A, DEVIN C, LIU Y, et al., 2017. Learning invariant feature spaces to transfer skills with reinforcement learning[J]. arXiv preprint arXiv:1703.02949.

HANNA J P, STONE P, 2017. Grounded action transformation for robot learning in simulation[C]// Thirty-First AAAI Conference on Artificial Intelligence.

HAUSMAN K, CHEBOTAR Y, SCHAAL S, et al., 2017. Multi-modal imitation learning from unstructured demonstrations using generative adversarial nets[C]//Advances in Neural Information Processing Systems. 1235-1245.

HENDERSON P, CHANG W D, BACON P L, et al., 2018. OptionGAN: Learning joint reward-policy options using generative adversarial inverse reinforcement learning[C]//Thirty-Second AAAI Conference on Artificial Intelligence.

HESTER T, VECERIK M, PIETQUIN O, et al., 2018. Deep Q-learning from demonstrations[C]// Thirty-Second AAAI Conference on Artificial Intelligence.

HO J, ERMON S, 2016. Generative adversarial imitation learning[C]//Advances in Neural Information Processing Systems. 4565-4573.

HUANG Y, ROZO L, SILVÉRIO J, et al., 2019. Kernelized movement primitives[J]. The International Journal of Robotics Research, 38(7): 833-852.

JAQUIER N, GINSBOURGER D, CALINON S, 2019. Learning from demonstration with model-based gaussian process[J]. arXiv preprint arXiv:1910.05005.

JEONG R, AYTAR Y, KHOSID D, et al., 2019. Self-supervised sim-to-real adaptation for visual robotic manipulation[J]. arXiv preprint arXiv:1910.09470.

JOHANNINK T, BAHL S, NAIR A, et al., 2019. Residual reinforcement learning for robot control[C]// 2019 International Conference on Robotics and Automation (ICRA). IEEE: 6023-6029.

KALASHNIKOV D, IRPAN A, PASTOR P, et al., 2018. Qt-opt: Scalable deep reinforcement learning for vision-based robotic manipulation[J]. arXiv preprint arXiv:1806.10293.

KIMURA D, CHAUDHURY S, TACHIBANA R, et al., 2018. Internal model from observations for reward shaping[J]. arXiv preprint arXiv:1806.01267.

LIU Y, GUPTA A, ABBEEL P, et al., 2018. Imitation from observation: Learning to imitate behaviors from raw video via context translation[C]//2018 IEEE International Conference on Robotics and Automation (ICRA). IEEE: 1118-1125.

MEREL J, TASSA Y, SRINIVASAN S, et al., 2017. Learning human behaviors from motion capture by adversarial imitation[J]. arXiv preprint arXiv:1707.02201.

MISRA I, ZITNICK C L, HEBERT M, 2016. Shuffle and learn: unsupervised learning using temporal order verification[C]//European Conference on Computer Vision. Springer: 527-544.

MOLCHANOV D, ASHUKHA A, VETROV D, 2017. Variational dropout sparsifies deep neural networks[C]//Proceedings of the 34th International Conference on Machine Learning-Volume 70. JMLR. org: 2498-2507.

NAIR A, CHEN D, AGRAWAL P, et al., 2017. Combining self-supervised learning and imitation for vision-based rope manipulation[C]//2017 IEEE International Conference on Robotics and Automation (ICRA). IEEE: 2146-2153.

NAIR A, MCGREW B, ANDRYCHOWICZ M, et al., 2018. Overcoming exploration in reinforcement learning with demonstrations[C]//2018 IEEE International Conference on Robotics and Automation (ICRA). IEEE: 6292-6299.

NG A Y, HARADA D, RUSSELL S, 1999. Policy invariance under reward transformations: Theory and application to reward shaping[C]//Proceedings of the International Conference on Machine Learning (ICML): volume 99. 278-287.

NG A Y, RUSSELL S J, et al., 2000. Algorithms for inverse reinforcement learning.[C]//Proceedings of the International Conference on Machine Learning (ICML): volume 1. 2.

PARASCHOS A, DANIEL C, PETERS J R, et al., 2013. Probabilistic movement primitives[C]//Advances in Neural Information Processing Systems. 2616-2624.

PASTOR P, HOFFMANN H, ASFOUR T, et al., 2009. Learning and generalization of motor skills by learning from demonstration[C]//2009 IEEE International Conference on Robotics and Automation. IEEE: 763-768.

PATHAK D, MAHMOUDIEH P, LUO G, et al., 2018. Zero-shot visual imitation[C]//Proceedings of the IEEE Conference on Computer Vision and Pattern Recognition Workshops. 2050-2053.

PAVSE B S, TORABI F, HANNA J P, et al., 2019. Ridm: Reinforced inverse dynamics modeling for learning from a single observed demonstration[J]. arXiv preprint arXiv:1906.07372.

PUTERMAN M L, 2014. Markov decision processes: Discrete stochastic dynamic programming[M]. John Wiley & Sons.

ROSS S, BAGNELL D, 2010. Efficient reductions for imitation learning[C]//Proceedings of the thirteenth international conference on artificial intelligence and statistics. 661-668.

ROSS S, GORDON G, BAGNELL D, 2011. A reduction of imitation learning and structured prediction to no-regret online learning[C]//Proceedings of the fourteenth international conference on artificial intelligence and statistics. 627-635.

RUSSELL S J, 1998. Learning agents for uncertain environments[C]//COLT: volume 98. 101-103.

SCHAUL T, QUAN J, ANTONOGLOU I, et al., 2015. Prioritized experience replay[C]//arXiv preprint arXiv:1511.05952.

SCHNEIDER M, ERTEL W, 2010. Robot learning by demonstration with local gaussian process regression[C]//2010 IEEE/RSJ International Conference on Intelligent Robots and Systems. IEEE: 255-260.

SERMANET P, XU K, LEVINE S, 2016. Unsupervised perceptual rewards for imitation learning[J]. arXiv preprint arXiv:1612.06699.

SERMANET P, LYNCH C, CHEBOTAR Y, et al., 2018. Time-contrastive networks: Self-supervised learning from video[C]//2018 IEEE International Conference on Robotics and Automation (ICRA). IEEE: 1134-1141.

SIEB M, XIAN Z, HUANG A, et al., 2019. Graph-structured visual imitation[J]. arXiv preprint arXiv:1907.05518.

SILVER T, ALLEN K, TENENBAUM J, et al., 2018. Residual policy learning[J]. arXiv preprint arXiv:1812.06298.

STADIE B C, ABBEEL P, SUTSKEVER I, 2017. Third-person imitation learning[J]. arXiv preprint arXiv:1703.01703.

SUN M, MA X, 2019a. Adversarial imitation learning from incomplete demonstrations[J]. arXiv preprint arXiv:1905.12310.

SUN W, VEMULA A, BOOTS B, et al., 2019b. Provably efficient imitation learning from observation alone[J]. arXiv preprint arXiv:1905.10948.

SYED U, BOWLING M, SCHAPIRE R E, 2008. Apprenticeship learning using lincar programming[C]// Proceedings of the 25th international conference on Machine learning. ACM: 1032-1039.

TASSA Y, EREZ T, TODOROV E, 2012. Synthesis and stabilization of complex behaviors through online trajectory optimization[C]//2012 IEEE/RSJ International Conference on Intelligent Robots and Systems. IEEE: 4906-4913.

TORABI F, WARNELL G, STONE P, 2018a. Behavioral cloning from observation[J]. arXiv preprint arXiv:1805.01954.

TORABI F, WARNELL G, STONE P, 2018b. Generative adversarial imitation from observation[J]. arXiv preprint arXiv:1807.06158.

TORABI F, GEIGER S, WARNELL G, et al., 2019a. Sample-efficient adversarial imitation learning from observation[J]. arXiv preprint arXiv:1906.07374.

TORABI F, WARNELL G, STONE P, 2019b. Adversarial imitation learning from state-only demonstrations[C]//Proceedings of the 18th International Conference on Autonomous Agents and MultiAgent Systems. International Foundation for Autonomous Agents and Multiagent Systems: 2229-2231.

TORABI F, WARNELL G, STONE P, 2019c. Imitation learning from video by leveraging proprioception[J]. arXiv preprint arXiv:1905.09335.

TORABI F, WARNELL G, STONE P, 2019d. Recent advances in imitation learning from observation[J]. arXiv preprint arXiv:1905.13566.

VEČERÍK M, HESTER T, SCHOLZ J, et al., 2017. Leveraging demonstrations for deep reinforcement learning on robotics problems with sparse rewards[J]. arXiv preprint arXiv:1707.08817.

ZIEBART B D, MAAS A L, BAGNELL J A, et al., 2008. Maximum entropy inverse reinforcement learning.[C]//Proceedings of the AAAI Conference on Artificial Intelligence: volume 8. Chicago, IL, USA: 1433-1438.

ZIEBART B D, BAGNELL J A, DEY A K, 2010. Modeling interaction via the principle of maximum causal entropy[J].

ZOŁNA K, ROSTAMZADEH N, BENGIO Y, et al., 2018. Reinforced imitation learning from observations[J].

9 集成学习与规划

在本章中，我们将从学习和规划的角度进一步分析强化学习。我们首先将介绍基于模型和无模型强化学习的概念，并着重介绍模型规划的优势。为了在强化学习中充分利用基于模型和无模型方法，我们将介绍集成学习和规划的架构，并详细阐述应用其架构的 Dyna-Q 算法。最终，将进一步详细分析集成学习和规划的基于模拟的搜索应用。

9.1 简介

在强化学习中，智能体可以和环境进行交互。智能体在每一轮交互中收集到的信息可以称为智能体的经验，这能帮助智能体提升自身的决策策略。一般来说，学习指代智能体决策策略基于实际和环境的交互逐渐提升的过程。直接策略学习是最为基本的学习方式，如图 9.1 所示，其中，智能体首先根据当前的决策策略在环境中制定动作，环境会基于智能体当前的状态和动作反馈给

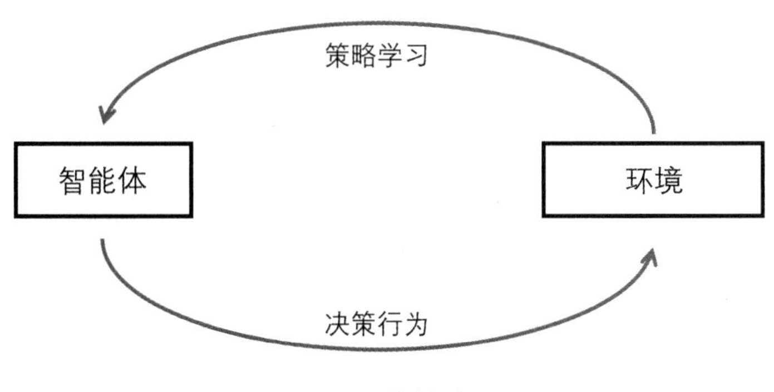

图 9.1 直接策略学习

智能体所得到的收益，使其能够评估当前策略的表现并帮助智能体探索如何进一步提升策略。然而，直接策略学习是基于智能体在环境中每一个单步动作所产生的经验，由于环境的随机性和不确定性，基于单步动作的经验会使学习结果存在很大方差，大大影响了学习的速度和质量。

为了提高学习效率，在策略学习的每一个学习周期中，积累多轮和环境的交互作为智能体的经验是很有帮助的。通过在环境中进行演算（Roll-out）收集多轮交互信息，即在环境中根据当前的状态和决策策略形成一条具体的包含一系列状态、动作和奖励信息的探索轨迹。在一般的无模型学习中，智能体将在真实的环境中在线演算，并将获得的多轮交互信息用于策略学习。

然而，在环境中通过在线演算产生经验的成本很高。例如，在工业界的应用中，一些状态可以指代系统崩溃或者设备爆炸，这些状态在策略学习的探索过程中是十分危险的。另外，在实际环境中只能顺序演算，不能并行计算，这导致其采样效率和学习速度都很低。因而，在一些场景下，我们希望能够使用模拟环境来取代实际环境进行探索和经验积累。在模拟环境中的演算被称为规划（Planning），可通过并行计算高效地为策略学习产生大量模拟经验。为了在规划中使用有效的模拟环境，基于模型的方法得以提出。

9.2　基于模型的方法

为了能够实行规划，模型的概念将在智能体和环境之间产生 (Kaiser et al., 2019)，如图 9.2 所示，当智能体在状态 S_t 采取决策动作 A_t 时，环境会为模型给予反馈奖励 R_{t+1} 并使智能体进入下一状态 S_{t+1}。根据智能体和环境之间收集到的经验信息，我们将 S_{t+1} 和 (S_t, A_t) 之间的映射关系称为转移模型，并将 R_{t+1} 和 (S_t, A_t) 之间的映射关系称为奖励模型。当状态不能完全被观察信息表示时，还将设定观察模型 $\mathcal{M}(O_t|S_t)$ 和表示模型 $\mathcal{M}(S_{t+1}|S_t, A_t, O_{t+1})$ (Hafner et al., 2019)，其中 O_t 表示在状态 S_t 下第 t 步所对应的观察信息。例如，捕捉到的关乎物体运动的图片属于观察信息，可以体现该物体蕴含的所处状态信息。后面，为了集中分析其中的转移模型和奖励模型，我们假设状态是完全可观测的。我们将转移模型和奖励模型分别由方程 $\mathcal{F}_s$ 和 $\mathcal{F}_r$ 表示：

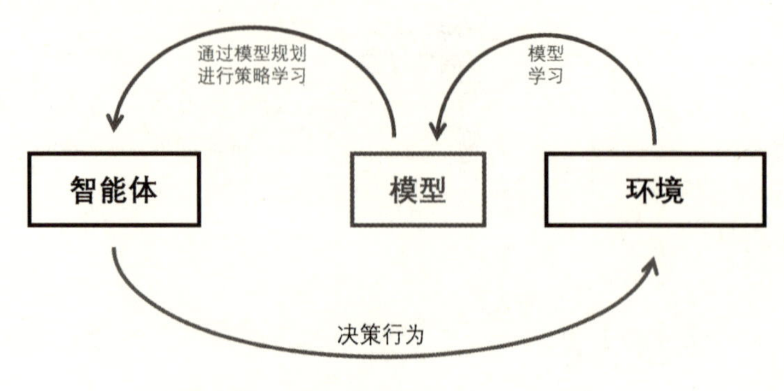

图 9.2　基于模型的强化学习方法

$$S_{t+1} \sim \mathcal{F}_s\left(S_t, A_t\right), \tag{9.1}$$

$$R_{t+1} = \mathcal{F}_r\left(S_t, A_t\right). \tag{9.2}$$

模型学习是一个监督式的拟合学习过程，目标是建立一个虚拟的环境，其中的转移关系和奖励关系和真实环境保持一致。因而，基于对真实环境的了解，我们可以使用一个环境模型使智能体在其中进行规划，然后将收集到的经验信息用于帮助其策略学习。

在不同的应用场景中，模型学习和策略学习的关系是多样的，具体如下所述。

- **直接学习**：如果智能体已经基于规则或专家信息和环境交互过多次，那么之前收集到的经验信息可以直接用来进行模型学习。当模型学习完成时，智能体可以将训练后的模型当作模拟的环境，并与其交互帮助其进行策略学习。
- **迭代学习**：如果模型在初始时并没有足够的数据进行学习，那么模型学习和策略学习可以迭代交替进行。基于当前智能体和环境交互产生的有限信息，模型可以学习真实环境中部分且有限的信息。智能体在基于有限学习产生的模拟环境进行规划并以此训练参数，且其策略表现得到了少许提升后，将用更新的策略在真实环境中交互，并将收集到的经验信息进一步用于对模型的学习。随着迭代次数的增加，模型学习和策略学习将逐步收敛到最优结果。因此，模型学习和策略学习可以相互辅助而进行有效的学习。

因此，基于模型的强化学习将通过对真实环境的学习建立一个模拟环境的模型，并在其中进行规划，使智能体更好地进行策略学习。模型学习的优势可列举如下：

- 由于规划可以在智能体和模型之间完成，智能体不需要在真实环境中采取大量的决策动作进行探索和策略学习。因而，和成本高并且需要在线采取动作的真实环境相比，基于模型的方法能够有效地降低训练时间并且保障在策略学习过程中的安全性。例如，在真实环境中，机器人完成任务需要实际操作，在 QT-Opt (Kalashnikov et al., 2018) 方法中，为了完成抓取的任务，7 个机器人需要昼夜不停地在实际环境中收集采样数据。然而一个模拟的环境（通过学习或人工建立）可以用来节约大量的时间并且降低机器人的磨损。
- 当策略学习在智能体和模拟模型之间进行时，学习过程可以采用并行计算。在分布式系统中可以存在多个学习者合作同时进行策略学习，其中每个学习者可以和一个根据真实环境模拟的模型进行交互，从而所有学习者都可以在其对应的模型进行规划。模型之间是相互独立的，并且不会影响到真实环境中所处的状态信息。因此，具有并行性的策略学习大大提高了学习效率，且增大了可学习问题的规模。

然而，基于模型的强化学习的结构同样也存在缺点和不足：

- 在基于模型的强化学习中，模型学习的表现将会影响策略学习的结果。对于复杂且动态的环境场景，如果学习到的模型不能很好地模拟出真实环境，智能体在规划中会和一个错误且不准确的模型进行交互，从而将增大策略学习的误差。
- 如果真实环境有更新或者调整，模型需要通过多次迭代之后才会学到环境的变化，然后还需要耗费大量训练时间使智能体学习并调整其策略。因此，对于在线学习中真实环境的变化，智能体对其策略的相应调整有着很高的延迟，这并不适用于那些对实时性有要求的应用。

9.3　集成模式架构

综合无模型和基于模型的强化学习方法的优劣，集成学习和规划的过程可以很好地将无模型和基于模型的方法结合在一起。对于不同的应用场景，集成学习和规划的方法和架构是不同的。

一般来说，在无模型的方法中，智能体仅在与真实环境的交互中得到真实的经验，没有采用规划辅助其策略的学习和提升。在基本的基于模型的方法中，首先将通过智能体和真实环境的交互进行模型学习，然后基于学到的模型，智能体将迭代式采取规划并用收集到的经验进行策略学习。

由于模型处于智能体和环境之间，在智能体策略学习中，经验来源可以分为如下两类：

- **真实经验**：真实经验是从智能体和真实环境中直接采样获得的。一般来说，真实经验体现了环境正确的特征和属性，但获得成本较高，并且在真实环境中的探索不可逆且难以人工干预。
- **模拟经验**：模拟经验是从模型规划过程中获得的，可能不能准确地表现真实环境的真实特征，但模型很容易人工操纵，并且可以通过模型学习减小模型和真实环境的误差。

对于策略学习，如果我们能够同时考虑真实经验和模拟经验，那么就能结合无模型和基于模型的方法的优势，提高学习的效率和准确性。Dyna 架构在 (Sutton, 1991) 中提出。如图 9.3 所示，根据基础的基于模型的方法，在策略学习中，智能体不仅从已经学到的模型所提供的模拟经验中更新策略，并且考虑了与真实环境交互所收集到的真实经验。因此，在策略学习中，模拟经验能够保证学习过程中有足够多的训练数据来降低学习方差，另外，真实经验能够更准确地体现环境的动态变化和正确特征，从而降低由于环境而产生的学习偏差。

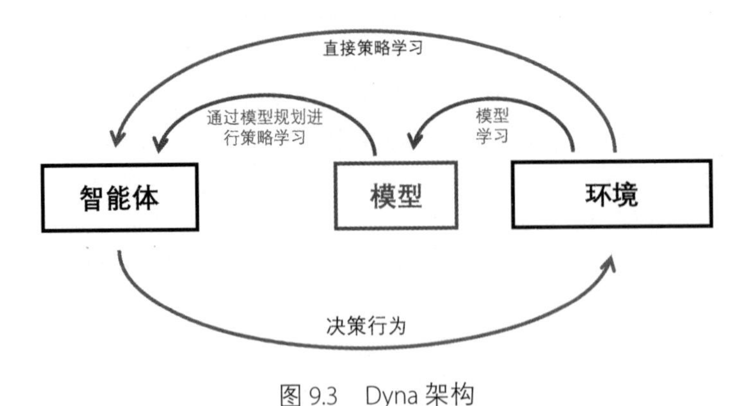

图 9.3　Dyna 架构

基于此架构，Dyna-Q 算法得以进一步提出，如算法 9.30 所述。Dyna-Q 算法将建立并维护一个 Q 表格，据此指导智能体做出动作决策。在每个学习周期中，Q 表格通过智能体和真实环境的交互中学习更新，模拟的模型同时也会从真实经验中学习，并且通过规划获得 n 组模拟经验用于进一步的 Q 表格学习。因此，随着学习周期的增加，Q 表格能够学习并收敛到最佳的结果。

算法 9.30 Dyna-Q

初始化 $Q(s,a)$ 和 $\text{Model}(s,a)$，其中 $s\in\mathcal{S}$，$a\in\mathcal{A}$。
while(true):
  (a) $s\leftarrow$ 当前（非终止）状态
  (b) $a\leftarrow\epsilon\text{-greedy}(s,Q)$
  (c) 执行决策动作 a; 观测奖励 r, 获得下一个状态 s'
  (d) $Q(s,a)\leftarrow Q(s,a)+\alpha\left[r+\gamma\max_{a'}Q(s',a')-Q(s,a)\right]$
  (e) $\text{Model}(s,a)\leftarrow r,s'$
  (f) 重复 n 次:
    $s\leftarrow$ 随机历史观测状态
    $a\leftarrow$ 在状态 s 下历史随机决策动作
    $r,s'\leftarrow\text{Model}(s,a)$
    $Q(s,a)\leftarrow Q(s,a)+\alpha\left[r+\gamma\max_{a'}Q(s',a')-Q(s,a)\right]$

9.4 基于模拟的搜索

在本节中，我们侧重于规划部分，并介绍一些基于模拟的搜索算法，使其在当前的状态通过演算形成探索轨迹。因此，基于模拟的搜索算法一般是使用基于样本规划的前向搜索范式。前向搜索和采样具体的阐述如下。

- **前向搜索**：在规划过程中，智能体当前所处马尔可夫过程中的状态比其他的状态更值得关注。因而从另一角度，我们将具有有限选择的 MDP 看作一个树形的结构，其中树的根部代表当前状态，如图 9.4 所示，前向搜索算法从当前的状态选择最佳的决策动作，并且通过树形结构的枝干来考虑未来的选择。
- **采样**：当基于 MDP 采用规划过程时，从当前的状态到下一个状态可能有多种选择，因而在规划中需要采样的操作，即智能体随机选定下一个状态并继续前向搜索的演算过程。因而下一个状态的选取具有随机性，并且有可能服从某种概率或分布，具体是由模拟中智能体采取的决策策略决定的。

在基于模拟的搜索中，模拟策略被用来指导规划过程中探索的方向。模拟策略与智能体学习的策略相结合，有助于规划过程能够准确地反映智能体当前的决策策略。

下面将进一步介绍几种不同的基于模拟的搜索方法并结合策略学习来解决问题。

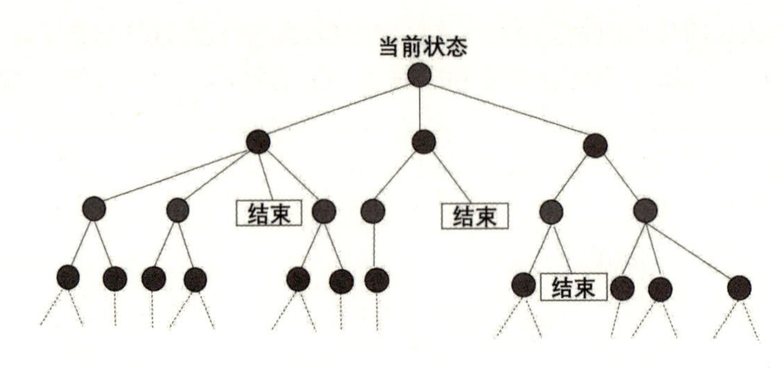

图 9.4　前向搜索

9.4.1　朴素蒙特卡罗搜索

如果一开始提供了固定的模型 $\mathcal{M}$ 和固定的模拟策略 π，朴素蒙特卡罗搜索可以依据模拟得到的经验来评估对应动作的性能好坏并更新学习到的策略。如算法 9.31 所示，对每一个作用于当前状态 S_t 的动作 $a, a \in \mathcal{A}$，执行模拟策略 π 并用 G_t^k 表示第 k 个轨迹的全部奖励。根据保存的轨迹，我们利用 $Q(S_t, A_t)$ 来评估选择动作 A_t 的性能，最后根据当前状态下所有动作各自的 Q 值选择最优的动作。

算法 9.31 朴素蒙特卡罗搜索

固定模型 $\mathcal{M}$ 和模拟策略 π
for 每个动作 $a \in \mathcal{A}$ **do**
　for 每个片段 $k \in \{1, 2, \cdots, K\}$ **do**
　　根据模型 $\mathcal{M}$ 和模拟策略 π, 从当前状态 S_t 开始在环境中展开
　　记录轨迹 $\{S_t, a, R_{t+1}^k, S_{t+1}^k, A_{t+1}^k, R_{t+2}^k, \cdots, S_T^k\}$
　　计算从每个 S_t 开始的累积奖励 $G_t^k = \sum_{j=t+1}^{\mathrm{T}} R_j^k$
　end for
　$Q(S_t, a) = \frac{1}{K} \sum\limits_{k=1}^{K} G_t^k$
end for
返回当前最大 Q 值的动作 $A_t = \arg\max_{a \in \mathcal{A}} Q(S_t, a)$。

9.4.2　蒙特卡罗树搜索

朴素蒙特卡罗搜索的一个明显不足是，它的模拟策略是固定的，从而没有办法利用在规划过程中学习到的信息。蒙特卡罗树搜索（Monte Carlo Tree Search，MCTS）(Browne et al., 2012) 正是针对这个不足所设计的。具体地说，MCTS 维护了一棵搜索树来保存收集到的信息并逐步优化模拟策略。

如算法 9.32 所示，在从当前的状态 S_t 开始采样到一个轨迹之后，对于轨迹中所有访问过的

(s,a)，MCTS 类似地使用平均回报更新了 Q 值，进而根据树中新的 Q 值更新每个节点处的模拟策略 π。一个更新模拟策略 π 的方法是根据当前 Q 值的 ϵ 贪心策略。当模拟策略到达一个新的当前并不在搜索树中的状态的时候，π 转换成默认的策略，比如均匀探索策略。第一个被探索的新状态会接着被加入搜索树中。[1] MCTS 重复这个节点评估和策略提升的过程直到到达模拟的预算。最后，智能体选择在当前状态 S_t 上有最大 Q 值的动作。

算法 9.32 蒙特卡罗树搜索

固定模型 $\mathcal{M}$
初始化模拟策略 π
for 每个动作 $a \in \mathcal{A}$ **do**
  for 每个片段 $k \in \{1,2,\cdots,K\}$ **do**
    根据模型 $\mathcal{M}$ 和模拟策略 π 从当前状态 S_t 在环境中展开
    记录轨迹 $\{S_t, a, R_{t+1}, S_{t+1}, A_{t+1}, R_{t+2}, \cdots S_T\}$
    用从 (S_t, A_t)，$A_t = a$ 开始的平均回报更新每个 $(S_i, A_i), i = t, \cdots, T$ 的 Q 值
    由当前的 Q 值更新模拟策略 π
  end for
end for
返回当前最大 Q 值的动作 $A_t = \arg\max_{a\in\mathcal{A}} Q(S_t, a)$

9.4.3 时间差分搜索

除了 MCTS 的方法，时间差分（Temporal Difference，TD）搜索同样受到关注 (Silver et al., 2012)。和 MCTS 的方法相比，TD 搜索不需要演算一个扩展轨迹并用其来评估和更新当前策略。在模拟的每一步中，策略都将被更新并用更新的策略指导智能体在下一个状态中做出决策动作。

Dyna-2 算法就是采用 TD 搜索的方式 (Silver et al., 2008)，如算法 9.33 所述，智能体将存储两组网络参数，分别存储于长期存储空间和短期存储空间。在下层中通过采用 TD 学习的方法，短期存储空间中的网络参数将会根据收集到的模拟经验进行更新，并在策略 $\overline{Q}$ 的指导下将学到的网络参数 $\overline{\theta}$ 用于帮助智能体在真实环境中做出决策动作，而在长期存储空间的网络参数将在真实环境的探索中通过在上层的 TD 学习得到更新。在上层中学习到的基于网络参数 θ 的策略 Q 将是最终智能体学习到的最佳策略。

和 MCTS 的方法相比，由于每一步策略都会更新，TD 搜索会更有效率。然而，由于频繁的更新，TD 搜索倾向于降低结果的方差但是有可能增大偏差。

[1]另一个方法是将轨迹上所有新的节点都加入搜索树中。

算法 9.33 Dyna-2

function LEARNING
　初始化 $\mathcal{F}_s$ 和 $\mathcal{F}_r$
　$\theta \leftarrow 0$　　# 初始化长期存储空间中网络参数
　loop
　　$s \leftarrow S_0$
　　$\overline{\theta} \leftarrow 0$　　# 初始化短期存储空间中网络参数
　　$z \leftarrow 0$　　# 初始化资格迹
　　SEARCH(s)
　　$a \leftarrow \pi(s;\overline{Q})$　　# 基于和 $\overline{Q}$ 相关的策略选择决策动作
　　while s 不是终结状态 **do**
　　　执行 a, 观测奖励 r 和下一个状态 s'
　　　$(\mathcal{F}_s, \mathcal{F}_r) \leftarrow$ UpdateModel(s, a, r, s')
　　　SEARCH(s')
　　　$a' \leftarrow \pi(s';\overline{Q})$　　# 选择决策动作使其用于下一个状态 s'
　　　$\delta \leftarrow r + Q(s', a') - Q(s, a)$　　# 计算 TD-error
　　　$\theta \leftarrow \theta + \alpha(s, a)\delta z$　　# 更新长期存储空间中网络参数
　　　$z \leftarrow \lambda z + \phi$　　# 更新资格迹
　　　$s \leftarrow s', a \leftarrow a'$
　　end while
　end loop
end function

function SEARCH(s)
　while 时间周期内 **do**
　　$\overline{z} \leftarrow 0$　　# 清除短期存储的资格迹
　　$a \leftarrow \overline{\pi}(s;\overline{Q})$　　# 基于和 $\overline{Q}$ 相关的策略决定决策动作
　　while s 不是终结状态 **do**
　　　$s' \leftarrow \mathcal{F}_s(s, a)$　　# 获得下一个状态
　　　$r \leftarrow \mathcal{F}_r(s, a)$　　# 获得奖励
　　　$a' \leftarrow \overline{\pi}(s';\overline{Q})$
　　　$\overline{\delta} \leftarrow R + \overline{Q}(s', a') - \overline{Q}(s, a)$　　# 计算 TD-error
　　　$\overline{\theta} \leftarrow \overline{\theta} + \overline{\alpha}(s, a)\overline{\delta}\overline{z}$　　# 更新短期存储空间中网络参数
　　　$\overline{z} \leftarrow \overline{\lambda}\overline{z} + \overline{\phi}$　　# 更新短期存储的资格迹
　　　$s \leftarrow s', a \leftarrow a'$
　　end while
　end while
end function

参考文献

BROWNE C B, POWLEY E, WHITEHOUSE D, et al., 2012. A survey of monte carlo tree search methods[J]. IEEE Transactions on Computational Intelligence and AI in games, 4(1): 1-43.

HAFNER D, LILLICRAP T, BA J, et al., 2019. Dream to control: Learning behaviors by latent imagination[J]. arXiv preprint arXiv:1912.01603.

KAISER L, BABAEIZADEH M, MILOS P, et al., 2019. Model-based reinforcement learning for atari[Z].

KALASHNIKOV D, IRPAN A, PASTOR P, et al., 2018. Qt-opt: Scalable deep reinforcement learning for vision-based robotic manipulation[J]. arXiv preprint arXiv:1806.10293.

SILVER D, SUTTON R S, MÜLLER M, 2008. Sample-based learning and search with permanent and transient memories[C]//Proceedings of the 25th international conference on Machine learning. ACM: 968-975.

SILVER D, SUTTON R S, MÜLLER M, 2012. Temporal-difference search in computer go[J]. Machine learning, 87(2): 183-219.

SUTTON R S, 1991. Dyna, an integrated architecture for learning, planning, and reacting[J]. ACM Sigart Bulletin, 2(4): 160-163.

10 分层强化学习

在本章中，我们将介绍分层强化学习。它是一种通过构建并利用认知和决策过程的底层结构来提高学习效果的方法。具体来说，首先我们将介绍了分层强化学习的背景和两个主要类别：选项框架（Options Framework）和封建制强化学习（Feudal Reinforcement Learning）。然后我们将详细介绍这些类别中的一些典型算法，包括战略专注作家（Strategic Attentive Writer）、选项批判者（Option-critic）和封建制网络（Feudal Networks）等。在本章的最后，我们对近年来关于分层强化学习的研究成果进行了总结。

10.1 简介

近年来，深度强化学习在许多领域取得了显著的成功 (Levine et al., 2018; Mnih et al., 2015; Schulman et al., 2015; Silver et al., 2016, 2017)。然而，长期规划对智能体来说仍然是一个挑战，特别是在一些奖励稀疏、大时间跨度的环境，例如 *Dota* (OpenAI, 2018) 和《星际争霸》(Vinyals et al., 2019)。分层强化学习（Hierarchical Reinforcement Learning，HRL）提供了一种方法来寻找这种复杂控制问题中的时空抽象和行为模式 (Bacon et al., 2017; Barto et al., 2003; Dayan, 1993b; Dayan et al., 1993a; Dietterich, 1998, 2000; Hausknecht, 2000; Kaelbling, 1993; Nachum et al., 2018; Parr et al., 1998a; Sutton et al., 1999; Vezhnevets et al., 2016, 2017)。与人类认知的层次结构类似，HRL 具备抽象多层次控制的潜力，其中高层次的长期规划和元学习指导低层次的控制器。层次结构的模块化也提供了可移植性和可解释性，例如，理解地图和达到有利状态的技术通常在像 *grid-world* (Tamar et al., 2016) 或者 *Doom* (Bhatti et al., 2016; Kempka et al., 2016) 这样的游戏中十分有用。

以往对 HRL 的研究大多从 4 个主要方面展开：**选项框架**（Options Framework）(Sutton et al., 1999)、**封建制强化学习**（Feudal Reinforcement Learning，FRL）(Dayan et al., 1993a)、**MAXQ 分解**

（MAXQ Decomposition）(Dietterich, 2000) 和 **层次抽象机**（Hierarchical Abstract Machines，HAMs）(Parr et al., 1998a,b) 在选项框架中，高层策略会在特定的时间步上切换低层策略，以便在时间域上分解问题。在 FRL 智能体中，高层控制器负责为下层控制器提出明确的目标（如某些特定的状态），来实现状态空间的层次分解。MAXQ 分解也提出了一种将子任务的解与 Q 值函数相结合的状态抽象方法。HAMs 则考虑了一个学习过程来减少大型复杂问题中的搜索空间，其学习过程中智能体能执行的动作受限于有限状态机的层次。在本章中，我们将重点介绍在 HRL 中应用深度学习的最新研究成果。具体来说，我们讨论了分别属于选项框架和 FRL 的两种算法，并在本章结尾对深度 HRL 进行了简要的总结。

10.2 选项框架

选项框架 (Hausknecht, 2000; Sutton et al., 1999) 将动作在时间层面扩展。**选项**（Options），也被称为技能 (Da Silva et al., 2012) 或者宏操作 (Hauskrecht et al., 1998; Vezhnevets et al., 2016)，是一种具有终止条件的子策略。它观察环境并输出动作，直到满足终止条件为止。终止条件是一类时序上的隐式分割点，来表示相应的子策略已经完成了自己的工作，且顶层的选项策略（Policy-Over-Action）需要切换至另一个选项。给定一个状态集为 $\mathcal{S}$、动作集为 $\mathcal{A}$ 的 MDP，选项 $\omega \in \Omega$ 被定义为三元组 $(I_\omega, \pi_\omega, \beta_\omega)$，其中 $I_\omega \subseteq \mathcal{S}$ 为一组初始状态集，$\pi_\omega : \mathcal{S} \times \mathcal{A} \to [0, 1]$ 是一个选项内置策略，而 $\beta_\omega : \mathcal{S} \to [0, 1]$ 是一个通过伯努利分布提供随机终止条件的终止函数。一个选项 ω 只有在 $s \in I_\omega$ 时，才能用于状态 s。一个智能体通过其选项策略选择一个选项，并继续保持该策略直到终止条件满足，然后再次查询选项策略并重复该步骤。注意，若选项 ω 被执行，则动作将由相应的策略 π_ω 进行选择，直到选项根据 β_ω 被随机终止。比如说，一个名为“开门”的选项可能包含一个用于靠近、抓取和转动门把手的策略，以及一个确定门被打开概率的终止条件。

尤其特别的是，一个选项框架由两层结构组成：底层的每个元素是一个选项，而顶层则是一个选项策略，用来在片段开始或上个选项终结时候选择一个选项。选项策略从环境给出的奖励信息学习，而选项可通过明确的子目标来学习。例如，在表格情况下，每个状态可以被看作子目标的候选 (Schaul et al., 2015; Wiering et al., 1997)。一旦给出了选项，则顶层可以将其作为动作，通过标准技术来进行学习。

在选项框架中，顶层模块学习的是一个选项策略，而底层模块学习能完成各个选项目标的策略。这可以看成马尔可夫过程在时间层（几个时间步）上的分解。**半马尔可夫决策过程**（Semi-Markov Decision Process，SMDP）为动作间持续时间具备不确定性的选项框架提供了一个理论观点 (Sutton et al., 1999)，如图 10.1 所示。SMDP 是一个具备额外元素 $\mathcal{F}$: $(\mathcal{S}, \mathcal{A}, \mathcal{P}, \mathcal{R}, \mathcal{F})$ 的标准 MDP。其中 $\mathcal{F}(t|s, a)$ 给出在状态 s 下执行动作 a 时，转移时间为 t 的概率。不严谨地说，选项框架中的顶层控制可以被看成一个 SMDP 上的策略。对于多级选项的情况，更高层的选项可以看成低层选项在时间上进一步扩展的 SMDP (Riemer et al., 2018)。

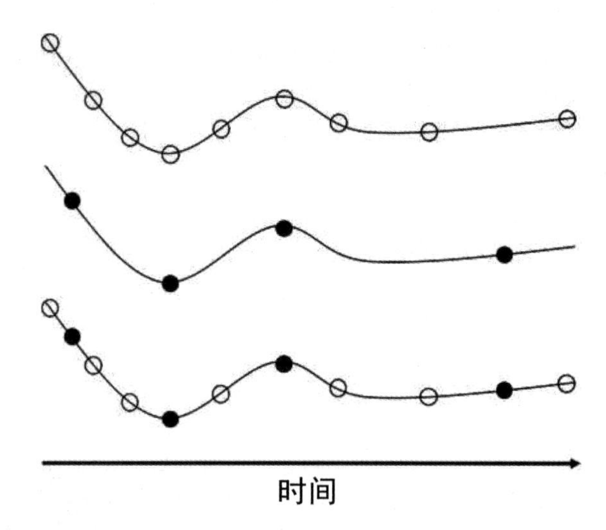

图 10.1　在 SMDP 视角下的选项，改编自文献 (Sutton et al., 1999). 顶部：一个马尔可夫决策过程（MDP）的状态轨迹。中部：一个半马尔可夫决策过程（SMDP）的状态轨迹。底部：一个两层结构上 MDP 的状态轨迹。实心圆表示 SMDP 的决策，而空心圆则是相应选项包含的原始动作

研究表明，人工定义的选项通过和深度学习的结合，即使在像《我的世界》和雅达利游戏这样很有挑战性的环境中，也可以取得显著的效果 (Kulkarni et al., 2016; Tessler et al., 2017)。然而，初始集和终结条件是选项框架的一个制约因素。例如，一个人工定义的策略 π_ω 是让移动机器人插上它的充电器，而它很有可能是只为充电器在视野范围内的状态而定制的。终结条件表明当机器人成功插上充电器或者状态在 I_ω 之外时，终结的概率为 1。因此，如何自动地发掘选项也曾是 HRL 的一个研究主题。我们将介绍两种算法，它们将选项发掘表示为优化问题，并用函数逼近的方式解决这类问题。第一个是一种深度递归神经网络，被称为战略专注作家（Strategic Attentive Writer，STRAW），它通过开环选项内置策略[1]（Open-Loop Intra-Option Policies）学习选项。第二个则是考虑闭环选项内置策略[2]（Close-Loop Intra-Option Policies）的选项-批判者（Option-Critic）结构。

10.2.1　战略专注作家

战略专注作家 (Vezhnevets et al., 2016) 是一种新奇的深度递归神经网络结构。它对常见的动作序列（宏动作）进行时域抽象，并通过这些动作进行端到端的学习。值得注意的是，宏动作是一个在神经网络中隐式表示的特定选项。其动作序列（或者在此之上的分布）是在宏动作被初始化的时候决定的。STRAW 分别包含短期动作分布和长期计划这两个模块。

第一个模块将环境的观测数据转化为一个**动作-计划**（Action-Plan），它是一个显式（Explicit）

[1]开环意即不将控制的结果反馈，进而影响当前控制的系统。

[2]闭环意即将控制的结果进行完全反馈，进而影响当前控制的系统。

的随机变量，用于表示接下来一段时间内计划执行的动作。当时间步为 t 时，动作-计划表示为矩阵 $\boldsymbol{A} \in \mathbb{R}^{|\mathcal{A}| \times T}$，其中 T 是计划的最大时间跨度，而在 $\boldsymbol{A}$ 中的第 τ 列对应动作在时间步 $t+\tau$ 的分对数。

第二个模块通过单行矩阵 $\boldsymbol{c}^t \in \mathbb{R}^{1 \times T}$ 维护**承诺-计划**（Commitment-Plan），即一个决定在哪一步网络结束一个宏动作并更新动作-计划的状态变量。在时间步为 t 时，$\boldsymbol{c}^{t-1}$ 的第一个元素提供了终止条件的伯努利分布的参数。在落实计划的期间，行动-计划 $\boldsymbol{A}^t$ 和承诺-计划 $\boldsymbol{c}^t$ 都被一个时间移位运算符 ρ 直接滑动至下一步，其中 ρ 通过移除矩阵的第一列并在末尾添 0 的形式来移动矩阵。

图 10.2 显示了一个包含动作-计划和承诺-计划的 STRAW 工作流示例。为了更新这两类计划，STRAW 在时间维度上使用了专注写作技术 (Gregor et al., 2015)，它使网络能够聚焦在当前部分。该技术将一个高斯滤波器矩阵沿着时间维度应用于计划。更准确地说，对于时间大小 K，一个 $|\mathcal{A}| \times K$ 一维高斯滤波器的网格通过指定网格中心的坐标和相邻过滤器之间的步幅来在计划中定位。注意，这里的步幅（Stride）和 CNN 中的相同术语相似。让 ψ^A 作为动作-计划的注意力参数，即高斯滤波器的网格位置、步幅和标准差。STRAW 将注意力操作定义如下：

$$\boldsymbol{D} = \text{write}(\boldsymbol{p}, \psi_t^A); \boldsymbol{\beta}_t = \text{read}(\boldsymbol{A}^t, \psi_t^A), \tag{10.1}$$

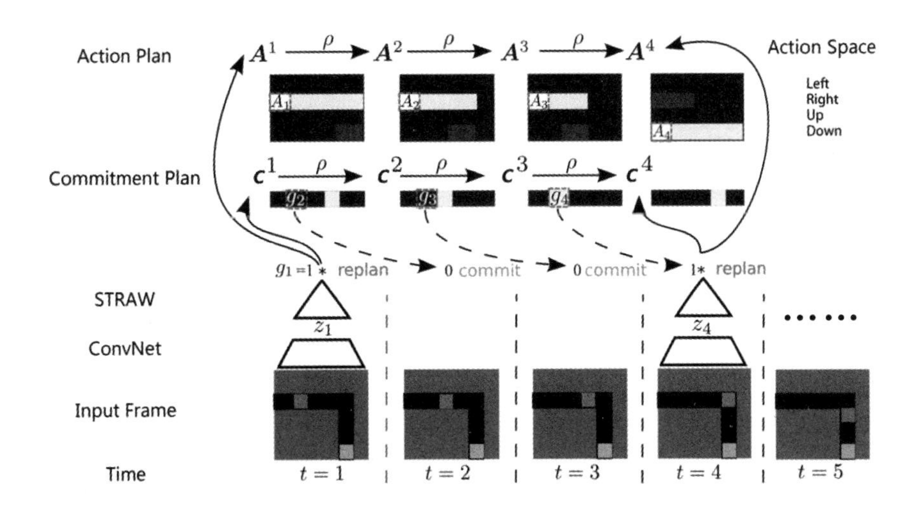

图 10.2 STRAW 在一个迷宫导航游戏中的工作流程，改编自文献 (Vezhnevets et al., 2016)。观测数据是原始像素，其中像素的颜色可以是蓝色、黑色、红色和绿色，分别代表墙、走廊、智能体和最终目的地。动作空间为上、下、左、右四个方向的移动。当 $t=1$ 时，帧的特征被一个卷积神经网络提取后输入进 STRAW。STRAW 立刻产生两个计划。在紧接着的 2 个时间步中，这两个计划被 ρ 滑动。之后，智能体来到角落并由承诺-计划 $\boldsymbol{c}^t$ 给出一个重新计划的信号（见彩插）

其中，$\boldsymbol{p} \in \mathbb{R}^{A\times K}$ 是一个时间窗口为 K 的计划补丁。write 操作生成了一个与 $\boldsymbol{A}^t$ 相同大小的平滑计划 $\boldsymbol{D}$，而 read 操作生成了一个读取补丁 $\boldsymbol{\beta}_t \in \mathbb{R}^{A\times K}$。此外，将 z_t 作为在时间步 t 下的观测数据的特征表示，并将相似的注意力技术应用于承诺-计划，计划的更新算法如算法 10.34 所示。其中 f^ψ、f^A 和 f^c 都是线性函数，h 是一个多层感知器，$\boldsymbol{b} \in \mathbb{R}^{1\times T}$ 是一个具有相同标量参数 b 的偏差，而 e 是 固定为 40 的标量 (Vezhnevets et al., 2016)，以便经常重新做计划。

算法 10.34 STRAW 中的计划更新

if $g_t = 1$ **then**
  计算动作-计划的注意力参数 $\psi_t^A = f^\psi(z_t)$
  应用专注阅读：$\boldsymbol{\beta}_t = \text{read}(\boldsymbol{A}^{t-1}, \psi_t^A)$
  计算中间表示 $\epsilon_t = h(\text{concat}(\beta_t, z_t))$
  计算承诺-计划的注意力参数 $\psi_t^c = f^c(\text{concat}(\psi_t^A, \epsilon_t))$
  更新 $\boldsymbol{A}^t = \rho(\boldsymbol{A}^{t-1}) + \text{write}(f^A(\epsilon_t), \psi_t^A)$
  更新 $\boldsymbol{c}_t = \text{Sigmoid}(\boldsymbol{b} + \text{write}(e, \psi_t^c))$
else
  更新 $\boldsymbol{A}^t = \rho(\boldsymbol{A}^{t-1})$
  更新 $\boldsymbol{c}_t = \rho(\boldsymbol{c}_{t-1})$
end if

对于进一步的结构化搜索，STRAW 在对角高斯分布上使用了重参数技术 $Q(z_t|\zeta_t) = \mathcal{N}(\mu(\zeta_t), \sigma(\zeta_t))$，其中 ζ_t 是特征提取器的输出。STRAW 的训练 loss 被定义如下：

$$\mathcal{L} = \sum_{t=1}^{\mathrm{T}} (L(\boldsymbol{A}^t) + \alpha g_t \mathrm{KL}(Q(z_t|\zeta_t)|P(z_t)) + \lambda \boldsymbol{c}_1^t), \tag{10.2}$$

其中，L 是一个领域特定损失函数（例如回报的负对数似然），$P(z_t)$ 是一个先决条件，而最后一项惩罚了重新计划并鼓励承诺。

要特别注意的是，STRAW 是一个网络结构。对于强化学习的任务，可以使用一系列的强化学习算法。文献 (Vezhnevets et al., 2016) 展示了在《2D 迷宫》和雅达利游戏上使用 A3C (Mnih et al., 2016) 算法的效果。《2D 迷宫》是由许多格子组成的一个 2D 网格世界，其中每个格子只可能是墙壁或者通道，而其中，某个通道会随机选择为目的地。智能体将完全观测到迷宫的状态，并需要通过结构化探索来到达目标。在本任务中，文献 (Vezhnevets et al., 2016) 展示了 STRAW 在策略上的表现优于 LSTM，并且很接近由 Dijkstra 算法给出的最优策略。在雅达利游戏领域中，文献 (Vezhnevets et al., 2016) 选出了 8 个需要一些规划和探索的游戏，其中 STRAW 及其变体在 8 个游戏中的 6 个里，比 LSTM 和简单前馈网络在游戏中获得了更高的分数。

10.2.2 选项-批判者结构

选项-批判者结构（Option-Critic Architecture）(Bacon et al., 2017) 将策略梯度定理扩展至选项，它提供一种端到端的对选项和选项策略的联合学习。它直接优化了折扣化回报。我们先考虑将选项-价值函数定义如下：

$$Q_\Omega(s,\omega)=\sum_a \pi_\omega(a|s)Q_U(s,\omega,a), \tag{10.3}$$

其中 $Q_U:\mathcal{S}\times\Omega\times\mathcal{A}\to\mathbb{R}$ 是在确定状态-选项对 (s,ω) 后执行某个动作的价值：

$$Q_U(s,\omega,a)=R(s,a)+\gamma\sum_{s'}p(s'|s,a)U(\omega,s'), \tag{10.4}$$

其中 $U:\Omega\times\mathcal{S}\to\mathbb{R}$ 是进入一个状态 s' 时，执行 ω 的价值：

$$U(\omega,s')=(1-\beta_\omega(s'))Q_\Omega(s',\omega)+\beta_\omega(s')V_\Omega(s'), \tag{10.5}$$

其中 $V_\Omega:\mathcal{S}\to\mathbb{R}$ 是选项的最优价值函数：

$$V_\Omega(s')=\max_{\omega\in\Omega}\mathbb{E}_\omega[\sum_{n=0}^{k-1}\gamma^n R_{t+n}+\gamma^k V_\Omega(S_{t+k})|S_t=s'], \tag{10.6}$$

其中 k 是 ω 在状态 s' 中的预计持续时间。因此，我们可以定义 $A_\Omega:\mathcal{S}\times\Omega\to\mathbb{R}$ 为选项的优势函数：

$$A_\Omega(s,\omega)=Q_\Omega(s,\omega)-V_\Omega(s). \tag{10.7}$$

如果选项 ω_t 曾被初始化或者已经在状态 S_t 中执行了 t 个时间步，通过将状态-选项对视为马尔可夫链中的常规状态，那么在一步中状态转移至 (S_{t+1},ω_{t+1}) 的概率为

$$\sum_a \pi_{\omega_t}(a|S_t)p(S_{t+1}|S_t,a)[(1-\beta_{\omega_t}(S_{t+1}))\mathbf{1}_{\omega_t=\omega_{t+1}}+\beta_{\omega_t}(S_{t+1})\pi_\Omega(\omega_{t+1}|S_{t+1})]. \tag{10.8}$$

通过假设所有选项在任何地方都可用，上述转移是一个在状态-选项对的唯一稳态。

用于学习选项的随机梯度下降算法的结构如图 10.3 所示，其中梯度由定理 10.1 和定理 10.2 给出。然而，文献 (Bacon et al., 2017) 提出了通过一种基于两种时间尺度结构来学习价值，在更新选项内置策略使用更快的时间尺度，而更新终止函数时使用比例更小的时限 (Konda et al., 2000)。我们可以从行动者-批判者结构中看出，选项内置策略、终止函数和选项策略都属于行动者的部

分，而批判者则包括 Q_U 和 A_Ω。

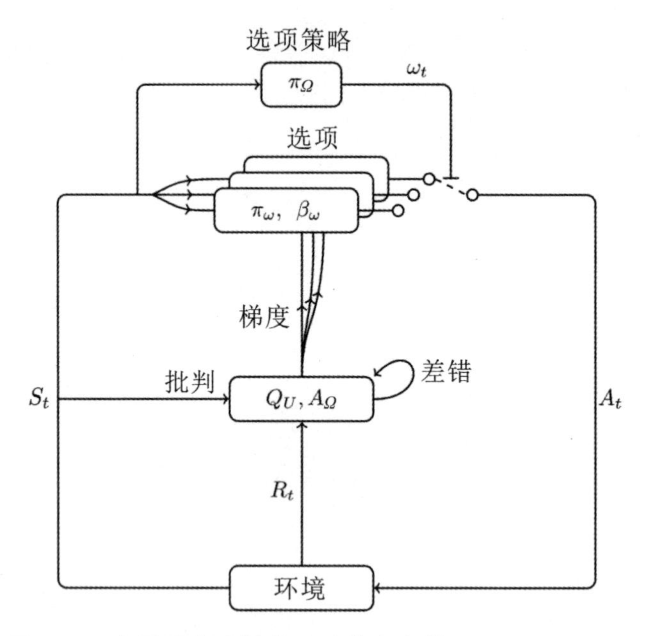

图 10.3　选项-评判家结构，改编自文献 (Bacon et al., 2017)

定理 10.1 选项内置策略梯度理论（Intra-Option Policy Gradient Theorem）(Bacon et al., 2017) 给定一组马尔可夫选项，随机选项内置策略对它们的参数 θ 可微。折扣化回报期望关于 θ 和初始条件 $(\hat{s},\hat{\omega})$ 的梯度为

$$\sum_{s,\omega}\mu_\Omega(s,\omega|\hat{s},\hat{\omega})\sum_a\frac{\partial\pi_{\omega,\theta}(a|s)}{\partial\theta}Q_U(s,\omega,a), \tag{10.9}$$

其中 $\mu_\Omega(s,\omega|\hat{s},\hat{\omega})=\sum_{t=0}^{\infty}\gamma^t p(S_t=s,\omega_t=\omega|S_0=\hat{s},\omega_0=\hat{\omega})$ 是一个沿着从 $(\hat{s},\hat{\omega})$ 开始的轨迹的状态-选项对的折扣化权重。

定理 10.2 终止梯度定理（Termination Gradient Theorem）(Bacon et al., 2017) 给定一组马尔可夫选项，选项的随机终止函数对其参数 φ 可微。折扣化回报目标期望对于 φ 和初始条件 $(\hat{s},\hat{\omega})$ 的梯度为

$$-\sum_{s',\omega}\mu_\Omega(s',\omega|\hat{s},\hat{\omega})\frac{\partial\beta_{\omega,\varphi}(s')}{\partial\varphi}A_\Omega(s',\omega), \tag{10.10}$$

其中 $\mu_\Omega(s,\omega|\hat{s},\hat{\omega})=\sum_{t=0}^{\infty}\gamma^t p(S_t=s,\omega_t=\omega|S_0=\hat{s},\omega_0=\hat{\omega})$ 是一个沿着从 $(\hat{s},\hat{\omega})$ 开始的轨迹的状态-选项对的折扣化权重。

文献 (Bacon et al., 2017) 提供了离散和连续环境下的实验。在离散环境中，文献 (Bacon et al., 2017) 在雅达利学习环境（Arcade Learning Environment，ALE）(Bellemare et al., 2013) 中训练了 4 个雅达利游戏，这些训练与文献 (Mnih et al., 2015) 采取了相同的设置。结果表明，选项-批判者能够在这全部 4 个游戏中学到结构选项。在连续环境中，文献 (Bacon et al., 2017) 选择了 Pinball 游戏 (Konidaris et al., 2009)，游戏中智能体控制一个小球在随机形状的多边形 2D 迷宫中进行移动，其目的地也随机生成。通过选项-批判者学习到的轨迹表明，智能体可以实现时域抽象。

10.3 封建制强化学习

封建制强化学习（Feudal Reinforcement Learning，FRL）(Dayan et al., 1993a) 提出了一种封建制等级结构。其中，管理者有着为他们工作的下级管理者和他们自己的上级管理者。它反映了封建等级制度，其中每层的各个管理者可以为他们的下级设置任务、奖励和惩罚。有两个保证封建制规则的关键原则需要被重视：**奖励隐藏**（Reward Hiding）和 **信息隐藏**（Information Hiding）。奖励隐藏指的是，无论某管理者做出的指令是否能使其上级满意，该管理者的下级都必须服从。而信息隐藏是指管理者的下级不知道该管理者被派予的任务，而管理者的上级也不知道该管理者给其下级安排了什么任务。顶层的封建智能体并非像选项框架那样学习一个选项的时间分解，而是通过为底层策略制定明确目标来分解状态空间的问题。这样的结构允许强化学习扩展到管理层之间具有明确分工到大型领域中。

在这种解耦学习的启发下，文献 (Vezhnevets et al., 2017) 引入了一种新的神经网络结构，称为**封建制网络**（Feudal Networks，FuNs）。它可以自动发现子目标，并且具备奖励隐藏和信息隐藏的软条件。它跨越多层解耦了端到端学习，这使得它可以处理不同的时间分辨率。此外，**使用离线策略修正的分层强化学习**（Hierarchical Reinforcement Learning with Off-policy Correction，HIRO）可进一步提高了离线策略经验的样本效率 (Nachum et al., 2018)。实验显示，HIRO 取得了显著的进展，并且能解决非常复杂的结合运动和基本物体交互的问题。

10.3.1 封建制网络

封建制网络（Feudal Networks，FuNs）是一个完全可微模块化的 FRL 神经网络，它有两个模块：管理者和工作者。管理者在一个潜在状态空间中更低的时间分辨率上设定目标，而工作者则学习如何通过内在奖励达到目标。图 10.4 展示了 FuN 的结构，其中前向过程可以描述成以下等式：

$$\boldsymbol{z}_t = f^{\text{Percept}}(S_t) \tag{10.11}$$

$$\boldsymbol{m}_t = f^{\text{Mspace}}(\boldsymbol{z}_t) \tag{10.12}$$

$$h_t^{\text{M}}, \hat{\boldsymbol{g}}_t = f^{\text{Mrnn}}(\boldsymbol{m}_t, \boldsymbol{h}_{t-1}^M); \boldsymbol{g}_t = \hat{\boldsymbol{g}}_t / \|\hat{\boldsymbol{g}}_t\|; \tag{10.13}$$

$$\boldsymbol{w}_r = \phi\left(\sum_{i=t-c}^{t} \boldsymbol{g}_i\right) \tag{10.14}$$

$$h^{\mathrm{W}}, \boldsymbol{U}_t = f^{\mathrm{Wrnn}}(\boldsymbol{z}_t, h_{t-1}^{W}) \tag{10.15}$$

$$\boldsymbol{\pi}_t = \mathrm{SoftMax}(\boldsymbol{U}_t \boldsymbol{w}_t) \tag{10.16}$$

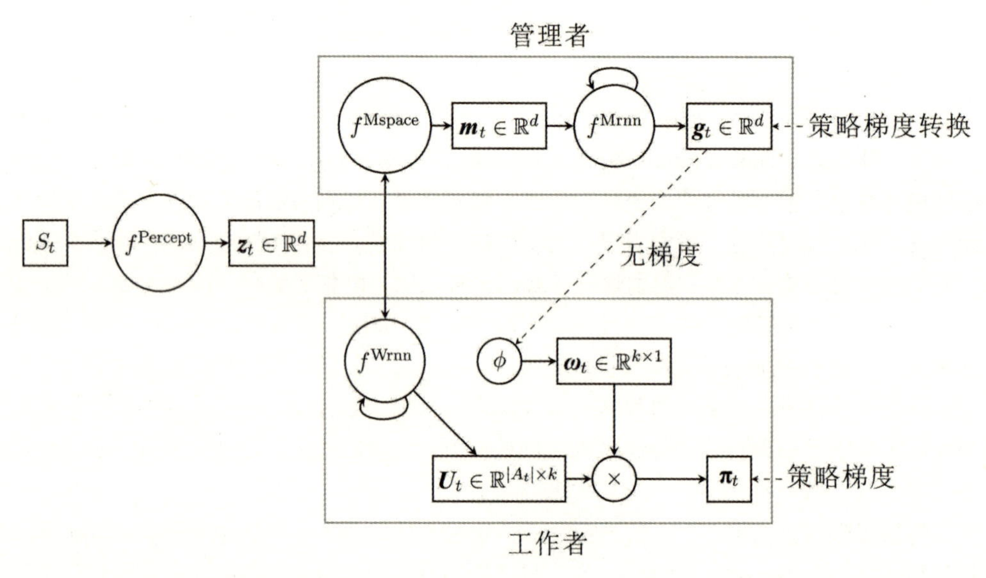

图 10.4　FuN 的结构，改编自文献 (Vezhnevets et al., 2017)。在文献 (Vezhnevets et al., 2017) 中，超参数 k 和 d 被定为 $k = 16 \ll d = 256$

其中 $\boldsymbol{z}_t$ 是 S_t 的表示，f^{Mspace} 向管理者提供状态 $\boldsymbol{m}_t$，而 $\boldsymbol{g}_t$ 表示管理者输出的目标。在 FRL 中需要注意以下两个原则：管理者和工作者之间没有梯度传播；但接收观测数据的感知机模块 f^{Percept} 共享。管理者的 f^{Mrnn} 和工作者的 f^{Wrnn} 都是循环模块，f^{Mspace} 是全连接的。h^{M} 和 h^{W} 分别对应管理者和工作者各自的内部状态。ϕ 是一个无偏线性变换，将目标 $\boldsymbol{g}_t$ 映射成一个嵌入向量 $\boldsymbol{w}_t$。$\boldsymbol{U}_t$ 表示动作的嵌入矩阵，它通过矩阵与 $\boldsymbol{w}_t$ 的积输出工作者动作策略的分对数。

考虑到标准强化学习的设置是最大化折扣化回报 $G_t = \sum_{k=0}^{\infty} \gamma^k R_{t+k}$。一个自然而然的学习整个结构的方法就是通过策略梯度算法进行端到端训练，因为 FuNs 全部可微。然而这样会导致梯度会被工作者通过任务目标传播给管理者，这可能导致目标会变成一个内部潜在变量，而不是分层标志。因此，FuN 分别训练管理者和工作者。对于管理者，更新规则遵循预测优势方向：

$$\nabla \boldsymbol{g}_t = (G_t - V_t^{\mathrm{M}}(S_t, \theta))\nabla_\theta d_{\cos}(\boldsymbol{m}_{t+c} - \boldsymbol{m}_t, g_t(\theta)) \tag{10.17}$$

其中，V_t^{M} 是管理者的值函数，而 $d_{\cos}(\boldsymbol{\alpha},\boldsymbol{\beta})=\boldsymbol{\alpha}^{\mathrm{T}}\boldsymbol{\beta}/(|\boldsymbol{\alpha}||\boldsymbol{\beta}|)$ 是余弦相似度。另一方面，工作者可以通过任意现成的深度强化学习方式训练，其内在奖励定义如下：

$$R_t^{\mathrm{I}}=\frac{1}{c}\sum_{i=1}^{c}d_{\cos}(\boldsymbol{m}_t-\boldsymbol{m}_{t-i},\boldsymbol{g}_{t-i}) \tag{10.18}$$

其中，状态空间中的方向偏移为目标提供了结构不变性。在实践中，FuN 通过使用 $R_t+\alpha R_t^{\mathrm{I}}$ 训练工作者，软化了原始 FRL 中的奖励隐藏条件，其中 α 是一个正则化内在奖励影响的超参数。

文献 (Vezhnevets et al., 2017) 也提供了一个关于管理者训练规则的理论分析。考虑到有高层跨策略的策略 $o(S_t,\theta)$，它在固定时长 c 下，在几个子策略中进行选择。对每个子策略来说，转移分布 $p(S_{t+c}|S_t,o)$ 可以被看作一个转移策略 $\pi^{\mathrm{T}}(S_{t+c}|S_t,\theta)$。和选项框架的 SMDP 视角类似，我们可以在高层 MDP 对 $\pi^{\mathrm{T}}(S_{t+c}|S_t,\theta)$ 应用策略梯度理论。

$$\nabla_\theta\pi^{\mathrm{T}}(S_{t+c}|S_t,\theta)=\mathbb{E}[(G_t-V_t^{\mathrm{M}}(S_t,\theta))\nabla_\theta\log p(S_{t+c}|S_t,o)] \tag{10.19}$$

这也被称为**转移策略梯度**（Transition Policy Gradients）。假设方向 $S_{t+c}-S_t$ 遵循 Mises-Fisher 分布，我们可以得到 $\log p(S_{t+c}|S_t,o)\propto d_{\cos}(S_{t+c}-S_t,\boldsymbol{g}_t)$。

此外，文献 (Vezhnevets et al., 2017) 提出了用于管理者的 Dilated LSTM，与空洞卷积一样，可以在分辨率无损的情况下获取更大的感受野。Dilated LSTM 维持了几个内部 LSTM 单元的状态。在任意时间步中，只有一个单元状态被更新，而输出的是最近 c 个被更新的状态进行池化后的结果。

需要注意的是，与 STRAW 相类似，FuN 也是一个用于 HRL 的神经网络结构。文献 (Vezhnevets et al., 2017) 选择了 A3C 作为强化学习算法，并设计了一系列的实验来显示 FuN 相对于 LSTM 的有效性。首先，它展示了对 FuN 应用在 *Montezuma's Revenge* 游戏的分析。*Montezuma's Revenge* 是一个雅达利游戏，它在强化学习领域是个难题。它需要通过许多技巧来控制角色躲开致命的陷阱，并且从稀疏奖励中进行学习。实验结果显示，FuN 在采样效率上有着显著的提高。此外，它在另外 10 款雅达利游戏中也有效果提升，其中 FuN 的分数明显高于选项-批判者结构。同样，文献 (Vezhnevets et al., 2017) 使用了 4 个不同等级的 DeepMind 实验室 3D 游戏平台 (Beattie et al., 2016) 来验证 FuN。它证明 FuN 学习了更加有意义的子策略，之后将这些子策略在内存中高效地结合起来能产生更有价值的行为。

10.3.2 离线策略修正

HRL 方法提出训练多层策略来对时间和行为进行抽象。在前几节中，我们讨论了 STRAW 和 FuN 使用神经网络结构来学习一个分层策略，而选项-批判者结构则端到端地同时学习内部策略和选项的终止条件。HRL 还存在许多问题，例如通用性、可迁移性和采样效率等。在本节中，我们将介绍离线策略修正分层强化学习（Hierarchical Reinforcement Learning with Off-policy Correction，HIRO）(Nachum et al., 2018)。它为训练 HRL 智能体提供了一种普遍适用且数据效率很高的方法。

一般来说，HIRO 考虑了高层控制器通过自动提出一些目标来监督低层控制器的方案。更准确地说，在每个时间步 t 中，HIRO 通过一个目标 g_t 来驱动智能体。给定一个用户指定的参数 c，若 t 是 c 的倍数，则目标 g_t 由高层策略 μ^h 产生，否则 g_t 由目标转移函数 h: $g_t = h(S_{t-1}, g_{t-1}, S_t)$ 通过之前的目标 g_{t-1} 提供。和 FuN 类似，目标是指包含所需位置和方向信息在内的高层决策。实验发现，与在嵌入空间中表示目标不同，HIRO 直接使用原始观测数据更为有效。需要注意的是，我们可以根据特定任务的领域知识设计内在奖励和目标转移函数。具体来说，在最简单的情况下，内在奖励被定义如下：

$$R_t^{\mathrm{I}} = -\|S_t + g_t - S_{t+1}\|_2, \tag{10.20}$$

目标转移函数被定义为

$$h(S_{t-1}, g_{t-1}, S_t) = S_{t-1} + g_{t-1} - S_t \tag{10.21}$$

来维持目标方向。

为了提高数据效率，HIRO 将离线策略技术扩展到高层和低层训练。HIRO 让低层策略 μ^l 存储经验 $(S_t, g_t, A_t, R_t^{\mathrm{I}}, S_{t+1}, h(S_t, g_t, S_{t+1}))$，并将 g_t 视为模型的额外输入，以支持任意离线算法训练这些策略。对于高层策略，转移元组 $(S_{t:t+c}, g_{t:t+c}, A_{t:t+c}, R_{t:t+c}, S_{t+c})$（':' 在 Python 中表示切片操作。这里的切片不包括最后的元素）也可以通过任意的离线策略算法进行训练，这里只需将 g_t 视为一个动作并累加 $R_{t:t+c}$ 作为奖励。然而过去的低层控制器观测的转移数据并不能反映动作。为了解决这个问题，HIRO 提出使用重标记（Re-label）技术来纠正高层转移数据。旧的转移数据 $(S_t, g_t, \sum R_{t:t+c}, S_{t+c})$ 将被重新标记一个不同的目标 $\hat{g}_t$ 使得 $\hat{g}_t$ 能最大化 $\mu^l(A_{t:t+c}|S_{t:t+c}, \hat{g}_{t:t+c})$ 概率，其中 $\hat{g}_{t+1:t+c}$ 通过目标转移函数 h 计算。对于随机行为策略，其对数概率 $\log \mu^l(A_{t:t+c}|S_{t:t+c}, \hat{g}_{t:t+c})$ 可以通如下方式计算：

$$\log \mu^l(A_{t:t+c}|S_{t:t+c}, \hat{g}_{t:t+c}) \propto -\frac{1}{2} \sum_{i=t}^{t+c-1} \|A_t - \mu^l(S_i, \hat{g}_i)\|_2^2 + \text{const.} \tag{10.22}$$

在实践中，HIRO 从一个包括原始目标的目标候选集中选择能最大化对数概率的目标。该目标对应 $S_{t+c} - S_t$ 的差，并来自一个对角高斯分布的采样。分布中每个平均项随机对应向量 $S_{t+c} - S_t$ 中的元素，其中减号表示一个元素运算符。

HIRO 的结构如图 10.5 所示。Nachum 等人 (Nachum et al., 2018) 在文献 (Duan et al., 2016) 中通过 4 个挑战性的任务验证了 HIRO。实验表明，离线策略修正具有显著的优势，并且对低层控制器的重标记可以对初始训练进行加速。

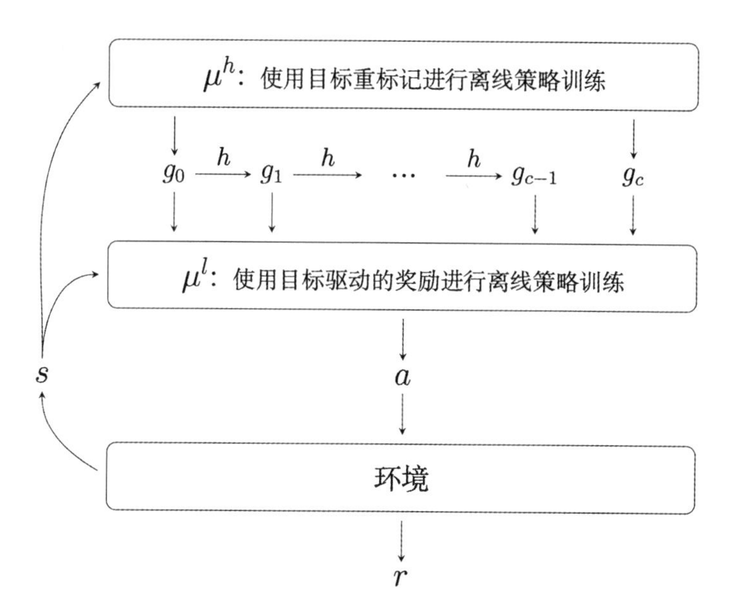

图 10.5 HIRO 的结构，改编自文献 (Nachum et al., 2018)。低层策略接收高层目标，并直接与环境交互。其中目标是由高层策略或者目标转移函数产生的

10.4 其他工作

在本节中，我们对近年来 HRL 方面的工作进行了简要的总结。图 10.6 显示了两个视角。先从低层策略奖励信号这个视角看，通常有两种观点，第一种观点是提出直接用端到端的通过环境学习低层策略，例如前文介绍的 STRAW (Vezhnevets et al., 2016) 和选项-批判者结构 (Bacon et al., 2017)。第二种观点认为通过辅助奖励进行学习可以获得更好的分层效果，例如前文提到过的 FuN (Vezhnevets et al., 2017) 和 HIRO (Nachum et al., 2018)。

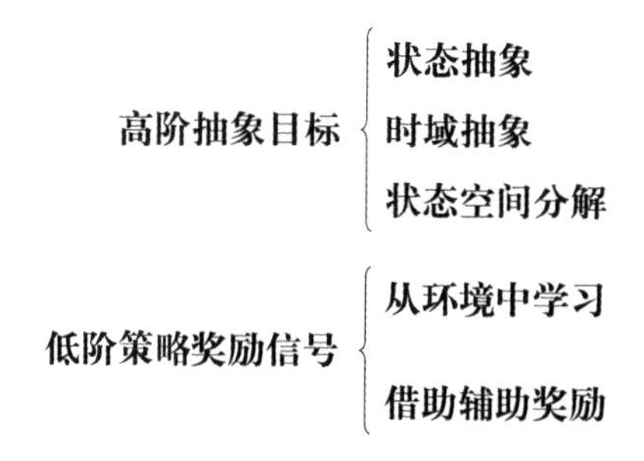

图 10.6 HRL 算法的两个视角

一般来说，第一种观点可以从端到端学习中获得更为有效的效果。这个分支下的主要工作聚焦在选项上。对于选项的发现方法，STRAW (Vezhnevets et al., 2016) 和选项-评判者结构 (Bacon et al., 2017) 都可以被视为自上而下的方法，这种方法先通过探索获得一些奖励信号，随后对动作进行拆解，从而组成选项。与之不同的是，文献 (Machado et al., 2017) 介绍了一种自下而上的方法，该方法使用了在一个 Laplacian 图框架下的原始值函数（Proto-Value Functions，PVFs）来对环境进行表示学习，为任务无关的选项提供了理论基础。文献 (Riemer et al., 2018) 扩展了选项-批判者结构，并得出了一个深度分层选项的策略梯度定理。实验结果表明，分层选项-批判者在离散和连续的环境中都十分有效。文献 (Harutyunyan et al., 2018) 仿照离线策略学习中的做法，将终止条件解耦为行为终止和目标终止。该方法在文中的实验里表现出了更快的收敛速度。文献 (Sharma et al., 2017) 受到 SMDP 视角下的选项的启发，提出了细粒度动作重复（Fine Grained Action Repetition，FiGAR）。它能通过学习来预测选择出的动作要被重复执行的时间步数。

此外，另外一种直观的方法是将元学习与这种端到端的方法结合起来形成一个层次结构。文献 (Frans et al., 2017) 开发了一个能提升未知任务采样效率的元学习算法，该算法共享了分层结构中的基础策略，并在 3D 仿人机器人上取得了显著的成果。然而，由于对最终任务具有唯一依赖性，如何将该方法扩展到复杂领域仍然是一个问题 (Bacon et al., 2017; Frans et al., 2017; Nachum et al., 2018)。

第二种观点是使用辅助奖励。FuN (Vezhnevets et al., 2017) 和 HIRO (Nachum et al., 2018) 都为低层策略建立了目标导向的内在奖励。有许多其他的工作聚焦于能在一系列领域上有效的目标导向奖励。通用价值函数逼近器（Universal Value Function Approximators, UVFAs）(Schaul et al., 2015) 在目标上泛化价值函数。文献 (Levy et al., 2018) 进一步引入了后见之明目标转移，扩展了后见之明经验回放（Hindsight Experience Replay，HER）(Andrychowicz et al., 2017) 的思想，并取得了显著的稳定性。文献 (Kulkarni et al., 2016) 介绍了 h-DQN 算法，它学习不同时间尺度下的分层动作价值函数。其中顶层的动作价值函数学习选项策略，低层的动作价值函数学习如何达到给定的子目标。

另外也可以利用领域知识来构建手工辅助奖励。文献 (Heess et al., 2016) 介绍了一个用于移动任务的结构，它会先在相关简单任务上进行预训练。文献 (Tessler et al., 2017) 提出了应用在《我的世界》游戏领域的终生学习系统。它会有选择地将学到的技能转移到新任务上。文献 (Florensa et al., 2017) 引入了随机神经网络结构，它通过预训练的技能来学习高层策略，需要最少的下游任务领域知识，并可以很好利用学到的技能的可迁移性。然而，无论是目标导向奖励和手工奖励都很难简单地将任务扩展到其他领域，比如像素级观测的领域。

我们也可以从抽象目标的视角来理解 HRL 算法。选项框架通常学习时域抽象，而 FuN 则考虑状态抽象。HIRO 可以被认为既考虑了状态抽象又考虑了时域抽象。其目标提供了状态方向和目标转移函数模型的时间信息。对于时域抽象，与选项框架相比，文献 (Haarnoja et al., 2018) 使用了图模型来实现另一个分层思想。在该分层中，若当前任务没有完全成功，则每一层解决自己当前的任务。这会使上层的工作更为简单。在状态抽象和时域抽象之外，文献 (Mnih et al., 2014) 提供了一个利用注意力机制对状态空间进行分解的方法。更准确地说，这项工作在选择动作前，在状态空间增加了一个视觉注意力机制。此处的注意力完成了在状态空间上的高层规划 (Sahni et al., 2017; Schulman, 2016)。对于选择抽象对象，其核心是回答高层策略如何指导低层策略的问题。对于有足够先验知识的领域，通过元学习进行技能组合学习的方式可以取得更好的效果。对于长期规划，顶层的时域抽象是十分必要的。

我们可以看出，HRL 仍然是强化学习的一个高级课题，还有许多问题需要解决。回想起 HRL 的动机是通过分层抽象来提高采样效率和通过重用学到的技巧来处理大时间跨度的问题。实验结果表明，分层架构带来了一些效果提升，但并没有足够的证据表明，它是确实实现了分层抽象，或者只是进行了更有效的探索 (Nachum et al., 2018)。未来，在概率规划、相关理论研究，以及在其他强化学习领域进行分层等方向上，可能会带来新的突破。

参考文献

ANDRYCHOWICZ M, WOLSKI F, RAY A, et al., 2017. Hindsight experience replay[C]//Advances in Neural Information Processing Systems. 5048-5058.

BACON P L, HARB J, PRECUP D, 2017. The option-critic architecture[C]//Thirty-First AAAI Conference on Artificial Intelligence.

BARTO A G, MAHADEVAN S, 2003. Recent advances in hierarchical reinforcement learning[J]. Discrete event dynamic systems, 13(1-2): 41-77.

BEATTIE C, LEIBO J Z, TEPLYASHIN D, et al., 2016. DeepMind Lab[J]. arXiv:1612.03801.

BELLEMARE M G, NADDAF Y, VENESS J, et al., 2013. The Arcade Learning Environment: An evaluation platform for general agents[J]. Journal of Artificial Intelligence Research, 47: 253-279.

BHATTI S, DESMAISON A, MIKSIK O, et al., 2016. Playing Doom with slam-augmented deep reinforcement learning[J]. arXiv preprint arXiv:1612.00380.

DA SILVA B, KONIDARIS G, BARTO A, 2012. Learning parameterized skills[J]. arXiv preprint arXiv:1206.6398.

DAYAN P, 1993b. Improving generalization for temporal difference learning: The successor representation[J]. Neural Computation, 5(4): 613-624.

DAYAN P, HINTON G E, 1993a. Feudal reinforcement learning[C]//Advances in Neural Information Processing Systems. 271-278.

DIETTERICH T G, 1998. The MAXQ method for hierarchical reinforcement learning.[C]//Proceedings of the International Conference on Machine Learning (ICML): volume 98. Citeseer: 118-126.

DIETTERICH T G, 2000. Hierarchical reinforcement learning with the MAXQ value function decomposition[J]. Journal of Artificial Intelligence Research, 13: 227-303.

DUAN Y, CHEN X, HOUTHOOFT R, et al., 2016. Benchmarking deep reinforcement learning for continuous control[C]//International Conference on Machine Learning. 1329-1338.

FLORENSA C, DUAN Y, ABBEEL P, 2017. Stochastic neural networks for hierarchical reinforcement learning[J]. arXiv preprint arXiv:1704.03012.

FRANS K, HO J, CHEN X, et al., 2017. Meta learning shared hierarchies[J]. arXiv preprint arXiv:1710.09767.

GREGOR K, DANIHELKA I, GRAVES A, et al., 2015. Stochastic backpropagation and approximate inference in deep generative models[C]//Proceedings of the International Conference on Machine Learning (ICML).

HAARNOJA T, HARTIKAINEN K, ABBEEL P, et al., 2018. Latent space policies for hierarchical reinforcement learning[J]. arXiv preprint arXiv:1804.02808.

HARUTYUNYAN A, VRANCX P, BACON P L, et al., 2018. Learning with options that terminate off-policy[C]//Thirty-Second AAAI Conference on Artificial Intelligence.

HAUSKNECHT M J, 2000. Temporal abstraction in reinforcement learning[D]. University of Massachusetts, Amherst.

HAUSKRECHT M, MEULEAU N, KAELBLING L P, et al., 1998. Hierarchical solution of Markov decision processes using macro-actions[C]//Proceedings of the Fourteenth conference on Uncertainty in artificial intelligence. Morgan Kaufmann Publishers Inc.: 220-229.

HEESS N, WAYNE G, TASSA Y, et al., 2016. Learning and transfer of modulated locomotor controllers[J]. arXiv preprint arXiv:1610.05182.

KAELBLING L P, 1993. Hierarchical learning in stochastic domains: Preliminary results[C]//Proceedings of the tenth International Conference on Machine Learning (ICML): volume 951. 167-173.

KEMPKA M, WYDMUCH M, RUNC G, et al., 2016. ViZDoom: A Doom-based AI research platform for visual reinforcement learning[C]//2016 IEEE Conference on Computational Intelligence and Games (CIG). IEEE: 1-8.

KONDA V R, TSITSIKLIS J N, 2000. Actor-critic algorithms[C]//Advances in Neural Information Processing Systems. 1008-1014.

KONIDARIS G, BARTO A G, 2009. Skill discovery in continuous reinforcement learning domains using skill chaining[C]//Advances in Neural Information Processing Systems. 1015-1023.

KULKARNI T D, NARASIMHAN K, SAEEDI A, et al., 2016. Hierarchical deep reinforcement learning: Integrating temporal abstraction and intrinsic motivation[C]//Advances in Neural Information Processing Systems. 3675-3683.

LEVINE S, PASTOR P, KRIZHEVSKY A, et al., 2018. Learning hand-eye coordination for robotic grasping with deep learning and large-scale data collection[J]. The International Journal of Robotics Research, 37(4-5): 421-436.

LEVY A, PLATT R, SAENKO K, 2018. Hierarchical reinforcement learning with hindsight[J]. arXiv preprint arXiv:1805.08180.

MACHADO M C, BELLEMARE M G, BOWLING M, 2017. A Laplacian framework for option discovery in reinforcement learning[C]//Proceedings of the 34th International Conference on Machine Learning-Volume 70. JMLR. org: 2295-2304.

MNIH V, HEESS N, GRAVES A, et al., 2014. Recurrent models of visual attention[C]//Advances in Neural Information Processing Systems. 2204-2212.

MNIH V, KAVUKCUOGLU K, SILVER D, et al., 2015. Human-level control through deep reinforcement learning[J]. Nature.

MNIH V, BADIA A P, MIRZA M, et al., 2016. Asynchronous methods for deep reinforcement learning[C]//International Conference on Machine Learning (ICML). 1928-1937.

NACHUM O, GU S S, LEE H, et al., 2018. Data-efficient hierarchical reinforcement learning[C]// Advances in Neural Information Processing Systems. 3303-3313.

OPENAI, 2018. Openai five[Z].

PARR R, RUSSELL S J, 1998a. Reinforcement learning with hierarchies of machines[C]//Advances in Neural Information Processing Systems. 1043-1049.

PARR R E, RUSSELL S, 1998b. Hierarchical control and learning for Markov decision processes[M]. University of California, Berkeley Berkeley, CA.

RIEMER M, LIU M, TESAURO G, 2018. Learning abstract options[C]//Advances in Neural Information Processing Systems. 10424-10434.

SAHNI H, KUMAR S, TEJANI F, et al., 2017. State space decomposition and subgoal creation for transfer in deep reinforcement learning[J]. arXiv preprint arXiv:1705.08997.

SCHAUL T, HORGAN D, GREGOR K, et al., 2015. Universal value function approximators[C]//International Conference on Machine Learning. 1312-1320.

SCHULMAN J, 2016. Optimizing expectations: From deep reinforcement learning to stochastic computation graphs[D]. UC Berkeley.

SCHULMAN J, LEVINE S, ABBEEL P, et al., 2015. Trust region policy optimization[C]//International Conference on Machine Learning (ICML). 1889-1897.

SHARMA S, LAKSHMINARAYANAN A S, RAVINDRAN B, 2017. Learning to repeat: Fine grained action repetition for deep reinforcement learning[J]. arXiv preprint arXiv:1702.06054.

SILVER D, HUANG A, MADDISON C J, et al., 2016. Mastering the game of go with deep neural networks and tree search[J]. Nature.

SILVER D, HUBERT T, SCHRITTWIESER J, et al., 2017. Mastering chess and shogi by self-play with a general reinforcement learning algorithm[J]. arXiv preprint arXiv:1712.01815.

SUTTON R S, PRECUP D, SINGH S, 1999. Between MDPs and semi-MDPs: A framework for temporal abstraction in reinforcement learning[J]. Artificial intelligence, 112(1-2): 181-211.

TAMAR A, WU Y, THOMAS G, et al., 2016. Value iteration networks[C]//Advances in Neural Information Processing Systems. 2154-2162.

TESSLER C, GIVONY S, ZAHAVY T, et al., 2017. A deep hierarchical approach to lifelong learning in Minecraft[C]//Thirty-First AAAI Conference on Artificial Intelligence.

VEZHNEVETS A, MNIH V, OSINDERO S, et al., 2016. Strategic attentive writer for learning macro-actions[C]//Advances in Neural Information Processing Systems. 3486-3494.

VEZHNEVETS A S, OSINDERO S, SCHAUL T, et al., 2017. Feudal networks for hierarchical reinforcement learning[C]//Proceedings of the 34th International Conference on Machine Learning-Volume 70. JMLR. org: 3540-3549.

VINYALS O, BABUSCHKIN I, CZARNECKI W M, et al., 2019. Grandmaster level in starcraft ii using multi-agent reinforcement learning[J]. Nature, 575(7782): 350-354.

WIERING M, SCHMIDHUBER J, 1997. HQ-learning[J]. Adaptive Behavior, 6(2): 219-246.

11 多智能体强化学习

在强化学习中，复杂的应用需要多个智能体的介入来同时学习并处理不同的任务。然而，智能体数目的增加会对管理其之间的交互带来挑战。根据每个智能体的优化问题，均衡的概念被提出并用于规范多智能体的分布式动作。结合典型的多智能体强化学习算法，我们进一步分析了在多种场景下智能体之间合作与竞争的关系，以及一般性的博弈架构如何用于建模多智能体多种类型的交互场景。通过对博弈架构中每一部分优化和均衡的分析，每一个智能体最优的多智能体强化学习策略将得到指引和进一步探索。

11.1 简介

基于规则和环境反馈，一个智能体可以通过强化学习学到动作策略并且表现优异。然而，人工智能中有很多应用具有大规模的环境背景和复杂的学习任务，这不仅要求一个智能体做出明智的动作，而且我们希望有多个智能体可以通过有限的通信共同做出明智的决策。因此，我们需要在多个智能体的情况下为每一个智能体制定有效的强化学习策略。考虑到多个智能体之间的相互交流和影响，多智能体强化学习的概念被提出并受到广泛的关注和探索。

为了方便分析和理解，在多智能体强化学习中，我们列出三个基本元素，分别是智能体、策略和效用函数。

- **智能体**: 智能体是一群具有自主决策意识的个体，它们中每一个个体都可以独立地和环境进行交互。为了能使自己获得最大的收益和最小的损失，每一个智能体会基于对其他智能体动作的观察、学习并制定自己的动作策略。在本章我们要考虑的情况中，会有多个智能体同时存在。智能体的数目为 1 时即普通强化学习的场景。
- **策略**: 在多智能体强化学习中，每一个智能体会制定策略来最大化自身的收益并且最小化损失。其制定的策略基于智能体对环境的感知，并且会被其他智能体的策略影响。

- **效用函数**: 考虑到每个智能体自身的需求和对环境及其他智能体的依赖关系，每一个智能体都会有独自的效用函数。一般来说，效用函数定义为智能体在实现各种目标时获得的总收益和总成本之差。在多智能体的场景下，在对周围环境和其他智能体的学习过程中，每一个智能体会以最大化自身的效用函数为最终目标。

在多智能体强化学习中，每一个智能体会有自身的效用函数，并以最大化其效用价值为目标，基于对环境的观察和交互自主地学习并制定策略。由于每一个智能体在自主学习时不会考虑到其策略对其他智能体效用函数的影响，因此，在多个智能体相互交互影响下会存在竞争或合作的情况。考虑到智能体之间相互交互的多种复杂情况，博弈论普遍被用来对智能体的决策进行具体分析 (Fudenberg et al., 1991)。针对不同的多智能体强化学习的场景，可以采用不同的博弈框架来模拟交互的场景，整体上可以分为如下三种类别。

- **静态博弈**: 静态博弈是模拟智能体间交互的最基本形式。在静态博弈中，所有智能体同时做出决策，并且每一个智能体只做出一个决策动作。由于每个智能体只行动一次，所以其可以做出一些出乎常规的欺骗和背叛策略来使自己在博弈中获益。因此，在静态博弈中，每一个智能体在制定策略时需要考虑并防范其他智能体的欺骗和背叛来降低自身的损失。
- **重复博弈**: 重复博弈是多个智能体在相同的状态下采取重复多次的决策动作。因此，每个智能体的总效益函数是其在每次决策动作所带来的效益价值的总和。由于所有智能体会做出多次动作，当某个智能体在某一次动作时采取了欺骗或背叛的决策时，在未来的动作中，该智能体可能会收到其他智能体的惩罚和报复。因此，相比于静态博弈，重复博弈大大地避免了多智能体之间恶意的动作决策，从而整体上提高了所有智能体总效益价值之和。
- **随机博弈**: 随机博弈（或马尔可夫博弈）可以看作是一个马尔可夫过程，其中存在多个智能体在多个状态下多次做出动作决策。随机博弈模拟出了多个智能体做多次决策的一般情况，每个智能体会根据自身所处的状态，通过对环境的观察和对其他智能体动作的预测，做出提升自身效用函数的最佳动作决策。

在本章中，在单智能体强化学习的基础上，我们更多地关注智能体之间的交互和关联，寻求在多智能体强化学习中所有智能体之间达到均衡状态，并且每个智能体都能获得相对较高和稳定的效用函数。

11.2 优化和均衡

由于每个智能体以提高自身的效用函数为目标，多智能体强化学习可以看成一个求解多个优化问题的数学问题，其中每个智能体对应一个优化问题。为了分析智能体之间的关系，设有 m 个智能体，用 $\mathcal{X} = \mathcal{X}_1 \times \mathcal{X}_2 \times, \cdots, \times \mathcal{X}_m$ 表示所有智能体的决策空间，用 $\boldsymbol{u} = (u_1(\boldsymbol{x}), \cdots, u_m(\boldsymbol{x}))$ 表示所有智能体在采取决策 $\boldsymbol{x}, \boldsymbol{x} \in \mathcal{X}$ 时的效用空间。因此，每个智能体 i，$\forall i \in \{1, 2, \cdots, m\}$，需要在和其他智能体的交互情况下，最大化其自身的效用函数。在多智能体强化学习下，一般来说，就是同时或者顺序求解多个优化问题，来保证每个智能体都能获得最优的效用函数。

因为每个智能体的收益函数和所有智能体的决策动作相关，在求解多智能体的优化问题中，我们希望所有智能体最终都能有稳定的决策策略，在其状态下，每一个智能体都不能通过只改变自身的决策策略而使自己获得更高的收益。因而，在多智能体强化学习中，我们提出了均衡的概念。为了更好地理解和分析，在不失一般性的前提下，我们通过胆小鬼博弈（Chicken Dare Game，或被称为斗鸡博弈）及其延伸来介绍多种均衡概念。经典的胆小鬼博弈是一种静态博弈模型，其中涉及两个智能体之间的交互关系。两个智能体可以相互独立地选择怯懦（简称为“C”）或者勇敢（简称为“D”）作为自身的动作决策。基于两个智能体所有可能的动作决策，两个智能体获得的效用价值由图 11.1 所示。当两个智能体选择“D”即勇敢时，两者各自都会获得最低的效用价值 0；当其中一个智能体选择“D”即勇敢，另一个智能体选择“C”即怯懦时，选择勇敢的智能体获得其最佳的效用价值 6，选择怯懦的智能体获得相对较低的效用价值 3。当两个智能体都选择“C”即怯懦时，两者都会获得相对较高的收益 5。

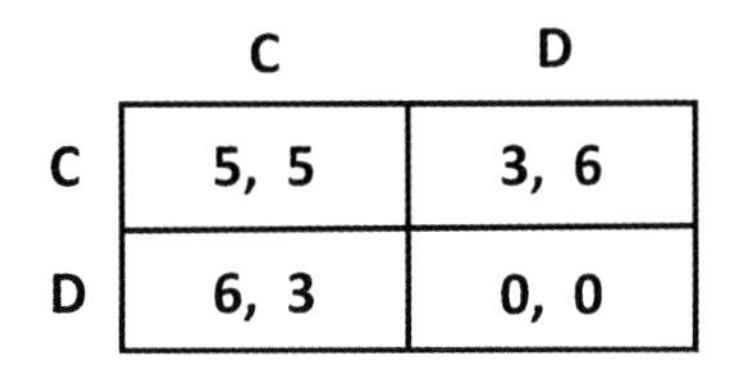

图 11.1 胆小鬼博弈

11.2.1 纳什均衡

根据图 11.1 所示的胆小鬼博弈 (Rapoport et al., 1966) 的场景，我们设定规则要求两个智能体同时做出决策。因而，当两个智能体同时选择“C”时，假设对方在保持当前决策动作，每个智能体都想要选择“D”而使自己获得更高的效用价值。当两个智能体同时选择“D”时，两者都只能获得最低的效用价值 0，因而希望改变策略“D”而获得更高的收益。然而，当一个智能体选择“C”，而另一个智能体选择“D”时，在假设对方不会改变当前决策动作的前提下，两个智能体都不能只单独改变自己的决策而提高自己的效用价值。因此，我们称一个智能体选择“C”，而另一个智能体选择“D”这种情况在当前场景下达到了纳什均衡 (Nash et al., 1950)，其定义如下：

定义 11.1 令 $(\mathcal{X}, \boldsymbol{u})$ 表示 m 个智能体下的静态场景，其中 $\mathcal{X} = \mathcal{X}_1 \times \mathcal{X}_2 \times, \cdots, \times \mathcal{X}_m$ 表示智能体的策略空间。当所有智能体采取策略 $\boldsymbol{x}$，其中 $\boldsymbol{x} \in \mathcal{X}$ 时，$\boldsymbol{u} = (u_1(\boldsymbol{x}), \cdots, u_m(\boldsymbol{x}))$ 表示智能体的效用空间。我们同时设 x_i 为智能体 i 的策略，设 $\boldsymbol{x}_{-i}$ 为除智能体 i 外其他所有智能体的策略集合。当 $\forall i, x_i \in \mathcal{X}_i$ 时，

$$u_i(x_i^*, \boldsymbol{x}_{-i}^*) \geqslant u_i(x_i, \boldsymbol{x}_{-i}^*). \tag{11.1}$$

策略 $x^* \in \mathcal{X}$ 使当前场景达到纳什均衡。

纯策略纳什均衡

根据定义所示，在多智能体强化学习的静态场景下，所有智能体同时采取一次决策动作。在其他智能体的决策动作不改变的前提下，每个智能体不能通过改变当前的决策动作而获得更高的收益，我们称所有的智能体达到纯策略纳什均衡。在胆小鬼博弈的例子中存在两个纯策略纳什均衡，其中一个智能体选择怯懦动作，另一个智能体选择勇敢动作。一般来说，纯策略纳什均衡不一定存在，因为智能体的纯策略动作不能保证其他智能体通过改变当前的动作来获得更高的效用价值。

混合策略纳什均衡

在纯决策动作之外，每个智能体还可以制定并采取决策的策略，并根据策略基于不同的概率随机选择不同的决策动作。因而，智能体制定策略可以在其相互交互的过程中带来随机性和不可确定性，并可以考虑其他智能体的策略调整改变自己的策略组合而达到混合策略纳什均衡。一般来说，混合策略纳什均衡总是存在。以胆小鬼博弈为例子，我们设智能体 1 采取怯懦的概率是 p，相对应地，其采取勇敢的概率是 $1-p$。为了保证智能体 1 策略的制定没有使其对手智能体 2 的动作有偏见，从而使智能体 2 产生最佳的纯策略动作，需要满足如下关系：

$$5p+3(1-p)=6p+0(1-p). \tag{11.2}$$

我们得到 $p=0.75$。从智能体 2 的角度来说，依此类推，即当两个智能体选择“C”的概率均为 0.75，并且选择"D" 的概率为 0.25 时，两个智能体达到了混合策略纳什均衡，其中每个智能体获得的期望效益价值为 4.5。

综上所述，我们将胆小鬼博弈的结果用图 11.2 表示，其中 X 轴表示智能体 1 的效用函数，Y 轴表示智能体 2 的效用函数。基于图 11.1 表示的智能体之间的关系，点 A 对应两个智能体同时选择“C”的情况，点 B 表示智能体 1 采用动作“C”智能体 2 采用动作“D”的结果，点 C 表示智能体 1 采用动作“D”智能体 2 采用动作“C”的结果，点 D 对应两个智能体同时选择“D”的情况。因此，两个智能体采取所有可能的决策策略结果落在在四边形 $ABDC$ 区域中，其中点 B 和点 C 为纯策略纳什均衡的结果，线段 BC 的中点 E 即为混合策略纳什均衡的结果。对于所有纳什均衡的结果，两个智能体效用函数之和相同，等于 9。

11.2.2　关联性均衡

在胆小鬼博弈的纳什均衡中，两个智能体总效益之和为 9，小于所有两个智能体总效益之和的最大可能值 10。然而，两个智能体需要都选择策略“C”使得总效益之和达到 10，在绝对分布式的方式下是不稳定的。因此，为了更好地提高所有智能体的总效益价值并同时保证每个智能体能够拥有稳定的收益，关联性均衡被进一步提出。

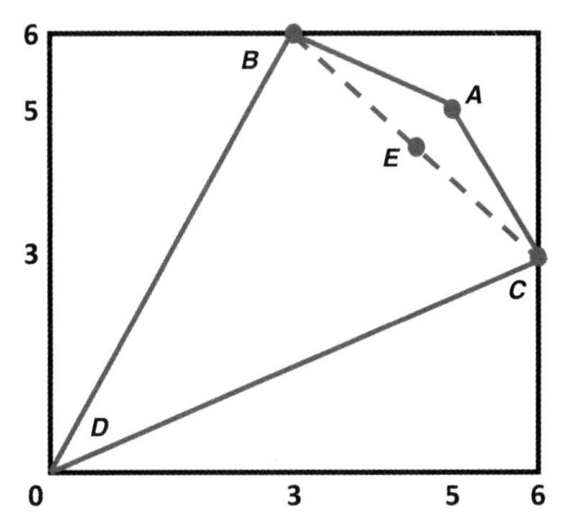

图 11.2 胆小鬼博弈中的纳什均衡

在胆小鬼博弈的例子中，我们设定两个智能体选择“CC”（第一个“C”对应智能体 1 的决策动作，第二个“C”对应智能体 2 的决策动作），“CD”、“DC”和“DD”的可能性为 $\boldsymbol{v}$。当两个智能体相关联并且设定每种情况的可能性为 $\boldsymbol{v}=\left[1/3,1/3,1/3,0\right]$ 时，两个智能体的总效用价值为 9.3333，比纳什均衡的结果要高。不仅如此，假设当智能体 1 宣布将选择“C”时，为了满足每种情况的可能性保持为 $\boldsymbol{v}$，其对手智能体 2 需要采取混合策略，其选择“C”和“D”的可能性分别均为 0.5。那么当智能体 1 真实选择“C”的时候，能获得的效益价值为 $0.5\times5+0.5\times3=4$。但如果智能体 1 私自改变了决策动作“D”，在智能体 2 策略不发生改变的情况下，智能体 1 能够收到的效益价值为 $0.5\times6+0.5\times0=3$，低于选择“C”情况下的效益价值 4。相对应地，当智能体 1 宣布将选择“D”时，为了满足每种情况的可能性保持为 $\boldsymbol{v}$，其对手智能体 2 需要以 100% 的概率做出决策动作“C”，那么智能体 1 依然不能将宣布的动作私自改变到“C”而获得更高的效用价值。因此，其相关联的概率分布 $\boldsymbol{v}$ 让两个智能体达到了关联性均衡，具体定义如下：

定义 11.2 关联性均衡 (Aumann, 1987) 定义为智能体之间能够相关联实现概率分布 $\boldsymbol{v}$，并且满足如下关系

$$\sum_{\boldsymbol{x}_{-i}\in\mathcal{X}_{-i}} v(x_i^*,\boldsymbol{x}_{-i})[u_i(x_i^*,\boldsymbol{x}_{-i})-u_i(x_i,\boldsymbol{x}_{-i})]\geqslant 0,\forall x_i\in\mathcal{X}_i, \tag{11.3}$$

其中 $\mathcal{X}_i$ 表示智能体 i 的策略空间，$\mathcal{X}_{-i}$ 表示除智能体 i 外所有其他智能体的策略空间。

因此，在假设两个智能体服从相关联分布的前提下，每个智能体不能改变当前相关联的策略而获得更高的效用价值。为了更直观地表现出关联性均衡的优势，我们在图 11.3 中用点 F 标注出本例中关联性均衡的结果。一般来说，在图中 ABC 区域中，只要满足公式 (11.3) 所示的关系，其结果均可达到关联性均衡。

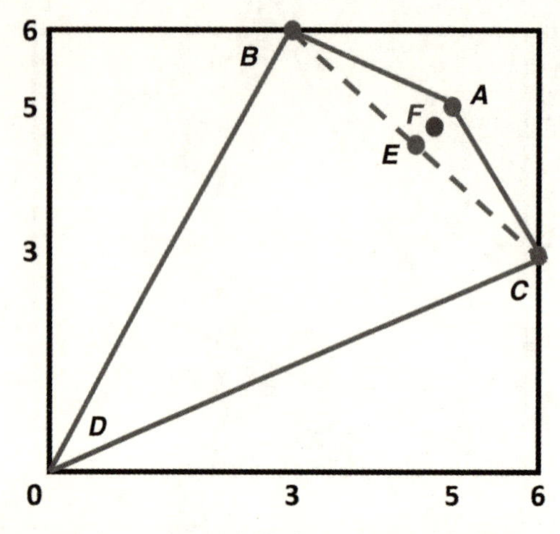

图 11.3　胆小鬼博弈中的关联性均衡

11.2.3　斯塔克尔伯格博弈

除了同时做出决策的情况，智能体之间还可能会顺序做出决策。在顺序做出决策的情况下，智能体会分别被定义为领导者和追随者，其中领导者会先做出决策，追随者随后做出决策 (Bjorn et al., 1985)。因而，领导者在决策时会有先发优势（First-Mover Advantage），可以通过预测追随者对其决策的反应来决定能够给自身带来最大收益的最佳决策。在胆小鬼博弈的例子中，如果我们扩展场景使两个智能体的决策是顺序决定的，并令智能体 1 为领导者，智能体 2 为追随者，那么智能体 1 会选择策略动作 “D”，因为智能体 1 可以预测到，当其选择 “D” 时，为了获得更高的收益，智能体 2 一定会选择动作 “C”，从而使自己的效用价值为所有可能结果中的最大值 6，并且在顺序执行的前提假设下，两个智能体能够达到斯塔克尔伯格均衡。斯塔克尔伯格均衡的定义如下：

定义 11.3 设 $\big((\mathcal{X},\boldsymbol{\Pi}),(g,f)\big)$ 为顺序执行的场景，其中有 m 个领导者同时先做出策略动作，n 个追随者同时后做出策略动作。$\mathcal{X}=\mathcal{X}_1\times\mathcal{X}_2\times,\cdots,\times\mathcal{X}_m$ 和 $\boldsymbol{\Pi}=\boldsymbol{\Pi}_1\times\boldsymbol{\Pi}_2\times,\cdots,\times\boldsymbol{\Pi}_n$ 分别表示领导者和追随者的策略空间，$g=(g_1(\boldsymbol{x}),\cdots,g_m(\boldsymbol{x}))$ 为领导者 $\boldsymbol{x}\in\mathcal{X}$ 的效用函数。$f=(f_1(\boldsymbol{\pi}),\cdots,f_n(\boldsymbol{\pi}))$ 为追随者 $\boldsymbol{\pi}\in\boldsymbol{\Pi}$ 的效用函数。设 x_i 为领导者 i 的决策策略，$\boldsymbol{x}_{-i}$ 为除领导者 i 外其他领导者的决策策略集合。同样地，设 π_j 为追随者 j 的决策策略，$\boldsymbol{\pi}_{-j}$ 为除追随者 j 外其他追随者的决策策略集合。那么对于 $\forall i,\forall j\ x_i\in\mathcal{X}_i,\pi_j\in\boldsymbol{\Pi}_j$，策略集合 $x^*\in\mathcal{X}$，$\boldsymbol{\pi}^*\in\boldsymbol{\Pi}$ 可以达到多领导者多追随者的斯塔克尔伯格均衡，并且满足如下关系：

$$g_i(x_i^*,\boldsymbol{x}_{-i}^*,\boldsymbol{\pi}^*)\geqslant g_i(x_i,\boldsymbol{x}_{-i}^*,\boldsymbol{\pi}^*)\geqslant g_i(x_i,\boldsymbol{x}_{-i},\boldsymbol{\pi}^*), \tag{11.4}$$

$$f_j(\boldsymbol{x},\boldsymbol{\pi}_j^*,\boldsymbol{\pi}_{-j}^*)\geqslant f_j(\boldsymbol{x},\boldsymbol{\pi}_j,\boldsymbol{\pi}_{-j}^*). \tag{11.5}$$

11.3 竞争与合作

在上一节中，我们以胆小鬼博弈为例子介绍了多智能体强化学习中优化和均衡的概念。除此之外，在不同的应用中，多智能体之间的关系会多种多样，在本节，我们会更多分析在分布式的场景下，多智能体之间竞争和合作的关系。在没有特殊说明的情况下，我们设所考虑的场景中存在 m 个智能体，$\mathcal{X}=\mathcal{X}_1\times\mathcal{X}_2\times,\cdots,\times\mathcal{X}_m$ 表示所有智能体的策略空间，$\boldsymbol{u}=(u_1(\boldsymbol{x}),\cdots,u_m(\boldsymbol{x}))$ 表示所有智能体在采用策略集合 $\boldsymbol{x}$ 的情况下的效用集合，其中 $\boldsymbol{x}\in\mathcal{X}$。

11.3.1 合作

当多个智能体相互合作的时候，一般来说，所有智能体的效用价值之和会期望高于不合作的情况下的效用价值之和，并且在分布式的场景下，每个智能体会更多地考虑自身的效用价值。因此，为了使智能体能够加入合作联盟，每个智能体自身需要在合作的情况下获得比不在合作的时候更高的效用价值。因而，其对智能体 $i,\forall i\in\{1,2,\cdots,m\}$ 的优化问题可以归纳为

$$\begin{aligned}&\max_{x_i}\sum_{k=1}^{k=m}u_k(x_k|\boldsymbol{x}_{-k}),\\&\text{s.t.}\ \ u_i(x_i^*|\boldsymbol{x}_{-i}^*)\geqslant u_i(x_i|\boldsymbol{x}_{-i}^*),\end{aligned}\tag{11.6}$$

11.3.2 零和博弈

零和博弈 (VINCENT, 1974) 在许多应用中被频繁使用。为了简化问题但不失一般性，我们设有两个智能体，每个智能体可以采取策略“A”或者“B”，因而，在博弈中不同情况下的效用函数如图 11.4 所示，其中，每种情况下智能体收益价值之和总是为零。在一般性的零和博弈中，每个智能体需要基于对其他智能体的动作预测最大化其自身的效用价值并且最小化其他智能体的效用价值之和。因而，其对智能体 $i,\forall i\in\{1,2,\cdots,m\}$ 优化问题可以总结如下

$$\max_{x_i}\min_{\boldsymbol{x}_{-i}}u_i.\tag{11.7}$$

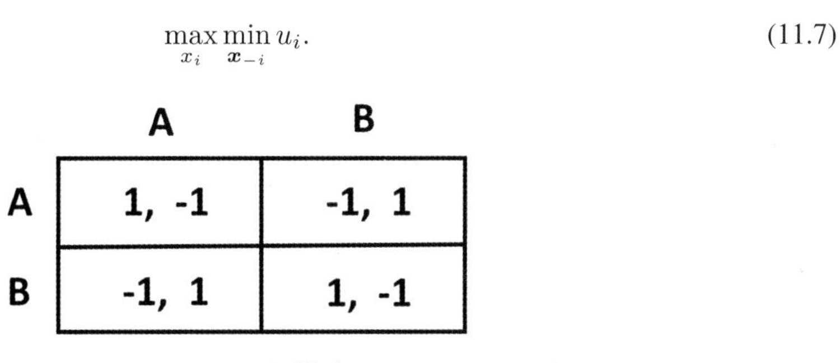

	A	B
A	1, -1	-1, 1
B	-1, 1	1, -1

图 11.4 零和博弈

基于此优化问题，在文献 (Littman, 1994) 对一个简化的踢足球问题进行分析并建模为零和博弈。在足球游戏中，存在两个智能体，每个智能体都努力地把球踢进来提高自身的效用价值并且防守对方智能体来最小化其对手的效用价值。因此，在该问题中，对于智能体 i，其优化问题具体表示为

$$\max_{\pi_i} \min_{\boldsymbol{a}_{-i}} \sum_{a_i} Q(s, a_i, \boldsymbol{a}_{-i})\pi_i, \tag{11.8}$$

其中 π_i 表示智能体 i 的策略，a_i 代表智能体基于策略 π_i 实际的动作。在足球游戏中，智能体 i 努力提高自己的价值函数，然而其对手采取动作 $\boldsymbol{a}_{-i}$ 努力降低该价值函数。

11.3.3　同时决策下的竞争

除了零和博弈，一般来说，还有很多应用在多种智能体同时做出决策时存在竞争的关系。在同时决策下的竞争，所有智能体需要在相同的时间下同时做出决策动作，因而其优化问题可以总结如下：

$$\max_{x_i} u_i(\boldsymbol{x_i}|\boldsymbol{x_{-i}}). \tag{11.9}$$

在文献 (Hu et al., 1998) 中，Q 学习被提出来解决一般情况下多智能体之间的竞争问题。其具体算法如算法 11.35 所示，基于交互过程中经历的积累，每个智能体 i 都会维护一个 Q 列表，用于指导指定策略 π_i。随着更多经历的积累，Q 列表更新方程如下：

$$Q_i(s, a_i, \boldsymbol{a}_{-i}) = (1-\alpha_i)Q_i(s, a_i, \boldsymbol{a}_{-i}) + \alpha_i[r_i + \gamma\pi_i(s')Q_i(s', a_i', \boldsymbol{a}_{-i}')\boldsymbol{\pi}_{-i}(s')]. \tag{11.10}$$

算法 11.35 多智能体一般性 Q-learning

设定 Q 表格中初始值 $Q_i(s, a_i, \boldsymbol{a}_{-i}) = 1, \forall i \in \{1, 2, \cdots, m\}$。
for episode = 1 to M **do**
　设定初始状态 $s = S_0$
　for step = 1 to T **do**
　　每个智能体 i 基于 $\pi_i(s)$ 选择决策行为 a_i，其行为是根据当前 Q 中所有智能体混合纳什均衡决策策略
　　观测经验 $(s, a_i, \boldsymbol{a}_{-i}, r_i, s')$ 并将其用于更新 Q_i
　　更新状态 $s = s'$
　end for
end for

在多智能体的场景下，由于 Q 列表的更新和其他智能体 $\boldsymbol{\pi}_{-i}$ 的策略相关，因而，智能体 i 需要同时建立并估计所有其他智能体的 Q 列表。根据由这些 Q 列表推导出对其他智能体策略 $\boldsymbol{\pi}_{-i}$

的预测，智能体 i 才可以更好制定策略 π_i，以使所有智能体的策略集合 $(\pi_i, \boldsymbol{\pi}_{-i})$ 最终达到混合策略纳什均衡的结果。

除了基本的 Q 学习，其他深度强化学习的方法也在尝试探索在多智能体强化学习中的应用。基于单智能体深度确定性策略梯度（Deep Deterministic Policy Gradient，DDPG）算法，多智能体深度确定性策略梯度（Multi-Agent Deep Deterministic Policy Gradient，MADDPG）(Lowe et al., 2017) 在所有智能体同时做出决策的场景下，为每一个智能体提供策略。MADDPG 算法如算法 11.36 所示，每个智能体对应一个分布式的行动者（Actor），为其决策提供建议。另一方面，批判者（Critic）是集中控制的，并整体维护一个和所有智能体动作集合相关的 Q 列表。

算法 11.36 多智能体深度确定性策略梯度

---

for episode = 1 to M **do**
  设定初始状态 $s = S_0$
  for step = 1 to T **do**
    每个智能体 i 基于当前决策策略 π_{θ_i} 选择决策行为 a_i
    同时执行所有智能体的决策行为 $\boldsymbol{a} = (a_1, a_2, \cdots, a_m)$
    将 $(s, \boldsymbol{a}, r, s')$ 存在重放缓冲区 $\mathcal{M}$
    更新状态 $s = s'$
    for 智能体 i = 1 to m **do**
      从回访缓冲区 $\mathcal{M}$ 中采样批量历史经验数据
      对于行动者和批判者网络，计算网络参数梯度并根据梯度更新参数
    end for
  end for
end for

特别来说，对于每个行动者 i，其期望回报的梯度表示为

$$\nabla_{\theta_i^\pi} J(\pi_i) = \mathbb{E}[\nabla_{\theta_i^\pi} \boldsymbol{\pi}_i(o_i|\theta_i^\pi)\nabla_{a_i} Q_i^{\boldsymbol{\pi}}(o_1, \cdots, o_m, a_1, \cdots, a_m|\theta_i^Q)], \tag{11.11}$$

其中，设 $o_1, \cdots, o_m$ 分别为 m 个智能体的观察样本。$\boldsymbol{\pi}_i$ 为智能体 i 的确定性策略，因而其决策动作满足 $a_i = \boldsymbol{\pi}_i(o_i)$。

相对应地，批判者对于智能体 i 的损失函数是 Q 值的 TD-error，表示为

$$\mathcal{L}_i = \mathbb{E}[(Q_i^{\boldsymbol{\pi}}(o_1, \cdots, o_m, a_1, \cdots, a_m|\theta_i^Q) - r_i - \gamma Q_i^{\boldsymbol{\pi}'}(o_1', \cdots, o_m', a_1', \cdots, a_m'|\theta_i^{Q'}))^2], \tag{11.12}$$

其中 $\theta_i^{Q'}$ 指 Q 预测的延迟参数，$\boldsymbol{\pi}'$ 表示在延迟参数 $\theta_i^{\pi'}$ 下的目标决策策略。

11.3.4 顺序决策下的竞争

在某些应用中，不同类型的智能体可能在做出决策时会有时间先后之分。因而，在竞争中，多个智能体之间可能会顺序做出决策动作，并且先做出决策的智能体会有先发优势。设

$((\mathcal{X}, \boldsymbol{\Pi}), (g, f))$ 为一般情况下 m 个领导者和 n 个追随者的顺序决策场景。其中 $\mathcal{X} = \mathcal{X}_1 \times \mathcal{X}_2 \times, \cdots, \times \mathcal{X}_m$ 和 $\boldsymbol{\Pi} = \boldsymbol{\Pi}_1 \times \boldsymbol{\Pi}_2 \times, \cdots, \times \boldsymbol{\Pi}_n$ 分别表示领导者和追随者的决策策略空间。设 $g = (g_1(\boldsymbol{x}), \cdots, g_m(\boldsymbol{x}))$ 为领导者 $\boldsymbol{x} \in \mathcal{X}$ 的效用函数，$f = (f_1(\boldsymbol{\pi}), \cdots, f_n(\boldsymbol{\pi}))$ 为追随者 $\boldsymbol{\pi} \in \boldsymbol{\Pi}$ 的效用函数。那么追随者 $j, \forall j \in \{1, 2, \cdots, n\}$ 的优化问题可以表示为

$$\max f_j(\pi_j | \boldsymbol{\pi}_{-j}, \boldsymbol{x}). \tag{11.13}$$

领导者 $i, \forall i \in \{1, 2, \cdots, m\}$ 的优化问题为

$$\begin{aligned} &\max g_i(x_i | \boldsymbol{x}_{-i}, \boldsymbol{\pi}), \\ &\text{s.t. } \pi_j = \arg\max f_j(\pi_j | \boldsymbol{\pi}_{-j}, \boldsymbol{x}), \quad \forall j \in \{1, 2, \cdots, n\}. \end{aligned} \tag{11.14}$$

11.4 博弈分析架构

基于对多智能体之间关系的分析，我们总结出一个满足一般性多智能体博弈分析架构，如图 11.5 所示。在此架构中，我们设定一个循环迭代的场景，其中所有的智能体能够在不同时间段中多次做出决策。在同一个时间段中，我们将所有智能体进一步分为多个层级，在最高层级的智能体先做出动作，基于对高层级智能体动作的观察，低层级的智能体相对应地做出利于自身的决策，并且在每一个层级中，可以存在多个智能体同时做出决策。因而，在不同层级之间，所有智能体期望达到斯塔克尔伯格均衡，如果多个智能体存在相同层级中，根据这些智能体可否相关联，期望能够达到纳什均衡或者关联性均衡的结果而使所有智能体获得稳定效用价值。

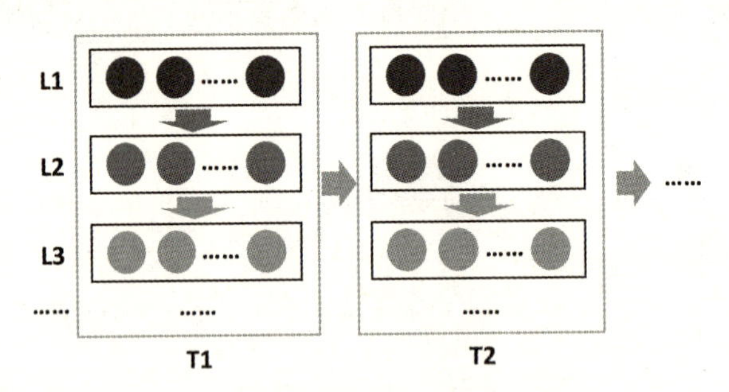

图 11.5　一般性多智能体博弈分析架构

博弈分析架构一般可以用来建模并处理所有多智能体强化学习的问题。为了更好地测试并且评估，各种多智能体强化学习平台目前已经建立并广受关注。比如 AlphaStar 可以很好模拟《星际争霸》游戏中多智能体之间的关系和动作。多智能体互联自动驾驶（MACAD）平台 (Palanisamy, 2019) 很好地学习并且模拟在公路上驾驶汽车的环境场景。谷歌研究足球 (Kurach et al., 2019) 则是一个模拟多个有自主意识的智能体一起踢足球的平台等等。基于适用于多种不同场景的多智能体

学习平台，我们期待在博弈分析架构下的多智能体强化学习策略可以得到更具体的分析和研究。

参考文献

AUMANN R J, 1987. Correlated equilibrium as an expression of bayesian rationality[J]. Econometrica: Journal of the Econometric Society: 1-18.

BJORN P A, VUONG Q H, 1985. Econometric modeling of a stackelberg game with an application to labor force participation[J].

FUDENBERG D, TIROLE J, 1991. Game theory, 1991[J]. Cambridge, Massachusetts, 393(12): 80.

HU J, WELLMAN M P, 1998. Multiagent reinforcement learning: Theoretical framework and an algorithm[C]//International Conference on Robotics and Automation (ICRA).

KURACH K, RAICHUK A, STACZYK P, et al., 2019. Google research football: A novel reinforcement learning environment[Z].

LITTMAN M L, 1994. Markov games as a framework for multi-agent reinforcement learning[C]// Proceedings of the International Conference on Machine Learning (ICML). 157-163.

LOWE R, WU Y, TAMAR A, et al., 2017. Multi-agent actor-critic for mixed cooperative-competitive environments[C]//Advances in Neural Information Processing Systems.

NASH J F, et al., 1950. Equilibrium points in n-person games[J]. Proceedings of the national academy of sciences, 36(1): 48-49.

PALANISAMY P, 2019. Multi-agent connected autonomous driving using deep reinforcement learning[Z].

RAPOPORT A, CHAMMAH A M, 1966. The game of chicken[J]. American Behavioral Scientist, 10 (3): 10-28.

VINCENT P, 1974. Learning the optimal strategy in a zero-sum game[J]. Econometrica, 42(5): 885-891.

12 并行计算

基于强化学习低采样效率的问题，并行计算作为解决方案可以高效地加速模型训练过程并提高学习效果。在本章中，我们将具体介绍强化学习中采用并行计算的系统架构。对应不同的应用场景，我们分别分析同步通信和异步通信，并详细阐述并行计算在多种网络拓扑结构中的不同运算方式。通过并行计算，经典的分布式强化学习算法和架构将被逐一介绍并互相比较。最终，我们将总结一般性的分布式计算架构的基本构成和组成元素。

12.1 简介

在深度强化学习中，针对模型的训练需要大量数据。以 OpenAI Five (OpenAI et al., 2019) 为例，为了使智能体能够通过学习在 Dota 游戏中做出明智的决策，每两秒钟就大概有 2 百万组数据被用来训练模型。不仅如此，从优化的角度，特别在基于策略梯度的方法中，大批量的训练数据能够有效地降低结果的方差。然而，由于在强化学习中，智能体和环境的交互限制于在时间上顺序执行，强化学习的算法在采集数据上往往存在低效率的问题，从而带来不理想的训练结果和缓慢的收敛速度。并行计算，即对相互分离独立的任务以同时计算的方式，为解决强化学习问题带来有效的解决方案。一般来说，并行计算中的并行性可以体现在以下两个方面：

- **计算的并行性**: 数据计算是包括特征工程、模型学习，以及结果评估等任务在内的核心过程，是由每一个计算单元具体操作执行的，不同的操作单元可以根据任务的大小和种类灵活地结合并扩展到不同的规模。在同等级规模的任务中，计算的性能和表现取决于以下两类策略：一类是合并多个计算单元共同计算一个任务，另一类是分别使用多个计算单元同时并行计算多个任务。基于第一类计算策略，随着越来越多的计算单元用于一个计算任务，完成任务的效率会先上升，然后会因为一些瓶颈的环节而逐渐收敛。因而在深度强化学习中，在有计算资源充足的前提下，将一个计算任务拆分成多个相互独立的子任务，并且将每个子任务分配适当的计算资源进行并行计算，是寻求计算效率提升的重要方向。

- **数据传输的并行性**: 在拥有充足的计算资源时，计算资源之间的数据传输会成为解决问题效率的瓶颈。一般来说，为了避免传输的过多冗余，平衡网络中传输的数据量并且降低传输延时，基于不同的应用提出了不同的数据传输网络拓扑模型。在并行计算中，由于多个进程或线程可能同时需要完成不同的任务。管理数据的传输并且在有限传输带宽的网络中，保证传输效率是极具挑战的。

在监督学习的设定中，一种简单的提升学习速度的方法是同时训练多种不同的训练数据。然而，在深度强化学习中，智能体和环境需要在时间上顺序多次交互来逐步获得有效信息，因而不可能把所有数据集合在一起让模型同时学习。在深度强化学习中提高并行计算的能力可以通过让智能体在训练中同时并行学习多个训练轨迹，或者可以积累批量的数据来训练深度强化学习模型中的参数。在本章中，我们即从计算的并行性和数据传输的并行性的角度分析深度强化学习中可以采取并行计算的方面，并且在解决大规模深度强化学习问题的同时，我们将介绍当前重要的分布式计算的算法和架构。

12.2 同步和异步

在并行计算中，最普及的数据计算和传输方法采用类似星形的拓扑结构，是由一个主节点和多个奴隶节点组成的。主节点整体上管理数据信息，完成从奴隶节点的数据分发和收集。基于从奴隶节点收集到的数据，总体的网络参数将得到学习并更新。每一个奴隶节点，相应地，会从主节点收到分配的数据，进行具体的数据计算，并将计算的结果提交给主节点。由于在主节点的管理下，同时可以有多个奴隶节点进行数据计算。这样的并行计算可以合作高效地完成大规模模型参数训练问题。

星形结构在解决深度强化学习的问题中得到了广泛的应用，例如，在 Actor-Critic 方法的并行计算版本，通常会采用一个主节点，以及多个奴隶节点。每个奴隶节点会维护一个深度策略网络，该策略网络的结构和其他奴隶节点和主节点一样。因此，奴隶节点在初始化的时候会从主节点，同步策略网络的参数，然后其将独立与环境交互学习。在与环境交互之后，奴隶节点将再次和主节点通信，将学习到的信息提交给主节点，其中学习到的信息基于不同的架构可以是单步探索所得到的经验、连续探索的轨迹的经验、存储的带有权重的探索经验、网络参数的梯度信息，等等。在收集到每个奴隶节点探索并学习的经验和反馈之后，主节点将更新其网络的参数，并同步给所有奴隶节点，用于奴隶节点下一轮的探索。

星形拓扑结构清晰地将任务细分，通过多个奴隶节点的并行计算加速了智能体对策略的学习。然而基于不同的计算能力，不同奴隶节点完成探索并收集经验的时间可能不会完全相同，因而制定数据传输的模式会因所解决的问题和系统架构的不同而有所变化。一般来说，其分为同步通信和异步通信两种模式。

同步通信模式如图 12.1 所示，其中红色的区间代表数据通信所使用的时间，蓝色的区间表示与环境交互和数据计算所使用的的时间。值得注意的是，在同步通信模式中，所有奴隶节点将使用完全相同的时间区间进行信息交互。主节点将用相同固定的时间段同时与所有奴隶节点进行通信。然而，有更强算力的奴隶节点不得不等待其他所有弱算力的节点完成本轮计算任务之后才能继续和主节点通信，因而同步通信模式虽然对主节点来说在收集分析奴隶节点计算结果的时间分配上更为清晰固定，但是在奴隶节点中会有大量计算资源因为等待同步而造成浪费。

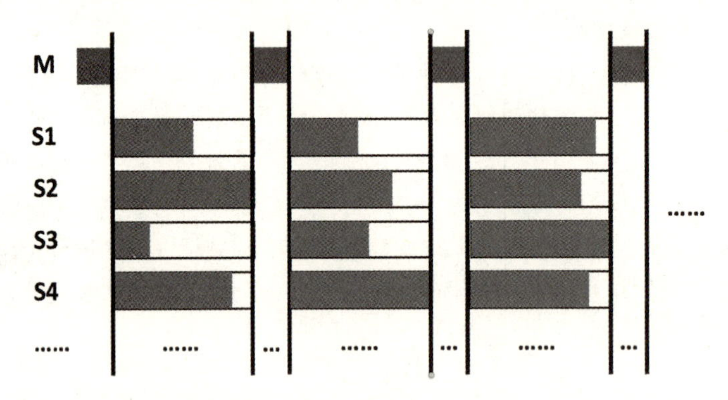

图 12.1 同步通信（见彩插）

为了减少奴隶节点的等待时间，提升计算资源的使用效率，异步通信模式相应被提出。如图 12.2 所示，只要奴隶节点完成了本轮的计算或探索任务，可以立刻将信息提交给主节点。只有奴隶节点提交信息，主节点才会用收集到的信息更新网络参数并与该奴隶节点进行同步，使其奴隶节点能够继续开始下一轮的计算或探索任务。基于此种方式，主节点和众多奴隶节点的数据通信将会在多段不同的时间区间内完成，主节点需要不定时地与不同的奴隶节点进行通信，确保奴隶节点中的计算资源得到了充分的利用。

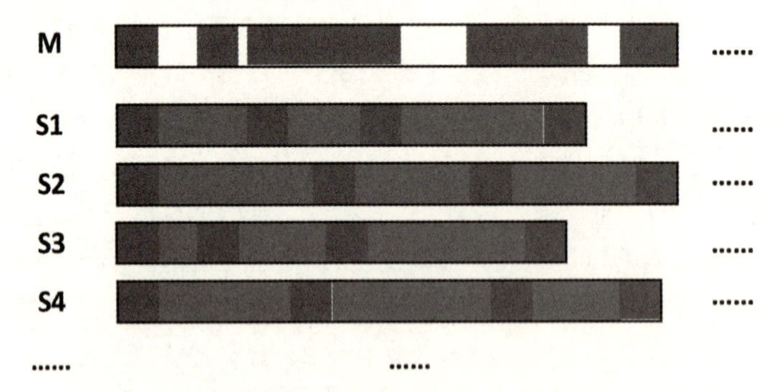

图 12.2 异步通信（见彩插）

12.3 并行计算网络

星形拓扑结构采用了集中控制式并行计算的方式，其中存在一个主节点管理并维护整个系统，使其确保所有分布式计算的任务能够进行得井井有条。然而，从另一个方面来说，主节点同样也是整个系统最薄弱的部分，为了确保计算的高性能，主节点需要在处理数据上比奴隶节点更具效率。另外，由于所有奴隶节点可能需要将信息同时传输给主节点，为了避免过大的传输延时，主节点的数据传输带宽需要足够大。不仅如此，系统的稳定性将大大取决于主节点，如果主节点有任何的停机事件，整个系统将停止工作，即使所有的奴隶节点存在大量可用的计算资源。

综上所述，对于很多对稳定性和大规模并行计算有需求的应用来说，拥有一个分布式数据计算和通信的结构十分必要。我们假设有多个相互独立的进程，其中每个进程会建立并维护一个结构相同的深度学习网络，并且进程与进程之间会保持频繁的通信，以使网络参数保持同步。由于每个进程需要与所有其他进程通信，当进程的数量增加时，进程间通信的成本将指数级上升。为了降低冗余的通信并高效地实现信息同步，具有消息传递接口（Message Passing Interfaces，MPI）的进程间通信（Inter-Process Communication，IPC）方式将被采纳。一般来说，MPI 提供基本的进程进行数据发送，广播和接收的接口标准，基于这些标准，不同的通信结构得以进一步提出并由此提高信息交流效率。一些经典的通信结构举例如下。

- **树形结构通信**: 设系统中有 N 个进程，当其中一个进程希望将其自身的网络参数信息广播给其他 $N-1$ 个进程时，可以通过如图 12.3 所示的树形结构通信。在树形通信结构中，该进程首先会将信息发送给其周围 $m-1$ 个进程，然后在下一步迭代中，其周围的 $m-1$ 个进程均会将信息并行发送新的 $m-1$ 个不同的进程。因此，随着并行通信数目的增加，该进程仅需要 $\lceil \log_m N \rceil$ 次迭代即可将信息发送给所有其他 $N-1$ 个进程，其中每个进程只需要完成 $(m-1)\lceil \log_m N \rceil$ 次通信。相比于星形结构中每个进程都需要把信息分别发送给所有其他的进程，树形结构通信通过提高迭代次数使用并行通信的方式大大降低了所有进程发送信息的总数。

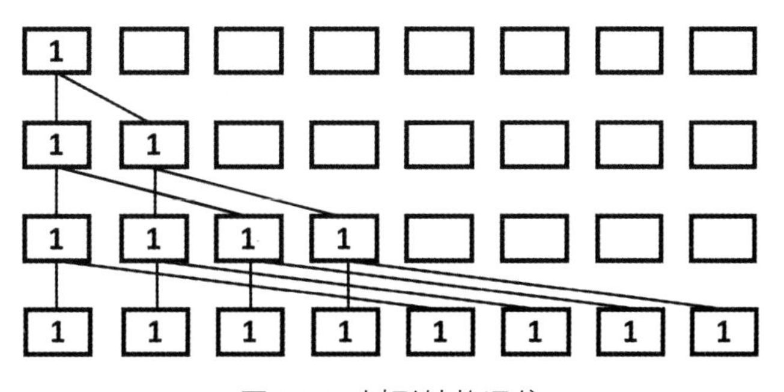

图 12.3 树形结构通信

- **蝴蝶形结构通信**: 当所有 N 个进程需要同时将自身的信息广播给所有其他进程时，每个进程将可以通过树形结构的形式进行通信，从而叠加为蝴蝶形通信结构。如图 12.4 所示，蝴蝶形通信结构中，每个进程首先将信息发送给其周围 $m-1$ 个进程，并同时收集并处理其他进程发来的信息用于下一次迭代中信息的发送。由于每个进程会在每次迭代中收集并处理其他进程发来的信息，所以其分布式的信息发送和处理效率得到了进一步的提升。一般来说，所有进程需要 $(m-1)\lceil\log_m N\rceil$ 次迭代完成所有信息的通信，并且每个进程一共只需要完成 $(m-1)\lceil\log_m N\rceil$ 次通信。另外，在这个系统中无论其中哪一个进程出现故障中断，其他进程之间仍可以继续完成信息的同步而不受到影响。

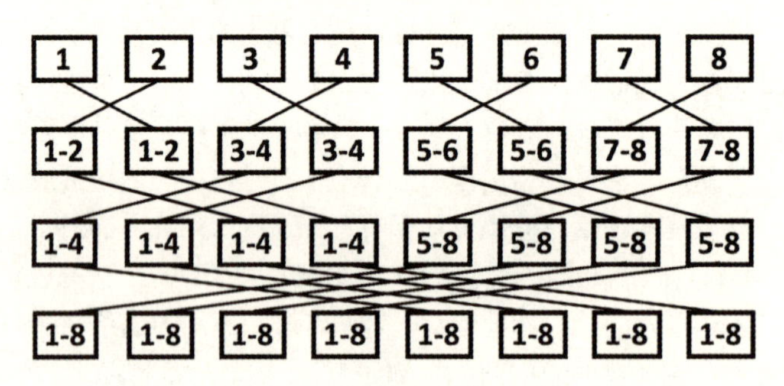

图 12.4　蝴蝶形结构通信

基于不同结构的通信，深度强化学习算法中并行数据计算和数据传输的方式是灵活且多样的。对于不同的应用，为了提高并行性和处理效率，深度强化学习算法的架构也会相应地有所调整，在下一节中，我们将进一步分析并总结深度强化学习中一般性的分布式计算架构。

12.4　分布式强化学习算法

12.4.1　异步优势 Actor-Critic

异步优势 Actor-Critic（Asynchronous Advantage Actor-Critic，A3C）(Mnih et al., 2016) 是基于优势 Actor-Critic（Advantage Actor-Critic，A2C）算法的分布式版本，如图 12.5 所示，多个行动-学习者（Actor-Learner）将与多个独立且完全相同的环境交互，并采用 A2C 算法学习并更新网络参数，因而每个行动-学习者都需要维护一个策略网络和一个价值网络来指导其在与环境的交互中采取明智的决策动作。为了使所有的行动-学习者的网络参数初始化相同并保持同步，在所有行动-学习者之外将建立参数服务器，并使其支持对所有行动-学习者的异步通信。

从每一个行动-学习者的角度，其具体的学习算法如算法 12.37 所述，在每个学习周期中，通过异步通信，每个行动-学习者首先会从参数服务器中同步其网络参数，基于更新的策略网络，行动-学习者会做出决策动作并与环境最多交互 $t_{\max}$ 次，与环境交互探索的经验会被收集并用来训练其自身的策略网络和价值网络，分别得到两个网络参数的更新梯度 $\mathrm{d}\theta$ 和 $\mathrm{d}\theta_v$。在行动-学习者

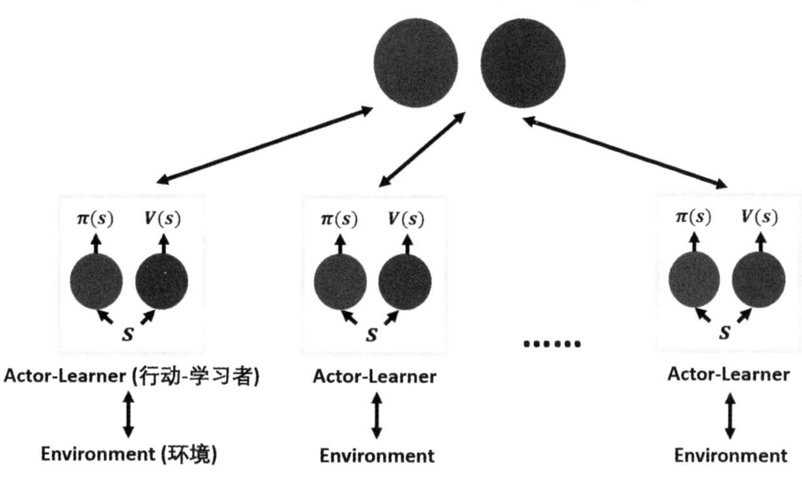

图 12.5 A3C 架构

算法 12.37 异步优势 Actor-Critic （Actor-Learner）

超参数: 总探索步数 $T_{\max}$，每个周期内最多探索步数 $t_{\max}$。
初始化步数 $t=1$
while $T \leqslant T_{\max}$ **do**
  初始化网络参数梯度: $\mathrm{d}\theta=0$ 和 $\mathrm{d}\theta_v=0$
  和参数服务器保持同步并获得网络参数 $\theta'=\theta$ 和 $\theta'_v=\theta_v$
  $t_{\text{start}}=t$
  设定每个探索周期初始状态 S_t
  while 达到终结状态 or $t-t_{\text{start}}==t_{\max}$ **do**
    基于决策策略 $\pi(S_t|\theta')$ 选择决策行为 a_t
    在环境中采取决策行为，获得奖励 R_t 和下一个状态 S_{t+1}。
    $t=t+1, T=T+1$。
  end while
  if 达到终结状态 **then**
    $R=0$
  else
    $R=V(S_t|\theta'_v)$
  end if
  for $i=t-1,t-2,\cdots,t_{\text{start}}$ **do**
    更新折扣化奖励 $R=R_i+\gamma R$。
    积累参数梯度 $\theta', \mathrm{d}\theta=\mathrm{d}\theta+\nabla_{\theta'}\log\pi(S_i|\theta')(R-V(S_i|\theta'_v))$。
    积累参数梯度 $\theta'_v, \mathrm{d}\theta_v=\mathrm{d}\theta_v+\partial(R-V(S_i|\theta'_v))^2/\partial\theta'_v$。
  end for
  基于梯度 $\mathrm{d}\theta$ 和 $\mathrm{d}\theta_v$ 异步更新 θ 和 θ_v
end while

和环境交互 $T_{\max}$ 次后，行动-学习者会将两个网络所有累积的梯度之和提交给参数服务器，使其能够分别异步更新网络服务器中的网络参数 θ 和 θ_v。

12.4.2　GPU/CPU 混合式异步优势 Actor-Critic

为了更好地利用 GPU 的计算资源从而提高整体计算效率，A3C 进一步优化提升为 GPU/CPU 混合式异步优势 Actor-Critic（Hybrid GPU/CPU A3C，GA3C）(Babaeizadeh et al., 2017)，如图 12.6 所示，在学习模型与环境的交互过程中，GA3C 算法主要由智能体、预测者（Predictor）和训练者（Trainer）三部分组成，每一部分的功能具体如下。

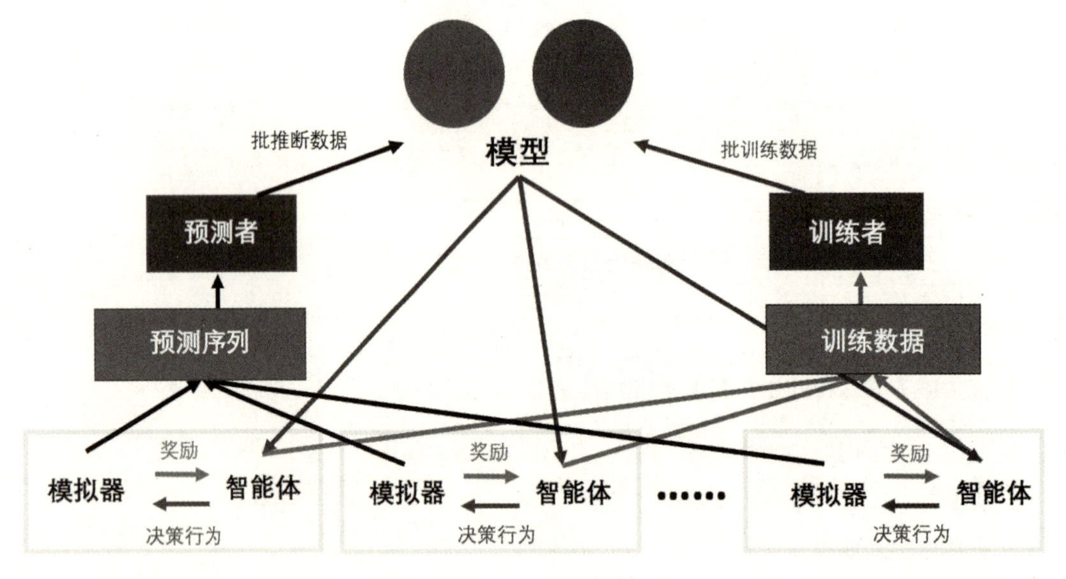

图 12.6　GA3C 架构

- **智能体**: 在 GA3C 算法中，多个智能体分别与模拟的环境进行交互，然而每个智能体自身不需要维护一个策略网络来指导其做出决策动作，而是基于当前的状态 S_t，将如何决策的请求发送给预测序列，预测者则会根据整体策略网络顺序为预测序列中的请求提供决策建议。当智能体采取 A_t 决策动作，通过与环境的交互获得奖励 R_t 并进入状态 S_{t+1} 时，智能体会将其探索经验的信息 (S_t, A_t, R_t, S_{t+1}) 发送到训练队列，用于学习网络参数的训练提升。
- **预测者**: 当预测者从智能体中收集决策请求并存储在预测队列中，再进行模型推论时，将从预测队列中批量获取决策请求，并将其输入决策网络中，从而为每一个请求得到建议的决策动作。由于批量的数据输入使得模型在推论时可以利用 GPU 的并行计算能力，因而提升了学习模型的计算效率。基于不同的请求数量，预测者和其预测队列的数目可以随之调整用于控制信息的处理速度，降低计算延迟，从而进一步提升计算效率。

- **训练者**: 在收到多个智能体的交互经验信息后，训练者会将信息存储在训练队列中，并从中批量选取数据，用于整体策略网络和价值网络的模型训练。同样，在模型训练中，批量的信息输入利用 GPU 的并行计算能力提升了计算效率，同时也降低了训练结果的方差。

12.4.3 分布式近端策略优化

分布式近端策略优化（Distributed Proximal Policy Optimization，DPPO）是 PPO 算法的分布式版本，如图 12.7 所示，其中领导者和工人分别与 A3C 算法中的参数服务器和行动-学习者的功能相对应。DPPO 算法将数据的采集和梯度计算分布在多个工人中执行，从而大大降低了学习的时间。周期性地接收每一个工人提交的平均梯度值，领导者会更新其自身的网络参数并将最新的网络参数同步更新给所有工人。

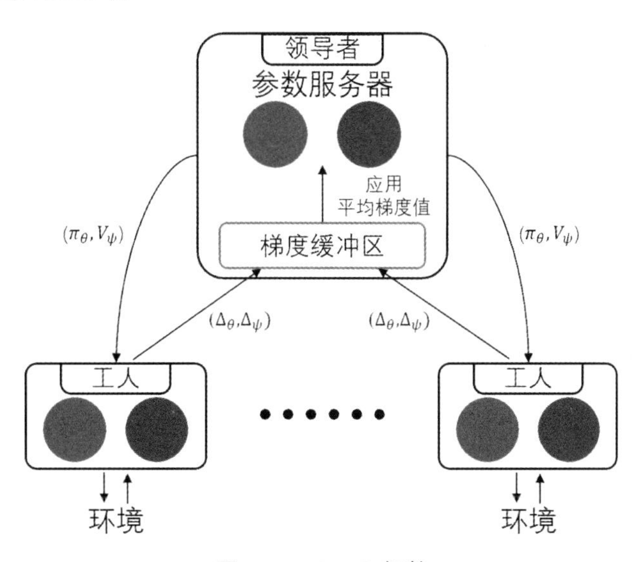

图 12.7 DPPO 架构

DPPO 算法的伪代码从领导者（Chief）和工人（Worker）的角度分别由算法 12.38、算法 12.39 和算法 12.40 所述，由于工人可以基于 PPO 算法两种版本 PPO-Penalty 和 PPO-Clip 中的一个，因而本节相对应地提出两种 DPPO 算法，分别为 DPPO-Penalty 和 DPPO-Clip。这两种算法在领导者的部分是相同的，唯一的区别是工人计算梯度的方法，具体可见如下伪代码。

算法 12.38 DPPO (Chief)

超参数: workers 数目 W，可获得梯度的 worker 数目门限值 D, 次迭代数目 M, B。

输入: 初始全局策略网络参数 θ，初始全局价值网络参数 ϕ。

for k $= 0, 1, 2, \cdots$ **do**

  for $m \in \{1, \cdots, M\}$ **do**

等待至少可获得 $W-D$ 个 worker 计算出来梯度 θ，去梯度的均值并更新全局梯度 θ。

end for

for $b \in \{1, \cdots, B\}$ **do**

等待至少可获得 $W-D$ 个 worker 计算出来梯度 ϕ，去梯度的均值并更新全局梯度 ϕ。

end for

end for

领导者从工人中收集网络参数的梯度信息并用于更新其自身的网络参数。由算法 12.38 所示，在每一次迭代中，策略网络和价值网络分别将执行 M 和 B 次子迭代。在每一次子迭代中，领导者至少等待所有工人提交 $(W-D)$ 组梯度数据，然后用所有这些梯度的均值来更新网络参数。更新的网络参数将会和所有工人同步，用于其之后的采样和梯度计算。

从自身的角度会收集数据样本并计算梯度，然后将梯度传递给领导者。算法 12.39 和算法 12.40 除在计算策略梯度的部分外大致相同，在每次迭代中，工人首先会收集一组数据 $\mathcal{D}_k$，并根据收集的数据计算算法中的 $\hat{G}_t$ 或 $\hat{A}_t$，将当前探索的策略 π_θ 存储为 π_{old}，在策略网络和价值网络中分别重复 M 和 B 次子迭代过程。

算法 12.39 DPPO (PPO-Penalty worker)

超参数: KL 惩罚系数 λ, 自适应参数 $a=1.5, b=2$, 次迭代数目 M, B。

输入: 初始局部策略网络参数 θ, 初始局部价值网络参数 ϕ。

for k $=0,1,2,\cdots$ **do**

通过在环境中采用策略 π_θ 收集探索轨迹 $\mathcal{D}_k=\{\tau_i\}$

计算 rewards-to-go $\hat{G}_t$

基于当前价值函数 V_{ϕ_k} 计算对 advantage 的估计，$\hat{A}_t$（可选择使用任何一种 advantage 估计方法）。

存储部分轨迹信息

$\pi_{\text{old}} \leftarrow \pi_\theta$

for $m \in \{1, \cdots, M\}$ **do**

$$J_{\text{PPO}}(\theta)=\sum_{t=1}^{\mathrm{T}} \frac{\pi_\theta(A_t|S_t)}{\pi_{\text{old}}(A_t|S_t)} \hat{A}_t-\lambda \mathrm{KL}[\pi_{\text{old}}|\pi_\theta]-\xi \max(0, \mathrm{KL}[\pi_{\text{old}}|\pi_\theta]-2 \mathrm{KL}_{\text{target}})^2$$

if $\mathrm{KL}[\pi_{\text{old}}|\pi_\theta]>4 \mathrm{KL}_{\text{target}}$ **then**

break 并继续开始 $k+1$ 次迭代

end if

计算 $\nabla_\theta J_{\text{PPO}}$

发送梯度数据 θ 到 chief

等待梯度被接受或被舍弃，更新网络参数。

end for

for $b \in \{1, \cdots, B\}$ **do**

$L(\phi) = -\sum_{t=1}^{\mathrm{T}}(\hat{G}_t - V_\phi(S_t))^2$

计算 $\nabla_\phi L$

发送梯度数据 ϕ 到 chief

等待梯度被接受或被舍弃，更新网络参数。

end for

计算 $d = \hat{\mathbb{E}}_t\left[\mathrm{KL}[\pi_{\text{old}}(\cdot|S_t), \pi_\theta(\cdot|S_t)]\right]$

if $d < d_{\text{target}}/a$ **then**

$\lambda \leftarrow \lambda/b$

else if $d > d_{\text{target}} \times a$ **then**

$\lambda \leftarrow \lambda \times b$

end if

end for

算法 12.40 DPPO (PPO-Clip worker)

超参数: clip 因子 ϵ, 次迭代数目 M, B。

输入: 初始局部策略网络参数 θ, 初始局部价值网络参数 ϕ。

for $\mathrm{k} = 0, 1, 2, \cdots$ **do**

通过在环境中采用策略 π_θ 收集探索轨迹 $\mathcal{D}_k = \{\tau_i\}$

计算 rewards-to-go $\hat{G}_t$

基于当前价值函数 V_{ϕ_k} 计算对 advantage 的估计，$\hat{A}_t$（可选择使用任何一种 advantage 估计方法）。

存储部分轨迹信息

$\pi_{\text{old}} \leftarrow \pi_\theta$

for $m \in \{1, \cdots, M\}$ **do**

通过最大化 PPO-Clip 目标更新策略：

$$J_{\text{PPO}}(\theta) = \frac{1}{|\mathcal{D}_k|T} \sum_{\tau \in D_k} \sum_{t=0}^{\mathrm{T}} \min\left(\frac{\pi_\theta(A_t|S_t)}{\pi_{\text{old}}(A_t|S_t)}\hat{A}_t(\frac{\pi(A_t|S_t)}{\pi_{\text{old}}(A_t|S_t)}, 1-\epsilon, 1+\epsilon)\hat{A}_t\right)$$

计算 $\nabla_\theta J_{\text{PPO}}$

发送梯度数据 θ 到 chief

等待梯度被接受或被舍弃，更新网络参数。

end for

for $b \in \{1, \cdots, B\}$ **do**

通过回归均方误差拟合价值方程：

$$L(\phi) = -\frac{1}{|\mathcal{D}_k|T}\sum_{\tau\in\mathcal{D}_k}\sum_{t=0}^{\mathrm{T}}\left(V_\phi(S_t) - \hat{G}_t\right)^2$$

计算 $\nabla_\phi L$
发送梯度数据 ϕ 到 chief
等待梯度被接受或被舍弃，更新网络参数。
end for
end for

在 DPPO-Clip 中，网络参数 λ 会在所有工人中共享，但是否更新取决于每一个工人计算的平均 KL 散度。另外，在工人们共享的数据中建议使用统计值，例如，对观察到的数据，奖励和优势函数通过计算均值和标准差，使其具有归一化。另外，在 DPPO-Clip 算法中，当 KL 散度超过一定数值后会添加额外的处罚项。对于策略网络，在每次子迭代过程中会采用早停法来进一步提高算法稳定性。

12.4.4　重要性加权的行动者-学习者结构和可扩展高效深度强化学习

基于 A2C 学习算法，重要性加权的行动者-学习者结构（Importance Weighted Actor-Learner Architecture，IMPALA）在分布式计算中使用智能体探索轨迹的所有经验作为通信信息。如图 12.8 所示，IMPALA 架构由行动者和学习者组成，具体介绍如下：

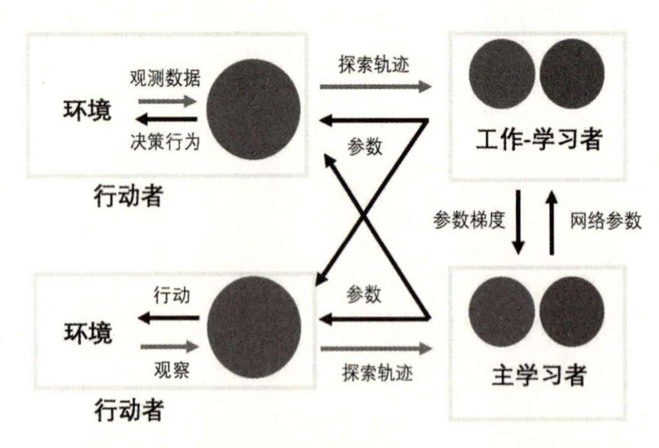

图 12.8　重要性加权的行动者-学习者结构

- **行动者**：每个行动者中会有一个复制的策略网络，用于在和模拟的环境交互时做出决策，在交互时收集到的经验将会存储到缓冲区中，在与环境交互固定次数后，每个行动者会将其存储的探索轨迹经验发送给学习者，并和其他行动者以同步通信的方式从学习者中收到更新的策略网络参数信息。

- **学习者**：通过和行动者通信，学习者收到所有行动者收集的轨迹经验信息并用其训练模型，设在状态 S_T 下的价值估计为 n 步 V 轨迹 Target，定义如下

$$\text{Target} = V(S_T) + \sum_{t=T}^{T+n-1} \gamma^{t-T}(\Pi_{i=T}^{t-1} c_i)\delta_t V, \tag{12.1}$$

其中 $\delta_t V = \rho_t(R_t + \gamma V(S_{t+1}) - V(S_t))$ 表示时间差分。$\rho_t = \min(\bar{\rho}, \frac{\pi(S_t)}{\mu(S_t)})$。$c_i = \min(\bar{c}, \frac{\pi(S_i)}{\mu(S_i)})$。$\pi$ 为学习者的决策策略，为上一轮同步时所有行动者的策略 μ 的均值。

大规模模型训练算法可以存在多个学习者，细分为工人学习者和主学习者，每个学习者会和不同的行动者通信并独立完成模型训练，但周期性地，所有工人学习者需要和主学习者通信，每个工人学习者会将学习到的网络参数梯度发送给主学习者，然后主学习者会更新其自身的网络参数并同步更新到所有的工人学习中。

可扩展高效深度强化学习（Scalable，Efficient Deep-RL，SEED）架构 (Espeholt et al., 2019) 和 IMPALA 十分类似，主要的区别在于策略网络的推断过程会从行动者部分转移到学习者中，从而降低了行动者的算力要求和通信延时。具体的 SEED 架构如图 12.9 所示，由于每个行动者中只需要完成和环境的交互，很多弱算力的计算资源可以加入架构中并成为独立的行动者。根据学习者指导的决策动作，每一个行动者将一步的经验反馈给学习者，其反馈的经验信息将首先存储在学习者的经验缓冲器中。在多次迭代之后，批量的轨迹经验数据将提供给学习者进行模型训练，其中方程 (12.1) 中 V 轨迹目标也被使用作为状态的价值估计。

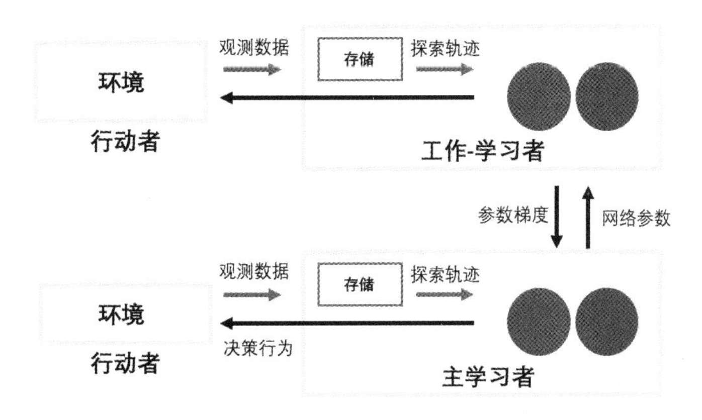

图 12.9 可扩展高效深度强化学习架构

12.4.5　Ape-X、回溯-行动者和分布式深度循环回放 Q 网络

在分布式网络中，考虑到智能体和环境的频繁交互，将带有优先级的经验回放加入架构中对规模化场景很有助益。Ape-X (Horgan et al., 2018) 是典型的包含带有优先级的经验回放部分的分布式架构，如图 12.10 所示。设有多个相互独立的行动者，在每个行动者中会有一个智能体在策略网络的指导下与环境进行交互。基于从多个行动者中收集的经验信息，学习者将训练其网络参数，从而学习最优的动作策略。不仅如此，除了行动者和学习者，算法中还有回放缓冲区收集所有行动者采集的信息，维护并更新每一个存储经验的优先级，并且根据优先程度从中批量选取数据发送给学习者进行模型训练。经过回放缓冲区的处理，批量且标有优先级的训练数据能够有效地提升计算效率及模型训练结果。

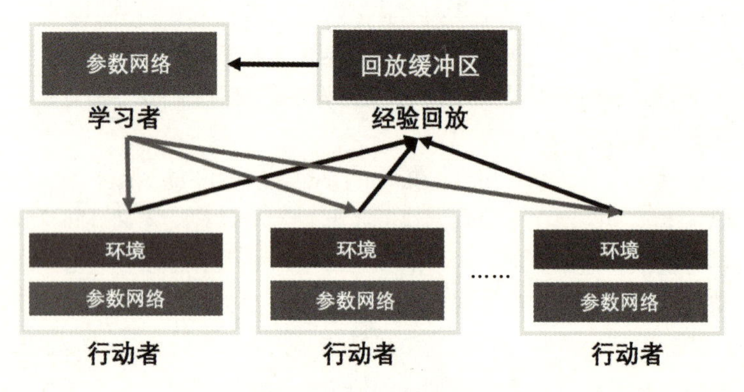

图 12.10　Ape-X 架构

在行动者中的算法如算法 12.41 所示，其中每一个行动者首先和学习者在策略网络参数上保持同步，更新的网络参数信息将指导智能体和环境发生交互。在收到环境带来的反馈后，行动者会计算其中探索经验数据的优先级，并将带有优先级信息的数据发送给回放缓冲区。

当回放缓冲区从行动者中收集到确定数目的经验信息后，学习者将开始从回放缓冲区获取批量信息进行学习。从学习者的角度如算法 12.42 所示，在每个模型训练周期中，学习者首先将从回放缓冲区中获得带有优先级的批量经验数据，每个数据信息用 $(i, \boldsymbol{d})$ 表示，其中 i 表示数据的索引编号，$\boldsymbol{d}$ 为具体的经验数据信息，其中包括初始状态、决策动作、奖励和采取动作后到达的状态四个部分。批量的经验数据将用来训练学习者的网络参数，并周期性地将更新的网络参数与所有行动者中的策略网络参数保持同步。另外，在模型训练之后，采样数据的优先级将会被调整并在回放缓冲区中更新。由于容量大小的限制，在回放缓冲区中会周期性地将具有较低优先级的数据删除。

当训练模型分别使用 DQN 或 DPG 算法的时候，基于如上架构，Ape-X 深度 Q 网络（Ape-X DQN）和 Ape-X 深度策略梯度（Ape-X DPG）相对应被提出。在 Ape-X DQN 中，Q 网络存在学习者和所有行动者中，在行动者中智能体的决策动作受网络产生的 Q 值指导；在 Ape-X DPG 中，

算法 12.41 Ape-X (Actor)

超参数: 单次批量发送到回放缓冲区的数据大小 B、迭代数目 T。
与学习者同步并获得最新的网络参数 θ_0
从环境中获得初始状态 S_0
for t $= 0, 1, 2, \cdots, T-1$ **do**
  基于决策策略 $\pi(S_t|\theta_t)$ 选择决策行为 A_t
  将经验 (S_t, A_t, R_t, S_{t+1}) 加入当地缓冲区
  if 当地缓冲区存储数据达到数目门限值 B **then**
    批量获得缓冲数据 B
    计算获得缓冲数据的优先级 p
    将批量缓冲数据和其更新的优先级发送回放缓冲区
  end if
  周期性同步并更新最新的网络参数 θ_t
end for

算法 12.42 Ape-X (Learner)

超参数: 学习周期数目 T
初始化网络参数 θ_0
for $t = 1, 2, 3, \cdots, T$ **do**
  从回放缓冲区中批量采样带有优先级的数据 (i, d)
  通过批数据进行模型训练
  更新网络参数 θ_t
  对于批数据 d 计算优先级 p
  更新回放缓冲区中索引 i 数据的优先级 p
  周期性地从回放缓冲区中删除低优先级的数据
end for

学习者将构建策略网络和价值网络，而在行动者里只有相同结构的策略网络，用于指导其智能体制定策略动作。

同样设立带有优先级的分布式回放缓冲区，回溯-行动者（Retrace-Actor, Reactor）(Gruslys et al., 2017) 基于 Actor-Critic 架构被提出，取代之前的单个经验信息，一个序列的经验信息将被同时输入缓冲区中，并采用 Retrace(λ) 算法来更新对 Q 值的估计。在神经网络中，LSTM 网络将在策略和价值网络中使用，并获得很好的模型训练结果。

类似地，分布式深度循环回放 Q 网络（Recurrent Replay Distributed DQN，R2D2）(Kapturowski et al., 2019) 在带有优先级的分布式回放缓冲区中采用具有固定长度序列的经验格式，基于深度 Q 网络（DQN）算法，R2D2 同样在策略网络中使用 LSTM 层，并且用存在回放缓存区中的状态数据训练网络。

12.4.6 Gorila

基于深度 Q 网络算法（General Reinforcement Learning Architecture，Gorila）(Nair et al., 2015) 如图 12.11 所示。在此架构中，当和参数服务器中深度 Q 网络的参数保持同步之后，行动者将在深度 Q 网络的指导下和环境进行交互，并将通过交互收集到的经验直接发送到回放缓冲区。回放缓冲区将存储并管理所有从行动者中收集经验信息。当从回放缓冲区中获取批量数据后，学习者将会进行模型学习并计算 Q 网络中参数的梯度。在学习者中会用一个学习 Q 网络和一个目标 Q 网络来计算 TD 误差，其中学习 Q 网络将会在学习的每一步和参数服务器中的网络参数保持同步，然而目标 Q 网络只在每过 N 步之后和参数服务器同步。参数服务器将周期性地从学习者中接收网络参数的梯度信息，并更新自身的网络参数，以使之后的探索更具效率。

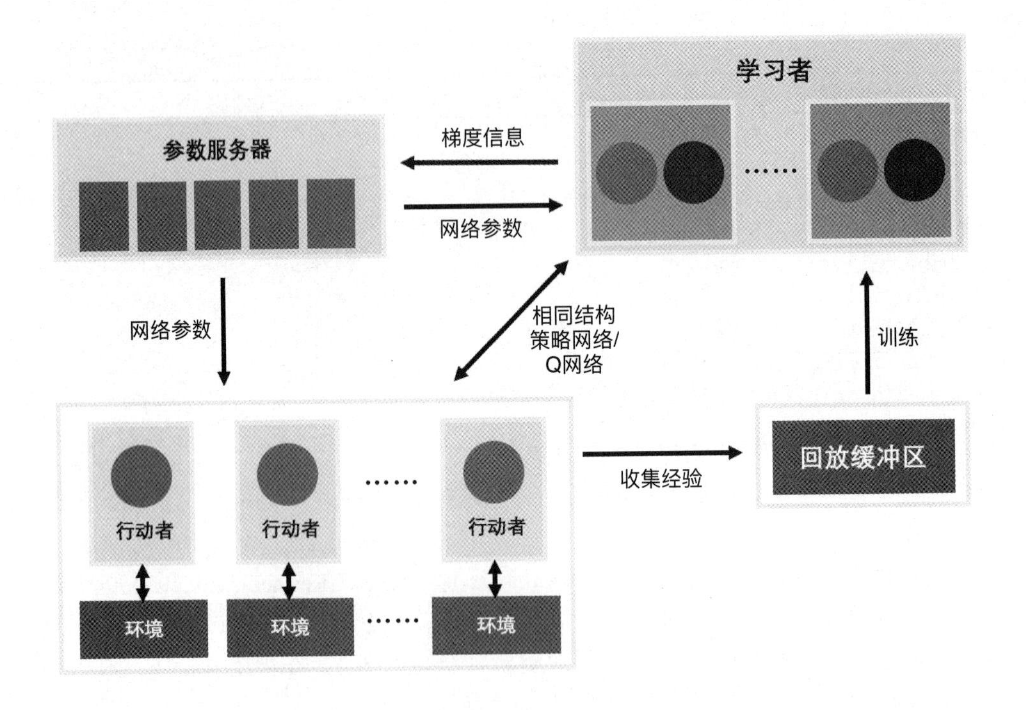

图 12.11　Gorila 架构

12.5　分布式计算架构

基于并行计算的基本模式和结构，在分布式强化学习中，大规模并行计算架构能够得以进一步探索和研究。一般来说，其系统一般会有如下基本组成元素：

- **环境**（Environments）：环境是智能体需要与其交互的场景。在深度学习的大规模并行计算中，环境可能会存在多个复制版本，并分别对应到多个行动者中，使其能够相互独立地并行探索，获取经验，并且，在基于模型的强化学习中，通常会用多个模拟的环境来使其在探索和学习中具备并行性。

- **行动者**（Actors）：系统中行动者通常指直接和环境进行交互的部分。其中，可能会有多个行动者和一个或多个真实或模拟的环境进行交互，并且其中每一个行动者都能在所给出的环境状态下独立地做出决策动作。其决策动作可以由行动者自身的策略网络或者 Q 网络推断产生，或者是由参数服务器或者其周围的学习者中共享的策略网络或 Q 网络产生的。当行动者在环境中进行了连续多步的探索之后，探索轨迹将形成。形成的探索轨迹将会被提交到回放存储缓冲器或者直接提交给学习者。由于行动者和环境的交互需要花费很多时间，所以，行动者探索和数据收集的并行性能够提升获得经验数据的速度，从而可以将批量数据发送给学习者训练模型，训练效果得到很大提升。
- **回放存储缓冲区**（Replay Memory Buffers）：回放存储缓冲区将会从所有行动者中收集探索轨迹，并将其整理后提供给学习者用于策略学习或者 Q 学习。由于存储缓冲区需要快速的数据读写和数据打乱重排，数据存储的结构同样需要支持动态且并行的方式。并且，由于大多数学习者依赖回放存储缓冲区中的数据进行模型训练。为了保证模型训练的高效率，建议在回放存储缓冲区分配在学习者的周围并高效连通。
- **学习者**（Learners）：学习者是深度强化学习的关键组成部分，基于不同的深度强化学习方法，学习者的结构也将各有不同。通常来说，每个学习者会维护一个策略网络或Q网络，并且用从回放存储缓冲区中得到的行动者与环境交互的经验信息来训练深度网络参数。在训练前后，学习者均会和参数服务器进行通信，使其在训练前同步深度网络参数信息，并在训练后提交训练得到的参数梯度信息。多个学习者和参数服务器的通信方式可以是同步或异步的。
- **参数服务器**（Parameter Servers）：参数服务器是从学习者中收集所有信息并维护管理策略网络或者 Q 网络中的参数信息。参数服务器将周期性地和所有学习者保持同步，使每个学习者获得其他学习者学习得到的信息，并且参数服务器能够在行动者和环境交互时帮助其制定决策策略。在大规模深度强化学习系统中，为了保证参数服务器和学习者及行动者通信时的稳定性和高效率，参数服务器自身也可以具有多种不同的架构，其内部也可采用集中式或分布式的数据通信方式。

一般性的分布式计算架构可以采纳其中元素组合形成。由于其中的每一部分可独立且并行进行数据的存储，传输或计算，其架构可以根据要解决的问题适应性调整并灵活改变，从而充分满足应用中多样的学习任务需求。

参考文献

BABAEIZADEH M, FROSIO I, TYREE S, et al., 2017. Reinforcement learning thorugh asynchronous advantage actor-critic on a gpu[C]//ICLR.

ESPEHOLT L, MARINIER R, STANCZYK P, et al., 2019. Seed rl: Scalable and efficient deep-rl with accelerated central inference[J]. arXiv preprint arXiv:1910.06591.

GRUSLYS A, DABNEY W, AZAR M G, et al., 2017. The reactor: A fast and sample-efficient actor-critic agent for reinforcement learning[Z].

HORGAN D, QUAN J, BUDDEN D, et al., 2018. Distributed prioritized experience replay[Z].

KAPTUROWSKI S, OSTROVSKI G, DABNEY W, et al., 2019. Recurrent experience replay in distributed reinforcement learning[C]//International Conference on Learning Representations.

MNIH V, BADIA A P, MIRZA M, et al., 2016. Asynchronous methods for deep reinforcement learning[C]//International Conference on Machine Learning (ICML). 1928-1937.

NAIR A, SRINIVASAN P, BLACKWELL S, et al., 2015. Massively parallel methods for deep reinforcement learning[Z].

OPENAI, :, BERNER C, et al., 2019. Dota 2 with large scale deep reinforcement learning[Z].

应用部分

为了帮助读者更加深入地理解深度强化学习，并能很快地把相关技术用到实践中，下面的章节将会介绍五个精选的应用，包括 Learning to Run、图像增强、AlphaZero、机器人学习和基于 Arena 平台的多智能体强化学习。这些应用覆盖了尽可能多的细节，帮助读者理解不同场景下的实现技巧。表 1 列出了该部分的应用及其算法名称、策略、动作空间和观测的形式。我们相信这些内容能帮助读者根据具体应用来选择对应类似的项目。

表 1　本书应用部分的总结

应用	算法	动作空间	观测
Learning to Run	SAC	连续	连续
图像增强	PPO	离散	图片特征
AlphaZero	MCTS	离散	二值棋盘矩阵（Binary Chessboard Matrix）
机器人学习	SAC	连续	连续
基于 Arena 平台的多智能体强化学习	MADDPG, etc	任意	任意

13 Learning to Run

在这一章，我们提供了一个实践项目，方便读者获得一些深度强化学习应用的经验，而这个项目是一个由 CrowdAI 和 NeurIPS[1] 2017 主办的挑战：`Learning to Run`。这个环境有 41 维的状态空间和 18 维的动作空间，二者都是连续的，因此，对于初学者获取经验而言是一个较大规模的环境。我们为这个任务提供了一个柔性 Actor-Critic（Soft Actor-Critic，SAC）算法的解决方案，同时也有一些辅助技巧来提高其表现。环境和代码链接见读者服务。

13.1 NeurIPS 2017 挑战：Learning to Run

13.1.1 环境介绍

`Learning to Run` 是一个由 CrowdAI 和 NeurIPS 2017 举办的竞赛，吸引了许多强化学习研究人员的参与。在这个任务中，参与者被要求开发一个控制器，使得一个生理学人体模型可以尽可能快地通过一条复杂而有障碍物的路线。任务中提供了一个肌肉骨骼模型和一个基于物理过程模拟环境。为了模拟这个物理和生物力学过程并用强化学习智能体对其导航，任务提供了一个基于 OpenSim 库的 osim-rl 环境，而 OpenSim 是一个对肌肉骨骼建模的标准物理和生物力学环境。如图 13.1 所示是一个包括主体在内的环境场景。

这个环境结合了一个包括两条腿、一个骨盆、一个代表上半身的部分（躯干、头部、手臂）的肌肉骨骼模型。不同部分之间由关节连接（比如膝关节和髋），而这些关节处的活动由肌肉激发来控制。模型中的这些肌肉有很复杂的路径（比如，肌肉可以经过不止一个关节，并且模型中有冗余肌肉），而肌肉激励器本身也是高度非线性的。这个智能体在 3 维世界中进行 2 维运动。为

[1]该会议名称当时缩写为 NIPS。

了便于理解和操作，我们在这个项目中使用的环境相比挑战赛中使用的有所简化，因此可能有些地方跟竞赛官方文档略微不同。如下是骨骼模型的所有组成部分。

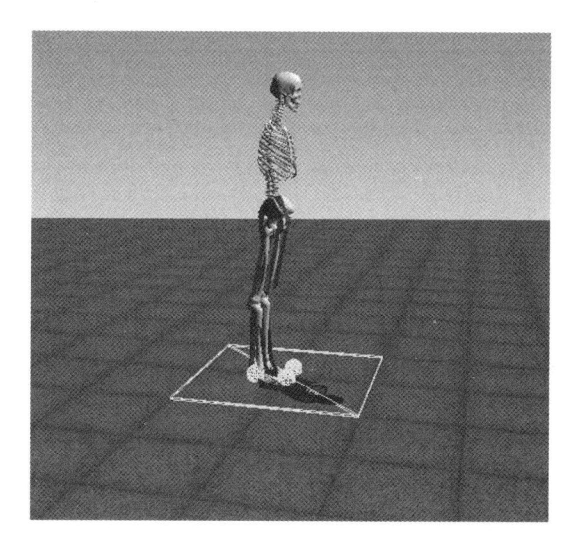

图 13.1 NeurIPS 2017 挑战赛：Learning to Run 环境（见彩插）

- 观察量包括 41 个值：
  * 骨盆位置（角度，x 坐标，y 坐标）
  * 骨盆速度（角速度，x 速度，y 速度）
  * 每个踝关节、膝关节和髋的角度（6 个值）
  * 每个踝关节、膝关节和髋的角速度（6 个值）
  * 质心位置（2 个值）
  * 质心速度（2 个值）
  * 头部、骨盆、躯干、左右脚趾、左右踝的位置（共 14 个值）
  * 左右腰肌强度：对难度级别低于 2（难度值是一个默认环境参数）的环境，其值为 1.0，否则它是一个随机变量，在整个模拟周期中采样于均值为 1.0、标准差为 0.1 的固定正态分布。（注意：在我们简化的环境中，这些腰肌强度值被设为 0.0。）
  * 下一个障碍物：到骨盆的 x 轴距离，以及其中心相对地面的 y 坐标。（注意：在我们的简化环境中，所有这些值被设为 0.0，无障碍物出现。）
- 动作包括 18 个标量值，分别表示 18 块肌肉的激发程度（每条腿 9 个）：
  * 腘绳肌腱
  * 股二头肌
  * 臀大肌
  * 髂腰肌

* 股直肌
* 股肌
* 腓肠肌
* 比目鱼肌
* 胫骨前肌

- 奖励函数：
  * 奖励函数由骨盆沿 x 轴运动距离减去由于使用韧带的惩罚计算得到。
- 其他细节：
  * “done”信号表示这一步是环境模拟的最后一步。这会在 1000 次迭代到达或者骨盆高度低于 0.65 米时发生。

从以上对环境的描述中我们可以看出，相比于其他 OpenAI Gym 或 DeepMind Control Suite 中的游戏，这个竞赛的环境相对复杂，有着高维观察量空间和动作空间。因此，以较好的表现和较短的训练时间解决这个任务需要一些特殊的技巧。我们将介绍这些具体方法及用一个并行训练框架来解决这个任务。我们在随书的代码库中提供了这个环境的副本和解决方案的代码，因此，我们推荐读者用这个项目进行上手练习。

13.1.2 安装

根据官方库，这个环境可以用以下命令行安装：

1. 创建一个包含 OpenSim 软件包的 Conda 环境（命名为 opensim-rl）。

```
conda create -n opensim-rl -c kidzik opensim python=3.6.1
```

2. 激活我们刚创建的 Conda 环境。

在 Windows 上，运行：

```
activate opensim-rl
```

在 Linux/OS X 上，运行：

```
source activate opensim-rl
```

你需要在每次打开一个新的终端时输入上面的命令。

3. 安装我们的 Python 强化学习环境。

```
conda install -c conda-forge lapack git
pip install osim-rl
```

自从 2017 年以后，这个挑战已连续举办了三年（至 2019 年）。因而，最初的 Learning to Run 环境由于版本更新已经被废弃。虽然如此，我们仍旧选择用这个原始的 2017 版本环境来做示范，因为它相对简单。于是，在我们的项目中提供了一个仓库存放 2017 版本的环境：

```
git clone
    https://github.com/deep-reinforcement-learning-book/Chapter13-Learning-to-Run.git
```

我们所用的强化学习算法代码和环境的封装也都在上述仓库中提供。

通过以上几步，我们已经完成了环境的安装，可以通过以下命令检验安装是否成功：

```
python -c "import opensim"
```

如果它能正常运行，说明安装已成功；否则，可以在这个网站找到解决方案。

要用随机采样执行 200 次模拟迭代，我们可以用 Python 解释器运行以下命令（在 Linux 环境）：

```
from osim.env import RunEnv # 导入软件包
env = RunEnv(visualize=True) # 初始化环境
observation = env.reset(difficulty = 0) # 重置环境
for i in range(200): # 采集样本
    observation, reward, done, info = env.step(env.action_space.sample())
```

这个环境由于已被写成 OpenAI Gym 游戏的格式，对用户十分友好，而且有一个定义好的奖励函数。我们的任务是得到一个从当前观察量（一个 41 维矢量）到肌肉激活动作（18 维矢量）的映射函数，使得它能够最大化奖励值。如前所述，奖励函数被定义为一个迭代步中骨盆沿 x 轴的位移减去韧带受力大小，从而尽可能鼓励智能体在最小身体损耗的情况下向前移动。

13.2 训练智能体

为了更好地解决这个任务，在训练框架中需要实现一系列技巧，包括：

- 一个可以平衡 CPU 和 GPU 资源的并行训练框架；
- 奖励值缩放；
- 指数线性单元 (Exponential Linear Unit，ELU) 激活函数；
- 层标准化（Layer Normalization）；
- 动作重复；
- 更新重复；
- 观察量标准化和动作离散化可能是有用的，但我们未在提供的解决方案中使用；

- 根据智能体双腿的对称性所做的数据增强可能是用的，但我们未在提供的解决方案中使用。

注意，根据竞赛参与团体的实验和报告，后两个技巧也可能是有用的，但由于它们更多基于该具体任务的方法而不对其他任务广泛适用，我们未在这里的解决方案中使用。然而，要知道观察量标准化、动作值离散化和数据增强是可以根据一些任务的具体情况应用来加速学习过程的。

这个环境一个典型的缺陷是模拟速度太慢，在一个普通 CPU 上完成单个片段至少需要几十秒时间。为了更高效地学习策略，我们需要将采样和训练过程并行化。

13.2.1 并行训练

至少有两个原因需要我们对这个任务进行并行训练。第一个是由于上面所述 `Learning to Run` 环境较慢的模拟速度，至少耗时几十秒完成一个模拟片段。第二个是由于该环境有较高的内在复杂度。基于作者经验，这个环境用普通的无模型（Model-Free）强化学习算法，如深度决定性策略梯度（Deep Deterministic Policy Gradient，DDPG）或柔性 Actor-Critic（Soft Actor-Critic，SAC），需要至少上百个 CPU/CPU 计算小时来获得一个较好的策略。因此，这里需要一个多进程跨 GPU 的训练框架。

由于 `Learning to Run` 环境的高复杂度，训练过程需要用多个 CPU 和 GPU 来并行分布实现。此外，CPU 和 GPU 之间的平衡对这个任务也很关键，因为与环境交互采样的过程一般是在 CPU 上，而反向传播训练过程一般是在 GPU 上。整个过程的训练效率在实践中满足短板效应。关于并行训练中如何均衡 CPU 和 GPU 计算的内容在第 12 章和第 18 章中也有讨论。这里有一种解决这个任务的方案。

如图 13.2 所示，在一般的单进程深度强化学习中，训练过程由一个进程来处理，而这通常无法充分发挥计算资源的潜力，尤其在有多个 CPU 核和多个 GPU 的情况下。

图 13.2　在离线策略深度强化学习中进行单进程训练：只有一个进程来采样和训练策略

图 13.3 展示了在多个 CPU 和多个 GPU 上部署离线策略（Off-Policy）深度强化学习的并行训练架构，其中，一个智能体和一个环境被封装进一个“工作者”来运行一个进程。多个工作者可以共享同一个 GPU，因为有时单个工作者无法完全占用整个 GPU 内存。在这种设置下，使用同一个 GPU 的进程数量和工作者数量可以被手动设置，从而在学习过程中最大化所有计算资源的利用率。

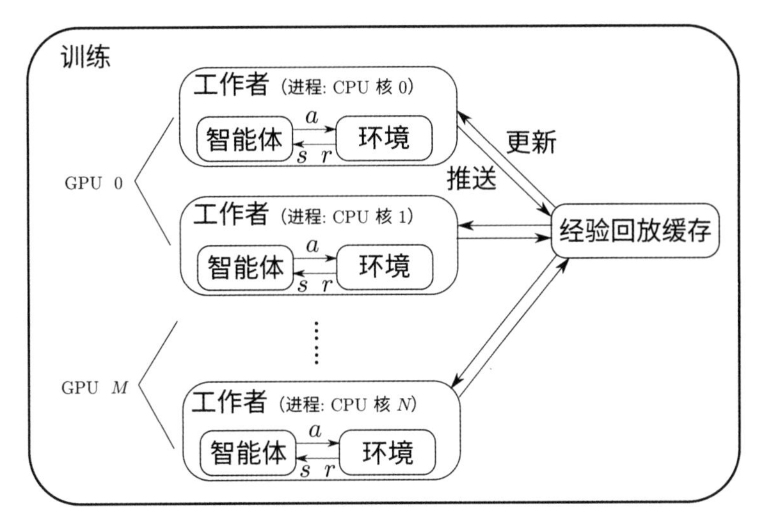

图 13.3 一个离线策略深度强化学习的并行训练架构。每个工作者包含一个与环境交互的智能体，策略被分布在多个 GPU 上训练

我们的项目提供了一个高度并行化的 SAC 算法，它使用上述架构来解决这个需要多进程和多 GPU 计算的任务。由于多进程的内存之间互相不共享，需要用特殊的模块来处理信息交流和参数共享。在代码中，回放缓冲区通过 Python 内的 `multiprocessing` 模块共享，训练过程中的网络和参数更新由 PyTorch 的 `multiprocessing` 模块共享（在 Linux 系统上）。

实践中，尽管每个工作者包含一个智能体，但是智能体内的网络实际在多个工作者间共享，因此实际上只保留了一套网络（用于一个智能体的）。PyTorch 的 `nn.Module` 模块可以处理使用多个进程更新共享内存中网络参数的情况。由于 Adam 优化器在训练中也有一些统计量，我们使用以下 `ShareParameters()` 函数来在多进程中共享这些值：

```
def ShareParameters(adamoptim):
  # 共享 Adam 优化器的参数便于实现多进程
  for group in adamoptim.param_groups:
      for p in group['params']:
          state = adamoptim.state[p]
          # 初始化：需要在这里初始化，否则无法找到相应量
          state['step'] = 0
          state['exp_avg'] = torch.zeros_like(p.data)
          state['exp_avg_sq'] = torch.zeros_like(p.data)

          # 在内存中共享
          state['exp_avg'].share_memory_()
          state['exp_avg_sq'].share_memory_()
```

在训练函数中，我们用以下方式设置 SAC 算法中的共享模块，包括网络和优化器：

```
# 共享网络
sac_trainer.soft_q_net1.share_memory()
sac_trainer.soft_q_net2.share_memory()
sac_trainer.target_soft_q_net1.share_memory()
sac_trainer.target_soft_q_net2.share_memory()
sac_trainer.policy_net.share_memory()
# 共享优化器参数
ShareParameters(sac_trainer.soft_q_optimizer1)
ShareParameters(sac_trainer.soft_q_optimizer2)
ShareParameters(sac_trainer.policy_optimizer)
ShareParameters(sac_trainer.alpha_optimizer)
```

share_memory() 是一个继承自 PyTorch 的 nn.Module 模块的函数，可用于共享神经网络。我们也可以共享熵因子，但是在这个代码里没有实现它。“forkserver”启动方法是在 Python 3 中使用 CUDA 子进程所需的，如代码中所示：

```
torch.multiprocessing.set_start_method('forkserver', force=True)
```

回放缓冲区可以用 Python 的 multiprocessing 模块共享：

```
from multiprocessing.managers import BaseManager

replay_buffer_size = 1e6
BaseManager.register('ReplayBuffer', ReplayBuffer)
manager = BaseManager()
manager.start()
replay_buffer = manager.ReplayBuffer(replay_buffer_size)
    # 通过 manager 来共享经验回放缓存
```

在克隆下来的文件夹中运行以下命令来开始训练（注意，由于使用“forkserver”启动方法，所以在 Windows 10 上无法进行这样的并行训练）：

```
python sac_learn.py --train
```

我们也可用以下命令测试训练的模型：

```
python sac_learn.py --test
```

13.2.2 小技巧

然而，即便使用了上面的并行架构，我们仍旧不能在这个任务上取得很好的表现。由于任务的复杂性和深度学习模型的非线性，损失函数上的局部最优和非平滑甚至不可微的曲面都容易使优化过程陷入困境（对于策略或价值函数）。在使用深度强化学习方法的过程中经常需要一些微调策略，尤其是对像 `Learning to Run` 这样的复杂任务。所以，下面介绍我们使用的一些小技巧，来更高效和稳定地解决这个任务。

- **奖励值缩放**：奖励值缩放遵循一般的值缩放规则，即将奖励值除以训练过程中所采批样本的标准差。奖励值缩放，或叫标准化和归一化，是强化学习中使训练过程稳定而加速收敛速度的常用技术手段。如 SAC 算法后续的一篇文章 (Haarnoja et al., 2018) 所报道的，最大熵强化学习算法可能对奖励函数的缩放敏感，这不同于其他传统强化学习算法。因此，SAC 算法的作者添加了一个基于梯度的温度调校模块用作熵正则化项，这显著缓解了实践中超参数微调过程的困难。

- **指数线性单元（Exponential Linear Unit，ELU）(Clevert et al., 2015) 激活函数被用以替代整流线性单元（Rectified Linear Unit，ReLU）(Agarap, 2018)**：为了得到更快的学习过程和更好的泛化表现，我们使用 ELU 作为策略网络隐藏层的激活函数。ELU 函数定义如下：

$$f(x)=\begin{cases}x, & \text{if } x>0\\ \alpha\exp(x-1), & \text{if } x\leqslant 0\end{cases} \tag{13.1}$$

  ELU 和 ReLU 的对比如图 13.4 所示。相比于 ReLU，ELU 有负数值，这使得它能够将神经单元激活的平均值拉至更接近 0 的位置，如同批标准化，但是却有着更低的计算复杂度。均值移动到趋于 0 可以加速学习，因为它通过减少神经单元激发造成的移动偏差，使得一般的梯度更加接近于神经网络单元的自然梯度。

- **层标准化**：我们也对价值网络和策略网络的每个隐藏层使用层标准化 (Ba et al., 2016)。相比于批标准化（Batch Normalization），层标准化对单个训练样本在某神经网络层上的神经元的累加输入计算均值和方差来进行标准化。每个神经元有其与众不同的适应性偏差（Bias）和增益（Gain），这些值在标准化之后和非线性激活之前被添加到神经元的值上。这种方法在实际中可以帮助加速训练过程。

- **动作重复**：我们在训练过程中使用一个常见的技巧叫动作重复（或叫跳帧），来加速训练的执行时间（Wall-Clock Time）。DQN 原文中使用跳帧和像素级的最大化（Max）算子来实现在 Atari 2600 游戏上基于图像的学习。如果我们定义单个帧的原始观察量是 o_i，其中 i 表示帧指标，原始 DQN 文章中的输入是 4 个堆叠帧，其中每个是两个连续帧中的最大值，即 $[\max(o_{i-1},o_i),\max(o_{i+3},o_{i+4}),\max(o_{i+7},o_{i+8}),\max(o_{i+11},o_{i+12})]$，对应的跳帧率就是 4（实际上，对于不同游戏，该跳帧率可以是 2,3 或 4）。在这些跳过的帧中，动作被重复执

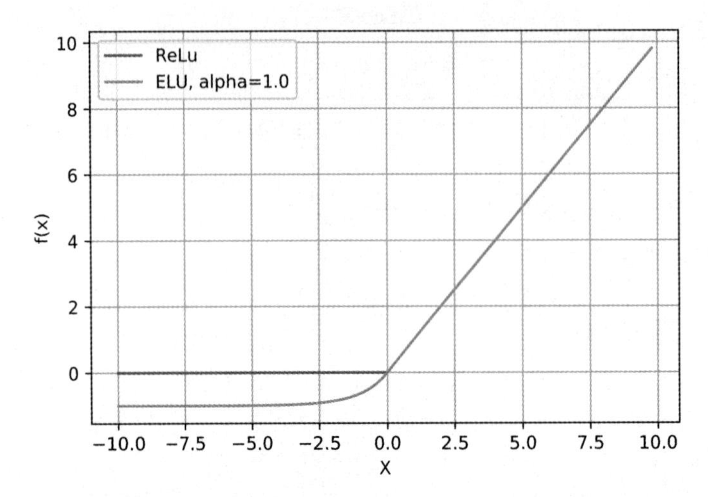

图 13.4　对比 ReLU 和 ELU 激活函数。ELU 在零点可微

行。最大化算子在图像观察量上按像素计算，奖励函数对所有跳过和不跳过的帧累加。原始 DQN 中的跳帧机制增加了随机性，同时加速了采样率。然而，在我们的任务中，我们使用一种不同的设置，不使用最大化算子和堆叠帧：每个动作在跳过的帧上进行简单的重复执行，包括跳过帧和未跳过帧在内的所有样本被存入回放缓冲区。实践中，我们使用 3 作为动作重复率，减少了策略与环境交互所需的正向推理时间。

- **更新重复**：我们也在训练中使用一个小的学习率并重复更新策略的技巧，从而策略以重复率 3 在同一个批样本上进行学习。

13.2.3　学习结果

通过以上设置和 SAC 算法上的这些小技巧，智能体能够在 3 天的训练时长下学会用人类的方式奔跑很长的一段距离，训练是在一个 4GPU 和 56CPU 的服务器上进行的，结果如图 13.5 所示。图 13.6 展示了学习曲线，包括原始的奖励函数值和移动平均的平滑曲线，呈现了上升的学习表现。纵轴是一个片段内的累计奖励值，显示了智能体奔跑的距离和姿势状况。

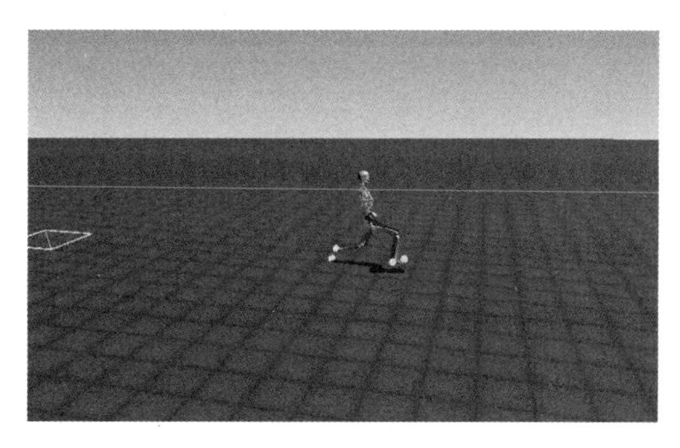

图 13.5 Learning to Run 任务中奔跑智能体的最终表现（场景）（见彩插）

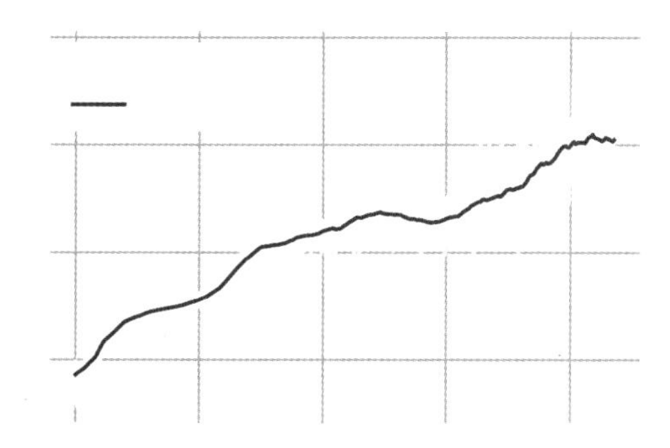

图 13.6 Learning to Run 任务的学习过程（见彩插）

参考文献

AGARAP A F, 2018. Deep learning using rectified linear units (relu)[Z].

BA J L, KIROS J R, HINTON G E, 2016. Layer normalization[Z].

CLEVERT D A, UNTERTHINER T, HOCHREITER S, 2015. Fast and accurate deep network learning by exponential linear units (elus)[Z].

HAARNOJA T, ZHOU A, HARTIKAINEN K, et al., 2018. Soft actor-critic algorithms and applications[J]. arXiv preprint arXiv:1812.05905.

14 鲁棒的图像增强

深度生成模型相较于经典的算法，在超分辨率、图像分割等计算机视觉任务中，取得了显著的进展。然而，这种基于学习的方法缺乏鲁棒性和可解释性，限制了它们在现实世界中的应用。本章将讨论一种鲁棒的图像增强方法，它可以通过深度强化学习与许多可解释的技术进行结合。我们将先从一些图像增强的背景知识进行介绍，接着将图像增强的过程看作一个由马尔可夫决策过程（Markov Decision Process，MDP）建模的处理流程。最后，我们将展示如何通过近端策略优化（Proximal Policy Optimization，PPO）算法构建智能体来处理这个 MDP 过程。实验环境由一个真实世界的数据集构建，包含 5000 张照片，其中包括原始图像和专家调整后的版本。项目代码链接见读者服务。

14.1 图像增强

图像增强技术属于图像处理技术。它的主要目标是使处理后的图像更适合各种应用的需要。典型的图像增强技术包括去噪、去模糊和亮度改善。现实世界中的图像总是需要多种图像增强技术。图 14.1 显示了一个包括亮度改善和去噪的图像增强流程。专业的照片编辑软件，如 Adobe Photoshop，提供强大的修图能力，但效率不高，需要用户在照片编辑方面具备专业知识。在诸如推荐系统这样的大规模场景中，图像的主观质量对用户体验至关重要，因此需要一种满足有效性、鲁棒性和效率的自动图像增强方法。其中鲁棒性是最重要的条件，尤其是在用户生成内容的平台上，比如 Facebook 和 Twitter，即使 1% 的较差情况（Bad Case）也会伤害数百万用户的使用体验。

与图像分类或分割有着其独特的真实值（Ground Truth）不同，图像增强的训练数据依赖于人类专家。因此，图像增强并没有大规模的公共图像增强数据集。经典的图像增强方法主要基于

图 14.1 一个图像增强流程的案例。左侧的原始图像存在 JPEG 压缩噪声并且曝光不足（见彩插）

的是伽马校正和直方图均衡化，以及先验的专家知识。这些方法也不需要大量的数据。伽马校正利用了人类感知的非线性，比如，我们感知光和颜色的能力。直方图均衡化实现了允许局部对比度较低的区域获得更高的对比度，以更好地分布在像素直方图上的思想，这在背景和前景为全亮或全暗（如 X 射线图像）时非常有用。这些方法虽然快速、简单，但是缺乏对上下文信息的考虑，限制了它们的应用。

最近，有学者使用基于学习的方法，试图用 CNN 拟合从输入图像到所需像素值的映射，并取得了很大的成功 (Bychkovsky et al., 2011; Kupyn et al., 2018; Ulyanov et al., 2018; Wang et al., 2019)。然而，这种方法也存在问题。首先，很难训练出一个能处理多种增强情况的综合神经网络。此外，像素到像素的映射缺乏鲁棒性，例如，在处理诸如头发和字符等细节信息时，它的表现不是很好 (Nataraj et al., 2019; Zhang et al., 2019)。一些研究者提出，将深度强化学习应用于图像增强，将增强过程描述为一系列策略迭代问题，以解决上述问题。在本章中，我们遵循这些方法，并提出一种新的 MDP 公式来进行图像增强。我们在一个包含 5000 对图像的数据集上用代码示例演示了我们的方法，以提供快速的实际学习过程。

在讨论算法之前，我们先介绍两个 Python 库：Pillow (Clark, 2015) 和 scikit-image (Van der Walt et al., 2014)。它们提供了许多友好的接口来实现图像增强。可以使用如下代码直接从 PyPI 安装它们：

```
pip install Pillow
pip install scikit-image
```

下面是 Pillow 的子模块 ImageEnhance 调整对比度的示例代码。

```
from PIL import ImageEnhance


def adjust_contrast(image_rgb, contrast_factor):
    # 调整对比度
    # 参数:
    # image_rgb (PIL.Image):  RGB 图像
```

```
    # contrast_factor (float): 颜色平衡因子范围从 0 到 1.
    # 返回:
    # PIL.Image 对象
    #
    enhancer = ImageEnhance.Contrast(image_rgb)
    return enhancer.enhance(contrast_factor)
```

14.2　用于鲁棒处理的强化学习

在将强化学习应用于图像增强时，首先需要考虑如何构造该领域的马尔可夫决策过程。一个自然出现的想法是将像素处理为状态，将不同的图像增强技术视为强化学习的动作。该构想提供了几种可控的初级增强算法的组合方法，以获得稳健、有效的结果。在本节中，我们将讨论这种基于强化学习的颜色增强方法。为了简单起见，我们只采取全局增强操作。值得一提的是，通过区域候选模块 (Ren et al., 2015) 来适应一般的增强算法也是很自然的想法。

假设训练集包含 N 对 RGB 图像 $\{(l_i, h_i)\}_{i=1}^{N}$，其中 l_i 为低质量原始图像，h_i 是高质量修复图像。为了保持数据分布，初始状态 S_0 应从 $\{l_i\}_{i=1}^{N}$ 中均匀采样。在每步中，智能体会执行一个预定义对动作，如调整对比度，再将它应用于当前状态。需要注意的是，当前状态和选择动作完全决定了状态转移。也就是说，环境没有不确定性。我们在之前工作的基础上 (Furuta et al., 2019; Park et al., 2018) 上继续研究，并使用了 CIELAB 颜色空间作为转移奖励函数。

$$\|L(h) - L(S_t)\|_2^2 - \|L(h) - L(S_{t+1})\|_2^2 \tag{14.1}$$

其中 h 是对应的高质量图像 S_0，L 是 RGB 颜色空间到 CIELAB 颜色空间到映射。

另一个重点是定义学习和评估时的终结状态。在游戏的强化学习应用中，终结状态可以由环境决定。而与此不同的是，在图像增强中的智能体需要由自己决定退出时机。文献 (Park et al., 2018) 提出了一个基于 DQN 的智能体，它在所有动作预测的 Q 值都为负数时会退出。然而，Q-Learning 中由函数近似引起的过估计问题可能会导致推理过程的鲁棒性降低。我们通过训练一个明确的策略并增加一个用于退出选择的“无操作”动作来处理这个问题。表 14.1 列出了所有预定义的动作，其中索引为 0 的动作表示“无操作”动作。

从零开始训练一个卷积神经网络需要大量的原始-修复图像对。因此，我们不使用原始图像状态作为观测值的方案，而是考虑使用在 ILSVRC 分类数据集 (Russakovsky et al., 2015) 上预训练的 ResNet50 网络中的最后一层卷积层的激活值作为深层特征输入。这样的深层特征十分重要，它可以提升许多其他视觉识别任务的效果 (Redmon et al., 2016; Ren et al., 2016)。受到前人工作 (Lee et al., 2005; Park et al., 2018) 的启发，我们在构造观测信息时进一步考虑使用直方图信息。具体来说，我们计算了 RGB 颜色空间在 $(0, 255), (0, 255), (0, 255)$ 范围内和 CIELab 颜色空间在 $(0, 100)$,

表 14.1 全局图像增强动作集

索引	简介	索引	简介
0	无操作	7	红、绿色调整 ×0.95
1	对比度 ×0.95	8	红、绿色调整 ×1.05
2	对比度 ×1.05	9	蓝、绿色调整 ×0.95
3	饱和度 ×0.95	10	蓝、绿色调整 ×1.05
4	饱和度 ×1.05	11	红、蓝色调整 ×0.95
5	亮度 ×0.95	12	红、蓝色调整 ×1.05
6	亮度 ×1.05		

$(-60, 60), (-60, 60)$ 范围内的统计信息。这三个特征连成 $2048 + 2000$ 维的观测信息。接着，我们选择 PPO (Schulman et al., 2017) 作为策略优化算法。PPO 是一种 Actor-Critic 算法，它在一系列任务上已经取得了显著的成果。它的网络由 3 部分组成：3 层特征抽取作为主干网络、1 层行动者（Actor）网络和 1 层批判者（Critic）网络。所有层都是全连接的，其中特征抽取器中各层的输出分别为 2048、512 和 128 个单元，并都使用了 ReLU 作为激活函数。

我们在 MIT-Adobe FiveK (Bychkovsky et al., 2011) 数据集上对我们的方法进行了评估。其中包括 5000 张原始图像，而每张原始图像又有 5 个不同专家（A/B/C/D/E）修复后的图像。继之前的工作 (Park et al., 2018; Wang et al., 2019) 之后，我们只使用专家 C 修复的图像，并随机选择 4500 张图像进行训练，剩下的 500 张图像用于测试。原始图像是 DNG 格式的，而修复图像是 TIFF 格式的。我们使用 Adobe Lightroom 将它们都转换为质量为 100、颜色空间为 sRGB 的 JPEG 格式。为了更有效地训练，我们也调整了图像大小，使得每张图像的最大边为 512 像素。具体的超参数在表 14.2 中列出。

表 14.2 用于图像增强的 PPO 超参数

超参数	值	超参数	值
优化器	Adam	每次迭代的优化数	2
学习率	1e-5	最大迭代数	10000
梯度范数裁剪	1.0	熵因子	1e-2
GAE λ	0.95	奖励缩放	0.1
每次迭代的片段数	4	γ	0.95

接下来开始，我们将演示如何实现上述算法，首先需要构建一个环境对象。

```
class Env(object):
    # 训练环境
```

```
    def __init__(self, src, max_episode_length=20, reward_scale=0.1):
        # 参数:
        # src (list[str, str]): 原始图像和处理图像路径的列表，初始状态将从中均匀采样
        # max_episode_length (int): 最大可执行动作数量
        self._src = src
        self._backbone = backbone
        self._preprocess = preprocess
        self._rgb_state = None
        self._lab_state = None
        self._target_lab = None
        self._current_diff = None
        self._count = 0
        self._max_episode_length = max_episode_length
        self._reward_scale = reward_scale
        self._info = dict()
```

通过使用 TensorFlow 的 ResNet API，我们可以通过 `_state_feature` 函数构建观测数据。过程如下所示：

```
backbone = tf.keras.applications.ResNet50(include_top=False, pooling='avg')
preprocess = tf.keras.applications.resnet50.preprocess_input

def get_lab_hist(lab):
    # 获取 Lab 图像的直方图
    lab = lab.reshape(-1, 3)
    hist, _ = np.histogramdd(lab, bins=(10, 10, 10),
                             range=((0, 100), (-60, 60), (-60, 60)))
    return hist.reshape(1, 1000) / 1000.0

def get_rgb_hist(rgb):
    # 获取 RGB 图像的直方图
    rgb = rgb.reshape(-1, 3)
    hist, _ = np.histogramdd(rgb, bins=(10, 10, 10),
                             range=((0, 255), (0, 255), (0, 255)))
    return hist.reshape(1, 1000) / 1000.0

def _state_feature(self):
    s = self._preprocess(self._rgb_state)
```

```
    s = tf.expand_dims(s, axis=0)
    context = self._backbone(s).numpy().astype('float32')
    hist_rgb = get_rgb_hist(self._rgb_state).astype('float32')
    hist_lab = get_lab_hist(self._lab_state).astype('float32')
    return np.concatenate([context, hist_rgb, hist_lab], 1)
```

接着，我们构建和 OpenAI Gym (Brockman et al., 2016) 相同的接口。其中，我们按照表 14.1 定义转移函数 `_transit`，并依据公式 (14.1) 构建奖励函数 `_reward`。

```
def step(self, action):
    # 执行单步
    self._count += 1
    self._rgb_state = self._transit(action)
    self._lab_state = rgb2lab(self._rgb_state)
    reward = self._reward()
    done = self._count >= self._max_episode_length or action == 0
    return self._state_feature(), reward, done, self._info

def reset(self):
    # 重置环境
    self._count = 0
    raw, retouched = map(Image.open, random.choice(self._src))
    self._rgb_state = np.asarray(raw)
    self._lab_state = rgb2lab(self._rgb_state)
    self._target_lab = rgb2lab(np.asarray(retouched))
    self._current_diff = self._diff(self._lab_state)
    self._info['max_reward'] = self._current_diff
    return self._state_feature()
```

这里的 PPO 与 5.10.6 节实现有所不同。我们将 PPO (Schulman et al., 2017) 算法用于离散动作情况。需要注意的是，我们将 LogSoftmax 作为行动者网络的激活函数，这样能在计算替代目标时提供更好的数值稳定性。对 PPO 智能体，我们先定义它的初始化函数和行为函数：

```
class Agent(object):
    # PPO 智能体
    def __init__(self, feature, actor, critic, optimizer,
                 epsilon=0.1, gamma=0.95, c1=1.0, c2=1e-4, gae_lambda=0.95):
        # 参数:
        # feature (tf.keras.Model):  行动者和批判者的基础网络
```

```
        # actor (tf.keras.Model): 行动者网络
        # critic (tf.keras.Model): 批判者网络
        # optimizer (tf.keras.optimizers.Optimizer): 优化器
        # epsilon (float): 裁剪操作中的 epsilon
        # gamma (float): 奖励折扣
        # c1 (float): 价值损失系数
        # c2 (float): 熵系数
        self.feature, self.actor, self.critic = feature, actor, critic
        self.optimizer = optimizer

        self._epsilon = epsilon
        self.gamma = gamma
        self._c1 = c1
        self._c2 = c2
        self.gae_lambda = gae_lambda

    def act(self, state, greedy=False):
        # 参数:
        # state (numpy.array): 1 * 4048 维的状态
        # greedy (bool): 是否要选取贪心动作
        # Returns:
        # action (int): 所选择的动作
        # logprob (float): 所选动作的概率对数
        # value (float): 当前状态的价值
        feature = self.feature(state)
        logprob = self.actor(feature)
        if greedy:
            action = tf.argmax(logprob[0]).numpy()
            return action, 0, 0
        else:
            value = self.critic(feature)
            logprob = logprob[0].numpy()
            action = np.random.choice(range(len(logprob)), p=np.exp(logprob))
            return action, logprob[action], value.numpy()[0, 0]
```

在采样过程中，我们通过 GAE (Schulman et al., 2015) 算法记录轨迹。

```
def sample(self, env, sample_episodes, greedy=False):
    # 从给定环境中采样一个轨迹
    # 参数:
    # env: 给定的环境
    # sample_episodes (int): 要采样多少片段
    # greedy (bool): 是否选取贪心动作
    trajectories = [] # s, a, r, logp
    e_reward = 0
    e_reward_max = 0
    for _ in range(sample_episodes):
        s = env.reset()
        values = []
        while True:
            a, logp, v = self.act(s, greedy)
            s_, r, done, info = env.step(a)
            e_reward += r
            values.append(v)
            trajectories.append([s, a, r, logp, v])
            s = s_
            if done:
                e_reward_max += info['max_reward']
                break
        episode_len = len(values)
        gae = np.empty(episode_len)
        reward = trajectories[-1][2]
        gae[-1] = last_gae = reward - values[-1]
        for i in range(1, episode_len):
            reward = trajectories[-i - 1][2]
            delta = reward + self.gamma * values[-i] - values[-i - 1]
            gae[-i - 1] = last_gae = \
                delta + self.gamma * self.gae_lambda * last_gae
        for i in range(episode_len):
            trajectories[-(episode_len - i)][2] = gae[i] + values[i]
    e_reward /= sample_episodes
    e_reward_max /= sample_episodes
    return trajectories, e_reward, e_reward_max
```

最后，策略优化的部分如下所示，其中价值损失裁剪和优势标准化遵循文献 (Dhariwal et al., 2017) 的描述。

```
def _train_func(self, b_s, b_a, b_r, b_logp_old, b_v_old):
    # 训练函数
    all_params = self.feature.trainable_weights + \
                 self.actor.trainable_weights + \
                 self.critic.trainable_weights
    with tf.GradientTape() as tape:
        b_feature = self.feature(b_s)
        b_logp, b_v = self.actor(b_feature), self.critic(b_feature)

        entropy = -tf.reduce_mean(
            tf.reduce_sum(b_logp * tf.exp(b_logp), axis=-1))
        b_logp = tf.gather(b_logp, b_a, axis=-1, batch_dims=1)
        adv = b_r - b_v_old
        adv = (adv - tf.reduce_mean(adv)) / (tf.math.reduce_std(adv) + 1e-8)

        c_b_v = b_v_old + tf.clip_by_value(b_v - b_v_old,
                                           -self._epsilon, self._epsilon)
        vloss = 0.5 * tf.reduce_max(tf.stack(
            [tf.pow(b_v - b_r, 2), tf.pow(c_b_v - b_r, 2)], axis=1), axis=1)
        vloss = tf.reduce_mean(vloss)

        ratio = tf.exp(b_logp - b_logp_old)
        clipped_ratio = tf.clip_by_value(
            ratio, 1 - self._epsilon, 1 + self._epsilon)
        pgloss = -tf.reduce_mean(tf.reduce_min(tf.stack(
            [clipped_ratio * adv, ratio * adv], axis=1), axis=1))

        total_loss = pgloss + self._c1 * vloss - self._c2 * entropy
    grad = tape.gradient(total_loss, all_params)
    self.optimizer.apply_gradients(zip(grad, all_params))
    return entropy

def optimize(self, trajectories, opt_iter):
    # 基于给定轨迹数据进行优化
    b_s, b_a, b_r, b_logp_old, b_v_old = zip(*trajectories)
```

```
b_s = np.concatenate(b_s, 0)
b_a = np.expand_dims(np.array(b_a, np.int64), 1)
b_r = np.expand_dims(np.array(b_r, np.float32), 1)
b_logp_old = np.expand_dims(np.array(b_logp_old, np.float32), 1)
b_v_old = np.expand_dims(np.array(b_v_old, np.float32), 1)
b_s, b_a, b_r, b_logp_old, b_v_old = map(
    tf.convert_to_tensor, [b_s, b_a, b_r, b_logp_old, b_v_old])
for _ in range(opt_iter):
    entropy = self._train_func(b_s, b_a, b_r, b_logp_old, b_v_old)

return entropy.numpy()
```

最终经过训练后，智能体学到了图像增强的策略。图 14.2 展示了一个训练效果样例。

原始图像

本章效果

专家数据

图 14.2　一个在 MIT-Adobe FiveK 数据集上使用全局增强的效果样例。当右上角的天空等区域需要局部增强时，全局亮度会增加（见彩插）

参考文献

BROCKMAN G, CHEUNG V, PETTERSSON L, et al., 2016. OpenAI gym[J]. arXiv:1606.01540.

BYCHKOVSKY V, PARIS S, CHAN E, et al., 2011. Learning photographic global tonal adjustment with a database of input/output image pairs[C]//CVPR 2011. IEEE: 97-104.

CLARK A, 2015. Pillow (pil fork) documentation[Z].

DHARIWAL P, HESSE C, KLIMOV O, et al., 2017. OpenAI baselines[J]. GitHub, GitHub repository.

FURUTA R, INOUE N, YAMASAKI T, 2019. Fully convolutional network with multi-step reinforcement learning for image processing[C]//Proceedings of the AAAI Conference on Artificial Intelligence: volume 33. 3598-3605.

KUPYN O, BUDZAN V, MYKHAILYCH M, et al., 2018. DeblurGAN: Blind motion deblurring using conditional adversarial networks[C]//Proceedings of the IEEE Conference on Computer Vision and Pattern Recognition. 8183-8192.

LEE S, XIN J, WESTLAND S, 2005. Evaluation of image similarity by histogram intersection[J]. Color Research & Application: Endorsed by Inter-Society Color Council, The Colour Group (Great Britain), Canadian Society for Color, Color Science Association of Japan, Dutch Society for the Study of Color, The Swedish Colour Centre Foundation, Colour Society of Australia, Centre Français de la Couleur, 30(4): 265-274.

NATARAJ L, MOHAMMED T M, MANJUNATH B, et al., 2019. Detecting GAN generated fake images using co-occurrence matrices[J]. Journal of Electronic Imaging.

PARK J, LEE J Y, YOO D, et al., 2018. Distort-and-recover: Color enhancement using deep reinforcement learning[C]//Proceedings of the IEEE Conference on Computer Vision and Pattern Recognition. 5928-5936.

REDMON J, DIVVALA S, GIRSHICK R, et al., 2016. You only look once: Unified, real-time object detection[C]//Proceedings of the IEEE Conference on Computer Vision and Pattern Recognition. 779-788.

REN S, HE K, GIRSHICK R, et al., 2015. Faster R-CNN: Towards real-time object detection with region proposal networks[C]//Advances in Neural Information Processing Systems. 91-99.

REN S, HE K, GIRSHICK R, et al., 2016. Object detection networks on convolutional feature maps[J]. IEEE transactions on pattern analysis and machine intelligence, 39(7): 1476-1481.

RUSSAKOVSKY O, DENG J, SU H, et al., 2015. Imagenet Large Scale Visual Recognition Challenge[J]. International Journal of Computer Vision (IJCV), 115(3): 211-252.

SCHULMAN J, MORITZ P, LEVINE S, et al., 2015. High-dimensional continuous control using generalized advantage estimation[J]. arXiv preprint arXiv:1506.02438.

SCHULMAN J, WOLSKI F, DHARIWAL P, et al., 2017. Proximal policy optimization algorithms[J]. arXiv:1707.06347.

ULYANOV D, VEDALDI A, LEMPITSKY V, 2018. Deep image prior[C]//Proceedings of the IEEE Conference on Computer Vision and Pattern Recognition. 9446-9454.

VAN DER WALT S, SCHÖNBERGER J L, NUNEZ-IGLESIAS J, et al., 2014. scikit-image: image processing in python[J]. PeerJ, 2: e453.

WANG R, ZHANG Q, FU C W, et al., 2019. Underexposed photo enhancement using deep illumination estimation[C]//Proceedings of the IEEE Conference on Computer Vision and Pattern Recognition. 6849-6857.

ZHANG S, ZHEN A, STEVENSON R L, 2019. GAN based image deblurring using dark channel prior[J]. arXiv preprint arXiv:1903.00107.

15 AlphaZero

本章首先介绍组合博弈问题（如象棋、围棋等）的概念，然后以五子棋为例介绍 AlphaZero 算法。AlphaZero 算法作为棋类问题的通用算法，在许多挑战巨大的棋类游戏中都取得了超越人类的表现，例如围棋、国际象棋、日本将棋等。该算法结合蒙特卡罗树搜索和深度强化学习自博弈，是人工智能史上的标志性算法。本章分为三个部分：第一部分介绍组合博弈的概念；第二部分介绍蒙特卡罗树搜索算法；第三部分以五子棋为例，详细介绍 AlphaZero 算法。

15.1 简介

AlphaGo Zero (Silver et al., 2017b) 算法在围棋中取得了超越人类冠军的表现，AlphaZero (Silver et al., 2017a, 2018) 算法是 AlphaGo Zero 的通用版本。相比最初击败人类选手的 AlphaGo (Silver et al., 2016) 系列算法 AlphaGo Fan（击败 Fan Hui）、AlphaGo Lee（击败 Lee Sedol）和 AlphaGo Master（击败柯洁），AlphaZero 算法完全基于自博弈（Self-Play）的强化学习从零开始提升。它没有利用人类专家数据进行监督学习，而是直接从随机动作选择开始探索。AlphaZero 有两个关键部分：（1）在自博弈中使用蒙特卡罗树搜索来收集数据；（2）使用深度神经网络拟合数据，并在树搜索过程中用于动作概率和状态价值估计。该算法不仅适用于围棋，还在国际象棋和日本将棋中击败了世界冠军程序，证明了该算法的通用性。本章首先介绍组合博弈（包括围棋、国际象棋、五子棋等）的概念，并给出无禁手五子棋的代码；然后介绍蒙特卡罗树搜索的具体步骤；最后以五子棋为游戏环境演示 AlphaZero 算法的具体细节。为了帮助读者理解，我们提供了五子棋游戏和 AlphaZero 算法的代码链接见读者服务。

15.2 组合博弈

组合博弈理论（CGT）(Albert et al., 2007) 是数学和理论计算机科学的一个分支，通常研究具有完美信息（Perfect Information）的序列化游戏。这类游戏通常具有以下特点：

- 游戏通常包含两个玩家（如围棋、象棋）。有时只包含一个玩家的游戏（如数独、纸牌）也可以看成游戏设计者和玩家之间的组合博弈。包含两个以上玩家的游戏不被视为组合博弈问题，因为游戏中会出现合作等更加复杂的博弈问题 (Browne et al., 2012)。
- 游戏不包含任何影响游戏结果的随机性因素（Chance Factor），如骰子等。
- 游戏给玩家提供完美信息 (Muthoo et al., 1996)，这意味着每个玩家都完全了解之前发生的所有事件。
- 玩家以回合制的方式执行动作，且动作空间和状态空间都是有限的。
- 游戏会在有限步内结束，结果通常为输赢，有些游戏有平局情况。

许多组合博弈问题 (Albert et al., 2007)，包括数独和纸牌等单人游戏，以及如六连棋（Hex）、围棋（Go）和象棋（Chess）等双人游戏，都是计算机科学家需要解决的经典问题。自从 IBM 公司的深蓝系统 (Campbell et al., 2002; Hsu, 1999) 击败了国际象棋大师 Gary Kasparov 之后，围棋成为了人工智能的下一个桥头堡。除此之外，还有很多其他的游戏，如黑白棋（Othello）、亚马逊棋（Amazons）、日本将棋（Shogi）、跳棋（Chinese Checkers）、四子棋（Connect Four）、五子棋（Gomoku）等，吸引了一大批人用计算机来寻找解决方案。

介绍完组合博弈的特点之后，我们以五子棋为例给出一些代码细节。首先从一个空棋盘开始，当有五个相同颜色的棋子连成一条线（水平、垂直或斜线）时，即代表一名玩家获胜，否则为平局。五子棋有各种各样的规则，最常见的规则是无禁手（Freestyle Gomoku）规则或长连禁手（Standard Gomoku）规则。无禁手五子棋只需要有至少五个子连成一条线即可赢得比赛。而长连禁手五子棋需要恰好五个子才代表获胜，任何多于五个棋子都不算获胜。这里我们以无禁手五子棋作为示例。

这里我们进一步简化棋盘大小，使用 3×3 的棋盘作为示例。三个棋子连成一线即表示获胜（我们可以称之为“三子棋”或井字棋），图 15.1 展示了在该棋盘上的动作序列样例。

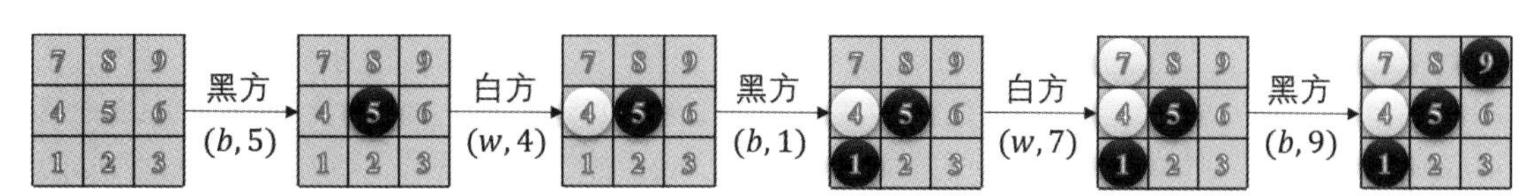

图 15.1　3×3 棋盘上的落子序列示例。“b”代表“黑方玩家”，“w”代表“白方玩家”。$(b, 5)$ 表示黑方玩家在位置 5 处落子。最终黑方玩家获得了游戏胜利（见彩插）

棋盘上的红色数字表示不同的位置，可用于表示每次动作的选择。白色和黑色圆圈是两个玩家的棋子。游戏过程可以表示为一个序列：$((b, 5), (w, 4), (b, 1), (w, 7), (b, 9))$，其中“b”代表“黑方玩家”，“w”代表“白方玩家”。如图 15.1 最后一个棋盘状态所示，黑方玩家有三个棋子连成一线，这表明黑方赢得了比赛。回忆我们之前提到的定义，这个简化的五子棋（或“三子棋”）满足组合博弈问题的所有特征：游戏包含两个玩家；游戏不包含任何随机因素；游戏提供完美信息；玩家以回合制的方式执行动作；游戏在有限时间步内结束。

这里我们给出无禁手五子棋的代码示例。

定义游戏为 Board 类，并将游戏规则实现成一些函数。我们之前用简化的版本介绍了五子棋的规则，这里通过给变量 n_in_row 赋值为 5 来定义一个标准的五子棋。

```
class Board(object):
    # 定义游戏的类
    def __init__(self, width, height, n_in_row): ... # 初始化函数
    def move_to_location(self, move): ... # 位置表示转换函数
    def location_to_move(self, location): ... # 位置表示转换函数
    def do_move(self, move): ... # 更新每一步走子，并交换对手
    def has_a_winner(self): ... # 判断是否有玩家胜利
    def current_state(self): ... # 生成网络的状态输入
    ...
```

如图 15.1 所示，棋盘上的每个走子位置都用一个数字表示，这样方便在蒙特卡罗树搜索过程中建立树节点。但这种方式不便于辨认是否有五个棋子连成一线。所以我们定义了坐标和数字之间的转换函数，坐标用来判断玩家是否有五个棋子连成一线，数字用来在树搜索中建立树节点。

```
    def move_to_location(self, move):
        # 从数字转换到坐标表示
        # 例如 3 x 3 棋盘:
        # 6 7 8
        # 3 4 5
        # 0 1 2
        # 数字 5 的坐标表示为 (1,2)
        h = move // self.width
        w = move
        return [h, w]
    def location_to_move(self, location):
        # 从坐标转换到数字表示
        if len(location) != 2:
            return -1
        h = location[0]
        w = location[1]
```

```
    move = h * self.width + w
    if move not in range(self.width * self.height):
        return -1
    return move
```

为了判断是否有玩家获胜，需要函数来判断一行或一列或对角线中是否有五个棋子连成一线。函数 has_a_winner() 如下所示：

```
def has_a_winner(self):
    # 判断是否有玩家获胜，如果有，返回是哪个玩家
    width = self.width
    height = self.height
    states = self.states
    n = self.n_in_row
    # 棋盘上所有棋子的位置
    moved = list(set(range(width * height)) - set(self.availables))
    # 当前所有棋子数量不足以获胜
    if len(moved) < self.n_in_row + 2:
        return False, -1

    for m in moved:
        h, w = self.move_to_location(m)
        player = states[m]
        # 判断是否有水平线
        if (w in range(width - n + 1) and
                len(set(states.get(i, -1) for i in range(m, m + n))) == 1):
            return True, player
        # 判断是否有竖线
        if (h in range(height - n + 1) and
                len(set(states.get(i, -1) for i in range(m, m + n * width, width))) ==
                    1):
            return True, player
        # 判断是否有斜线
        if (w in range(width - n + 1) and h in range(height - n + 1) and
                len(set(states.get(i, -1) for i in range(m, m + n * (width + 1), width
                    + 1))) == 1):
            return True, player
        if (w in range(n - 1, width) and h in range(height - n + 1) and
```

```
            len(set(states.get(i, -1) for i in range(m, m + n * (width - 1), width
                - 1))) == 1):
        return True, player

    return False, -1
```

15.3　蒙特卡罗树搜索

蒙特卡罗树搜索（MCTS）(Browne et al., 2012) 是一种通过动作采样，并根据结果建立搜索树，寻找在给定空间中最优决策的方法。这种方法在组合博弈和规划问题方面产生了革命性的影响，并将围棋等 AI 算法的性能推向了前所未有的高度。

蒙特卡罗树搜索主要包括两部分：树结构和搜索算法。树是一种数据结构（图 15.2），它包含由边连接的节点。一些重要的概念包括根节点、父节点与子节点、叶节点等。树结构最上方的节点称为根节点；一个节点对应的上一级节点称为其父节点，一个节点对应的下一级节点称为其子节点；没有子节点的节点称为叶节点。通常，除状态和动作外，搜索树中的节点还存有被访问次数的统计和奖励的估值。在 AlphaZero 算法中，节点还包含该状态对应的动作概率分布。

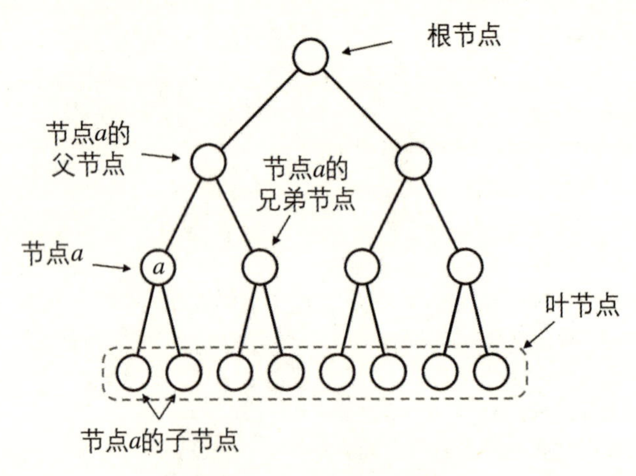

图 15.2　树结构示意图

综上，如图 15.3 所示，AlphaZero 算法的搜索树中，每个节点包含以下信息：

- A：到达该节点所需执行的上一个动作（用以索引其父节点）。
- N：节点被访问次数。初始值为 0，表示该节点未被访问过。
- W：节点的奖励值之和，用以计算平均奖励。初始值设为 0。
- Q：节点的平均奖励值，通过 $\frac{W}{N}$ 计算得到，代表该节点的值函数估计。初始值设为 0。

- P：动作 A 的选取概率。这个值由神经网络输入其父节点的状态得到，存储到该子节点便于索引和计算。

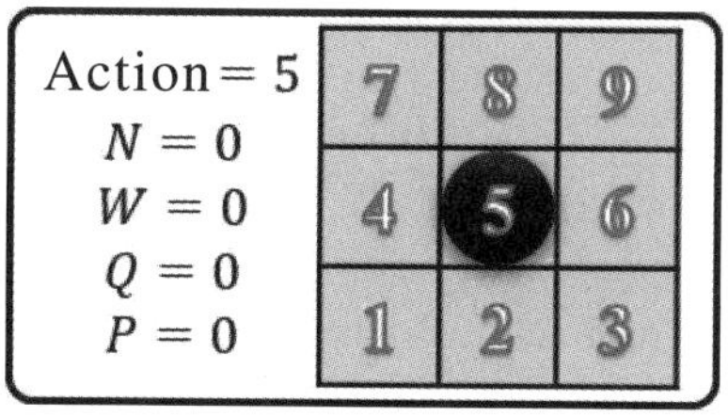

图 15.3 节点包含信息示例。其中位置 5 处有黑方玩家落子，这里动作可表示为 $(b, 5)$，代表黑方玩家（“b”）执行动作 5 并到达该状态。$N = 0$ 表示当前节点访问次数为 0，W 表示该状态的奖励值之和，Q 表示平均奖励，P 表示选择动作 $A = 5$ 的概率。由于当前节点还未被访问过，所有的初始值都设为 0

在继续介绍之前，我们先强调一个关键点。由于游戏中存在两个玩家，所以在建立搜索树时，一棵树里存在两个玩家的视角。节点上的信息要么从黑方玩家的视角进行更新，要么从白方玩家的视角进行更新。例如，在图 15.3 中，此节点表示的棋盘状态只有一个黑方的棋子，所以此时应该轮到白方玩家执行下一步。但是，需要注意的是，这个节点上的信息是从其父节点（即黑方玩家）的角度来存储的。由于该节点是父节点在扩展其子节点的过程中新产生的，因此该节点上的 A、N、W、Q、P 都是由黑方玩家初始化的，并用于黑方视角下的后续更新和使用。所以，只有黑方玩家选择动作 $A = 5$ 才到达该节点，同时初始化当前信息为 $N = 0$、$W = 0$、$Q = 0$、$P = 0$。对每个节点的视角有一个清晰的理解是非常重要的，否则在随后树搜索的过程中执行backup 步时，不易理解整个更新过程。

建立搜索树后，蒙特卡罗树搜索通过启发式的方法探索决策空间，用以估计根节点的动作价值函数 $Q^\pi(s, a)$。整个过程可以描述为，从根节点开始一直探索到叶节点，多次重复该过程使得每个动作的奖励估计逐渐精确，从而在搜索树中找到最优动作。不带折扣因子（Discount Factor）的动作价值函数可以表示为 (Couetoux et al., 2011)：

$$Q^\pi(s, a) = \mathbb{E}_\pi \left[\sum_{h=0}^{T-1} P(S_{h+1}|S_h, A_h) R(S_{h+1}|S_h, A_h) | S_0 = s, A_0 = a, A_h = \pi(S_h) \right]. \quad (15.1)$$

其中 $Q^\pi(s, a)$ 表示动作价值函数，即在状态 s 执行动作 a 并依策略 π 选择动作，直到终止状态时获得的期望奖励。

通常，树搜索方法有四个步骤：选择（Select），扩展（Expand），模拟（Simulate），回溯（Backup），所有这些步骤都是在搜索树中执行的，真正的棋盘上没有落子。

- **选择**：根据某个策略，从根节点开始选择动作，直到到达某个叶节点。
- **扩展**：在当前叶节点之后添加子节点。

- **模拟**：从当前节点开始，通过某种策略（如随机策略）模拟下棋直到游戏结束，得到结果：胜、负或平局。根据结果获得奖励，通常 +1 代表胜，−1 代表负，0 代表平局。
- **回溯**：回溯更新模拟得到的结果，依次回访本轮树搜索中经过的节点，并更新每个节点上的信息。

最常用的树搜索算法是 UCT（Upper Confidence Bound in Tree，树置信上界）算法 (Kocsis et al., 2006)，它很好地解决了树搜索过程中探索与利用（Exploration versus Exploitation）之间的平衡。UCT 算法是 UCB（Upper Confidence Bound，置信上界）算法 (Auer et al., 2002) 在树结构中的扩展。UCB 算法（详见 2.2.2 节）是解决多臂赌博机（Multi-Armed Bandit）问题的经典算法。在多臂赌博机问题中，智能体需要在每个时刻选择一个赌博机并得到对应奖励，其目标为最大化期望奖励。UCB 算法根据以下策略在 t 时刻选择动作：

$$A_t = \arg\max_a \left[Q_t(a) + c\sqrt{\frac{\ln t}{N_t(a)}} \right]. \tag{15.2}$$

其中 $Q_t(a)$ 是动作值估计，该项增加了优势动作被选到的可能性，即估值越大，动作越倾向被选取（即利用，Exploitation）。后一项平方根式中 $N_t(a)$ 表示动作 a 在前 t 次时间步内被选中的次数，该项增加了动作的探索度，即动作被选中的次数越少，该动作越倾向被选取（即探索，Exploration）。c 是一个正的实数，用来调节探索与利用之间的权重。UCB 算法还有一系列变体，如 UCB1、UCB1-NORMAL、UCB1-TUNED 和 UCB2 等 (Auer et al., 2002)。

UCT 算法是 UCB1 算法在树结构中的实现，该算法选择搜索树中最大 UCT 值对应的动作，UCT 值定义如下：

$$\mathrm{UCT} = \overline{X}_j + C_p\sqrt{\frac{2\ln n}{n_j}}. \tag{15.3}$$

这里，n 是当前节点的访问次数，n_j 是其子节点 j 的访问次数，$C_p > 0$ 是控制探索的权重参数，可以根据具体问题具体设置。平均奖励项 $\overline{X}_j$ 鼓励利用高奖励对应的动作，而平方根项 $\sqrt{\frac{2\ln n}{n_j}}$ 鼓励探索访问次数少的动作。

UCT 算法解决了树搜索中每个状态下对应动作的探索与利用的平衡，并颠覆了许多大规模的强化学习问题，例如六连棋（Hex）、围棋（Go）和雅达利游戏（Atari）等。Levente Kocsis 和 Csaba Szepesv́ari (Kocsis et al., 2006) 证明了：考虑一个有限状态马尔可夫决策过程（Finite-Horizon MDP），其中奖励在 $[0,1]$ 之间，状态数为 D，每个状态的动作数为 K。考虑 UCT 算法，令 UCT 的根号项乘以 D，那么期望奖励 $\overline{X}_n$ 的估计偏差与 $O(\frac{\log n}{n})$ 同阶。此外，随着搜索次数的增加，根节点估计错误的概率以多项式速率收敛到零。这表明，随着搜索次数的增加，UCT 算法能够保证树搜索收敛到最优解。

AlphaZero 算法舍弃了模拟步骤，直接用深度神经网络预测结果。因此，AlphaZero 算法包含三个关键步骤，如图 15.4 所示。

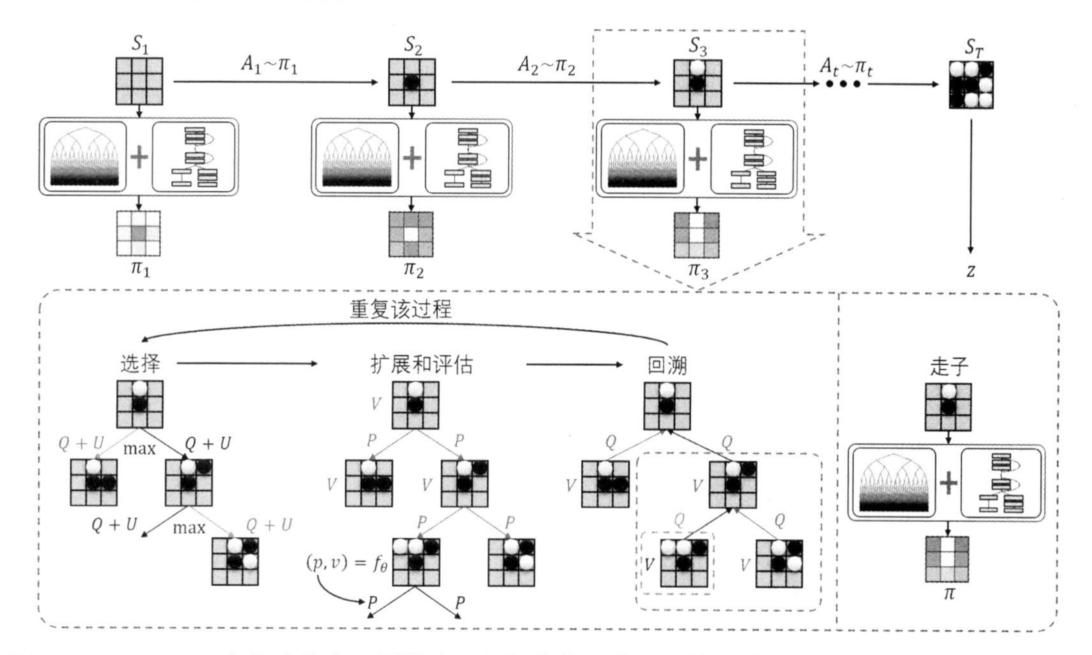

图 15.4　AlphaZero 中的蒙特卡罗树搜索。在每次真正落子之前，树搜索过程都会重复多次。它首先从根节点选择动作直到到达叶节点，然后扩展叶节点并对其估值，最后执行回溯步骤更新节点信息

- **选择**: 根据某个策略，从根节点开始选择动作，直到到达某个叶节点。
- **扩展和评估**：在当前叶节点之后添加子节点。同时每个动作的选取概率和状态值的估计直接通过策略网络和价值网络预测得到。为了节约资源，通常在不损失算法效力的前提下，会设置一个阈值来判断该节点是否需要扩展。我们的实现省略了这个阈值，每次到达叶节点都进行扩展和评估。
- **回溯**：扩展和评估完成之后，回溯更新结果，依次回访本轮树搜索中经过的节点，并更新每个节点上的信息。如果叶节点不是游戏的终止状态，那么游戏无法返回胜负结果，转而由神经网络预测得到。如果叶节点已经到达游戏的终止状态，那么结果直接由游戏给出。

在选择步骤中，动作由公式 $a = \arg\max_a(Q(s,a) + U(s,a))$ 给出。其中 $Q(s,a) = \frac{W}{N}$ 鼓励利用高奖励值对应的动作，$U(s,a) = c_{\text{puct}}P(s,a)\frac{\sqrt{\sum_b N(s,b)}}{1+N(s,a)}$ 鼓励探索访问次数较少的动作，c_{puct} 平衡探索和利用的权重，在 AlphaZero 算法中该值设为 5。

在扩展和评估步骤中，策略网络输出当前状态下每个动作被选择的概率 $p(s,a)$，价值网络输出当前状态 s 的估值 v。$p(s,a)$ 用于在 select 步骤中计算 $U(s,a)$，其中 $U(s,a) = c_{\text{puct}}P(s,a)\frac{\sqrt{\sum_b N(s,b)}}{1+N(s,a)}$。$v$ 用于在回溯步骤中计算 W，其中 $W(s,a) = W(s,a) + v$。神经网络输出的动作概率和状态值估计开始时可能不准确，但在训练过程中会逐渐变准。

在回溯步骤中，每个节点上的信息被依次更新，其中 $N(s,a) = N(s,a)+1, W(s,a) = W(s,a)+v, Q(s,a) = \frac{W(s,a)}{N(s,a)}$。

部分核心代码如下：

蒙特卡罗树搜索过程定义为类 MCTS，它包含整个树结构和树搜索函数 _playout()：

```
class MCTS(object):
  # 蒙特卡罗树搜索类
  def__init__(self, policy_value_fn,action_fc,evaluation_fc, is_selfplay,c_puct,
     n_playout): ... # 初始化函数
  def _playout(self, state): ... # 树搜索过程
```

树中的节点定义为类 TreeNode，其中包括前述的三个关键步骤：选择，扩展和评估，回溯。

```
class TreeNode(object):
  # 树节点类
  # 每个节点保存值估计，动作选择概率等相关参数
  def __init__(self, parent, prior_p): ... # 初始化函数
  def select(self, c_puct): ... # 选择动作
  def expand(self, action_priors, add_noise): ...# 扩展节点并评估当前状态和每个动作
  def update(self, move): ... # 回溯更新节点
  ...
```

函数 select() 对应选择步骤：

```
def select(self, c_puct):
  # 选择最大 UCT 值对应的动作，返回动作和下一个节点
  return max(self._children.items(),
        key=lambda act_node: act_node[1].get_value(c_puct))
```

函数 expand() 对应扩展和评估步骤。我们在每个节点都添加了狄利克雷噪声，增加随机探索：

```
def expand(self, action_priors, add_noise):
  # 扩展新节点
  # action_priors 是策略网络输出的动作及其对应的概率值
  if add_noise:
    action_priors = list(action_priors)
    length = len(action_priors)
    dirichlet_noise = np.random.dirichlet(0.3 * np.ones(length))
```

```
        for i in range(length):
            if action_priors[i][0] not in self._children:
                self._children[action_priors[i][0]] = TreeNode(self,
                    0.75 * action_priors[i][1] + 0.25 * dirichlet_noise[i])
    else:
        for action, prob in action_priors:
            if action not in self._children:
                self._children[action] = TreeNode(self, prob)
```

函数 update_recursive() 对应回溯步骤：

```
def update_recursive(self, leaf_value):
    # 递归更新所有节点
    # 若该节点不是根节点，则递归更新
    if self._parent:
        # 通过传递取反后的值来改变玩家的视角
        self._parent.update_recursive(-leaf_value)
    self.update(leaf_value)

def update(self, leaf_value):
    # 更新节点信息
    self._n_visits += 1
    # 更新访问次数
    self._Q += 1.0 * (leaf_value - self._Q) / self._n_visits
    # 更新值估计：(v-Q)/(n+1)+Q = (v-Q+(n+1)*Q)/(n+1)=(v+n*Q)/(n+1)
```

蒙特卡罗树搜索类 MCTS 调用树搜索函数 _playout() 依次执行三个步骤：选择，扩展和评估，回溯。

```
def _playout(self, state):
    # 执行一次树搜索过程
    node = self._root
    # 选择
    while(1):
        if node.is_leaf():
            break
        action, node = node.select(self._c_puct)
        state.do_move(action)
    # 扩展和评估
```

```
action_probs, leaf_value =
    self._policy_value_fn(state,self._action_fc,self._evaluation_fc)
end, winner = state.game_end()
if not end:
    node.expand(action_probs,add_noise=self._is_selfplay)
else:
    if winner == -1: # draw
        leaf_value = 0.0
    else:
        leaf_value = (
            1.0 if winner == state.get_current_player() else -1.0
        )
# 回溯
node.update_recursive(-leaf_value)
```

15.4 AlphaZero：棋类游戏的通用算法

一般来说，AlphaZero 算法适用于各种组合博弈游戏，如围棋、国际象棋、日本将棋等。这里，我们以 15.2 节中提到的无禁手五子棋作为例子，介绍 AlphaZero 算法的细节。因为游戏本身不是重点，五子棋这样一个规则简单的回合制游戏非常适合作为例子。进一步，我们简化棋盘大小为 3×3，如前所述，三个棋子连成一线表示获胜。另外，由于 AlphaZero 算法是 AlphaGo Zero 算法的加强版，这两种算法非常相似。我们的实现同时参考了这两种算法。

为了让读者更好理解该算法，本节将演示 AlphaZero 算法的详细流程。整个算法可分为两部分：（1）采用蒙特卡罗树搜索的自博弈强化方法收集数据；（2）利用深度神经网络拟合数据并用于蒙特卡罗树搜索中。整个过程如图 15.5 所示。

首先，我们演示蒙特卡罗树搜索收集数据。为了用相对较短的篇幅演示树搜索过程直到游戏的终止状态，我们假定游戏从图 15.6 所示的状态开始（通常游戏是从一个空棋盘开始的）。此时，轮到白方玩家执行动作。

我们从这个状态开始构建树结构，依次执行前述三个树搜索步骤：*选择*，*扩展和评估*，*回溯*。此时树中只有一个节点，由于它在树的顶部，所以是根节点，又因为它没有子节点，所以它也是叶节点。这意味着我们已经到达了一个叶节点，相当于已经完成了*选择*步骤。因此，接下来执行第二个步骤：*扩展和评估*。图 15.7 展示了节点扩展的过程，该节点的所有子节点被展开，同时策略网络以该节点状态作为输入，给出了每个动作被选择的概率。

最后一步是*回溯*。由于当前节点是根节点，我们不需要回溯 W 和 Q（用于判断树搜索是否应该到达该节点），只需更新访问次数 N。将 $N=0$ 更新为 $N=1$，本次树搜索过程完成。

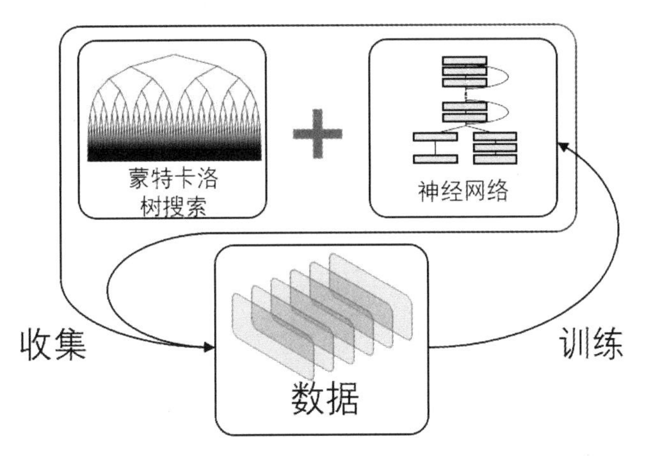

图 15.5 算法流程。在 AlphaZero 算法中，蒙特卡罗树搜索、数据及神经网络形成了一个循环。蒙特卡罗树搜索结合神经网络用于生成数据，生成的数据用于提升网络预测精度。网络预测越精确，蒙特卡罗树搜索生成的数据质量越高；数据质量越高，训练的网络预测越精确；整个过程形成良性循环

图 15.6 棋盘状态。棋盘大小为 3 × 3。在该状态下，轮到白方玩家执行动作

每次重新执行树搜索，我们都将从根节点开始。如图 15.8 所示，第二次树搜索过程也将从根节点开始。这一次，根节点下存在子节点，这意味该节点不是叶节点。动作由公式 $a = \arg\max_a(Q(s,a)+U(s,a)), Q(s,a)=\frac{W}{N}, U(s,a)=c_{\text{puct}}P(s,a)\frac{\sqrt{\sum_b N(s,b)}}{1+N(s,a)}$ 给出。这里白方玩家选择动作 $A=2(w,2)$，并到达新节点。这个新节点为叶节点，且此时，轮到黑方玩家选择动作。

我们对这个叶节点进行扩展和评估。与第一次相同：所有可行的动作都被扩展，每个动作的概率由策略网络给出。

现在轮到回溯操作了。此时树里有两个节点，我们首先更新当前节点，然后更新前一个节点。这两个节点的更新遵循相同的方式：$N(s,a)=N(s,a)+1, W(s,a)=W(s,a)+v(s), Q(s,a)=\frac{W(s,a)}{N(s,a)}$。值得注意的是，树中有两个视角：黑方视角和白方视角。我们需要注意更新的视角，并且总是以当前玩家的视角更新值。例如，在图 15.10 中，价值网络的估值 $v(s)=-0.1$，这是从黑方玩家的角度来看的。当更新属于白方玩家的信息时需要取反，即 $v(s)=-0.1$。所以，我们得到 $N=1, W=0.1, Q=0.1$。

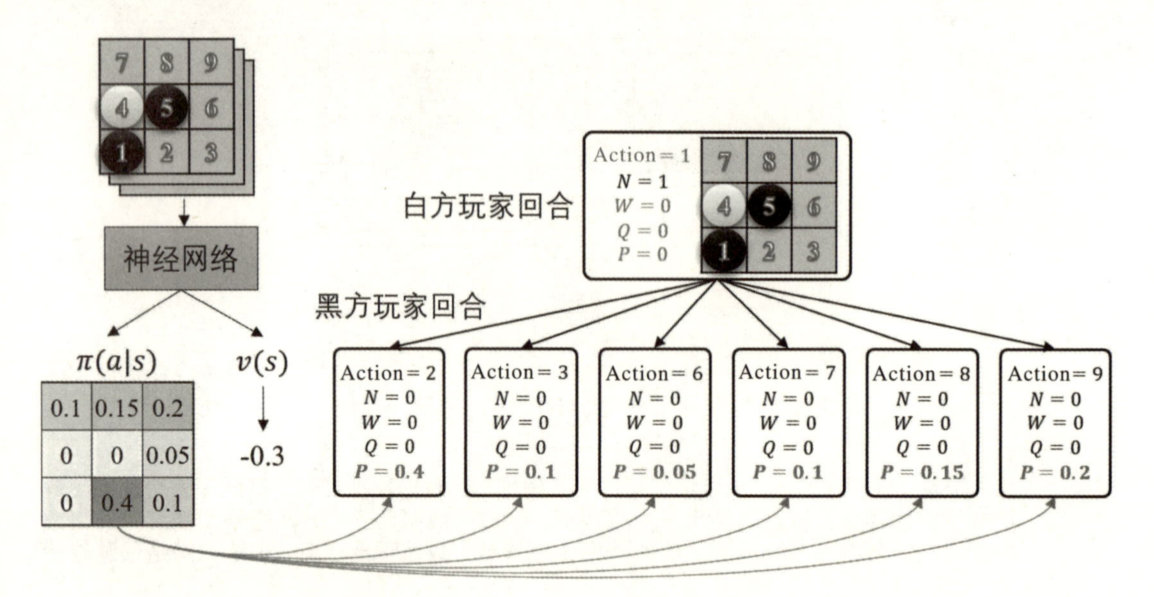

图 15.7 根节点处的扩展和评估。所有可行动作的节点都被扩展，神经网络给出相应的概率值 $\pi(a|s)$

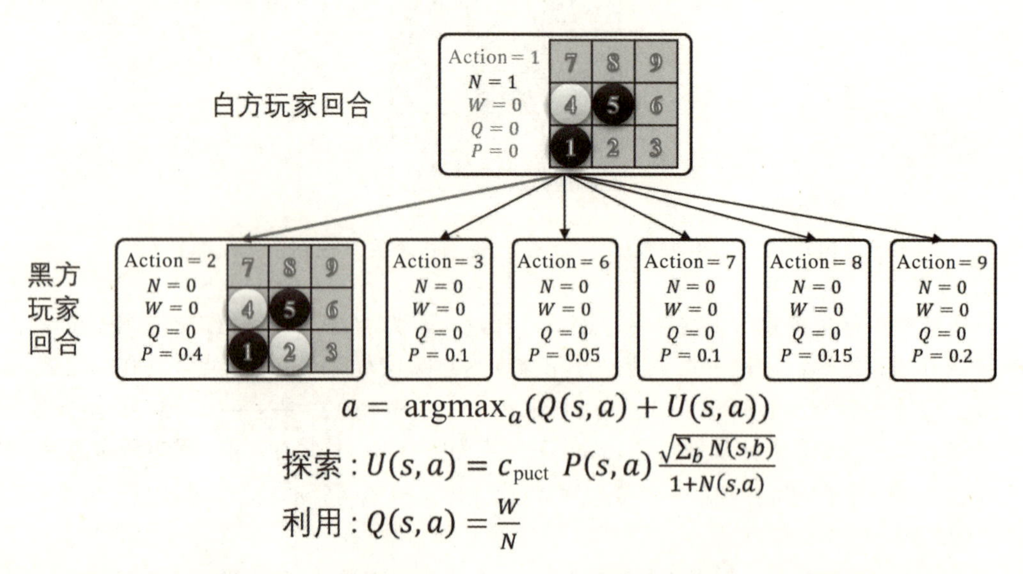

图 15.8 根节点处的选择。白方玩家选择 $A = 2\ (w, 2)$ 并到达叶节点。此时轮到黑方玩家选择动作

然后我们返回到它的父节点。和之前一样，由于当前状态的节点是根节点，我们不需要回溯更新 W 和 Q，只需要更新访问次数 N。所以，令 $N = 2$，第二次树搜索过程完成。如图 15.11 所示。

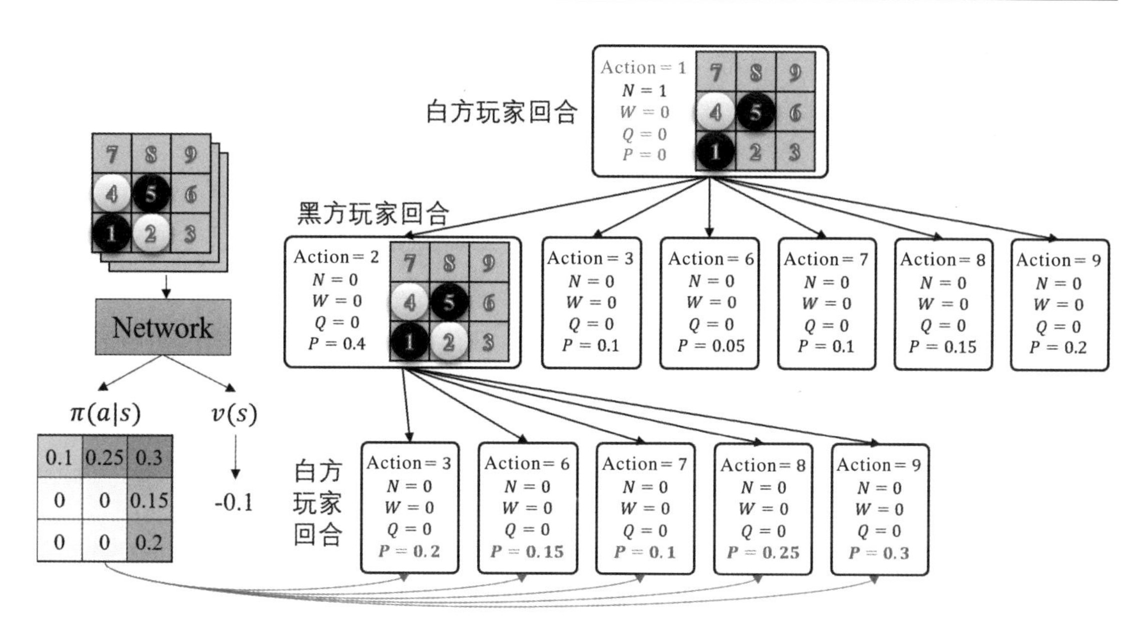

图 15.9　新节点处的扩展和评估。所有可行的动作都被扩展，神经网络给出相应的概率值 $\pi(a|s)$

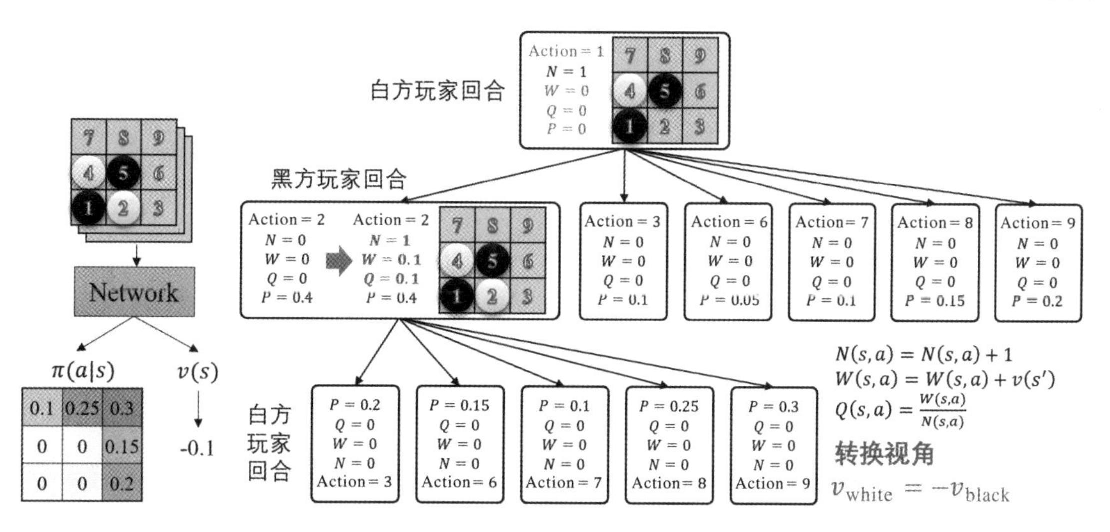

图 15.10　新节点处的回溯。当前节点的信息被更新，Q 值从白方视角进行更新：$N=1, W=0.1, Q=0.1$

第三次树搜索过程也从根节点开始。根据公式 $a=\arg\max_a(Q(s,a)+U(s,a))$ 和当前树中的信息，白方玩家选择动作 2 $(w,2)$，黑方玩家选择动作 9 $(b,9)$。如图 15.12 所示，经过选择步骤后，游戏到达了终止状态。这次对于扩展和评估步骤，节点将不会被扩展，同时可以直接从游戏中获取价值 v。因此，价值网络不会用来估计状态价值，策略网络也不会输出动作概率。

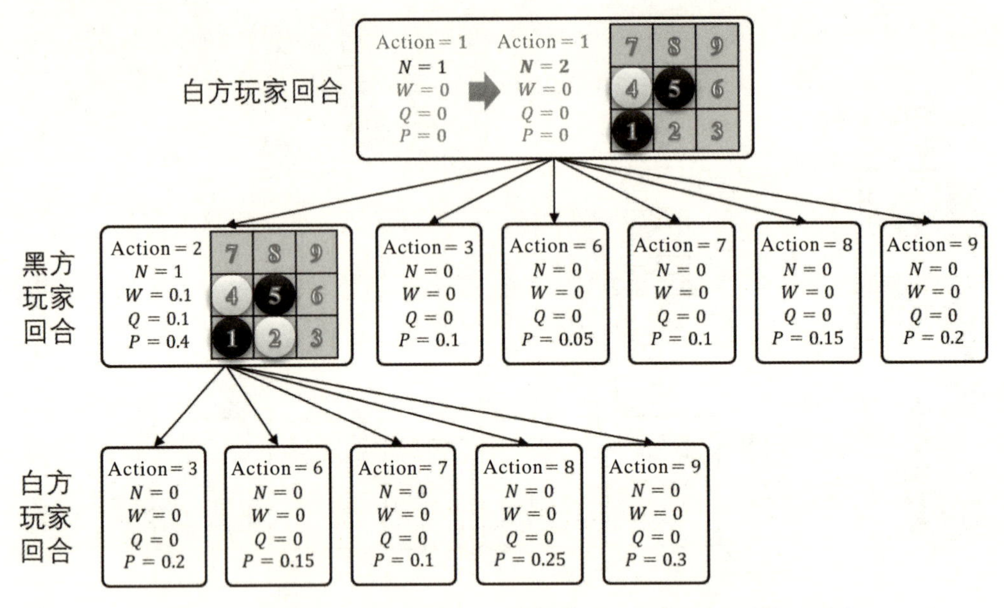

图 15.11 根节点处的回溯。N 更新为 2，W 和 Q 不需要更新

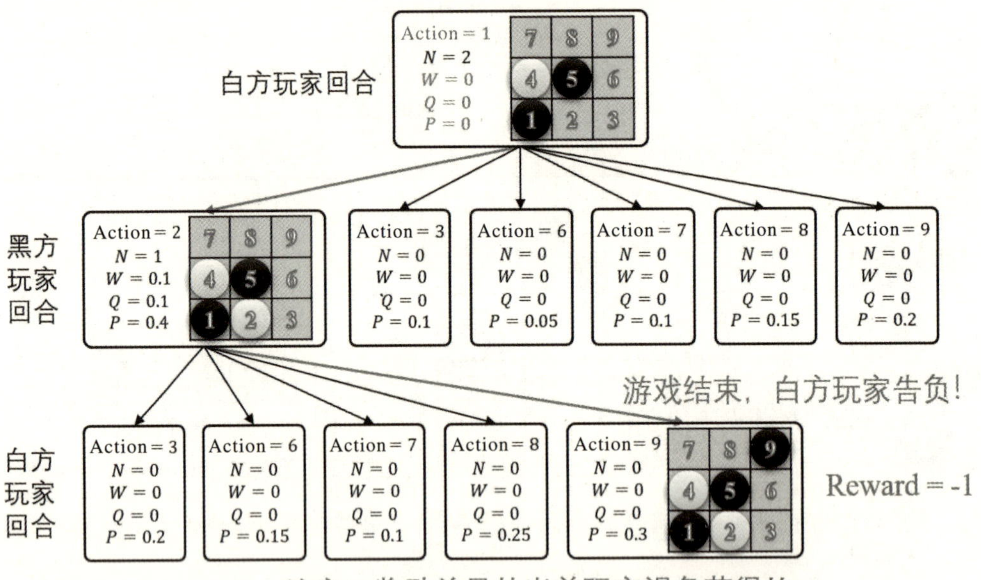

图 15.12 终节点处的扩展和评估。由于游戏在该节点结束，因此不会扩展任何节点，并且可以直接从游戏中获得奖励。所以，这里不会使用策略网络和价值网络

接下来是回溯，且轨迹上有三个节点。如前所述，节点从叶节点递归更新直到根节点，其中 $N(s,a)=N(s,a)+1, W(s,a)=W(s,a)+v(s), Q(s,a)=\frac{W(s,a)}{N(s,a)}$。此外，还应该切换每个节点的

视角，这意味着 $v_{\text{white}} = -v_{\text{black}}$。在这个游戏中，黑方玩家选择动作 9 $(b, 9)$ 并到达一个新节点。现在本该轮到白方玩家选择动作，但遗憾的是游戏在此结束了，白方玩家输掉了游戏。所以奖励值 reward $= -1$ 是从白方玩家的视角来看的，也就是说 $v_{\text{white}} = -1$。当我们更新这个节点上的信息时，如前所述，这些信息是被黑方玩家用来选择动作 $A = 9$ 并到达这个节点，所以这个节点的值应该是 $v_{\text{black}} = -v_{\text{white}} = 1$，其他信息同理，有 $N = 1, W = 1, Q = 1$。剩余两个节点的信息也以同样的方式更新。

在完成回溯步骤之后，树结构如图 15.13 所示。根节点已被访问三次，并且每个被访问过的节点信息都已更新。

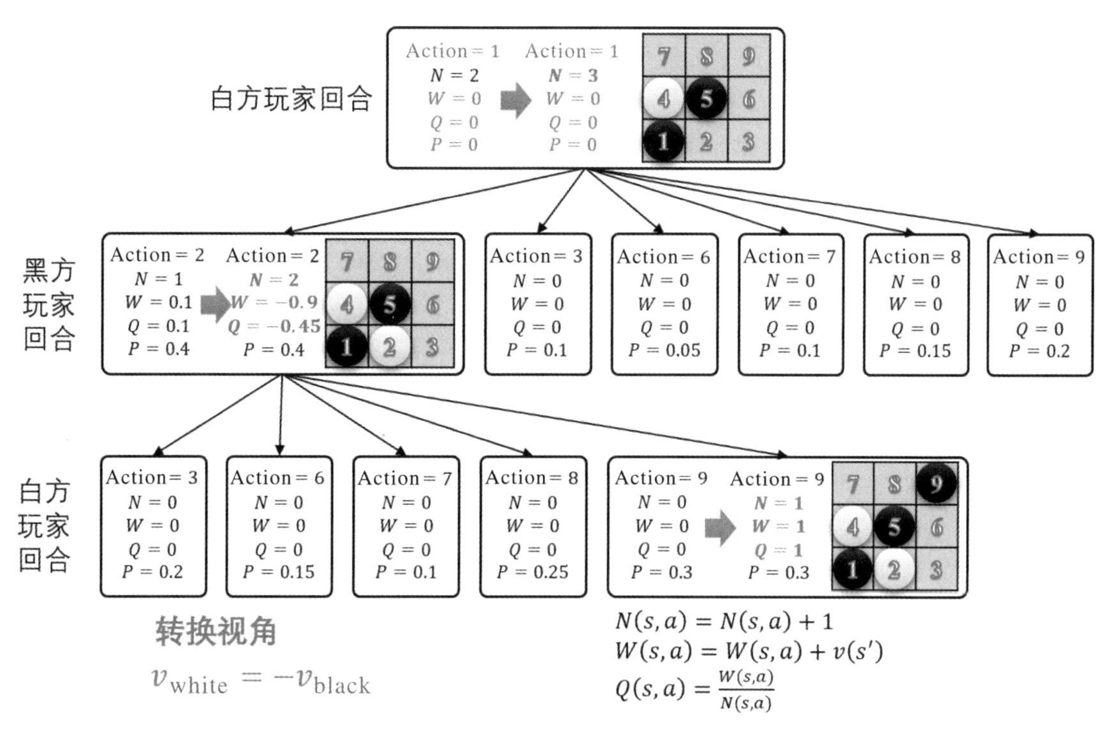

图 15.13　回溯步骤之后的树结构。在第三次树搜索过程中，回溯步骤递归地更新三个被访问节点的信息。由于两个玩家在同一树结构中，且 $v_{\text{white}} = -v_{\text{black}}$，所以需要注意从正确的视角更新信息

我们已经演示了三次蒙特卡罗树搜索的迭代过程。经过 400 次搜索后（在 AlphaGo Zero 算法中，搜索次数是 1600；在 AlphaZero 算法中，搜索次数是 800，如图 15.14 所示），树结构变得更大，且估值更加精确。

经过树搜索过程之后，可以在真正的棋盘上走子了。动作的选取通过计算每个动作的访问次数并归一化为概率进行选择，而不是直接通过策略网络输出动作概率：$\pi(a|s) = \frac{N(s,a)^{1/\tau}}{N(s)^{1/\tau-1}} = \frac{N(s,a)^{1/\tau}}{\sum_b N(s,b)^{1/\tau}}$，其中 $\tau \to 0$ 是温度参数，$b \in A$ 表示状态 s 下的可行动作。这里选择的动作是 9

$(w,9)$，如图 15.15 所示。

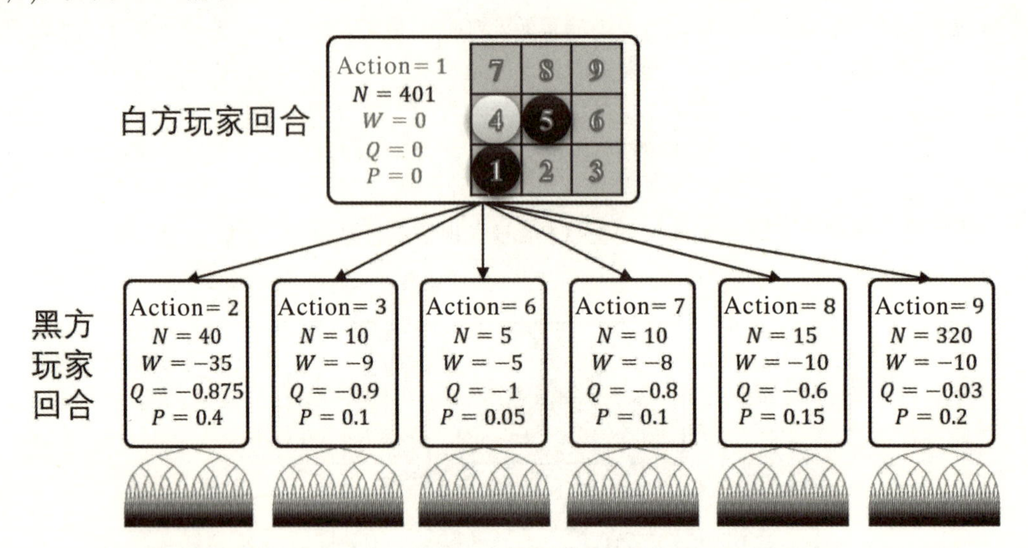

图 15.14　经过 400 次搜索的树结构。由于第一次搜索是从扩展和评估步骤开始的，并没有选择子节点，因此其子节点的访问次数之和为 400，根节点的访问次数为 401。这个细节并不影响算法思想

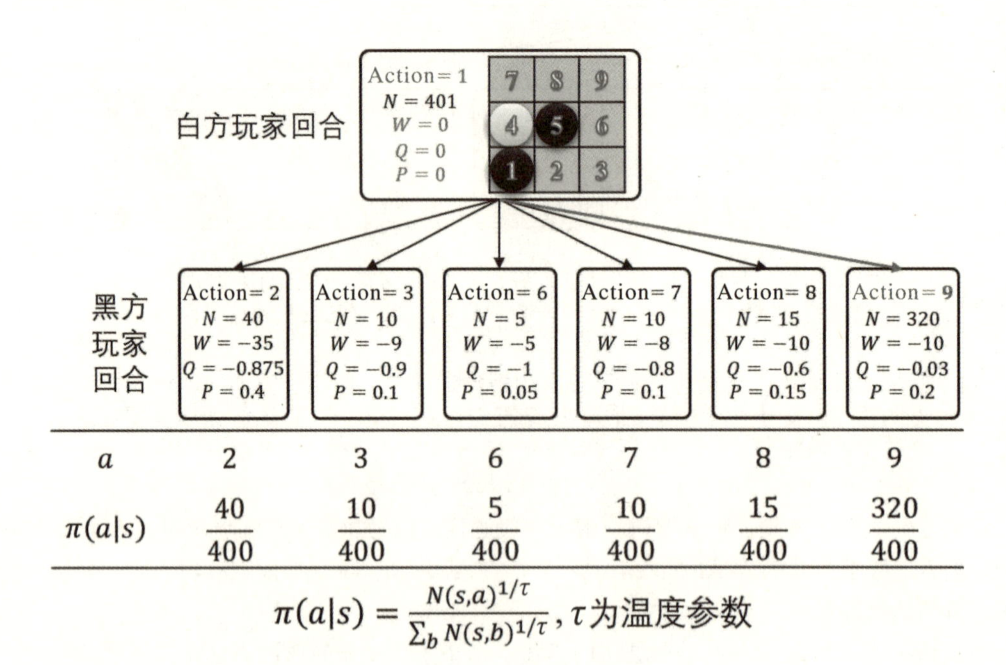

图 15.15　在真正的棋盘上走子。经过 400 次搜索后，根据 $\pi(a|s)=\frac{N(s,a)^{1/\tau}}{\sum_b N(s,b)^{1/\tau}}$ 选择动作。这里白方玩家选择动作 9 $(w,9)$

温度参数用来控制探索度。若 $\tau=1$，动作的选择概率和访问次数成正比，则这种方式探索度高，可以确保数据收集的多样性。若 $\tau\to 0$，则探索度低，此时倾向于选择访问次数最大的动作。在 AlphaZero 和 AlphaGo Zero 算法中，当执行自博弈过程收集数据时，前 30 步（在我们的实现中为 12 步）的温度参数设为 $\tau=1$，其余部分设置为 $\tau\to 0$。当与真正对手下棋时，温度参数始终设置为 $\tau\to 0$，即每次都选择最优动作。

至此，位置 9 处已经放置了白方棋子，因此树中的根节点将被更改。如图 15.16 所示，蒙特卡罗树搜索将从新的根节点继续。其他兄弟节点及其父节点将被剪枝丢弃以节省内存。

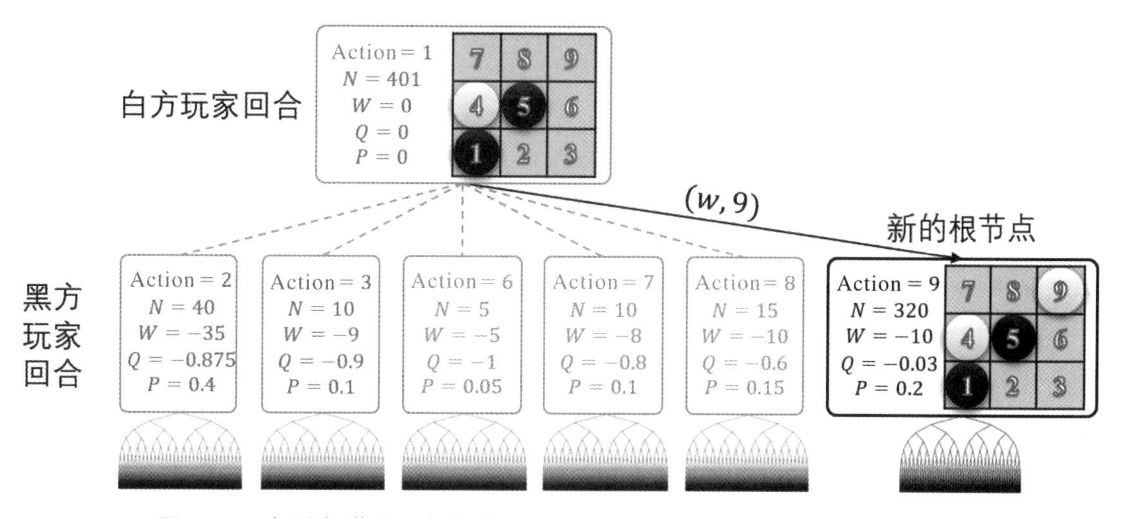

图 15.16　新的根节点。新根节点下的节点将被保留，其他节点将被丢弃

整个过程一直重复下去，直到一局游戏结束。我们得到数据和结果如图 15.17 所示。

每个动作的概率计算方式为：$\pi(a|s)=\frac{N(s,a)^{1/\tau}}{\sum_b N(s,b)^{1/\tau}},\tau=1$。需要注意，这里的概率通过访问次数计算，这是蒙特卡罗树搜索自博弈过程和神经网络训练相结合的关键点。由于该局游戏的结果是平局，这里所有数据的标签都是 0（图 15.18）。

现在我们已经有了蒙特卡罗树搜索生成的数据，下一步就是利用深度神经网络进行训练。在训练过程中，首先将数据转换成堆叠的特征层。每个特征层只包含 0-1 值用以表示玩家的落子，其中一组特征层表示当前玩家的落子，另一组特征层表示对手的落子。这些特征层按照历史动作序列顺序堆叠。然后，我们用与 AlphaGo Zero 算法相同的数据增强方法对数据进行扩展：由于围棋和五子棋的规则都不受旋转和镜像翻转的影响，因此在训练之前，我们将数据做旋转和镜像翻转增强。在蒙特卡罗树搜索过程中，棋盘状态被随机旋转或镜像翻转，然后再用神经网络进行预测，从而可以在一定程度上减小方差。然而在 AlphaZero 算法中，由于某些游戏规则不具有旋转和镜像翻转不变性，因此 AlphaZero 没有使用该技巧。言归正传，随着收集的数据越来越多，不断训练的网络会得到更加精确的估计。

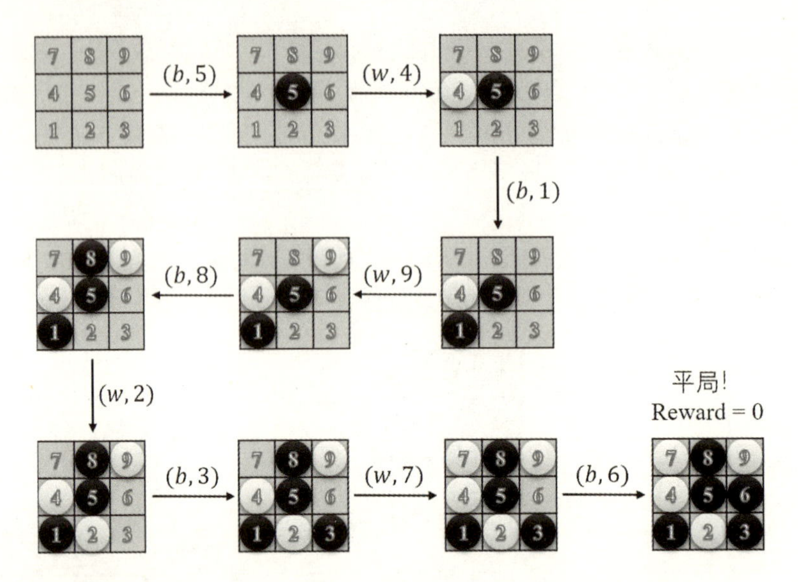

图 15.17　棋谱数据。该局游戏的所有状态都将被保存，并赋予动作概率 $\pi(a|s)$ 和状态值 $v(s)$

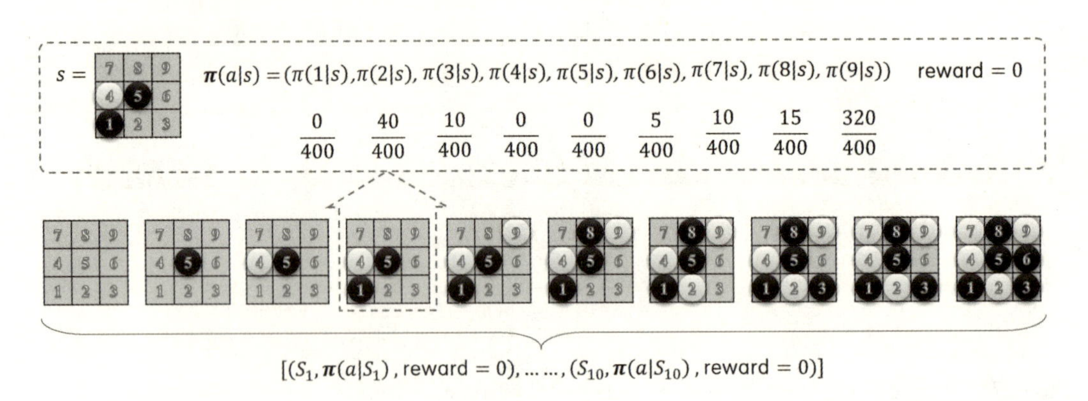

图 15.18　带标签的数据。动作的概率根据 $\pi(a|s) = \frac{N(s,a)^{1/\tau}}{\sum_b N(s,b)^{1/\tau}}$ 计算，标签 $v(s)$ 来自游戏的结果：1 表示胜利，-1 表示失败，0 表示平局

我们使用 `ResNet` (He et al., 2016) 作为网络结构（图 15.19），这和 AlphaGo Zero 算法相同。网络的输入是前述构造的状态特征，输出是动作概率和状态值。网络可以表示为 $(\boldsymbol{p}, v) = f_\theta(s)$，数据为 $(s, \boldsymbol{\pi}, r)$，其中 $\boldsymbol{p}, \boldsymbol{\pi}$ 为列向量。损失函数 l 由动作分布的交叉熵损失、状态值的均方误差和参数的 L2 正则化组成。具体公式为 $l = (r-v)^2 - \boldsymbol{\pi}^{\mathrm{T}} \log \boldsymbol{p} + c\|\theta\|^2$，其中参数 c 调节正则化权重。

此外，我们介绍一些关于模型更新的细节。在 AlphaGo Zero 算法中，新模型将和当前的最优模型对打 400 局，如果新模型胜率超过 55%，那么它将替换掉之前的模型成为当前的最优模型，即对模型有一个评估的过程。相比之下，在 AlphaZero 算法的版本中，它不与之前的模型进行对打，而是直接不断更新模型参数，这些都是可行的方法。我们的版本和 AlphaGo Zero 的方式相同，以使训练过程更加稳定。此外，如果想更快地训练模型，可以使用多进程并行收集数据，甚至采用原论文异步树搜索的方式。图 15.20 展示了并行的训练方式，多个进程同时从最优模型中源源不断生成自博弈数据，收集到最新的自博弈数据用来训练神经网络，最新训练的模型和最优模型进行不断评估（AlphaGo Zero 的方式），所有这些进程都并行执行。

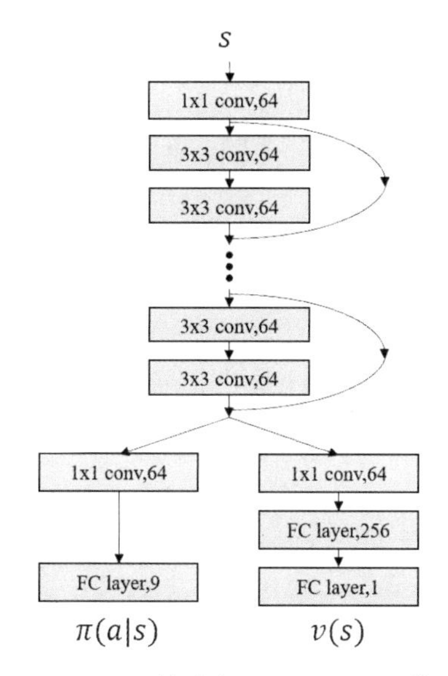

图 15.19　网络结构。结构与 AlphaGo Zero 算法相同。ResNet 作为主干，两个头分别输出概率分布和状态估值

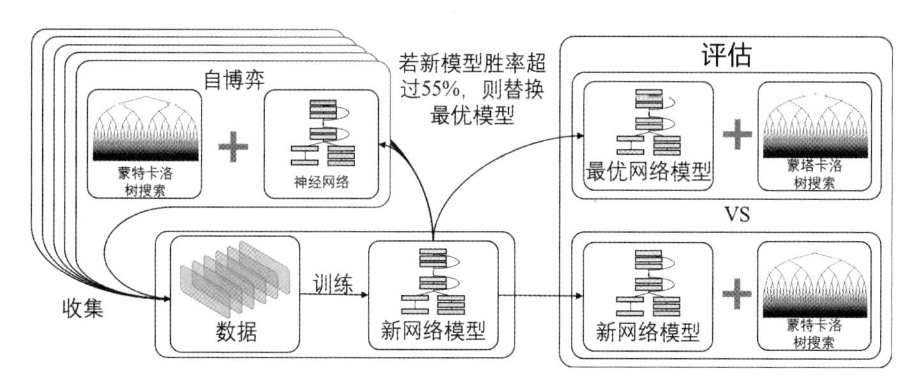

图 15.20　并行训练框架

随着新数据源源不断地生成，神经网络不断迭代训练，得到更准确的估值，一个强大的五子棋 AI 就生成了。

我们最终在 11×11 的棋盘上通过多进程并行的方式训练了无禁手规则的五子棋 AI，表 15.1 列出了一些具体参数。随后我们在 15×15 的棋盘上同样成功训练了一个模型，这表明了 AlphaZero

算法的通用性和稳定性。

表 15.1 参数对比

参数	五子棋	AlphaGo Zero	AlphaZero
c_{puct}	5	5	5
MCTS times	400	1600	800
residual blocks	19	19/39	19/39
batch size	512	2048	4096
learning rate	0.001	annealed	annealed
optimizer	Adam	SGD with momentum	SGD with momentum
Dirichlet noise	0.3	0.03	0.03
weight of noise	0.25	0.25	0.25
$\tau = 1$ for the first n moves	12	30	30

参考文献

ALBERT M, NOWAKOWSKI R, WOLFE D, 2007. Lessons in play: an introduction to combinatorial game theory[M]. CRC Press.

AUER P, CESA-BIANCHI N, FISCHER P, 2002. Finite-time analysis of the multiarmed bandit problem[J]. Machine learning, 47(2-3): 235-256.

BROWNE C B, POWLEY E, WHITEHOUSE D, et al., 2012. A survey of monte carlo tree search methods[J]. IEEE Transactions on Computational Intelligence & Ai in Games, 4(1): 1-43.

CAMPBELL M, HOANE JR A J, HSU F H, 2002. Deep blue[J]. Artificial intelligence.

COUETOUX A, MILONE M, BRENDEL M, et al., 2011. Continuous rapid action value estimates[C]// Asian Conference on Machine Learning. 19-31.

HE K, ZHANG X, REN S, et al., 2016. Deep residual learning for image recognition[C]//Proceedings of the IEEE Conference on Computer Vision and Pattern Recognition. 770-778.

HSU F H, 1999. Ibm's deep blue chess grandmaster chips[J]. IEEE Micro, 19(2): 70-81.

KOCSIS L, SZEPESVÁRI C, 2006. Bandit based monte-carlo planning[C]//European conference on machine learning. Springer: 282-293.

MUTHOO A, OSBORNE M J, RUBINSTEIN A, 1996. A course in game theory.[J]. Economica, 63 (249): 164-165.

SILVER D, HUANG A, MADDISON C J, et al., 2016. Mastering the game of go with deep neural networks and tree search[J]. Nature.

SILVER D, HUBERT T, SCHRITTWIESER J, et al., 2017a. Mastering chess and shogi by self-play with a general reinforcement learning algorithm[J]. arXiv preprint arXiv:1712.01815.

SILVER D, SCHRITTWIESER J, SIMONYAN K, et al., 2017b. Mastering the game of go without human knowledge[J]. Nature, 550(7676): 354.

SILVER D, HUBERT T, SCHRITTWIESER J, et al., 2018. A general reinforcement learning algorithm that masters chess, shogi, and Go through self-play[J]. Science, 362(6419): 1140-1144.

16 模拟环境中机器人学习

本章主要介绍模拟环境中机器人学习的一个上手项目，包括在 CoppeliaSim 中设置一个机械臂抓取物体的任务，并用深度强化学习算法柔性 Actor-Critic（Soft Actor-Critic，SAC）去解决它。实验部分展示不同奖励函数的效果，用以验证辅助密集奖励对于解决类似机器人抓取任务的重要性。在本章末尾，我们也对机器人学习应用、模拟到现实的迁移和其他机器人学习项目及模拟器进行简单的讨论。

深度强化学习算法有很多潜在的现实世界应用场景，机器人控制是其中最令人振奋的领域之一。尽管深度强化学习算法已经能够很好地解决绝大多数简单的游戏，像之前介绍的 OpenAI Gym 环境等，我们目前还不能期望深度强化学习方法在机器人控制领域能完全替代传统控制方法，比如反向运动学（Inverse Kinematics）或比例-积分-微分（Proportional-Integral-Derivative, PID）控制等。然而，深度强化学习能够应用于某些具体情形，作为与传统控制相辅相成的方法，尤其是对于高度复杂的系统或者灵活操控任务 (Akkaya et al., 2019; Andrychowicz et al., 2018)。

在绝大多数情况下，机器人控制的动态过程可以用马尔可夫（Markov）过程很好地近似，这使得它成为深度强化学习在模拟和现实中的一个理想的试验场。另外，深度强化学习对于现实世界中机器人控制的巨大潜力也吸引了许多像 DeepMind 和 OpenAI 等高科技公司来投入这个研究领域。近来，OpenAI 甚至通过自动域随机化（Automatic Domain Randomization）技术来解决模拟到现实的迁移（Sim-to-Real Transfer）问题，从而用一个单手五指机械臂解决了 Rubik 魔方，如图 16.1 所示。其他公司也开始研究使用比如在仓储物流中的货物分发任务上使用机械臂，甚至直接让机器人在现实世界中训练 (Korenkevych et al., 2019)。

然而，由于将强化学习算法直接应用于现实世界中有采样效率低和安全性的问题，人们发现直接在现实世界中训练强化学习策略来解决复杂的机器人系统控制或灵活操控任务 (Akkaya et al., 2019) 是有困难的。在模拟环境中训练并在随后将策略迁移到现实世界，或者利用人类专家

图 16.1 用一个机器手解决 Rubik 魔方的场景。图片改编自文献 (Akkaya et al., 2019)（见彩插）

的示范（Human Expert Demonstrations）来学习，都是更有潜力满足机器人学习的计算性能和安全要求的方式。机器人的模拟器已经发展了数十年，包括 DART、CoppeliaSim（在 3.6.2 版本之前叫作 V-REP）(Rohmer et al., 2013)、MuJoCo、Gazebo 等。在本章最后一小节会有相关讨论。为了便于人们使用深度强化学习控制策略和其他数值操作，这些模拟器多数都有 Python 对应版本。

在模拟环境中学习至少在两个方面有意义。第一，模拟环境可以用作新提出算法或框架的试验地（包括但不限于强化学习领域），尤其是大规模的现实世界应用，比如机器人学习任务。在模拟环境中学习可以作为新方法在应用到现实情景前的验证过程。第二，对于通过模拟到现实迁移的方式解决现实世界问题来说，在模拟中学习是不可或缺的一步，可以减少时间消耗和物理设备磨损。

在这一章，我们将介绍把深度强化学习算法应用到一个模拟环境中简单的机器人物体抓取任务的过程，使用 CoppeliaSim（V-REP）模拟器和它的 Python 封装：PyRep (James et al., 2019a)。我们开源了这个项目的任务描述和深度强化学习算法相关代码[1]，便于读者学习和理解。

由于之前已经介绍了一个将强化学习应用于大规模高维度连续空间的应用，本章的机器人学习任务将更加着重实践中强化学习的其他方面，包括如何构建一个能通过强化学习实现特定任务的模拟环境，如何设计奖励函数来辅助强化学习实现最终的任务目标等，以给读者提供对强化学习更好的理解，不仅限于训练过程，更在于如何设计学习环境。

16.1 机器人模拟

我们第一步要做的是设置一个模拟环境，包括：一个机械臂、与机械臂交互的一个物块。这个模拟环境应当符合现实物理动态规律。然而，这里我们要强调一点，一个真实的模拟不意味着在这个模拟环境中学习到的策略就可以直接在现实世界中取得好的表现。一个“真实的”模拟环

[1]链接见读者服务

境可以通过不同的具体形式实现，而其中只有一种形式可以与实际的现实世界相匹配。举例来说，不同光照条件可以在物体上产生不同的阴影效果，而这些可能看起来都很“真实”，但是只有其中一种是跟现实相同的，而且由于深度神经网络的敏感性，这些外观上的细微差异可能导致现实中做出截然不同的动作。为了解决这类模拟到现实迁移过程的问题，如域随机化（Domain Randomization）、动力学随机化（Dynamics Randomization）等许多方法被提出和应用，我们也将在本章进行相关讨论。

现在有许多机器人的模拟器，包括 CoppeliaSim（V-REP）、MuJoCo、Unity 等。原版 CoppeliaSim（V-REP）软件使用 C++ 和 Lua 语言支持的通用接口，而只有部分函数功能可以通过 Python 实现。然而，对于应用深度强化学习而言，最好使用 Python 接口。幸运的是，我们有 PyRep 软件包来将 CoppeliaSim（V-REP）用于深度机器人学习。在本项目中，我们使用 CoppeliaSim（V-REP）并搭配它的软件包 PyRep 来调用 Python 接口。

我们将在本节展示设置一个机器人学习任务的基本过程。

安装 CoppeliaSim 和 PyRep

CoppeliaSim（V-REP）软件可以在官网[2]下载到，而在本书的写作过程中，我们需要 CoppeliaSim（V-REP）的 3.6.2 版本（可以在网站[3]上找到）来跟 PyRep 兼容。它可以直接通过解压下载的文件来安装。注意高于 CoppeliaSim（V-REP）3.6.2 的版本可能跟这个项目的其他模块不兼容。

安装完 CoppeliaSim（V-REP）之后，我们可以通过以下几步安装我们仓库网站（链接见读者服务）上的一个 PyRep 的分支稳定版本：

```
git clone https://github.com/deep-reinforcement-learning-book/PyRep.git
pip3 install -r requirements.txt
python3 setup.py install --user
# 注意：在以下指令中需要将路径改为用户本机的 VREP 安装位置
export VREP_ROOT=EDIT/ME/PATH/TO/V-REP/INSTALL/DIR
export LD_LIBRARY_PATH=$LD_LIBRARY_PATH:$VREP_ROOT
export QT_QPA_PLATFORM_PLUGIN_PATH=$VREP_ROOT
source~/.bashrc
```

记得通过上面脚本中的 VREP_ROOT 更改 V-REP 的路径。

Git 克隆本项目

本章的深度强化学习算法应用于机器人学习任务项目可以通过以下命令下载：

[2]链接见读者服务

[3]链接见读者服务

```
git clone https://github.com/deep-reinforcement-learning-book/Chapter16-Robot-Learning
    -in-Simulation.git
```

这个项目包含机器人的部分（机械臂，夹具）和其他我们需要的物体、构建的机器人抓取任务情景、用来训练智能体控制策略的深度强化学习算法等。本项目中的机器人抓取任务情景见图 16.2。我们将在以下几小节中展示如何构建这个包含基本组成部分的场景。

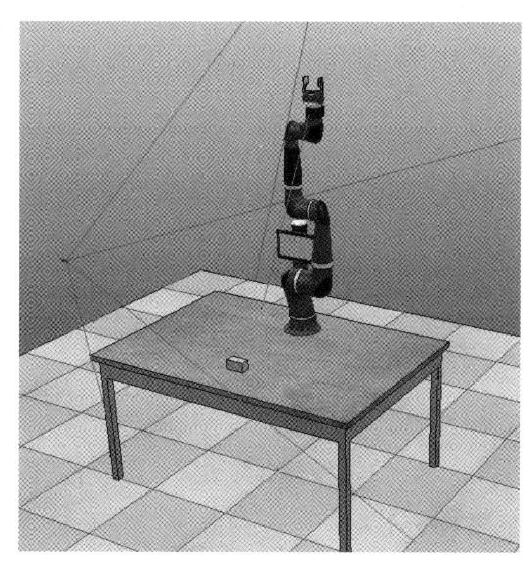

图 16.2 CoppeliaSim (V-REP) 中的抓取（Grasping）任务场景（见彩插）

组装机器人

我们使用名为 *Rethink Sawyer* 的机械臂和一个 *BraxterGripper* 终端夹具。官方 PyRep 软件包提供了多种机械臂和夹具，可以用来组装和构建你想要的任务场景。我们这里提供一个例子，将一个夹具安装到机械臂，如图 16.3 所示。

在我们的 Git 文件下，将`./hands/BaxterGripper.ttm`和`./arms/Sawyer.ttm`拖入在 CoppeliaSim（V-REP）中打开的一个新场景。我们选择夹具并同时按 Ctrl 加鼠标左键单击 *Sawyer* 的终端关节（即`Sawyer_wrist_connector`，它是 CoppeliaSim（V-REP）中的一个力传感器，可以用于连接不同物体），然后单击“组装”按钮，如图 16.4 所示。CoppeliaSim（V-REP）提供了不同种类的连接器，这里的力传感器只是其中一种，且这种连接器在关节受到的真实力大于一个阈值的时候有破碎的可能。另一方面，我们不应该在这里用“组合/合并”（group/merge）选项，这是为了能够独立控制夹具和机械臂。更多关于如何连接和组合不同物体的细节可以查阅 CoppeliaSim（V-REP）的网站。在我们完成以上过程后，所构建场景的层级（Scene hierarchy）应当如图 16.5 所示。

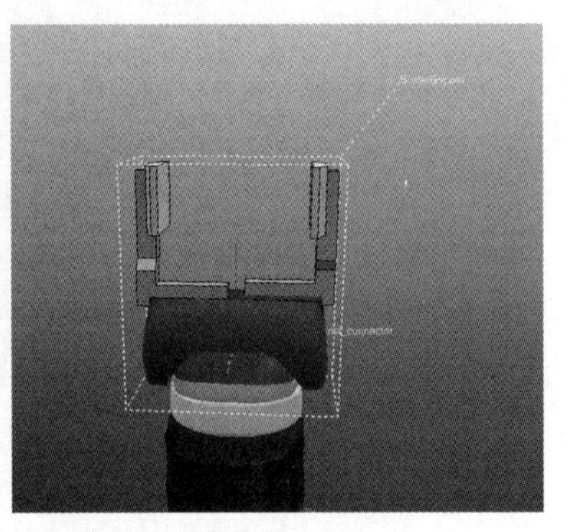

图 16.3　*Sawyer* 机械臂末端（左）和组装的夹具 *BaxterGripper*（右）（见彩插）

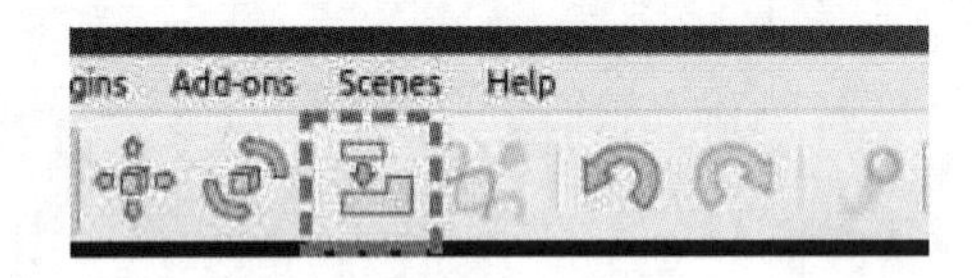

图 16.4　CoppeliaSim (V-REP) 中的“组装”（assemble）按钮

构建学习环境

图 16.2 展示了 CoppeliaSim（V-REP）中一个构建好的场景，相应文件为`./scenes/sawyer_reacher_rl.ttt`。为了构建这个最终场景，我们需要把其他物体添加到当前只包含机械臂和夹具的场景中。

首先，我们通过**添加（Add）-> 简单形状（Primitive shape）-> 长方体（Cuboid）**添加一个目标物体，调整它成为我们想要的尺寸并重命名为“目标”。我们需要双击“目标”前面的图标并选择**公共（Common）-> 可渲染的（Renderable）**来使得物体对视觉传感器可见。

在以上步骤之后，我们需要添加一个可以给我们提供定制场景视野的视觉传感器。这个视觉传感器可以在模拟过程中一直拍摄视野的图像，如果我们使用基于图像的控制，那么这个视觉传感器是必需的（如果不是基于图像的控制，我们可能不需要它）。如果我们在场景中启用这个视觉传感器，我们可以在模拟的每一步返回图像。为了设置这样的场景，单击**添加（Add）-> 视觉传感器（Vision sensor）-> 视角类型（perspective type）**，然后右键单击场景，选择**添加（Add）-> 浮动视野（Floating view）**。这时先单击我们刚刚创建的**视觉传感器**，然后右键单击打开的浮动视野，选择**视图（View）-> 关联视图和已选择的视觉传感器（associate view with selected vision sensor）**。随后，我们手动设置添加的视觉传感器的位置和旋转角度，得到如图 16.6 所示的场景。

下面，我们从项目文件夹`./objects`中拖入物体文件 `table.ttt`。通过单击**物体（Object）/物品移动（item shift）**按键，我们手动设置这个带夹具机械臂的位置和目标长方体的位置，使得它们位于桌子上方，如图 16.7 所示。

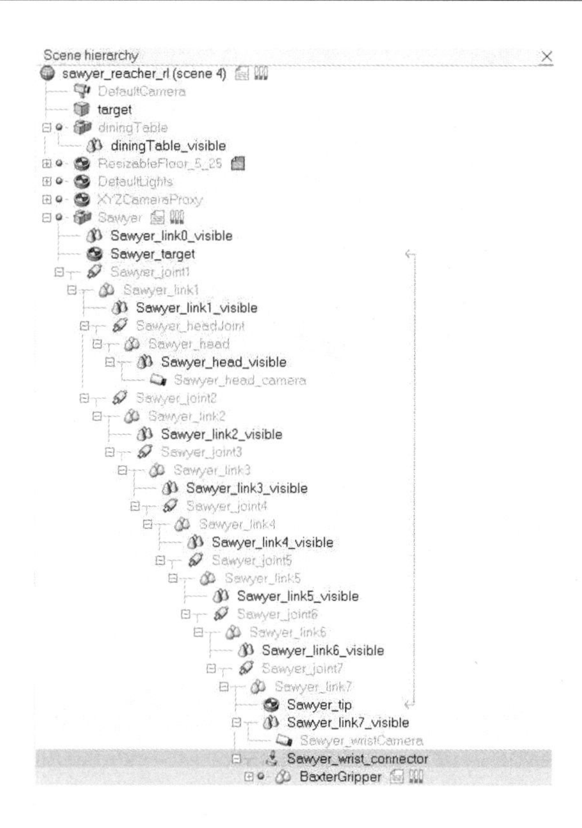

图 16.5 CoppeliaSim (V-REP) 中任务场景的层级，包括 *Sawyer* 机械臂在内的所有物理模型。红色箭头表示用于端点控制模式的反向运动学链。黑色字体表示场景中可见的物体，而灰色字体表示不可见的虚拟物体

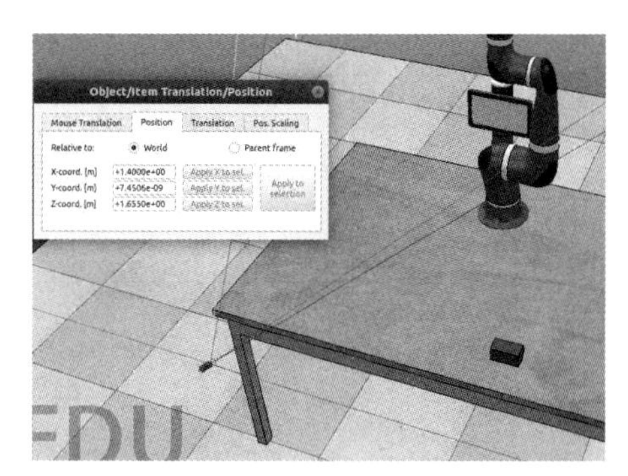

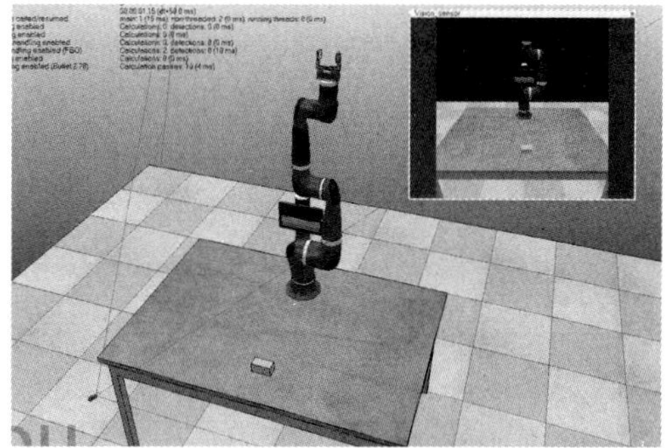

图 16.6 在 CoppeliaSim (V-REP) 中设置视觉传感器。左面的图片设置相机位置；右面图片中右上角的小窗口是由所放置的相机得到的。如果采用基于图像的控制策略并调用相机，那么它可以给每个时间步提供图像观察量（见彩插）

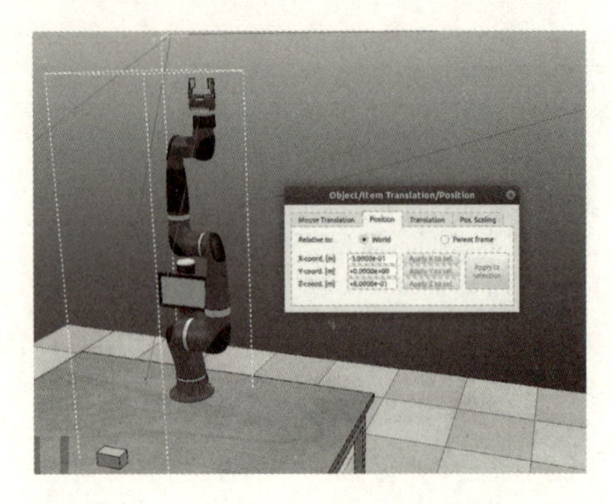

图 16.7　手动改变 CoppeliaSim (V-REP) 中物体的位置（见彩插）

以上是设置环境场景的过程，这个场景给我们提供了任务中可以看到的实体。这些实体的动力学过程将遵从物理模拟器的模拟规则。除此之外，我们还需要给在环境中定义控制流程和奖励函数（Reward Functions），通常包括物体移动的限制条件（主要是运动类的任务）、一个训练片段（Episode）的开启和结束步骤、初始化条件、观察量的形式等。在我们的 Git 文件中，我们提供了一个脚本 `sawyer_grasp_env_boundingbox.py` 用来在场景中实现这些功能。为了便于之后应用强化学习算法进行控制，这个脚本我们采用与 OpenAI Gym 环境相似的应用程序接口（APIs）。我们上面构建的场景本身是静态的，而这个控制脚本可以为它提供控制动力学过程的功能（除了模拟器中实现的物理过程）。对于这个机器人抓取任务，我们使用正向运动学（直接控制关节运动速度）的控制机制来控制机械臂。我们也使用不同配置方式实现了一个通过反向运动学实现控制的（控制机械臂终端位置）的场景。反向运动学控制通常需要求一个描述关节角度和机械臂端点位置关系的雅可比（Jacobian）矩阵的逆，这个功能在 PyRep 中也有支持。更多关于反向运动学设置的细节超出本书范围。我们提供的例子程序中的脚本定义的动力学过程和机器人控制可以支持以上两种控制机制。

注意：实践中，当你尝试构建自己的机器人模型或用不同的组件组装定制机械臂的时候，你需要小心机械臂上不同模块的组装顺序和依赖关系。这与 CoppeliaSim（V-REP）软件对动态和静态组件（比如反向运动学中的 `Sawyer_tip` 是一个静态组件）的一些要求有关。细节参考官方网站[4]。

在 CoppeliaSim（V-REP）中设置好环境场景之后，我们需要用 PyRep 软件包写一个定义环境中动力学过程和奖励函数的控制脚本。我们的仓库中提供了定义环境的代码。下面几小节中我们将介绍项目中用到的函数和模块。

环境脚本中的模块

导入所需软件包并设置下面需要的全局变量。

[4]链接见读者服务

```
from os.path import dirname, join, abspath
from pyrep import PyRep
from pyrep.robots.arms.sawyer import Sawyer
from pyrep.robots.end_effectors.baxter_gripper import BaxterGripper
from pyrep.objects.proximity_sensor import ProximitySensor
from pyrep.objects.vision_sensor import VisionSensor
from pyrep.objects.shape import Shape
from pyrep.objects.dummy import Dummy
from pyrep.const import JointType, JointMode
import numpy as np
import matplotlib.pyplot as plt
import math

POS_MIN, POS_MAX = [0.1, -0.3, 1.], [0.45, 0.3, 1.] # 目标物体有效位置范围
```

所定义机器人抓取任务环境类的整体结构显示如下。这里所有的函数都在类中简写，我们将在后文中展开介绍。

```
class GraspEnv(object):
    # Sawyer 机器人抓取物块
    def __init__(self, headless, control_mode='joint_velocity'):
        # 参数:
        # :headless:  bool, 如果为 True, 没有可视化; 否则有可视化
        # :control_mode:  str, 'end_position' 或'joint_velocity'
        ......

    def _get_state(self):
        # 返回包括关节角度或速度和目标位置的状态
        ......

    def _is_holding(self):
        # 返回抓取目标与否的状态, 为 bool
        ......

    def _move(self, action, bounding_offset=0.15, step_factor=0.2, max_itr=20,
        max_error=0.05, rotation_norm =5.):
        # 对于'end_position' 模式, 用反向运动学根据动作移动末端。反向运动学模式控制是通过设
        # 置末端目标来实现的, 而非使用 solve_ik() 函数, 因为有时 solve_ik() 函数不能正确工作
```

```
    # 模式：闭环比例控制，使用反向运动学

    # 参数：
    # :bounding_offset:  有效目标位置范围外的边界方框所用的偏移量，作为有效且安全的动作
    # 范围
    # :step_factor:  小步长因子，用来乘以当前位置和位置的偏差，即作为控制的比例因子
    # :max_itr:  最大移动迭代次数
    # :max_error:  每次调用时移动距离误差的上边界
    # :rotation_norm:  用来归一化旋转角度值的因子，由于动作对每个维度有相同的值范围，角
    # 度需要额外处理
    ......

def reinit(self):
    # 重新初始化环境，比如可当夹具在探索中破损时调用
    ......

def reset(self, random_target=False):
    # 重置夹具位置和目标位置
    ......

def step(self, action):
    # 根据动作移动机械臂：如果控制模式为'joint_velocity'，则动作是 7 维的关节速度值 +1
    # 维的夹具旋转值；如果控制模式为'end_position'，则动作是 3 维末端（机械臂端点）位置
    # +1 维夹具旋转值
    ......

def shutdown(self):
    # 关闭模拟器
    ......
```

第一步是初始化环境，包括设置共用变量，如 __init__() 函数所定义的一样：

```
def __init__(self, headless, control_mode='joint_velocity'):
    # 参数：
    # :headless:  bool，若为 True，则没有可视化；否则有可视化
    # :control mode:  str，'end_position' 或'joint_velocity'

    # 设置公共变量
```

```
self.headless = headless # 若 headless 为 True，则无可视化
self.reward_offset = 10.0 # 抓到物体的奖励值
self.reward_range = self.reward_offset # 奖励值域
self.penalty_offset = 1. # 对不希望发生情形的惩罚值
self.fall_down_offset = 0.1 # 用于判断物体掉落桌面的距离值
self.metadata=[] # gym 环境参数
self.control_mode = control_mode
   # 机械臂控制模式：'end_position' 或'joint_velocity'
```

函数 __init__() 的第二部分是设定和启动场景，并设置场景中物体相应的代理变量：

```
self.pr = PyRep() # 调用 PyRep
if control_mode == 'end_position': # 所有关节都以反向运动学的方式进行的位置控制模式
   SCENE_FILE = join(dirname(abspath(__file__)),
      './scenes/sawyer_reacher_rl_new_ik.ttt') # 使用反向运动学控制的场景
elif control_mode == 'joint_velocity': # 所有关节都以正向运动学的力或力矩方式进行的
                                       # 速度控制模式
   SCENE_FILE = join(dirname(abspath(__file__)),
      './scenes/sawyer_reacher_rl_new.ttt') # 使用正向运动学控制的场景
self.pr.launch(SCENE_FILE, headless=headless) # 启动场景，headless 意味着无可视化
self.pr.start()    # 启动场景
self.agent = Sawyer() # 得到场景中的机械臂
self.gripper = BaxterGripper() # 得到场景中的夹具
self.gripper_left_pad = Shape('BaxterGripper_leftPad') # 夹具手指上的左护垫
self.proximity_sensor = ProximitySensor('BaxterGripper_attachProxSensor')
   # 传感器名称
self.vision_sensor = VisionSensor('Vision_sensor') # 传感器名称
self.table = Shape('diningTable') # 场景中的桌子，用来检查碰撞
if control_mode == 'end_position': # 通过机械臂端点位置来用反向运动学控制机械臂
   self.agent.set_control_loop_enabled(True) # 若为 False，则反向运动学无法工作
   self.action_space = np.zeros(4)
      # 3 自由度的端点位置控制和 1 自由度的夹具旋转控制
elif control_mode == 'joint_velocity':
   # 通过直接设置每个关节速度来用正向运动学控制机械臂
   self.agent.set_control_loop_enabled(False)
   self.action_space = np.zeros(7)
      # 7 自由度速度控制，无须额外控制端点旋转，第 7 个关节控制它
else:
```

```
        raise NotImplementedError
    self.observation_space = np.zeros(17) # 7 个关节的标量位置和标量速度 +3 维目标位置
    self.agent.set_motor_locked_at_zero_velocity(True)
    self.target = Shape('target') # 得到目标物体
    self.agent_ee_tip = self.agent.get_tip()
        # 机械臂末端的一个部分，作为反向运动学控制链的末端来进行控制
    self.tip_target = Dummy('Sawyer_target') # 末端（机械臂的端点）运动的目标位置
    self.tip_pos = self.agent_ee_tip.get_position() # 末端 x, y, z 位置
```

函数 __init__() 的第三部分是设置合适的初始机器人姿势和末端位置：

```
    if control_mode == 'end_position':
        initial_pos = [0.3, 0.1, 0.9]
        self.tip_target.set_position(initial_pos) # 设置目标位置
        # 对旋转来说单步控制足以通过设置 reset_dynamics=True 就可以立即设置旋转角
        self.tip_target.set_orientation([0,np.pi,np.pi/2], reset_dynamics=True)
            # 前两个沿着 x 和 y 轴的维度使夹具向下
        self.initial_tip_positions = self.initial_target_positions = initial_pos
    elif control_mode == 'joint_velocity':
        self.initial_joint_positions = [0.0, -1.4, 0.7, 2.5, 3.0, -0.5, 4.1]
            # 一个合适的初始姿态
        self.agent.set_joint_positions(self.initial_joint_positions)
    self.pr.step()
```

如下所示是一个获得观察状态的函数，包括关节位置和速度，以及目标物体的三维空间位置，总共 17 维。

```
def _get_state(self):
    # 返回包括关节角度或速度和目标位置的状态

    return np.array(self.agent.get_joint_positions() + # list，维数为 7
            self.agent.get_joint_velocities() + # list，维数为 7
            self.target.get_position()) # list，维数为 3
```

一个决定夹具是否抓到物体的函数被定义为 _is_holding()，通过夹具护垫上的碰撞检测和近距离传感器来决定物体是否在夹具内。

```
def _is_holding(self):
    # 返回抓取目标与否的状态，为 bool
```

```
    # 注意碰撞检测不总是准确的，对于连续碰撞帧，可能只有开始的 4~5 帧碰撞可以被检测到
    pad_collide_object = self.gripper_left_pad.check_collision(self.target)
    if pad_collide_object and self.proximity_sensor.is_detected(self.target)==True:
        return True
    else:
        return False
```

函数 _move() 可以在有效范围内通过反向运动学模式操控移动机械臂末端执行器。PyRep 中可以通过在机械臂末端放置一个部件来实现以反向运动学控制末端执行器，具体做法是设置这个末端部件的位置和旋转角。如果调用 pr.step() 函数，那么在 PyRep 中机械臂关节的反向运动学控制可以自动求解。由于单个较大步长的控制可能是不精确的，这里我们将整个动作产生的位移运动分解为一系列小步长运动，并采用一个有最大迭代次数和最大容错值的反馈控制闭环来执行这些小步长动作。

```
def _move(self, action, bounding_offset=0.15, step_factor=0.2, max_itr=20,
     max_error=0.05, rotation_norm =5.):
    # 对于'end_position' 模式，用反向运动学根据动作移动末端。反向运动学模式控制是通过设
    # 置末端目标来实现的，而非使用 solve_ik() 函数，因为有时 solve_ik() 函数不能正确
    # 工作。
    # 模式：闭环比例控制，使用反向运动学

    # 参数：
    # :bounding_offset: 有效目标位置范围外的边界方框所用的偏移量，作为有效且安全的动作
    # 范围
    # :step_factor: 小步长因子，用来乘以当前位置和目标位置的偏差，即作为控制的比例因子
    # :max_itr: 最大移动迭代次数
    # :max_error: 每次调用时移动距离误差的上界
    # :rotation_norm: 用来归一化旋转角度值的因子，由于动作对每个维度有相同的值范围，
    # 角度需要额外处理

    pos=self.gripper.get_position()

    # 检查状态加动作是否在边界方框内，若在，则正常运动；否则动作不会被执行。该范围为
    # x_min < x < x_max 且 y_min < y < y_max 且 z > z_min
    if pos[0]+action[0]>POS_MIN[0]-bounding_offset and
         pos[0]+action[0]<POS_MAX[0]+bounding_offset \
        and pos[1]+action[1] > POS_MIN[1]-bounding_offset and pos[1]+action[1] <
```

```
        POS_MAX[1]+2*bounding_offset \
    and pos[2]+action[2] > POS_MIN[2]-2*bounding_offset: # z 轴有较大偏移量

    # 物体的 set_orientation() 和 get_orientation() 之间有一个错配情况,
    # set_orientation() 中的 (x, y, z) 对应 get_orientation() 中的 (y, x, -z)
    ori_z=-self.agent_ee_tip.get_orientation()[2]
       # 减号是因为 set_orientation() 和 get_orientation() 之间的错配
    target_pos = np.array(self.agent_ee_tip.get_position())+np.array(action[:3])
    diff=1 # 初始化
    itr=0
    while np.sum(np.abs(diff))>max_error and itr<max_itr:
       itr+=1
       # 通过小步来到达位置
       cur_pos = self.agent_ee_tip.get_position()
       diff=target_pos-cur_pos # 当前位置和目标位置差异, 进行闭环控制
       pos = cur_pos+step_factor*diff
          # 根据当前差异迈一小步, 防止反向运动学无法求解
       self.tip_target.set_position(pos.tolist())
       self.pr.step() # 每次设置末端目标位置, 需调用模拟步来实现

    # 对 z 轴旋转单步即可, 但是由于反向运动学求解器的问题, 所以还是存在小误差
    ori_z+=rotation_norm*action[3]
       # 归一化旋转值, 因为通常在策略中对旋转和位移的动作范围是一样的
    self.tip_target.set_orientation([0, np.pi, ori_z])
       # 使夹具向下并沿 z 轴旋转 ori_z
    self.pr.step() # 模拟步

else:
    print("Potential Movement Out of the Bounding Box!")
    pass # 如果潜在运动超出了边界方框, 动作不会执行
```

这里提供了一个可以重新初始化场景的函数。

```
def reinit(self):
    # 重新初始化环境, 比如当夹具在探索中破损时可调用
    self.shutdown() # 首先关掉当前环境
    self.__init__(self.headless) # 以相同的 headless 模式进行初始化
```

如下是一个能够重置场景中目标物体和机械臂的函数。

```
def reset(self, random_target=False):
    # 重置夹具位置和目标位置

    # 设置目标物体
    if random_target: # 随机化
        pos = list(np.random.uniform(POS_MIN, POS_MAX)) # 从合理范围的均匀分布中采样
        self.target.set_position(pos) # 随机位置
    else: # 无随机化
        self.target.set_position(self.initial_target_positions) # 固定位置
    self.target.set_orientation([0,0,0])
    self.pr.step()

    # 把末端位置设置到初始位置
    if self.control_mode == 'end_position': # JointMode.IK
        self.agent.set_control_loop_enabled(True) # 反向运动学模式
        self.tip_target.set_position(self.initial_tip_positions)
            # 由于反向运动学模式或力/力矩模式开启，所以无法直接设置关节位置
        self.pr.step()
        # 避免卡住的情况：由于使用反向运动学来移动，所以机械臂卡住会使得反向运动学难以求解，
        # 从而无法正常重置，因此在预期位置无法到达时需要采用一些随机动作
        itr=0
        max_itr=10
        while np.sum(np.abs(np.array(self.agent_ee_tip.get_position()-
            np.array(self.initial_tip_positions))))>0.1 and itr<max_itr:
            itr+=1
            self.step(np.random.uniform(-0.2,0.2,4)) # 采取随机动作来防止卡住的情况
            self.pr.step()

    elif self.control_mode == 'joint_velocity': # JointMode.FORCE
        self.agent.set_joint_positions(self.initial_joint_positions)
        self.pr.step()

    # 设置可碰撞（collicable）模式，用于碰撞检测
    self.gripper_left_pad.set_collidable(True)
        # 设置夹具护垫为可碰撞的，从而可以检测碰撞
    self.target.set_collidable(True)
```

```
        # 如果夹具没有完全打开，将其完全打开
        if np.sum(self.gripper.get_open_amount())<1.5:
            self.gripper.actuate(1, velocity=0.5)
            self.pr.step()

        return self._get_state() # 返回环境当前状态
```

如其他环境（OpenAI Gym 等）中经常使用的 `step()` 函数，在我们这里的环境中也会用到。这个函数需要相应的动作值作为输入。如果机器人是由 `end_position` 模式使用反向运动学控制的，它需要调用之前定义的 `_move()` 函数来执行动作；如果机器人是由 `joint_velocity` 模式通过正向运动学控制的，那么机械臂上的关节位置可以直接被设定。

```
    def step(self, action):
        # 根据动作移动机械臂：如果控制模式为'joint_velocity'，那么动作是 7 维的关节速度值 +1
        # 维的夹具旋转值；如果控制模式为'end_position'，那么动作是 3 维末端（机械臂端点）位置
        # +1 维夹具旋转值

        # 初始化
        done=False # 片段结束
        reward=0
        hold_flag=False # 是否抓住物体的标签
        if self.control_mode == 'end_position':
            if action is None or action.shape[0]!=4: # 检查动作是否合理
                print('No actions or wrong action dimensions!')
                action = list(np.random.uniform(-0.1, 0.1, 4)) # 随机
            self._move(action)

        elif self.control_mode == 'joint_velocity':
            if action is None or action.shape[0]!=7: # 检查动作是否合理
                print('No actions or wrong action dimensions!')
                action = list(np.random.uniform(-0.1, 0.1, 7)) # 随机
            self.agent.set_joint_target_velocities(action) # 机械臂执行动作
            self.pr.step()

        else:
            raise NotImplementedError
```

除了移动机械臂，奖励函数（Reward Function）、吸收状态（Absorbing State）、结束信号（done）和其他像标记物体被持有状态的信息等也是通过 step() 函数实现的，如下所示。成功抓取物体的奖励是一个正数，而物体掉落桌面的惩罚是一个同样数值大小的负数。这构成了一种稀疏奖励机制，而可能对智能体来说很难学习。所以我们添加了距离上的惩罚项来辅助学习。这个惩罚项的值是末端执行器到目标物体的距离，同时我们也惩罚夹具与桌面的碰撞来避免夹具损坏。这构成了一个密集奖励函数。然而，我们要知道密集奖励函数可能跟最终的任务目标有出入，而我们的目标是让机器人抓取目标物体。由于距离惩罚项正比于夹具和物体中心的距离，它会促使夹具尽可能地接近物体中心，而这可能导致不合适的抓取姿态。更多关于这种奖励函数与强化学习任务目标之间的分歧可以参考第 18 章中的讨论。由于这个原因，我们需要对奖励函数进行修正，比如设定一个位于目标物体上方的位置偏移量（虚拟目标点）来取代目标物体的中心，我们将在随后的几小节中进行相关讨论。

```
ax, ay, az = self.gripper.get_position()
if math.isnan(ax): # 捕捉探索中夹具破损的情况
    print('Gripper position is nan.')
    self.reinit()
    done=True
tx, ty, tz = self.target.get_position()
sqr_distance = (ax - tx) ** 2 + (ay - ty) ** 2 + (az - tz) ** 2
    # 夹具和目标物体的距离的平方

# 在夹具与物体足够近且物体被近距离传感器检测到时关闭夹具
if sqr_distance<0.1 and self.proximity_sensor.is_detected(self.target)== True:
    # 确保抓取之前夹具是打开的
    self.gripper.actuate(1, velocity=0.5)
    self.pr.step()
    self.gripper.actuate(0, velocity=0.5)
        # 如果结束了，关闭夹具，0 是关闭，1 是打开；速度 0.5 可以确保夹具在一帧内关闭
    self.pr.step() # 物理模拟器前进一步

    if self._is_holding():
        reward += self.reward_offset # 抓到物体的额外奖励
        done=True
        hold_flag = True
    else:
        self.gripper.actuate(1, velocity=0.5)
        self.pr.step()
```

```
    elif np.sum(self.gripper.get_open_amount())<1.5: # 如果夹具由于碰撞或其他原因是
        # 关闭的（或未完全打开），打开它；get_open_amount() 返回夹具关节的一些数据值
        self.gripper.actuate(1, velocity=0.5)
        self.pr.step()
    else:
        pass
    # 基本奖励是距离目标的负值
    reward -= np.sqrt(sqr_distance)

    # 物体掉落桌面的情况
    if tz < self.initial_target_positions[2]-self.fall_down_offset:
        done = True
        reward = -self.reward_offset

    # 机械臂与桌面碰撞的惩罚
    if self.gripper_left_pad.check_collision(self.table):
        reward -= self.penalty_offset

    if math.isnan(reward): # 捕捉数值问题
        reward = 0.

    return self._get_state(), reward, done, {'finished': hold_flag}
```

用于关闭环境的函数相对简单：

```
def shutdown(self):
    # 关闭模拟器
    self.pr.stop()
    self.pr.shutdown()
```

在以下实验中，我们采用如下关于上面抓取任务的基本设定：目标物体的初始位置是固定的；机器人关节位置的初始化选取了可以避免较复杂机器人姿态的方式；机器人是通过正向运动学模式来控制关节速度的；机器人的控制是基于数值状态的，包括关节位置、关节速度和目标位置作为观察量。但是读者可以随意更改这些设置使其更复杂，比如使用反向运动学模式来控制机器人末端位置，使用原始图像进行基于视觉的控制或用它与部分的数值状态相结合，使用更少的信息作为观察量，或者设置任务使其更加困难和复杂，等等。

在项目文件中，Sawyer 抓取任务的环境可以用以下命令来测试：

```
python sawyer_grasp_env_boundingbox.py
```

16.2 强化学习用于机器人学习任务

上述基于正向运动学控制的机器人学习环境有一个控制关节速度的 7 维连续动作空间，以及一个 17 维连续状态空间，因此相比于之前第 5 章和第 6 章中的例子而言，这是一个相对复杂的环境。并且，机器人模拟系统的复杂性使得采样过程需要耗费相当长的时间。这使得通过单线程或单进程框架在较短时间内训练一个相对好的策略很困难。实践中，我们发现策略学习速度的瓶颈主要在于 CoppeliaSim（V-REP）的模拟过程，如果只用单进程采样，就会使得整个学习过程非常低效。我们需要并行的离线训练框架来改善这个任务的采样速度。

在这个项目中，我们使用并行的柔性 Actor-Critic（Soft Actor-Critic，SAC）算法，使用的是第 13 章的项目中的并行框架。SAC 算法的详细介绍在第 6 章，包括理论和实现方法，所以这里只简短地描述选择 SAC 算法的原因和优点所在。作为一种离线策略（Off-Policy）学习算法，SAC 使用对角高斯（Gaussian）策略来应对高维连续动作空间，并且它在训练中比其他像深度确定性策略梯度（Deep Deterministic Policy Gradient）算法更加稳定并且对参数鲁棒，尤其是采用了对熵因子进行适应性学习的方法 (Haarnoja et al., 2018) 后。它也采用柔性 Q-Learning（Soft Q-Learning）来进行熵正则化，这对像机器人抓取这类难以训练的任务来说可以促进探索。还有，由于 SAC 算法采用离线策略的学习方式，所以它在实践中可以较方便地改成并行版本。

即使采用了并行的采样进程，让机器人基于上面定义的密集奖励探索一个好的物体抓取姿势也很困难，如果只使用稀疏奖励则会难上加难。为了进一步促进学习过程，我们对奖励函数进行启发式增强。首先，目标物体是一个长方体，由于它的长边要长于夹具的开合宽度，所以夹具只能调整方向使其垂直于物体长边来夹取，并且朝向需要向下。因此，我们在奖励函数上添加了一个额外的惩罚项如下：

```
# 对角度的增强奖励：如果夹具与目标物体方向相垂直，这是一个更好的抓取姿态
# 注意夹具的坐标系与目标坐标系有\pi/2的z方向角度差异
desired_orientation = np.concatenate(([np.pi, 0], [self.target.get_orientation()[2]]))
    # 夹具与目标垂直，并且朝下
rotation_penalty = -np.sum(np.abs(np.array(self.agent_ee_tip.get_orientation())-
   desired_orientation))
rotation_norm = 0.02
reward += rotation_norm*rotation_penalty
```

其次，如上所述，将夹具和物体之间距离的负数作为奖励函数的一部分可能会导致非最优的夹取

姿势。所以第二个奖励函数上的修正是通过设置目标物体中心上方一个偏移量的位置作为零惩罚点的，这个对距离项的修改如下所示：

```
# 对目标位置的增强奖励：目标位置相对目标物体有垂直方向上的相对偏移
offset=0.08 # 偏移量
sqr_distance = (ax - tx) ** 2 + (ay - ty) ** 2 + (az - (tz+offset)) ** 2
    # 夹具和目标位置距离的平方
```

通过以上两种对奖励函数的增强，学习效果相比于原始的密集或稀疏奖励的情况得到进一步提升，如图 16.8 所示。

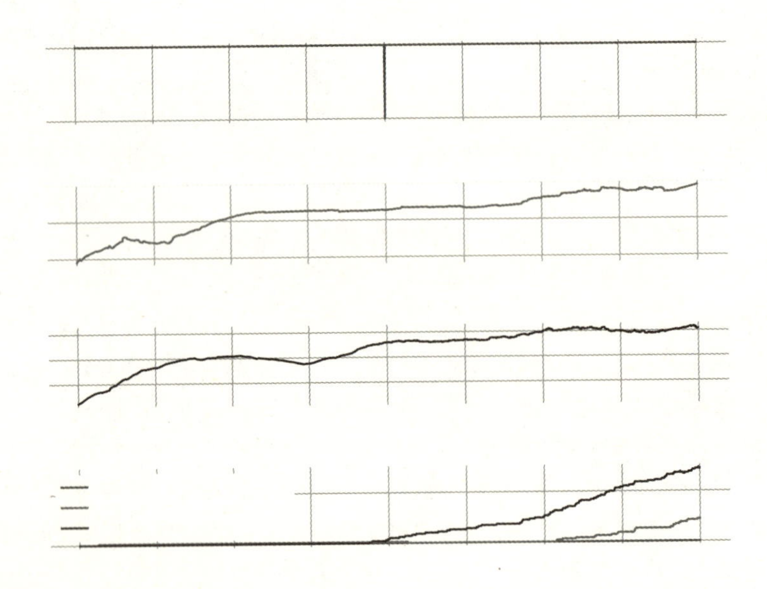

图 16.8　使用 SAC 算法并行训练的Sawyer机器人抓取任务的学习表现，使用不同奖励函数的比较

奖励函数工程是实践中一种有效结合人类先验知识来辅助学习的方式，尽管这可能与科学研究本身的诉求相斥，因为从科研的角度讲，人们往往更加专注于减少奖励函数工程的工作量，以及其他对智能体学习的人为辅助，同时希望实现更加智能和自动化的学习过程。其实，在实践中解决一个任务，类似以上的一些人为辅助设计可能会很有帮助。除了奖励函数工程，从专家示范中学习也是实践中一种有效改善学习效果的方式，如第 8 章所述。

16.2.1 并行训练

CoppeliaSim（V-REP）软件需要每个模拟环境有一个独立的进程。因此，为了加速采样过程，我们设置了多进程而非多线程的方式来并行收集样本。我们的代码库中提供了一个通过 PyTorch 实现的多进程版本的 SAC 算法。其训练和测试过程可以简单地运行如下：

```
# 训练
python sac_learn.py --train
# 测试
python sac_learn.py --test
```

在这个代码中，环境的交互是通过多个进程实现的，每个进程包含一个模拟环境。

16.2.2 学习效果

我们测试了算法在 *Sawyer* 抓取任务上的表现，并在表 16.1 中给出了训练所需的超参数。学习效果如图 16.8 所示，包括三种不同类型的奖励函数。图 16.8 中稀疏奖励函数下的值 -10 是由物体掉落桌面的惩罚造成的。不同的奖励函数给出了不同范围的奖励值，直接对这些奖励值曲线进行比较可能是不公平的。除给出（平滑的）片段奖励外，我们还展示了整个学习过程中的抓取成功率。随着训练进行，我们可以清楚地看到成功事件发生得越来越频繁，这显示出机器人抓取技能的进步。增强的奖励函数对比原始密集奖励函数体现了显著的加速学习的效果，而对于稀疏奖励来说，探索和学习抓取物体几乎是不可能的。

表 16.1 SAC 的超参数

参数	值
优化器	Adam (Kingma et al., 2014)
学习率	3×10^{-4}
奖励折扣（γ）	0.99
工作者（workers）数量	6
隐藏层数（策略）	4
隐藏单元数（策略）	512
隐藏层数（Q 网络）	3
隐藏单元数（Q 网络）	512
批尺寸	128
目标熵值	动作维度的负值
缓存尺寸	1×10^6

如图 16.9 所示，在几千个片段的训练过后，机器人已经能够从一个固定的目标物体位置将其抓到，尽管抓取的姿势不是很完美且成功率还不是很高。在这个例子中，整个训练过程是从头开始的，没有任何的示范或预训练。

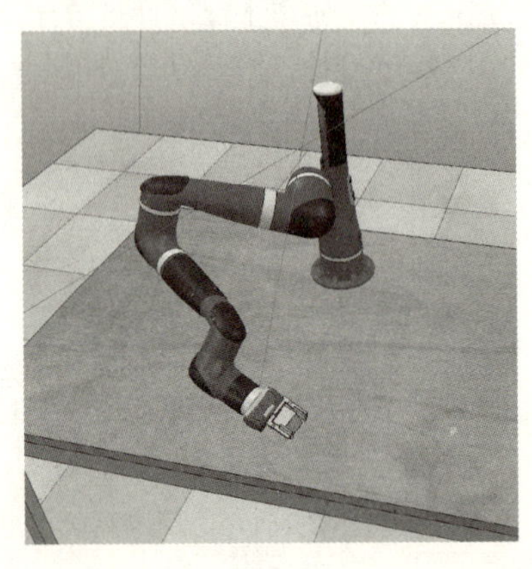

图 16.9　经过训练，Sawyer 在模拟环境中用深度强化学习的策略抓取物体（见彩插）

16.2.3　域随机化

当我们将模拟环境中训练得到的策略用于现实中时，由于现实世界动力学过程和模拟环境中的差异，这个策略往往不能成功。域随机化是改善策略泛化能力的一种方法，尤其是当我们将模拟环境中学习的策略迁移到现实情景中时。

域随机化可以通过随机化环境中的物理参数来实现，包括决定机械臂动力学及其与场景中其他物体动态交互过程的参数。具体来说，随机化物理参数叫作动力学随机化 (Peng et al., 2018)，比如，物体的质量、机械臂上关节的摩擦力、物体和桌面之间的摩擦力等。并且，在基于视觉的控制中，物体颜色、光照条件和物体材质也可以被随机化，这些会影响通过观察机器人图像来对其进行控制的智能体。比如，我们可以用以下命令在 PyRep 中设置物体的颜色：

```
self.target.set_color(np.random.uniform(low=0, high=1, size=3).tolist())
    # 为目标物体颜色设置 [r, g, b]3 通道值
```

其他模拟环境中的物理参数也可以进行相应设置，这里超出了本章范畴。在训练智能体时，我们可以在整个训练过程中对每个片段或者几十个片段进行一次参数重设置。同时，重要的是，要保证对模拟环境中动力学参数和其他特征进行随机化的范围要能够覆盖现实中真实的动力学过程，从而缓解模拟现实间隙。

域随机化只是在模拟到现实迁移中缓解现实间隙的一种可能的方式，以上使用 PyRep 在 CoppeliaSim 中进行视觉特征随机化的步骤也只是一个很简单的例子。关于模拟到现实迁移的详细描述在第 7 章中。

16.2.4 机器人学习基准

在以上小节中，我们展示了如何构建一个机器人抓取任务，并用一个强化学习算法去解决它。近来，文献 (James et al., 2019b) 提出了 RLBench 软件包 (链接见读者服务)，作为一个覆盖 100 个独立的人为设计任务的大规模基准和学习环境。这个软件包专门用于促进基于视觉的机器人操控领域的研究，不仅限于强化学习，而且可以应用于模仿学习、多任务学习、几何计算机视觉和小样本学习。如图 16.10 [5] 所示，RLBench 基于前几节所用的 PyRep，它包含了 100 个基本的机器人操控任务，包括抓取、移动、堆积和其他多样的现实世界中常见的操作，也支持通过简单的设置步骤实现任务定制化，并使得包括强化学习在内的不同的学习方法可以用来解决这个环境中的任务。

图 16.10　RLBench 中定义的机器人学习任务（见彩插）

前几小节中介绍的机器人抓取任务提供了一个用 CoppeliaSim（V-REP）实现模拟环境中机器人学习的标准框架，这也适用于 RLBench 软件包。它们都包括至少三个基本要素：（1）在 CoppeliaSim（V-REP）中进行任务场景的构建，（2）通过脚本定义环境的模拟过程，包括 `reset()` 和 `step()` 函数，（3）通过脚本提供一个能够学习的智能体，比如用强化学习。RLBench 遵循这种构建流程，但以一种层次化的结构来搭建全体任务。

RLBench 软件包可以通过以下命令来安装（如果你已经安装了 PyRep）：

```
git clone https://github.com/stepjam/RLBench.git
pip3 install -r requirements.txt
python3 setup.py install --user
```

16.2.5 其他模拟器

如图 16.11 所示，有许多不同的机器人学习模拟软件，包括 OpenAI Gym、CoppeliaSim（V-REP/PyRep）(James et al., 2019a; Rohmer et al., 2013)、MuJoCo (Todorov et al., 2012)、Gazebo，

[5]图像来自 RLBench。

Bullet/PyBullet (Coumans et al., 2016, 2013)、Webots (Michel, 2004)、Unity 3D、NVIDIA Isaac SDK 等。实践中，这些软件包或者平台对于不同的应用有不同的特征。举例来说，OpenAI Gym robotics 环境是一个相对简单的环境，可以快速验证提出的方法；CoppeliaSim 和 Unity 3D 都是基于物理模拟器的，且有着相对较好的渲染效果；MoJoCo 有较为现实和准确的物理引擎，可以用于模拟到现实迁移；Isaac SDK 是一个相对较新的软件（于 2019 年发布），对深度学习算法和应用有较强的支持，以及基于 Unity 3D 的照片级真实的渲染，等等。

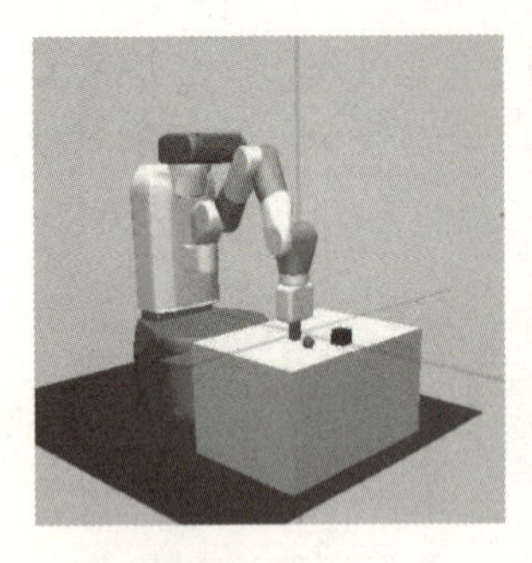

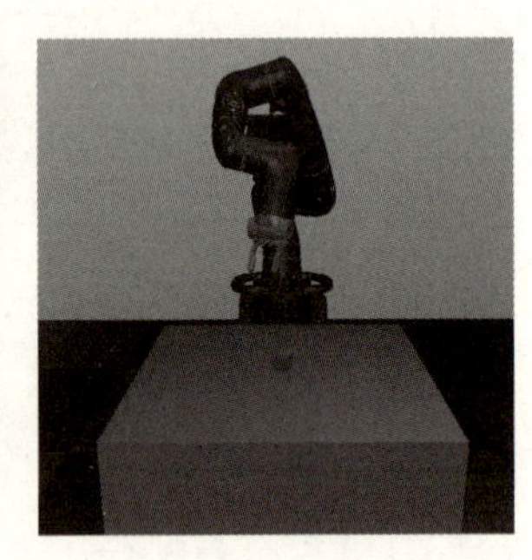

图 16.11　机器人学习任务：（1）OpenAI Gym 中的 FetchPush（左）；（2）使用 PyRep 实现的目标到达任务（中）；RoboSuite 中的 SawyerLift 任务（右）（见彩插）

参考文献

AKKAYA I, ANDRYCHOWICZ M, CHOCIEJ M, et al., 2019. Solving rubik's cube with a robot hand[J]. arXiv preprint arXiv:1910.07113.

ANDRYCHOWICZ M, BAKER B, CHOCIEJ M, et al., 2018. Learning dexterous in-hand manipulation[J]. arXiv preprint arXiv:1808.00177.

COUMANS E, BAI Y, 2016. Pybullet, a python module for physics simulation for games, robotics and machine learning[J]. GitHub repository.

COUMANS E, et al., 2013. Bullet physics library[J]. Open source: bulletphysics. org, 15(49): 5.

HAARNOJA T, ZHOU A, HARTIKAINEN K, et al., 2018. Soft actor-critic algorithms and applications[J]. arXiv preprint arXiv:1812.05905.

JAMES S, FREESE M, DAVISON A J, 2019a. Pyrep: Bringing v-rep to deep robot learning[J]. arXiv preprint arXiv:1906.11176.

JAMES S, MA Z, ARROJO D R, et al., 2019b. Rlbench: The robot learning benchmark & learning environment[J]. arXiv preprint arXiv:1909.12271.

KINGMA D, BA J, 2014. Adam: A method for stochastic optimization[C]//Proceedings of the International Conference on Learning Representations (ICLR).

KORENKEVYCH D, MAHMOOD A R, VASAN G, et al., 2019. Autoregressive policies for continuous control deep reinforcement learning[J]. arXiv preprint arXiv:1903.11524.

MICHEL O, 2004. Cyberbotics ltd. webots: professional mobile robot simulation[J]. International Journal of Advanced Robotic Systems, 1(1): 5.

PENG X B, ANDRYCHOWICZ M, ZAREMBA W, et al., 2018. Sim-to-real transfer of robotic control with dynamics randomization[C]//2018 IEEE International Conference on Robotics and Automation (ICRA). IEEE: 1-8.

ROHMER E, SINGH S P, FREESE M, 2013. V-rep: A versatile and scalable robot simulation framework[C]//2013 IEEE/RSJ International Conference on Intelligent Robots and Systems. IEEE: 1321-1326.

TODOROV E, EREZ T, TASSA Y, 2012. Mujoco: A physics engine for model-based control[C]//IROS.

17 Arena：多智能体强化学习平台

在这一章节，我们将介绍一个名为 Arena (Song et al., 2019) 的用于研究多智能体强化学习（Multi-Agent Reinforcement Learning，MARL）的项目。我们提供了一些上手经验来使用 Arena 工具包构建游戏，包括一个单智能体游戏和一个简单的双智能体游戏，并采用不同的奖励机制。Arena 中的奖励机制是一种定义多智能体间社会结构的方式，包括不可学习的（Non-Learnable）、独立的（Isolated）、竞争的（Competitive）、合作的（Collaborative）和混合型的（Mixed）社会关系。不同的奖励机制可以在一个游戏场景中用于同一个层次性结构上，不同的层次性结构上也可以用不同的奖励机制，配合对物理单元的从个体到群体的结构性表示，可以用来全面地描述多智能体系统的复杂关系。此外，我们也展示了在 Arena 中使用基准库的过程，它提供了许多已实现的多智能体强化学习算法来作为基准。通过这个项目，我们希望给读者提供一个有用的工具，来研究在定制化游戏场景中使用多智能体强化学习算法的表现。

Arena 是一个在 Unity 上对多体智能学习进行评估的通用平台。它使用多样化逻辑和表示方式来构建学习环境，并对多智能体复杂的社会关系进行简单的配置。Arena 也包含对最先进深度多智能体强化学习算法基准的实现，可以帮助读者快速验证所建立的环境。总体来说，Arena 是一个帮助读者快速创造和构建包含多智能体社会关系的定制化游戏环境的工具，用以探索多智能体问题。Arena 注重于第一人称或第三人称动作类游戏，借助于 Unity 极好的渲染效果来实现 3D 仿真环境。而其他像最近由 DeepMind 发布的开源项目 OpenSpiel，则专注于多智能体棋牌类游戏。

Arena 中有两个主要的模块：（1）开发工具包（the Building Toolkit），可以用来快速构建有定制特征的多智能体环境；（2）基准库（the Baselines），可以用 MARL 算法来测试所搭建的环境。我们将从构建 Arena 中的环境开始。

17.1 安装

Unity ML-agents 工具包是使用 Arena 的前提，需要在使用 Arena 之前将其安装。Arena 完整的安装过程遵循开发工具包和基准库各自的官方网站。

注意，如果你想在没有图形用户界面（比如 X-Server）的远程服务器上运行或者你无法访问 X-Server，那么你就需要根据 17.3.1 节中或 Arena 官网上的指示来设置虚拟显示。

安装好之后，我们可以发现在 Arena 文件夹下的 `Arena-BuildingToolkit/Assets/ArenaSDK/GameSet/`文件中，有几十个已构建好的或连续或离散动作空间的游戏场景。它们是预先制作好的，作为使用 Arena 的例子，你可以阅读所有这些游戏的脚本来更好地理解 Arena 是如何工作的。所有的游戏和抽象层共用同一个 Unity 项目。每一个游戏都在一个独立的文件夹中，游戏名即文件夹命名。`ArenaSDK` 文件夹存放了所有的抽象层和共享代码、实体和功能。整体代码风格与 Unity ML-agents 工具包尽可能一致。

17.2 用 Arena 开发游戏

我们将使用 Arena 开发工具包内提供的许多现成的实体和多智能体功能，来展示一个多智能体游戏的构建过程，它不需要很多代码。在你开始之前，我们希望你已经有了关于 Unity 使用的基本知识。因此，推荐你先完成官网上的 roll-a-ball 教程来学习关于 Unity 的一些基本概念。

为了使用 Arena，运行 Unity，选择打开项目，选择克隆或下载的“Arena-BuildingToolkit”文件。第一次打开的过程可能会花费一定时间。

我们可以看到 Arena 文件夹下几十个建好的游戏。它们是预先设计作为 Arena 用例的，你可以阅读这些游戏的脚本来进一步理解 Arena 是如何工作的。我们将在下面小节中提供搭建这些游戏的基本指导。

图 17.1 Arena 文件中提供已构建的游戏

17.2.1　简单的单玩家游戏

我们从构建一个基本的单玩家游戏开始：

- 创建一个文件夹来存放游戏。在这部分中，我们为单玩家游戏创建名为“1P”的文件夹。
- 在左边的“Hierarchy”窗口中，我们删除原来的 **Main Camera** 和 **Directional Light**。将 Arena 文件夹 `Assets/ArenaSDK/SharedPrefabs` 下预制的 **GlobalManager**（如图 17.2 所示）拖入左边的“Hierarchy”窗口，如图 17.3 所示。注意到，这些预制物体是 Unity 中公用的模块，可以通过简单的拖曳操作来使用任何提前定制好的物体。Arena 中的 **GlobalManager** 管理整个游戏，因此其他组成部分需要依附在它下面。

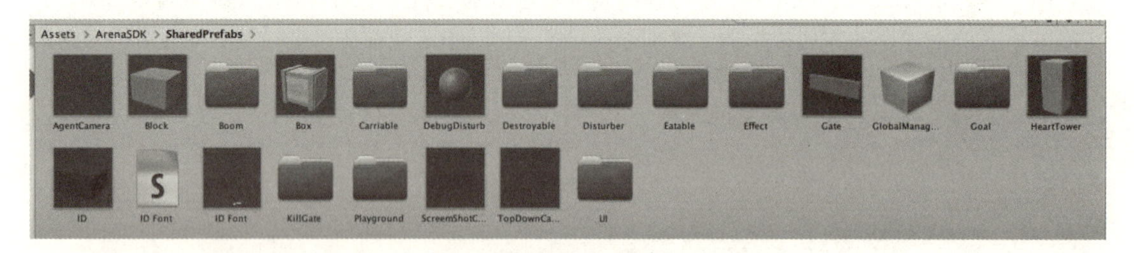

图 17.2　Arena 中的预制模块（见彩插）

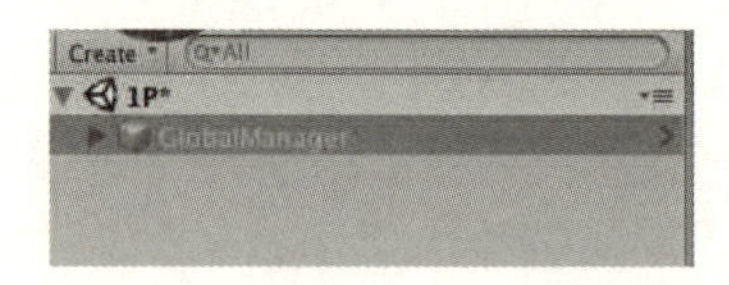

图 17.3　将 Arena 预制模块中的 **GlobalManager** 拖到当前游戏的“Hierarchy”窗口中

- 下面我们需要放置一个智能体的运动场所，我们找到 Arena 中名为 **PlayGroundWithDeadWalls** 的预制模块，然后将它附于 **GlobalManager** 的子节点 **World** 上。**GlobalManager** 也有另一个子节点 **TopDownCamera** 用于提供一个游戏的全局视野。这一步在图 17.4 中有所展示。
- 与上面类似，我们需要从 Arena 预制模块中选择一个 **BasicAgent** 并将其附于 **GlobalManager**，如图 17.5 所示。从而我们现在得到一个在场地上的智能体，我们可以手动拖拽智能体到一个合适的位置，如图 17.6 所示。x 轴、y 轴和 z 轴的位置和旋转角将在智能体的 **Transform** 属性中展示。
- 为了让智能体正常工作，我们需要设定游戏参数，如图 17.7 所示。这里我们只需要改变 **GlobalManager** 中的 **Living Condition Based On Child Nodes**。**Living Condition** 被选择为 **At Least Specific Number Living** 而 **At Least Specific Number Living** 值被设为 1。由于我们在这个游戏中只有一个智能体，上面的设置保证了在智能体数量小于 1 的任何情况下，这

图 17.4 选择 Arena 预制模块中的一个运动场（Playground），并将它附于 **GlobalManager** 的子节点上（见彩插）

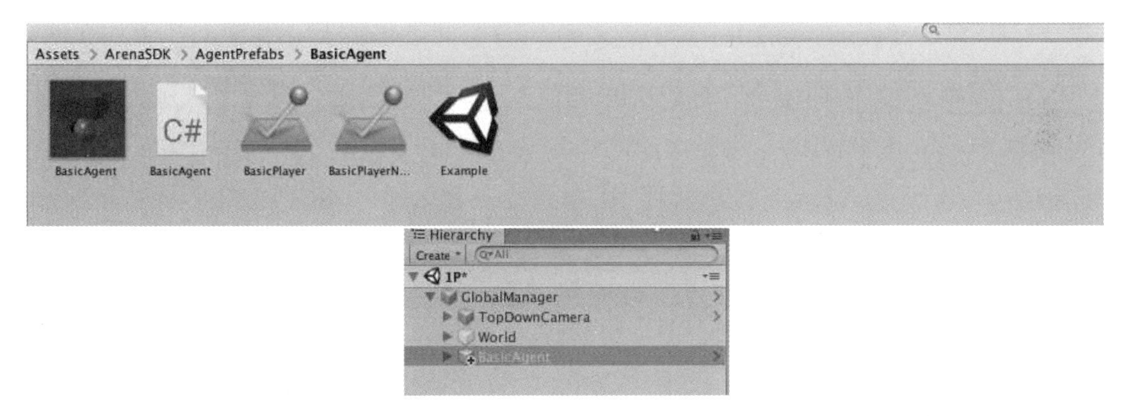

图 17.5 选择并将一个 Arena 预制模块中的 **BasicAgent** 附于 **GlobalManager** 的子节点上（见彩插）

图 17.6 单个智能体在场地上的场景（见彩插）

个游戏片段（Episode）就会结束并重启。现在我们需要按下 **Play** 按钮来开始游戏并用键盘上的“W，A，S，D”操作智能体移动。由于场地的一边是“Dead Walls”，智能体无论何

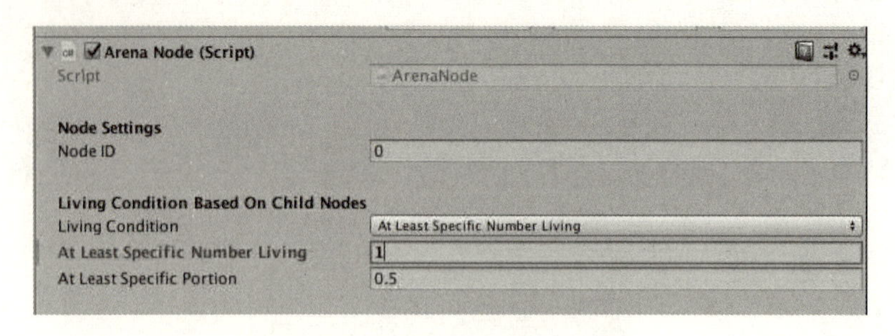

图 17.7 进行单玩家游戏设置

时碰触它都会结束生命并且重新开始游戏。使用 **BasicAgent** 时也会有很多其他性质，包括不同的 **Actions Settings**、**Reward Functions**（用于强化学习）等。你可以调试它们（在当前这个游戏中只有 **Actions Settings** 是有效的）来熟悉 Arena 开发工具包。

17.2.2 简单的使用奖励机制的双玩家游戏

在这一小节，我们将介绍如何在游戏场景中按照社交树（Social Tree）来部署多于一个智能体的游戏。

- 首先，让我们从上面的单玩家游戏开始。如果我们选择 **GlobalManager** 或 **BasicAgent**，那么我们就会发现这些对象都有一个叫作 **Arena Node (Script)** 的脚本，分别如图 17.8 和图 17.9 所示，这个基本概念可以用来帮助理解 Arena 游戏中定义的社会关系。关于 **Arena Node** 的描述将在本小节中提供。

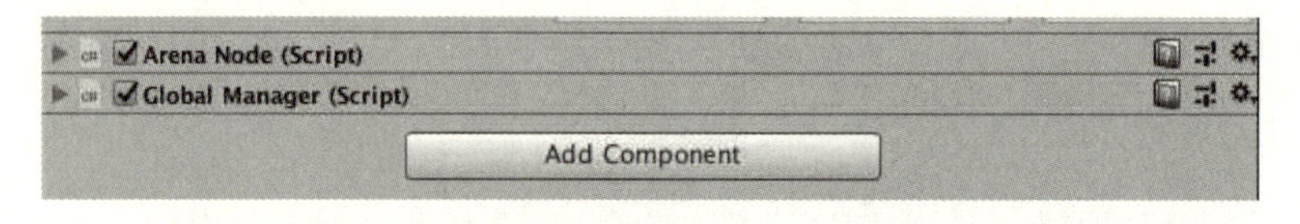

图 17.8 存在于 **GlobalManager** 中的 **Arena Node (Script)**

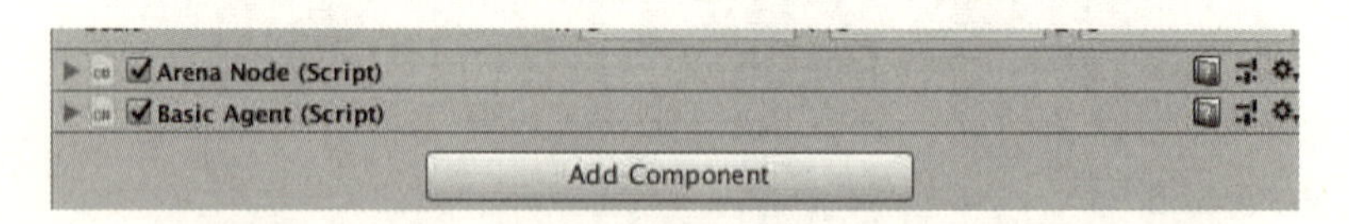

图 17.9 存在于 **BasicAgent** 中的 **Arena Node (Script)**

- 我们选择之前构建的 **BasicAgent** 并将它在左边“Hierarchy”窗口中通过 Ctrl+C 和 Ctrl+V 复制，如图 17.10 所示。现在 **Global Manager** 之下有两个 **Arena Nodes**，因此我们需要将两个 **BasicAgents** 中的任一个设置 **Node ID** 为 1 而非 0 来辨别它们（见图 17.11）。智能体

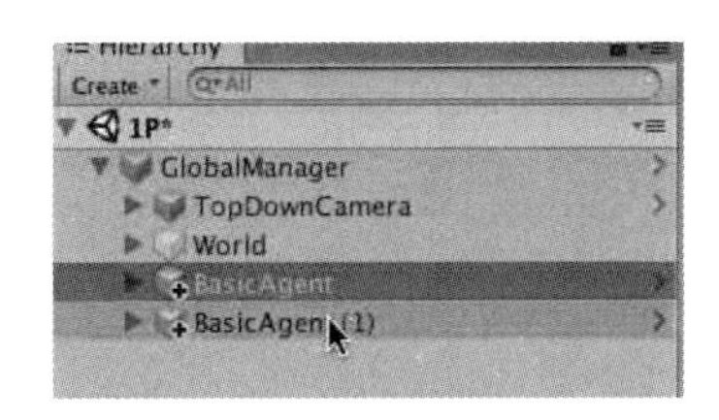

图 17.10 在 **GlobalManager** 下复制 **BasicAgent**

在场景中的位置可以被移动到一个合适的位置，从而将它们区分开，这是因为复制后的两个智能体会有相同的位置。

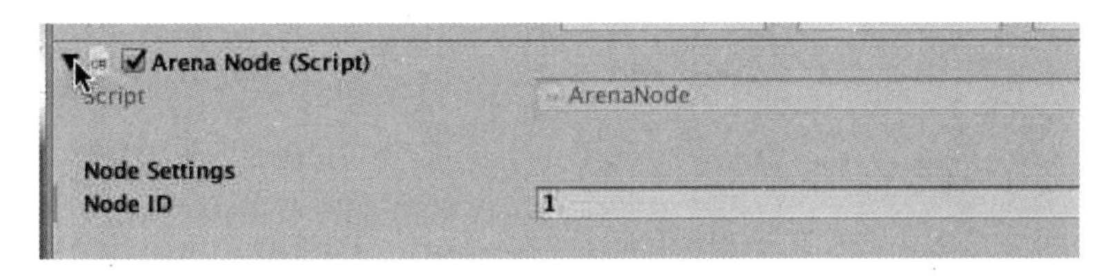

图 17.11 当 **GlobalManager** 下有多个节点时需要改变节点 ID，使得它们各不相同

- 下面我们选择 **GlobalManager** 、**Arena Node (Script)** 来设置游戏的奖励函数，如图 17.12 所示。我们单击 **Is Reward Ranking**，这是一个在 **GlobalManager** 下用于设置智能体竞争性奖励函数的属性。我们也将 **Ranking Win Type** 选择为 **Survive**，这意味着最后结束生命（存活到最后）的智能体会得到一个正的奖励。如果你选择 **Depart**，奖励将会给首先结束生命的智能体。我们也需要取消 **Is Reward Distance**（这是根据智能体到目标的距离给出密集奖励的函数）。上面是 Arena 中内置的不同奖励机制，通过或竞争或合作（有时二者都有）的形式。不同的游戏中会有不同的奖励设置来表示不同的社会关系结构。你可以对不同的游戏使用不同的奖励设置。举例来说，如果你想用智能体到目标的距离来解决一个类似到达目标类的任务，那么可以设置一个基于距离的密集奖励来实现，通过单击勾选 **Is Reward Distance**，以及将一个目标物体拖到 **Target** 空格中来设置。
- 我们需要在 **GlobalManager** 的 **Living Condition Based On Child Nodes** 下设置 **At Least Specific Number Living** 为 2，如图 17.13 所示，从而只有当至少两个智能体存活时，游戏才会继续；否则游戏将终止并重新开始。现在我们单击 **Play** 按钮，游戏应该正常运行，只要一个智能体结束了生命，游戏就会结束，而且奖励或惩罚就会施加给智能体，如 **Console** 中所显示的奖惩记录，见图 17.14。
- 下面我们会使得游戏更加复杂，我们想要两队各自有两个智能体来互相竞争。首先，我们在“Hierarchy”窗口创建一个空的对象并将其命名为“2 Player Team”。随后我们将 **Arena Node** 脚本附加到它上面，如图 17.15 所示。

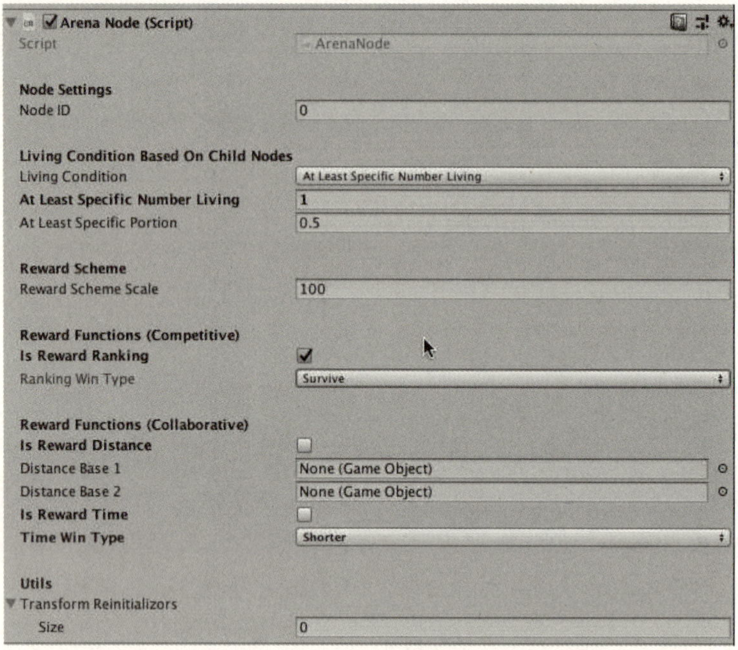

Arena Node (Script)
Script　ArenaNode

Node Settings
Node ID　0

Living Condition Based On Child Nodes
Living Condition　At Least Specific Number Living
At Least Specific Number Living　1
At Least Specific Portion　0.5

Reward Scheme
Reward Scheme Scale　100

Reward Functions (Competitive)
Is Reward Ranking　✓
Ranking Win Type　Survive

Reward Functions (Collaborative)
Is Reward Distance
Distance Base 1　None (Game Object)
Distance Base 2　None (Game Object)
Is Reward Time
Time Win Type　Shorter

Utils
Transform Reinitializors
Size　0

图 17.12　在 **GlobalManager** 下设置奖励函数

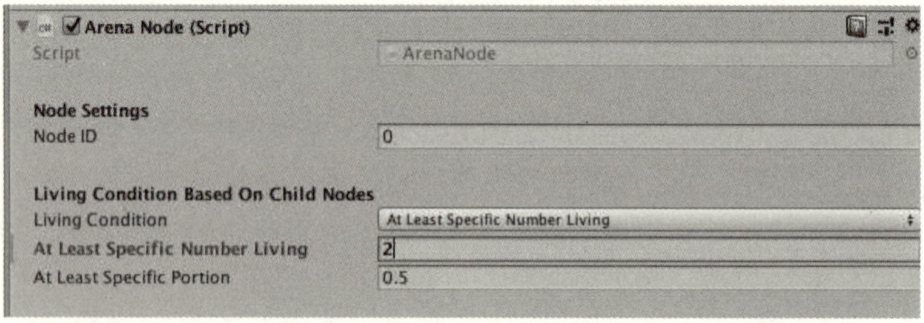

Arena Node (Script)
Script　ArenaNode

Node Settings
Node ID　0

Living Condition Based On Child Nodes
Living Condition　At Least Specific Number Living
At Least Specific Number Living　2
At Least Specific Portion　0.5

图 17.13　在 **GlobalManager** 中设置最小存活智能体数量

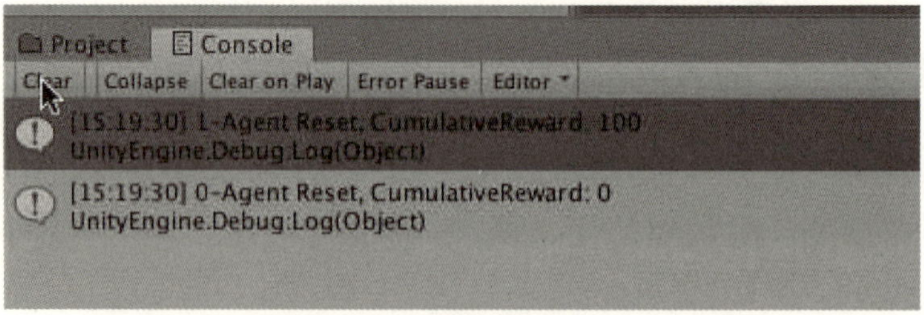

Project　Console
Clear　Collapse　Clear on Play　Error Pause　Editor
[15:19:30] 1-Agent Reset, CumulativeReward: 100
UnityEngine.Debug:Log(Object)
[15:19:30] 0-Agent Reset, CumulativeReward: 0
UnityEngine.Debug:Log(Object)

图 17.14　给每个智能体的奖励显示在 **Console** 中

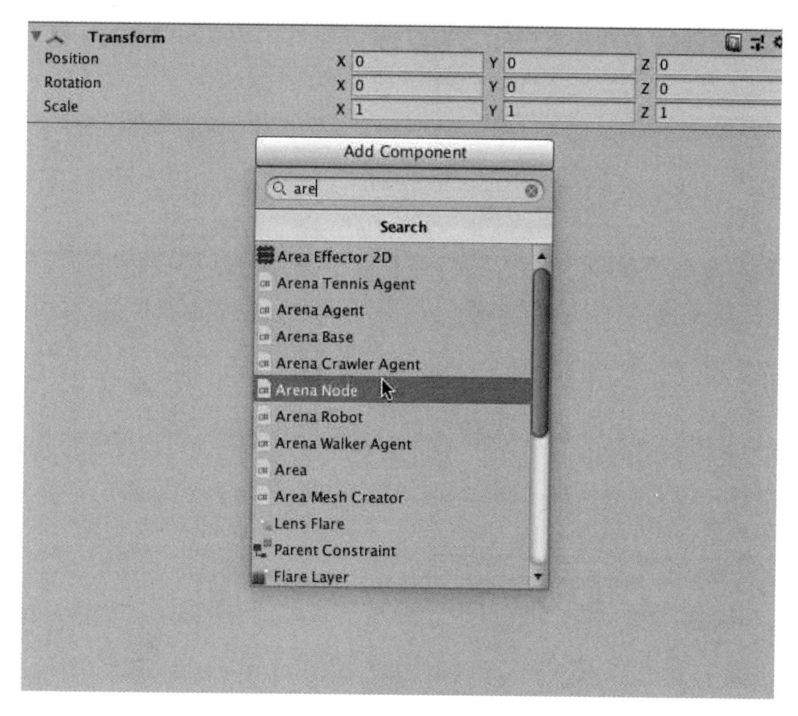

图 17.15　将 **Arena Node** 脚本附加到队伍（Team）对象上

- 现在我们将两个之前的 **BasicAgent** 拖到新创建的队伍对象 **2 Player Team** 中。随后我们复制 **2 Player Team**，将第二组对象的 **Node ID** 从 0 改为 1。现在我们有队伍和智能体的结构如图 17.16 所示。如果我们现在单击 **Play** 按钮，我们将会看到两个各有两个智能体的队伍在场景中，如图 17.17 所示。

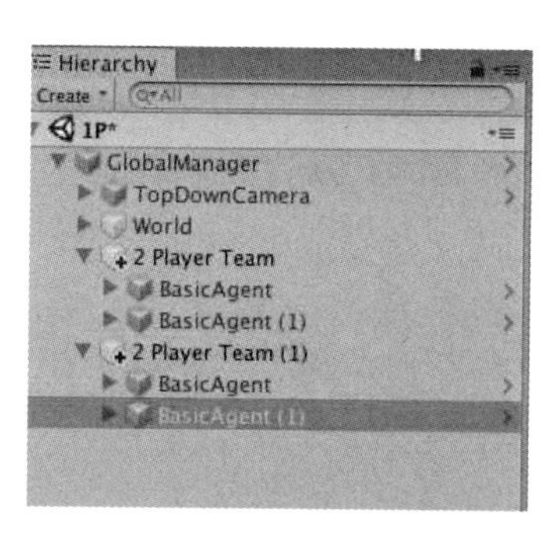

图 17.16　Arena 的 **GlobalManager** 下两个队伍（Teams）各有两个智能体（Agents）的层次性结构

- 由于 **GlobalManager** 的 **At Least Specific Number Living** 被设为 2，任何队伍生命的结束都会造成游戏结束。由于 **2 Player Team** 的 **At Least Specific Number Living** 默认为 1，只有

当同一个队伍中两个智能体都结束生命时才会造成队伍的生命结束。我们也可以设置不同的游戏逻辑，如果我们设置 **2 Player Team** 的 **Living Condition** 为 **All Living**，那么一个队伍中任何智能体结束生命都会导致队伍的生命结束，从而结束整个游戏。从以上来看，通过 **GlobalManager->Team->Agent** 的社交树结构，Arena 基本可以通过定义生存和奖励机制，使用 **Arena Node** 支持任意类型的社会关系。

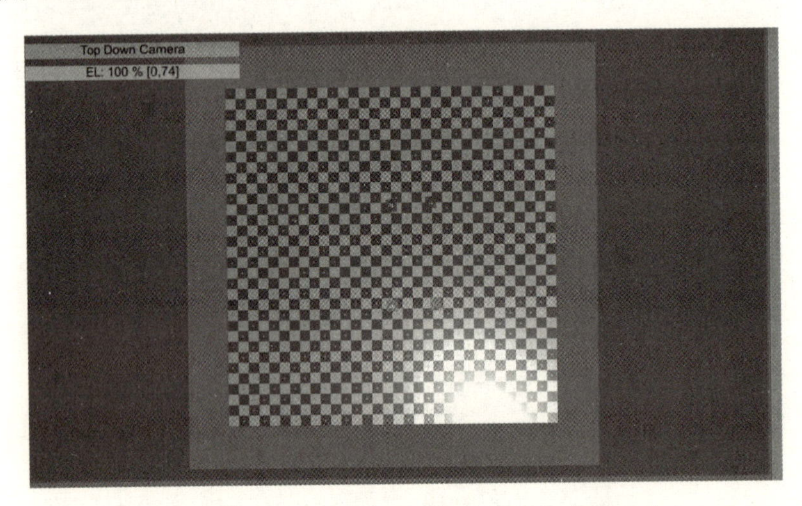

图 17.17　两个各有两个智能体的队伍在游戏中

17.2.3　高级设置

奖励机制

为了构建复杂的社会关系，在 Arena 中有 5 个基本的多智能体奖励机制（Basic Multi-Agent Reward Schemes，BMaRSs）来定义社交树上每个节点的不同社交范式，包括：**不可学习的**（Non-Learnable，NL）、**独立的**（Isolated，IS）、**竞争的**（Competitive，CP）、**合作的**（Collaborative，CL）、**竞争和合作混合型的**（Competitive and Collaborative Mixed，CC）。具体来说，每个 BMaRS 是一个对奖励函数的限制，因此它与能产生某种具体社交范式的一批奖励函数相关。对于每个 BMaRS，Arena 提供了多个可以立即使用的奖励函数（稀疏或密集），简化了有复杂社会关系的游戏构建过程。除提供奖励函数外，Arena 也提供了对定制化奖励函数的验证选项，从而可以将编写的奖励函数置于一种 BMaRS 下而产生相应的具体社交范式。我们将详细讨论这五种不同的奖励机制。

首先我们需要给出一些预备知识。我们考虑基本强化学习中定义的一个马尔可夫（Markov）游戏，它包括多个智能体 $x \in \mathcal{X}$、一个有限的全局状态空间 $s_t \in \mathcal{S}$、一个对每个智能体 x 的有限的动作空间 $a_{x,t} \in \mathcal{A}_x$ 和一个对每个智能体 x 的有限步奖励空间 $r_{x,t} \in \mathbb{R}$。至于环境，它包括一个转移函数 $g : \mathcal{S} \times \{\mathcal{A}_x : x \in \mathcal{X}\} \rightarrow \mathcal{S}$，这是一个有随机性的（由于 Unity 模拟器的随机性）函数

$s_{t+1} \sim g\big(s_{t+1}|(s_t, \{a_{x,t} : x \in \mathcal{X})\}\big)$ 和一个对每个智能体的奖励函数 $f_x : \mathcal{S} \times \big\{\mathcal{A}_x : x \in \mathcal{X}\big\} \rightarrow \mathbb{R}$。这是一个确定性函数 $r_{x,t+1} = f_x\big(s_t, \{a_{x,t} : x \in \mathcal{X}\}\big)$，以及一个联合奖励函数 $f = \{f_x : x \in \mathcal{X}\}$ 和对每个智能体 x 在联合奖励函数 f 下的片段奖励 $R_x^f = \sum_{t=1}^{\mathrm{T}} r_{x,t}$。对于智能体来说，Arena 考虑以下情况，即它观察 $s_{x,t} \in \mathcal{S}_x$，其中 $\mathcal{S}_x$ 包括全局状态空间 $\mathcal{S}$ 的部分信息。因此，策略 $\pi_x : \mathcal{S}_x \rightarrow \mathcal{A}_x$ 是一个随机性函数 $a_{x,t} \sim \pi_x(s_{x,t})$。除此之外，Arena 考虑智能体 x 能够从一个策略集合 $\mathit{\Pi}_x$ 中采取一个策略 π_x。Arena 假定所有采样操作的随机种子是 k，这是从整个种子空间 $\mathcal{K}$ 中采样得到的。

不同的 BMaRSs 定义使用的基本概念包括，智能体 $\{x : x \in \mathcal{X}\}$、策略 $\{\pi_x : \mathit{\Pi}_x\}$、智能体奖励 $\{R_x^f : x \in \mathcal{X}\}$ 和联合奖励函数 $\mathcal{F} = \{f : \cdot\}$，其中智能体总体为 $\mathcal{X}$。Arena 中五种不同的 BMaRSs 通过以下方式定义：

1. 不可学习的 BMaRSs（$\mathcal{F}^{\mathrm{NL}}$）是一个联合奖励函数集合 f，如下：

$$\mathcal{F}^{\mathrm{NL}} = \big\{f : \forall k \in \mathcal{K}, \forall x \in \mathcal{X}, \forall \pi_x \in \mathit{\Pi}_x, \partial R_x^f / \partial \pi_x = 0\big\}, \tag{17.1}$$

其中 0 是与定义 π_x 的参数空间同样大小和形状的零矩阵。直观上，$\mathcal{F}^{\mathrm{NL}}$ 意味着对于任何智能体 $x \in \mathcal{X}$ 改进其策略 π_x 都是无法优化 R_x^f 的。

2. 独立的 BMaRSs（$\mathcal{F}^{\mathrm{IS}}$）是一个联合奖励函数的集合如下：

$$\mathcal{F}^{\mathrm{IS}} = \Big\{f : f \notin \mathcal{F}^{\mathrm{NL}} \text{ and } \forall k \in \mathcal{K}, \forall x \in \mathcal{X}, \forall x' \in \mathcal{X} \setminus \{x\}, \forall \pi_x \in \mathit{\Pi}_x, \forall \pi_{x'} \in \mathit{\Pi}_{x'}, \frac{\partial R_x^f}{\partial \pi_{x'}} = 0\Big\}, \tag{17.2}$$

其中“\”是集合的差。直观上，$\mathcal{F}^{\mathrm{IS}}$ 意味着智能体 $x \in \mathcal{X}$ 接受的片段内奖励 R_x^f 与任何其他智能体 $x' \in \mathcal{X} \setminus \{x\}$ 采取的策略 $\pi_{x'}$ 无关。$\mathcal{F}^{\mathrm{IS}}$ 的 f 中的奖励函数 f_x 在其他多智能体方法 (Bansal et al., 2018; Hendtlass, 2004; Jaderberg et al., 2018) 中通常被称为内部奖励函数（Internal Reward Functions），意味着除了施加到群体层面的奖励函数（比如赢输），还有指引学习过程去取得群体层面奖励的奖励函数。群体层面奖励可能很稀疏而难以学习，但这些内部奖励可以更频繁地获取，即更加密集 (Heess et al., 2017; Singh et al., 2009, 2010) 。$\mathcal{F}^{\mathrm{IS}}$ 在比如当智能体是一个机器人需要连续控制施加在关节上的力的时候变得更加切实可行，这意味着基本的动作技巧（比如运动）需要在生成群体智能前被学习到。因此，Arena 在 $\mathcal{F}^{\mathrm{IS}}$ 中提供了 f 来应对：能量损耗、施加较大力的惩罚、保持稳定速度的激励和朝向目标的移动距离等。

3. 竞争的 BMaRSs（$\mathcal{F}^{\mathrm{CP}}$）是受文献 (Cai et al., 2011) 启发的方式，定义为

$$\mathcal{F}^{\mathrm{CP}} = \left\{f : f \notin \mathcal{F}^{\mathrm{NL}} \cup \mathcal{F}^{\mathrm{IS}} \text{ and } \forall k \in \mathcal{K}, \forall x \in \mathcal{X}, \forall \pi_x \in \mathit{\Pi}_x, \forall \pi_{x'} \in \mathit{\Pi}_{x'}, \right.$$
$$\left. \frac{\partial \int_{x' \in \mathcal{X}} R_{x'}^f \mathrm{d}x'}{\partial \pi_x} = 0\right\}, \tag{17.3}$$

上式直观上意味着对于任何智能体 $x \in \mathcal{X}$，采用任何可能的策略 $\pi_x \in \Pi_x$，所有智能体在片段内奖励的求和是不变的。如果片段长度为 1，它表示典型的多玩家零和游戏 (Cai et al., 2011)。

关于 $\mathcal{F}^{\text{CP}}$ 中 f 的有用例子为（1）智能体需要为有限的资源斗争，而这些资源在片段结束后通常会耗尽，智能体会为它所得到的资源受到奖励；（2）斗争一直到结束生命，奖励根据生命结束的顺序来给出（奖励也可以基于相反的顺序，从而离开游戏的一方首先接受最高的奖励，比如在一些扑克游戏中，首先打出所有牌的一方获胜）。标准形式（Normal-Form）游戏 (Myerson, 2013) 中的*剪刀石头布*（*Rock, Paper, and Scissors*）和 (Balduzzi et al., 2019) 中*循环游戏*（*Cyclic Game*）都是 $\mathcal{F}^{\text{CP}}$ 的特殊情况。

4. 合作的 BMaRSs（$\mathcal{F}^{CL}$）是由文献 (Cai et al., 2011) 启发的方式，定义为

$$\mathcal{F}^{CL} = \Big\{ f : f \notin \mathcal{F}^{\text{NL}} \cup \mathcal{F}^{\text{IS}} \text{ and } \forall k \in \mathcal{K}, \forall x \in \mathcal{X}, \forall x' \in \mathcal{X} \setminus \{x\}, \forall \pi_x \in \Pi_x, \\ \forall \pi_{x'} \in \Pi_{x'}, \frac{\partial R_{x'}^f}{\partial R_x^f} \geqslant 0 \Big\}, \tag{17.4}$$

上式直观上意味着对任何一对智能体 (x', x) 都没有利益冲突（$\partial R_{x'}^f / \partial R_x^f < 0$）。除此之外，由于 $f \notin \mathcal{F}^{\text{NL}} \cup \mathcal{F}^{\text{IS}}$，至少有一对智能体 (x, x') 使得 $\partial R_{x'}^f / \partial R_x^f > 0$。该式意味着这对智能体有共同利益，从而对智能体 x 其 R_x^f 的提高也会造成智能体 x' 的 $R_{x'}^f$ 提高。最常见的关于 $\mathcal{F}^{CL}$ 中 f 的例子是对于所有 $x \in \mathcal{X}$ 的 f_x 都是相等的，比如，一个物体的移动距离可以由多个智能体的共同努力来推动，或者一个群体的存活时长（只要群体内有一个个体是存活的，群体就是存活的）。因此，Arena 在 $\mathcal{F}^{CL}$ 中提供了 f 来应对：队伍存活时间（正值或负值，因为一些游戏需要队伍尽可能久地存活，而其他一些游戏需要队伍尽可能早地消失，比如扑克中的纸牌）等。

5. 竞争和合作混合型的 BMaRSs（$\mathcal{F}^{CC}$）定义为任何以上四种之外的情况。

$$\mathcal{F}^{CC} = \{ f : f \notin \mathcal{F}^{\text{NL}} \cup \mathcal{F}^{\text{IS}} \cup \mathcal{F}^{\text{CP}} \cup \mathcal{F}^{CL} \}, \tag{17.5}$$

首先，式 (17.3) 中的 $\partial \int_{x' \in \mathcal{X}} R_{x'}^f \mathrm{d}x' / \partial \pi_x = 0$ 可以写为 $\int_{x' \in \mathcal{X}} \partial R_{x'}^f / \partial R_x^f \mathrm{d}x' = 0$（证明在这里不提供，可以参考原文），这是式 (17.3) 的另一种表示。考虑式 (17.3) 中的 $\mathcal{F}^{\text{CP}}$ 和式 (17.5) 中的 $\mathcal{F}^{CL}$，对 $\mathcal{F}^{CC}$ 的一个直观的解释是，存在 $\partial R_{x'}^f / \partial R_x^f < 0$ 的情形，即智能体在这时是竞争的。但是对整体利益的导数 $\int_{x' \in \mathcal{X}} \partial R_{x'}^f / \partial R_x^f \mathrm{d}x'$ 不总是为 0。因此，整体利益可以用具体的策略来最大化，即智能体在这时是合作的。

除了在每个 BMaRS 提供了几个实际的 f，Arena 也对每个 BMaRS 提供了一个验证选项，即可定制 f 并使用这个验证选项来确保编写的 f 属于一个具体的 BMaRS。

上面的内容提供了关于如何使用不同类别奖励函数来定义社会关系的理论。此外，奖励函数应当根据上面定义的类别来实现预期的群体中的社会关系。实践中，奖励函数有一些具体形式，如我们在之前小节中提到的。Arena 框架通常在 **GlobalManager** 的 **Arena Node** 中定义了

Collaborative 和 **Competitive** 的奖励函数，而 **Isolated** 奖励函数定义在像 **BasicAgent** 的智能体的 **Arena Node** 中。

这里是一个便于理解社会树关系的例子，这个树中每个 **Arena Node** 使用了不同的 BMaRs，如图 17.18[1] 所示。奖励机制被指定到各个 **Arena Node** 来定义它的子节点的社会关系。图 17.18(a) 中的图形用户界面（Graphical User Interface，GUI）定义了图 17.18(b) 中的树结构，用来表示一个有四个智能体的群体。这个树结构可以通过在图 17.18(a) 的 GUI 中拖曳、复制或删除来进行简单设置。在这个例子中，每个智能体有个体层面的 BMaRS。智能体是一个机器蚂蚁，而其个体级别的 BMaRSs 是 $\mathcal{F}^{\mathrm{IS}}$，具体来说，ant-motion 的选项使得学习朝向基本的运动技巧，比如向前移等进行，如图 17.18(c) 所示。每两个智能体构成一个队伍（一个智能体或队伍的集合），而这两个智能体有队伍层面的 BMaRSs。在这个例子中，两个机器蚂蚁互相合作来推动盒子前进，如图 17.18(d) 所示。因此，队伍层面的 BMaRSs 是 $\mathcal{F}^{CL}$，具体来说，是推动盒子的距离。在两个队伍之上，Arena 有全局的 BMaRSs。在这个例子中，两个队伍被设定为有一场关于哪个队伍先将盒子推向目标点的竞赛，如图 17.18(e) 所示。因此，全局的 BMaRSs 是 $\mathcal{F}^{\mathrm{CP}}$，具体来说，是将盒子推到目标的先后次序。应用到每个智能体的最终奖励函数是以上三个层次的 BMaRSs 的加权求和。我们也可以想象如何来定义一个超过三个层次的社会树，其中小的队伍组成大的队伍，在每个节点定义的 BMaRSs 给出更加复杂和结构化的社会关系。在定义了社会树并在每个节点使用了 BMaRSs 之后，环境便可以使用了。其抽象层可以解决其他问题，比如，为窗口中的每个智能体分配视图、添加队伍颜色、展示智能体 ID 并生成一个从上到下的视野等。

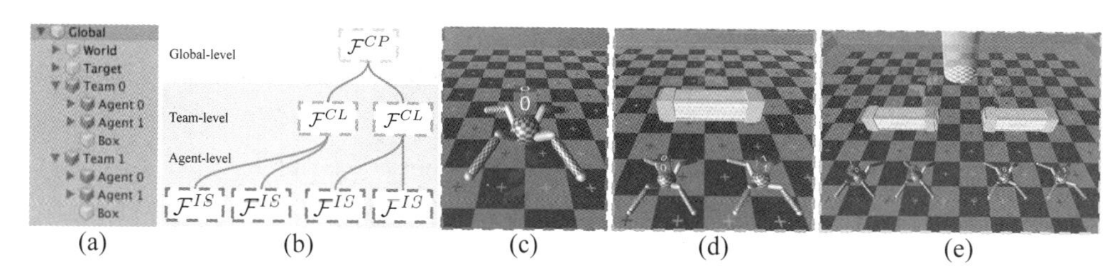

图 17.18 在 Arena 对每个 **Arena Node** 使用不同 BMaRs 定义的社会树（见彩插）

此外，我们可以简单拓展上述框架到其他常见社会关系，如图 17.19[2] 所示。

更多预制智能体

除了之前的 **BasicAgent**，Arena 也有其他更高级的预制智能体可以直接使用，如图 17.20 所示。其他智能体的使用基本与 **BasicAgent** 类似，通过拖曳并将它附于 **GlobalManager** 之下。唯一的不同在于动作空间，你需要改变相应的控制大脑（Brain）来控制不同的智能体。举例来说，

[1]图片来源：Song, Yuhang, et al. "Arena: A General Evaluation Platform and Building Toolkit for Multi-Agent Intelligence." arXiv preprint arXiv:1905.08085 (2019)。

[2]图片来源：Song, Yuhang, et al. "Arena: A General Evaluation Platform and Building Toolkit for Multi-Agent Intelligence." arXiv preprint arXiv:1905.08085 (2019)。

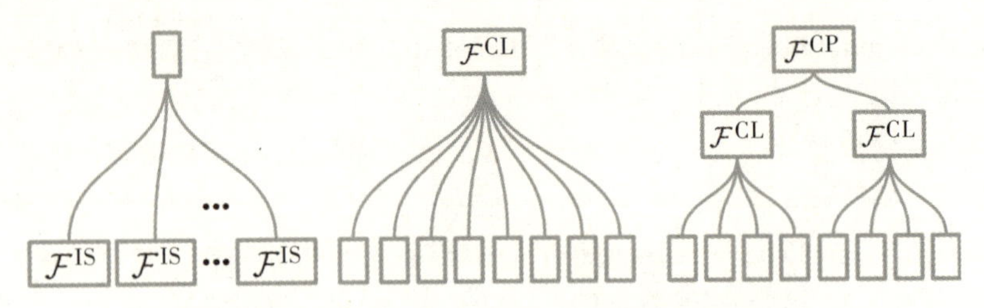

图 17.19　Arena 框架下定义的常见社会关系

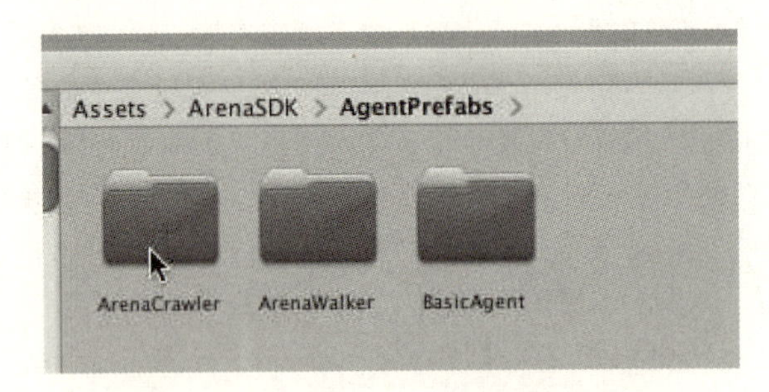

图 17.20　Arena 中不同的预制智能体

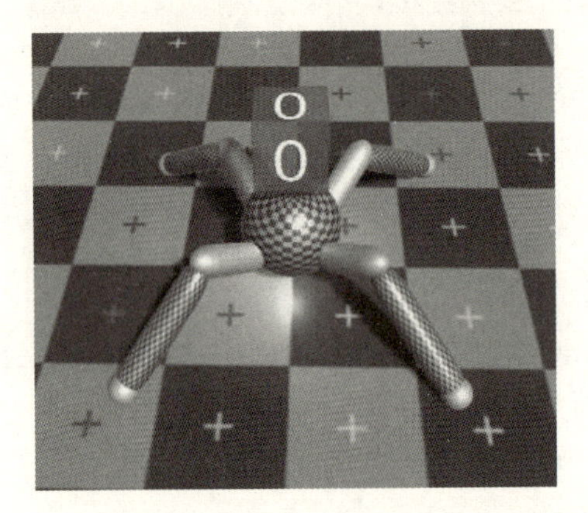

图 17.21　场景中的 **ArenaCrawlerAgent**（见彩插）

预制智能体中的 **ArenaCrawlerAgent** 如图 17.21 所示，它有连续的动作空间来控制关节的动作值。为了恰当地使用这个智能体，我们需要改变 **ArenaCrawlerAgent** 大脑为图 17.22 所示的 **ArenaCrawlerPlayerContinuous (PlayerBrain)**。随后这个游戏可以导出并用作一般的游戏来使用。

17.2.4　导出二进制游戏

当你在 Unity 中的玩家模式下测试了游戏之后，确保游戏设置没有任何问题，就可以将游戏导出为一个独立的二进制文件，并用它与 Python 脚本训练 MARL 算法。这一小节展示了如何导出游戏。

- 首先，我们需要将大脑的类型从 **PlayerBrain** 改为一个相应的 **LearningBrain**（同样类型），**PlayerBrain** 被用于通过用户键盘操作来控制游戏智能体，而 **LearningBrain** 可以用学习算法来直接控制。如图 17.23 所示，对于这个游戏，我们改变 **GeneralPlayerDiscrete (PlayerBrain)** 为图 17.24 中的 **GeneralLearnerDiscrete (LearningBrain)**。我们也需要取消勾选 **Debugging** 来减少训练中的输出信息。

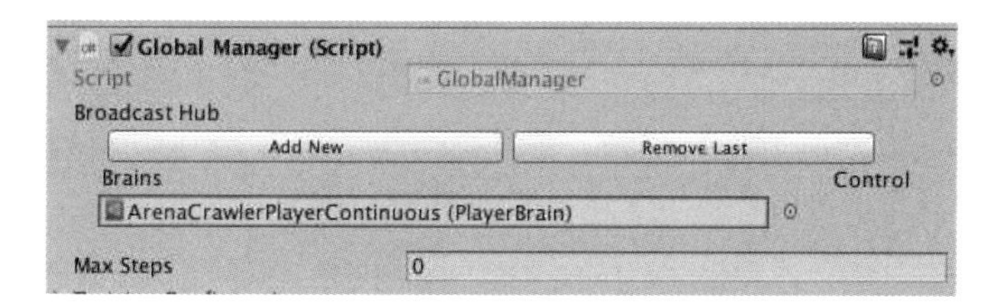

图 17.22　为 **ArenaCrawlerAgent** 更改大脑

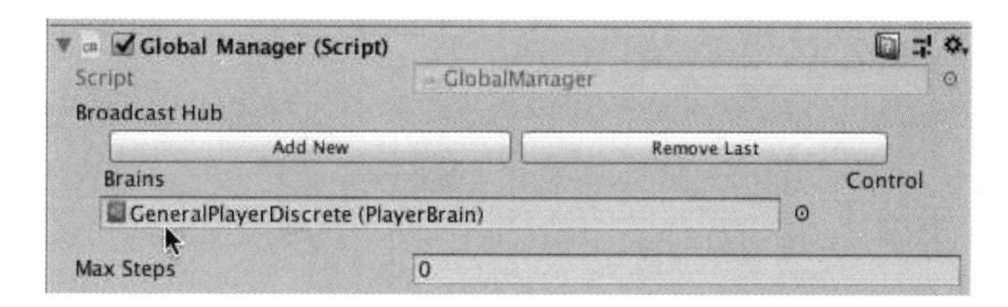

图 17.23　玩家模式下原先的控制大脑类型

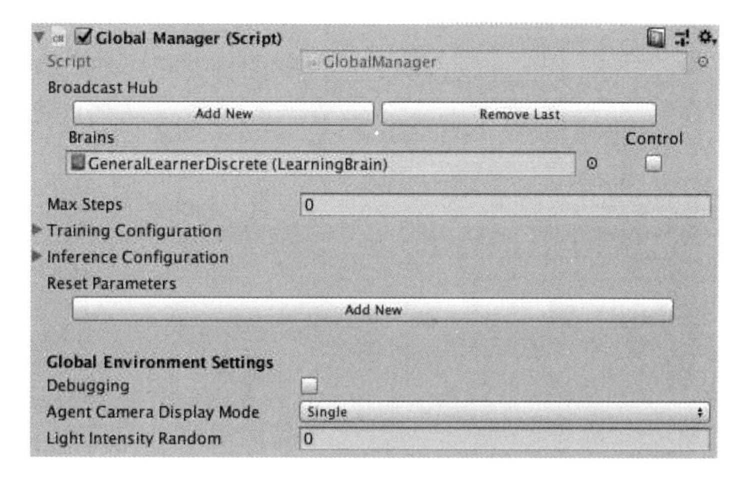

图 17.24　更改控制大脑类型为 **LearningBrain** 来导出训练游戏

- 为了导出游戏，我们选择 File->Build Settings，相应得到一个如图 17.25 所示的窗口。通过这个窗口，我们可以设置 **Target Platform** 和 **Architecture**。
- 我们也需要单击 **Player Settings** 来检查其他设置，如图 17.26 所示。一个需要注意的点是：**Display Resolution Dialog** 需要设为 **Disabled** 来正常工作。随后我们回到之前的窗口并单击 **Build**，这样就可以在创建游戏之后得到其二进制文件。

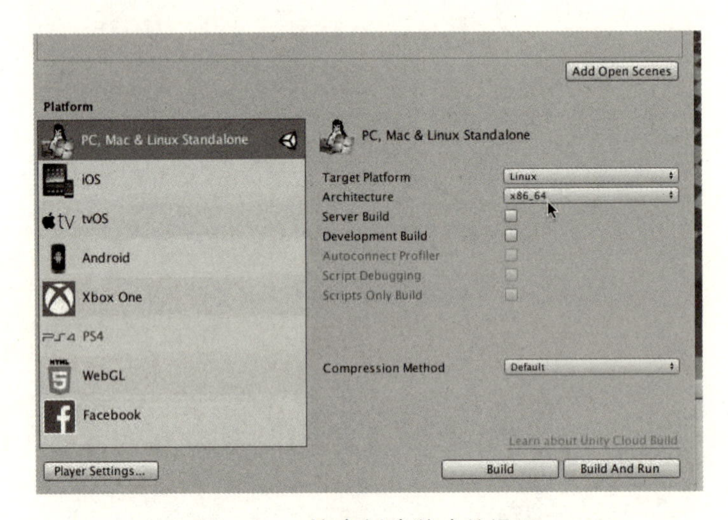

图 17.25　检查创建游戏的设置

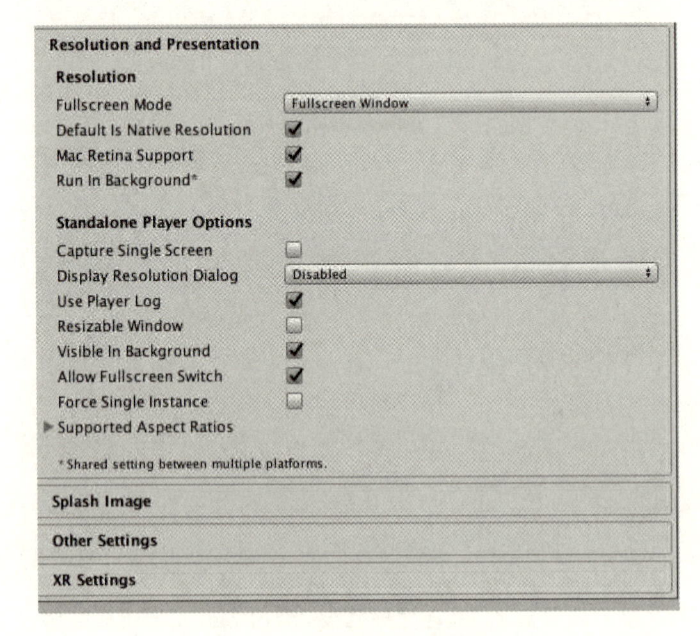

图 17.26　设置游戏导出的窗口

17.3 MARL 训练

有了用 Arena 构建并导出的独立（Standalone）游戏，我们可以设置训练过程来研究多智能体强化学习（Multi-Agent Reinforcement Learning，MARL）中的各种问题。

在开始训练之前，我们需要先配置系统。由于 MARL 一般需要大量的计算，我们通常需要用一个服务器来应对训练过程。Arena 环境的基本设置遵循 17.1 节中的内容。如果你在服务器上不能正常使用 X-Server，那么可以遵循以下部分内容来设置虚拟显示，否则可以直接跳过该部分到训练小节。

17.3.1 设置 X-Server

使用虚拟显示的基本设置如下：

```
# 安装 Xorg
sudo apt-get update
sudo apt-get install -y xserver-xorg mesa-utils
sudo nvidia-xconfig -a --use-display-device=None --virtual=1280x1024

# 获得 BusID 信息
nvidia-xconfig --query-gpu-info

# 添加 BusID 信息到你的/etc/X11/xorg.conf 文件
sudo sed -i 's/ BoardName    "GeForce GTX TITAN X"/ BoardName    "GeForce GTX TITAN X"\n
    BusID        "0:30:0"/g' /etc/X11/xorg.conf

# 从/etc/X11/xorg.conf 文件中移除小节"Files"
# 并且移除包含小节"Files" 和 EndSection 的两行
sudo vim /etc/X11/xorg.conf

# 为 Ubuntu 下载和安装最新的 Nvidia 驱动器
wget
    http://download.nvidia.com/XFree86/Linux-x86_64/390.87/NVIDIA-Linux-x86_64-390.87.run
sudo /bin/bash ./NVIDIA-Linux-x86_64-390.87.run --accept-license --no-questions
    --ui=none

# 禁用 Nouveau，因为它会使 Nvidia 驱动器崩溃
sudo echo 'blacklist nouveau' | sudo tee -a /etc/modprobe.d/blacklist.conf
sudo echo 'options nouveau modeset=0' | sudo tee -a /etc/modprobe.d/blacklist.conf
```

```
sudo echo options nouveau modeset=0 | sudo tee -a /etc/modprobe.d/nouveau-kms.conf
sudo update-initramfs -u

sudo reboot now
```

用以下三种方式（不同的方式可能在不同的 Linux 版本上运行）之一关闭 Xorg：

```
# 方式 1：运行以下命令并运行这个命令的输出
ps aux | grep -ie Xorg | awk '{print "sudo kill -9 " $2}'
# 方式 2：运行以下命令
sudo killall Xorg
# 方式 3：运行以下命令
sudo init 3
```

用该命令开启虚拟显示：

```
sudo ls
sudo /usr/bin/X :0 &
```

你应当可以看到虚拟显示正常启动，并输出以下内容：

```
X.Org X Server 1.19.5
Release Date: 2017-10-12
X Protocol Version 11, Revision 0
Build Operating System: Linux 4.4.0-97-generic x86_64 Ubuntu
Current Operating System: Linux W5 4.13.0-46-generic 51-Ubuntu SMP Tue Jun 12 12:36:29
    UTC 2018 x86_64
Kernel command line: BOOT_IMAGE=/boot/vmlinuz-4.13.0-46-generic.efi.signed
    root=UUID=5fdb5e18-f8ee-4762-a53b-e58d2b663df1 ro quiet splash nomodeset acpi=noirq
    thermal.off=1 vt.handoff=7
Build Date: 15 October 2017 05:51:19PM
xorg-server 2:1.19.5-0ubuntu2 (For technical support please see
    http://www.ubuntu.com/support)
Current version of pixman: 0.34.0
   Before reporting problems, check http://wiki.x.org
   to make sure that you have the latest version.
Markers: (--) probed, (**) from config file, (==) default setting,
   (++) from command line, (!!) notice, (II) informational,
   (WW) warning, (EE) error, (NI) not implemented, (??) unknown.
```

```
(==) Log file: "/var/log/Xorg.0.log", Time: Fri Jun 14 01:18:40 2019
(==) Using config file: "/etc/X11/xorg.conf"
(==) Using system config directory "/usr/share/X11/xorg.conf.d"
```

如果你看到报错，回到“用以下三种方式之一关闭 Xorg”并尝试用另一种方法。

在新窗口中运行“Arena-Baselines”之前，运行以下命令来将一个虚拟显示端口附于窗口：

```
export DISPLAY=:0
```

17.3.2 进行训练

创建 TMUX 会话（如果你用的机器是一个可以用 SSH 连接的服务器）并进入虚拟环境：

```
tmux new-session -s Arena
source activate Arena
```

连续动作空间

Arena 中连续动作空间的游戏列表：

* ArenaCrawler-Example-v2-Continuous
* ArenaCrawlerMove-2T1P-v1-Continuous
* ArenaCrawlerRush-2T1P-v1-Continuous
* ArenaCrawlerPush-2T1P-v1-Continuous
* ArenaWalkerMove-2T1P-v1-Continuous
* Crossroads-2T1P-v1-Continuous
* Crossroads-2T2P-v1-Continuous
* ArenaCrawlerPush-2T2P-v1-Continuous
* RunToGoal-2T1P-v1-Continuous
* Sumo-2T1P-v1-Continuous
* YouShallNotPass-Dense-2T1P-v1-Continuous

运行训练命令，将 **GAME_NAME** 用上面的游戏名替换并根据你所用计算机选择合适的 **num-processes**（**num-mini-batch** 需等于 **num-processes**）：

```
tmux new-session -s Arena
CUDA_VISIBLE_DEVICES=0 python main.py --mode train --env-name GAME_NAME --obs-type
    visual --num-frame-stack 4 --recurrent-brain --normalize-obs --trainer ppo
    --use-gae --lr 3e-4 --value-loss-coef 0.5 --ppo-epoch 10 --num-processes 16
```

```
    --num-steps 2048 --num-mini-batch 16 --use-linear-lr-decay --entropy-coef 0 --gamma
    0.995 --tau 0.95 --num-env-steps 100000000 --reload-playing-agents-principle
    OpenAIFive --vis --vis-interval 1 --log-interval 1 --num-eval-episodes 10
    --arena-start-index 31969 --aux 0
```

离散动作空间

Arena 中离散动作空间游戏列表：

* Crossroads-2T1P-v1-Discrete
* FighterNoTurn-2T1P-v1-Discrete
* FighterFull-2T1P-v1-Discrete
* Soccer-2T1P-v1-Discrete
* BlowBlow-2T1P-v1-Discrete
* Boomer-2T1P-v1-Discrete
* Gunner-2T1P-v1-Discrete
* Maze2x2Gunner-2T1P-v1-Discrete
* Maze3x3Gunner-2T1P-v1-Discrete
* Maze3x3Gunner-PenalizeTie-2T1P-v1-Discrete
* Barrier4x4Gunner-2T1P-v1-Discrete
* Soccer-2T2P-v1-Discrete
* BlowBlow-2T2P-v1-Discrete
* BlowBlow-Dense-2T2P-v1-Discrete
* Tennis-2T1P-v1-Discrete
* Tank-FP-2T1P-v1-Discrete
* BlowBlow-Dense-2T1P-v1-Discrete

运行训练命令，将 **GAME_NAME** 用上面的游戏名替换并根据你所用计算机选择合适的 **num-processes**（**num-mini-batch** 需等于 **num-processes**）：

```
CUDA_VISIBLE_DEVICES=0 python main.py --mode train --env-name GAME_NAME --obs-type
    visual --num-frame-stack 4 --recurrent-brain --normalize-obs --trainer ppo
    --use-gae --lr 2.5e-4 --value-loss-coef 0.5 --ppo-epoch 4 --num-processes 16
    --num-steps 1024 --num-mini-batch 16 --use-linear-lr-decay --entropy-coef 0.01
    --clip-param 0.1 --num-env-steps 100000000 --reload-playing-agents-principle
    OpenAIFive --vis --vis-interval 1 --log-interval 1 --num-eval-episodes 10
    --arena-start-index 31569 --aux 0
```

你也可以改用其他 MARL 算法来替代上面的 PPO 去测试你所创建的游戏。

17.3.3 可视化

为了用 Tensorboard 可视化分析训练过程的学习曲线，运行：

```
source activate Arena && tensorboard --logdir ../results/ --port 8888
```

并访问相应端口打开 Tensorboard 可视化。

17.3.4 致谢

我们特别感谢 Yuhang Song、教授 Zhenghua Xu、教授 Thomas Lukasiewicz 等人对 Arena 项目的巨大贡献。

参考文献

BALDUZZI D, GARNELO M, BACHRACH Y, et al., 2019. Open-ended learning in symmetric zero-sum games[J]. arXiv:1901.08106.

BANSAL T, PACHOCKI J, SIDOR S, et al., 2018. Emergent complexity via multi-agent competition[C]// International Conference on Learning Representations.

CAI Y, DASKALAKIS C, 2011. On minmax theorems for multiplayer games[C]//Proceedings of the twenty-second annual ACM-SIAM symposium on Discrete Algorithms. Society for Industrial and Applied Mathematics.

HEESS N, SRIRAM S, LEMMON J, et al., 2017. Emergence of locomotion behaviours in rich environments[J]. arXiv:1707.02286.

HENDTLASS T, 2004. An introduction to collective intelligence[M]//Applied Intelligent Systems.

JADERBERG M, CZARNECKI W M, DUNNING I, et al., 2018. Human-level performance in first-person multiplayer games with population-based deep reinforcement learning[C]//CoRR.

MYERSON R B, 2013. Game theory[M]. Harvard university press.

SINGH S, LEWIS R L, BARTO A G, 2009. Where do rewards come from[C]//Proceedings of the annual conference of the cognitive science society.

SINGH S, LEWIS R L, BARTO A G, et al., 2010. Intrinsically motivated reinforcement learning: An evolutionary perspective[J]. IEEE Transactions on Autonomous Mental Development.

SONG Y, WANG J, LUKASIEWICZ T, et al., 2019. Arena: A general evaluation platform and building toolkit for multi-agent intelligence[J]. arXiv preprint arXiv:1905.08085.

18 深度强化学习应用实践技巧

之前的章节向读者展现了深度强化学习的主要知识点、强化学习算法的主要类别和算法实现，以及为了便于理解深度强化学习应用而讲解的几个实践项目。然而，由于如之前强化学习的挑战一章中提到的低样本效率、不稳定性等问题，初学者想要较好地部署这些算法到自己的应用中还是有一定困难的。因此，在这一章，从数学分析和实践经验的角度，我们细致地总结了一些在深度强化学习应用实践中常用的技巧和方法。这些方法或小窍门涉及了算法实现阶段和训练调试阶段，用来帮助读者避免陷入一些实践上的困境。这些经验上的技巧有时可以产生显著效果，但不总是这样。这是由于深度强化学习模型的复杂性和敏感性造成的，而有时需要同时使用多个技巧。如果在某一个项目上卡住时，大家也可以从这一章中得到一些解决方案上的启发。

18.1 概览：如何应用深度强化学习

深度学习通常被认为是“黑盒”方法。尽管它实际上并不是“黑盒”，但是它有时会表现得不稳定且会产生不可预测的结果。在深度强化学习中，由于强化学习的基本过程需要智能体从与环境交互的动态过程中的奖励信号而不是标签中学习，这个问题变得更加严重。这是与有监督学习的情况不同的。强化学习中的奖励函数可能只包含不完整或者局部的信息，而智能体使用自举（Bootstrapping）学习方法时往往在追逐一个变化的目标。此外，深度强化学习中经常用到不止一个深度神经网络，尤其是在那些较为高等或者最近提出的方法中。这都使得深度强化学习算法可能表现得不稳定且对超参数敏感。以上问题使得深度强化学习的研究和应用困难重重。由于这个原因，我们在这里介绍一些实现深度强化学习中常用的技巧和建议。

首先，你需要知道一个强化学习算法是否可以用于解决某一个特定的问题，而且显然不是每个算法都对所有任务适用。我们经常需要仔细考虑强化学习本身是否可以用于解决某个任务。总体来说，强化学习可以用于连续决策制定问题，而这类问题通常可以用马尔可夫（Markov）过程来描述或近似。一个有标签数据的预测任务通常不需要强化学习算法，而监督学习方法可能更直接和有效。强化学习任务通常包括至少两个关键要素：（1）环境，用来提供动态过程和奖励信号；（2）智能体，由一个策略控制，而这个策略是通过强化学习训练得到的。在之前的几个章节中强化学习算法被用来解决像 OpenAI Gym 这类环境中的任务。在这些实验中，你不需要过多关心环境，因为它们已经被设计好且经过标准化和正则化。然而，在应用章节中介绍的几个项目则需要人为定义环境，并运用强化学习算法去使智能体正常工作。

总的来说，应用深度强化学习算法有以下几个阶段。

1. **简单测试阶段：**你需要使用对其正确性和准确性有高置信度的模型，包括强化学习算法，如果是一个新的任务，用它来探索环境（甚至使用一个随机策略）或者逐步验证你将在最终模型上做的延伸，而不是直接使用一个复杂的模型。你需要快速进行实验来检测环境和模型基本设置中可能的问题，或者至少让你自己熟悉这个要解决的任务，这会给你在之后的过程中提供一些启发，有时也会暴露出一些需要考虑的极端情况。

2. **快速配置阶段：**你应该对模型设置做快速测试，来评估其成功的可能性。如果有错误，尽可能多地可视化学习过程，并在你无法直接从数字上得到潜在关系的时候使用一些统计变量（方差、均值、平均差值、极大极小值等）。这一步应当在简单测试阶段后开始，然后逐步增加新模型的复杂度。如果你无法百分之百确定更改的有效性，你应当每一次都进行测试。

3. **部署训练阶段：**在你仔细确认过模型的正确性后，你可以开始大规模部署训练了。由于深度强化学习往往需要较大量的样本去训练较长时间，我们鼓励你使用并行训练方式、使用云服务器（如果你自己没有服务器的话）等，来加速对最终模型的大规模训练。有时这一阶段是和第二阶段交替进行的，因而这一步在实践中可能会花费较长时间。

在下面几个小节中，我们将分几部分介绍应用深度强化学习的技巧。

18.2　实现阶段

- **从头实现一些基本的强化学习算法。**对于深度强化学习领域的初学者而言，从头实现一些基本的强化学习算法并调试这些算法直到它们最终正确运行，是很好的练习。Deep Q-Networks 作为一种基于价值函数的算法，是值得去自己实现的。连续动作空间、策略梯度和 Actor-Critic 算法也是刚开始学习强化学习算法实现时很好的选择。这个过程会需要你理解强化学习算法实现中的每一行代码，给你一个强化学习过程的整体感觉。刚开始，你不需要一个复杂的大规模任务，而是一个相对简单的可以快速验证的任务，比如那些 OpenAI Gym 环境。在实现这些基本算法的时候，你应当基于一种公用的结构并且使用一种深度学习框架（比如 TensorFlow、PyTorch 等），并逐步扩展到更加复杂的任务上，同时使用更加高级的技术（比如优先经验回放等）。这会显著地加速你随后将不同的深度强化学习算法应用于其他项目的进程。如果你在实现过程中遇到一些问题，你可以参考其他人的实现方法（比如本书提供的强化学习算法实现指南）或者通过网络查找你遇到的问题。绝大多数问题都已经被他人所解决。

- **适当地实现论文细节。**在你熟悉了这些基本的强化学习算法后，就可以开始实现和测试一些在文献中的方法。通常强化学习算法的研究论文中包含很多实现细节，而有时这些细节在不同论文中不是一致的。所以，当你实现这些方法的时候，不要过拟合到论文细节上，而是去理解论文作者为何在这些特定情形下选择使用这些技巧。举一个典型的例子，在多数文章中，实验部分中神经网络的结构细节包括隐藏层的维数和层数、各个超参数的数值等。这些都或在论文主体、或在补充材料中提到。你不需要在自己的实现版本中严格遵循这些实现细节，而且你很可能甚至跟原文用不一样的环境来对方法进行测试。比如，在深度决定性策略梯度（Deep Deterministic Policy Gradient）算法的论文中，作者建议使用 Ornstein-Uhlenbeck（OU）噪声来进行探索。然而，实践中，有时很难说 OU 噪声是否比高斯噪声更好，而这往往在很大程度上依赖于具体任务。另一个例子是，在 Vinyals et al. (2019) 关于 AlphaStar 的工作中，Vanilla TD(λ) 方法被证实比其他更高级的离线策略（Off-Policy）修正方法 V-Trace (Espeholt et al., 2018) 更有效。因此，如果这些技巧不足够通用，那么它们可能不值得你花精力去实现。相比而言，一些微调方法可能对具体任务有更好的效果。然而，如上所述，理解作者在这些情况下为何使用这些技巧则是更关键和有意义的。当你采取论文中的某些想法并将其应用到你自己的方法中时，这些建议可能更有意义，因为有时对于你自己的具体情况，可能不是论文中的主要想法，而是某些具体技巧或操作对你帮助最大。
- **如果你在解决一个具体任务，先探索一下环境。**你应当检查一下环境的细节，包括观察量和动作的性质，如维度、值域、连续或离散值类型等。如果环境观察量的值在一个很大的有效范围内或者是未知范围的，你就应该把它的值归一化。比如，如果你使用 Tanh 或者 Sigmoid 作为激活函数，较大的输入值将可能使第一个隐藏层的节点饱和，而这训练开始时将导致较小的梯度值和较慢的学习速度。此外，你应当为强化学习选择好的输入特征，这些特征应当包含环境的有用信息。你也可以用能进行随机动作选取的智能体来探索环境并可视化这个过程，以找到一些极端情况。如果环境是你自己搭建的，这一步可能很重要。
- **给每一个网络选取一个合适的输出激活函数。**你应当根据环境来对动作网络选择一个合适的输出激活函数。比如，常用的像 ReLU 可能从计算时间和收敛表现上都对隐藏层来说可以很好地工作，但是它对有负值的动作输出范围来说可能是不合适的。最好将策略输出值的范围跟环境的动作值域匹配起来，比如对于动作值域 $(-1, 1)$ 在输出层使用 Tanh 激活函数。
- **从简单例子开始逐渐增加复杂度。**你应当从比较清晰的模型或环境开始测试，然后逐步增加新的部分，而不是一次将所有的模块组合起来测试和调试。在实现过程中不断进行测试，除非你是这个领域的专家并且很幸运，否则你不应当期望一个复杂的模型可以一次实现成功并得到很好的结果。
- **从密集奖励函数开始。**奖励函数的设计可以影响学习过程中优化问题的凸性，因此你应当从一个平滑的密集奖励函数开始尝试。比如，在第 16 章中定义的机器人抓取任务中，我们用一个密集奖励函数来开始机器人学习，这个函数是从机器人夹具到目标物体之间距离的负数。这可以保证值函数网络和策略网络能够在一个较为光滑的超平面上优化，从而显著地加速学习过程。一个稀疏奖励可以被定义为一个简单的二值变量，用来表示机器人是否抓取了目标物体，而在没有额外信息的情况下这对机器人来说可能很难进行探索和学习。

• **选择合适的网络结构。** 尽管在深度学习中经常见到一个有几十层网络和数十亿参数的网络，尤其在像计算机视觉 (He et al., 2016) 和自然语言处理 (Jaderberg et al., 2015) 领域。对于深度强化学习而言，神经网络深度通常不会太深，超过 5 层的神经网络在强化学习应用中不是特别常见。这是由于强化学习算法本身的计算复杂度造成的。因此，除非环境有很大的规模而且你有几十上百个 GPU 或者 TPU 可以使用，否则你一般不会在深度强化学习中用一个 10 层及以上的网络，它的训练将会非常困难。这不仅是计算资源上的限制，而且这也与深度强化学习由于缺失监督信号而导致的不稳定性和非单调表现增长有关。在监督学习中，如果网络相比于数据而言足够大，它可以过拟合到数据集上，而在深度强化学习中，它可能只是缓慢地收敛甚至是发散，这是因为探索和利用之间的强关联作用。网络大小的选择经常是依据环境状态空间和动作空间而定的。一个有几十个状态动作组合的离散环境可能可以用一个表格方法，或者一个单层或两层的神经网络解决。更复杂的例子如第 13 章和第 16 章中介绍的应用，通常有几十维的连续状态和动作空间，这就需要可能大于 3 层的网络，但是相比于其他深度学习领域中的巨型网络而言，这仍旧是很小的规模。

  对于网络的结构而言，文献中很常见的有多层感知机（Multi-Layer Perceptrons，MLPs）、卷积神经网络（CNNs）和循环神经网络（RNNs）。更为高级和复杂的网络结构很少用到，除非对模型微调方面有具体要求或者一些其他特殊情况。一个低维的矢量输入可以用一个多层感知机处理，而基于视觉的策略经常需要一个卷积神经网络主干来提前提取信息，要么与强化学习算法一起训练，要么用其他计算机视觉的方法进行预训练。也有其他情况，比如将低维的矢量输入和高维的图像输入一起使用，实践中通常先采用从高维输入中提取特征的主干再与其余低维输入并联的方法。循环神经网络可以用于不是完全可观测的环境或者非马尔可夫过程，最优的动作选择不仅依赖当前状态，而且依赖之前状态。以上是实践中对策略和价值网络都有效的经验指导。有时策略和价值网络可能构成一种非对称的 Actor-Critic 结构，因而它们的状态输入是不同的，这可以用于价值网络只用作训练中策略网络的指导，而在动作预测时不再可以使用价值网络的情况。

• **熟悉你所用的强化学习算法的性质。** 举例来说，像 PPO 或 TRPO 类的基于信赖域的方法可能需要较大的批尺寸来保证安全的策略进步。对于这些信赖域方法，我们通常期待策略表现稳定的进步，而非在学习曲线上某些位置突然有较大下降。TRPO 等信赖域方法需要用一个较大批尺寸的原因是，它需要用共轭梯度来近似 Fisher 信息矩阵，这是基于当前采样到的批量样本计算的。如果批尺寸太小或者是有偏差的，可能对这个近似造成问题，并且导致对 Fisher 信息矩阵（或逆 Hessian 乘积）的近似不准确而使学习表现下降。因此，实践中，算法 TRPO 和 PPO 中的批尺寸需要被增大，直到智能体有稳定进步的学习表现为止。

所以，TRPO 有时也无法较好地扩展到大规模的网络或较深的卷积神经网络和循环神经网络上。DDPG 算法则通常被认为对超参数敏感，尽管它被证明对许多连续动作空间的任务很有效。当把它应用到大规模或现实任务 (Mahmood et al., 2018) 上时，这个敏感性会更加显著。比如，尽管在一个简单的模拟测试环境中通过彻底的超参数搜索可以最终找到一个最优的表现效果，但是在现实世界中的学习过程由于时间和资源上的限制可能不允许这种超参数搜索，因此 DDPG 相比与其他 TRPO 或 SAC 算法可能不会有很好的效果。另一方面，尽管 DDPG 算法起初是设计用来解决有连续值动作的任务，这并不意味着它不能在离散值动作的情况下工作。如果你尝试将它应用到有离散值动作的任务上，那么需要使用一些额外的技巧，比如用一个有较大 t 值的 Sigmoid(tx) 输出激活函数并且将其修剪成二值化的输出，还得保证这个截断误差比较小，或者你可以直接使用 Gumbel-Softmax 技巧来更改确定性输出为一个类别的输出分布。其他算法也可以有相似处理。

- **归一化值处理**。总体来说，你需要通过缩放而不是改变均值来归一化奖励函数值，并且用同样的方式标准化值函数的预测目标值。奖励函数的缩放基于训练中采样的批样本。只做值缩放（即除以标准差）而不做均值平移（为得到零均值而减去统计均值）的原因是，均值平移可能会影响到智能体的存活意愿。这实际上与整个奖励函数的正负号有关，而且这个结论只适用于你使用“Done”信号的情况。其实，如果你事先没有用“Done”信号来终止片段，那么，你可以使用均值平移。考虑以下一种情况，如果智能体经历了一个片段，而“Done=True”信号在最大片段长度以内发生，那么假如我们认为智能体仍旧存活，则这个“Done”信号之后的奖励值实际为 0。如果这些为 0 的奖励值总体上比之前的奖励值高（即之前的奖励值基本是负数），那么智能体会倾向于尽可能早地结束片段，以最大化整个片段内的奖励。相反，如果之前的奖励函数基本是正值，智能体会选择“活”得更久一些。如果我们对奖励值采取均值平移方式，它会打破以上情形中智能体的存活意愿，从而使得智能体即使在奖励值基本为正时不会选择存活得更久，而这会影响训练中的表现。归一化值函数的目标也是相似的情况。举例来说，一些基于 DQN 的算法的平均 Q 值会在学习过程中意外地不断增大，而这是由最大化优化公式中对 Q 值的过估计造成的。归一化目标 Q 值可以缓解这个问题，或者使用其他的技巧如 Double Q-Learning。
- **一个关于折扣因子的小提示**。你可以根据折扣因子 γ 对单步动作选择的有效时间范围有一个大致感觉：$1+\gamma+\gamma^2+\cdots=1/(1-\gamma)$。根据该式，对于 $\gamma=0.99$，我们经常可以忽略 100 个时间步后的奖励。用这个小技巧可以加速你设置参数时的过程。
- **Done 信号只在终止状态时为真**。对于初学者来说，深度强化学习中有一些很容易忽略的细微差别，而片段式强化学习中的“Done”信号就是其中一个。这些细微的差异可能使得实践中即使是相同算法的不同实现也会有截然不同的表现。在片段式强化学习中，“Done”信号被广泛用于结束一个片段，而它是环境状态的一个函数，只要智能体到达终止状态，它就被设置为真。注意，这里终止状态被定义为指示智能体已经完成片段的情况，要么成功要么失败，而不是任意一个到达时间限度或最大片段长度的状态。将“Done”信号的值只在状态为终止状态时设为真不是一个平庸的问题。举例来说，如果一个任务是操控机械臂到达空间中某个具体的位置，这个“Done”信号只应当在机械臂确实到达这个位置时为真，而不是到达默认片段最大长度等情况下。为了理解这个差异，我们需要知道在强化学习中有些环境，时间长度是无穷的，有些是有限的，而在采样过程中，算法经常是对有限长度的轨迹做处理的。有两种常用的实现方式，一是设置最大片段长度，二是使用“Done”信号作为环境的反馈来通过跳开循环以终止片段。当使用“Done”信号作为采样过程中的中断点时，它不应当在片段由于到达最大长度的时候设为真，而只应在终止状态到达时为真。还是前面的例子，若一个机械臂在非目标点的任意其他点由于到达了片段最大长度而结束了这个轨迹，同时设置了“Done”信号为真，则会对学习过程产生消极影响。具体来说，以 PPO 算法为例，从状态 S_t 累计的奖励值被用来估计该状态的价值 $V(S_t)$，而一个终止状态的价值为 0。如果在非终止状态时“Done”信号的值为真，那么该状态的值被强制设为 0 了，而实际上它可能不应该为 0。这会在价值网络估计之前状态值的时候让其产生混淆，从而阻碍学习过程。

- **避免数值问题**。对于编程实践中的除法，如果使用不当可能会产生无穷大的数值。两个技巧可以解决这类问题：一个是对正数值的情况使用指数缩放 $a/b = \exp(\log(a) - \log(b))$；另一个方法是对于非负分母加上一个小量，如 $a/b \approx a/(b + 10^{-6})$。
- **注意奖励函数和最终目标之间的分歧**。强化学习经常被用于一个有最终目标的具体任务，而通常需要人为设计一个与最终目标一致的奖励函数来便于智能体学习。在这个意义上说，奖励函数是目标的一种量化形式，这也意味着它们可能是两个不同的东西。在某些情况下它们之间会有分歧。因为一个强化学习智能体能够过拟合到你为任务所设置的奖励函数上，而你可能发现训练最终策略在达成最终目标上与你所期望的不同。这其中一个最可能的原因是奖励函数和最终目标之间的分歧。在多数情况下，奖励函数倾向于最终的任务目标是容易的，但是设计一个奖励函数与最终目标在所有极端情况下都始终一致，是不平庸的。你应该做的是尽可能减少这种分歧，来保证你设计的奖励函数能够平滑地帮助智能体达到最终真实目标。
- **奖励函数可能不总是对学习表现的最好展示**。人们通常在学习过程中展示奖励函数值（有时用移动平均，有时不用）来表示一个算法的能力。然而，如同上面所说，最终目标和你所定义的奖励函数之间可能有分歧，这使得一个较高奖励的状态可能对应一个在达成最终目标方面较差的情况，或者至少没有显式地表现出该状态与最优状态之间的关系。由于这个原因，我们总需要在使用强化学习和展示结果时考虑这种分歧的可能性。所以，在文献 (Fu et al., 2018) 中很常见到，有的学习表现不是用平滑后的片段内奖励（这也依赖奖励函数的设计）来评估和展示的，而是用一个对这个任务更具体的度量方式，比如图 18.1 所示的机器人学习任务中，用机器夹具跟目标点的距离来实现位置到达或用物块跟目标的距离来实现物块推动。夹具与物体间的距离，或者是否物块被抓取，这些都是对任务目标的真实度量方式。所以，这些度量可以用来展示任务学习效果，从而更好地体现任务最终目标是否到达。这对于最终目标跟人为设计的奖励函数有偏差的情况很有用，如果你想比较多个不同个奖励函数，那么这些额外的度量也很关键。

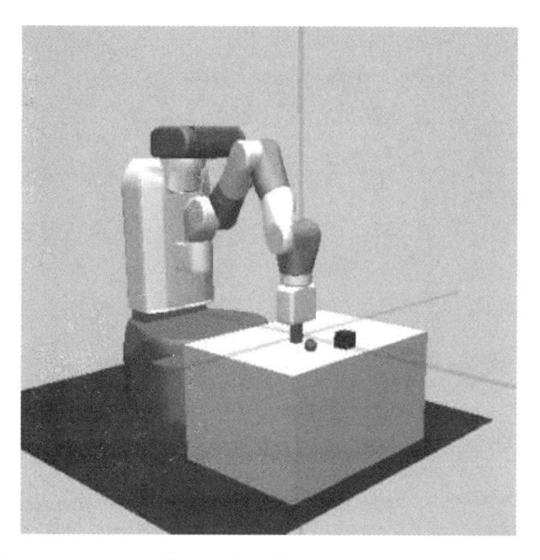

图 18.1 OpenAI Gym 中的 FetchPush 环境。对这个环境而言，使用物体到目标位置的最终距离比奖励函数值能更好地衡量对所学策略的表现，因为它是对任务整体目标的最直接表示。然而奖励函数可能被设置为包含一些其他因素，如夹具到物体的距离等（见彩插）

- **非马尔可夫情况**。如之前章节所述，这本书所介绍的绝大多数理论结果都基于马尔可夫过程的假设或者状态的马尔可夫性质。马尔可夫性质不仅简化了问题和推导，更重要的是它使得连续决策问题可以描述，而且可以用迭代的方式解决它，还能得到简洁的解决方法。然而，实践中，马尔可夫过程的假设不总是成立。举例来说，如图 18.2 所示，Gym 环境中的 Pong 游戏就不满足马尔可夫过程在智能体选取最优动作时对状态所做的假设。我们需要记住马尔可夫性质是状态或环境的性质，因此它是由状态的定义决定的。非马尔可夫决策过程和部分可观测马尔可夫过程（POMDP）的差异有时是细微的。比如，如果一个在上述游戏中状态被定义为同时包含小球的位置和速度信息（假设小球运动没有加速度），而观察量只有位置，那么这个环境是 POMDP 而不是非马尔可夫过程。然而，Pong 游戏的状态通常被认为是每一个时间步静态帧，那么当前状态只包含小球的位置而没有智能体能够做出最优动作选择的所有信息，比如，小球速度和小球运动方向也会影响最优动作。所以这种情况下它是一个非马尔可夫环境。一种提供速度和运动方向信息的方法是使用历史状态，而这违背了马尔可夫过程下的处理方法。所以，如 DQN (Mnih et al., 2015) 原文，堆叠帧可以以一种近似的 MDP 来解决 Pong 任务。如果我们把所有的堆叠帧看作一个单一状态，并且假设堆叠帧可以包含做出最优动作选择的所有信息，那么这个任务实际上仍旧遵从马尔可夫过程假设。毕竟在所有的模拟环境中，过程都是离散的，而不像现实世界中，有时间尺度上的连续性，我们经常可以用这种转化方式来把一个非马尔可夫过程看作一个马尔可夫过程。除了像 DQN 原文中使用堆叠帧，循环神经网络（RNN）(Heess et al., 2015) 或更高级的长短期记忆（LSTM）方法也可以用于以历史记忆进行决策的情况，来解决非马尔可夫过程的问题。

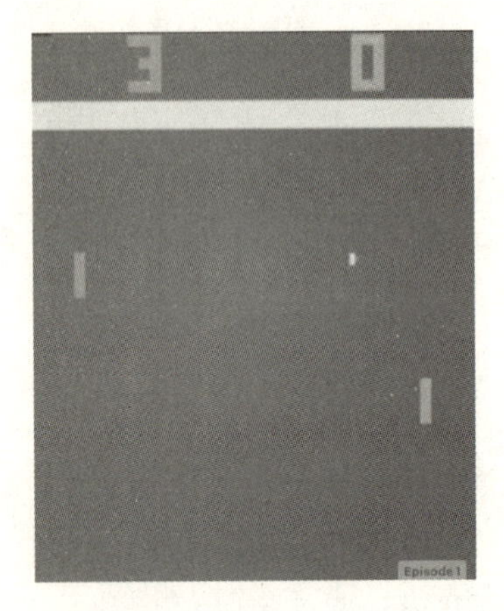

图 18.2　Gym 中的 Pong-v0 游戏：由于小球的速度无法在单一帧中捕捉，这个任务是非马尔可夫的，用堆叠帧作为观察量可以解决它

18.3　训练和调试阶段

- **初始化很重要。**深度强化学习方法通常要么以在线策略（On-Policy）方式用每个片段内的样本更新策略，要么使用离线策略（Off-Policy）中动态的回放缓存（Replay Buffer），这个缓存包含随时间变化的多样性样本。这使得深度强化学习不同于监督学习，监督学习是从一个固定的数据集中学习，因而学习样本的顺序不是特别重要。然而，在深度强化学习中，策略的初始化可以影响随后可能的探索范围，并决定存入缓存的后续样本或直接用于更新的样本，因此它会影响整个学习表现。从一个随机策略开始会导致较大的概率有更多样的样本，这对于训练开始阶段是很好的。但随着策略的收敛和进步，探索的范围逐渐收窄，而近趋于当前策略所生成的轨迹。对于权重参数的初始化而言，总体上来说使用较高级的方法如 Xavier 初始化 (Glorot et al., 2010) 或正交初始化 (Saxe et al., 2013) 会较好，这样可以避免梯度消失或梯度爆炸，并且对多数深度学习情况都有较稳定的学习表现。
- **向程序中添加有用的探针。**深度学习往往要处理大量的数据，而这其中有一些隐藏的操作是我们可能不总清楚，尤其是当我们对模型不熟悉的时候。通常的报错系统可能不是针对其中一些错误的，尤其是逻辑错误。模型中类似的潜在问题将会是很危险和难以察觉的。比如，有时在深度强化学习中，你只关注奖励函数，但是也应当可视化损失函数值的变化来了解其他函数的拟合情况，比如价值函数，或者随机分布策略的熵来了解当前的探索状态。如果策略输出分布熵过早下降，那么基本上表明智能体不能通过当前策略探索到更有用的样本。这可以通过使用熵奖励或 KL 散度惩罚项来缓解，如柔性 Actor-Critic（Soft Actor-Critic，SAC）等算法使用了适应性熵类自动解决这类问题。对于基于信赖域的方法，你需要新旧策略间 KL 散度值的指标来告诉你模型是否正常工作。有时你需要输出网络的梯度值来检查它的工作情况。正常网络层的梯度值不应该过大或全为 0，否则它表明要么有异常梯度值，要么是没有梯度流。其他有用的指标有像在输出空间和参数空间的更新步长，对于以上情况，Tensorboard 模块是一个强大的工具，它起初是为 TensorFlow 开发设计的但是后来也支持 PyTorch 框架。它可以简化变量的可视化过程、神经网络计算图等，对实践中使用这些探针很有帮助。

- **使用多个随机种子并计算平均值来减少随机性。**深度强化学习方法很典型地有不稳定的训练过程，随机种子甚至都会很大地影响学习表现，有 NumPy 的随机种子，以及 TensorFlow 或者 PyTorch 的，还有环境的种子等。在随机化这些种子的时候，作为一种默认设置，所有这些种子都需要被合适地随机化。刚开始，你可以固定这些种子，然后观察采样轨迹上是否有任何差异，如果仍有随机性，可能表现系统内还有其他随机因素。固定随机种子可以用来再现学习过程。使用随机种子并得到学习曲线的平均值，可以减少实验对比中深度强化学习随机性造成的得到错误结论的可能性。通常使用越多的随机种子，实验结果就越可靠，但同时也增加了实验耗时。根据经验，我们采用不同的随机种子进行 3 到 5 次试验便可以得到一个相对可信的结果，但是越多越好。
- **平衡 CPU 和 GPU 计算资源以加速训练。**这个提示实际上是关于找到和解决训练速度上的瓶颈问题。在有限的计算机上更好地使用计算资源，对于强化学习要比监督学习复杂。在监督学习中，CPU 经常用于数据读写和预处理，而 GPU 用于进行前向推理和反向传播过程。然而，由于强化学习中推理过程总是涉及与环境的交互，计算梯度的设备需要与处理环境交互的设备匹配计算能力，否则会是对探索或利用的浪费。在强化学习中，CPU 经常被用于与环境交互采样的过程，而这对某些复杂的模拟系统可能涉及大量运算。GPU 被用来进行前向推理和反向传播来更新网络。你在部署大规模训练的过程中，应当检查 CPU 和 GPU 计算资源的利用率，避免线程或进程沉睡。这对于将程序分配到大规模并行计算系统中尤为重要。对于 GPU 过度利用的情况，可以采用更多的采样线程或进程来与环境交互。对于 CPU 过度利用的情况，你可以减少分布式采样线程的数量，或者增加分布式更新线程的数量，增大算法内更新迭代次数，对于离线更新增大批尺寸等，这些都依赖于你管理并行线程和进程的方式。注意上面所述只是关于如何最大化利用你的计算资源，你也应当考虑探索和利用之间的取舍，以及对于多种多样的强化学习任务在不同层次上的采样效率等。为了解决 CPU 和 GPU 资源间的平衡问题，你经常需要在采样和训练过程中使用多线程或多进程并行计算，来充分利用你的计算机。需要仔细考虑如何设计能够同时运行采样线程/进程和网络更新线程/进程的并行训练框架。锁和管道被经常用于这种框架来支持其顺利运行。创建冗余进程有时可以节省等待时间。在线策略和离线策略的处理可能不同，相比于在线策略，离线策略训练的并行设置经常更加灵活，因为你可以在任何时刻更新策略而非仅在片段的最后一步。一个典型的在 PyTorch 框架下使用多 GPU 分布式训练的使用方式如图 18.3 所示。使用 PyTorch 处理多 GPU 过程在前向推理中采用了一个模型复制过程和一个推理结果采集过程，而在反向更新过程中，梯度缩减被用于并行的梯度反向传播。更多相关细节在强化学习应用的章节中有所讨论，我们也在代码库中提供了一些示例程序。

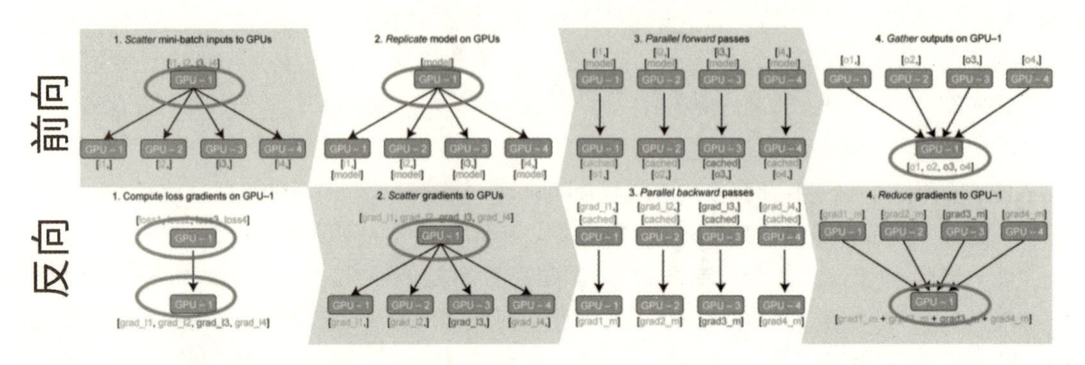

图 18.3　使用 torch.nn.DataParallel 的前向和反向过程（见彩插）

- **可视化**。如果你不能直接从数值中看清潜在关系，你应当尽可能对其可视化。比如，有时由于强化学习过程不稳定的特性，奖励函数可能有很大抖动，这种情况下你可能需要画出奖励值的滑动平均曲线来了解智能体在训练中是否有进步。
- **平滑学习曲线**。强化学习的过程可能非常不稳定。直接从未经处理的学习曲线中得出结论经常是不可靠的，像图 18.4 中未经平滑的学习曲线那样。我们通常要用滑动平均、卷积核等来平滑学习曲线，并且选用一个合适的窗口长度。通过这种方式，学习表现的上升/下降趋势可以更清楚地展示出来，当你在解决一个有着很长训练周期和较慢表现进步的复杂强化学习任务时，这么做可能很关键。

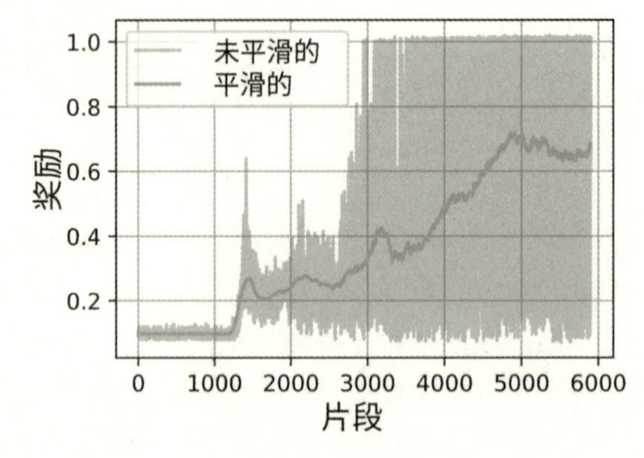

图 18.4　强化学习中平滑的和未平滑的学习曲线（见彩插）

- **理解探索和利用。**从图 18.4 中我们可以看出，学习曲线在早期训练阶段有一个平台期。实际上，这在强化学习过程中不是一个罕见的，而是一个十分常见的情况。这是因为在强化学习中，学习样本不是像在监督学习中那样提前准备好的，而是通过所应用的智能体策略探索得到的。因此，当前策略能否探索到较高奖励值的轨迹在强化学习训练中可能是很关键的。而这会引出探索相关的问题，即需要保证我们的策略能逐渐探索到接近最优的轨迹。当强化学习算法不能对一个具体任务工作时，你需要研究这个智能体是否已经探索到那些更好的轨迹。如果没有，至少说明当前的探索方式可能有问题。然而，如果当前策略能够探索到好的轨迹，但它仍不能收敛到好的动作选择，那么可能是利用问题。这意味着策略不能够较好地从好的轨迹中学习。利用问题可能是由较低的样本效率、较差的价值函数拟合、价值函数较低的学习率、较差的策略网络学习效果等造成的。图 18.4 中所示的学习曲线展示了一个健康的学习进步：一旦好的样本被探索到（在平台期中），策略更新会使学习表现会显著提升（在平台期后）。
- **首先质疑你的算法实现。**当你刚完成代码实现以后，它不会工作，是很常见的，而这时，耐心地调试代码就很重要。算法实现的正确性总是要先于微调一个相对好的结果，因此，应当在保证实现正确性的前提下再考虑微调超参数。而这也正是本章开头提到的强化学习应用的过程：先用小规模例子测试来保证算法实现的正确性，然后逐步扩展到大规模环境并微调分布式的训练过程。一个糟糕的学习表现可能由很多因素导致，如不充足的训练时间、对超参数的糟糕选择、未经归一化的输入数据等，而最常见的原因是代码实现中的错误。

为了给读者提供更全面的关于强化学习算法在具体项目应用上的指导，我们在写本章的过程中也参考了一些外部资源，包括 OpenAI Spinning Up[1]、John Schulman 的幻灯片讲稿[2]、William Falcon 的相关博客[3]等。我们也建议读者参考这些总结得较好的建议和来自研究人员的经验，来帮助实现自己的强化学习算法和应用。查阅与你所做内容相似的他人之前的工作，并从中吸取经验，总是很有帮助的。

此外，读者需要知道只是阅读上面段落中经验性的指示而不实践，几乎没有用。所以，我们强烈推荐读者自己手动实现一些代码来获取实践经验，只用通过这种方式才能发挥这些技巧的最大作用。

参考文献

ESPEHOLT L, SOYER H, MUNOS R, et al., 2018. Impala: Scalable distributed deep-rl with importance weighted actor-learner architectures[J]. arXiv preprint arXiv:1802.01561.

[1]OpenAI Spinning Up: `https://spinningup.openai.com/en/latest/index.html`

[2]The Nuts and Bolts of Deep RL Research. John Schulman: `http://joschu.net/docs/nuts-and-bolts.pdf`

[3]Deep RL Hacks: `https://github.com/williamFalcon/DeepRLHacks`

FU J, SINGH A, GHOSH D, et al., 2018. Variational inverse control with events: A general framework for data-driven reward definition[C]//Advances in Neural Information Processing Systems. 8538-8547.

GLOROT X, BENGIO Y, 2010. Understanding the difficulty of training deep feedforward neural networks[C]//Proceedings of the thirteenth international conference on artificial intelligence and statistics. 249-256.

HE K, ZHANG X, REN S, et al., 2016. Deep Residual Learning for Image Recognition[C]//Proceedings of the IEEE Conference on Computer Vision and Pattern Recognition (CVPR).

HEESS N, HUNT J J, LILLICRAP T P, et al., 2015. Memory-based control with recurrent neural networks[J]. arXiv preprint arXiv:1512.04455.

JADERBERG M, SIMONYAN K, ZISSERMAN A, et al., 2015. Spatial transformer networks[C]//Proceedings of the Neural Information Processing Systems (Advances in Neural Information Processing Systems) Conference. 2017-2025.

MAHMOOD A R, KORENKEVYCH D, VASAN G, et al., 2018. Benchmarking reinforcement learning algorithms on real-world robots[J]. arXiv preprint arXiv:1809.07731.

MNIH V, KAVUKCUOGLU K, SILVER D, et al., 2015. Human-level control through deep reinforcement learning[J]. Nature.

SAXE A M, MCCLELLAND J L, GANGULI S, 2013. Exact solutions to the nonlinear dynamics of learning in deep linear neural networks[J]. arXiv preprint arXiv:1312.6120.

VINYALS O, BABUSCHKIN I, CZARNECKI W M, et al., 2019. Grandmaster level in starcraft ii using multi-agent reinforcement learning[J]. Nature, 575(7782): 350-354.

总结部分

为了帮助读者快速查阅与比较不同的算法，我们在附录 A 总结了介绍过的算法及其对应论文，在附录 B 提供了各个算法的伪代码，附录 C 提供英文首字母缩写和中英文对照表。

附录A 算法总结表

在附录A中，我们将那些常见的强化学习算法总结成一张表格，尤其是那些在本书中介绍过的。我们希望这样能为读者寻找相关文献提供参考。

强化学习算法

强化学习算法	策略	动作空间	年份	文献	作者
Q-Learning	离线策略（Off-Policy）	离散	1992	Q-Learning (Watkins et al., 1992)	Cristopher J.C.H Watkins and Peter Dayan
SARSA	在线策略（On-Policy）	离散	1994	Online Q-Learning using Connectionist Systems (Rummery et al., 1994)	G.A.Rummery and M. Niranjan
DQN	离线策略	离散	2015	Human-level Control Through Deep Reinforcement Learning (Mnih et al., 2015)	Volodymyr Mnih, et al.
Dueling DQN	离线策略	离散	2015	Dueling Network Architectures for Deep Reinforcement Learning (Wang et al., 2015)	Ziyu Wang, et al.
Double DQN	离线策略	离散	2016	Deep Reinforcement Learning with Double Q-Learning (Van Hasselt et al., 2016)	Hado van Hasselt, et al.
Noisy DQN	离线策略	离散	2017	Noisy Networks for Exploration (Fortunato et al., 2017)	Meire Fortunato, et al.
Distributed DQN	离线策略	离散	2017	A Distributional Perspective on Reinforcement Learning (Bellemare et al., 2017)	Marc G. Bellemare, et al.
Actor-Critic (QAC)	在线策略	离散或连续	2000	Actor-Critic Algorithms (Konda et al., 2000)	Vijay R. Konda and John N. Tsitsiklis
A3C	在线策略	离散或连续	2016	Asynchronous Methods for Deep Reinforcement Learning (Mnih et al., 2016)	Volodymyr Mnih, et al.
DDPG	离线策略	连续	2016	Continuous Control With Deep Reinforcement Learning (Lillicrap et al., 2015)	Timothy P. Lillicrap, et al.

强化学习算法

（续表一）

强化学习算法	策略	动作空间	年份	文献	作者
REINFORCE	在线策略	离散或连续	1988	On the Use of Backpropagation in Associative Reinforcement Learning (Williams, 1988)	Ronald J. Williams
TD3	离线策略	连续	2018	Addressing function approximation error in actor-critic methods (Fujimoto et al., 2018)	Scott Fujimoto, et al.
SAC	离线策略	离散或连续	2018	Soft actor-critic algorithms and applications (Haarnoja et al., 2018)	Tuomas Haarnoja, et al.
TRPO	在线策略	离散或连续	2015	Trust region policy optimization (Schulman et al., 2015)	John Schulman, et al.
PPO	在线策略	离散或连续	2017	Proximal policy optimization algorithms (Schulman et al., 2017)	John Schulman, et al.
DPPO	在线策略	离散或连续	2017	Emergence of locomotion behaviours in rich environments (Heess et al., 2017)	Nicolas Heess, et al.
ACKTR	在线策略	离散或连续	2017	Scalable trust-region method for deep reinforcement learning using Kronecker-factored approximation (Wu et al., 2017)	Yuhuai Wu, et al.
CE Method	在线策略	离散或连续	2004	The cross-entropy method: A unified approach to Monte Carlo simulation, randomized optimization and machine learning (Rubinstein et al., 2004)	R. Rubinstein and D. Kroese

参考文献

BELLEMARE M G, DABNEY W, MUNOS R, 2017. A distributional perspective on reinforcement learning[C]//Proceedings of the 34th International Conference on Machine Learning-Volume 70. JMLR. org: 449-458.

FORTUNATO M, AZAR M G, PIOT B, et al., 2017. Noisy networks for exploration[J]. arXiv preprint arXiv:1706.10295.

FUJIMOTO S, VAN HOOF H, MEGER D, 2018. Addressing function approximation error in actor-critic methods[J]. arXiv preprint arXiv:1802.09477.

HAARNOJA T, ZHOU A, HARTIKAINEN K, et al., 2018. Soft actor-critic algorithms and applications[J]. arXiv preprint arXiv:1812.05905.

HEESS N, SRIRAM S, LEMMON J, et al., 2017. Emergence of locomotion behaviours in rich environments[J]. arXiv:1707.02286.

KONDA V R, TSITSIKLIS J N, 2000. Actor-critic algorithms[C]//Advances in Neural Information Processing Systems. 1008-1014.

LILLICRAP T P, HUNT J J, PRITZEL A, et al., 2015. Continuous control with deep reinforcement learning[J]. arXiv preprint arXiv:1509.02971.

MNIH V, KAVUKCUOGLU K, SILVER D, et al., 2015. Human-level control through deep reinforcement learning[J]. Nature.

MNIH V, BADIA A P, MIRZA M, et al., 2016. Asynchronous methods for deep reinforcement learning[C]//International Conference on Machine Learning (ICML). 1928-1937.

RUBINSTEIN R Y, KROESE D P, 2004. The cross-entropy method: A unified approach to monte carlo simulation, randomized optimization and machine learning[J]. Information Science & Statistics, Springer Verlag, NY.

RUMMERY G A, NIRANJAN M, 1994. On-line q-learning using connectionist systems: volume 37[M]. University of Cambridge, Department of Engineering Cambridge, England.

SCHULMAN J, LEVINE S, ABBEEL P, et al., 2015. Trust region policy optimization[C]//International Conference on Machine Learning (ICML). 1889-1897.

SCHULMAN J, WOLSKI F, DHARIWAL P, et al., 2017. Proximal policy optimization algorithms[J]. arXiv:1707.06347.

VAN HASSELT H, GUEZ A, SILVER D, 2016. Deep reinforcement learning with double Q-learning[C]// Thirtieth AAAI conference on artificial intelligence.

WANG Z, SCHAUL T, HESSEL M, et al., 2015. Dueling network architectures for deep reinforcement learning[J]. arXiv preprint arXiv:1511.06581.

WATKINS C J, DAYAN P, 1992. Q-learning[J]. Machine learning, 8(3-4): 279-292.

WILLIAMS R J, 1988. On the use of backpropagation in associative reinforcement learning[C]// Proceedings of the IEEE International Conference on Neural Networks: volume 1. San Diego, CA.: 263-270.

WU Y, MANSIMOV E, GROSSE R B, et al., 2017. Scalable trust-region method for deep reinforcement learning using kronecker-factored approximation[C]//Advances in Neural Information Processing Systems. 5279-5288.

附录 B 算法速查表

附录 B 总结了（深度）强化学习的算法和关键概念。这些算法被分为四个部分：深度学习、强化学习、深度强化学习和高等深度强化学习。为了便于读者学习，我们为每个算法提供了伪代码。我们尽量在行文中保持数学符号、变量记号和术语与整本书一致。

B.1 深度学习

B.1.1 随机梯度下降

算法 B.43 随机梯度下降的训练过程

Input: 参数 $\boldsymbol{\theta}$, 学习率 α, 训练步数/迭代次数 S

  for $i = 0$ **to** S **do**

    计算一个小批量的 $\mathcal{L}$

    通过反向传播计算 $\frac{\partial \mathcal{L}}{\partial \boldsymbol{\theta}}$

    $\nabla\boldsymbol{\theta} \leftarrow -\alpha \cdot \frac{\partial \mathcal{L}}{\partial \boldsymbol{\theta}}$;

    $\boldsymbol{\theta} \leftarrow \boldsymbol{\theta} + \nabla\boldsymbol{\theta}$ 更新参数

  end for

  return $\boldsymbol{\theta}$; 返回训练好的参数

B.1.2 Adam 优化器

算法 B.44 Adam 优化器的训练过程

Input: 参数 $\boldsymbol{\theta}$, 学习率 α, 训练步数/迭代次数 S, $\beta_1 = 0.9$, $\beta_2 = 0.999$, $\epsilon = 10^{-8}$

$\boldsymbol{m}_0 \leftarrow 0$; 初始化一阶动量

$\boldsymbol{v}_0 \leftarrow 0$; 初始化二阶动量

for $t = 1$ **to** S **do**

$\frac{\partial \mathcal{L}}{\partial \boldsymbol{\theta}}$; 用一个随机的小批次计算梯度

$\boldsymbol{m}_t \leftarrow \beta_1 * \boldsymbol{m}_{t-1} + (1 - \beta_1) * \frac{\partial \mathcal{L}}{\partial \boldsymbol{\theta}}$; 更新一阶动量

$\boldsymbol{v}_t \leftarrow \beta_2 * \boldsymbol{v}_{t-1} + (1 - \beta_2) * (\frac{\partial \mathcal{L}}{\partial \boldsymbol{\theta}})^2$; 更新二阶动量

$\hat{\boldsymbol{m}}_t \leftarrow \frac{\boldsymbol{m}_t}{1-\beta_1^t}$; 计算一阶动量的滑动平均

$\hat{\boldsymbol{v}}_t \leftarrow \frac{\boldsymbol{v}_t}{1-\beta_2^t}$; 计算二阶动量的滑动平均

$\nabla \boldsymbol{\theta} \leftarrow -\alpha * \frac{\hat{\boldsymbol{m}}_t}{\sqrt{\hat{\boldsymbol{v}}_t} + \epsilon}$

$\boldsymbol{\theta} \leftarrow \boldsymbol{\theta} + \nabla \boldsymbol{\theta}$; 更新参数

end for

return $\boldsymbol{\theta}$; 返回训练好的参数

B.2 强化学习

B.2.1 赌博机

随机多臂赌博机（Stochastic Multi-armed Bandit）

算法 B.45 多臂赌博机学习

初始化 K 个手臂

定义总时长为 T

每一个手臂都有一个对应的 $v_i \in [0, 1]$. 每一个奖励都是独立同分布地从 v_i 中采样得到的

for $t = 1, 2, \cdots, T$ **do**

智能体从 K 个手臂中选择 $A_t = i$

环境返回奖励值向量 $R_t = (R_t^1, R_t^2, \cdots, R_t^K)$

智能体观测到 R_t^i

end for

对抗多臂赌博机（Adversarial Multi-armed Bandit）

算法 B.46 对抗多臂赌博机

初始化 K 个机器手臂

for $t = 1, 2, \cdots, T$ **do**

智能体在 K 个手臂当中选中 I_t

对抗者选择一个奖励值向量 $\boldsymbol{R}_t = (R_t^1, R_t^2, \cdots, R_t^K) \in [0,1]^K$

智能体观察到奖励 $R_t^{I_t}$（根据具体的情况也有可能看到整个奖励值向量）

end for

算法 B.47 针对对抗多臂赌博机的 Hedge 算法

初始化 K 个手臂

$G_i(0)$ for $i = 1, 2, \cdots, K$

for $t = 1, 2, \cdots, T$ **do**

智能体从 $p(t)$ 分布中选择 $A_t = i_t$，其中

$$p_i(t) = \frac{\exp(\eta G_i(t-1))}{\sum_j^K \exp(\eta G_j(t-1))}$$

智能体观测到奖励 g_t

让 $G_i(t) = G(t-1) + g_t^i$, $\forall i \in [1, K]$

end for

B.2.2 动态规划

策略迭代（Policy Iteration）

算法 B.48 策略迭代

对于所有的状态初始化 V 和 π

repeat

//执行策略评估

repeat

$\delta \leftarrow 0$

for $s \in \mathcal{S}$ **do**

$v \leftarrow V(s)$

$V(s) \leftarrow \sum_{r,s'}(r + \gamma V(s'))P(r, s'|s, \pi(s))$

$\delta \leftarrow \max(\delta, |v - V(s)|)$

end for

until δ 小于一个正阈值

//执行策略提升

stable $\leftarrow$ true

for $s \in \mathcal{S}$ **do**

$a \leftarrow \pi(s)$

$\pi(s) \leftarrow \arg\max_a \sum_{r,s'}(r + \gamma V(s'))P(r, s'|s, a)$

if $a \neq \pi(s)$ **then**

stable ← false

end if

end for

until stable = true

return 策略 π

价值迭代（Value Iteration）

算法 B.49 价值迭代

为所有状态初始化 V

repeat

$\delta \leftarrow 0$

for $s \in \mathcal{S}$ **do**

$u \leftarrow V(s)$

$V(s) \leftarrow \max_a \sum_{r,s'} P(r, s'|s, a)(r + \gamma V(s'))$

$\delta \leftarrow \max(\delta, |u - V(s)|)$

end for

until δ 小于一个正阈值

输出贪心策略 $\pi(s) = \arg\max_a \sum_{r,s'} P(r, s'|s, a)(r + \gamma V(s'))$

B.2.3 蒙特卡罗

蒙特卡罗预测

算法 B.50 首次蒙特卡罗预测

输入：初始化策略 π

初始化所有状态的 $V(s)$

初始化一列回报：Returns(s) 对所有状态

repeat

通过 π: $S_0, A_0, R_0, S_1, \cdots, S_{T-1}, A_{T-1}, R_t$ 生成一个回合

$G \leftarrow 0$

$t \leftarrow T - 1$

for $t >= 0$ **do**

$G \leftarrow \gamma G + R_{t+1}$

if $S_0, S_1, \cdots, S_{t-1}$ 没有 S_t **then**
Returns(S_t).append(G)
$V(S_t) \leftarrow$ mean(Returns(S_t))
end if
$t \leftarrow t - 1$
end for
until 收敛

蒙特卡罗控制

算法 B.51 蒙特卡罗探索开始

初始化所有状态的 $\pi(s)$
对于所有的状态-动作对，初始化 $Q(s, a)$ 和 Returns(s, a)
repeat
随机选择 S_0 和 A_0 直到所有状态-动作对的概率为非零
根据 π: $S_0, A_0, R_0, S_1, \cdots, S_{T-1}, A_{T-1}, R_t$ 来生成 S_0, A_0
$G \leftarrow 0$
$t \leftarrow T - 1$
for $t >= 0$ **do**
$G \leftarrow \gamma G + R_{t+1}$
if $S_0, A_0, S_1, A_1 \cdots, S_{t-1}, A_{t-1}$ 没有 S_t, A_t **then**
Returns(S_t, A_t).append(G)
$Q(S_t, A_t) \leftarrow$ mean(Returns(S_t, A_t))
$\pi(S_t) \leftarrow \arg\max_a Q(S_t, a)$
end if
$t \leftarrow t - 1$
end for
until 收敛

时间差分（Temporal Difference，TD）

算法 B.52 TD(0) 对状态值的估算

输入策略 π
初始化 $V(s)$ 和步长 $\alpha \in (0, 1]$
for 每一个回合 **do**
初始化 S_0
for 每一个在现有的回合的 S_t **do**
$A_t \leftarrow \pi(S_t)$

$R_{t+1}, S_{t+1} \leftarrow \text{Env}(S_t, A_t)$

$V(S_t) \leftarrow V(S_t) + \alpha[R_{t+1} + \gamma V(S_{t+1}) - V(S_t)]$

end for

end for

TD(λ)

算法 B.53 状态值半梯度 TD(λ)

输入策略 π

初始化一个可求导的状态值函数 v、步长 α 和状态值函数权重 $\boldsymbol{w}$

for 对每一个回合 **do**

初始化 S_0

$\boldsymbol{z} \leftarrow 0$

for 每一个本回合的步骤 S_t **do**

使用 π 来选择 A_t

$R_{t+1}, S_{t+1} \leftarrow \text{Env}(S_t, A_t)$

$\boldsymbol{z} \leftarrow \gamma\lambda\boldsymbol{z} + \nabla V(S_t, \boldsymbol{w}_t)$

$\delta \leftarrow R_{t+1} + \gamma V(S_{t+1}, \boldsymbol{w}_t) - V(S_t, \boldsymbol{w}_t)$

$\boldsymbol{w} \leftarrow \boldsymbol{w} + \alpha\delta\boldsymbol{z}$

end for

end for

Sarsa：在线策略 TD 控制

算法 B.54 Sarsa（在线策略 TD 控制）

对所有的状态-动作对初始化 $Q(s, a)$

for 每一个回合 **do**

初始化 S_0

用一个基于 Q 的策略来选择 A_0

for 每一个在当前回合的 S_t **do**

用一个基于 Q 的策略从 S_t 选择 A_t

$R_{t+1}, S_{t+1} \leftarrow \text{Env}(S_t, A_t)$

从 S_{t+1} 中用一个基于 Q 的策略来选择 A_{t+1}

$Q(S_t, A_t) \leftarrow Q(S_t, A_t) + \alpha[R_{t+1} + \gamma Q(S_{t+1}, A_{t+1}) - Q(S_t, A_t)]$

end for

end for

N 步 Sarsa

算法 B.55 N 步 Sarsa

对所有的状态动作对初始化 $Q(s,a)$
初始化步长 $\alpha \in (0,1]$
决定一个固定的策略 π 或者使用 ϵ-贪心
for 每一个回合 **do**
  初始化 S_0
  使用 $\pi(S_0, A)$ 来选择 A_0
  $T \leftarrow$ INTMAX（一个回合的长度）
  $\gamma \leftarrow 0$
  for $t \leftarrow 0, 1, 2, \cdots$ until $\gamma - T - 1$ **do**
    if $t < T$ **then**
      $R_{t+1}, S_{t+1} \leftarrow$ Env(S_t, A_t)
      if S_{t+1} 是终止状态 **then**
        $T \leftarrow t+1$
      else
        使用 $\pi(S_t, A)$ 来选择 A_{t+1}
      end if
    end if
    $\tau \leftarrow t - n + 1$（更新的时间点。这个是 n 步 Sarsa，所以只需要更新那个 $n+1$ 前的一步，就会持续这样下去，直到所有状态都被更新。）
    if $\tau \geqslant 0$ **then**
      $G \leftarrow \sum_{i=\tau+1}^{\min(\tau+n,T)} \gamma^{i-\gamma-1} R_i$
      if $\gamma + n < T$ **then**
        $G \leftarrow G + \gamma^n Q(S_{t+n}, A_{\gamma+n})$
      end if
      $Q(S_\gamma, A_\gamma) \leftarrow Q(S_\gamma, A_\gamma) + \alpha[G - Q(S_\gamma, A_\gamma)]$
    end if
  end for
end for

Q-learning：离线策略 TD 控制

算法 B.56 Q-learning（离线策略 TD 控制）

初始化所有的状态-动作对的 $Q(s,a)$ 以及步长 $\alpha \in (0,1]$
for 每一个回合 **do**

初始化 S_0
for 每一个在当前回合的 S_t **do**
使用基于 Q 的策略来选择 A_t
$R_{t+1}, S_{t+1} \leftarrow \text{Env}(S_t, A_t)$
$Q(S_t, A_t) \leftarrow Q(S_t, A_t) + \alpha[R_{t+1} + \gamma \max_a Q(S_{t+1}, a) - Q(S_t, A_t)]$
end for
end for

B.3 深度强化学习

深度 Q 网络（Deep Q-Networks，DQN）是一个将 Q-learning 通过深度神经网络来拟合价值函数，从而延伸到高维情况的方法，它使用一个目标动作价值网络和一个经验回放缓存来更新。

主要思想：

- 用神经网络进行 Q 值函数拟合；
- 用经验回放缓存进行离线更新；
- 目标网络和延迟更新；
- 用均方误差或 Huber 损失来最小化时间差分（Temporal Difference，TD）误差。

算法 B.57 DQN

超参数: 回放缓存容量 N、奖励折扣因子 γ、用于目标状态-动作值函数更新的延迟步长 C、ϵ-greedy 中的 ϵ
输入: 空回放缓存 $\mathcal{D}$，初始化状态-动作值函数 Q 的参数 θ
使用参数 $\hat{\theta} \leftarrow \theta$ 初始化目标状态-动作值函数 $\hat{Q}$
for 片段 $= 0, 1, 2, \cdots$ **do**
初始化环境并获取观测数据 O_0
初始化序列 $S_0 = \{O_0\}$ 并对序列进行预处理 $\phi_0 = \phi(S_0)$
for t $= 0, 1, 2, \cdots$ **do**
通过概率 ϵ 选择一个随机动作 A_t，否则选择动作 $A_t = \arg\max_a Q(\phi(S_t), a; \theta)$
执行动作 A_t 并获得观测数据 O_{t+1} 和奖励数据 R_t
如果本局结束，则设置 $D_t = 1$，否则 $D_t = 0$
设置 $S_{t+1} = \{S_t, A_t, O_{t+1}\}$ 并进行预处理 $\phi_{t+1} = \phi(S_{t+1})$
存储状态转移数据 $(\phi_t, A_t, R_t, D_t, \phi_{t+1})$ 到 $\mathcal{D}$ 中
从 $\mathcal{D}$ 中随机采样小批量状态转移数据 $(\phi_i, A_i, R_i, D_i, \phi'_i)$
如果 $D_i = 0$，设置 $Y_i = R_i + \gamma \max_{a'} \hat{Q}(\phi'_i, a'; \hat{\theta})$，否则设置 $Y_i = R_i$
在 $(Y_i - Q(\phi_i, A_i; \theta))^2$ 上对 θ 执行梯度下降步骤

每 C 步对目标网络 $\hat{Q}$ 进行同步

如果片段结束，则跳出循环

end for

end for

Double DQN 是一个 DQN 的改进版本，用来解决过估计（Overestimation）问题。

主要思想：

- 双 Q 网络是一种对目标价值估计的嵌入式方法，一个 Q 估计值被嵌入另一个 Q 估计值中。

更改上面 DQN 算法的第 14 行为令 $Y_j = R_j + \gamma(1 - D_j)\hat{Q}(\phi_{j+1}, \arg\max_{a'} Q(\phi_{j+1}, a'; \theta_j); \hat{\theta})$。

Dueling DQN 是对 DQN 的一个改进版本，它将动作价值函数分解为一个状态价值函数和一个依赖状态的动作优势函数。

主要思想：

- 将动作价值函数 Q 分解为值函数 V 和优势函数 A。

更改DQN中动作价值函数Q（及它的目标$\hat{Q}$）的参数化方式为$Q(s,a;\theta,\theta_v,\theta_a) = V(s;\theta,\theta_v) + (A(s,a;\theta,\theta_a) - \max_{a'} A(s,a';\theta,\theta_a))$ 或,$Q(s,a;\theta,\theta_v,\theta_a) = V(s;\theta,\theta_v) + (A(s,a;\theta,\theta_a) - \frac{1}{|\mathcal{A}|} A(s,a';\theta, \theta_a))$。

REINFORCE 是一个使用基于策略优化和在线策略更新的算法。

算法 B.58 REINFORCE

输入: 初始策略参数 θ

for k $= 0, 1, 2, \cdots$ **do**

初始化环境

通过在环境中运行策略 $\pi_k = \pi(\theta_k)$ 收集轨迹数据集 $\mathcal{D}_k = \{\tau_i = \{(S_t, A_t, R_t) | t = 0, 1, \cdots, T\}\}$

计算累计奖励 G_t

估计策略梯度 $g_k = \frac{1}{|\mathcal{D}_k|} \sum_{\tau \in \mathcal{D}_k} \sum_{t=0}^{\mathrm{T}} \nabla_\theta \log \pi_\theta(A_t | S_t)|_{\theta_k} G_t$

通过梯度上升更新策略 $\theta_{k+1} = \theta_k + \alpha_k g_k$

end for

带基准函数的 REINFORCE 算法或称**初版策略梯度**（REINFORCE with Baseline/Vanilla Policy Gradient）是 REINFORCE 的另一个版本，它使用动作优势函数而不是累计奖励来估计策略梯度。

算法 B.59 带基准函数的 REINFORCE 算法

超参数: 步长 η_θ、奖励折扣因子 γ、总步数 L、批尺寸 B、基准函数 b。

输入: 初始策略参数 θ_0

初始化 $\theta = \theta_0$

for $k = 1, 2, \cdots,$ **do**

执行策略 π_θ 得到 B 个轨迹，每一个有 L 步，并收集 $\{S_{t,\ell}, A_{t,\ell}, R_{t,\ell}\}$。

$\hat{A}_{t,\ell} = \sum_{\ell'=\ell}^{L} \gamma^{\ell'-\ell} R_{t,\ell} - b(S_{t,\ell})$

$J(\theta) = \frac{1}{B}\sum_{t=1}^{B}\sum_{\ell=0}^{L}\log\pi_\theta(A_{t,\ell}|S_{t,\ell})\hat{A}_{t,\ell}$
$\theta = \theta + \eta_\theta \nabla J(\theta)$
用 $\{S_{t,\ell}, A_{t,\ell}, R_{t,\ell}\}$ 更新 $b(S_{t,\ell})$
end for
返回 θ

Actor-Critic 是一个改自 REINFORCE 的算法，它使用价值函数拟合。

算法 B.60 Actor-Critic 算法

超参数: 步长 η_θ 和 η_ψ、奖励折扣因子 γ
输入: 初始策略函数参数 θ_0, 初始价值函数参数 ψ_0
初始化 $\theta = \theta_0$ 和 $\psi = \psi_0$
for $t = 0, 1, 2, \cdots$ **do**
执行一步策略 π_θ, 保存 $\{S_t, A_t, R_t, S_{t+1}\}$
估计优势函数 $\hat{A}_t = R_t + \gamma V_\psi^{\pi_\theta}(S_{t+1}) - V_\psi^{\pi_\theta}(S_t)$
$J(\theta) = \sum_t \log\pi_\theta(A_t|S_t)\hat{A}_t$
$J_{V_\psi^{\pi_\theta}}(\psi) = \sum_t \hat{A}_t^2$
$\psi = \psi + \eta_\psi \nabla J_{V_\psi^{\pi_\theta}}(\psi), \theta = \theta + \eta_\theta \nabla J(\theta)$
end for
返回 (θ, ψ)

Q 值 Actor-Critic（Q-value Actor-Critic，QAC）是另一个版本的 Actor-Critic 算法，作为基于价值（比如 Q-Learning）和基于策略（比如 REINFORCE）优化方法的结合，使用在线策略更新的方式。

主要思想：

- 结合 DQN 和 REINFORCE。

算法 B.61 QAC

输入: 初始策略参数 θ、初始动作价值函数 Q 的参数 ω、折扣因子 γ
for $\mathrm{k} = 0, 1, 2, \cdots$ **do**
初始化环境
通过在环境中运行策略 $\pi_k = \pi(\theta_k)$，收集轨迹数据集 $\mathcal{D}_k = \{\tau_i = \{(S_t, A_t, R_t, D_t)|t = 0, 1, \cdots, T\}\}$。
计算 TD 误差 $\delta_t = R_t + \gamma\max_{a'} Q_\omega(S_{t+1}, a') - Q_\omega(S_t, A_t)$
估计策略梯度如 $g_k = \frac{1}{|\mathcal{D}_k|}\sum_{\tau\in\mathcal{D}_k}\sum_{t=0}^{\mathrm{T}}\nabla_\theta\log\pi_\theta(A_t|S_t)|_{\theta_k}Q_\omega(S_t, A_t)$
通过梯度上升更新策略 $\theta_{k+1} = \theta_k + \alpha_k g_k$
使用均方误差更新动作价值函数 $\phi_{k+1} = \arg\min_\phi \frac{1}{|\mathcal{D}_k|T}\sum_{\tau\in\mathcal{D}_k}\sum_{t=0}^{\mathrm{T}}\delta_t^2$ 通过梯度下降算法

end for

优势 Actor-Critic（Advantage Actor-Critic，A2C）是 Actor-Critic 算法的改进版本，它使用有基准的 REINFORCE 而非初版 REINFORCE 来进行策略优化，并且使用在线策略更新。

主要思想：

- 结合 DQN 和有基准的 REINFORCE。

算法 B.62 A2C

Master:

超参数: 步长 η_ψ 和 η_θ, worker 节点集 $\mathcal{W}$

输入: 初始策略函数参数 θ_0, 初始价值函数参数 ψ_0

初始化 $\theta = \theta_0$ 和 $\psi = \psi_0$

for $k = 0, 1, 2, \cdots$ **do**

  $(g_\psi, g_\theta) = 0$

  for $\mathcal{W}$ 里每一个 worker 节点 **do**

    $(g_\psi, g_\theta) = (g_\psi, g_\theta) + \textbf{worker}(V_\psi^{\pi_\theta}, \pi_\theta)$

  end for

  $\psi = \psi - \eta_\psi g_\psi; \theta = \theta + \eta_\theta g_\theta$。

end for

Worker:

超参数: 奖励折扣因子 γ, 轨迹长度 L

输入: 价值函数 $V_\psi^{\pi_\theta}$, 策略函数 π_θ

执行 L 步策略 π_θ, 保存 $\{S_t, A_t, R_t, S_{t+1}\}$

估计优势函数 $\hat{A}_t = R_t + \gamma V_\psi^{\pi_\theta}(S_{t+1}) - V_\psi^{\pi_\theta}(S_t)$

$J(\theta) = \sum_t \log \pi_\theta(A_t|S_t)\hat{A}_t$

$J_{V_\psi^{\pi_\theta}}(\psi) = \sum_t \hat{A}_t^2$

$(g_\psi, g_\theta) = (\nabla J_{V_\psi^{\pi_\theta}}(\psi), \nabla J(\theta))$

返回 (g_ψ, g_θ)

异步优势 Actor-Critic（Asynchronous Advantage Actor-Critic，A3C）是一个 A2C 的修改版本，它使用异步梯度更新来实现大规模并行计算。

主要思想：

- 异步更新策略。

算法 B.63 A3C

Master:

超参数: 步长 η_ψ 和 η_θ, 当前策略函数 π_θ, 价值函数 $V_\psi^{\pi_\theta}$

输入: 梯度 g_ψ, g_θ

$\psi = \psi - \eta_\psi g_\psi; \theta = \theta + \eta_\theta g_\theta$。

返回 $(V_\psi^{\pi_\theta}, \pi_\theta)$

Worker:

超参数: 奖励折扣因子 γ、轨迹长度 L

输入: 策略函数 π_θ、价值函数 $V_\psi^{\pi_\theta}$

$(g_\theta, g_\psi) = (0, 0)$

for $k = 1, 2, \cdots,$ **do**

  $(\theta, \psi) = \textbf{Master}(g_\theta, g_\psi)$

  执行 L 步策略 π_θ, 保存 $\{S_t, A_t, R_t, S_{t+1}\}$。

  估计优势函数 $\hat{A}_t = R_t + \gamma V_\psi^{\pi_\theta}(S_{t+1}) - V_\psi^{\pi_\theta}(S_t)$

  $J(\theta) = \sum_t \log \pi_\theta(A_t|S_t)\hat{A}_t$

  $J_{V_\psi^{\pi_\theta}}(\psi) = \sum_t \hat{A}_t^2$

  $(g_\psi, g_\theta) = (\nabla J_{V_\psi^{\pi_\theta}}(\psi), \nabla J(\theta))$

end for

深度确定性策略梯度（Deep Deterministic Policy Gradient，DDPG）是 DQN 和 QAC 的结合，它使用确定性策略，并采用经验回放缓存和离线策略更新的方式。

主要思想：

- 确定性策略作为动作空间上 Q 值的最大化算子的拟合；
- 用 Ornstein-Uhlenbeck 或高斯噪声进行随机动作的探索；
- 目标网络和延迟更新。

算法 B.64 DDPG

超参数：软更新因子 ρ，奖励折扣因子 γ

输入：回放缓存 $\mathcal{D}$，初始化 Critic 网络 $Q(s, a|\theta^Q)$ 参数 θ^Q、Actor 网络 $\pi(s|\theta^\pi)$ 参数 θ^π、目标网络 Q'、π'

初始化目标网络参数 Q' 和 π'，赋值 $\theta^{Q'} \leftarrow \theta^Q, \theta^{\pi'} \leftarrow \theta^\pi$

for episode $= 1, M$ **do**

  初始化随机过程 $\mathcal{N}$ 用于给动作添加探索

  接收初始状态 S_1

  for t $= 1, T$ **do**

    选择动作 $A_t = \pi(S_t|\theta^\pi) + \mathcal{N}_t$

    执行动作 A_t 得到奖励 R_t，转移到下一状态 S_{t+1}

    存储状态转移数据对 $(S_t, A_t, R_t, D_t, S_{t+1})$ 到 $\mathcal{D}$

令 $Y_i = R_i + \gamma(1 - D_t)Q'(S_{t+1}, \pi'(S_{t+1}|\theta^{\pi'})|\theta^{Q'})$

通过最小化损失函数更新 Critic 网络：

$L = \frac{1}{N}\sum_i(Y_i - Q(S_i, A_i|\theta^Q))^2$

通过策略梯度的方式更新 Actor 网络：

$\nabla_{\theta^\pi} J \approx \frac{1}{N}\sum_i \nabla_a Q(s, a|\theta^Q)|_{s=S_i, a=\pi(S_i)} \nabla_{\theta^\pi}\pi(s|\theta^\pi)|_{S_i}$

更新目标网络：

$\theta^{Q'} \leftarrow \rho\theta^Q + (1 - \rho)\theta^{Q'}$

$\theta^{\pi'} \leftarrow \rho\theta^\pi + (1 - \rho)\theta^{\pi'}$

end for

end for

孪生延迟 DDPG（Twin Delayed DDPG，TD3）是一个更先进的基于 DDPG 的算法，它使用孪生动作价值网络，并对策略和目标网络采用延迟更新。

主要思想：

- Double Q-learning；
- 对目标网络和策略的延迟更新；
- 对目标策略的平滑正则化。

算法 B.65 TD3

超参数：软更新因子 ρ，回报折扣因子 γ，截断因子 c

输入：回放缓存 $\mathcal{D}$，初始化 Critic 网络 $Q_{\theta_1}, Q_{\theta_2}$ 参数 θ_1, θ_2，初始化 Actor 网络 π_ϕ 参数 ϕ

初始化目标网络参数 $\hat{\theta}_1 \leftarrow \theta_1, \hat{\theta}_2 \leftarrow \theta_2, \hat{\phi} \leftarrow \phi$

for $t = 1$ to T do **do**

选择动作 $A_t \sim \pi_\phi(S_t) + \epsilon, \epsilon \sim \mathcal{N}(0, \sigma)$

接受奖励 R_t 和新状态 S_{t+1}

存储状态转移数据对 $(S_t, A_t, R_t, D_t, S_{t+1})$ 到 $\mathcal{D}$

从 $\mathcal{D}$ 中采样大小为 N 的小批量样本 $(S_t, A_t, R_t, D_t, S_{t+1})$

$\tilde{a}_{t+1} \leftarrow \pi_{\phi'}(S_{t+1}) + \epsilon, \epsilon \sim \text{clip}(\mathcal{N}(0, \tilde{\sigma}, -c, c))$。

$y \leftarrow R_t + \gamma(1 - D_t)\min_{i=1,2} Q_{\theta_i'}(S_{t+1}, \tilde{a}_{t+1})$

更新 Critic 网络 $\theta_i \leftarrow \arg\min_{\theta_i} N^{-1}\sum(y - Q_{\theta_i}(S_t, A_t))^2$

if t mod d **then**

更新 ϕ：

$\nabla_\phi J(\phi) = N^{-1}\sum \nabla_a Q_{\theta_1}(S_t, A_t)|_{A_t=\pi_\phi(S_t)} \nabla_\phi \pi_\phi(S_t)$

更新目标网络：

$\hat{\theta}_i \leftarrow \rho\theta_i + (1 - \rho)\hat{\theta}_i$

$\hat{\phi} \leftarrow \rho\phi + (1 - \rho)\hat{\phi}$

    end if
  end for

柔性 Actor-Critic（Soft Actor-Critic，SAC）是一个更先进的基于 DDPG 的算法，使用额外的柔性熵（Soft Entropy）项来促进探索。

主要思想：

- 熵正则化来促进探索；
- Double Q-learning；
- 再参数化技巧使得随机性策略可微并用确定性策略梯度更新；
- Tanh 高斯型动作分布。

算法 B.66 SAC

超参数: 目标熵 κ, 步长 $\lambda_Q, \lambda_\pi, \lambda_\alpha$, 指数移动平均系数 τ

输入: 初始策略函数参数 θ, 初始 Q 值函数参数 ϕ_1 及 ϕ_2

$\mathcal{D} = \emptyset$; $\tilde{\phi}_i = \phi_i$, for $i = 1, 2$

for $k = 0, 1, 2, \cdots$。 **do**

  for $t = 0, 1, 2, \cdots$ **do**

    从 $\pi_\theta(\cdot|S_t)$ 中取样 A_t, 保存 (R_t, S_{t+1})。

    $\mathcal{D} = \mathcal{D} \cup \{S_t, A_t, R_t, S_{t+1}\}$

  end for

  进行多步梯度更新：

    $\phi_i = \phi_i - \lambda_Q \nabla J_Q(\phi_i)$ for $i = 1, 2$

    $\theta = \theta - \lambda_\pi \nabla_\theta J_\pi(\theta)$

    $\alpha = \alpha - \lambda_\alpha \nabla J(\alpha)$

    $\tilde{\phi}_i = (1 - \tau)\phi_i + \tau \tilde{\phi}_i$ for $i = 1, 2$

end for

返回 θ, ϕ_1, ϕ_2。

信赖域策略优化（Trust Region Policy Optimization，TRPO）是一个使用二阶梯度下降和在线策略更新的信赖域算法。

主要思想：

- 用 KL 散度（KL-divergence）来使得新旧策略在策略空间中接近；
- 有限制的二阶优化方法；
- 使用共轭梯度（Conjugate Gradient）来避免计算逆矩阵（Inverse Matrix）。

算法 B.67 TRPO

超参数: KL-散度上限 δ, 回溯系数 α, 最大回溯步数 K

输入: 回放缓存 $\mathcal{D}_k$, 初始策略函数参数 θ_0, 初始价值函数参数 ϕ_0

for episode $= 0, 1, 2, \cdots$ **do**

在环境中执行策略 $\pi_k = \pi(\boldsymbol{\theta}_k)$ 并保存轨迹集 $\mathcal{D}_k = \{\tau_i\}$

计算将得到的奖励 $\hat{G}_t$

基于当前的价值函数 V_{ϕ_k} 计算优势函数估计 $\hat{A}_t$ （使用任何估计优势的方法）

估计策略梯度 $\hat{\boldsymbol{g}}_k = \frac{1}{|\mathcal{D}_k|}\sum_{\tau\in\mathcal{D}_k}\sum_{t=0}^{\mathrm{T}} \nabla_\theta \log \pi_\theta(A_t|S_t)\big|_{\boldsymbol{\theta}_k} \hat{A}'_t$

使用共轭梯度算法计算 $\hat{\boldsymbol{x}}_k \approx \hat{\boldsymbol{H}}_k^{-1}\hat{\boldsymbol{g}}_k$ 这里 $\hat{\boldsymbol{H}}_k$ 是样本平均 KL 散度的 Hessian 矩阵

通过回溯线搜索更新策略 $\boldsymbol{\theta}_{k+1} = \boldsymbol{\theta}_k + \alpha^j \sqrt{\frac{2\delta}{\hat{\boldsymbol{x}}_k^{\mathrm{T}}\hat{\boldsymbol{H}}_k\hat{\boldsymbol{x}}_k}}\hat{\boldsymbol{x}}_k$ 这里 j 是 $\{0, 1, 2, \cdots K\}$ 中提高样本损失并且满足样本 KL 散度约束的最小值

通过使用梯度下降的算法最小化均方误差来拟合价值函数：$\phi_{k+1} = \arg\min_\phi \frac{1}{|\mathcal{D}_k|T}\sum_{\tau\in\mathcal{D}_k}\sum_{t=0}^{\mathrm{T}}\left(V_\phi(S_t) - \hat{G}_t\right)^2$

end for

近端策略优化（惩罚型）（Proximal Policy Optimization，PPO-Penalty）是一个基于 TRPO 的信赖域算法，它使用一阶梯度和以一个自适应惩罚项实现的信赖域限制。

主要思想：

- 用 KL 散度来使得新旧策略在策略空间中接近；
- 将受限优化问题转化为一个不受限的问题；
- 用一阶方法来避免计算 Hessian 矩阵；
- 自适应地调整惩罚系数。

算法 B.68 PPO-Penalty

超参数: 奖励折扣因子 γ，KL 散度惩罚系数 λ，适应性参数 $a = 1.5, b = 2$, 子迭代次数 M, B。

输入: 初始策略函数参数 θ、初始价值函数参数 ϕ。

for k $= 0, 1, 2, \cdots$ **do**

执行 T 步策略 π_θ，保存 $\{S_t, A_t, R_t\}$。

估计优势函数 $\hat{A}_t = \sum_{t'>t}\gamma^{t'-t}R_{t'} - V_\phi(S_t)$。

$\pi_{\text{old}} \leftarrow \pi_\theta$

for $m \in \{1, \cdots, M\}$ **do**

$J_{\text{PPO}}(\theta) = \sum_{t=1}^{\mathrm{T}} \frac{\pi_\theta(A_t|S_t)}{\pi_{\text{old}}(A_t|S_t)}\hat{A}_t - \lambda\hat{\mathbb{E}}_t\left[D_{\text{KL}}(\pi_{\text{old}}(\cdot|S_t)\|\pi_\theta(\cdot|S_t))\right]$

使用梯度算法基于 $J_{\text{PPO}}(\theta)$ 更新策略函数参数 θ。

end for

for $b \in \{1, \cdots, B\}$ **do**

$L(\phi) = -\sum_{t=1}^{\mathrm{T}}\left(\sum_{t'>t}\gamma^{t'-t}R_{t'} - V_\phi(S_t)\right)^2$

使用梯度算法基于 $L(\phi)$ 更新价值函数参数 ϕ。

end for

计算 $d = \hat{\mathbb{E}}_t\left[D_{\mathrm{KL}}(\pi_{\mathrm{old}}(\cdot|S_t)\|\pi_\theta(\cdot|S_t))\right]$

if $d < d_{\mathrm{target}}/a$ **then**

$\lambda \leftarrow \lambda/b$

else if $d > d_{\mathrm{target}} \times a$ **then**

$\lambda \leftarrow \lambda \times b$

end if

end for

近端策略优化（截断型）是一个基于 TRPO 的信赖域算法，它使用一阶梯度和以一个对梯度的截断方法实现的信赖域限制。

主要思想：

- 在目标函数中用截断方法替换 KL-散度的限制。

算法 B.69 PPO-Clip

超参数: 截断因子 ϵ, 子迭代次数 M, B。

输入: 初始策略函数参数 θ, 初始价值函数参数 ϕ

for k $= 0, 1, 2, \cdots$ **do**

在环境中执行策略 π_{θ_k} 并保存轨迹集 $\mathcal{D}_k = \{\tau_i\}$

计算将得到的奖励 $\hat{G}_t$

基于当前的价值函数 V_{ϕ_k} 计算优势函数 $\hat{A}_t$（基于任何优势函数的估计方法）

for $m \in \{1, \cdots, M\}$ **do**

$\ell_t(\theta') = \frac{\pi_\theta(A_t|S_t)}{\pi_{\theta_{\mathrm{old}}}(A_t|S_t)}$ 采用 Adam 随机梯度上升算法最大化 PPO-Clip 的目标函数来更新策略：

$$\theta_{k+1} = \arg\max_\theta \frac{1}{|\mathcal{D}_k|T} \sum_{\tau \in D_k} \sum_{t=0}^{\mathrm{T}} \min(\ell_t(\theta') A^{\pi_{\theta_{\mathrm{old}}}}(S_t, A_t),$$

$$\mathrm{clip}(\ell_t(\theta'), 1-\epsilon, 1+\epsilon) A^{\pi_{\theta_{\mathrm{old}}}}(S_t, A_t))$$

end for

for $b \in \{1, \cdots, B\}$ **do**

采用梯度下降方法最小化均方误差来学习价值函数:

$\phi_{k+1} = \arg\min_\phi \frac{1}{|\mathcal{D}_k|T} \sum_{\tau\in\mathcal{D}_k} \sum_{t=0}^{\mathrm{T}} \left(V_\phi(S_t) - \hat{G}_t\right)^2$

end for

end for

使用 Kronecker 因子化信赖域的 Actor-Critic（Actor Critic using Kronecker-Factored Trust Region，ACKTR）是一种信赖域在线策略算法，对二阶自然梯度计算使用 Kronecker 因子化近似。

主要思想：

- 使用自然梯度的二阶优化；
- 对自然梯度进行 K-FAC 近似。

算法 B.70 ACKTR

超参数: 步长 $\eta_{\max}$, KL-散度上限 δ

输入: 空回放缓存 $\mathcal{D}$, 初始策略函数参数 θ_0, 初始价值函数参数 ϕ_0

for k $= 0, 1, 2, \cdots$ **do**

在环境中执行策略 $\pi_k = \pi(\theta_k)$ 并保存轨迹集 $\mathcal{D}_k = \{\tau_i | i = 0, 1, \cdots\}$

计算累积奖励 G_t

基于当前的价值函数 V_{ϕ_k} 计算优势函数 $\hat{A}_t$（基于任何优势函数的估计方法）

估计策略梯度 $\hat{\boldsymbol{g}}_k = \frac{1}{|\mathcal{D}_k|} \sum_{\tau \in \mathcal{D}_k} \sum_{t=0}^{\mathrm{T}} \nabla_\theta \log \pi_\theta(A_t|S_t)\big|_{\theta_k} \hat{A}_t$

for $l = 0, 1, 2, \cdots$ **do**

$\operatorname{vec}(\Delta\theta_k^l) = \operatorname{vec}(\boldsymbol{A}_l^{-1} \nabla_{\theta_k^l} \hat{\boldsymbol{g}}_k \boldsymbol{S}_l^{-1})$ 这里 $\boldsymbol{A}_l = \mathbb{E}[\boldsymbol{a}_l \boldsymbol{a}_l^{\mathrm{T}}]$, $S_l = \mathbb{E}[(\nabla_{s_l} \hat{g}_k)(\nabla_{\boldsymbol{s}_l} \hat{\boldsymbol{g}}_k)^{\mathrm{T}}]$（$\boldsymbol{A}_l, \boldsymbol{S}_t$ 通过计算片段的滚动平均值所得），$\boldsymbol{a}_l$ 是第 l 层的输入激活向量，$\boldsymbol{s}_l = \boldsymbol{W}_l \boldsymbol{a}_l$，$\operatorname{vec}(\cdot)$ 是把矩阵变换成一维向量的向量化变换

end for

由 K-FAC 近似自然梯度来更新策略：$\theta_{k+1} = \theta_k + \eta_k \Delta\theta_k$ 这里 $\eta_k = \min\left(\eta_{\max}, \sqrt{\frac{2\delta}{\boldsymbol{\theta}_k^{\mathrm{T}} \hat{\boldsymbol{H}}_k \boldsymbol{\theta}_k}}\right)$, $\hat{\boldsymbol{H}}_k^l = \boldsymbol{A}_l \otimes \boldsymbol{S}_l$

采用 Gauss-Newton 二阶梯度下降方法（并使用 K-FAC 近似）最小化均方误差来学习价值函数: $\phi_{k+1} = \arg\min_\phi \frac{1}{|\mathcal{D}_k| T} \sum_{\tau \in \mathcal{D}_k} \sum_{t=0}^{\mathrm{T}} \left(V_\phi(S_t) - G_t\right)^2$

end for

B.4 高等深度强化学习

B.4.1 模仿学习

DAgger

算法 B.71 DAgger

初始化 $\mathcal{D} \leftarrow \emptyset$

初始化策略 $\hat{\pi}_1$ 为策略集 Π 中任意策略

for i $= 1, 2, \cdots, N$ **do**

$\pi_i \leftarrow \beta_i \pi^* + (1 - \beta_i)\hat{\pi}_i$

用 π_i 采样几个 T 步的轨迹

得到由 π_i 访问的策略和专家给出的动作组成的数据集 $\mathcal{D}_i = \{(s, \pi^*(s))\}$

聚合数据集：$\mathcal{D} \leftarrow \mathcal{D} \cup \mathcal{D}_i$

在 $\mathcal{D}$ 上训练策略 $\hat{\pi}_{i+1}$

end for

返回策略 $\hat{\pi}_{N+1}$

B.4.2 基于模型的强化学习

Dyna-Q

算法 B.72 Dyna-Q

初始化 $Q(s,a)$ 和 Model(s,a)，其中 $s \in \mathcal{S}$，$a \in \mathcal{A}$

while(true):

(a) $s \leftarrow$ 当前（非终止）状态

(b) $a \leftarrow \epsilon$-greedy(s,Q)

(c) 执行决策行为 a; 观测奖励 r, 获得下一个状态 s'

(d) $Q(s,a) \leftarrow Q(s,a) + \alpha\left[r + \gamma \max_{a'} Q(s',a') - Q(s,a)\right]$

(e) Model$(s,a) \leftarrow r, s'$

(f) 重复 n 次:

$s \leftarrow$ 随机历史观测状态

$a \leftarrow$ 在状态 s 下历史随机决策行为

$r, s' \leftarrow$ Model(s,a)

$Q(s,a) \leftarrow Q(s,a) + \alpha\left[r + \gamma \max_{a'} Q(s',a') - Q(s,a)\right]$

朴素蒙特卡罗搜索（Simple Monte Carlo Search）

算法 B.73 朴素蒙特卡罗搜索

固定模型 $\mathcal{M}$ 和模拟策略 π

for 每个动作 $a \in \mathcal{A}$ **do**

for 每个片段 $k \in \{1,2,\cdots,K\}$ **do**

根据模型 $\mathcal{M}$ 和模拟策略 π, 从当前状态 S_t 开始在环境中展开

记录轨迹 $\{S_t, a, R_{t+1}^k, S_{t+1}^k, A_{t+1}^k, R_{t+2}^k, \cdots S_T^k\}$

计算从每个 S_t 开始的累积奖励 $G_t^k = \sum_{j=t+1}^{\mathrm{T}} R_j^k$

end for

$Q(S_t,a) = \frac{1}{K}\sum\limits_{k=1}^{K} G_t^k$

end for

返回当前最大 Q 值的动作 $A_t = \arg\max_{a\in\mathcal{A}} Q(S_t,a)$

蒙特卡罗树搜索（Monte Carlo Tree Search）

算法 B.74 蒙特卡罗树搜索

固定模型 $\mathcal{M}$
初始化模拟策略 π
for 每个动作 $a \in \mathcal{A}$ **do**
  for 每个片段 $k \in \{1, 2, \cdots, K\}$ **do**
    根据模型 $\mathcal{M}$ 和模拟策略 π 从当前状态 S_t 在环境中展开
    记录轨迹 $\{S_t, a, R_{t+1}, S_{t+1}, A_{t+1}, R_{t+2}, \cdots S_T\}$
    用从 (S_t, A_t)，$A_t = a$ 开始的平均回报更新每个 $(S_i, A_i), i = t, \cdots, T$ 的 Q 值
    由当前的 Q 值更新模拟策略 π
  end for
end for
返回当前最大 Q 值的动作 $A_t = \arg\max_{a \in \mathcal{A}} Q(S_t, a)$

Dyna-2

算法 B.75 Dyna-2

function LEARNING
  初始化 $\mathcal{F}_s$ 和 $\mathcal{F}_r$
  $\theta \leftarrow 0$ # 初始化长期存储空间中网络参数
  loop
    $s \leftarrow S_0$
    $\overline{\theta} \leftarrow 0$ # 初始化短期存储空间中网络参数
    $z \leftarrow 0$ # 初始化资格迹
    SEARCH(s)
    $a \leftarrow \pi(s; \overline{Q})$ # 基于和 $\overline{Q}$ 相关的策略选择决策动作
    while s 不是终结状态 **do**
      执行 a, 观测奖励 r 和下一个状态 s'
      $(\mathcal{F}_s, \mathcal{F}_r) \leftarrow \text{UpdateModel}(s, a, r, s')$
      SEARCH(s')
      $a' \leftarrow \pi(s'; \overline{Q})$ # 选择决策动作使其用于下一个状态 s'
      $\delta \leftarrow r + Q(s', a') - Q(s, a)$ # 计算 TD-error
      $\theta \leftarrow \theta + \alpha(s, a)\delta z$ # 更新长期存储空间中网络参数
      $z \leftarrow \lambda z + \phi$ # 更新资格迹
      $s \leftarrow s', a \leftarrow a'$
    end while

```
    end loop
  end function

  function SEARCH(s)
    while 时间周期内 do
      z̄ ← 0        # 清除短期存储的资格迹
      a ← π̄(s; Q̄)        # 基于和 Q̄ 相关的策略决定决策动作
      while s 不是终结状态 do
        s' ← F_s(s, a)        # 获得下一个状态
        r ← F_r(s, a)        # 获得奖励
        a' ← π̄(s'; Q̄)
        δ̄ ← R + Q̄(s', a') − Q̄(s, a)        # 计算 TD-error
        θ̄ ← θ̄ + ᾱ(s, a)δ̄z̄        # 更新短期存储空间中网络参数
        z̄ ← λ̄z̄ + φ̄        # 更新短期存储的资格迹
        s ← s', a ← a'
      end while
    end while
  end function
```

B.4.3 分层强化学习

战略专注作家（STRategic Attentive Writer，STRAW）

算法 B.76 STRAW 中的计划更新

if $g_t = 1$ **then**

  计算动作-计划的注意力参数 $\psi_t^A = f^{\psi}(z_t)$

  应用专注阅读：$\beta_t = \text{read}(\boldsymbol{A}^{t-1}, \psi_t^A)$

  计算中间表示 $\epsilon_t = h(\text{concat}(\beta_t, z_t))$

  计算承诺-计划的注意力参数 $\psi_t^c = f^c(\text{concat}(\psi_t^A, \epsilon_t))$

  更新 $\boldsymbol{A}^t = \rho(\boldsymbol{A}^{t-1}) + \text{write}(f^A(\epsilon_t), \psi_t^A)$

  更新 $\boldsymbol{c}_t = \text{Sigmoid}(\boldsymbol{b} + \text{write}(e, \psi_t^c))$

else

  更新 $\boldsymbol{A}^t = \rho(\boldsymbol{A}^{t-1})$

  更新 $\boldsymbol{c}_t = \rho(\boldsymbol{c}_{t-1})$

end if

B.4.4 多智能体强化学习

多智能体 **Q-Learning**（Multi-Agent Q-Learning）

算法 B.77 多智能体一般性 Q-learning

设定 Q 表格中初始值 $Q_i(s, a_i, \boldsymbol{a}_{-i}) = 1, \forall i \in \{1, 2, \cdots, m\}$
for episode = 1 to M **do**
  设定初始状态 $s = S_0$
  for step = 1 to T **do**
    每个智能体 i 基于 $\pi_i(s)$ 选择决策行为 a_i，其行为是根据当前 $\boldsymbol{Q}$ 中所有智能体混合纳什均衡决策策略
    观测经验 $(s, a_i, \boldsymbol{a}_{-i}, r_i, s')$ 并将其用于更新 Q_i
    更新状态 $s = s'$
  end for
end for

多智能体深度确定性策略梯度（Multi-Agent Deep Deterministic Policy Gradient，MADDPG）

算法 B.78 多智能体深度确定性策略梯度

for episode = 1 to M **do**
  设定初始状态 $s = S_0$
  for step = 1 to T **do**
    每个智能体 i 基于当前决策策略 π_{θ_i} 选择决策行为 a_i
    同时执行所有智能体的决策行为 $\boldsymbol{a} = (a_1, a_2, \cdots, a_m)$
    将 $(s, \boldsymbol{a}, r, s')$ 存在回放缓冲区 $\mathcal{M}$
    更新状态 $s = s'$
    for 智能体 i = 1 to m **do**
      从回访缓冲区 $\mathcal{M}$ 中采样批量历史经验数据
      对于行动者和批判者网络，计算网络参数梯度并根据梯度更新参数
    end for
  end for
end for

B.4.5　并行计算

异步优势 Actor-Critic（Asynchronous Advantage Actor-Critic，A3C）

算法 B.79 异步优势 Actor-Critic (Actor-Learner)

超参数: 总探索步数 $T_{\max}$，每个周期内最多探索步数 $t_{\max}$
初始化步数 $t = 1$
while $T \leqslant T_{\max}$ **do**
　初始化网络参数梯度: $\mathrm{d}\theta = 0$ 和 $\mathrm{d}\theta_v = 0$
　和参数服务器保持同步并获得网络参数 $\theta' = \theta$ 和 $\theta'_v = \theta_v$
　$t_{\text{start}} = t$
　设定每个探索周期初始状态 S_t
　while 达到终结状态 or $t - t_{\text{start}} == t_{\max}$ **do**
　　基于决策策略 $\pi(S_t|\theta')$ 选择决策行为 a_t
　　在环境中采取决策行为，获得奖励 R_t 和下一个状态 S_{t+1}
　　$t = t + 1, T = T + 1$。
　end while
　if 达到终结状态 **then**
　　$R = 0$
　else
　　$R = V(S_t|\theta'_v)$
　end if
　for $i = t - 1, t - 2, \cdots, t_{\text{start}}$ **do**
　　更新折扣化奖励 $R = R_i + \gamma R$
　　积累参数梯度 $\theta', \mathrm{d}\theta = \mathrm{d}\theta + \nabla_{\theta'} \log \pi(S_i|\theta')(R - V(S_i|\theta'_v))$
　　积累参数梯度 $\theta'_v, \mathrm{d}\theta_v = \mathrm{d}\theta_v + \partial(R - V(S_i|\theta'_v))^2/\partial\theta'_v$
　end for
　基于梯度 $\mathrm{d}\theta$ 和 $\mathrm{d}\theta_v$ 异步更新 θ 和 θ_v
end while

分布式近端策略优化（Distributed Proximal Policy Optimization，DPPO）

算法 B.80 DPPO (chief)

超参数: workers 数目 W, 可获得梯度的 worker 数目门限值 D, 次迭代数目 M, B
输入: 初始全局策略网络参数 θ, 初始全局价值网络参数 ϕ
for $\mathrm{k} = 0, 1, 2, \cdots$ **do**
　for $m \in \{1, \cdots, M\}$ **do**

等待至少可获得 $W-D$ 个 worker 计算出来梯度 θ，去梯度的均值并更新全局梯度 θ

end for

for $b \in \{1, \cdots, B\}$ **do**

等待至少可获得 $W-D$ 个 worker 计算出来梯度 ϕ，去梯度的均值并更新全局梯度 ϕ

end for

end for

算法 B.81 DPPO (PPO-Penalty worker)

超参数: KL 惩罚系数 λ, 自适应参数 $a=1.5, b=2$, 次迭代数目 M, B

输入: 初始局部策略网络参数 θ, 初始局部价值网络参数 ϕ

for k $=0,1,2,\cdots$ **do**

通过在环境中采用策略 π_θ 收集探索轨迹 $\mathcal{D}_k=\{\tau_i\}$

计算 rewards-to-go $\hat{G}_t$

基于当前价值函数 V_{ϕ_k} 计算对 advantage 的估计，$\hat{A}_t$（可选择使用任何一种 advantage 估计方法）

存储部分轨迹信息

$\pi_{\text{old}} \leftarrow \pi_\theta$

for $m \in \{1, \cdots, M\}$ **do**

$J_{\text{PPO}}(\theta)=\sum_{t=1}^{\mathrm{T}} \frac{\pi_\theta(A_t|S_t)}{\pi_{\text{old}}(A_t|S_t)} \hat{A}_t-\lambda \mathrm{KL}[\pi_{\text{old}}|\pi_\theta]-\xi \max(0, \mathrm{KL}[\pi_{\text{old}}|\pi_\theta]-2\mathrm{KL}_{\text{target}})^2$

if $\mathrm{KL}[\pi_{\text{old}}|\pi_\theta]>4\mathrm{KL}_{\text{target}}$ **then**

break 并继续开始 $k+1$ 次迭代

end if

计算 $\nabla_\theta J_{\text{PPO}}$

发送梯度数据 θ 到 chief

等待梯度被接受或被舍弃，更新网络参数

end for

for $b \in \{1, \cdots, B\}$ **do**

$L(\phi)=-\sum_{t=1}^{\mathrm{T}}(\hat{G}_t-V_\phi(S_t))^2$

计算 $\nabla_\phi L$

发送梯度数据 ϕ 到 chief

等待梯度被接受或被舍弃，更新网络参数

end for

计算 $d=\hat{\mathbb{E}}_t\left[\mathrm{KL}[\pi_{\text{old}}(\cdot|S_t), \pi_\theta(\cdot|S_t)]\right]$

if $d<d_{\text{target}}/a$ **then**

$\lambda \leftarrow \lambda/b$

else if $d > d_{\text{target}} \times a$ **then**

$\lambda \leftarrow \lambda \times b$

end if

end for

算法 B.82 DPPO (PPO-Clip worker)

超参数: clip 因子 ϵ, 次迭代数目 M, B

输入: 初始局部策略网络参数 θ, 初始局部价值网络参数 ϕ

for k $= 0, 1, 2, \cdots$ **do**

通过在环境中采用策略 π_θ 收集探索轨迹 $\mathcal{D}_k = \{\tau_i\}$

计算 rewards-to-go $\hat{G}_t$

基于当前价值函数 V_{ϕ_k} 计算对 advantage 的估计，$\hat{A}_t$（可选择使用任何一种 advantage 估计方法）

存储部分轨迹信息

$\pi_{\text{old}} \leftarrow \pi_\theta$

for $m \in \{1, \cdots, M\}$ **do**

通过最大化 PPO-Clip 目标更新策略:

$J_{\text{PPO}}(\theta) = \frac{1}{|\mathcal{D}_k|T} \sum_{\tau \in \mathcal{D}_k} \sum_{t=0}^{\mathrm{T}} \min\left(\frac{\pi_\theta(A_t|S_t)}{\pi_{\text{old}}(A_t|S_t)} \hat{A}_t\left(\frac{\pi(A_t|S_t)}{\pi_{\text{old}}(A_t|S_t)}, 1-\epsilon, 1+\epsilon\right)\hat{A}_t\right)$

计算 $\nabla_\theta J_{\text{PPO}}$

发送梯度数据 θ 到 chief

等待梯度被接受或被舍弃，更新网络参数

end for

for $b \in \{1, \cdots, B\}$ **do**

通过回归均方误差拟合价值方程:

$L(\phi) = -\frac{1}{|\mathcal{D}_k|T} \sum_{\tau \in \mathcal{D}_k} \sum_{t=0}^{\mathrm{T}} \left(V_\phi(S_t) - \hat{G}_t\right)^2$

计算 $\nabla_\phi L$

发送梯度数据 ϕ 到 chief

等待梯度被接受或被舍弃，更新网络参数

end for

end for

Ape-X

算法 B.83 Ape-X (Actor)

超参数: 单次批量发送到回放缓冲区的数据大小 B，迭代数目 T

与学习者同步并获得最新的网络参数 θ_0

从环境中获得初始状态 S_0

for t $= 0, 1, 2, \cdots, T-1$ **do**
  基于决策策略 $\pi(S_t|\theta_t)$ 选择决策行为 A_t
  将经验 (S_t, A_t, R_t, S_{t+1}) 加入当地缓冲区
  if 当地缓冲区存储数据达到数目门限值 B **then**
    批量获得缓冲数据 B
    计算获得缓冲数据的优先级 p
    将批量缓冲数据和其更新的优先级发送回放缓冲区
  end if
  周期性同步并更新最新的网络参数 θ_t
end for

算法 B.84 Ape-X (Learner)

超参数: 学习周期数目 T
初始化网络参数 θ_0
for $t = 1, 2, 3, \cdots, T$ **do**
  从回放缓冲区中批量采样带有优先级的数据 (i, d)
  通过批数据进行模型训练
  更新网络参数 θ_t
  对于批数据 d 计算优先级 p
  更新回放缓冲区中索引 i 数据的优先级 p
  周期性地从回放缓冲区中删除低优先级的数据
end for

附录C 中英文对照表

中文	英文	缩写
	机器学习基础	
人工智能	Artificial Intelligence	AI
机器学习	Machine Learning	ML
深度学习	Deep Learning	DL
多层感知器	Multilayer Perceptron	MLP
深度神经网络	Deep Neural Networks	DNN
卷积神经网络	Convolutional Neural Network	CNN
循环神经网络	Recurrent Neural Network	RNN
人工神经网络	Artificial Neural Network	ANN
长短期记忆	Long Short-Term Memory	LSTM
单元	Cell	
偏差	Bias	
隐藏状态	Hidden State	
单元状态	Cell State	
隐藏层	Hidden Layer	
批大小	Batch Size	
小批量	Mini-Batch	
整流线性单元	Rectified Linear Unit	ReLU

中文	英文	缩写
指数线性单元	Exponential Linear Unit	ELU
梯度下降	Gradient Descent	
随机梯度下降	Stochastic Gradient Descent	SGD
输出层	Output Layer	
权重	Weight	
引理	Lemma	
步长	Step Size	
步幅	Stride	
超参数	Hyperparameter	
输入	Input	
输出	Output	
初始化	Initialize/Initialization	
更新	Update	
协方差	Covariance	
交叉验证	Cross-Validation	
过度拟合	Overfitting	
欠拟合	Underfitting	
权重衰减	Weight Decay	
集成学习	Ensemble Learning	
自动编码器	Autoencoder	AE
变分自动编码器	Variational Autoencoder	VAE
生成对抗网络	Generative Adversarial Networks	GANs
全连接	Fully-Connected	FC
密集层，亦称全连接层	Dense Layer	
朴素贝叶斯	Naive Bayes	
线性回归	Linear Regression	
折页损失函数	Hinge Loss	
KL 散度	Kullback-Leibler Divergence	KL Divergence
多类别	Multinomial	
独热码	One-Hot	
学习率	Learning Rate	
前向传播	Forward Propagation	
反向传播	Backward Propagation	

中文	英文	缩写
批标准化	Batch Normalization	
分对数	Logit	
对数概率	Log Probability	
线段树	Segment Tree	
张量	Tensor	
早停法	Early Stopping	
数据增强	Data Augmentation	
	强化学习基础	
状态	State	
状态集	State Set	
动作	Action	
动作集合	Action Set	
观测	Observation	
轨迹	Trajectory	
智能体	Agent	
奖励	Reward	
环境	Environment	
回报	Return	
转移	Transition	
长期回报	Long-Term Return	
短期回报	Short-Term Return	
探索-利用的权衡	Exploration-Exploitation Trade-Off	
确定性转移过程	Deterministic Transition Process	
随机性转移过程	Stochastic Transition Process	
状态转移矩阵	State Transition Matrix	
基准	Baseline	
部分可观测的	Partially Observable	
完全可观测的	Fully Observable	
立即奖励	Immediate Reward	
累积奖励	Cumulative Reward	
非折扣化的回报	Undiscounted Return	
折扣化回报	Discounted Return	
期望回报	Expected Return	

中文	英文	缩写
起始状态分布	Start-State Distribution	
行动者	Actor	
批判者	Critic	
基于模型的	Model-Based	
无模型的	Model-Free	
基于价值的	Value-Based	
基于策略的	Policy-Based	
既定策略	On-Policy	
新定策略	Off-Policy	
在线策略	On-Policy	
离线策略	Off-Policy	
规划	Planning	
试错过程	Trial-and-Error Process	
自省法	Introspection	
时间差分	Temporal Difference	TD
正向运动学	Forward Kimematics	
反向运动学	Inverse Kinematics	
马尔可夫	Markov	
马尔可夫链	Markov Chain	
马尔可夫性质	Markov Property	
时间同质性	Time-Homogeneous	
时间不同质	Time-Inhomogeneous	
折扣因子	Discount Factor	
赌博机	Bandit	
单臂赌博机	Single-Armed Bandit	
多臂赌博机	Multi-Armed Bandit	MAB
健忘对抗者	Oblivious Adversary	
非健忘对抗者	Non-Oblivious Adversary	
全信息博弈	Full-Information Game	
部分信息博弈	Partial-Information Game	
概率图模型	Probabilistic Graphical Model	
观察变量	Observed Variable	
蒙特卡罗	Monte Carlo	MC

中文	英文	缩写
首次蒙特卡罗	First-Visit Monte Carlo	
每次蒙特卡罗	Every-Visit Monte Carlo	
动态规划	Dynamic Programming	DP
逆矩阵方法	Inverse Matrix Method	
探索和利用	Exploration and Exploitation	
回放缓存	Replay Buffer	
自举	Bootstrap	
穷举法	Exhaustive Method	
非终结	Non-Terminal	
强化学习	Reinforcement Learning	RL
高等强化学习	Advanced Reinforcement Learning	
深度强化学习	Deep Reinforcement Learning	DRL
回合/片段	Episode	
回溯	Backup	
崩溃	Collapse	
截断	Clipped	
贝尔曼方程	Bellman Equation	
贝尔曼期望方程	Bellman Expectation Equation	
贝尔曼最优方程	Bellman Optimality Equation	
贝尔曼最优回溯算子	Bellman Optimality Backup Operator	
批量	Batch	
函数拟合器	Function Approximator	
马尔可夫过程	Markov Process	MP
马尔可夫奖励过程	Markov Reward Process	MRP
奖励函数	Reward Function	
奖励折扣因子	Reward Discount Factor	
马尔可夫决策过程	Markov Decision Process	MDP
有限范围马尔可夫决策过程	Finite-Horizon Markov Decision Process	
部分可观测的马尔可夫决策过程	Partially Observed Markov Decision Process	POMDP
贪心策略	Greedy Policy	
ϵ-贪心	ϵ-Greedy	
后悔值	Regret	

中文	英文	缩写
置信上界	Upper Confidence Bound	UCB
树置信上界	Upper Confidence Bound in Tree	UCT
雅达利游戏	Atari Game	
价值函数	Value Function	
Q 值函数	Q-Value Function	
动作价值函数	Action-Value Function	
在线价值函数	On-Policy Value Function	
最优价值函数	Optimal Value Function	
在线动作价值函数	On-Policy Action-Value Function	
最优动作价值函数	Optimal Action-Value Function	
查找表	Lookup Table	
多项式族	Polynomial Family	
多项式基	Polynomial Basis	
傅立叶基	Fourier Basis	
傅立叶变换	Fourier Transformation	
粗略编码	Coarse Coding	
瓦式编码	Tile Coding	
感知域	Receptive Field	
径向基函数	Radial Basis Function	RBF
决策树	Decision Tree	
最近邻	Nearest Neighbor	
半梯度	Semi-Gradient	
死亡三件套	the Deadly Triad	
过估计	Over-Estimation/Over-Estimate	
欠估计	Under-Estimation/Under-Estimate	
均方误差	Mean Squared Error	MSE
平均绝对误差	Mean Absolute Error	MAE
策略梯度	Policy Gradient	PG
确定性策略	Deterministic Policy	
随机性策略分布	Stochastic Policy Distribution	
确定性策略梯度	Deterministic Policy Gradient	DPG
随机性策略梯度	Stochastic Policy Gradient	SPG
条件概率分布	Conditional Probability Distribution	

中文	英文	缩写
初版策略梯度	Vanilla Policy Gradient	VPG
参数化策略	Parameterized Policy	
伯努利分布	Bernoulli Distribution	
类别分布	Categorical Distribution	
对角高斯分布	Diagonal Gaussian Distribution	
二值化动作策略	Binary-Action Policy	
类别型策略	Categorical Policy	
逐个元素的乘积	Element-Wise Product	
耿贝尔分布	Gumbel Distribution	
耿贝尔-Softmax 函数	Gumbel-Softmax	
耿贝尔-最大化函数	Gumbel-Max	
不可微的	Non-Differentiable	
逆变换	Inverse Transform	
对角高斯策略	Diagonal Gaussian Policy	
累计折扣奖励	Cumulative Discounted Reward	
折扣状态分布	Discounted State Distribution	
转移概率	Transition Distribution	
对数-导数技巧	Log-Derivative Trick	
对数	Logarithm	
将得到的奖励	Reward-to-Go	
偏微分	Partial Derivative	
贯穿时间的反向传播	Backpropagation Through Time	BPTT
莱布尼茨积分法则	Leibniz Integral Rule	
富比尼定理	Fubini’s Theorem	
积测度	Product Measure	
可测函数	Measurable Function	
紧致性	Compactness	
被积函数	Integrand	
行为策略	Behaviour Policy	
约等于	Approximately Equivalent	
常规 delta-近似	Regular delta-Approximation	
利普希茨	Lipschitz	
目标网络	Target Network	

中文	英文	缩写
得分函数	Score Function	
路径导数	Pathwise Derivative	
再参数化	Reparametrization	
随机价值梯度	Stochastic Value Gradient	SVG
协方差矩阵自适应	Covariance Matrix Adaptation	CMA
协方差矩阵自适应进化策略	Covariance Matrix Adaptation Evolution Strategy	CMA-ES
爬山法	Hill Climbing	
选择比率	Selection Ratio	
兼容函数近似	Compatible Function Approximation	
优势函数	Advantage Function	
中央处理器	Central Processing Unit	CPU
图形处理器	Graphics Processing Unit	GPU
样本效率	Sample Efficiency	
高样本效率的	Sample-Efficient	
灾难性遗忘	Catastrophic Interference/Forgetting	
元学习	Meta-Learning	
表征学习	Representation Learning	
多智能体强化学习	Multi-Agent Reinforcement Learning	MARL
模拟到现实	Simulation-to-Reality	Sim2Real, Sim-to-Real
信赖域	Trust Region	
共轭梯度	Conjugate Gradient	
自然梯度	Nature Gradient	
变分推断	Variational Inference	VI
专家示范	Expert Demonstrations	
模仿学习	Imitation Learning	IL
交叉熵	Cross Entropy	CE
分层强化学习	Hierarchical Reinforcement Learning	HRL
封建制强化学习	Feudal Reinforcement Learning	
无行动者	Actor-Free	
逆向强化学习	Inverse Reinforcement Learning	IRL
行为克隆	Behavioral Cloning	BC

中文	英文	缩写
学徒学习	Apprenticeship Learning	
从观察量进行模仿学习	Imitation Learning from Observations	IfO/ILFO
高斯混合模型回归	Gaussian Mixture (Model) Regression	GMR
高斯过程回归	Gaussian Process Regression	
因果熵	Causal Entropy	
协变量漂移	Covariate Shift	
复合误差	Compounding Errors	
数据集聚合	Dataset Aggregation	DAgger
无悔的	No-Regret	
动态运动基元	Dynamic Movement Primitives	DMP
单样本的	One-Shot	
最大熵逆向强化学习	Maximum Entropy Inverse Reinforcement Learning	MaxEnt IRL
奖励塑形	Reward Shaping	
生成对抗模仿学习	Generative Adversarial Imitation Learning	GAIL
辨别器	Discriminator	
多模态的	Multi-Modal	
指导性代价学习	Guided Cost Learning	GCL
生成对抗网络指导性代价学习	Generative Adversarial Network Guided Cost Learning	GAN-GCL
极大似然估计	Maximum Likelihood Estimation	MLE
以轨迹为中心的	Trajectory-Centric	
以状态为中心的	State-Centric	
玻尔兹曼分布	Boltzmann Distribution	
配分函数	Partition Function	
重要性采样	Importance Sampling	
对抗性逆向强化学习	Adversarial Inverse Reinforcement Learning	AIRL
互信息	Mutual Information	
时间步	Time Step	
逆向动态模型	Inverse Dynamics Models	
正向动态模型	Forward Dynamics Models	
贝叶斯优化	Bayesian Optimization	BO
从观察量模仿潜在策略	Imitating Latent Policies from Observation	ILPO

中文	英文	缩写
选项框架	Options Framework	
本体感觉	Proprioceptive	
线性二次型调节器	Linear Quadratic Regulator	LQR
极小化极大	Minimax	
从观察量进行行为克隆	Behavioral Cloning from Observation	BCO
正向对抗式模仿学习	Forward Adversarial Imitation Learning	FAIL
动作指导性对抗式模仿学习	Action-Guided Adversarial Imitation Learning	AGAIL
增强逆向动态建模	Reinforced Inverse Dynamics Modeling	RIDM
奖励函数工程	Reward Engineering	
欧氏距离	Euclidean Distance	
时间对比网络	Time-Contrastive Networks	TCN
具象不匹配	Embodiment Mismatch	
概率性运动基元	Probabilistic Movement Primitives	ProMP
核运动基元	Kernelized Movement Primitives	KMP
高斯过程回归	Gaussian Process Regression	GPR
高斯混合模型	Gaussian Mixture Model	GMM
策略替换	Policy Replacement	
残差策略学习	Residual Policy Learning	
基于示范的深度 Q-learning	Deep Q-learning from Demonstrations	DQfD
基于示范的深度确定性策略梯度	Deep Deterministic Policy Gradient from Demonstrations	DDPGfD
标准化 Actor-Critic	Normalized Actor-Critic	NAC
最先进的	State-of-the-Art	SOTA
用示范数据进行奖励塑形	Reward Shaping with Demonstrations	
对比正向动态	Contrastive Forward Dynamics	CFD
内在奖励	Intrinsic Reward	
封建制网络	Feudal Network	FuN
基于族群的训练	Population-Based Training	PBT
通用性	Generality	
多面性	Versatility	
与模型无关的元学习	Model-Agnostic Meta-Learning	
学会学习	Learning to Learn	

中文	英文	缩写
内循环	Inner-Loop	
外循环	Outer-Loop	
元学习者	Meta-Learner	
度量学习	Metric Learning	
元强化学习	Meta-Reinforcement Learning	
小样本学习	Few-Shot Learning	
状态表征学习	State Representation Learning	SRL
描述器	Descriptor	
博弈论	Game Theory	
自我博弈	Self-Play	SP
优先虚拟自我博弈	Prioritized Fictitious Self-Play	PFSP
指导性策略搜搜	Guided Policy Search	GPS
比例-积分-微分	Proportional-Integral-Derivative	PID
现实鸿沟	Reality Gap	
系统识别	System Identification	SI
泛化力模型	Generalized Force Model	GFM
零样本	Zero-Shot	
域自适应	Domain Adaption	DA
渐进网络	Progressive Networks	
动力学随机化	Dynamics Randomization	DR
随机到标准自适应网络	Randomized-to-Canonical Adaptation Networks	RCANs
可扩展性	Scalability	
重要性加权的行动者-学习者结构	Importance Weighted Actor-Learner Architecture	IMPALA
可扩展高效深度强化学习	Scalable, Efficient Deep-RL	SEED
社交树	Social Tree	
多步学习	Multi-Step Learning	
噪声网络	Noisy Nets	
值分布强化学习	Distributional Reinforcement Learning	
分布式贝尔曼算子	Distributional Bellman Operator	
自适应的	Adaptive	
层标准化	Layer Normalization	

中文	英文	缩写
子迭代	Sub-Iteration	
分块对角矩阵	Block Diagonal Matrix	
无穷范式	∞-Norm	
L2 范式	L2-Norm	
模拟	Simulation	
评估/估计	Evaluate	
策略迭代	Policy Iteration	
策略评估	Policy Evaluation	
策略提升	Policy Improvement	
泛化策略迭代	Generalized Policy Iteration	GPI
柔性策略迭代	Soft Policy Iteration	
价值迭代	Value Iteration	
最优性原则	Principle of Optimality	
优先扫描	Prioritized Sweeping	
梯度赌博机	Gradient Bandit	
直接策略搜索	Direct Policy Search	
资格迹	Eligibility Trace	
延迟帧	Lazy-Frame	
选项策略	Policy-over-Action	
选项内置策略	Intra-Option Policy	
时域抽象	Temporal Abstraction	
专注写作	Attentive Writing	
选项内置策略梯度理论	Intra-Option Policy Gradient Theorem	
奖励隐藏	Reward Hiding	
信息隐藏	Information Hiding	
半马尔可夫决策过程	Semi-Markov Decision Process	SMDP
转移策略梯度	Transition Policy Gradients	
重标记	Re-Label	
原始值函数	Proto-Value Functions	PVFs
后见之明目标转移	Hindsight Goal Transitions	
终生学习	Lifelong Learning	
–	Ornstein-Uhlenbeck	OU
斯塔克尔伯格博弈	Stackelberg Game	

中文	英文	缩写
先发优势	First-Mover Advantage	
演算	Roll-Out	
消息传递接口	Message Passing Interfaces	MPI
进程间通信	Inter-Process Communication	IPC
预测者	Predictor	
训练者	Trainer	
	强化学习算法	
探索和利用的指数加权算法	Exponential-Weight Algorithm for Exploration and Exploitation	Exp3
单步 Q-learning	One-Step Q-learning	
多步 Q-learning	Multi-Steps Q-learning	
深度 Q 网络	Deep Q-Networks	DQN
–	Categorical 51	C51
深度确定性策略梯度	Deep Deterministic Policy Gradient	DDPG
优先经验回放	Prioritized Experience Replay	PER
后见之明经验回放	Hindsight Experience Replay	HER
信赖域策略优化	Trust Region Policy Optimization	TRPO
近端策略优化	Proximal Policy Optimization	PPO
分布式近端策略优化	Distributed Proximal Policy Optimizaion	DPPO
–	Actor-Critic	AC
归一化 Actor-Critic	Normalized Actor-Critic	NAC
使用 Kronecker 因子化信赖域的 Actor Critic	Actor Critic Using Kronecker-Factored Trust Region	ACKTR
（同步）优势 Actor-Critic	Synchronous Advantage Actor-Critic	A2C
异步优势 Actor-Critic	Asynchronous Advantage Actor-Critic	A3C
最大化后验策略梯度	Maximum a Posteriori Policy Optimization	MPO
期望最大化算法	Expectation Maximization	EM
拟合 Q 迭代	Fitted Q Iteration	
在线 Q 迭代	Online Q Iteration	
分位数 QT-Opt	Quantile QT-Opt	Q2-Opt
有基准的 REINFORCE	REINFORCE with Baseline	
孪生延迟 DDPG	Twin Delayed DDPG	TD3
柔性 Actor-Critic	Soft Actor-Critic	SAC

中文	英文	缩写
变分信息量最大化探索	Variational Information Maximizing Exploration	VIME
朴素蒙特卡罗搜索	Simple Monte Carlo Search	
蒙特卡罗树搜索	Monte Carlo Tree Search	MCTS
多智能体 Q-learning	Multi-Agent Q-learning	
多智能体深度确定性策略梯度	Multi-Agent Deep Deterministic Policy Gradient	MADDPG
截断 Double-Q Learning	Clipped Double-Q learning	
分布式深度循环回放 DQN	Recurrent Replay Distributed DQN	R2D2
回溯-行动者	Retrace-Actor	
分位数回归 DQN	Quantile Regression DQN	QR-DQN
战略专注作家	Strategic Attentive Writer	STRAW
选项批判者	Option-Critic	
MAXQ 分解	MAXQ Decomposition	
层次抽象机	Hierarchical Abstract Machines	HAMs
使用离线策略修正的分层强化学习	Hierarchical Reinforcement Learning with Off-Policy Correction	HIRO
细粒度动作重复	Fine Grained Action Repetition	FiGAR
通用价值函数逼近器	Universal Value Function Approximators	UVFAs
GPU/CPU 混合式异步优势 Actor-Critic	Hybrid GPU/CPU Asynchronous Advantage Actor-Critic	GA3C
	其他	
个人主页	Homepage	
章节	Chapter	
小节	Section	
简介	Introduction	
代码库	Repository	

反侵权盗版声明

举报电话：（010）88254396；（010）88258888

传　　真：（010）88254397

E-mail：　dbqq@phei.com.cn

通信地址：北京市万寿路 173 信箱

　　　　　电子工业出版社总编办公室

邮　　编：100036